X 線分析の進歩 56

ADVANCES IN X-RAY CHEMICAL ANALYSIS, JAPAN
NO. 56

（X線工業分析 60 集）

日 本 分 析 化 学 会
X 線分析研究懇談会 編

Edited by The Discussion Group of X-Ray Analysis, The Japan Society for Analytical Chemistry

（株） アグネ技術センター
Published by AGNE GIJUTSU CENTER

編者のことば

「X 線分析の進歩」第 56 集を無事に発刊することができました．これまでの経緯を少し振り返りますと，2023 年 4 月に X 線分析研究懇談会の委員長であった早川慎二郎先生が逝去され，2023 年度は私が委員長を再度引き受けることになりました．この年，「X 線分析の進歩」の編集委員長は佐藤成男先生（茨城大学）が務められました．2023 年には今後の中期的な X 線分析研究懇談会の運営体制について議論し，2024 年度から佐藤成男先生（茨城大学）に委員長を，江場宏美先生（東京都市大学）と山本 孝先生（徳島大学）に副委員長をお願いすることになりました．そこで，2024 年度の「X 線分析の進歩」の編集委員長を辻が引き受けることとなった次第です．また，谷田 肇先生（日本原子力研究開発機構）と今宿 晋先生（島根大学）に副編集委員長として加わっていただき，論文の編集担当を依頼しました．このように複数名での編集体制をとることで，編集の作業を複数名で確認できますし，引継ぎの面でも有効です．また，編集委員長が共著者となるような論文の編集（査読）を副編集委員長にお願いすることもできます．加えて，佐藤成男先生（茨城大学），中野和彦先生（麻布大学），高橋直子先生（㈱豊田中央研究所），鈴木 哲先生（兵庫県立大学）には，編集委員として査読などを依頼しました．

1 年間の「X 線分析の進歩」編集委員会の仕事を振り返ってみます．2024 年度から「X 線分析の進歩」誌の論文賞を新設することになりました．まずは，2023 年度中に論文賞の規程を確定し，「X 線分析の進歩」55 集に掲載された原著論文を対象として，論文賞規程に則って選考を行いました．この選考作業は 2024 年度の編集委員会で行うことになり，春に選考に入り，夏前に決定することになります．論文賞の授与式を X 線分析討論会で行いました．第 1 回論文賞の詳細は，本誌の「X 線分析のあゆみ」記事をご覧ください．また，「X 線分析の進歩」誌に掲載された論文を J-STAGE にて公開する作業も行っています．これも，（2024 年度は諸事情により遅れましたが）年度初めに行う作業になります．ちなみに，2025 年 3 月時点で，第 38 集から第 53 集まで公開されています（https://www.jstage.jst.go.jp/browse/xshinpo/-char/ja）．その後，秋の X 線分析討論会を経て，本格的に「X 線分析の進歩」への投稿を受け付けました．X 線分析討論会で依頼講演をお願いしました瀬戸康雄先生（理化学研究所，放射光科学研究センター），藤代 史先生（高知大学），丹羽尉博先生（高エネルギー加速器研究機構），および，浅田賞を受賞された松山嗣史先生には，解説記事を依頼したところ，快くお引き受けいただき，本誌に含めることができました．感謝申し上げます．X 線分析討論会で発表された方々も常に忙しく，例年，投稿は遅れがちになりますが，年明けにも投稿の問い合わせがあり，いくつか受け付けました．限られた期間に査読を行う必要があるため，編集委員の先生方だけでなく X 線分析研究懇談会の運営委員の先生方にもお願いし，迅速に対応していただきました．このように多くの皆様の協力を得て，何とか「X 線分析の進歩」第 56 集の出版にこぎつけ，編集委員長としての責務を果たせたことは，自分自身良い経験であったとともに，安堵しているところです．㈱アグネ技術センターの「X 線分析の進歩」編集部には，丁寧に原稿の体裁を整えていただき，時には編集委員が見逃した不備を指摘していただき，いつもながら安定した質の出版物となっていることに感謝申し上げます．

第 56 集では，X 線要素技術の開発や可視化技術などの新しい試みや進展について報告したものから，X 線分析技術を各種試料に応用した研究報告に至るまで，幅広い研究成果を含めることができました．X 線分析の手法として，蛍光 X 線や X 線吸収分光に加えて，X 線回折や中性子回折なども取り上げられています．20 年，30 年以上前の「X 線分析の進歩」誌では，X 線光電子分光（XPS）や電子プローブマイクロアナリシス（EPMA）などの研究報告も多数見られました．その時その時の X 線分析に関する研究内容や話題を盛り込むことで，（日本語での論文誌ということで）日本における X 線分析の研究の歴史を振り返ることができます．無駄になるような研究結果は 1 つもありません．あるアイデアの下，実験してみたけれど予想した結果ではなかった場合でも，実験条件や試料を正確に記載しておけば重要な知見と言えます．研究は壁にぶち当たりながら進んでいきます．その時点では無駄に見えたかもしれませんが，10 年後，別の観点から見たときに，重要な指針を与える成果になっているかもしれません．本誌では，そのような成果も盛り込んでいきたいと思います．「投稿の手引き」にも書かれているように，本誌では「X 線分析の基礎或いは応用に関し価値ある事実あるいは結論を含むもの，X 線分析技術の成果に関する報告で X 線分析上有用なもの」を対象論文にしていますので，今後も幅広い分野からの投稿をお待ちいたします．

ところで，出版を取り巻く状況は大きく変わりつつあります．私はこの 20 年ほど，毎年，米国でのデンバー X 線会議に参加して口頭・ポスター発表を行ってきました．最近はワークショップの企画や講師として，デンバー X 線会議の運営にも関わってきました．デンバー X 線会議では，そのプロシーディングとして Advanced X-ray Analysis（AXA）を毎年出版しています．本誌，「X 線分析の進歩」誌とは名前も位置づけも似ています（つまり，X 線分析に関する会議を執り行い，その発表内容を論文として出版する）．デンバー X 線会議では，当初，冊子体として AXA を出版してきましたが，2005 年あたりから冊子体の出版を取り止めて CD-ROM での頒布となり，2015 年以降は WEB での公開となっています．この閲覧には登録が必要ですが，基本的にオープンになっています．詳しくは以下のサイトをご覧ください：https://www.icdd.com/axa-allvolumes/

X 線分析研究懇談会の親団体である日本分析化学会では，機関紙である「ぶんせき」，和文誌の「分析化学」，および，英文誌の Analytical Sciences の 3 種類の出版物全てにおいて冊子体製本を止めて WEB 版となっています（希望者には冊子体を配布可能）．一方で，学会における機関紙が郵送されなくなり，学会との関わりが希薄になったと感じる方もおられます．また，WEB 版を定期的に見ておられ，検索などもできることから，積極的に利用されている方もおられます．我々会員の出版物に対する接し方次第なのかなと思いますが，各団体で冊子体としての出版を取り止めている背景には経理面での運営に関する問題があります．X 線分析研究懇談会の諸活動とバランスを保ちつつ，本誌「X 線分析の進歩」の在り方を探っていく必要があると思います．2025 年度からは今宿先生が本誌の編集委員長を引き継がれる予定です．引き続き，よろしくお願い致します．

2025 年 2 月 19 日

「X 線分析の進歩」編集委員会

編集委員長

辻　幸一

X 線分析の進歩 56

（X 線工業分析 第 60 集）

目　　次

ADVANCES IN X-RAY CHEMICAL ANALYSIS, JAPAN
No.56 (2025 Edition)
Edited by The Discussion Group of X-Ray Analysis, The Japan Society for Analytical Chemistry

解説（浅田賞）

蛍光X線分析法の迅速・高感度化および定量精度の向上に関する研究

松山嗣史*

Rapid and Highly Sensitive X-ray Fluorescence Spectrometry and Its Improvement in Quantitative Analysis

Tsugufumi MATSUYAMA *

Department of Chemistry and Biomolecular Science, Faculty of Engineering, Gifu University
1-1 Yanagido, Gifu, Gifu 501-1193, Japan

(Received 25 December 2024, Revised 14 January 2025, Accepted 15 January 2025)

To perform qualitative and quantitative analyses, X-ray fluorescence (XRF) analysis has been used. I study confocal micro XRF and total reflection XRF (TXRF) analyses. In addition, I applied Bayesian estimation to an XRF spectrum analysis. In this report, I will present a few of my studies. TXRF analysis is employed to measure solution samples. In TXRF analysis, because a measurement target is a dried residue, an accuracy of quantitative value depends on its form. I prepared the super-hydrophilic substrate. To evaluate this method, I prepared multi-elements standard solution. It was seen that accuracies of quantitative values in low-Z elements were improved by using the prepared substrate. To shorten the measurement time, Bayesian estimation was applied to an XRF spectrum analysis. Bayesian estimation predicts using conditional probability. Poisson distribution and the relationship between a count rate and its frequency were defined as a likelihood function and prior distribution, respectively. I evaluated this method by measuring the glass sample contained with Zn. Measurement time was reduced using Bayesian estimation.

[Key words] X-ray fluorescence analysis, Total reflection X-ray fluorescence analysis, Hydrophilic substrate, Bayesian estimation

蛍光X線分析法は，未知試料の定性・定量分析を非破壊的に実行できる．著者は，蛍光X線分析法を応用した共焦点蛍光X線分析法や全反射蛍光X線分析法に関するいくつかの研究を遂行してきた．また，ベイズ推定を適用して分析時間の短縮に関する研究も行ってきた．本論文ではこれらの研究の代表的なものについて報告する．全反射蛍光X線分析法は水溶液試料の分析に対して有効な方法である．全反射蛍光X線分析法では，乾燥痕を分析するので，乾燥痕の形状は分析精度に大きな影響を与える．本研究ではアンモニア過酸化水素混合溶液を用いることで，基板の超親水化処理を行った．この分析法を評価するために，多元素標準

岐阜大学工学部化学・生命工学科生命化学コース　岐阜県岐阜市柳戸 1-1　〒 501-1193
＊連絡著者：matsuyama.tsugufumi.k5@f.gifu-u.ac.jp

溶液を作製し，撥水性基板の結果と比較した．特に軽元素に対して，定量値の正確さが向上することが分かった．また，測定時間を短縮するために蛍光 X 線スペクトル解析にベイズ推定を適用した．ベイズ推定は条件付き確率を用いて推定する方法である．尤度関数としてポアソン分布を，事前分布として計数率と頻度の相関をそれぞれ定義した．この解析方法を評価するために，亜鉛を含むガラス試料を分析した．その結果，ベイズ推定を適用することで測定時間を短縮できることが分かった．

［キーワード］ 蛍光 X 線分析，全反射蛍光 X 線分析，親水性基板，ベイズ推定

1. 緒　言

原子に X 線を照射すると，内殻軌道電子が励起・電離され，内殻軌道に空孔が生じる．この状態は非常に不安定なので，外殻軌道電子がこれを直ちに埋め，各軌道のエネルギー差に相当する X 線が放出されることがある．内殻軌道に空孔を生じさせるために X 線を用いた場合，放出される特性 X 線は蛍光 X 線と呼ばれる．各軌道のエネルギーは量子力学によって決定され，それは元素に依存する．それゆえ，蛍光 X 線のエネルギーも元素に固有なので，蛍光 X 線を計測することで，定性分析を行える．また，蛍光 X 線の強度は原子の個数に比例するので，定量分析も行える．蛍光 X 線分析法のもう一つの特徴として試料の非破壊分析も実行可能である．それゆえ，蛍光 X 線分析法は様々な試料の分析に適用されている．著者は蛍光 X 線分析に関するいくつかの研究を実行しており [1-7]，本論文では代表的な成果について報告する．

2. 全反射蛍光X線分析における定量精度の向上[1)]

2.1 はじめに

蛍光 X 線分析法を応用した全反射蛍光 X 線分析法は，Yoneda と Horiuchi によってはじめて開発された [8)]．空気の屈折率を 1，物質の屈折率を n とした場合，

$$n = 1 + \frac{Nq_e^2}{2\varepsilon_0 m(\omega_0^2 - \omega^2)} \qquad (1)$$

が成り立つ．ここで，N は単位体積当たりの原子の数，ε_0 は真空の誘電率，m は電子の質量，ω_0 は原子に束縛されている電子の角振動数，ω は電磁波の角振動数である [9)]．なお，この式では吸収を無視している．入射する電磁波が可視光の場合，ω は ω_0 より小さいので，物質の屈折率は 1 よりも大きくなる．それゆえ，物質から空気層へ入射した際に全反射現象が生じる．一方，X 線では，ω は ω_0 よりも大きいので，屈折率は 1 より小さくなり，空気から物質に X 線を照射した際に全反射現象が生じる．一般的な蛍光 X 線分析法では，試料内部に X 線が侵入することにより生じる散乱 X 線がスペクトルのバックグランドを上昇させる．全反射蛍光 X 線分析法では，試料内部に X 線がほとんど侵入しないので，蛍光 X 線スペクトルのシグナルとノイズの比が良い分析を行える．全反射蛍光 X 線分析法で，水溶液試料を分析する場合は，表面が平滑な試料基板に溶液を滴下・乾燥させて分析する．それゆえ，乾燥痕の形状が分析精度に大きな影響を与える．本研究では，試料基板に超親水化処理を施すことで乾燥痕の形状を統一可能な方法を開発した [1)]．石英基板を用いた場合，その表面にはシラノール基が存在するため，一般に親水性である．しかし，空気中に含

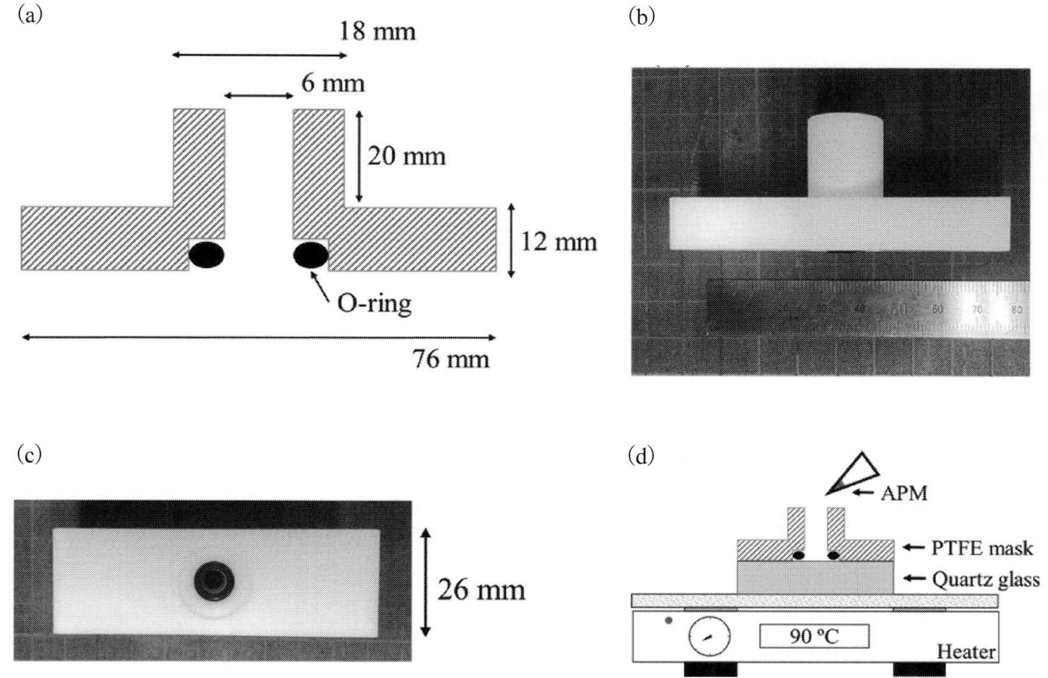

図1　(a) 試料マスクの模式図, (b) 試料マスクの実際の写真, (c) 裏面の写真, (d) 超親水化処理の様子 [1].

まれる有機分子とファンデルワールス力や水素結合により結合するため，完全な親水性ではない．そこで，アンモニア過酸化水素混合溶液を用いた試料基板の超親水化処理法を提案した．

2.2　実験方法

今回開発した処理方法を図1に示す．試料基板全体が親水化処理されないように，ポリエチレンテレフタラート製のマスクを作製した（図1 (a)－(c)）．底にはOリングが取り付けられており，加重することで，マスクと基板の間に処理溶液が侵入しないように設計した．処理溶液は，最初に超純水5 mLを60℃に加熱し，1 mLの過酸化水素溶液（30%）を加え，その後に1 mLのアンモニア溶液（28%）を加えた．そして，超純水でリンスした．90℃に設定したヒータ上に石英ガラスを配置し（図1 (d)），50 μLの処理溶液を滴下した（5分）．試料は多元素標準溶液L-1とリン，カリウム，ガリウム標準液と混合して作製された．マグネシウム，クロム，ガリウム，ストロンチウム，バリウム，鉛の濃度は10 ppmで，アルミニウム，リン，カリウム，カルシウム，鉄の濃度は100 ppmである．そして，作製した試料は撥水性基板および超親水処理基板それぞれに滴下・乾燥して，卓上型全反射蛍光X線分析装置 NANOHUNTER-II（Rigaku Co., Japan）で分析した．管電圧および管電流はそれぞれ，50 kV，12 mAで，測定時間は600 sである．また，視射角と集光角は，0.025°と0.05°に設定し，流量0.3 L/minで試料，検出器間にヘリウムガスを流しながら測定した．

2.3　結果と考察

図2に取得したスペクトルを示す．シリコンが基板由来の元素として観測された．また，モリブデンはX線管のターゲット由来である．超親水処理基板を用いることで，軽元素の蛍光X線強度は向上した．一方でストロンチウムなどの原子番号が大きい元素では，撥水処理基板を用いた方が強度が高かった．低エネルギーX線は乾燥痕自身での自己吸収の影響が大きいのに対して，高エネルギーX線では乾燥痕内の吸収の影響を無視できる．それゆえ，点状乾燥痕では，蛍光X線の検出する立体角が大きくなるため，高エネルギー蛍光X線の強度が向上したと考えられる．

図3に各基板における各元素の回収率を示す．撥水性基板を用いた場合，軽元素の回収率が著しく低下していることが分かった．一般に全反射蛍光X線分析法では，内標準法を用いて定量するが，標的元素と内標準元素の吸収の影響が異なるために定量結果が悪化したと考えられる．一方，超親水性基板を用いることで，軽元素の定量値の精確さの向上が確認できた．

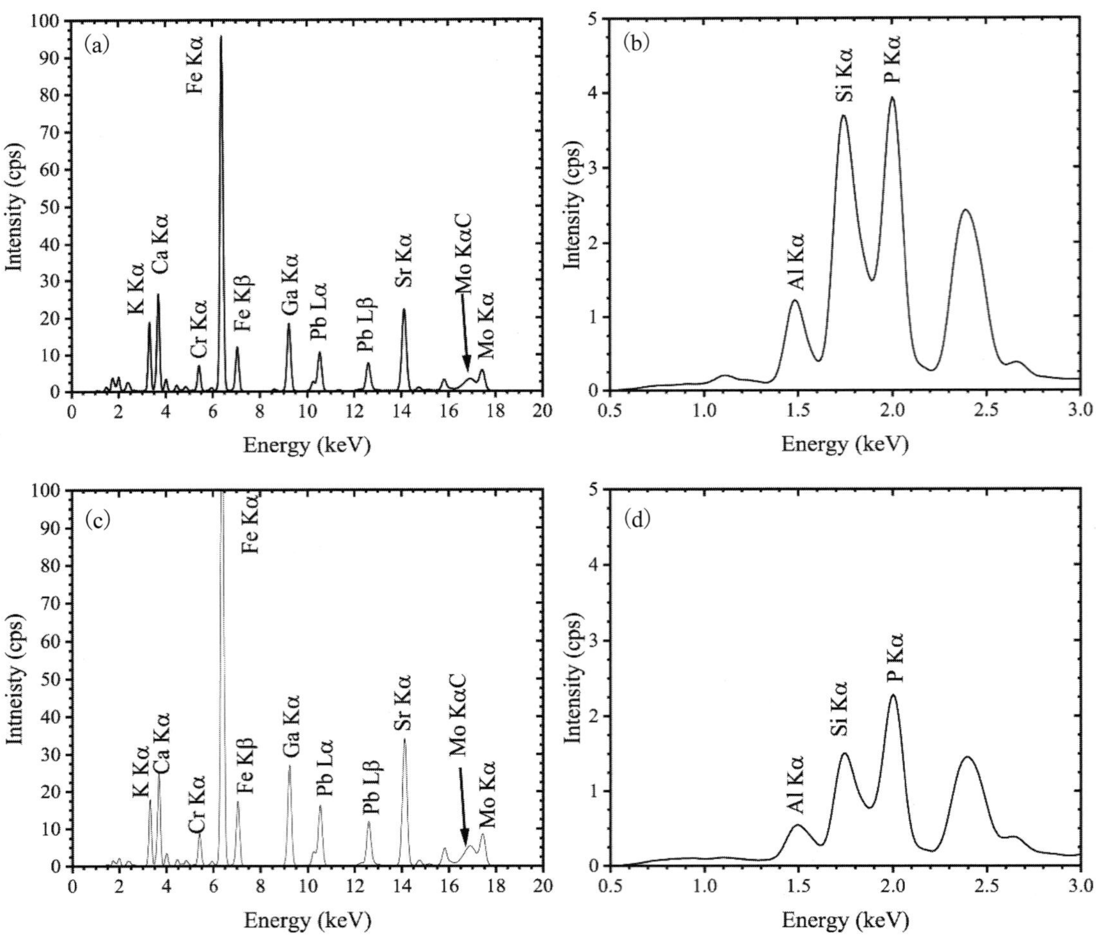

図2　多元素混合溶液のスペクトル[1)]．(a)－(b) は超親水化処理基板でのスペクトルの全体図と拡大図，(c)－(d) は撥水処理基板でのスペクトルである．

最後に検出下限(MDL：Minimum detection limit)を算出した．検出下限は，

$$\mathrm{MDL} = \frac{3C}{I_{\mathrm{Net}}}\sqrt{\frac{I_{\mathrm{BG}}}{t}} \tag{2}$$

で与えられる．ここで，Cは試料の濃度，I_{Net}はネット強度(cps)，I_{BG}はバックグランド強度(cps)，tは測定時間(s)である．図4に原子番号と検出下限の相関を示す．これからわかるよ

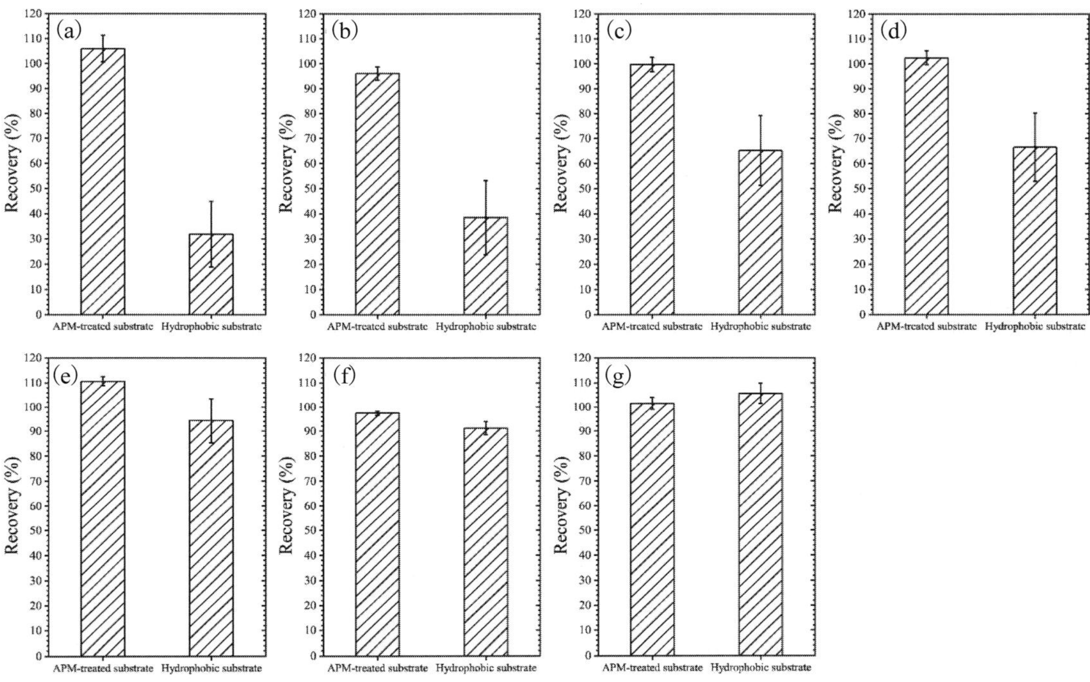

図3　超親水性処理基板(左の棒グラフ)と疎水性基板(右の棒グラフ)における回収率の比較[1]．(a)-(g)はそれぞれ，Al, P, K, Ca, Cr, Fe, Srである．

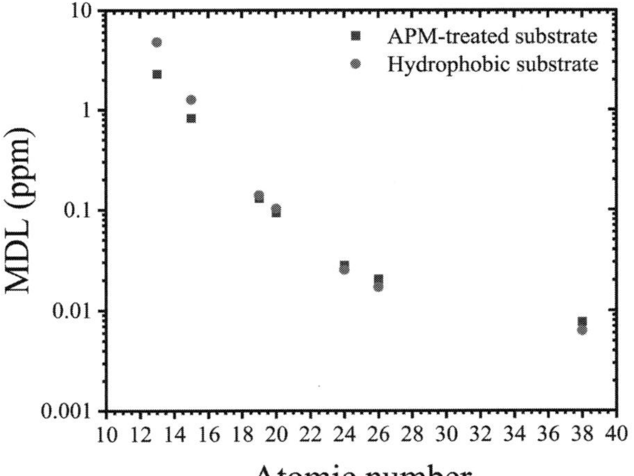

図4　原子番号と検出下限の関係[1]．

うに，軽元素では超親水性基板を用いることで検出下限が向上した．これは，乾燥痕内の吸収の影響を軽減できたためだと考えられる．一方重元素では，親水性基板を用いた場合が検出下限は向上した．これは，重元素のような吸収の影響を無視できる元素を分析する場合は，蛍光 X 線の検出の立体角を向上することが効果的であることを示している．

2.4　結　論

全反射蛍光 X 線分析の定量値の精確さを向上するために，試料基板に超親水化処理を施した．超親水化処理の領域を制限するためにマスクを作製した．特に軽元素では定量の正確さは向上し，また検出下限も向上することが分かった．今後は，軽元素も重元素も同時に高感度かつ高精度に分析できるような乾燥痕調製法を開発していきたい．

3.　ベイズ推定を用いた蛍光X線分析における測定時間の短縮[2)]

3.1　緒　言

蛍光 X 線分析では，正確な蛍光 X 線スペクトルを取得するために測定時間を長くする．しかし，スクリーニング検査や元素分布像を取得する際には測定時間を短くすることがある．そこで，本研究では，ベイズ推定を用いて測定時間の短縮を目指した．ベイズ推定は条件付き確率に基づく推定方法である．事象 X および Y が生じる確率をそれぞれ，$P(X)$ と $P(Y)$ としたとき，条件付き確率 $P(X\mid Y)$ は

$$P(X\mid Y)=\frac{P(X\cap Y)}{P(Y)} \tag{3}$$

である．これをベイズの式に応用すると，

$$P(X\mid Y)=\frac{P(Y\mid X)\cdot P(X)}{\int P(Y\mid X)\cdot P(X)dX} \tag{4}$$

が与えられる．ここで，$P(X|Y)$ は事後分布，$P(Y|X)$ は尤度関数，$P(X)$ は事前分布である．本研究では尤度関数をポアソン分布だと仮定し，事前分布は蛍光 X 線スペクトルにおける計数率とその頻度の相関として仮定し，その相関を 2 つの指数関数の足し算でフィッティングした（式(5)）．

$$P(\lambda)=A\left(\frac{1-s}{\Lambda_1}\exp\left(-\frac{\lambda}{\Lambda_1}\right)+\frac{s}{\Lambda_2}\exp\left(-\frac{\lambda}{\Lambda_2}\right)\right) \tag{5}$$

ここで，A は定数，s は 1 項目と 2 項目の分配比，λ は計数率，Λ_1 および Λ_2 は尺度母数である．2 つの指数関数は，バックグランド由来の成分とグロス強度由来の成分をそれぞれ表している．事後分布は，方程式を解くようにある 1 つの値に定まるのではなく，複数の値を有する．それゆえ，最適な値を決定する必要がある．本研究ではその最適な値を事後分布の期待値（EAP：Expected a posteriori）として定義し，測定時間 (s) および強度 (count) をそれぞれ t および x とすると

$$EAP=(x+1)\frac{\dfrac{1-s}{\Lambda_1\cdot\left(t+\dfrac{1}{\Lambda_1}\right)^{x+2}}+\dfrac{s}{\Lambda_2\cdot\left(t+\dfrac{1}{\Lambda_2}\right)^{x+2}}}{\dfrac{1-s}{\Lambda_1\cdot\left(t+\dfrac{1}{\Lambda_1}\right)^{x+1}}+\dfrac{s}{\Lambda_2\cdot\left(t+\dfrac{1}{\Lambda_2}\right)^{x+1}}} \tag{6}$$

と算出できる．

3.2　実　験

試料として 3.10% の亜鉛を含むガラス試料 (NIST 1412a) を用意した．これを大阪公立大学

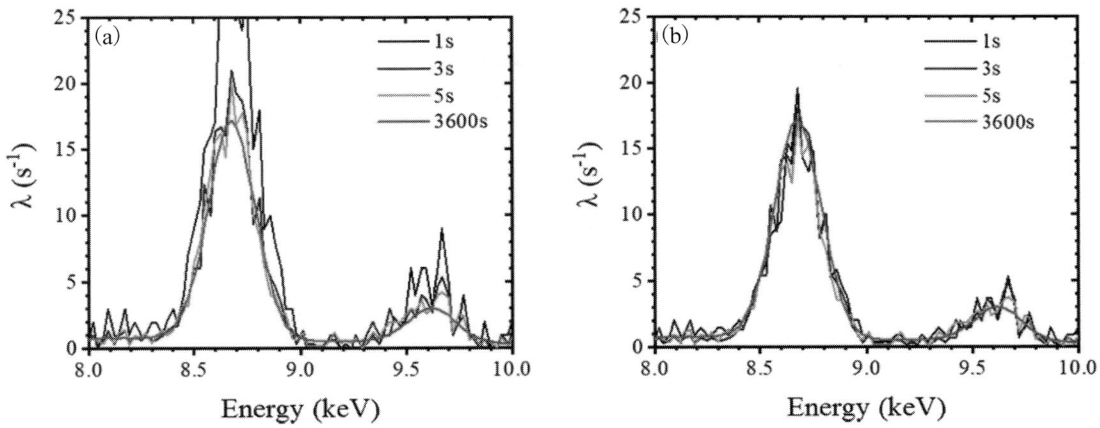

図5　ベイズ推定あり(b)なし(a)での蛍光X線スペクトルの比較[2)].

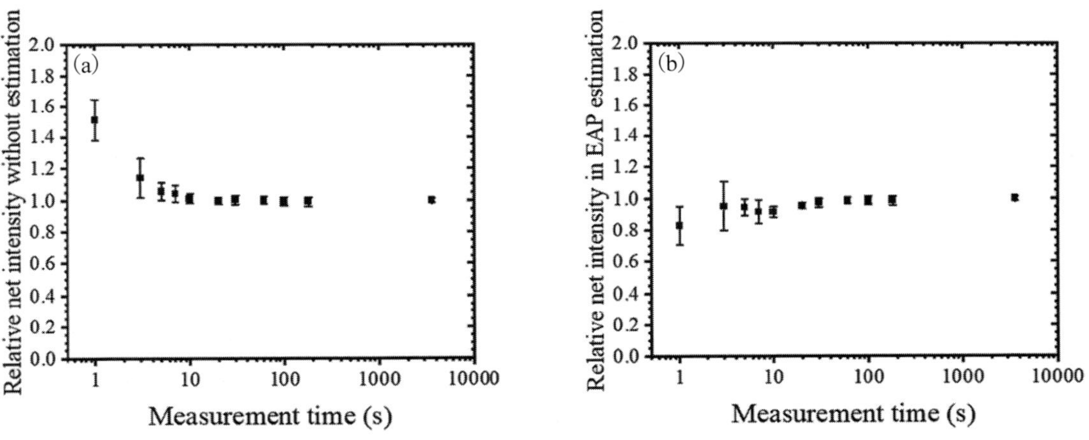

図6　ベイズ推定あり(b)なし(a)での測定時間と相対強度の関係[2)].

で作製した微小部蛍光X線分析装置で測定した．X線管のターゲットはRhで，検出器にはSi-PIN検出器が用いられている．X線管にはポリキャピラリーレンズが設置され，そのビーム径は8 μmである．X線管の管電圧および管電流は，それぞれ50 kV, 0.5 mAで，測定時間は1, 3, 5, 7, 10, 20, 30, 60, 100, 180, 3600 sである．

3.3　結果と考察

図5にベイズ推定有無での蛍光X線スペクトルを示す．計数率はベイズ推定を用いない場合，計数を測定時間で割ることで算出された．ベイズ推定における計数率は，式(6)を用いることで算出された．測定時間を長くすると正確さは向上するので，赤色で示す3600 s測定のスペクトルと近ければ近いほど，各測定時間における強度の正確さが向上していることを意味する．ベイズ推定を用いない場合，1 s測定の強度は3600 s測定の強度から大きく離れていることがわかる．測定時間が5 sを経過すると3600 s測定のスペクトルと近くなることが分かった．一方，ベイズ推定を用いることで，1 s測定でも

3600 s測定のスペクトルとほとんど同じ強度を取得することができた．

図5の結果を定量的に評価するために相対強度を算出した．相対強度は3600 sでのNet強度を各測定時間でのNet強度で割ることで算出された．それゆえ，相対強度が1に近ければ近いほどその推定は優れていることを意味する．図6にベイズ推定有無における測定時間と相対強度の相関を示す．ベイズ推定を用いない場合，1 s測定では，相対強度が1から大きく離れることが分かった．ベイズ推定を用いることで1 s測定での相対強度は0.830で大きく向上することが分かった．ベイズ推定を用いずに相対感度係数が1に近くなるためには7 sの測定時間が必要であったが，ベイズ推定を用いた場合，その必要な測定時間は3 sに短縮された．それゆえ，ベイズ推定を用いることで測定時間を短縮できると期待される．

3.4 結　論

蛍光X線分析に関する測定時間を短縮するためにベイズ推定を適用した．尤度関数および事前分布をポアソン分布と蛍光X線スペクトルにおける計数率とその頻度の相関をそれぞれ定義した．ベイズ推定を用いることで，測定時間を短縮することが可能となった．事前分布や尤度関数をより最適な関数に変更することで，さらなる分析時間の短縮を期待できる．

4.　まとめ

著者が行ってきた代表的な研究に関して説明させていただいた．全反射蛍光X線分析における軽元素の定量値の正確さを向上するために，超親水化処理を用いた．また，蛍光X線分析法に関する測定時間を短縮するためにベイズ推定を用いた．他にも共焦点蛍光X線分析法などを用いた研究も行った．これらの研究が評価され，浅田榮一賞を受賞できたことは大変誇らしく，うれしく思う．

謝　辞

浅田榮一賞の受賞対象となった研究を進めるにあたり，大阪公立大学の辻幸一教授には大変お世話になりました．大阪公立大学に所属した際には，研究をしやすい環境を整えていただき，研究に関する様々なアドバイスを頂戴しました．感謝申し上げます．学生時代にご指導いただきました東邦大学の酒井康弘教授，量子科学技術研究開発機構の吉井裕上席研究員にも感謝いたします．また，著者が大阪公立大学（大阪市立大学）に在籍した期間に物理分析化学研究室に所属した学生の皆さんに感謝いたします．

参考文献

1）T. Matsuyama, Y. Tanaka, Y. Mori, K. Tsuji: *Talanta*, **265**, 124808 (2023).

2）T. Matsuyama, M. Nakae, M. Murakami, Y. Yoshida, M. Machida, K. Tsuji: *Spectrochim. Acta B*, **199**, 106593 (2023).

3）T. Matsuyama, S. Sonoda, T. Fuchita, S. Sakashita, K. Tsuji: *X-ray Spectrom.*, **52**, 457-462 (2023).

4）M. Okuda, T. Matsuyama, K. Tsuji: *X-ray Spectrom.*, **52**, 364-370 (2023).

5）T. Matsuyama, T. Hayakawa, F. Inoue, K. Tsuji: *Anal. Sci.*, **38**, 821-824 (2022).

6）T. Matsuyama, Y. Tanaka, M. Nakae, T. Furusato, K. Tsuji: *Analyst*, **147**, 5130-5137 (2022).

7）T. Matsuyama, Y. Izumoto, K. Ishii, Y. Sakai, H. Yoshii: *Front. Chem.*, **7**, 152 (2019).

8）Y. Yoneda, T. Horiuchi: *Rev. Sci. Instrum.*, **42**, 1069-1070 (1971).

9）R. P. Feynman, R.B. Leighton, M. Sands: The Feynman Lectures on Physics Vol., (1963), (Addison-Wesley, New York, NY).

総　説

理研法科学の放射光 X 線分析法の開発

瀬戸康雄*，中西俊雄，渡邊慎平，村津晴司，
藤原宏行，岡田英也，高津正久

Research and Development of X-ray Analytical Method Using Synchrotron Radiation in Forensic Science Group of RIKEN SPring-8 Center

Yasuo SETO*, Toshio NAKANISHI, Shimpei WATANABE, Seiji MURATSU, Hiroyuki FUJIWARA, Hideya OKADA and Masahisa TAKATSU

RIKEN SPring-8 Center
1-1-1 Kouto, Sayo-cho, Sayo-gun, Hyogo 679-5148, Japan

(Received 6 January 2025, Revised 23 January 2025, Accepted 23 January 2025)

In 2018, Forensic Science Group has been established at RIKEN SPring-8 Center, whose research mission is R&D of forensic technologies using synchrotron radiation (SR). In this review, forensic technologies using SR is first introduced. Around the world, Fourier transform infrared spectroscopy is the major, aiming for qualitative analysis for trace evidence and detection of hazardous materials. In Japan, trace element profiling by X-ray fluorescent analysis was first utilized for forensic examination on Wakayama poison incident in 1998, and has been adopted to the samples from arsenious acid to the other various trace evidence such as glass. Due to variety in potential of SR technologies, the other methods such as X-ray absorption analysis (X-ray absorption fine structure analysis) and X-ray diffraction (XRD) analysis have been also adopted. By considering both the stream of forensic science R&D and real needs from criminal search, the following R&D projects have been performed by RIKEN SPring-8 Center Forensic Science Group: as the research concerning diffraction/scattering, (1) three-dimensional structural elucidation of new psychoactive substances using crystalline sponge method and single crystal XRD analysis, (2) discrimination for single polyester fibers using small angle X-ray scattering/wide angle XRD analysis, as the research concerning hard X-ray absorption, (3) distribution elucidation of bromine-containing drug in hair using scanning X-ray fluorescent microscopy (SXFM) and X-ray absorption near edge structure imaging, and as the research concerning soft X-ray absorption, (4) visualization of latent fingerprint using SXFM and photoelectron emission microscopy.

[Key words] Synchrotron radiation, Forensic science, X-ray analysis, Illicit drug, Single fiber, Hair, Fingerprint

国立研究開発法人理化学研究所放射光科学研究センター　兵庫県佐用郡佐用町光都 1-1-1　〒 679-5148
＊連絡著者：seto.y@spring8.or.jp

2018 年に理化学研究所（理研）放射光科学研究センター（RSC）内に法科学研究グループが設置され，放射光を用いた法科学技術開発研究をミッションとしている．本総説では，まず放射光が用いられる法科学技術を紹介する．世界的には，赤外放射光を用いたフーリエ変換赤外分光法による微細物の定性分析，危険物の検出に係る分析法が主要である．我が国では，1998 年に発生した和歌山毒物カレー事件での鑑定で用いられた蛍光 X 線分析による微量元素プロファイリング技術から始まり，亜ヒ酸試料からガラスなどの微細証拠資料の分析に展開されている．放射光技術の多彩さを反映して，吸収分光分析（X 線吸収微細構造解析）や X 線回折（XRD）分析なども活用されている．これらの法科学研究開発の流れと，犯罪捜査のニーズを鑑み，理研 RSC 法科学研究グループは次の研究プロジェクトを実施してきた．回折・散乱に係る研究として，(1) 結晶スポンジ法と単結晶 XRD 法を組み合わせた危険ドラッグの 3 次元構造解析，(2) X 線小角散乱 / 広角 XRD 法によるポリエステル単繊維の異同識別，硬 X 線吸収分光に係る研究として，(3) 走査型蛍光 X 線顕微鏡観察（SXFM）・X 線吸収端近傍構造イメージングによる毛髪中臭素標識薬物の分布解明，軟 X 線吸収分光に係る研究として，(4) SXFM・光電子分光顕微鏡観察による潜在指紋の可視化である．

［キーワード］ 放射光，法科学，X 線分析，違法薬物，単繊維，毛髪，指紋

1.　はじめに

放射光（synchrotron radiation）は，ラボ装置の X 線と比較して高輝度で，指向性が高く，エネルギーが可変であるという分析的に桁違いの有意性を持つ．試料に放射光を照射し，発生する電磁波・光電子に応じて，散乱光を測定する微小部 X 線回折（XRD）・小角散乱（SAXS），広角回折（WAXD）分析，透過光を測定する X 線吸収分光である X 線吸収微細構造（XAFS）解析・X 線コンピュータートモグラフィー（CT），励起電子から発生する光・電子を測定する蛍光 X 線（XRF）分析・X 線光電子分光（XPS）に分かれる．第三世代の大型放射光施設 SPring-8 は 20 年ほど前に運用が開始した．加速器の改良，アンジュレーターの採用，分光器と集光ミラーの高性能化により，放射光の輝度・指向性・偏光性などの性能は格段に上がった．波長可変，サブ μm 径ビーム照射が可能となり，試料ステージの nm 駆動制御化などの測定環境が改善され，測定データの大容量・高速・高度処理技術も向上し，感度・空間分解能・時間分解能ともにこの 20 年で百倍以上上がっている．X 線自由電子レーザー施設 SACLA の運用も開始されている[1]．3 GeV 高輝度放射光施設 Nano Terasu の 2024 年度から運用開始と同じくして，2030 年から SPring-8 は第四世代放射光施設としてアップグレードし SPring-8 II に生まれ変わる．

放射光技術は，基礎科学から産業利用を含めた応用科学まで広く活用されて最先端科学を牽引している．学術的な成果や企業の利益を求めるものだけでなく，社会貢献も重要であるが，その中でも犯罪捜査への活用は注目に値する．放射光実験の成果がレベルの高い学術論文作成に直結しなくても実際の鑑定で用いられ事件解決に繋がれば，大きな社会貢献と言える．放射光施設の登場とともに，犯罪捜査への活用を鑑みて，科学捜査技術の開発という法科学的研究が始まった．法科学は，法生物（DNA 型鑑定），法中毒・法薬毒物，法化学（微細物分析），法工学（事故解析，画像解析），法文書（文書・通貨鑑定），法心理（ポリグラフ検査），現場鑑識（指紋検査）に分類されるが，分析化学が係る法中毒・法薬毒物，法化学分野で放射光が主に使わ

れている．放射光の法科学への活用に関しては，古くはKempsonらがフーリエ変換赤外（FT/IR）分光分析，XRF/XAFS解析，毛髪のXRFイメージング測定例を盛り込み総説として報告し[2]，瀬戸も2021年に「ぶんせき」誌に放射光法科学分析を紹介している[3]．世界的には，顕微FT/IR分析使用例が多い．放射光赤外線の強度がグローバー光源装置のものより1桁以上高いために，有機物の高解像度スペクトルが得られることが利点である．放射光赤外ビームラインへのアクセスが有利な（鑑定検査が簡単に運用可能な）研究グループが，インク紙[4]，自動車塗膜[5,6]，未知微細粒子[7]の定性検査に関して報告している．また，爆発物残渣[8,9]など危険物の検出にも使われている．我々は，放射光FT/IRイメージング技術を使って，薬物混合物の混ざり具合を数値化し薬物粉末の異同識別に活用できることを報告している[10]．ATR法の普及によりラボFT/IR装置の感度・空間分解能は各段に向上し，放射光赤外使用の優位性は失われ，無理して放射光分析を実施しようとする機運は低下している．放射光は様々なX線分析技術として活用できるために，兵庫県警察本部（兵庫県警）科学捜査研究所（科捜研）グループは隕石の鑑定（XRF元素分析）[11]や植物の識別法開発（X線イメージング）[12]も報告している．

しかし，和歌山毒物カレー事件での鑑定でSPring-8が使われたことは放射光法科学研究への計り知れないインパクトを与え，わが国での犯罪捜査に係る鑑定，法科学技術開発研究は活発となった．中井・寺田は，硬X線XRF分析を用いた一斉元素分析法を開発し[13,14]，和歌山毒物カレー事件での証拠資料のカレー内の白色結晶物のXRF分析による微量元素プロファイルを証拠資料の識別指標として用い，被疑者所有の亜ヒ酸と被害現場の亜ヒ酸の同一性を確認している．ラボのXRF分析装置ではX線強度が高くないために，ppb程度の微量の元素検出が不可能なところ，放射光XRF分析は1 mm程度の微細試料からppbレベルの元素プロファイリングを得ることが可能である．その後，SPring-8硬X線XRF分析技術を用いて，科学警察研究所（科警研）グループは亜ヒ酸試料の異同識別法を開発し[15]，誘導結合プラズマ発光分光（ICP/AES）分析と比較している[16]．この放射光XRF分析による微量元素プロファイリング手法は，法科学の一大分野である微細試料分析として，科警研や兵庫県警科捜研により，金箔[17]，各種ガラス[18-24]，自動車塗膜[25,26]，アルミ箔[27]の異同識別に応用している．西脇らは，自動車アルミホイール[28,29]やポリエステル繊維[30,31]へも検査対象を拡大している．さらに，兵庫県警科捜研は薬物事案への捜査協力を考慮して，覚醒剤粉末中の微量元素プロファイリングも試みている[32]．XRF定量のみによる不純物成分プロファイリングでは異同識別に限界があり，兵庫県警科捜研は粉末XRD分析を用いて覚醒剤粉末中の不純物成分プロファイリングを試みている[33]．中井らは，XRF分析と粉末XRD分析を組み合わせた土砂の複合的異同識別法を提案している[34,35]．船附らは，X線吸収端近傍構造（XANES）解析を用い，Ceの化学形態に注目して自動車フロントガラス[36]の，硫黄に注目してタイヤゴム[37]の異同識別を提案している．村松らは，軟X線全吸収測定法を用いて，市販飲料の異同識別を報告している[38]．西脇らは，ポリエステル繊維の新たな識別指標としてTiやMnのXAFSプロファイルや繊維断面での元素分布パターンを活用して，総合的なX線元素分析による複合的な異同識別を提案している[39]．

このように，わが国では和歌山毒物カレー事件以降 2010 年ごろまでは数々の論文が輩出され，実鑑定に適用され，放射光法科学研究・鑑定は盛んであったといえよう．しかし，2010 年以降学術論文輩出という観点に関しては停滞している．2011 年に SPring-8 施設を運営する（公財）高輝度光科学研究センター（JASRI）内にナノ・フォレンシック・サイエンス（NFS）グループが創設され，二宮氏（元兵庫県警科捜研所長），故早川教授（広島大学），西脇教授（高知大学），本多氏（元奈良県警科捜研所長），橋本氏（元兵庫県警科捜研）らを中心に放射光法科学研究開発を実施し，SPring-8 で使える広範囲の放射光分析技術を科学捜査に応用すべく活動を行ってきた．XRF 分析としては違法薬物・単繊維の微量元素プロファイリングによる異同識別，顕微 FT/IR 分析としては微量薬毒物の検出・同定，塗膜の異同識別，粉末 XRD 分析としては違法薬物中の不純物の検出，単結晶 XRD 法としては微細違法薬物結晶の 3 次元構造解析，SAXS 分析としては合成繊維の異同識別，XAFS 解析としてはペットボトル中の元素の化学形態解析などである．論文としては毛髪の 3 次元 XRF イメージング技術[40] などが掲載されている．残念ながら，活動は 2018 年に終了している．一般的には，世界の放射光施設では放射光を用いた法科学技術開発の実績は多いとは言えない．そもそも法科学は，学術的に高レベルの研究成果が輩出されているとは言い難く，放射光研究領域では目立たない存在である．科学技術の発展とともにラボ分析技術も高度化し，無理して放射光を使わなくても現状の科学捜査技術を用いるだけで難しい事件が解決できるようになっている．だが，先端的な放射光技術が法科学に馴染まない，法科学に応用する余地がないというわけではない．

2018 年に JASRI の NFS グループの活動は停止したが，代わって理化学研究所（理研）・放射光科学研究センター（RSC）内に法科学研究グループが設立された．瀬戸が科警研からグループディレクターとして赴任し，元兵庫県警科捜研所長の中西氏らが加わり，現在は兵庫県警科捜研 OB を中心としたメンバーで放射光とラボ分析を用いた法科学技術開発を行っている．現状のラボ分析技術では犯罪捜査事件の解決が不可能な事件事象に対して，放射光を用いた科学捜査技術を開発して事件解決に資することをミッションとしている．現在の放射光実験では，第三世代放射光施設 SPring-8 誕生の 2000 年当時と比較して，誰もが高性能のマイクロビームを安定的に用いられるなど高度な分析が可能となっている．ビーム径は概ね 100 μm からサブ μm へ，X 線エネルギーも 100 倍程度強くなっている．放射光の現時点での最先端技術でなくても 2010 年代に先端であった放射光技術を科学捜査に応用し，現在のラボ分析技術ではまったく不可能な事象を解決する放射光技術を開発する方向で，研究開発をすすめることは現実的といえよう．JASRI の NFS グループが実施してきた方針を再検討・有用な方法を踏襲し，特に従来の法科学で扱わなかった X 線マイクロビームを用いたイメージング，元素の化学形態の情報入手に注目し，試料中の微量成分の分布状況を指標にした法科学技術開発を実施した．(1) 散乱・回折に係る分析，(2) 硬 X 線吸収分光マイクロイメージング分析，(3) 軟 X 線吸収分光マイクロイメージング分析に分けて，研究成果を紹介する．

2. 散乱・回折に係る分析

2つの研究開発事例を紹介する．まず，結晶スポンジ法と単結晶XRD分析により違法薬物類の3次元構造を解析した[41]．幻覚など精神・神経に悪影響を及ぼす乱用薬物は規制されるが，未規制の向精神薬が新たに出現する．2010年辺りは合成カンナビノイド類，合成カチノン類が出回り，大きな社会問題となった．最近は，大麻幻覚成分テトラヒドロカンナビノールの誘導体化類が出回り，まさに行政は対応に追われている．法執行機関は，疑わしい粉末やハーブなどを押収して違法薬物の有無を確認するが，新規化合物の場合にはその構造を確定する必要がある．違法薬物分析機関に普及しているガスクロマトグラフィー質量分析（GC-MS）や液体クロマトグラフィー（LC）-MSは，標品が入手できればクロマトグラフィー分離挙動とMSスペクトル（タンデムMSも含む）で検出・同定は可能であり，標品がなくても文献情報に当たって調査することができる．未知化合物に対してある程度の構造は推定できるが，構造異性体の多い化合物の完璧な構造確定は難しい．核磁気共鳴（NMR）分析で構造を確定する必要があるが，NMR分析にはmg量の試料が必要であり，しかも完全な構造確認に至らない場合がある．単結晶XRD法は，化合物の3次元構造の決定が可能であるが，mg量の結晶試料が必要となる．一方，放射光単結晶XRD法はμg量の微小な結晶試料で構造を決定できる．薬物粉末は証拠試料である場合には未知成分を単離して単結晶XRD分析を施せば，混合試料からの構造決定も実現する．JASRIのNFSグループは，違法薬物標準品結晶の3次元構造解析に成功している[42, 43]．しかし，結晶性のよくない違法薬物の解析には至っていない．加えて，一部薬物には非結晶性のものもあり単結晶XRD法はそもそも適用できない場合も考えられる．

結晶スポンジ法は，東京大学大学院工学系研究科の藤田教授らが開発した画期的な分析法である[44]．有機金属構造体である結晶スポンジに薬物が秩序正しく配列し，単結晶XRD法で薬物の3次元構造の決定が可能となる．我々は，結晶スポンジ（$[(ZnCl_2)_3(tpt)_2{\cdot}x(solvent)]_n$，または$[(ZnI_2)_3(tpt)_2{\cdot}x(solvent)]_n$），溶媒（ヘキサンまたはシクロヘキサン），危険ドラッグ溶液を混合し，溶媒を蒸発させ，薬物が包接された結晶スポンジを作製し，XRD分析をSPring-8ビームラインBL02B1において実施し危険ドラッグの構造解析を行った．例として，Fig.1に合成カンナビノイドのひとつ*N*-[(*Z*)-[1-(5-fluoropentyl)-2-oxo-indolin-3-ylidene]amino]benzamid（5F-BZO-POXIZID）の測定結果を示す．母骨格の構造のみならず，MS法やNMR法では決定が困難な側鎖アルキル基の構造も観察できている．室温ではオイル状であり結晶化しない（8-bromonaphthalen-1-yl）(1-pentyl-1*H*-indol-3-yl)methanone（JWH-424）も構造解析が可能である[41]．骨格構造が類似したものから異なるものまで構造解析に成功したことを考慮すると，結晶スポンジ法はよりさまざまな合成カンナビノイドの構造解析に有用な手法となることが期待される．なお，この程度の分子量化合物に対しては，放射光単結晶XRD装置を使わなくても，ラボ装置であるリガク製XtaLAB Synergy-R/DW回折計を用いても構造解析は可能であった．分子量が1000を超える化合物には，放射光分析が有利と考えられる．

次に，SAXS/WAXD分析を用いたポリエステル繊維の異同識別法の開発例を示す．犯罪現場

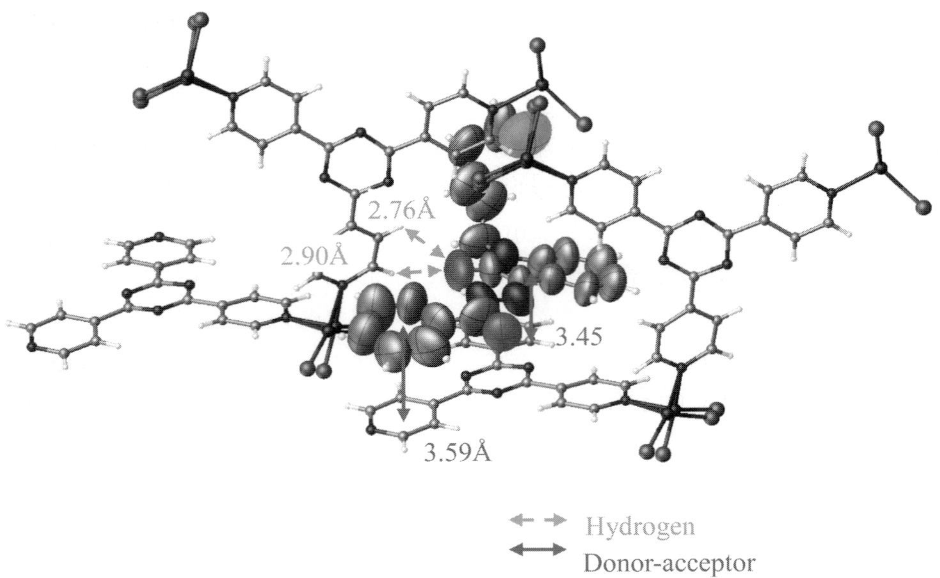

Fig.1 Intermolecular interactions binding 5F-BZO-POXIZID in the pore of the crystalline sponge. One μL of a solution of 5F-BZO-POXIZID in 1,2-dimethyoxyethane (1 mg/mL) was added to a micro vial containing the crystalline sponge ([$(ZnCl_2)_3$[2,4,6-Tris(4-pyridyl)-1,3,5-triazine$]_2 \cdot x$(solvent)$]_n$) and 50 μL *n*-hexane. The vial was capped and pierced with a 21G hypodermic needle and allowed to stand at room temperature. Single crystal X-ray diffraction data was collected at the BL02B1 beamline (SPring-8), using a Huber four-circle (quarter χ) goniometer (Rimsting, Germany) equipped with a Dectris Pilatus3 X 1M CdTe detector (Baden-Dattwil, Switzerland). An X-ray energy of 30 keV was applied with cooling at 100 K using cold N_2 stream by XR-HR10K (Japan Thermal Engineering, Japan).

で採取された資料と被疑者・被害者から採取した資料が同一か異なるか（異同識別）が，被疑者・被害者が犯罪現場にいたか否かという重要な証拠となる．様々な物体が鑑定資料となるが，ポリエステル繊維は身の回りに溢れており，犯罪捜査の主要な検査対象となっている．科学捜査の繊維鑑定では，まず光学顕微鏡を用いた外観検査が実施されるが，形態情報のみでは繊維の異同識別は不可能である．顕微FT/IR分析で素材を決定することにより主成分がポリエステルであると判明しただけでは意味がない．有色繊維の場合には，多彩な分析技術で異同識別が可能であり，分析法開発報告が多い．顕微分光分析が法科学標準的検査法であり，日本の科捜研でも採用されている．顕微分光で得られる可視分光スペクトルにおいては，特徴的な吸収ピークはブロードであり識別能は決して高くない．色の基となる繊維中の色素・顔料成分を抽出して各種クロマトグラフィーで分離分析する方法，ラマン分光法で分析する方法が報告されている．繊維には，つや消し剤として使われるチタン化合物が含有され，防菌目的で金属が添加され，繊維ポリマーの製造過程で使われる触媒元素も検出されうる．法科学分野で用いられ

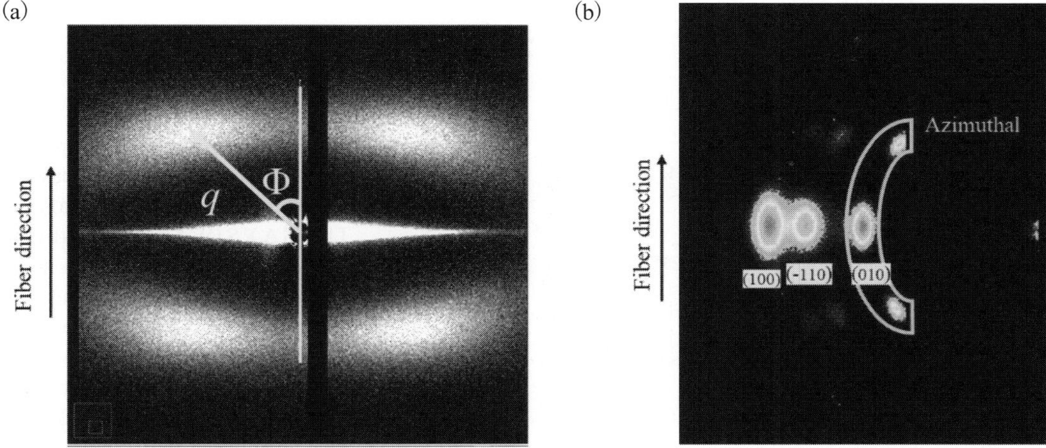

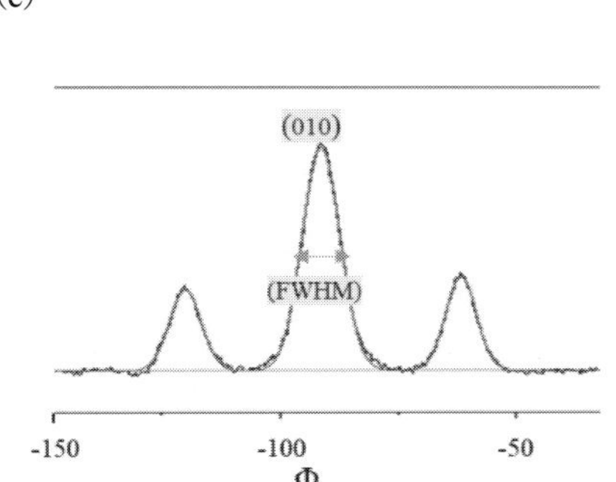

Fig.2 X-Ray small angle scattering (SAXS) and wide-angle diffraction (WAXD) analysis of polyethylene terephthalate (PET) fiber. Single PET fibers were fixed on the 1 cm opening portion of the holder, and set to the BL05XU beamline (SPring-8) SAXS/WAXD instrument where irradiated X-ray beam energy was 12.4 keV, and beam size was 17 μm × 98 μm, the sample-to-detector (PILATUS 3 1M) distances were 1850 mm (SAXS) and 170 mm (WAXD), respectively, and the measurement time was 1 sec. (a) SAXS pattern was obtained, were the distance (q) and angle (Φ) were measured from the center point to the most dense point in the azimuthally appearing cloud. (b) WAXD pattern was obtained, where the reflection signal was plotted to the azimuthal direction (c), and the full width at half maximum (FWHM) at the (010) reflection peak was measured.

るラボ装置のSEM-EDXの使用も試みられるが，検出感度が低く，微量な元素の検出には至らない．西脇らは，繊維中の微量元素の放射光XRF分析，XAFS解析，走査型X線蛍光顕微鏡観察（SXFM）を活用したプロファイリングによる識別を行っている[39]．しかし，繊維が無色であり特異的な元素が検出されない場合，これ以上の異同識別は難しいといえる．一方，ポリエステル繊維などの高分子ポリマーは製造（紡糸）過程で秩序構造が形成され微細構造は製品によって異なる．繊維業界は，これまでに放射光SAXS/WAXS測定によりnmオーダーの高分子の秩序構造を解析してきた．文献は数えきれないために一部のみ引用する[45]．ラボWAXD装置は古くから繊維の結晶構造の解析に使われてきたが，ラボSAXS装置はX線の強度が放射光に比較して極端に低く，SAXSシグナルを得るには測定に長時間を要し，高解像度のSAXS像の取得は現時点では難しい．我々は，SPring-8のBL05XUビームラインにおいてポリエチレンテレフタレート（PET）単繊維に放射光X線を照射し，カメラ長を切り替えて露光時間1 secでSAXS/WAXDの二次元パターンを取得した．Fig.2に測定結果の例と解析方法を示す．SAXS

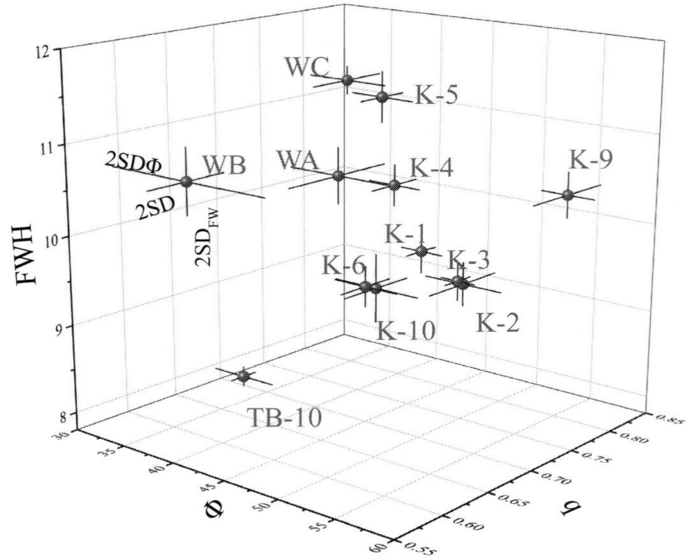

Fig.3 Three-dimensional plot of the PET fiber parameters measured by SAXS and WAXD analysis. The SAXS/WAXD measuring points of eight PET fibers in-house manufactured from the same PET pellet under the different spinning conditions (K-1～K-10), one PET fiber (TB-10) manufactured from the different PET pellet and three PET fibers taken from commercially available shirts (WA, WB, WC) were plotted. The respective data points were accompanied with the standard deviation values multiplied by 2.

像においては，赤道方向のストリークに加えて，子午線方向に層雲状の 4 領域散乱が観察され，中心点から層状散乱の中央部への距離および角度を測り，q 値 (nm^{-1}) および Φ 値 (°) を求めた．WAXD 像においては，PET 特有の回折点が現れ，方位角解析で得られた (010) 回折面の中心ピークの半値幅から FWHM 値 (°) を求めた．同一 PET ペレットから紡糸条件を変えて製造した PET 紡糸 K シリーズ 8 種，異なるペレットから製造した PET 紡糸 TB-10，市販の PET 製白色ポロシャツや T シャツ (未使用) から取り出した PET 繊維 3 種 (WA, WB, WC) に対して測定を行った．K シリーズ PET 紡糸の紡糸条件と q 値，Φ 値，FWHM 値の相関を検討したところ，溶融紡糸速度，延伸温度，延伸巻取速度との相関が一部認められ，紡糸・延伸工程での PET 繊維内で構築される微細構造の違いが SAXS/WAXD 分析で得られる構造パラメーターの差異 ($1/q$：結晶ラメラ間の距離；Φ：結晶ラメラの繊維方向からの傾き；FWHM：結晶部の配向性) を反映していることが判明した (data not shown)．各測定点を q 値，Φ 値，FWHM 値の 3 次元空間でプロットした結果を Fig.3 に示す．K-2 と K-3, K-6 と K-10 は近い場所に位置していた．2 種の繊維間のユークリッド距離を計算し識別能を評価すると 2σ を超える繊維の組み合わせの割合は 88% 以上となり，有意な識別が可能であった．放射光 SAXS/WAXD 分析法は，従来の法科学分析法では不識別可能な場合においても，有効な識別力を提供していると結論できる．

3. 硬 X 線吸収分光マイクロイメージング

薬物摂取を証明する法中毒分析は，従来は尿や血液を証拠資料として検査が行われるが，薬物は短期間で体内から消滅し，摂取から長時間経過した場合検出することはできなかった．法科学毛髪薬物分析は，尿・血液からは検出不可能となる摂取数日後でも薬物の検出が可能である．加えて，摂取時期の推定を可能とする薬物摂取証明法として法中毒鑑定に用いられている．毛髪中の薬物は，毛乳頭から取り込まれメラニン顆粒に結合し毛髪の伸長とともに移動するが，毛髪に接して存在する皮脂腺（真皮内薬物移行）や汗（皮膚外薬物移行）・毛髪付着物など外部（汚染）からも取り込まれる．毛髪の取り込みルートを解明するには毛髪中の薬物の分布を観察する必要があるが，薬物を詳細に可視化（毛髪断面数 10 μm に対して十分に短い領域での分布観察）した報告はない．

放射光を用いた毛髪分析としては，Kempson らが総説を出している[46]．顕微 FT/IR 法で空間分解能 10 μm 程度で有機成分を解析してきた[47, 48]．近年原子間力顕微鏡カンチレバープローブを用いたナノ IR 技術が誕生し，毛髪のサブ μm 微細成分の解析も可能となっている[49, 50]．XRF 分析は，毛髪中の元素の検出・定量には最適である．Ca などの常成分元素の定量に加えて[51, 54-56]，有害金属[52, 53]の定量も行われている．放射光ナノビームの使用が可能となり，SXFM 法により元素の μm オーダーの分布観察[57-59]が実現されている．元素の化学形態の情報も必要とされ，XANES 解析を組み合わせた報告[60-62]もみられる．XRD 分析，FT/IR 分析，SXFM を組み合わせた複合的な分析例も登場している[63]．さらに，毛髪の nm レベルの構造を解明するために，SAXS 分析も行われている[64, 65]．我々は，硬X線で追跡が可能な Br を分子内に持つ薬物を用いて，SXFM[66, 67]，イメージング XANES 解析[68]によりヒト毛髪内の薬物分布を観察した．風邪薬に含有される去痰剤成分ブロムヘキシン（2-amino-3,5-dibromo-*N*-cyclohexyl-*N*-methylbenzylamine）塩酸塩を服用した被験者より毛髪を採取し，アクリル樹脂に包埋し，伸長方向に 1 μm 厚で断片化しプロレン膜に固定し，SPring-8 BL29XU ビームラインの SXFM 装置を用いて 15 keV の X 線ビーム（0.5 μm 角）でイメージング測定した．また，毛髪 1 μm 厚切片を窒化ケイ素膜に固定化し，BL36XU ビームラインの XAFS 装置を用いて Br 吸収端付近のエネルギーの X 線ビーム（0.5 μm 角）でイメージング測定した．Fig.4 に示すように，SXFM 測定では Zn は毛髪コルテックス内の概ね 1 μm 大のメラニン顆粒（Fig.4 (a)，(b) の Zn 分布像では百余りの点として見える）に分布することが観察された．Br は対照毛髪内（Fig.4 (a) 上）ではコルテックス・メデュラに薄く一様に分布（バックグラウンド Br）し，風邪薬服用者毛髪内（Fig.4 (b) 上）では Zn 存在部位と重なった位置（複数個の概ね 1 μm 大の粒子）とコルテックス・メデュラに薄く一様に分布することが観察された．XANES 解析では，対照毛髪内の Br 検出部位の XANES プロフィルは標品 KBr のものと同様であったが（data not shown），Fig.5 に示すように，風邪薬服用者毛髪内の Br 検出部位の XANES プロフィルは KBr または標品アンブロキソール（*trans*-4-［(2-amino-3,5-dibromobenzyl) amino］cyclohexanol，ブロムヘキシン活性代謝物）塩酸塩のプロフィルを示す部位に分かれて観察された．バックグラウンド Br^- は 10 μg/g 程度であり，風邪薬服用に由来するアンブロキソールよりも高濃度であり（data not shown），Br を指標とする SXFM 局在観察には不利である．しかし，Br は Zn 存在部位と重なってその局在が観察され，アンブロキソールと同一の XANES プロフィルが認められ，アンブロキソールはメラニン顆粒に局在すると結論された．

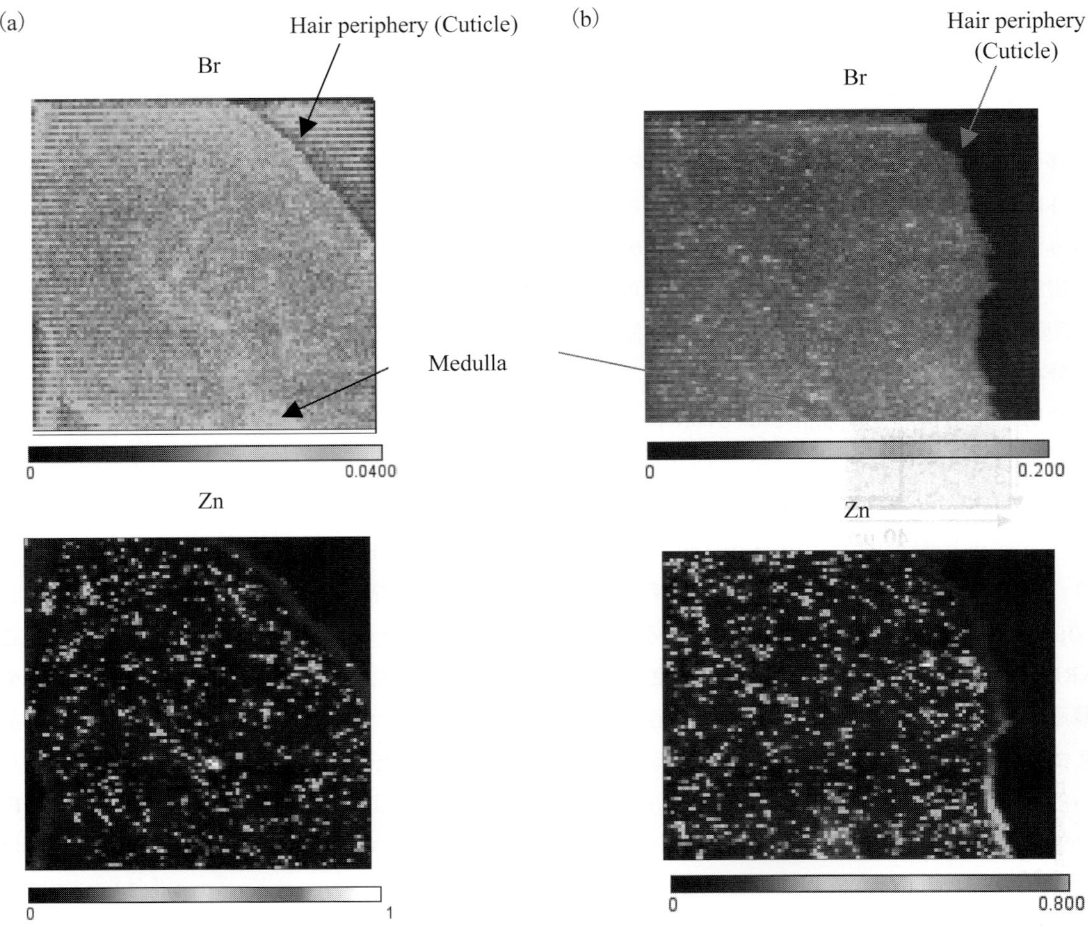

Fig.4 Distribution of bromine and zinc on cross sections of control human hair (a) and bromhexine/ambroxol-containing hair (b). The hair strands were embedded in light curable resin (TOAGOSEI CO., LTD., Japan) on flat rectangular silicone embedding mold A-type (Ladd Research, VT) under blue light illumination (Dentmate Technology Co., Ltd., Taiwan) for 30 sec. One μm cross-section of the embedded hair to the longitudinal direction was prepared by ultramicrotome (HistoCore NANOCUT R, Leica Biosystems, Japan) using a glass knife (8 mm width, Nisshin EM Co., Ltd., Japan). Microtomed 1 μm cuts were immobilized on Prolene® thin-film (4 μm thick, Chemplex Industries, FL) stuck over an acrylic sample holder, and subjected to scanning X-ray fluorescent microscopy (SXFM) at BL29XU beamline (SPring-8)[66]. X-Ray nanobeam (500 × 500 nm) of 15 keV energy was irradiated to the sample under the He atmosphere. A sample was inclined at 60℃ to the incident X-ray beam and set up a silicon drift detector (SDD) (Xflash Detector 1201, Rontec) oriented perpendicular to the X-ray beam and positioned approximately 2 mm from the sample. X-Ray fluorescent spectra were acquired at the scanning pitch of 500 nm/pixel and the dwell time of 1 sec/pixel.

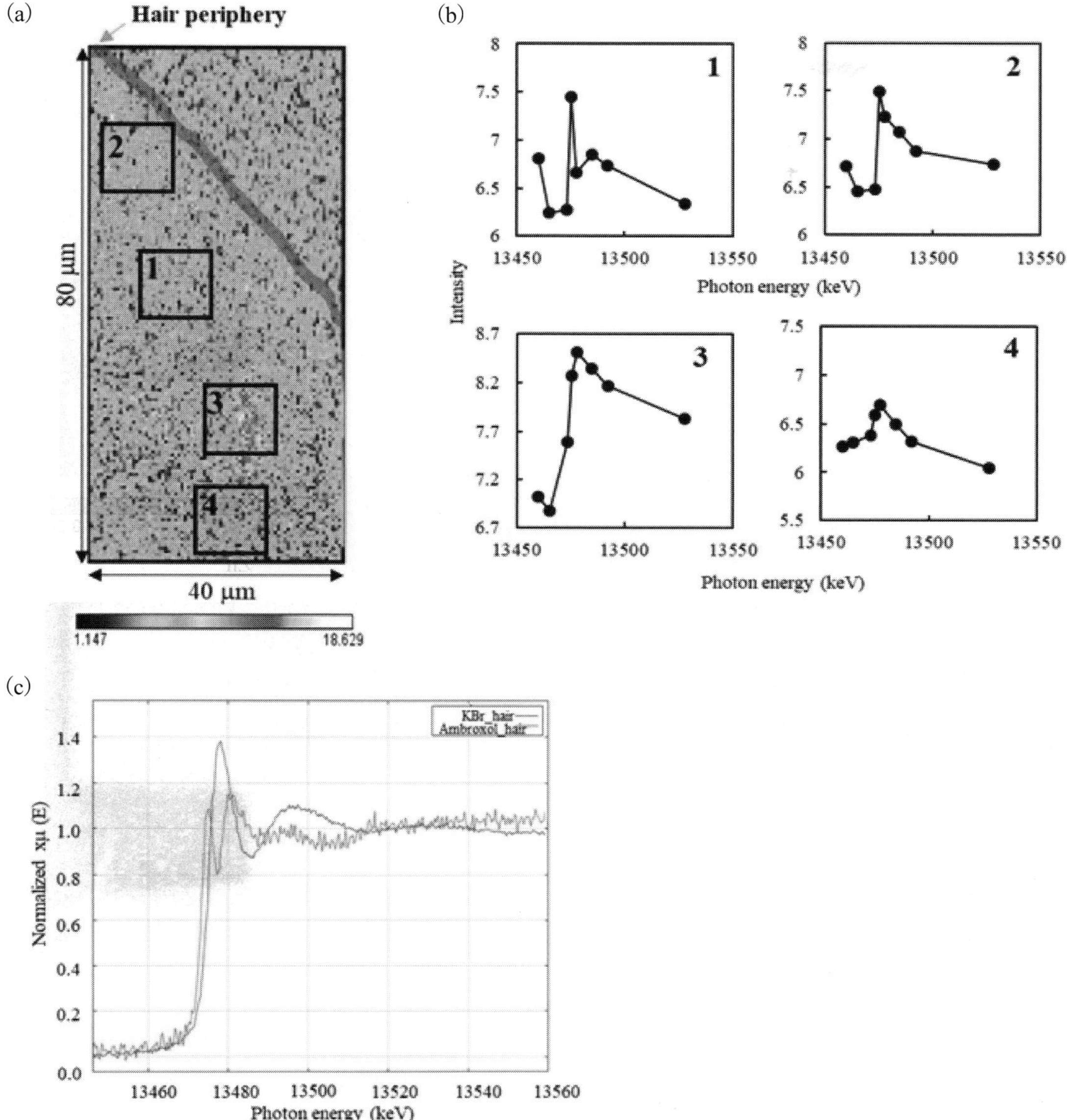

Fig.5 X-Ray absorption near edge structure profiles of areas of hair cross section from bromhexine-taking subject. The 1 μm thick hair cross section was immobilized on silicon nitride membrane chip (MEM-N020027/10M, 0.27 μm thickness, NTT Advanced Technology Co., Ltd, Japan), and subjected to X-ray absorption fine structure (XANES) imaging at BL36XU beamline (SPring-8)[68] (X-ray energy: 13.460, 13.465, 13.473, 13.475, 13.478, 13.485, 13.492, 13.528 keV; fluorescence mode; scanning pitch: 500 nm/pixel; dwell time: 1 sec/pixel). Chart (a) shows 13.475 keV X-ray fluorescent map. (b) The eight XANES point fluorescent intensities of the 20×20 measuring pixels in 4 different areas (a: 1-4) were averaged and presented as the fluorescent intensity profile at 8 different X-ray energy. (c) XANES profiles of hair strands impregnated with potassium bromide (blue) and ambroxol hydrochloride (red). The hair strands were subjected to XANES analysis in transmission mode. One quick scan per 5 sec. The absorber of aluminum membrane (0.63 mm) was inserted at X-ray incident beam just before the sample.

4. 軟X線吸収分光マイクロイメージング

法執行機関による指紋検査は，犯罪・災害事案において個人識別目的でルーチン的に実施されている．個人の特定には，現場で採取された指紋の紋様を被疑・被害者から採取された対照指紋やデータベース内の登録指紋と比較することによって行われるが，指紋には個人の履歴が痕跡として残され，年齢・性別・人種・生活様式や接触した物質（違法薬物・爆発物成分など）に関する情報も入手可能である．証拠物上の指紋に対して，微細粒子を付着させたり，指紋中のアミノ酸などのアミノ基をニンヒドリン反応で発色させたり，指紋中の水分をシアノアクリレート蒸気と反応させて発色したりして，潜在指紋を顕在化する．FT/IR イメージングや MS イメージング，抗体標識ナノ粒子を用いた

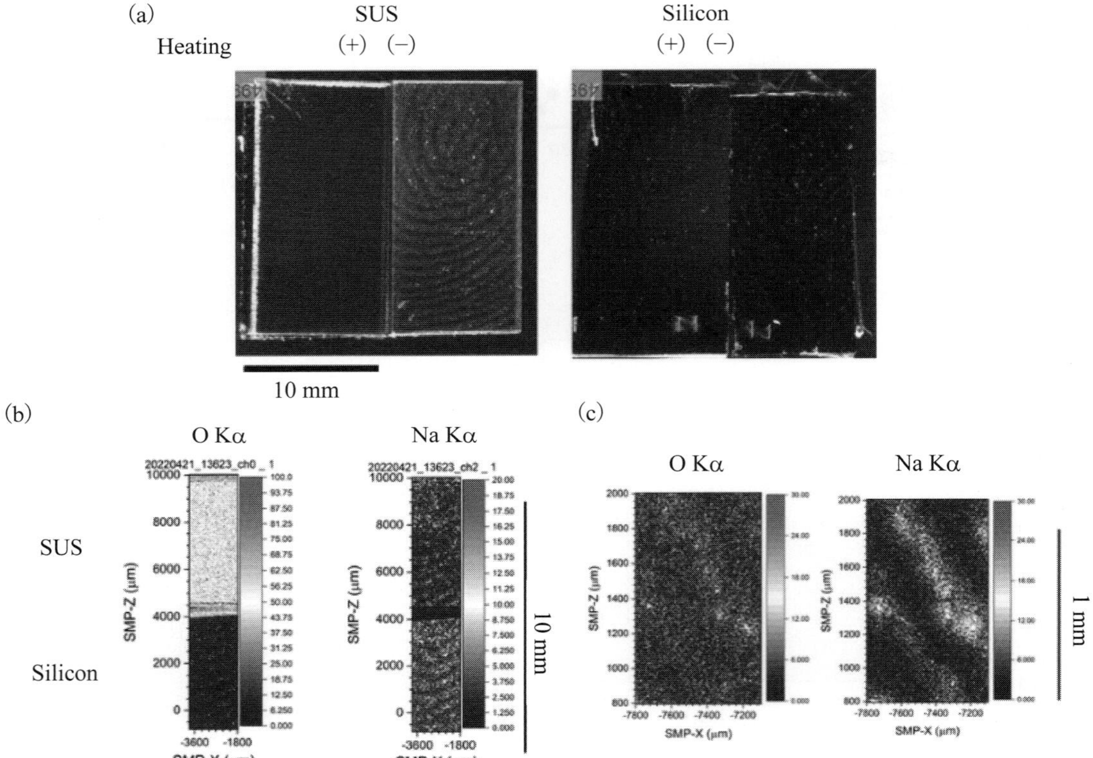

Fig.6 Visualization of latent fingerprint by soft X-ray scanning fluorescent microscopy. The fingerprints were taken by pushing the index finger on silicon or stainless steel (SUS) plates. One plate was heated at 400℃ for 1 hr. The untreated and heated fingerprint samples on the plate ((a), optical view photographed under coaxial unilateral illumination by visible light microscope (VHX-6000, Keyence, Osaka, Japan)) was set on sample holder in SXFM instrument at BL17SU beamline (SPrinng-8) [76]. X-Ray nanobeam (500 × 500 nm) of 1.5 keV energy was irradiated to the sample under the vacuum condition. A sample was inclined at 30℃ to the incident X-ray beam and set up a SDD (Ametek XR-100FASTSDD) oriented perpendicular to the X-ray beam. (b) Untreated fingerprint samples on silicon and SUS plates were measured by SXFM, where the peaks of O α and Na α lines were scanned by 40 μm scanning intervals. (c) Heated fingerprint samples on silicon plate was measured by SXFM, where the peaks of O α and Na α lines were scanned by 10 μm scanning intervals.

イメージング技術も用いられている．現場の物体に付着した指紋を転写して指紋検査を行うこともある．放射光を用いる指紋分析技術としては，FT/IR 法による指紋成分検査[69-72]，爆発物検出[73, 74]，XPS 分析による指紋付着成分の検出[75]，が報告されている．比較的に鮮明な指紋に対しては，従来の検査法で十分指紋の可視化が可能であるが，不鮮明な指紋に対しては明瞭化することが必要である．しかし，往々にして指紋検出に至らない場合が多く，現場鑑識員は諦めてしまう．特に，火災現場では加熱によって現場の指紋の大部分は消失し，指紋照合はほぼ不可能となる．発砲事件で証拠資料となる薬莢からの指紋検出も現時点ではほぼ不可能である．我々は，加熱処理した指紋の検出に関して放射光軟X線吸収分光分析を行った．額に触った手または手袋内で汗をかかせた手を各種基板（シリコン，アルミ，ステンレス，ガラス）に押し付け指紋を採取し，一部は400℃で加熱処理した．基板上の未処理（非加熱），加熱処理した指紋を専用試料台にマウントし，SPring-8 の BL17SU ビームラインにおいて真空状態で SXFM 測定[76, 77]（1.2～2.8 keV，0.5～10 μmϕ プローブ，15～40 μm ステップスキャン），光電子顕微鏡観察（PEEM）[77, 78]を行った．Fig.6 (a) に示すように，未処理の指紋試料に対しては光学顕微鏡で隆線の確認ができたが，加熱処理した指紋試料に対しては，シリコン基板上で隆線がかすかに認められた以外は，光顕観察，FT/IR 装置，SEM-EDX などの法科学汎用ラボ装置測定で指紋隆線が確認できなかった（data not shown）．軟X線 SXFM 測定では，1.5 keV 励起エネルギーX線照射下 O Kα 蛍光検出では不鮮明なところ Na Kα 蛍光検出によりシリコン基板上の指紋隆線が確認できたが（Fig.6 (b)，(c)），ステンレス基板上では確認できなかった．しかし，1.2 keV 励起エネルギーX線照射下では，1.5 keV 照射で励起される元素による干渉が低減し，Na Kα 蛍光検出によりガラス基板上を除いてステンレス基板，アルミ基板上の加熱処理指紋が確認できた（data not shown）．また，Fig.7 に示すように，PEEM 測定では，加熱処理

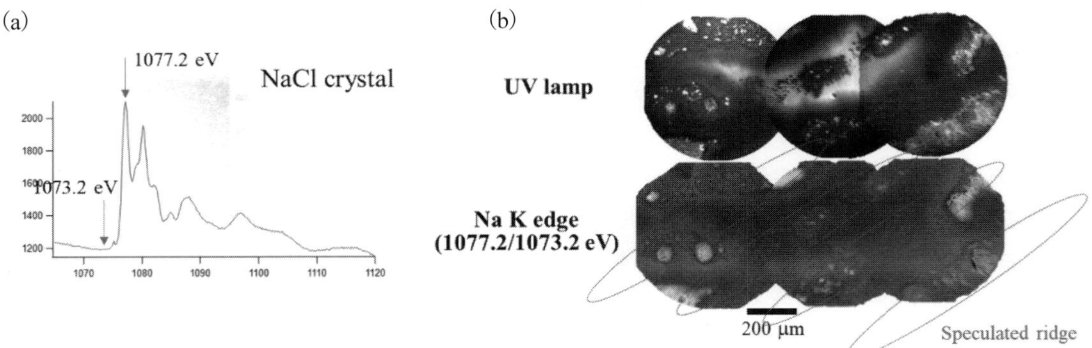

Fig.7 Visualization of latent fingerprint by soft X-ray photoelectron emission microscopy (PEEM). The heated fingerprint samples on the silicon plate were set on the sample holder in PEEM instrument at BL17SU beamline (SPring-8)[78]. An ultra-violet (UV) lamp was also used as the excitation source. (a) Sodium crystal was measured to obtain PEEM spectrum as reference Na spectrum. (b) PEEM images excited by UV lamp and soft X-ray (presented as Na-K edge derived from the quotient of Na K edge peak intensity at 1077.2 eV divided by the baseline intensity at 1073.2 eV) are shown.

した指紋試料に対して，Na 吸収端エネルギー光電子検出によりすべての基板上（ガラス基板はチャージアップ防止のために事前に Ti 蒸着）の指紋隆線が確認できた．従来の指紋顕在化技術では加熱の影響を受けると指紋の検出は不可能なところ，放射光軟 X 線吸収分光測定により指紋を検出することが可能となった．

5. 結　論

放射光が誕生し，その技術利用が定着して，放射光が法科学に応用され最初にその大きな成果が注目されたのは，和歌山毒物カレー事件裁判で蛍光 X 線分析による亜ヒ酸中の微量元素プロファイリングが果たした鑑定結果であった．それ以降，放射光は XRF 分析や FT/IR 分析を中心に法科学検査として活用されてきたが，近年性能が格段に向上したラボ分析技術の科学捜査への寄与が顕著となり，放射光を用いなくても科学捜査はにより十分事件は解決できると思われるようになっている．しかし，放射光技術もこの 20 年で目まぐるしい進化を遂げ，第四世代放射光施設の運用が始まっている．理研 RSC 法科学研究グループはこの状況で誕生して数年になる．最先端放射光技術を使うまでもなく，この 10 年で定着した高性能な放射光技術を活用すれば，現状の法科学技術では解決不可能な事象に対して捜査に決定的に寄与できると確信する．本総説では，放射光分野では汎用されている SAXS/WAXD 分析や単結晶 XRD 分析，マイクロビーム放射光を使った化学形態情報も伴うサブ μm での元素分布観察を活用し，法科学で主要な対象である違法薬物，単繊維，毛髪，指紋の試料とした分析結果を紹介したが，この成果が放射光の法科学キラーアプリケーションとなり，放射光法科学技術開発のブレークスルーとなることを期待する．

謝　辞

本研究の実施に当たっては，JSPS 科学研究費（22H01732, 21K17329）の補助を受けている．SPring-8 での放射光実験は，共用ビームライン課題 2021A1275，2021B1617，2022A1198，2022B1590，理研ビームライン課題 20200071，20200072，20210054，20210085，20220023，20220024，20230007，20240007 で実施した．㈱日立製作所中央研究所研究員岩井貴弘氏には，繊維 SAXS/WAXD 測定，毛髪薬物分布解析の実験を担当していただきました．紡糸ポリエステル繊維は，東洋紡㈱グループリーダー船城健一氏より供与いただきました．BL02B1 での XRD 測定に当たっては，㈱リガク研究員菊池貴氏，JASRI 研究員中村唯我氏に協力いただきました．BL05XU での SAXS/WAXD 測定に当たっては，東北大学国際放射光イノベーション・スマート研究センター准教授星野大樹氏，JASRI 主幹研究員増永啓康氏に協力いただきました．BL17SU での SXFM/PEEM 測定に当たっては，理研 RSC チームリーダー大浦正樹氏，研究員濱本諭氏に協力いただきました．BL29XU での SXFM 測定に当たっては，理研 RSC チームリーダー香村芳樹氏，名古屋大学大学院工学研究科教授松山智至氏，大阪大学大学院工学研究科助教山田純平氏，BL36XU での XANES イメージング測定に当たっては，JASRI 研究員宇留賀朋哉氏，金子拓真氏に協力いただきました．SPring-8 ビームラインのスタッフの方々には，放射光測定準備に当たって協力いただきました．感謝申し上げます．

参考文献

1) 日本の科学技術を支える SPring-8 のこれから, pen+, (2023), (CCD メディアハウス).
2) 瀬戸康雄：ぶんせき, **2021** (10), 547-551 (2021).
3) I. M. Kempson, K. P. Kirkbride, W. M. Skinner: *J. Coumbaros*: *Talanta*, **67**, 286-303 (2005).
4) T. J. Wilkinson, D. L. Perry, M., C. Martin, W. R. McKinney, A. A. Cantu: *Appl. Spectrosc.*, **56**, 800-803 (2002).
5) M. Maric, W. van Bronswijk, S. W. Lewis, K. Pitts, D. E. Martin: *Forensic Sci. Int.*, **228**, 165-169 (2013).
6) M. Maric, W. Van Bronswijk, S. W. Lewis, K. Pitts: *Talanta*, **118**, 156-161 (2014).
7) L. Vernoud, H. A. Bechtel, M. C. Martin, J. A. Reffner, R. D. Blackledge: *Forensic Sci. Int.*, **210**, 47-51 (2011).
8) A. Banas, K. Banas, M. Bahou, H. O. Moser, L. Wen, P. Yang, Z. J. Li, M. Cholewa, S. K. Lim, C. H. Lim: *Vib. Spectrosc.*, **51**, 168-176 (2009).
9) K. Banas, A. Banas, H. O. Moser, M. Bahou, W. Li, P. Yang, M. Cholewa, S. K. Lim: *Anal. Chem.*, **82**, 3038-3044 (2010).
10) T. Iwai, S. Honda, S. Watanabe, R. Matsushita, T. Nakanishi, M. Takatsu, T. Moriwaki, M. Yabashi, T. Ishikawa, Y. Seto: *ACS Omega*, **8**, 4285-4293 (2023).
11) 前田豊長, 下田　修, 村津晴司, 下山昌彦, 三崎揮市, 中西俊雄, 二宮利男, 篭島　靖, 高井健吾, 伊吹高志, 横山和司, 竹田普吾, 津坂佳幸, 松井純爾：科警研報告法科学編, **54**, 11-18 (2001).
12) 二宮利男, 村津晴司：放射光, **15**, 96-100 (2002).
13) 寺田靖子, 中井　泉：放射光, **17**, 323-329 (2004).
14) I. Nakai, Y. Terada, M. Itou, Y. Sakurai: *J. Synchrotron Rad.*, **8**, 1078-1081 (2001).
15) S. Suzuki, Y. Suzuki, H. Ohta, M. Kasamatsu,T. Nakanishi: *Anal. Sci.*, **21**, 775-778 (2005).
16) S. Suzuki, Y. Suzuki, H. Ohta, R. Sugita, M. Kasamatsu, Y. Marumo: *Forensic Sci. Int.*, **148**, 55-59 (2005).
17) M. Kasamatsu, Y. Suzuki, T. Nakanishi, O. Shimoda, Y. Nishiwaki, N. Miyamoto, S. Suzuki: *Anal. Sci.*, **21**, 785-787 (2005).
18) Y. Suzuki, M. Kasamatsu, S. Suzuki, T. Nakanishi, M. Takatsu, S. Muratsu, O. Shimoda, S. Watanabe, Y. Nishiwaki, N. Miyamoto: *Anal. Sci.*, **21**, 855-859 (2005).
19) 鈴木康弘, 笠松正昭, 杉田律子, 太田彦人, 鈴木真一, 中西俊雄, 斉藤恭弘, 下田　修, 渡邉誠也, 西脇芳典, 二宮利男：法科学技術, **11**, 149-158 (2006).
20) 中西俊雄, 西脇芳典, 宮本直樹, 下田　修, 渡邉誠也, 村津晴司, 高津正久, 寺田靖子：法科学技術, **11**, 177-183 (2006).
21) Y. Nishiwaki, T. Nakanishi, Y. Terada, T. Ninomiya, I. Nakai: *X-Ray Spectrom.*, **35**, 195-199 (2006).
22) 笠松正昭, 吉川ひとみ, 東川佳靖, 鈴木康弘, 鈴木真一, 中西俊雄, 高津正久, 下田　修, 渡邉誠也, 西脇芳典, 宮本直樹：分析化学, **56**, 1159-1164 (2007).
23) 西脇芳典, 高津正久, 宮本直樹, 渡邉誠也, 下田　修, 村津晴司, 中西俊雄, 中井　泉：分析化学, **56**, 1045-1052 (2007).
24) T. Nakanishi, Y. Nishiwaki, N. Miyamoto, O. Shimoda, S. Watanabe, S. Muratsu, M. Takatsu, Y. Terada, Y. Suzuki, M. Kasamatsu, S. Suzuki: *Forensic Sci. Int.*, **175**, 227-234 (2008).
25) Y. Nishiwaki, S. Watanabe, O. Shimoda, Y. Saito, T. Nakanishi, Y. Terada, T. Ninomiya, I. Nakai: *J. Forensic Sci.*, **54**, 564-570 (2009).
26) 石井健太郎, 竹川知宏, 大前義仁, 西脇芳典, 蒲生啓司：分析化学, **64**, 867-874 (2015).
27) 笠松正昭, 鈴木康弘, 鈴木真一, 宮本直樹, 渡邉誠也, 下田　修, 高津正久, 中西俊雄：分析化学, **59**, 537-541 (2010).
28) 竹川知宏, 石井健太郎, 西脇芳典, 蒲生啓司：分析化学, **64**, 625-630 (2015).
29) Y. Nishiwaki, T. Takekawa: *J. Forensic Sci.*, **64**, 1034-1039 (2019).
30) 西脇芳典, 石井健太郎, 竹川知宏, 蒲生啓司：法科学技術, **21**, 67-73 (2016).
31) Y. Nishiwaki, S. Honda, T. Yamato, R. Kindo, A. Kaneda, S. Hayakawa: *J. Forensic Sci.*, **65**, 1474-1479 (2020).
32) S. Muratsu, T. Ninomiya, Y. Kagoshima, J. Matsui: *J. Forensic Sci.*, **47**, 944-949 (2002).
33) 高津正久, 宮本直樹, 村津晴司, 福井貞夫, 西脇芳典：法科学技術，**12**，217-222（2007）.

34）青木英士，保倉明子，中井　泉，寺田靖子：法科学技術，**13**，25-36（2008）.

35）W. S. K. Bong, I. Nakai, S. Furuya, H. Suzuki, Y. Abe, K. Osaka, T. Matsumoto, M. Itou, N. Imai, T. Ninomiya: *Forensic Sci. Int.*, **220**, 33-49 (2012).

36）A. Funatsuki, M. Takaoka, K. Shiota, D. Kokubo, Y. Suzuki: *Chem. Lett.*, **43**, 357-359 (2014).

37）A. Funatsuki, K. Shiota, M. Takaoka, Y. Tamenori: *Forensic Sci. Int.*, **250**, 53-56 (2015).

38）村松康司，丸山瑠菜，E. M. Gullikson：X 線分析の進歩，**51**，179-190（2020）.

39）H. Komatsu, T. Nakanishi, Y. Seto, Y. Nishiwaki: *Spectrochim. Acta B*, **209**, 106785 (2023).

40）R. Kondo, T. Yamato, A. Munoz-Noval, S. Honda, Y. Nishiwaki, K. Komaguchi, S. Hayakawa: *J. Anal. Atom. Spectrom.*, **36**, 1041-1046 (2021).

41）S. Watanabe, T. Kikuchi, T. Iwai, R. Matsushita, M. Takatsu, S. Honda, T. Nakanishi, Y. Nakamura, Y. Seto: *Forensic Chem.*, **33**, 100480 (2023).

42）T. Hashimoto, S. Honda, N. Yasuda, S. Kimura, S. Hayakawa, Y. Nishiwaki, M. Takata: *Adv. X-ray Anal.*, **59**, 169-175 (2015).

43）T. Hashimoto, R. Hanajiri, N. Yasuda, Y. Nakamura, N. Mizuno, S. Honda, S. Hayakawa, Y. Nishiwaki, S. Kimura: *Powder Diffract.*, **32**, 112-117 (2017).

44）Y. Inokuma, S. Yoshioka, J. Ariyoshi, T. Arai, M. Fujita: *Nature Protocol*, **9**, 246-252 (2014).

45）R. Tomisawa, T. Ikaga, K. H. Kim, Y. Ohkoshi, K. Okada, H. Masunaga, T. Kanaya, M. Masuda, Y. Maeda: *Polymer*, **116**, 357-366 (2017).

46）I. M. Kempson, E. Lombi: *Chem. Soc. Rev.*, **40**, 3915-3940 (2011).

47）J. Bantignies, G. L. Carr, D. Lutz, S. Marull, G. P. Williams, G. Fuchs: *J. Cosmet. Sci.*, **51**, 73-90 (2000).

48）K. L. A. Chan, S. G. Kazarian, A. Mavraki, D. R. Williams: *Appl. Scpectrosc.*, **59**, 149-155 (2009).

49）V. Stanic, F. C. B. Maia, R. D. O. Freitas, F. E. Montoro, K.Evans-Lutterodt: *Nanoscale*, **10**, 14245-14253 (2018).

50）L. Bildstein, A. Deniset-Besseau, I. Pasini, C. Mazilier, Y. W. Keuong, A. Dazzi, N. Baghdadli: *Anal. Chem.*, **92**, 11498-11504 (2020).

51）V. Trunova, N. Parshina, V. Kondratyev: *J. Synchrotron Rad.*, **10**, 371-375 (2003).

52）Y. Tong, H. Sun, Q. Luo, J. Feng, X. Liu, F. Liang, F. Yan, K. Yang, X. Yu, Y. Li, J. Chen: *Biol. Trace Elem. Res.*, **142**, 380-387 (2011).

53）J. Chikawa, Y. Mouri, H. Shima, K. Yamada, H. Yamamoto, S. Yamamoto: *J. X-Ray Sci. Technol.*, **22**, 471-491 (2014).

54）J. Chikawa, Y. Mouri, H. Shima, K. Yamada, H. Yamamoto, S. Yamamoto: *J. X-Ray Sci. Technol.*, **22**, 587-603 (2014).

55）R. R. Martin, I. M. Kempson, S. J. Naftel, W. E. Skinner: *Chemosphere*, **58**, 1385-1390 (2005).

56）P. Chevallier, I. Ricordel, G. Meyer: *X-Ray Spectrom.*, **35**, 125-130 (2006).

57）A. Iida, T. Noma: *Nucl. Instrum. Metod. Phys. Res., B*, **82**, 129-138 (1993).

58）C. Merigoux, F. Briki, F. Sarrot-Reynauld, M. Salome, B. Fayard, J. Susini, J. Doucet: *Biochim. Bipphys. Acta*, **1619**, 53-58 (2003).

59）K. O. Lorentz, W. deNolf, M. Cotte, G. Ioannou, F. Foruzanfar, M. R. Zaruri, S. M. S. Sajjadi: *J. Archaeol. Sci.*, **120**, 105193 (2020).

60）I. M. Kempsom, D. A. Henry, J. Francis: *J. Synchrotron Rad.*, **16**, 422-427 (2009).

61）I. M. Kempsom, D. A. Henry: *Angewandt. Chem. Int. Ed.*, **49**, 4237-4240 (2010).

62）I. Kakoulli, S. V. Prikhodko, C. Fisher, M. Cilluffo, M. Uribe, H. A. Bechtel, S. C. Faka, M. A. Marcus: *Anal. Chem.*, **86**, 521-526 (2014).

63）L. Bertrand, J. Douycet, P. Dumas, A. Simionovici, G. Tsoucaris, P. Walter: *J. Synchrotron Rad.*, **10**, 387-392 (2023).

64）Y. Kajiura, S. Watanabe, T. Itou, K. Nakamura, A. Iida, K. Inoue, N. Yagi, Y. Shinohara, Y. Amemiya: *J. Struct. Biol.*, **155**, 438444 (2006).

65）V. Stanic, J. Bettini, F. E. Montoro, A. Stein, K. Evans-Lutterodt: *Sci. Rep.*, **5**, 17347 (2015).

66）S. Matsuyama, M. Shimura, M. Fujii, K. Maeshima, H. Yumoto, H. Miura, Y. Sano, M. Yabashi, Y. Nishino, K. Tamasaku,Y. Ishizaka, T. Ishikawa, K. Yamauchi;

X-Ray Spectrom., **39**, 260-266 (2010).

67) S. Matsuyama, K. Maeshima, M. Shimura: *J. Anal. Atom. Spectrom.*, **35**, 1279-1294 (2020).

68) S. Takao, O. Sekizawa, G. Samjecke, S. Nagamatsu, T. Kaneko, T. Yamamoto, K. Higashi, K. Nagasawa, T. Uruga, Y. Iwasawa: *J. Phys. Chem. Lett.*, **6**, 2121-2126 (2015).

69) A. Grant, T. L. Wilkinson, D. R. Holman, M. C. Martin: *Appl. Spectrosc.*, **59**, 1182-1187 (2005).

70) B. N. Dorakumbura, R. E. Boseley, T. Becker, D. M. Martin, A. Richer, M. J. Tobin, W. van Bronswijk, J. Vongsvivut, M. J. Hackett, S. W. Lewis: *Analyst*, **145**, 4027-4039 (2018).

71) R. E. Boseley, J. Vongsvivut, D. Appadoo, M. J. Hackett, S. W Lewis: *Analyst*, **147**, 799-810 (2022).

72) R. E. Boseley, B. N. Dorakumbura, D. L. Howard, M. D. De Jonge, M. J. Tobin, J. Vongsvivut, T. T.M. Ho, W. van Bronswijk, M. J. Hackett, S. W. Lewis: *Anal. Chem.*, **91**, 10622-10630 (2019).

73) A. Banas, K. Banas, M. B. H. Breese, J. Loke, B. H. Teo, S. K. Kim: *Analyst,* **137**, 3459-3465 (2012).

74) A. Banas, K. Banas, M. B. H. Breese, J. Loke, S. K. Kim: *Anal. Bioanal. Chem.*, **406,** 4173-4181 (2014).

75) A. Erdogan, M. Esen, R. Simpson: *J. Forensic Sci.*, **65**, 1730-1735 (2020).

76) M. Oura, T. Ishihara, H. Osawa, H. Yamane, T. Hatsui, T. Ishikawa: *J. Synchrotron Rad.*, **27**, 664-674 (2020).

77) T. Ishihara, T. Ohkochi, A. Yamaguchi, Y. Kotani, M. Oura: *PLOS ONE*, **15**, e0243874 (2020).

78) T. Ohkochi, H. Osawa, A. Yamaguchi, H. Fujiwara, M. Oura: *Jap. J. Appl. Phys.*, **58**, 118001 (2019).

解　説

波長分散型時間分解 XAFS を用いた金属の破壊メカニズム解明

丹羽尉博 [a*, b]

Study of the Fracfure Mechanism of Metals Using Dispersive XAFS

Yasuhiro NIWA[a*, b]

[a] Photon Factory, Institute of Materials Structure Science,
High Energy Accelerator Research Organization
1-1 Oho, Tsukuba, Ibaraki, 305-0801, Japan
[b] Materials Structure Science, The Graduate University for Advanced Studies, SOKENDAI
1-1 Oho, Tsukuba, Ibaraki, 305-0801, Japan

(Received 18 January 2025, Revised 24 January 2025, Accepted 25 January 2025)

Understanding metal fracture is important for controlling the mechanical properties of structural materials and designing safety margins. However, the atomic structure at the moment of fracture is difficult to characterize experimentally and is controversial. In addition, since the fracture phenomenon is an irreversible process that occurs in an extremely short time and is not repeatable, we have developed a new measurement system that combines lasers and time-resolved XAFS to clarify such irreversible single phenomena. In this study, we measured the nanosecond-scale structural changes that occur during the destruction of copper by applying laser shock and simultaneously probing with synchrotron X-ray pulses. Time-resolved measurements of X-ray absorption and diffraction showed that the deformation changes irreversibly, and elastic deformation (0 to 20 ns) seconds is replaced by atomic-scale local displacement (20 to 50 ns), and at the moment of fracture (50 to 320 ns), it is clear that the local structure changes to a state with an uneven atomic structure while maintaining long-range order. This peculiar state triggers metal fracture. Therefore, it is expected that by controlling the formation of this state, it will be possible to suppress fracture and develop long-life, high-tolerance metallic materials.
[Key words] XAFS, XRD, Time-resolved measurement, Metal fracture

金属の破壊を理解することは，構造材料の機械的特性を制御し，安全マージンを設計する上で重要である．しかし，破壊の瞬間の原子構造は実験的に特徴付けることが難しく，議論の余地がある．また破壊現象は極短時間で起こる繰り返し再現性のない不可逆な過程であるため，このような不可逆な単発現象を明らかにするため，レーザーと時間分解 XAFS 法を組み合わせた新たな計測システムを開発した．本研究では銅にレーザー衝撃を与え，それと同時に放射光 X 線パルスでプローブすることにより，破壊時に生じるナノ秒スケー

a 大学共同利用機関法人高エネルギー加速器研究機構物質構造科学研究所放射光実験施設　茨城県つくば市大穂 1-1　〒 305-0801
＊連絡著者：yasuhiro.niwa@kek.jp
b 総合研究大学院大学物質構造科学コース　茨城県つくば市大穂 1-1　〒 305-0801

ルの構造変化を測定した．X線吸収と回折の時間分解計測から，変形が不可逆的に変化することが示された．その結果弾性変形(0～20 ns)が原子スケールの局所的な変位(20～50 ns)に取って代わられ，破壊の瞬間(50～320 ns)には，長距離秩序を維持しながら局所構造は不均一な原子構造を持つ状態に変化することが明らかになった．この特異な状態が金属破壊の引き金となる．したがって，この状態の形成を制御することで，破壊を抑制し，長寿命，高耐性の金属材料の開発が可能になると期待される．

[キーワード] X線吸収分光，X線回折，時間分解計測，金属破壊

1. はじめに

鋼を含む金属や合金は，橋梁，建築物，自動車，航空機，ロケットなどに広く使用されている．したがって，これらの構造材料の破壊過程を理解することは，機械的特性をより適切に制御し，設計上の安全マージンなどの経験的パラメータの意味を合理化する上で，非常に重要である．低いひずみ速度(例えば0.1～1.0 s^{-1})でひずみを増加させることによって機械的負荷をかけると，典型的な金属は，試料中で均一に進行する転位の形成と移動により，弾性変形から塑性変形への静的に変化する[1]．しかし，破断の瞬間には，鋼材では300 m/sの速度でき裂が伝播する[2]．動的変化(10^6 s^{-1}を超える速いひずみ速度に対応)は，金属内の特定の箇所で一度に進行すると予想され，その位置を事前に予測することは困難である．このように，材料内でいつ，どこで，き裂が発生し進展するかを予測し，発生したき裂周辺の原子構造の動的変化を実験的に観察することは，依然として非常に困難な課題である．

その代わりに，高強度レーザーを試料に照射し，そのタイミングで破壊モーメントを制御することによってき裂先端近傍だけでなく試料全体が均等に強く変形するレーザー衝撃実験[3-5]により金属の原子構造の動的変化が研究されている．これらの研究では，レーザー衝撃を受けた試料の透過型電子顕微鏡(TEM)を観察することにより，試料中の残留した微細構造(microstructure)がレーザー照射によって発生する圧力とレーザーパルスの時間幅に大きく依存することが示された[3, 4, 6, 7]．

レーザー衝撃のタイミングを制御できるようになったことで，放射光やX線自由電子レーザー(XFEL)を用いたX線回折(XRD)やX線吸収微細構造(XAFS)分光によって，ナノ秒以下の時間分解能で金属の原子構造の動的変化をその場で観察できるようになった．レーザー衝撃を受けた銅は，XRD[8-10]，XAFS[11]，分子動力学(MD)シミュレーション[12, 13]によって研究されており，他にもレーザー衝撃による鉄，タンタル，バナジウム，チタンの構造変化に関する研究が，XAFS[14-17]，XRD[18-22]，MD[15, 23, 24]によってそれぞれ報告されている．

銅は典型的なfcc構造を有する金属であり，これまで様々な手法で研究されてきた．例えばレーザー衝撃を受けた単結晶の銅を*in situ* XRDとXAFSを用い動的観察することにより，レーザー衝撃後に双晶化や積層欠陥が発生すること，残留した微細構造は結晶方位，圧力，レーザーのパルス幅に依存することが示されている[3, 4, 6, 7, 25]．近年，多結晶金属における衝撃波の伝播と衝撃による変形が研究されており，単結晶やアモルファスとは異なる挙動が予想されている[26-28]．レーザー衝撃を受けた多結晶銅で

は，一次元の弾性変形から三次元の塑性変形が数十 ps[9, 20] 以内で起こること，またレーザー衝撃を受けた多結晶アルミニウムでは，数 ns 以内で再結晶化することなどが示された[23]．速いひずみ速度（10^8～10^{11} s^{-1}）における変形メカニズムに関する研究には MD シミュレーションが用いられ，一次元から三次元への圧縮によるひずみの進展[12, 13]と，銅におけるボイドの核生成と成長が示されている[10]．

これらの先行研究では，レーザー衝撃を受けた多結晶銅は，数十 ps の間に一次元の弾性変形から三次元の塑性変形を生じ，速いひずみ速度での変形が転位の高密度の核生成とその移動を引き起こし，圧力が緩和された後に転位の移動が進行することが示されている．破壊の最終段階では，応力は完全に緩和された状態に近いが，多結晶銅の場合，試料は部分的に無秩序な状態にあることが示唆されている[10]．しかし，多くのシミュレーションは，多数の原子を長時間プローブする計算上の困難さから，空間スケールは 1 μm 未満，時間スケールは 1 ns 未満に制限されている．さらに，レーザー衝撃を受けた多結晶金属の最終段階（t > 10 ns）における原子構造の動的変化に関する実験的研究はほとんど報告されておらず，いつ，どのようにして破壊が始まり進行するのかという根本的な疑問に答えるためには，破壊の動的プロセスの理解が必要であるにも関わらず，実験的にも理論的にも十分に研究されてこなかったのが実情である．そこで我々は破壊の起点となるトリガーサイトに関する情報を得るため，破壊の瞬間の原子構造変化を実験的に決定した．破壊の最終段階では原子レベルで無秩序な状態となっていることが予想されるため，XAFS と XRD を用いて動的観察を行い，短距離離秩序（SRO；<1 nm）と長距離離秩序（LRO；>10 nm）の両方の観点から原子構造の変化を明らかにした．

2. 実　験

高強度パルスレーザーを照射した際の銅の構造変化をナノ秒の時間スケールでモニターすることで，破壊メカニズムを調べた．銅の原子構造の変化は，時間分解波長分散型 XAFS（Dispersive XAFS：DXAFS）[11, 29, 30] と時間分解 XRD[31, 32] によって時分割計測することにより調べられ，それぞれ短距離離（<1 nm）と長距離離（>10 nm）の原子構造を評価した．

2.1 試　料

銅（fcc 構造）が研究対象として選ばれたのは，鉄とは異なり，高圧下や融解までその構造を維持し，相転移や相変態を起こさないからである．そのため，構造相転位，変態の影響を考慮することなく，レーザー衝撃による変形から破壊への変化を調べることができる．試料は厚さ 5 μm の多結晶銅箔（ニラコ社製，99.9 wt%）を用いた．同様の条件で行われた研究[21] によると，レーザー衝撃によって誘発された最大圧力は，shock-impedance matching method[33, 34] を用いて 2.7 GPa と見積もられた．

レーザー衝撃によって破壊された銅は，試料位置からレーザー照射方向に約 50 mm 離れた位置に設置されたエアロゲルを用いて回収された．エアロゲルは宇宙衛星の宇宙塵捕獲用に開発された特殊な発泡体[35]であり，本研究においてもレーザー照射以外による損傷や衝撃を受けることなく，高速破砕または断片化した試料粒子を回収することができた．回収された銅試料を通常の角度掃引型の XAFS 測定を実施した．また収集した銅粒子の微細構造を TEM で観察した．

2.2　波長分散型 XAFS 測定

時間分解波長分散型 XAFS（DXAFS）[29, 30] 測定は，高エネルギー加速器研究機構（KEK）物質構造科学研究所の PF-AR NW2A ビームライン [36] で行った．PF-AR は世界で唯一常時シングルバンチで運転される放射光施設であり，放射光施設から 794 kHz（1.26 μs ごと）で得られる X 線パルスの時間構造を利用した高速時間分解実験に最も適した光源のひとつである．Fig.1 (a) に本研究のために開発したパルスレーザーと DXAFS を組み合わせた計測システムの概略図を示す．DXAFS 測定では，NW2A の真空封止型アンジュレーターから得られる大強度かつ幅広の白色 X 線をポリクロメーターと呼ばれる湾曲結晶に入射した．ポリクロメーターには曲率半径 2 m の Si (111) を用いた．ポリクロメーターにより波長分散した X 線は焦点を結びその後発散する．本研究における X 線焦点サイズは約 $150^{H} \times 225^{V}$ μm（半値全幅：FWHM）であり，その位置に試料を設置した．破壊を誘発するた

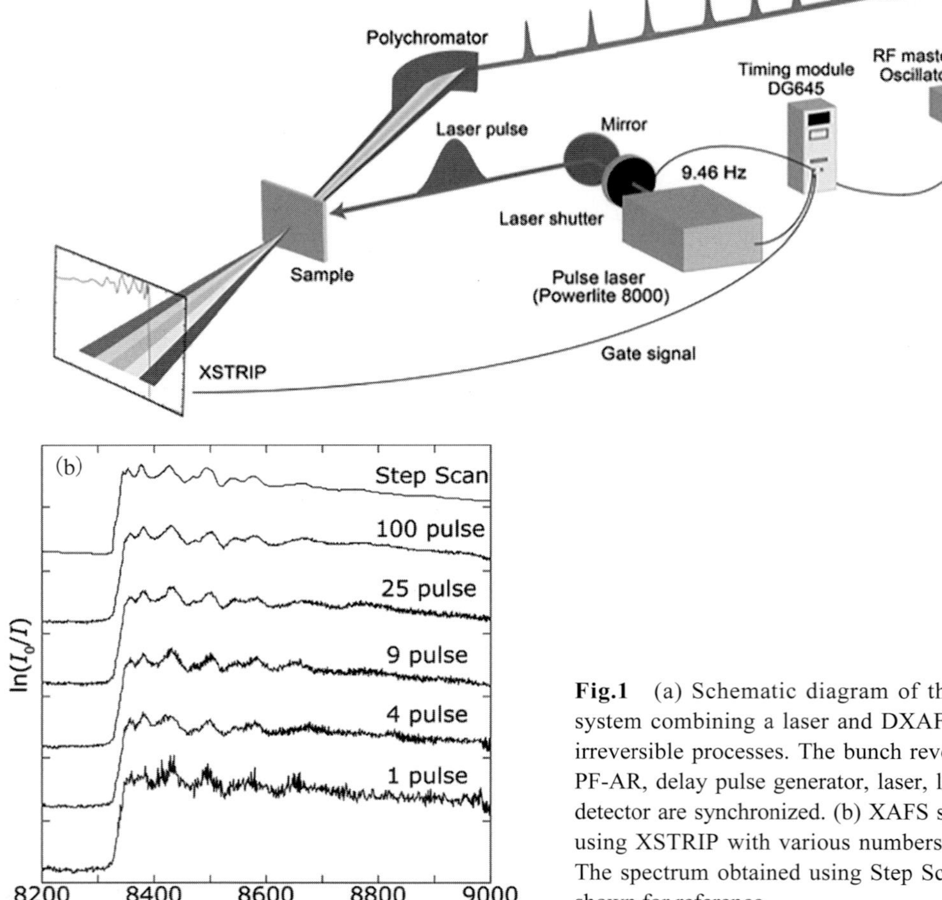

Fig.1　(a) Schematic diagram of the measurement system combining a laser and DXAFS for observing irreversible processes. The bunch revolution signal of PF-AR, delay pulse generator, laser, laser shutter, and detector are synchronized. (b) XAFS spectra of Ni foil using XSTRIP with various numbers of X-ray pulse. The spectrum obtained using Step Scan mode is also shown for reference.

めのレーザーには波長 1064 nm の Q スイッチ Nd：YAG レーザー（Powerlite8000；Continuum）を用いた．レーザー強度およびパルス幅はそれぞれ 1.3 J/pulse，10 ns である．レーザーサイズは試料の X 線照射位置よりも充分に大きな 300 μmϕ（FWHM）に調整した．試料を透過し発散した X 線を最短露光時間が 0.5 μs である一次元検出器（シリコンマイクロストリップ検出器（XSTRIP））[37, 38] により位置敏感に計測することにより一切の機械的動作なしで，1 パルスの X 線のみによる XAFS スペクトルを得た [11]．Fig.1 (b) に XSTRIP を用いて X 線パルス数を様々に変化して得られたニッケル箔の XAFS スペクトルを示す．XAFS スペクトルは吸収端ジャンプ量で規格化したが，スムージングなどの処理はしていない生データである．1 パルスの X 線で得られたスペクトルの S/N 比は悪いものの，ニッケルの XAFS スペクトルに特徴的なスペクトル構造をよく再現した．測定に用いた X 線パルス数を増やすに従い S/N 比は改善し，9 パルス分の X 線を積分することで通常の角度掃引法（Step Scan）で得られたスペクトルと比較してもその質には何ら遜色なく，充分に解析に耐えるスペクトルが得られることが明らかである．PF-AR から得られる X 線のパルス幅は約 100 ps であることから，本手法を用いれば約 100 ps の時間分解能で XAFS 計測が可能であることを意味しており，本研究で必要となるナノ秒の時間分解能を充分に達成できたことになる．

X 線パルス，レーザーパルス，XSTRIP 検出器のタイミングは，同期しており，遅延発生器（DG645，Stanford Research System Inc.）を用いてレーザーパルスと X 線パルス間の遅延時間 (t) を変化させることにより，レーザーによる破壊発生後の任意の時間の XAFS スペクトルを得た．1 パルスでのスペクトルでは S/N 比が充分ではないため，同じ遅延時間で 50 回の測定を繰り返し，S/N 比の高い XAFS スペクトルを得た．得られた XAFS スペクトルは Demeter パッケージ [39, 40] を用いて解析し，Cu-Cu の配位数，結合距離，デバイワラー因子を決定した．

2.3　時間分解 XRD 測定

時間分解 XRD 測定は，PF-AR NW14A [31] で行った．NW14A では真空封止型アンジュレーターから得られる単色 X 線パルスを X 線パルスセレクターで約 10 Hz まで間引き，$450^{H} \times 250^{V}$ μm（FWHM）に集光した X 線を試料に照射した．レーザーは Powerlite8000 を用い，波長 1064 nm，レーザー強度 0.9 J/pulse，パルス幅 8 ns，レーザーサイズ 490 μmϕ（FWHM））を照射した．回折パターンの測定は直径 165 mm の CCD カメラ（MarCCD165，Rayonix Inc.）を用い，DXAFS と同様にレーザー照射後の様々な遅延時間における XRD パターンを 1 パルスの X 線で測定した．回折パターンは，$2\theta = 20 \sim 27°$ の範囲で，0.06° ステップで測定した．X 線エネルギーとエネルギーバンド幅 $\Delta E/E$ はそれぞれ 15.5 keV，1.56% であり，カメラ長は 84.434 mm とした．実験の詳細については，31)，32) を参照されたい．銅の (111) 面の面間隔 (d_{111}) は，回折パターンの (111) ピークのガウスフィッティングによるカーブフィッティングで決定した．レーザー照射による試料のひずみ ($\Delta\varepsilon$) は以下の式より求めた．

$$\Delta\varepsilon = \sqrt{3}d_{111} / a_0 - 1 \quad (1)$$

ここで a_0 はレーザー衝撃前の銅の格子定数である．

3. 結　果

Fig.2 および Fig.3 にレーザー照射後の各時間における XAFS スペクトルと XRD パターンの変化を示した．また Fig.4 には，EXAFS 解析によって得られた最近接 Cu-Cu 結合距離の変化から見積もられた局所ひずみと，XRD によって決定された長距離ひずみを示しており，それぞれ SRO と LRO の観点から見た原子構造の変化（ひずみ）に対応している．レーザー照射後の変形は，観察された原子構造の変化に応じて，初期（$t = 0 \sim 20$ ns），後期（$t = 20 \sim 50$ ns），最終段階（$t \geq 50$ ns）の 3 段階に分類された．変形後期および最終段階では，XRD ピーク位置が低角度シフトしている．これはレーザー照射によって試料が X 線光軸上に検出器に向かって吹き飛ぶことによりカメラ長が短くなったことが要因である．このため，$t = 18$ ns 以降では，このピークシフトを補正してひずみ量を算出した．また本研究で用いた銅箔は圧延加工され元々転位の入った試料であることからピーク形状を定量的に解釈すること難しいため，ピークの有無と位置のみに着目して解釈した．

3.1　変形の初期段階（$t = 0 \sim 20$ ns）

変形初期（$t = 0 \sim 20$ ns）では，XAFS スペクトル（Fig.2），XRD パターン（Fig.3）に明確な変化は見られなかった．XAFS スペクトルでは，規

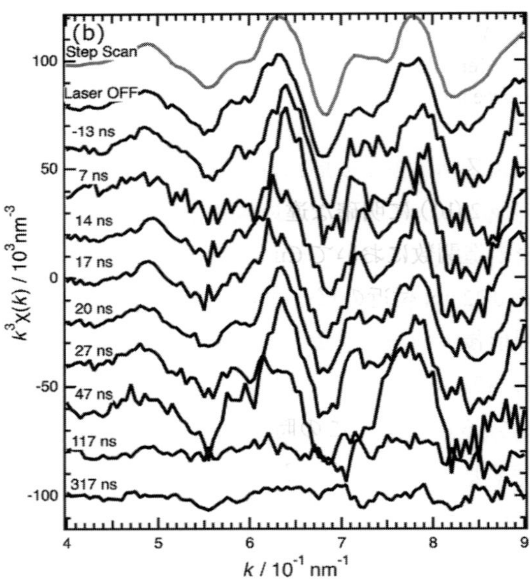

Fig.2　Change of XAFS spectra after laser shocking for various delay times. (a) XAFS spectra, (b) EXAFS oscillations and (c) radial structure function. Dotted lines in (c) are calculated value that was fitted by considering only the nearest Cu-Cu interaction.

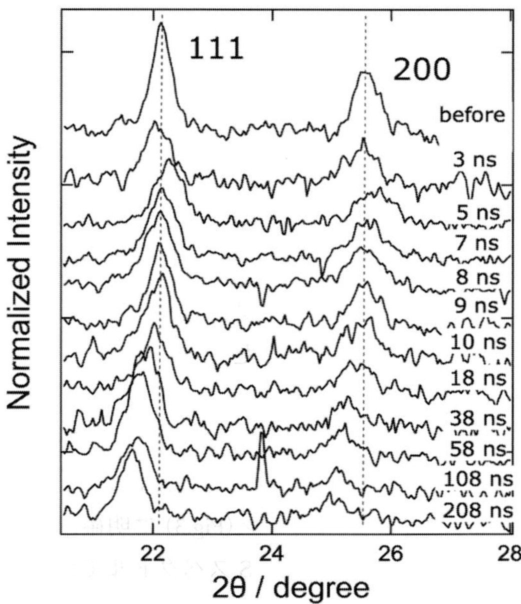

Fig.3 Change of XRD patterns after laser shocking at different delay times. Dashed lines at 22.1 and 25.5 degree are guide for eyes.

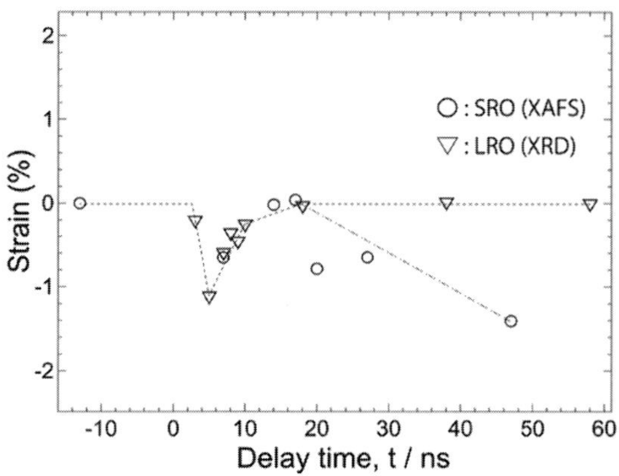

Fig.4 Change of lattice strain determined by XAFS and XRD after laser shocking for different delay times. Change in strain determined by XAFS (SRO, ○) and XRD (LRO, ▽).

格化スペクトルの形状(Fig.2 (a)), EXAFS 振動(Fig.2 (b))に明確な違いは見られなかった. 動径構造関数において Cu-Cu 最近接距離に対応する 0.22 nm 付近のピーク(Fig.2 (c))は, レーザー照射後 7 ns でわずかに短距離側にシフトした. EXAFS 解析により, Cu-Cu の最近接距離を決定することで, この時のひずみ量を算出した(Fig.4). XRD パターンについては, FWHM など各ピークの形状に明確な変化は見られなかったが, レーザー照射後 5 ns で(111)と(200)ピークの高角度シフトが観察された. 試料の厚さが DXAFS 測定用に最適化されているため, XRD 計測における最適厚さの 1/10 であり, 回折ピークの S/B 比は低かった. しかし, ガウスフィッティングを用いた半定量的な分析により, ひずみ量を決定することができた(Fig.4).

Fig.4 は, XAFS と XRD によって測定された格子ひずみを示しており, それぞれ SRO (○) と LRO (▽) に対応している. 短距離ひずみは $t = 7$ ns で 0.7% 減少し, $t = 7$～17 ns で緩和した. 一方, 長距離ひずみは $t = 5$ ns で 1.1% 減少し, $t = 5$～20 ns で緩和した. 実験精度を考慮すると, どちらのひずみも同じような変化を示し, 最大ひずみの圧縮率は～1.1% に相当すると結論づけられた. これらの結果から, 銅は理想的な fcc 構造を維持しており, SRO と LRO の両面で格子が単純に歪んでいることがわかる. したがって, 変形の初期段階では, SRO と LRO の両方で弾性圧縮($t = 0$～5 ns)と緩和($t = 5$～20 ns)が生じており, これまでの研究[9, 23]と一致している.

3.2 変形後期($t = 20$～50 ns)

レーザー衝撃を受けた銅は, 一次元の弾性変形から三次元の塑性変形へと変化することが報告されている[9, 20]. また, 速いひずみ速度で変形すると, 転位の高密度な核生成とその移動が起こり, 圧力が緩和された後にも転位の移動が進行することが報告されている[10]．また銅の降伏応力 (33 MPa)[41] は，本研究におけるレーザー衝撃による圧力 (2.7 GPa) よりもはるかに低い．これらのことから，変形後期は塑性変形であると考えられる．

変形後期 ($t = 20$～50 ns) では，DXAFS と XRD でそれぞれ観察された短距離と長距離の原子構造にかなりの違いが見られた．SRO は破壊され，$t = 47$ ns で最近接 Cu-Cu 距離が約 1.4% 減少した (Fig.4)．$t = 47$ ns における動径構造関数では最近接 Cu-Cu による 0.22 nm 付近のピークだけが残り，第二，第三近接以降による 0.3 nm 以上のピークは消失した (Fig.2 (c))．これは $t = 47$ ns で，Cu が微粒子化していることによるものと考えられる．

これとは対照的に，LRO は変形後期 ($t \geq$ 20 ns) の間も，ひずみ量はほぼゼロであった (Fig.4)．XRD パターンにおける (111) および (200) 回折ピークの FWHM は明確な変化を示さず，SRO が破壊されたにもかかわらず，試料が非晶質化しなかったことを示しており，少なくとも，弾性変形から破壊の瞬間まで，原子の LRO が維持されていることが明らかになった．

3.3 変形の最終段階 ($t \geq 50$ ns)：短距離のみ無秩序な状態

XAFS スペクトルにおいて $t = 117$ ns 以降で EXAFS 領域の振動構造がほとんどなくなり (Fig.2 (a))，EXAFS 振動も満足に抽出することができなかった (Fig.2 (b))．一方，XRD パターンにおける (111) と (200) の回折ピークは $t \geq$ 47 ns でも明確に観察された．DXAFS と XRD の結果から，変形の最終期 ($t \geq 117$ ns) では，短距離スケールで激しい原子配列の乱れが進行しているが，原子の LRO は維持されていることがわかった．

$t \geq 117$ ns 以降に発見されたユニークな「短距離のみ無秩序な状態」はこれまで報告されたことがなく，非晶質状態とは本質的に異なると考えられる．EXAFS 振動がなくなっても XAFS スペクトルのエッジジャンプが充分に維持されていることから，銅が蒸発などして消失せず，$t = 317$ ns までレーザー照射領域内にとどまっていたことを示している．

レーザー照射後，破砕もしくは断片化した試料をエアロゲルを用いて回収し，その試料を XAFS と TEM 測定した (Fig.5, 6)．Fig.5 に回収試料の XAFS スペクトル (a)，EXFAS 振動 (b)，動径構造関数 (c) をそれぞれ示す．いずれのグラフも実線がエアロゲルで回収した銅試料であり，破線はレーザー照射していない銅箔である．また Fig.6 にはエアロゲルで回収した銅試料の TEM 測定結果を示した．Fig.6 (a) は TEM 像であり，上部の像の四角で囲った領域を拡大した像が下部に示した像である．また Fig.6 (b) は TEM 像中の point A および B における電子線回折像，(c) は電子線照射の結果得られた蛍光 X 線スペクトルである．XAFS スペクトルはレーザー照射前の銅箔と同様の fcc 構造に対応する明確な振動を示したが，EXAFS 振動の振幅が小さくなった．TEM で得られた微細構造から，回収した粒子は fcc 結晶構造を持つ結晶サイズは～5 nm 程度の微粒子であった．一般的に金属が溶融し再度固体化すると凝集し大きな粒子となるため，回収試料からは融解や蒸発の痕跡は見られなかったと言える．従って，レーザーによって破壊された試料は fcc 構造を有し，非晶質化やガス化を経験しておらず，「短距離のみ無秩序な状態」は非晶質化やガス化に起因するものではないと結論した．

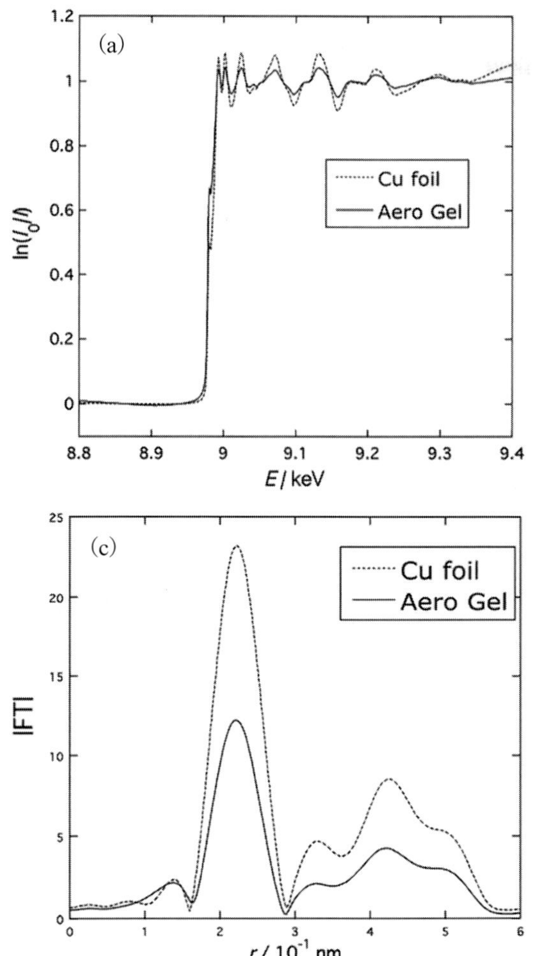

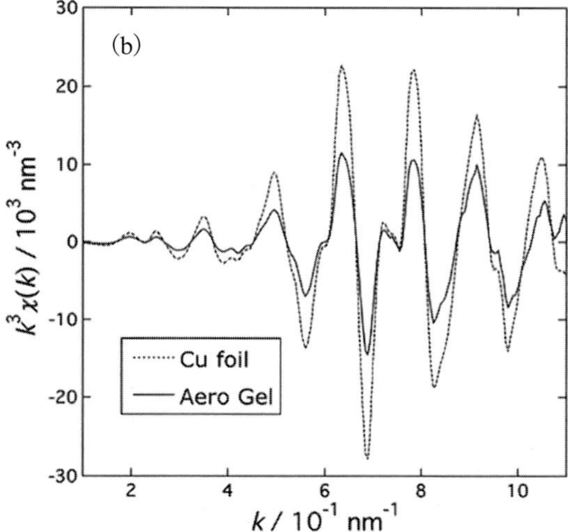

Fig.5 (a) XAFS spectra of Cu collected in aerogel, (b) EXAFS oscillations, (c) radial structure functions. The dashed lines are Cu foil before laser shocking, and the solid lines are Cu collected in aerogel.

これまでの研究では，レーザー照射下でもSROが維持されることが報告されているが，その観測はレーザー照射後数 ns の間に行われていることに注意すべきである．この時間帯では，レーザーによって衝撃波が発生し，その衝撃波が材料内に圧縮波を発生させ，試料表面と裏面との間で衝撃波が反射することで引張応力を生じ，銅[10, 12, 13]，鉄[15, 16]，タンタル[21]では転位の高密度核生成とその移動を引き起こしたと報告している．この時間帯は，我々の実験では初期（t = 0〜20 ns）と後期（t = 20〜50 ns）に相当すると思われ，本研究でもSROは維持された．しかし，ユニークな構造である「短距離のみ無秩序な状態」は最終段階（$t \geq 50$ ns）で観察され，これは多くの先行研究が報告しているよりもはるかに遅い時間帯である．

最終段階（$t \geq 50$ ns）で観察された「短距離のみ無秩序な状態」は，変形の後期段階（t = 20〜50 ns）に続いて出現したもので，転位の高密度核生成とその移動が進行する三次元塑性変形[12, 13]および，ボイドの核生成と成長[10]が生じたと考えられる．3.2 節で示した t = 47 ns

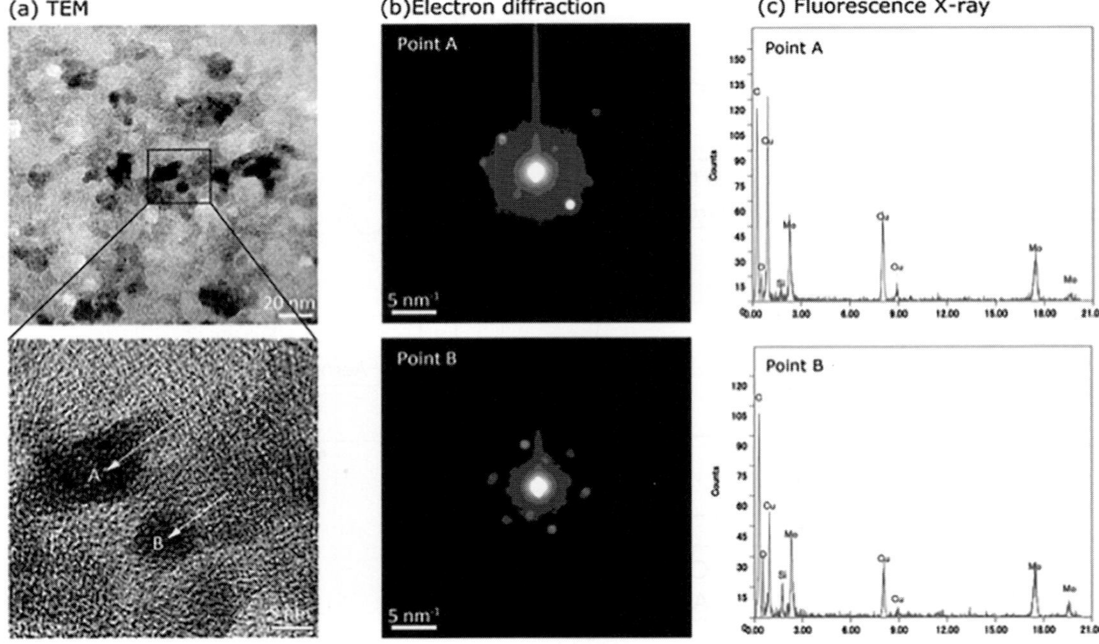

Fig.6 (a) TEM image of Cu collected in aerogel, (b) electron diffraction patterns at points a and b in TEM image (a), (c) fluorescence X-ray intensity at points A and B.

の動径構造関数の第二，第三近接のピークが消失したのは（Fig.2 (c)），転位密度が大きくなったことにより，これらのピークが見えなくなったものであり，破壊のきっかけとなる変化が始まったと推測される．最終段階ではさらに転位密度が増加し，最近接のピークさえも見えなくなったと考えられる．したがって，変形の最終段階（$t \geq 50$ ns）は，破壊の直前に塑性変形によって形成される可能性があり，その独特な状態が，レーザー衝撃後の銅のスポール破壊や破砕を引き起こすトリガーとなったと考えられる．

4. 考　察

DXAFS と XRD の測定から，銅の破壊現象では，弾性変形（0～20 ns）が塑性変形（20～50 ns）に変化し，破壊の最後の瞬間に現れる「短距離のみ無秩序な状態」というユニークな状態（50～320 ns）が生じることが示された．この状態の原子構造を，FEFF[43, 44] を用いて，原子構造が局所的かつ不均一に大きく乱れた不均質構造モデルを考え，XAFS スペクトルをシミュレーションすることにより，さらに検討した．

「短距離のみ無秩序な状態」では，構造モデルの第一近似として，銅原子が fcc 構造の元のサイトから様々な方向にランダムに変位していると仮定した．Fig.7 は，FEFF[43, 44] 用いた XAFS スペクトルの計算結果および実験データ (a) と，変位量を最近接距離に対し 0～10% 変化した 171 個の銅原子を持つクラスターの (111) 面からの XRD ピークである (c)．比較として，(111) 面からの XRD ピーク位置が 22° となるようにオフセットさせ，強度で規格化した実験結果を合わせて示した（Fig.7 (b)）その結果，変位量は EXAFS の振動振幅に大きな影響

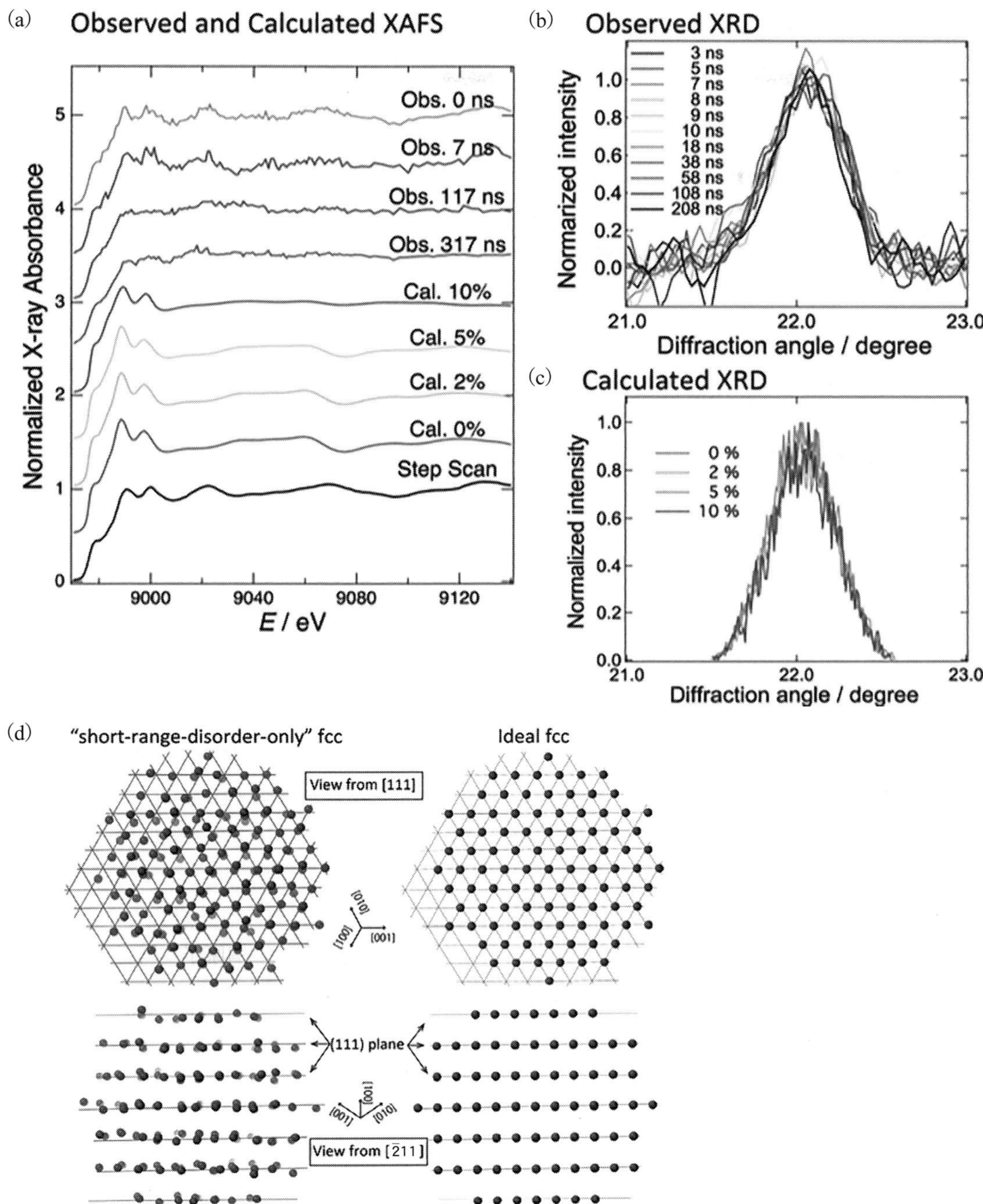

Fig.7 Comparison of calculated copper XAFS and XRD with experimental results. (a) XAFS spectra obtained by DXAFS, calculation and Step Scan. The XAFS spectra obtained by DXAFS at each delay time and by calculation when the atomic structure is randomly displaced by 0~10% are shown. (b) XRD patterns obtained by experiment at each delay time. (c) XRD patterns when the atomic structure is randomly displaced by 0~10%. (d) Atomic structure of the "short-range -disorder-only" stage and ideal fcc structure as seen from the [111] and [$\bar{2}$11] directions.

を与えるが，XRD ピークの FWHM には影響を与えないことが分かった（Fig.7（c））．EXAFS スペクトルの計算値と実験値を比較することで，$t = 317$ ns における変位量が約 10% と決定することができた．Fig.7（d）は，変位量が 10% の構造モデルの原子構造を図示したものである．黒丸が銅原子であり，色が薄くなるほど紙面より奥に存在する原子であることを示している．理想的な fcc 構造（Fig.7（d），Ideal fcc）と比べて，モデル構造中の銅原子は局所的かつ不均一に高度に無秩序化している（Fig.7（d），“short-range-disorder-only” fcc）．LRO は特に最密面において維持され，計算でも最密面に対応する回折ピークが観測された（Fig.7（c））．これらの簡単な計算から，「短距離のみ無秩序な状態」では，銅原子は fcc 構造中の元のサイトから 10% のオーダーで局所的かつ不均一に無秩序化し，LRO は特に最密面内で保持されていることが示唆された．

「短距離のみ無秩序な状態」の出現は，変形モードの変化を考慮することで理解できる．塑性変形中，{111} 面や {100} 面のような積層欠陥エネルギーが低い面で局所的に不均一な無秩序状態が出現し始め，高密度転位のすべりや，高いひずみ速度（$>10^6\ s^{-1}$）[3, 7] での変形によって生じる双晶の形成によって加速される．したがって，本研究のレーザー衝撃による速いひずみ速度で，その後の高密度転位の形成や絡み合いが形成され，高度に不均一なひずみ場が生じた可能性がある．これは，MD シミュレーションによって予測されたものと一致し，この状態では，高密度の転位が形成され，原子が fcc 構造内の本来の位置からずれることが示されている[12, 13]．したがって，$t = 117$ ns と 317 ns で観察された「短距離のみ無秩序な状態」は，速いひずみ速度で変形させたときの破壊の瞬間の銅の原子構造を示していると結論づけることができる．

本研究では，単純化のために元のサイトからのランダムな変位を仮定した．しかし，実際には変位のしやすさには方位依存性があり，積層欠陥エネルギーと関連している．したがって，「短距離のみ無秩序な状態」の原子構造モデルは，異方性を考慮し，より多くの銅原子を用いて計算することで改善される可能性がある[47]．

得られた結果は，速いひずみ速度だけでなく遅いひずみ速度で変形させた場合の破壊の瞬間の銅の原子構造に関する基本的な情報を提供するものである．金属を低いひずみ速度（例えば，0.1～1.0 s^{-1} で機械的に変形させた場合でも，き裂は破壊の瞬間に高速（例えば，鋼の場合 300 m/s[2]）で伝播し，き裂先端付近では局所的に $10^6\ s^{-1}$ 以上の速いひずみ速度で動的に変化していると予想される．すなわち，本研究で提案したアプローチと得られた結果は，き裂周辺における破壊の発生・誘発部位の特定に光を当て，金属の寿命を決定する際に用いられる経験的パラメータの意味や値を合理化し，無理のない金属材料設計を行う一助となる．考えられるアプローチは，「短距離のみ無秩序な状態」のみの出現を抑制することによって，き裂の発生と伝播を制御することである．多結晶金属では，結晶粒界が転位のトラップサイトとして知られている．言い換えれば，多結晶金属の粒界では「短距離のみ無秩序な状態」が容易に現れる．なぜなら結晶粒界では応力緩和によって局所的な無秩序状態が安定化されるからである．したがって，粒径を小さくする（ナノ粒子化する），あるいは粒界を強靭化することにより，粒界の数を減らすことで，き裂の発生を抑制することができる．さらに，ナノ材料[49]やメソ構造を持つ3Dプリント材料[50]のような新しいタイプの構造材料では，明確な粒界がないため，従来の冶金理論が適用できない．このため本研究によって提案されたアプローチはより重要になると考えられる．

5. 結　論

XAFSとXRDを組み合わせた動的観察により，レーザー衝撃を受けた銅はまず弾性変形($t = 0$〜20 ns)を起こし，塑性変形(20〜50 ns)を経て，最後の破壊の瞬間に「短距離のみ無秩序な状態」(50〜320 ns)という独特な原子構造が現れることが明らかになった．この状態では，銅原子の短距離秩序はXAFS振動の消失によって示されるように局所的かつ不均一に乱れるが，明瞭なXRDピークが存在することで示されるように長距離秩序は維持された．この状態では，銅原子は局所的かつ不均一に乱れ，LROを維持したまま10%のオーダーでfcc構造の元のサイトからずれている．

この状態は，破壊後に採取した試料の特性評価によって確認されたように，非晶質化やガス化によるものではなかった．この特異な状態は，速いひずみ速度での塑性変形によって生じる高密度転位すべりや双晶の結果として形成される可能性がある．本研究で提案されたアプローチと得られた結果は，き裂周辺の破壊の開始または引き金となる部位を特定するための光明となり，安全係数などの経験的パラメータの意味と値を合理化するのに役立つ．また，本研究では，短距離秩序と長距離秩序の両方において観測を行うことで，様々な系における中間秩序の特異な構造に関する情報を得ることができることを示した．

謝　辞

本研究の一部は，科学技術振興機構(JST)の戦略的イノベーション創造推進事業(SM^4I, SIP)の構造材料イノベーション創出プログラム(ユニットD66)および日本学術振興会科研費(助成番号JP 17K18999，17H04820，19H00834，20H02028，20H02046)の助成を受けた．放射光実験は高エネルギー加速器研究機構(KEK)物質構造科学研究所フォトンファクトリー(PF)の共同利用実験審査委員会(PF-PAC)の承認を得て実施した(課題番号2014G067，2015S2-002，2015S2-006，2016S2-001，2019S2-002)．

参考文献

1) J. Hirth, J. Lothe:"Dislocation Dynamics, Theory of Dislocations", pp.182-214 (1982), (John Wiley & Sons, New York, NY).

2) J. J. Mason, A. J. Rosakis: On dependence of dynamic crack tip temperature fields in metals on the dependence of crack tip velocity and material parameters, *Mech. Mater.*, **16** (4), 337-350 (1993), https://doi.org/https://doi.org/10.1016/0167-6636(93)90009-g.

3) M. A. Meyers, F. Gregori, B. K. Kad, M. S. Schneider, D. H. Kalantar, B. A. Remington, G. Ravichandran, T. Boehly, J. S. Wark: Laser-induced shock compression of monocrystalline copper: characterization and analysis, *Acta Mater.*, **51** (5), 1211-1228 (2003), https://doi.org/10.1016/s1359-6454(02)00420-2.

4) M. S. Schneider, B. K. Kad, M. A. Meyers, F. Gregori, D. Kalantar, B. A. Remington: Laser-induced shock compression of copper：Orientation and pressure decay effects, *MMTA*, **35** (9), 2633-2646 (2004), https://doi.org/10.1007/s11661-004-0209-2.

5) D. C. Swift, T. E. t. Tierney, R. A. Kopp, J. T. Gammel: Shock pressures induced in condensed matter by laser ablation, Phys. Rev. E Stat. Nonlin. Nonlin. *Soft Matter Phys.*, **69** (3 Pt 2), 036406 (2004), https://doi.org/10.1103/PhysRevE.69.036406.

6) M. S. Schneider, B. Kad, D. H. Kalantar, B. A. Remington, E. Kenik, H. Jarmakani, M. A. Meyers: Laser shock compression of copper and copper-aluminum alloy, *International journal of impact engineering*, **32** (1), 473-507 (2005).

7) B. Y. Cao, D. H. Lassila, M. S. Schneider, B. K. Kad, C. X. Huang, Y. B. Xu, D. H. Kalantar, B. A. Remington, M. A. Meyers Effect of shock compression method on defect substructure in monocrystalline copper, *Mater. Sci. Eng.*, a, **409** (1-2), 270-281 (2005), https://doi.org/10.1016/j.msea.2005.06.076.

8) B. Jakobsen, H. F. Poulsen, U. Lienert, J. Almer, S. D. Shastri, H.O. Sørensen, C. Gundlach, W. Pantleon: Formation and subdivision of deformation structures during plastic deformation, *Science*, **312** (5775), 889-892 (2006).

9) D. Milathianaki, S. Boutet, G. J. Williams, A. Higginbotham, D. Ratner, A. E. Gleason, M. Messerschmidt, M. M. Seibert, D. C. Swift, P. Hering, J. Robinson, W. E. White, J. S. Wark: Femtosecond Visualization of Lattice Dynamics in Shock-Compressed Matter, *Science*, **342** (6155), 220-223 (2013), https://doi.org/10.1126/science.12.39566.

10) J. Coakley, A. Higginbotham, D. McGonegle, J. Ilavsky, T. D. Swinburne, J. S. Wark, K. M. Rahman, V. A. Vorontsov, D. Dye, T. J. Lane, S. Boutet, J. Koglin, J. Robinson, D. Milathianaki: Femo-Sond Quantimization during the rapid material failure, *Science Advances*, **6** (51), eabb4434 (2020), Milathianaki, Femtosecond quantification of void evolution during rapid material failure, *Science Advances*, **6** (51), eabb4434 (2020), https://doi.org/10.1126/sciadv.abb.4434.

11) Y. Niwa, T. Sato, K. Ichiyanagi, K. Takahashi, M. Kimura: Time-resolved observation of structural change of copper induced by laser shock using synchrotron radiation with dispersive XAFS, *High Pressure Res.*, **36** (3), 471-478 (2016), https://doi.org/10.1080/08957959.2016.1211647.

12) E. M. Bringa, K. Rosolankova, R. E. Rudd, B. A. Remington, J. S. Wark, M. Duchaineau, D. H. Kalantar, J. Hawreliak, J. Belak: Shock deformation of face-centred-cubic metals on subnanosecond timescales, *Nat. Mater.*, **5** (10), 805-809 (2006), https://doi.org/10.1038/nmat1735.

13) V. Dupont, T. C. Germann: Strain rate and orientation dependencies of strength of single crystalline copper under compression, *Phys. Rev. B*, **86** (13), 134111 (2012), https://doi.org/10.1103/PhysRevB.86.134111.

14) B. Yaakobi, T. R. Boehly, D. D. Meyerhofer, T. J. B. Collins, B. A. Remington, P. G. Allen, S. M. Pollaine, H. E. Lorenzana, J. H. Eggert: EXAFS Measurement of Iron bcc-to-hcp Phase Transformation in Nanosecond-Laser Shocks, *Physical Review Letters*, **95** (7), 075501 (2005), https://doi.org/10.1103/physrevlett.95.075501.

15) A. Higginbotham, R. C. Albers, T. C. Germann, B. Lee Holian, K. Kadau, P. S. Lomdahl, W. J. Murphy, B. Nagler, J. S. Wark: Predicting EXAFS signals from shock compressed iron by use of molecular dynamics simulations, *High Energy Density Physics*, **5** (1), 44-50 (2009), https://doi.org/https://doi.org/10.1016/j.hedp.2009.02.001.

16) Y. Ping, F. Coppari, D. G. Hicks, B. Yaakobi, D. E. Fratanduono, S. Hamel, J. H. Eggert, J. R. Rygg, R. F. Smith, D. C. Swift, D. G. Braun, T. R. Boehly, G. W. Collins: Solid Iron Compressed Up to 560 GPa, *Physical Review Letters*, **111** (6), 065501 (2013), https://doi.org/10.1103/physrevlett.111.065501.

17) R. Torchio, F. Occelli, O. Mathon, A. Sollier, E. Lescoute, L. Videau, T. Vinci, A. Benuzzi-Mounaix, J. Headspith, W. Helsby: Probing local and electronic structure in Warm Dense Matter: single pulse synchrotron X-ray absorption spectroscopy on shocked Fe, *Sci. Rep.*, **6**, 1-8 (2016), https://doi.org/10.1038/srep26402.

18) A. Comley, B. Maddox, R. Rudd, S. Prisbrey, J. Hawreliak, D. Orlikowski, S. Peterson, J. Satcher, A. Elsholz, H.-S. Park: Strength of shock-loaded single-crystal tantalum [100] determined using In Situ broadband X-ray Laue diffraction, *Physical review letters*, **110** (11), 115501 (2013), https://doi.org/10.1103/PhysRevLett.110.115501.

19) C. E. Wehrenberg, A. J. Comley, N. R. Barton, F. Coppari, D. Fratanduono, C. M. Huntington, B. R. Maddox, H. S. Park, C. Plechaty, S. T. Prisbrey, B.

A. Remington, R. E. Rudd: Lattice-level observation of elastic-to-plastic relaxation process with subnanose seconds resolution in shock compressed Ta using time-resolvedin situLaue diffraction, Phys. Rudd, Lattice-level observation of the elastic-to-plastic relaxation process in shock-compressed Ta with subnanosecond resolution using time-resolvedin situLaue diffraction, *Phys. Rev.*, B, **92** (10), 104305 (2015), https://doi.org/10.1103/PhysRevB.92.104305.

20) B. Yaakobi, D. D. Meyerhofer, T. R. Boehly, J. J. Rehr, B. A. Remington, P. G. Allen, S. M. Pollaine, R. C. Albers: Extended X-Ray Absorption Fine Structure Measurements of Laser-Shocked V and Ti and Crystal Phase Transformation in Ti, *Physical Review Letters*, **92** (9), 095504 (2004), https://doi.org/10.1103/physrevlett.92.095504.

21) K. Ichiyanagi, S. Takagi, N. Kawai, R. Fukaya, S. Nozawa, K. G. Nakamura, K. D. Liss, M. Kimura, S. I. Adachi: Microstructural deformation process of shock-compressed polycrystalline aluminum, *Sci. Rep.*, **9** (1), 7604 (2019), https://doi.org/10.1038/s41598-019-43876-2.

22) S. J. Turneaure, P. Renganathan, J. M. Winey, Y. M. Gupta: Twinning and Dislocation Evolution during Shock Compression and Release of Single Crystals: Real-Time X-Ray Diffraction, *Phys. Rev. Lett.*, **120** (26), 265503 (2018), https://doi.org/10.1103/PhysRevLett.120.265503.

23) B. Albertazzi, N. Ozaki, V. Zhakhovsky, A. Faenov, H. Habara, M. Harmand, N. Hartley, D. Ilnitsky, N. Inogamov, Y. Inubushi, T. Ishikawa, T. Katayama, T. Koyama, M. Koenig, A. Krygier, T. Matsuoka, S. Matsuyama, E. McBride, K. P. Migdal, G. Morard, H. Ohashi, T. Okuchi, T. Pikuz, N. Purevjav, O. Sakata, Y. Sano, T. Sato, T. Sekine, Y. Seto, K. Takahashi, K. Tanaka, Y. Tange, T. Togashi, K. Tono, Y. Umeda, T. Vinci, M. Yabashi, T. Yabuuchi, K. Yamauchi, H. Yumoto, R. Kodama: Dynamic fracture of tantalum under extreme tensile stress, *Science Advances*, **3** (6), e1602705 (2017), https://doi.org/10.1126/sciadv.1602705.

24) M. Sliwa, D. McGonegle, C. Wehrenberg, C. A. Bolme, P. G. Heighway, A. Higginbotham, A. Lazicki, H. J. Lee, B. Nagler, H. S. Park, R. E. Rudd, M. J. Suggit, D. Swift, F. Tavella, L. Zepeda-Ruiz, B. A. Remington, J. S. Wark: Femtosecond X-Ray Diffraction Studies of the Reversal of the Microstructural Effects of Plastic Deformation during Shock Release of Tantalum, *Physical Review Letters*, **120** (26), 265502 (2018), https://doi.org/10.1103/physrevlett.120.265502.

25) M. J. Suggit, A. Higginbotham, J. A. Hawreliak, G. Mogni, G. Kimminau, P. Dunne, A. J. Comley, N. Park, B. A. Remington, J. S. Wark: Nanosecond white-light Laue diffraction measurements of dislocation microstructure in shock-compressed single-crystal copper, *Nat. Commun.*, **3**, 1224 (2012), https://doi.org/10.1038/ncomms2225.

26) Y. Horie, S. Case: Mesodynamics of shock waves in a polycrystalline metal, *ShWav*, **17** (1-2), 135-141 (2007), https://doi.org/10.1007/s00193-007-0090-1.

27) N. K. Bourne, J. C. F. Millett, M. Chen, J. W. McCauley, D. P. Dandekar: On Hugoniot elastic limit in polycrystalline alumina, *J. Appl. Phys.*, **102** (7), 073514 (2007), https://doi.org/10.1063/1.2787154.

28) J. L. Barber, K. Kadau: Shock-front broadening in polycrystalline materials, *Phys. Rev., B*, **77** (14), 144106 (2008), https://doi.org/10.1103/physrevb.77.144106.

29) T. Matsushita, R. P. Phizackerley: A Fast X-Ray Absorption Spectrometer for Use with Synchrotron Radiation, *Jpn. J. Appl. Phys.*, **20** (11), 2223-2228 (1981), https://doi.org/10.1143/jjap.20.2223.

30) Y. Inada, A. Suzuki, Y. Niwa, M. Nomura: Time-Resolved Dispersive XAFS Instrument at NW2A Beamline of PF-AR, *AIP Conf. Proc.*, 1230-1233 (2007).

31) S. Nozawa, S.-i. Adachi, J.-i. Takahashi, R. Tazaki, L. Guerin, M. Daimon, A. Tomita, T. Sato, M. Chollet, E. Collet, H. Cailleau, S. Yamamoto, K. Tsuchiya, T. Shioya, H. Sasaki, T. Mori, K. Ichiyanagi, H. Sawa, H. Kawata, S.-y. Koshihara: Developing 100 ps-resolved X-ray structural analysis capabilities on beamline NW14A at the Photon Factory Advanced Ring, *J. Synchrotron Radiat.*, **14** (4), 313-319 (2007), https://doi.org/doi:10.1107/S0909049507025496.

32) K. Ichiyanagi, T. Sato, S. Nozawa, K. H. Kim, J.

H. Lee, J. Choi, A. Tomita, H. Ichikawa, S. Adachi, H. Ihee, S. Koshihara: 100 ps time-resolved solution scattering utilizing a wide-bandwidth X-ray beam from multilayer optics, *J. Synchrotron Radiat.*, **16** (3), 391-394 (2009), https://doi.org/doi:10.1107/S0909049509005986.

33) P. M. Celliers, G. W. Collins, D. G. Hicks, J. H. Eggert: Systematic uncertainties in shock-wave impedance-match analysis and high-pressure equation of state of Al, *J. Appl. Phys.*, **98** (11), 113529 (2005), https://doi.org/10.1063/1.2140077.

34) K. Ichiyanagi, N. Kawai, S. Nozawa, T. Sato, A. Tomita, M. Hoshino, K. G. Nakamura, S. Adachi, Y. C. Sasaki: Shock-induced intermediate-range structural change of SiO_2 glass in the nonlinear elastic region, *Applied Physics Letters*, **101** (18), 181901 (2012), https://doi.org/10.1063/1.4764526.

35) M. Tabata, I. Adachi, T. Fukushima, H. Kawai, H. Kishimoto, A. Kuratani, H. Nakayama, S. Nishida, T. Noguchi, K. Okudaira, Y. Tajima, H. Yano, H. Yokogawa, H. Yoshida: Development of silica aerogel with any density, IEEE Nuclear Science Symposium Conference Record, 816-818 (2005).

36) T. Mori, M. Nomura, M. Sato, H. Adachi, Y. Uchida, A. Toyoshima, S. Yamamoto, K. Tsuchiya, T. Shioya, H. Kawata: Design and performance of an X-ray undulator beamline PF-AR-NW2, *AIP Conf. Proc.*, **705**, 255-258 (2004), https://doi.org/10.1063/1.1757782.

37) G. Iles, A. Dent, G. Derbyshire, R. Farrow, G. Hall, G. Noyes, M. Raymond, G. Salvini, P. Seller, M. Smith, S. Thomas: A novel application of silicon microstrip technology for energy-dispersive EXAFS studies, *J. Synchrotron Radiat.*, **7** (4), 221-228 (2000), https://doi.org/10.1107/S0909049500005240.

38) G. Salvini, J. Headspith, S. L. Thomas, G. Derbyshire, A. Dent, T. Rayment, J. Evans, R. Farrow, S. Diaz-Moreno, C. Ponchut: Detectors for energy-dispersive EXAFS (EDE) experiments, *Nucl. Instrum. Methods Phys. Res.*, A, **551** (1), 27-34 (2005), https://doi.org/10.1016/j.nima.2005.07.039.

39) M. Newville, B. Ravel, D. Haskel, J. J. Rehr, E. A. Stern, Y. Yacoby: Analysis of multiple-scattering XAFS data using theoretical standards, *Physica*, B, 208-209, 154-156 (1995), https://doi.org/10.1016/0921-4526(94)00655-F.

40) B. Ravel, M. Newville: ATHENA, ARTEMIS, HEPHAESTUS: Data Analysis for X-ray absorption spectroscopy using IFEFFIT, *J. Synchrotron Radiat.*, **12** (4), 537-541 (2005), https://doi.org/doi:10.1107/S0909049505012719.

41) A. H. Committee:"Metals Handbook", vol.2, (1990), (Warrendale, PA : American Society for Metals).

42) E. D. Crozier, J. J. Rehr, R. Ingalls: Amorphous and liquid systems, in : D. C. Koningsberger, R. Prins (Eds.), X-Ray Absorption, pp.373-442 (1988), (John Wiley & Sons, New York).

43) A. L. Ankudinov, B. Ravel, J. J. Rehr, S. D. Conradson: Real-space multiple-scattering calculation and interpretation of X-ray-absorption near-edge structure, *Phys. Rev.*, B, **58** (12), 7565-7576 (1998), https://doi.org/10.1103/PhysRevB.58.7565.

44) A. L. Ankudinov, A. I. Nesvizhskii, J. J. Rehr: Dynamic screening effects in X-ray absorption spectra, *Phys. Rev.*, B, **67** (11), (2003), https://doi.org/10.1103/PhysRevB.67.115120.

45) J. Mustre de Leon, J. J. Rehr, S. I. Zabinsky, R. C. Albers: Ab initio curved-wave X-ray-absorption fine structure, *Phys. Rev.*, B, **44** (9), 4146-4156 (1991), https://doi.org/10.1103/PhysRevB.44.4146.

46) A. P. Sorini, J. J. Kas, J. J. Rehr, M. P. Prange, Z. H. Levine: Ab initio calculations of electron inelastic mean free paths and stopping powers, *Phys. Rev.*, B, **74** (16), 165111 (2006), https://doi.org/10.1103/PhysRevB.74.165111.

47) X. Ke, J. Ye, Z. Pan, J. Geng, M. F. Besser, D. Qu, A. Caro, J. Marian, R. T. Ott, Y. M. Wang, F. Sansoz: Ideal maximum strengths and defect-induced softening in nanocrystalline-nanotwinned metals, *Nat. Mater.*, **18**, 1207-1214 (2019), https://doi.org/10.1038/s41563-019-0484-3.

48) J. Zhao, P. A. Montano: Effect of electron mean free path in small particles on extended, *Phys. Rev.*, B, **40** (5), 3401-3404 (1989), https://doi.org/10.1103/PhysRevB.40.3401.

49）J. R. Weertman: Hall-Petch strengthening in nanocrystalline metals, *Materials Science and Engineering*: *a*, **166** (1), 161-167 (1993), https://doi.org/10.1016/0921-5093(93)90319-a.

50）Z. Yan, F. Zhang, F. Liu, M. Han, D. Ou, Y. Liu, Q. Lin, X. Guo, H. Fu, Z. Xie, M. Gao, Y. Huang, J. Kim, Y. Qiu, K. Nan, J. Kim, P. Gutruf, H. Luo, A. Zhao, K.-C.Hwang, Y. Huang, Y. Zhang, J. A. Rogers: Mechanical assembly of complex, 3D mesostructures from releasable multilayers of advanced materials, *Science Advances*, **2** (9), e1601014 (2016), https://doi.org/10.1126/sciadv.1601014.

解　説

$SrFeO_{3-\delta}$ 系酸化物固溶体の酸素貯蔵特性と遷移金属の局所情報の評価

藤代　史*

Oxygen Storage Properties and Local Structures of Transition Metals in $SrFeO_{3-\delta}$-based Solid Solutions

Fumito FUJISHIRO*

Department of Mathematics and Physics, Faculty of Science and Technology, Kochi University
2-5-1 Akebono-cho, Kochi-shi, Kochi 780-8520, Japan

(Received 30 December 2024, Revised 15 January 2025, Accepted 16 January 2025)

Oxygen storage materials are one of the functional ceramics that can absorb and release oxygen through valence change of transition metal ions. The author has investigated the relationship between the local electronic state and atomic structure of each B-site ion and oxygen release behavior in perovskite-type $SrFe_{1-x}M_xO_{3-\delta}$ (M: transition metals except for Fe) containing two types of transition metals. In this paper, the author shows the results of X-ray diffraction, X-ray absorption spectroscopy, Mössbauer spectroscopy, and iodometry for $SrFe_{1-x}Mn_xO_{3-\delta}$, and discusses the relationship between the oxygen release behavior of this material and the reduction properties of Fe and Mn ions. Mn ions in $SrFe_{1-x}Mn_xO_{3-\delta}$ exist as tetravalent, but at elevated temperatures in air, Mn ions show no valence change and do not contribute to the oxygen release. This is due to the coexistence of Mn ions with Fe ions, which are more easily reduced, and the fact that the “soft” Fe-O polyhedron relaxes the distortion caused by the introduction of oxygen vacancy into the B-O polyhedron; therefore, Mn^{4+} can exist in the perovskite-type structure as a “hard” MnO_6 octahedron.
[Key words] Oxygen storage materials, $SrFeO_{3-\delta}$-based solid solutions, Thermogravimetry, X-ray absorption spectroscopy, Mössbauer spectroscopy

酸素貯蔵材料は，遷移金属イオンの価数変化により酸素の吸収放出が可能な機能性セラミックスの一つである．著者は，これまでに2種類の遷移金属を含むペロブスカイト型 $SrFe_{1-x}M_xO_{3-\delta}$（M：Fe 以外の遷移金属）について，各Bサイトカチオン（BC）の局所的な電子状態や原子構造と酸素放出挙動との関係を調査してきた．本稿では，M＝Mn とした $SrFe_{1-x}Mn_xO_{3-\delta}$ について，X線回折やX線吸収分光，メスバウアー分光，およびヨウ素滴定の結果を示し，本物質の酸素放出挙動と Fe イオンおよび Mn イオンの還元特性との関係を示す．$SrFe_{1-x}Mn_xO_{3-\delta}$ 中の Mn イオンは4価として存在するが，空気中の昇降温では Mn イオンは価数変化を示さず酸素放出能には寄与しない．これは，Mn イオンがより還元しやすい Fe イオンと共存することと，BC-O 多面体への酸素欠損導入による歪を“やわらかい”Fe-O 多面体が緩和することによって，Mn^{4+} は“かたい”MnO_6

高知大学理工学部数学物理学科　高知県高知市曙町 2-5-1　〒780-8520　＊連絡著者：f.fujishiro@kochi-u.ac.jp

八面体のままペロブスカイト型構造中に存在できるためであることがわかった.

[キーワード] 酸素貯蔵材料，$SrFeO_{3-\delta}$系固溶体，熱重量測定，X 線吸収分光，メスバウアー分光

1. はじめに

酸素貯蔵材料（Oxygen storage materials, OSMs）は，雰囲気ガス中の酸素分圧の変化や温度変化による遷移金属イオンの酸化還元反応を利用して，酸素を物質内へ出し入れできる機能性セラミックスの一つである．この特性を利用した OSMs の代表例として自動車の排ガス浄化用三元触媒の助触媒 CeO_2-ZrO_2 が挙げられる[1]．この他にも高温圧力スイング法を用いた高濃度酸素を含む空気製造[2]や酸素透過膜として利用した炭化水素ガスからの水素生成[3]などといったエネルギー・環境関連分野への応用が検討されている．

OSMs の機能向上を図るために，定比組成の化合物の一部を異なる元素で置き換える異元素置換が多く実施されている．とりわけ，ペロブスカイト型構造およびそれに関連する構造をとる酸化物は，置換できる元素の種類が多く，最適な元素を選択することで優れた物性変化が得られるため多くの物質系で研究されている[4-6]．著者は，これまでに Fe を含むペロブスカイト類似構造をとる $BaFeO_{3-\delta}$ や $SrFeO_{3-\delta}$ をベースとした固溶体について，異元素置換による結晶構造や遷移金属の局所構造の変化や置換元素種の価数の違いが酸素吸収放出特性に与える影響を調査してきた[7-12]．例えば，空気中での昇温による酸素放出挙動を比べると，$SrFeO_{3-\delta}$ の Fe サイトに Mn を置換すると，Mn は Fe イオン（$Fe^{3.5+}$）より高価数な 4 価として置換されるが，その Mn^{4+} は酸化還元反応を示さないため置換量の増加とともに酸素放出特性は低下する[8]．他方，Co を置換すると Fe よりも低価数（$\sim Co^{3.3+}$）をとるが酸素放出を示す温度が低温化するため，Co 置換により低温領域での酸素放出特性が向上する[11]．このような置換種に依存する酸素貯蔵特性の違いについて，その起源を理解できれば新たな OSMs 合成の設計指針を構築できる．本稿では，$SrFeO_{3-\delta}$ に Mn を置換した $SrFe_{1-x}Mn_xO_{3-\delta}$ について，X 線吸収分光による Fe および Mn の局所的な電子状態や原子構造の評価およびメスバウアー分光による Fe 核に関する情報を通じて，本試料の酸素放出挙動や B サイトカチオンの還元特性について調査した結果を紹介する．

2. 実験方法

$SrFe_{1-x}Mn_xO_{3-\delta}$（SFM）試料は，均質かつ組成制御性に優れた Pechini 法を用いて合成した．$SrCO_3$ は希硝酸に，各遷移金属の硝酸塩水和物はイオン交換水にそれぞれ溶解した．これら金属イオンを含む水溶液に過剰量のクエン酸を加えてキレート化し，トールビーカーにて混合，その後，エチレングリコールを加えた．混合溶液はマントルヒーターで加熱してグリコールによる縮退重合反応を生じさせゲル化し，さらなる加熱により水分等を蒸発させ前駆体粉末を得た．得られた前駆体は，そのまま 700℃で加熱して残留有機物成分を取り除き，粉砕・成型によりペレット化して，空気中，1000℃で加熱した．加熱したペレットを再度粉砕・成型して，空気中，1200℃で加熱して試料を作製した．

試料の結晶構造は，粉末 X 線回折（XRD）（RINT2200（リガク），Cu Kα 線）により同定し

た．また，RIETAN-FP[13] を用いた Rietveld 解析により結晶構造パラメータを精密化した．B サイトカチオンの平均価数は，ヨウ素滴定により決定した．X 線吸収分光測定は，BN で希釈した試料を用いて，各遷移金属の K 吸収端の XANES スペクトルを透過法にて実施した（BL01B1（@SPring-8））．メスバウアー分光測定は，γ 線源（^{57}Co/Rh 線源：14.4 keV）を用い，α-Fe を基準として室温で測定した．熱重量測定は，走査型熱重量－示差熱分析装置（TG-DTA8122/IRH（リガク））を用いて，空気流中で室温から 1000℃の範囲で，10℃/min の昇降温速度で実施した．参照試料には高純度 Al_2O_3 を用い，各測定は 3 回実施して再現性を確認した．

3.　結果と考察

3.1　SFM 試料の結晶構造，B サイトカチオンの価数・局所構造と酸素放出特性[8)]

Fig.1 に SFM 試料の XRD パターンを示す．Mn を置換していない $SrFeO_{3-\delta}$ ($x = 0.0$) の回折パターンは，直方晶系 $Sr_4Fe_4O_{11}$ 相（*Cmmm*, no.65）[14)] として同定できた．この相は FeO_6 八面

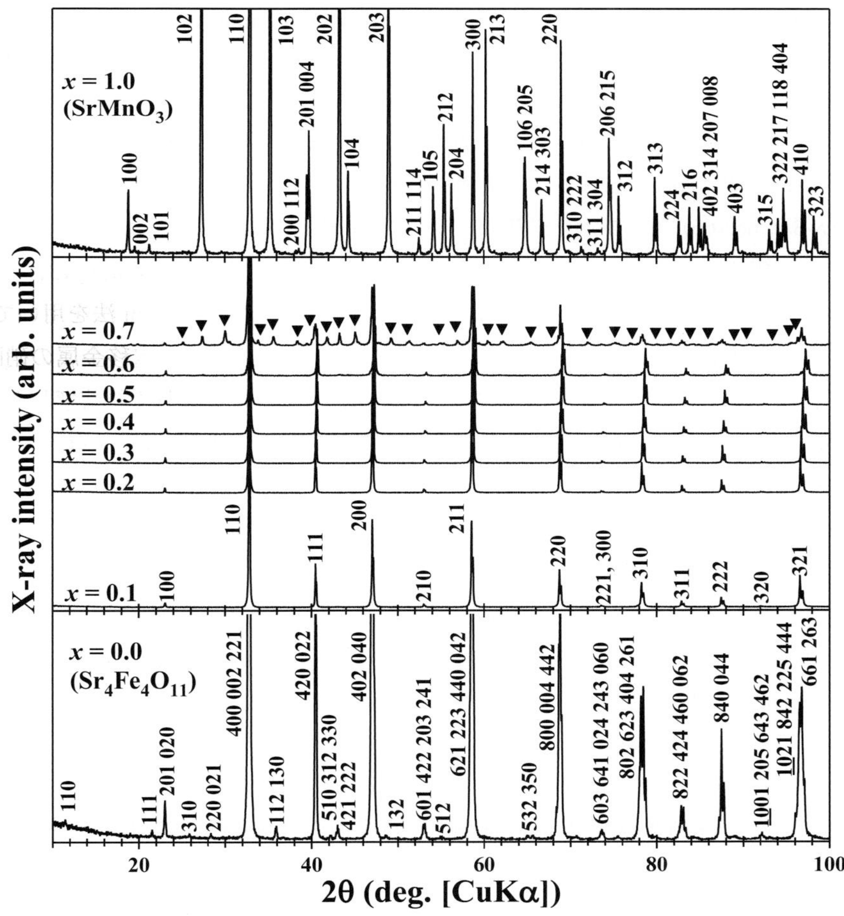

Fig.1　XRD patterns of the $SrFe_{1-x}Mn_xO_{3-\delta}$ (SFM) samples. The SFM samples with $0.1 \le x \le 0.6$ are assigned as a cubic perovskite-type structure. The peaks denoted by the triangles are due to layered perovskite-type structures[8)].

体とFeO_5多面体を1：1で含み，各多面体が規則的に点共有した結晶構造をとる．$SrFeO_{3-\delta}$には酸素量$3-\delta$が異なるいくつかの結晶相が報告されており[14]，このうち正方晶系の$Sr_8Fe_8O_{23}$相は$Sr_4Fe_4O_{11}$相と同様な多面体配列を持ち，その比率がわずかに八面体リッチ（＝酸素量増）になっただけである．そのため，これらの相の回折パターンはお互いに酷似しており，X線回折のみからこれらの相を別々に評価することは難しい．したがって，本試料はこれらの相の混相と考えられるが，ここでは単相表記（$Sr_4Fe_4O_{11}$）とする．FeサイトにMnを置換すると，$0.1 \leq x \leq 0.6$の試料のXRDパターンは立方晶ペロブスカイト型構造（Pm-$3m$, no.221）を仮定するとすべてのピークに指数が付いたが，Mn置換量をさらに増やすと層状のペロブスカイト型構造（10H相（$P6_3/mmc$, no.194）[15]，あるいは15R相（R-$3m$, no.166）[16]）に起因するピークが第2相として観測された（$x = 0.7$）．このため，本系の固溶限は$x = 0.6$程度であると考えられる．また，エンドメンバーである$SrMnO_3$（$x = 1.0$）の結晶構造は，MnO_6八面体が面共有した六方晶構造（$P6_3/mmc$, no.194）[17]と同定された．

得られたXRDパターンより算出したモル体積をFig.2に示す．立方晶相において，Mn置換量xの増加とともにモル体積が線型に減少した．ペロブスカイト型構造のBサイトは6配位なのでShannonのイオン半径[18]を考えると，Fe^{3+}は0.645 Å，Fe^{4+}は0.585 Åであり，Mn^{3+}とMn^{4+}は，それぞれ0.645 Å，0.530 Åであるため，観測されたモル体積の減少はSFM試料中ではMn^{4+}として存在していることを示唆している（試料中のBサイトイオンの価数については，後述のヨウ素滴定，XANESスペクトルより明らかになる）．

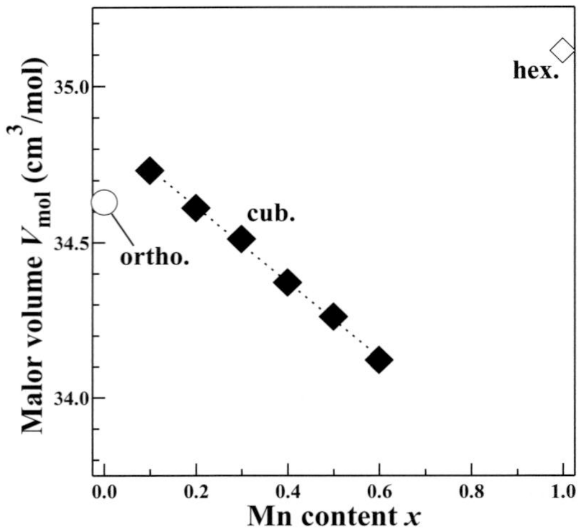

Fig.2 Molar volume V_{mol} of the SFM samples which was estimated from the XRD patterns in Fig.1[8].

SFM試料のMnおよびFeのK吸収端のXANESスペクトルを，Fig.3 (a)および(b)にそれぞれ示す．Fig.3 (a)には，MnO_6八面体が点共有した直方晶ペロブスカイト型構造をとる$LaMnO_3$（Mn^{3+}）および$CaMnO_3$（Mn^{4+}）のXANESスペクトルを，Fig.3 (b)には直方晶ブラウンミラライト型構造をとる$Sr_2Fe_2O_5$（Fe^{3+}）のXANESスペクトルを，それぞれ参照スペクトルとして示す．SFM試料のMnのK吸収端は，いずれも$CaMnO_3$および$SrMnO_3$の吸収端とよく一致したことから，SFM試料中のMnイオンの価数は4価でありMnO_6八面体として存在することがわかった（Fig.3 (a)）．一方，Fig.3 (b)に示すFeのK吸収端は$Sr_4Fe_4O_{11}$のXANESスペクトルに重なり，また，Mn置換量xには依存しないことがわかった．したがって，SFM試料中のFeの価数は，$Sr_4Fe_4O_{11}$のFeの形式価数3.5価に近く，またFeO_6八面体とFeO_5多面体は混在しており，Feの平均的な局所構造は組成には依らないと考えられる．

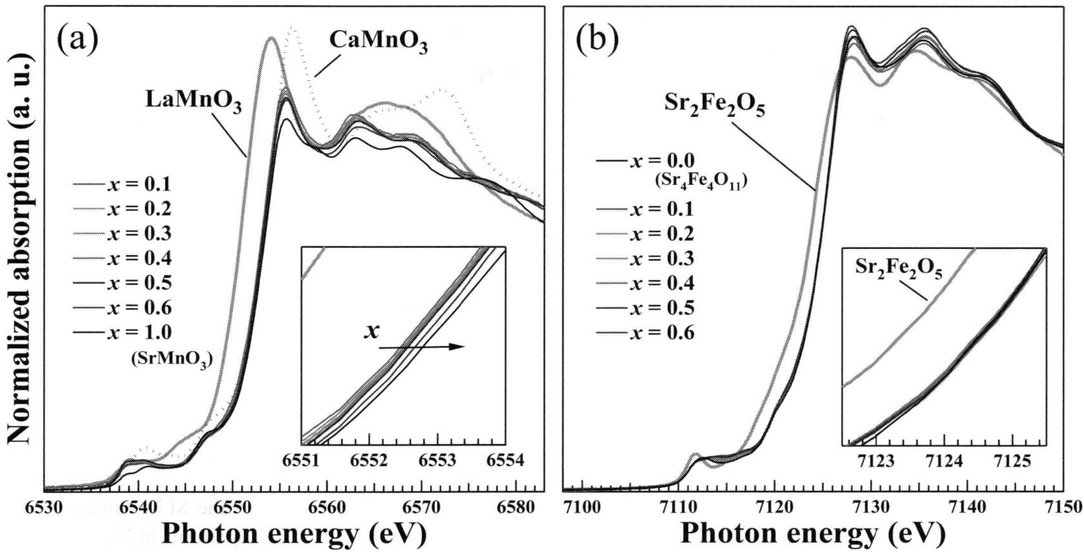

Fig.3 Normalized XANES spectra of the SFM samples (a) at the Mn K-edge ($0.1 \leq x \leq 0.6$ and $x = 1.0$), and (b) at the Fe K-edge ($0.0 \leq x \leq 0.6$). The XANES spectra of $LaMnO_3$, $CaMnO_3$ and $Sr_2Fe_2O_5$ are shown for reference[8].

ヨウ素滴定により決定したSFM試料のBサイトカチオンの平均価数および電気的中性条件より求まる酸素量$3-\delta$をTable 1に示す．$Sr_4Fe_4O_{11}$ $(x = 0.0)$ のFeの価数が3.56価と算出され，形式価数3.5価よりも若干大きくなったが，これは本試料がより高価数のFeを含む$Sr_8Fe_8O_{23}$相との混相であると仮定すると説明できる．XANESスペクトルからSFM試料中のBサイトカチオンの価数は組成によらず一定であるため，この値 $(Fe^{3.56+})$ と Mn^{4+} を用いて，各試料の平均価数を計算した．その結果をTable 1の最右端のカラムに示す．試料を溶解して求めたヨウ素滴定の結果とよく一致したため，SFM試料においては，Feイオンは3.56価，Mnイオンは4価で，それぞれ組成によらず一定で存在することがわかった．

Table 1 Average valence of the B-site cations (BC) and oxygen content $3-\delta$ of the $SrFe_{1-x}Mn_xO_{3-\delta}$ samples ($0 \leq x \leq 0.6$), which were determined by iodometry[a].

	average BC valence	$3-\delta$	estimated BC valence
$Sr_4Fe_4O_{11}$ $(x = 0.0)$	3.56(2)+	2.78	—
$x = 0.1$	3.60(4)+	2.80	3.60+
$x = 0.2$	3.66(4)+	2.82	3.65+
$x = 0.3$	3.68(3)+	2.85	3.69+
$x = 0.4$	3.77(3)+	2.87	3.74+
$x = 0.5$	3.78(1)+	2.89	3.78+
$x = 0.6$	3.78(2)+	2.91	3.82+

[a] To estimate BC valence, the valences of Fe and Mn ions were regarded as constants of 3.56+ and 4+, respectively.

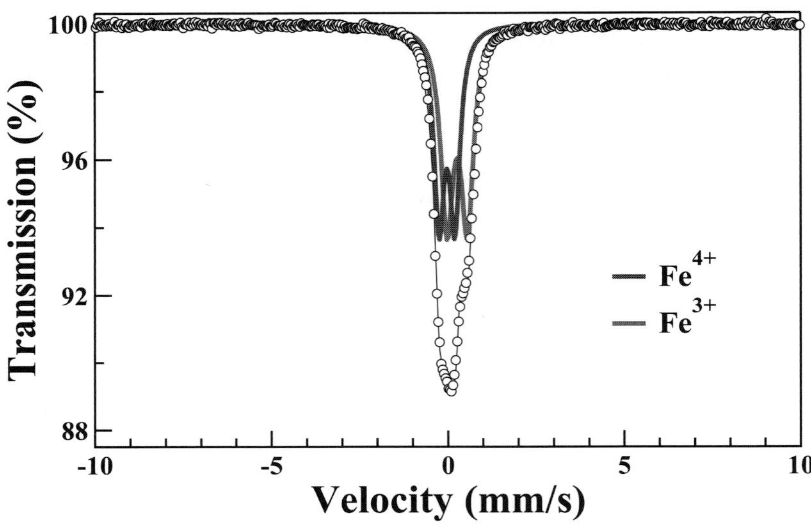

Fig.4 Mössbauer spectrum of the SFM sample with $x = 0.2$. The spectrum was analyzed as two doublet peaks of paramagnetic Fe^{3+} and Fe^{4+}.

Fig.4 に $x = 0.2$ の試料のメスバウアースペクトルを示す．得られたスペクトルは，Fe^{3+} と Fe^{4+} による常磁性の 2 つの doublet ピークの重ね合わせとして解析でき，このことは Mn 置換量によらず同様であった．試料内における各 Fe 種の無反跳分率が同じと仮定すれば，各成分のピーク面積比から Fe イオンの価数を算出できる．各 SFM 試料について Fe イオンの価数を計算したところ，おおよそ 3.4 価と見積もられ，ヨウ素滴定から見積もられた 3.56 価と概ね一致した．また，スペクトル解析から得られるメスバウアーパラメータのうち異性体シフト IS と四極子分裂 QS を用いると，ペロブスカイト型構造中の Fe-O 多面体の歪具合や配位環境を大まかに評価できる[19, 20]．SFM 試料中の Fe^{3+} の doublet 成分について IS および QS を算出した結果，組成によらず，IS～0.29±0.02 mm/s，QS～0.62±0.03 mm/s でほぼ一定であった[12)]．このことは Fe-O 多面体は歪んだ八面体であり，多面体の局所構造や歪の程度は組成によらない

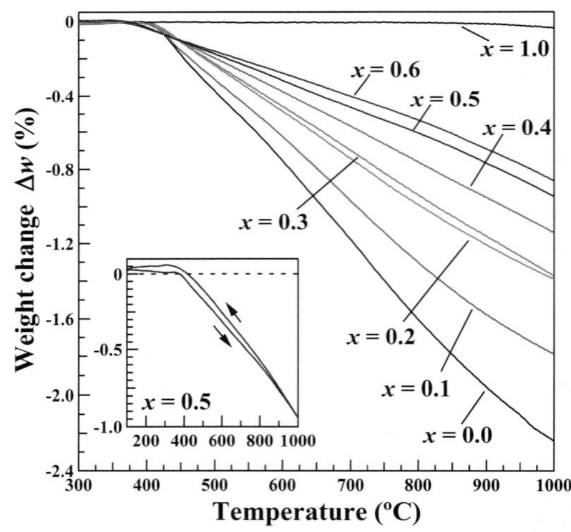

Fig.5 Weight change Δw of the SFM samples under air, as a function of temperature[8)].

ことを示唆しており，Fig.3 (b) に示した Fe の K 吸収端の XANES スペクトル形状，すなわち，Fe の局所的な原子構造が組成によらなかったことと一致する．

次に，空気中での昇降温による酸素の吸放出挙動を調べるため行った熱重量測定の結果を

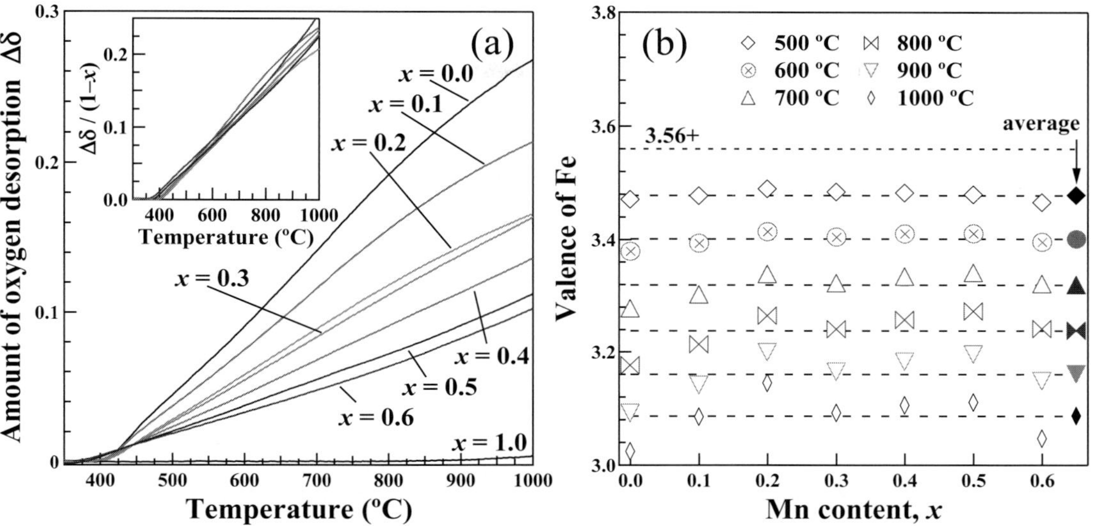

Fig.6 (a) Amount of oxygen desorption $\Delta\delta$ estimated using the Δw data of Fig.5. (b) Plot of the valence of Fe calculated from the $\Delta\delta$ using eqn. (2) against the Mn content x [8].

Fig.5 に示す．$SrMnO_3$ ($x = 1.0$) を除くすべての試料において，昇温とともに400℃付近から重量減少が観測され，温度の増加とともに重量減少量 Δw (%) が増加した．観測された Δw が酸素放出のみによるものとすると，(1) 式により酸素放出量 $\Delta\delta$ に変換できる．

$$\Delta\delta = -\Delta w \times \frac{M_{\mathrm{sample}}}{M_{\mathrm{O}}} \qquad (1)$$

ここで，M_{sample} は酸素量 $3-\delta$ を考慮した SFM 試料の式量，M_{O} は酸素の原子量である．さらに，室温での Fe の価数を 3.56 価とし電気的中性条件を考慮すれば，任意の温度での Fe の価数 (valence of Fe) を (2) 式により計算できる．

$$(\text{valence of Fe}) = (3.56+) - \frac{2\Delta\delta}{(1-x)} \qquad (2)$$

Fig.6 (a), (b) に，(1) および (2) 式を用いて求めた $\Delta\delta$ および (valence of Fe) を示す．Fig.6 (a) に示す $\Delta\delta$ は Mn 置換量 x の増加とともに減少したが，挿入図に示すように Fe 1 mol 当たりの量 $\Delta\delta/(1-x)$ に変換すると x に依存しなくなった．Fig.6 (b) に示す (valence of Fe) の変化をみると，温度の増加とともに Fe の価数が減じるが，その変化は組成にはあまり依存していない．つまり，いずれの結果からも，空気中の酸素分圧下での昇温では，SFM 試料の Fe イオンのみが還元して酸素放出に寄与し，Mn イオンは 4 価を保ったままであることがわかった．

3.2 低酸素分圧下での加熱による B サイトカチオンの価数変化，局所構造変化 [12]

前節では，空気中の昇降温では SFM 試料中の Mn イオンは酸素放出に寄与しないことが明らかになった．このことは酸素雰囲気下での昇降温により Mn イオンが価数変化を示す $Dy_{1-x}Y_xMnO_{3+\delta}$ [21] とは異なる．そこで Mn イオンの価数変化挙動を理解するために，試料を低酸素分圧下 (N_2 雰囲気：$p(O_2) \sim 10^{-4}$ bar) で，1200℃で 12 時間加熱した．Fig.7 (a) に N_2 加熱 SFM 試料の XRD パターンを示す．Mn 置換量の少ない試料 ($0.1 \le x \le 0.4$) では，元のペ

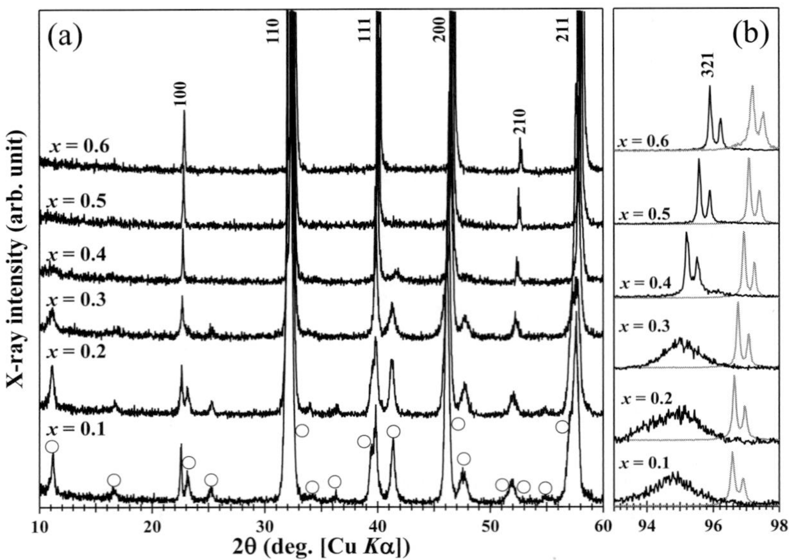

Fig.7 (a) XRD patterns of the N_2-heated SFM samples. The peaks denoted by the circles are attributed to $Sr_2Fe_2O_5$ phase. (b) Close-up of the 321 peak in the XRD patterns in (a). Gray curves represent the peaks of the as-prepared SFM samples[12].

ロブスカイト相に加えて，○で示されたブラウンミラライト型 $Sr_2Fe_2O_5$ に起因するピークが観測された．これは低酸素雰囲気下での加熱により，Fe イオンが 3 価にまで還元され，より安定な $Sr_2Fe_2O_5$ 相に分解したためと考えられる．ただし，この相による回折線強度は Mn 置換量の増加とともに減少し，$x = 0.4$ の試料では，ほぼペロブスカイト相になった．Mn 置換量が多い $x = 0.5, 0.6$ の試料では，Fig.7 (b) に示すように酸素脱離による還元膨張由来のピークシフトが観測されたものの，ペロブスカイト相のみによる回折パターンが得られた．これは $Sr_4Fe_4O_{11}$ および $SrMnO_3$ を同様の低酸素分圧下で加熱すると，$Sr_2Fe_2O_5\,(Fe^{3+})$ および $Sr_5Mn_5O_{13}\,(Mn^{3.2+})$ と $Sr_2Mn_2O_5\,(Mn^{3+})$ の混相になることとは異なり，固溶体 SFM 試料を形成したことによる効果である．なお，N_2 加熱 $SrMnO_3$ 試料の XRD パターンを Rietveld 解析した結果，$Sr_5Mn_5O_{13}$：$Sr_2Mn_2O_5 = 74：26$ となり，得られた混合比から N_2 加熱 $SrMnO_3$ 試料中の Mn イオンの価数は 3.15 価と求められた[12]．また，$Sr_5Mn_5O_{13}$ 相では，ピラミッド型の $MnO_5\,(Mn^{3+})$ 多面体と $MnO_6\,(Mn^{4+})$ 八面体が点共有しており，その比が 4：1 であるが，$Sr_2Mn_2O_5$ 相では全てが $MnO_5\,(Mn^{3+})$ 多面体となる．

Fig.8 (a)，(b) に N_2 加熱 SFM 試料の Mn の K 吸収端の XANES スペクトルを示す．N_2 加熱 SFM 試料の吸収端をみると，(a) $0.1 \le x \le 0.4$ の試料は N_2 加熱 $SrMnO_3$ 試料に，(b) $x = 0.5, 0.6$ の試料は $SrMnO_3$ に，それぞれ吸収端がほぼ重なっていることがわかる．したがって，Mn 置換量が少ない試料では Mn-O 多面体はほぼ MnO_5 多面体になり，Mn 置換量が多い試料では MnO_6 八面体を保っていると考えられる．一方，Fig.9 に示すように，Fe の吸収端の形状は組成によって異なるが，後述するメスバウアー

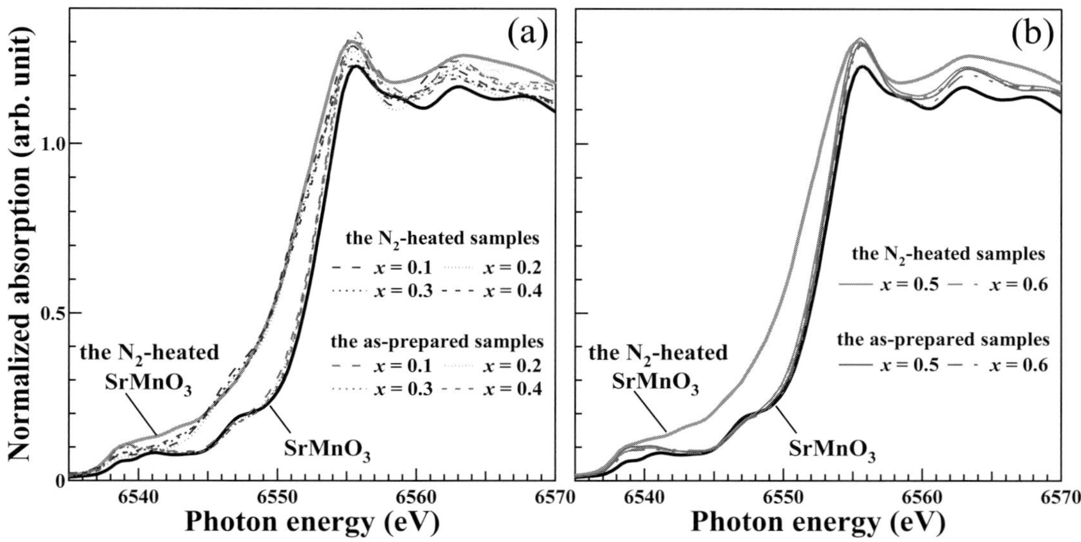

Fig.8 Normalized XANES spectra at the Mn K-edge of the N_2-heated SFM samples. (a) Spectra of samples with $0.1 \leq x \leq 0.4$. (b) Spectra of samples with $x = 0.5$ and 0.6. XANES spectra of $SrMnO_3$ and the N_2-heated $SrMnO_3$ are shown for reference [12].

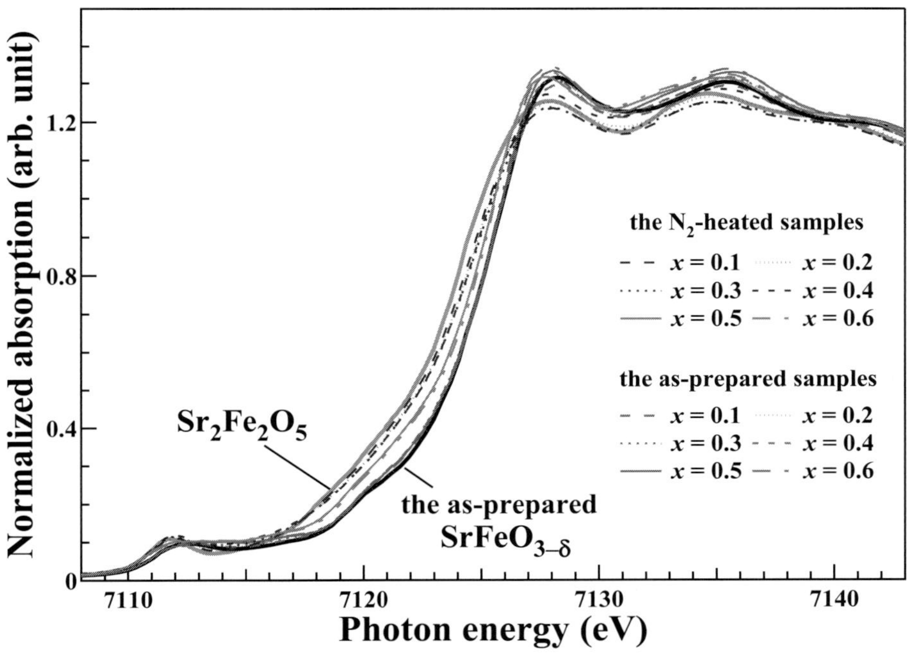

Fig.9 Normalized XANES spectra at the Fe K-edge of the N_2-heated SFM samples ($0.1 \leq x \leq 0.6$). XANES spectra of the as-prepared $SrFeO_{3-\delta}$ and $Sr_2Fe_2O_5$ are shown for reference [12].

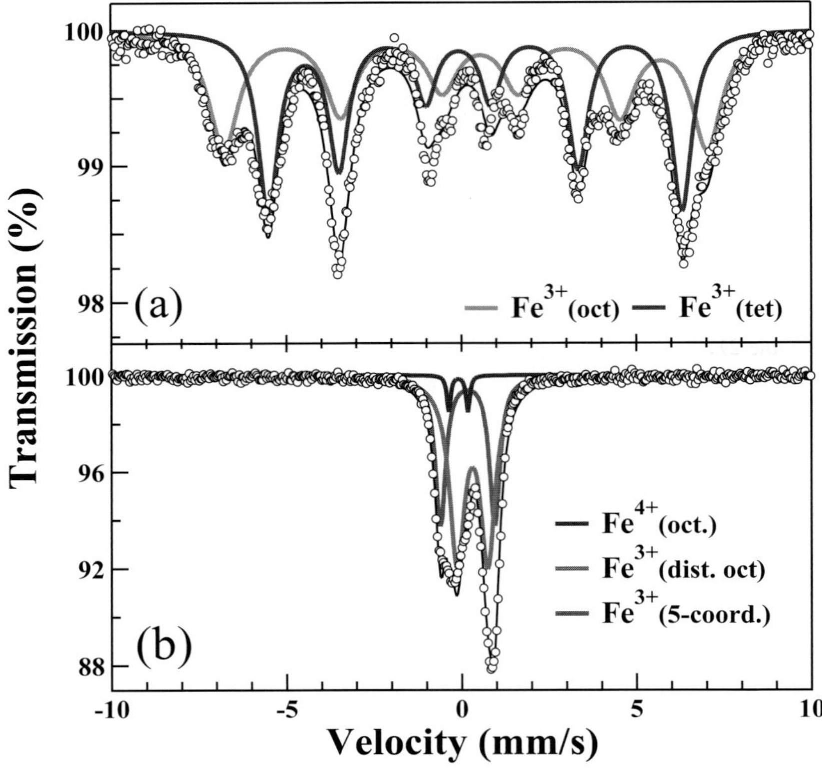

Fig.10 Mössbauer spectra of the N_2-heated SFM samples with (a) $x = 0.2$ and (b) $x = 0.5$. The spectrum in (a) was analyzed as two sextet peaks of antiferromagnetic Fe^{3+}, and the spectrum in (b) was analyzed to three paramagnetic components consisting of one Fe^{4+} species and two Fe^{3+} species [12].

スペクトルより Fe の価数はほぼ 3 価と見積もられた．したがって，この吸収端の違いは，Fe-O 多面体の歪などの局所的な原子構造の違いを反映していると考えられる．

N_2 加熱 SFM 試料のメスバウアースペクトルは，組成によって Fe による磁気秩序が大きく異なった．その典型例として，Fig.10 (a) に $x = 0.2$ の試料，(b) に $x = 0.5$ の試料のメスバウアースペクトルをそれぞれ示す．Fig.10 (a) に示すスペクトルは反強磁性の 2 つ sextet ピークでフィッティングでき，それぞれ八面体サイトに位置する Fe^{3+} (oct) と四面体サイトに位置する Fe^{3+} (tet) によるものとして同定された．Fig.7 に示した XRD パターンを考慮すると，これはブラウンミラライト相中の Fe^{3+} によるものと考えられる．これらの試料にはペロブスカイト相も存在するため，一部の Fe^{3+} はペロブスカイト相の Fe-O 多面体にも存在するが，その Fe^{3+} 種による sextet ピークと上記の Fe^{3+} (oct) とを本スペクトルから見分けることは難しい．つまり，Fe^{3+} (oct) としたピークは，ブラウンミラライト相，ペロブスカイト相の両方の相に存在する Fe^{3+} 種によるものと考えられる．実際に Mn 置換量 x の増加とともに Fe^{3+} (oct) の QS の値が小さくなる，すなわち，Fe 核が感じる電場勾配による核電荷の歪が緩和していく結果が得られたが，これは対称性がより高いペロブスカイト相に存在する Fe^{3+} 種からの寄与が大きくなったためと解釈できる．

$0.4 \le x \le 0.6$ の試料のメスバウアースペクトルは，Fig.10 (b) に示すような 3 つの常磁性 doublet ピークで解析できた．このうち Fe^{4+} の寄与は小さく (～3%)，ピーク面積比から，これら試料中の Fe の価数はほぼ 3 価であることが示された (Table 2)．2 つの Fe^{3+} 成分の ISと QSは，IS～0.30 ± 0.01 mm/s，QS～0.88 ± 0.03 mm/s および IS～0.17 ± 0.01 mm/s，QS～1.57 ± 0.01 mm/s と，組成によらずほぼ一定であった．前者の値は酸素欠損の存在により大きく歪んだ Fe-O 八面体中の Fe^{3+} 種 (Fe^{3+} (dist. oct))[19, 20]，また，後者の値は歪の少ない 5 配位のピラミッド型 FeO_5 多面体中の Fe^{3+} 種 (Fe^{3+} (5-coord.))[22] によるものと同定でき，ペロブスカイト型構造を保った N_2 加熱 SFM 試料中には局所的な原子構造や歪の度合いが異なる 2 種類の Fe-O 多面体が存在することがわかった．

N_2 加熱 SFM 試料の B サイトカチオンの価数についてまとめた結果を Table 2 に示す．XANES スペクトルおよびメスバウアースペクトルより明らかになった Fe，Mn の価数を用いて計算した B サイトカチオンの価数 (最右端) はヨウ素滴定の結果とよく一致した．Fe イオンはいずれの試料においても，低酸素分圧下の加熱によりほぼ Fe^{3+} になるが，Mn イオンは組成比によって異なる価数変化を示した．Mn 置換量が少ない試料 ($x \le 0.4$) では，Mn-O 多面体には必ず一つ以上の Fe-O 多面体が隣接するため，Fe イオンの還元に伴う酸素放出により生じる電子の一部が Mn イオンを還元して，MnO_5 多面体を生成する．この結果，Mn イオンは 3.15 価をとり，K 吸収端の形状は MnO_5 多面体をもつ $Sr_5Mn_5O_{13}$ (+$Sr_2Mn_2O_5$) 相と一致した．一方，Mn 置換量が多くなると ($x = 0.5, 0.6$)，Fe イオンの還元により生じる電子数が少なくなるため Mn^{4+} は還元されずに MnO_6 八面体を保つ．また，このとき Fe-O 多面体は大きく歪んだり，ピラミッド型 FeO_5 多面体をとる．酸素欠損導入による歪を“やわらかい”Fe-O 多面体が緩和し，そこに“かたい”MnO_6 八面体が共存するために，全体としてペロブスカイト型構造を保てたと考えられる．つまり，SFM 試料中の Mn イオンはより還元しやすい Fe イオンと共存し，その存在比が Fe よりも多くなると，自身が還元することなく強固なペロブスカイト型構造を保てるため，還元されにくくなったと考えられる．

Table 2 Average valence of the B-site cations (BC) and oxygen content $3-\delta$ of the N_2-heated $SrFe_{1-x}Mn_xO_{3-\delta}$ samples ($0.1 \le x \le 0.6$), which were determined by iodometry [b].

	average BC valence	$3-\delta$	Fe valence	Mn valence	estimated BC valence
$x = 0.1$	3.05(4)+	2.53	3+	3.15+	3.02+
$x = 0.2$	3.06(1)+	2.53	3+	3.15+	3.03+
$x = 0.3$	3.05(3)+	2.53	3+	3.15+	3.05+
$x = 0.4$	3.11(1)+	2.55	3.03+	3.03+	3.08+
$x = 0.5$	3.51(3)+	2.75	3.03+	4+	3.52+
$x = 0.6$	3.52(4)+	2.76	3.04+	4+	3.62+

[b] The valences of Fe and Mn ions were estimated by using XANES spectra and Mössbauer spectra.

4. まとめ

本研究では，ペロブスカイト型構造を有する $SrFe_{1-x}Mn_xO_{3-\delta}$ について，X 線吸収分光およびメスバウアー分光により Fe および Mn の局所的な電子状態や原子構造等を評価して，酸素放出に係る各カチオンの還元特性を調査した．本系のように複数種の遷移金属が酸素貯蔵に関与しうる場合には，各カチオンの局所的な情報を得ることが重要であり，また，Fe を含む系におけるメスバウアースペクトルの有効性も示された．現在，他の遷移金属を置換した系についての研究を進めており，最終的にはすべての 3d 元素の酸素貯蔵特性への効果を明らかにする予定であるが，それらの結果については別稿に譲ることとしたい．

謝　辞

本研究遂行に当たり，メスバウアー分光測定は東京大学アイソトープセンターの松尾基之教授に測定および解析していただいた．また，徳島大学の大石昌嗣准教授と JASRI の伊奈稔哲博士には X 線吸収分光についてご助力を頂いた．この場を借りて，感謝の意を表したい．本研究の一部は，科学研究費助成事業基盤研究 C（18K05276, 23K04891）および，2022 年度大倉和親記念財団研究助成のもとに行われた．

参考文献

1）J. Kašpar, P. Fornasiero, M. Graziani: *Catal. Today*, **77**, 419 (2003).

2）N. Miura, H. Ikeda, A. Tsuchida: *Ind. Eng. Chem. Res.*, **55**, 3091 (2016).

3）Y. Hayamizu, M. Kato, H. Takamura: *J. Membr. Sci.*, **462**, 3091 (2014).

4）T. Motohashi, M. Kimura, T. Inayoshi, et al: *Dalton Trans.*, **44**, 10746 (2015).

5）A. Demizu, K. Beppu, S. Hosokawa, et al.: *J. Phys. Chem. C*, **121**, 19358 (2017).

6）K. Beppu, S. Hosokawa, A. Demizu, et al.: *J. Phys. Chem. C*, **122**, 11186 (2018).

7）F. Fujishiro, M. Izaki, T. Hashimoto: *J. Am. Ceram. Soc.*, **101**, 1696 (2018).

8）F. Fujishiro, N. Oshima, N. Kamioka, et al.: *J. Solid State Chem.*, **283**, 121152 (2020).

9）M. Oishi, T. Sakuragi, T. Ina, et al.: *J. Solid State Chem.*, **294**, 121893 (2021).

10）F. Fujishiro, C. Sasaoka, T. Ina, et al.: *J. Phys. Chem. C*, **125**, 13283 (2021).

11）F. Fujishiro, N. Oshima, T. Sakuragi, M. Oishi: *J. Solid State Chem.*, **312**, 123254 (2022).

12）F. Fujishiro, M. Oishi, T. Hashimoto, et al.: *J. Phys. Chem. C*, **127**, 18935 (2023).

13）F. Izumi, K. Momma: *Solid State Phenomena*, **130**, 15 (2007).

14）J. P. Hodges, S. Short, J. D. Jorgensen, et al.: *J. Solid State Chem.*, **151**, 190 (2000).

15）P. D. Battle, C. M. Davison, T. C. Gibb, J. F. Vente: *J. Mater. Chem.*, **6**, 1187 (1996).

16）E. J. Cussen, J. Sloan, J. F. Vente, et al.: *Inorg. Chem.*, **37**, 6071 (1998).

17）K. Kuroda, N. Ishizawa, N. Mizutani, M. Kato: *J. Solid State Chem.*, **38**, 297 (1981).

18）R. D. Shannon: *Acta Crystallogr.*, **A32**, 751 (1976).

19）M. Wyss, A. Reller, H. R. Oswald: *Solid State Ionics*, **101-103**, 547 (1997).

20）P. S. Beurmann, V. Thangadurai, W. Weppner: *J. Solid State Chem.*, **174**, 392 (2003).

21）S. Remsen, B. Darowski: *Chem. Mater.*, **23**, 3818 (2011).

22）C. Greaves, R. A. Buker: *Mat. Res. Bull.*, **21**, 823 (1986).

2～4 keV 領域を対象とする 軟 X 線平面結像型分光器に搭載する高分解を実現する 高刻線密度不等間隔回折格子溝に高回折効率を呈する 傾斜屈折率型多層膜を付加したラミナー型球面回折格子の設計

小池雅人[a, b, c, d]＊，ピロジコフ S. アレキサンダー[a]，羽多野　忠[b, e]，
村野孝訓[c, f]，上野良弘[g]，近藤公伯[a]，寺内正己[b]

Design of Laminor-type Spherical Gratings Having High Groove Density, Varied Line Spacing Grooves, and Coated with Graded Refractive Index (GRI) Multilayer to Achieve High Resolution and High Diffraction Efficiency for Use with Soft X-ray Flat Field Spectrographs in the 2–4 keV Range

Masato KOIKE[a,b,c,d]＊, Alexander S. PIROZHKOV[a], Tadashi HATANO[b,e],
Takanori MURANO[c,f], Yoshihiro UENO[g], Kiminori KONDO[a] and Masami TERAUCHI[b]

[a] Kansai Institute for Photon Science, National Institute for Quantum Science and Technology
8-1-7 Umemidai, Kizugawa, Kyoto 619-0215, Japan
[b] Institute of Multidisciplinary Research for Advanced Materials, Tohoku University
2-1-1 Katahira, Aoba-ku, Sendai 980-8577, Japan
[c] Graduate School of Engineering, Osaka Metropolitan University,
3-3-138 Sugimoto, Sumiyoshi-ku, Osaka 558-8585,Japan
[d] Laboratory of Advanced Science and Technology for Industry, University of Hyogo
3-1-2 Koto, Kamigori-cho, Ako-gun, Hyogo 678-1205, Japan
[e] International Center for SR Innovation Smart, Tohoku University
478-1 Aramaki Aza-Aoba, Aoba-ku, Sendai 980-8572, Japan
[f] SA Bussiness Unit, JEOL Ltd.
3-1-2 Musashino, Akishima, Tokyo 196-8558, Japan
[g] Technology Research Laboratory, Shimadzu Coporation
3-9-4 Hikaridai, Seika-cho, Soraku-gun, Kyoto 619-0237, Japan

(Received 16 December 2024, Revised 23 December 2024, Accepted 24 December 2024)

---

a 国立研究開発法人量子科学技術研究開発機構関西光量子科学研究所　京都府木津川市梅美台 8-1-7　〒 619-0215
＊連絡著者：koike.masato@qst.go.jp
b 東北大学多元物質科学研究所　宮城県仙台市青葉区片平 2-1-1　〒 980-8577
c 大阪公立大学大学院工学研究科　大阪府大阪市住吉区杉本 3-3-138　〒 558-8585
d 兵庫県立大学高度産業科学技術研究所　兵庫県赤穂郡上郡町光都 3-1-2　〒 678-1205
e 東北大学国際放射光イノベーション・スマート研究センター　宮城県仙台市青葉区荒巻字青葉 468-1　〒 980-8572
f 日本電子株式会社 SA 事業ユニット　東京都昭島市武蔵野 3-1-2　〒 196-8558
g 株式会社島津製作所基盤技術研究所　京都府相楽郡精華町光台 3 丁目 9-4　〒 619-0237

For the purpose to enhance resolution and throughput of soft X-ray flat-field spherical grating spectrographs in the 2-4 keV region, laminar-type varied-line-spacing (VLS) gratings having both high effective groove density to increase dispersion and gradient-refractive-index (GRI) multilayer coating to attain a high diffraction efficiency were designed and evaluated the performance with numerical calculations. The assumed effective groove densities were 2400, 3200, 3600, and 4200 lines/mm. In this report, the parameters of groove depth, incident angle, and multilayer structure designed for the grating of an effective groove density of 3200 lines/mm in previous research [M. Koike, et al., *Rev. Sci. Instrum.* **94**, 045109 (2023) and M. Koike, et al., *Rev. Sci. Instrum.* **95**, 023102 (2024)] were applied for all the gratings. The resolving power estimated by ray tracing was up to 10^3. The calculated diffraction efficiency was nearly one order of magnitude higher than that of a diffraction grating on a Au surface, regardless of effective groove density.
[Key words] Diffraction grating, Soft X-ray spectrometer, Soft X-ray multilayer, Transition metal emission spectroscopy

2～4 keV 領域を測定対象とした軟 X 線平面結像型球面格子分光器の分解能とスループットを向上させる目的で，分散を高めるための高い実効溝密度と高い回折効率を達成するための屈折率傾斜型（GRI）多層膜を表面に付加したラミナー型不等間隔溝（VLS）回折格子を設計し，その性能を数値計算により評価した．仮定した有効刻線密度は，2400，3200，3600，および 4200 本 /mm である．本報告では，以前の研究［M. Koike, et al., *Rev. Sci. Instrum.* **94**, 045109（2023）および M. Koike, et al., *Rev. Sci. Instrum.* **95**, 023102（2024）］で有効刻線密度 3200 本 /mm の回折格子用に設計した溝深さ，入射角，および多層膜構造のパラメータをすべての回折格子に適用した．光線追跡によって推定された分解能は最大 10^3 であった．また，計算で得た回折効率は，有効刻線密度に関係なく，Au 表面上の回折格子の回折効率よりも約 1 桁高い値を示した．
［キーワード］回折格子，軟 X 線分光器，軟 X 線多層膜，遷移金属発光分光

1. はじめに

遷移金属や半金属の K, L, M の発光・吸収スペクトルの多くは，2～4 keV（波長 0.31～0.62 nm）の高エネルギーの軟 X 線領域に存在している．これらの元素を含む複合材料は，一次電池，大容量光記録材料，触媒などの機能性物質として利用されており，化学状態分析はそれらの材料の開発や特性評価のための強力なツールとなっている．

従来，このエネルギー領域で高いエネルギー分解能を必要とする分光測定は，InSb, Ge, KAP, TAP, ホウ化イットリウムの一種の YB_{66} などの大きな格子定数を持つ分析結晶を備えた分光計を使用して行われてきた[1,2]．しかし，結晶分光計の設計の自由度は，さまざまな実用上の要件を満たすのに十分ではない．例えば，本来の高分解能を得るには機械的なエネルギー走査システムが必要であるが，それは同時多エネルギー測定の利点を犠牲にする．さらに，上述の比較的大きな格子定数を有する分光結晶は，熱負荷や機械的ストレスに対して脆弱であるという欠点を本質的に抱えているため，これまでにない高分散の回折格子を用いた分光計の可能性を探ることは重要な課題とされていた．

一方，回折格子の製作においては，従来 Ar

イオン，Ar-Kr イオン，He-Cd など，400 nm 程度の波長を持つレーザービームの波長による制限により，2つのコヒーレントなレーザービームの干渉パターンの記録に基づいて製造されるホログラフィック回折格子の最大刻線密度は，実質的に約 3000 本 /mm 以下に限定されていた．しかしながら，最近 200 nm 近辺の波長を持つ高コヒーレント UV レーザーの出現により，最大約 5000 本 /mm の高い刻線密度を持つホログラフィック回折格子を製造できるようになった．刻線密度の増加は，主に分散の拡大と分解能の向上に寄与する．その一方，収差も増加し，分散の増加の利点を打ち消す可能性がある．したがって，数値計算によって，刻線密度の高い回折格子を用いた分光器のスペクトル分解能を推定することは興味深いテーマである．

これまでの研究では，2～4 keV 領域において，回折効率が大幅に向上する傾斜屈折率型（GRI）多層膜でコーティングされた 3200 本 /mm の刻線密度を持つラミナー型平面格子[3] と，さらに，その設計を発展させて，平面結像型分光器用[4-7] の傾斜屈折率（GRI）型多層膜を付加した刻線密度が 3200 本 /mm の不等間隔溝（Varied-Line-Spacing, VLS）球面回折格子を設計した．数値計算による性能評価の結果，新しく設計した回折格子は，従来の単層の金属膜の場合と比較して回折効率が大幅に向上することを明らとなった[8]．

この論文の目的は，さらに 4200 本 /mm までの高い有効刻線密度を持つ軟 X 線 VLS 球面格子回折格子に先行研究[3, 8]で設計した GRI 型多層膜を付加した回折格子を搭載する平面結像型分光器を設計し，その分解能と回折効率等の性能を数値計算で評価することである．

2. 平面結像型分光器用高刻線密度不等間隔溝球面回折格子の設計

ホログラフィック法では，回折格子溝は，回折格子基板上に塗布されたフォトレジスト上に形成された2つのコヒーレントレーザービームの干渉縞パターンを記録することによって作成される．その結果得られる回折格子の有効刻線密度 D と有効格子定数 σ は[9]，

$$D = 1/\sigma = (\sin\delta - \sin\gamma)/\lambda_0,\quad \delta > \gamma, \qquad (1)$$

と表される．ここで，λ_0, δ, γ は，レーザー波長と，回折格子中心で法線方向から測った2つのレーザービームの入射角である．軟 X 線平面結像型分光器に用いる球面回折格子は，ゾーンプレートの周辺部のように極めて急峻に刻線密度が変化した格子溝を持つ必要があるため，一方のレーザービームの入射方向は，回折格子面の法線方向近くとなる．また，フォトレジスト上の干渉縞パターンのコントラストを明確にするために，もう一方のビームの入射角は 60° 以下に制限される．したがって，たとえばレーザー波長が 400 nm の場合，溝密度の実用的な上限は約 2200 本 /mm（約 450 nm 周期）となる．したがって，より高い刻線密度の軟 X 線平面結像型分光器に用いるホログラフィック球面回折格子の格子溝パターンを記録するためには，より短い波長のレーザーを用いて露光することが必要となる．

近年の紫外線領域におけるレーザー技術の著しい進歩により，200 nm 領域の光を発する高コヒーレントな強力紫外線レーザーを産業用途で提供することが可能になった．ホログラフィック回折格子を製造する上で最も有望な波長の一つは，波長 1064 nm の YAG レーザーで励起された $CsLiB_6O_{10}$ 結晶で生成される第 4 高

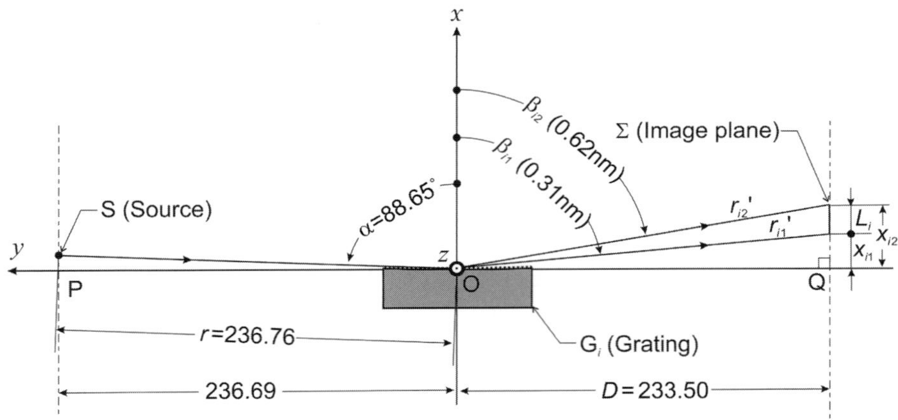

Fig.1 Schematic diagram of soft X-ray flat-field VLS spherical grating spectrograph.

調波光の 266 nm である[10, 11]．露光波長が 266 nm の場合，式(1) および上記の要件によって計算される最大刻線密度は，5000 本 /mm を超える．従来技術との比較のため本研究では，波長 441.6 nm の He-Cd レーザーの使用を仮定して設計した 2400 本 /mm の場合も含め，有効刻線密度 D が 2400, 3200, 3600, 4200 本 /mm である 4 種の回折格子 G_i (i = 1, ⋯, 4) を考察した．

Fig.1 に軟X線平面結像型球面格子分光器の概略図を示す[4-7]．回折格子表面の中心 O を座標原点とし，O における格子法線を x 軸，格子の対称面を x-y 平面とする．像面 Σ は y 軸に垂直であると仮定した．全ての回折格子に共通の設計パラメータは以下の通りである．光源点 O と回折格子中心 O 間の距離 r = 236.76 mm，入射角 α = 88.65°，格子サイズ 50 (W, y 軸方向) ×30 (H, z 軸方向) mm^2，溝の深さ h = 2.05 nm, デューティ比 (a/σ) = 0.46，回折格子中心 O と像面間の y 軸に沿った距離 = 233.50 mm.

Table 1 は，刻線密度と分光器の光学配置によって定義される主光線によって定義されるスペクトル画像特性を示す．ここで，(β_{i1}, β_{i2}) と (X_{i1}, X_{i2}) は，それぞれ 0.31 nm (4 keV) と 0.62 nm (2 keV) の回折角とスペクトルの x 軸方向の位置である．スペクトル像の長さ L_i (= $X_{i2}-X_{i1}$) と逆線形分散 RLD_i，それと 13 μm の 6 μm の検出器のピクセルサイズで決まる分解能も示す．この表から 13 μm の 6 μm の場合，ピクセルサイズで決まる分解能は刻線密度に従って緩やかに増加するが，それぞれ約 500 と 1000 である．

Table 1 Angles of diffraction β_{i1} and β_{i2}, image positions X_{i1} and X_{i2} for 0.31 nm (4 keV) and 0.62 nm (2 keV), respectively, image lengths L_i (= $X_{i2}-X_{i1}$), and average reciprocal linear dispersion RLD_i of G_i, i =1,⋯, 4.
Also, average resolving power, $\mathfrak{R} = E/\Delta E$, limited with pixel sizes of 13 μm and 6 μm of a detector are also shown.

Grating	β_{i1} (°)	β_{i2} (°)	X_{i1} (nm)	X_{i2} (nm)	L_i (nm)	RLD_i (nm/mm)	$\mathfrak{R}$ (13 μm)	$\mathfrak{R}$ (6 μm)
G_1	−87.410	−86.595	10.563	13.894	3.331	0.0931	413	894
G_2	−87.201	−86.211	11.418	15.463	4.045	0.0766	502	1088
G_3	−86.908	−85.841	12.612	16.980	4.368	0.0710	541	1172
G_4	−86.779	−85.649	13.140	17.765	4.625	0.0670	570	1235

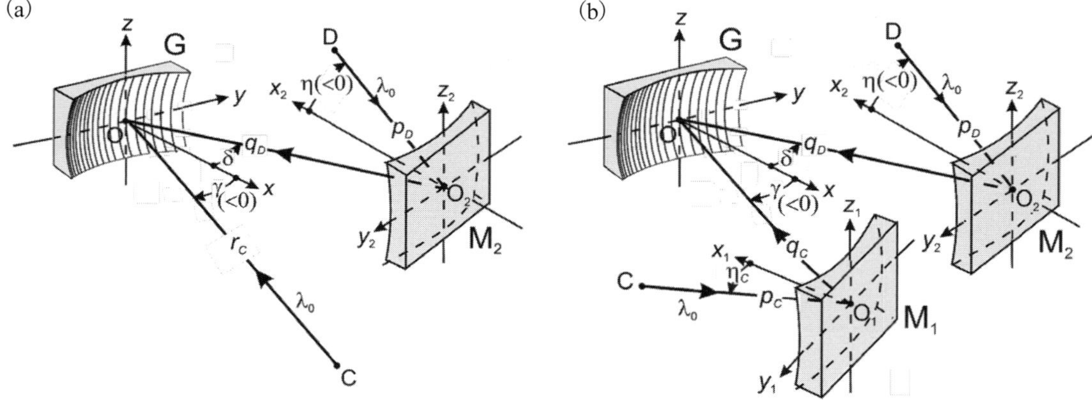

Fig.2 Schematic diagram of aspheric wavefront recording system of the holographic grating.

Fig.2 にホログラフィック球面格子の設計の際に仮定した記録システムの概略図を示す[7)]. 可干渉性の発散球面波面を生成する 2 つのレーザー点光源と球面格子ブランクを，それぞれ C, D, G で示す．VLS の回折格子溝によって収差補正を最大化し，高解像度を得るために，有効刻線密度 D が 2400, 3200，3600 本 /mm の場合は (a) 図で示したように光源 D 光源と G の間に球面鏡 M_2 を，4200 本 /mm の場合は，(b) 図のように光源 C と D から G の中間にそれぞれ球面鏡 M_1, M_2 を挿入し，光源から入射する球面波の球面鏡による反射から得られる非球面波を用いることとした.

Table 2 は，非球面波面露光光学系[9, 12)]を用

Table 2 Holographic recording parameters for the VLS spherical gratings G_i, i =1,⋯, 4 by use of aspheric wavefront recording optics.[9,12)]

Grating	G_1[12]	G_2	G_3	G_4
D (lines/mm)	2400	3200	3600	4200
λ_0 (nm)	441.6	266.1	266.1	266.1
R (mm)	11200.000	12040.000	12360.000	12690.000
γ (°)	−60.000	−60.000	−60.000	−59.530
δ (°)	11.175	−0.831	5.275	14.817
R_1 (mm)	–	–	–	1090.000
R_2 (mm)	400.000	400.000	400.000	400.000
r_C (mm)	696.979	2002.545	2003.026	–
p_C (mm)	–	–	–	892.800
p_D (mm)	943.049	830.000	1355.300	458.698
q_C (mm)	–	–	–	1486.500
q_D (mm)	275.000	274.177	273.379	350.000
η_C (deg)	–	–	–	18.184
η_D (deg)	50.823	60.182	52.641	36.267

Table 3 Groove parameters n_{jk} (in part) and local groove densities D_l (lines/mm) at the point (w, l) in the y-z plane of G_i, i =1,⋯, 4. For the details of the parameters, refer to Refs. 9, 12）.

Grating	G_1	G_2	G_3	G_4
n_{20}	-7.053×10^{-3}	-6.036×10^{-3}	-6.914×10^{-3}	-8.175×10^{-3}
n_{30}	2.688×10^{-5}	2.361×10^{-5}	2.643×10^{-5}	3.102×10^{-5}
n_{40}	-6.408×10^{-7}	-5.381×10^{-7}	-5.777×10^{-7}	-6.810×10^{-7}
$D_l\,(-25, 0)$	2867.67	3866.18	4359.73	5097.26
$D_l\,(0, 0)$	2400.00	3200.00	3600.00	4200.00
$D_l\,(25, 0)$	2046.46	2700.22	3026.55	3521.29

いて設計されたホログラフィック記録パラメータを示す．以前に設計された G_1 では，波長 λ_0 が 441.6 nm の He-Cd レーザーの使用を仮定した[13]．また，G_2, G_3, G_4 の設計には，266.1 nm の YAG レーザーの第 4 高調波光[10, 11] を仮定した．分光器に取り付けられた VLS 球面格子の実際の回折効率を推定するには，局所的な刻線密度と入射角に基づいて計算された局所的な回折効率の平均として計算する必要がある．Table 3 は，Table 2 に示した露光パラメータから導出された溝パラメータ n_{20}, n_{30}, n_{40} と，

$$D_l = D + \frac{1}{\lambda_0}\left(n_{20}w + \frac{3}{2}n_{30}w^2 + \frac{1}{2}n_{40}w^3 + \cdots\right) \tag{2}$$

で計算された x-y 平面 ($z = 0$) の局所的な溝密度 D_l を示しています．格子の幅 (±25 mm) にわたる溝密度の変動は 34～38% であり，刻線密度の増加とともに増加する傾向がある．

3. 光線追跡によるスペクトル分解の評価

Table 2 と 3 に示されている軟 X 線平面結像型 VLS 球面回折格子が Fig.1 に示す分光器で使用される場合の結像特性を推定するために，光線追跡を行った．そのために光源として，$1.0\times1.0\ \mu\mathrm{m}^2$ のサイズを持ち指向性がない自己発光光源を想定した．高さ ±10 mm の像面に入射する光線に対して，スポットダイアグラムとラインプロファイルを作成した．

Fig.3 (a)，(b)，(c) および (d) は，それぞれ回折格子が G_1, G_2, G_3，および G_4 の場合に作成したスポットダイアグラムとラインプロファイルを示す．各スポットダイアグラムとラインプロファイルは，分解能を直感的に視覚化するため 3 つのエネルギー，すなわち，2.0, 3.0, 4.0 keV の主エネルギー E とし，左右の副エネルギーを $E\pm E/100$ として，各 2000 本の光線に対して作成した．ラインプロファイルは，(a) と (b) 図の場合は 2 μm，(c) と (d) 図の場合は 4 μm 幅の各垂直ゾーンに入るスポットの数を数えることによって作成した．rms スポット幅 σ_W の値と，

$$\mathfrak{R} = E/\Delta E = E / 2.643\sigma_E, \tag{3}$$

で定義される対応する分解能の値が，各スポット図に示されている．なお，式 (3) において，σ_E は σ_W から導出される rms エネルギー幅を示す[8, 14]．図から判るように刻線密度に従って緩やかに増加するするが，Table 1 で示したように 6 μm のピクセルサイズで決まる分解能は約 1000 であるが光線追跡による計算でも，高刻線密度化によりこれをほぼ同等の分解能が得られることを示しているので，ピクセルサイズ小さ

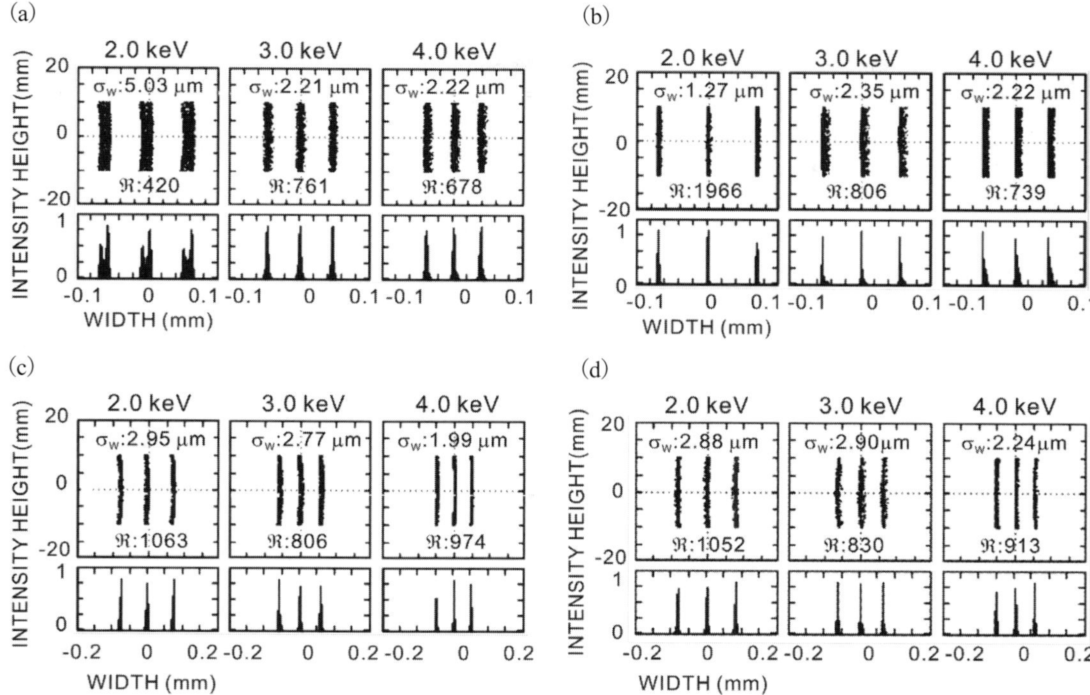

Fig.3 Ray traced spot diagrams and line profiles constructed in the image plane Σ for the soft X-ray flat-field grating spectrographs. The figures (a), (b), (c), and (d) show those for the cases that gratings G_1, G_2, G_3, and G_4, are installed respectively.

い検出器を用いることにより実用上の分解能が改善すると考えられる．なお，G_3 と G_4 との場合で，かすかであるがスペクトル画像の湾曲方向が逆になっており，どちらの場合も分解能が制限されている．したがって，仮定する刻線密度，基板の形状や露光のパラメータをさらに最適化することで，この現象を除去し，分解能を向上させる余地が残っている．

4. 局所的な入射角と刻線密度を考慮した回折効率の評価

この節では，Fig.1 に示す平面結像型分光器に搭載された VLS 多層膜球面格子の回折効率を，局所的な溝密度と入射角を考慮して数値計算で評価したことについて述べる．Fig.4 に GRI

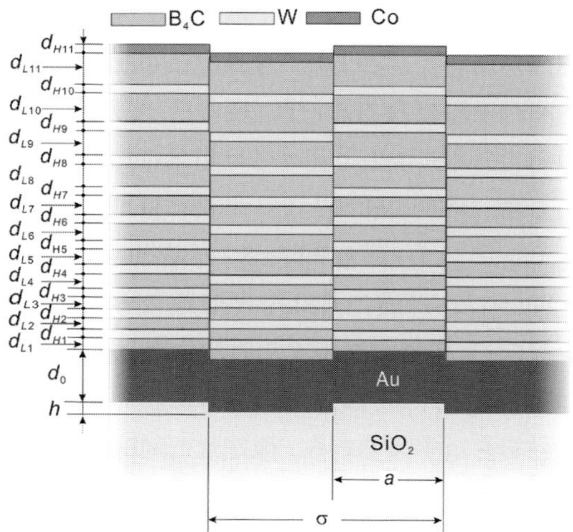

Fig.4 Schematic diagram of laminar-type grating with GRI multilayer. For the values of groove depth h, thickness of base layer d_0 and multilayer $d_{L,H\,i}$ (i = 1, ⋯, 11), see text.

多層膜を付加したラミナー型回折格子の断面の概略図[3]を示す．G_1～G_4 の溝構造は刻線密度以外は全て共通で，溝深さ h は 2.05 nm，デューティ比 a/σ は 0.46，最下層の Au 層の厚さ d_0 は 30 nm である．多層膜構造も全ての回折格子に共通で，Au/ML (B_4C/W×10 組)/B_4C/Co である．B_4C 層の厚さ d_{Li} (i = 1, 2, …, 11) は，それぞれ 2.060, 2.141, 2.280, 2.419, 2.659, 2.895, 3.100, 3.320, 3.670, 4.950, 5.650 nm である．一方，W および最上層の Co の厚さ d_{Hi} はすべて 2.05 nm で一定である[3]．回折効率を計算するためには，各物質の複素屈折率が必要であり，原子散乱因子[15]と密度から求めたが，計算に仮定した W, Co, B_4C の密度はそれぞれ 19.3, 8.90, 2.52 g/cm^3 である．参考のため Table 4 に W, Co, B_4C の 2.0, 3.0, 4.0 keV における複素屈折率 ($\tilde{n} = n + ik$) の実屈折率 (n) と消衰係数 (k) を示す．この表から，このエネルギー領域では W と Co は高密度で実屈折率が低く，B_4C は低密度で実屈折率が高いことがわかる．さらに，物質対の下段から上段にかけて，低密度で高屈折率の B_4C 層の膜厚が増すことにより，膜厚による加重平均屈折率は上段になるほど真空の屈折率の 1.0 に近づいている．以下で述べる回折効率の計算においては，結合波動法とモード法に基づくシミュレーションコード GSolver 5.2[16]を使用した．

Fig.5 は，上述の GRI 型多層膜において，最上層の Co の効果を示すために，最上層を W とした場合と，参考のため Au 単層膜の場合の回折効率を示す図である．仮定した刻線密度 $1/\sigma$，溝深さ h，デューティ比 a/σ，および入射角 α は，それぞれ 3200 本 /mm, 2.05 nm, 0.46 および 88.65° である．Au/ML/B_4C/W と Au/ML/B_4C/Co は，上述の GRI 型多層膜において，最上層が W または Co の場合を示す．GRI 型の多層膜において最上層を W から Co に置き換える効果が顕著に表れ，2～4 keV のエネルギー領域において平均して約 6% の回折効率が得られていることがわかる．

Fig.6 は，Table 2 で示した刻線密度が 2400 本 /mm (a)，3200 本 /mm (b)，3600 本 /mm (c)，4200 本 /mm (d) の場合の VLS 球面回折格子に上述の GRI 型多層膜を付加したラミナー型球面格子における局所的な入射角と刻線密度の

Table 4 Real refractive index (n) and extinction coefficient (k) of complex refractive index of W, Co, and B_4C at photon energies of 2.0, 3.0, and 4.0 keV.

	keV	2.0	3.0	4.0
n	W	0.999518	0.999684	0.999810
	Co	0.999576	0.999813	0.999896
	B_4C	0.999874	0.999945	0.999969
k	W	3.895×10^{-4}	1.234×10^{-4}	4.588×10^{-5}
	Co	7.719×10^{-5}	1.738×10^{-5}	5.923×10^{-6}
	B_4C	2.345×10^{-6}	4.573×10^{-7}	1.410×10^{-7}

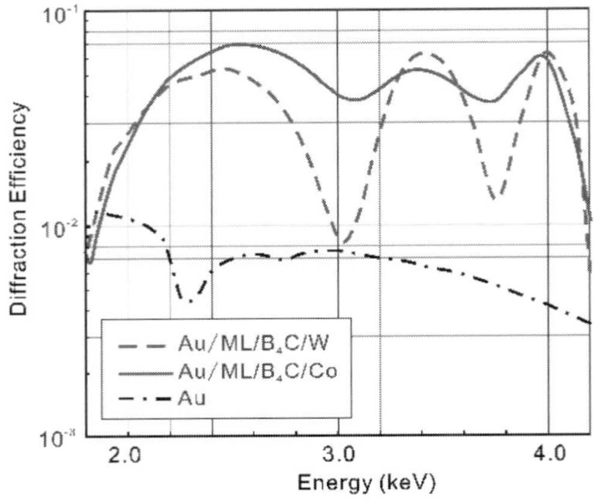

Fig.5 Energy dependence of the diffraction efficiency of Au/ML/B_4C/W and Au/ML/B_4C/Co multilayer gratings as well as Au coated grating for reference. The groove density $1/\sigma$, groove depth h, duty ratio a/σ, and incidence angle α are 3200 lines/mm, 2.05 nm, 0.46, and 88.65°, respectively.

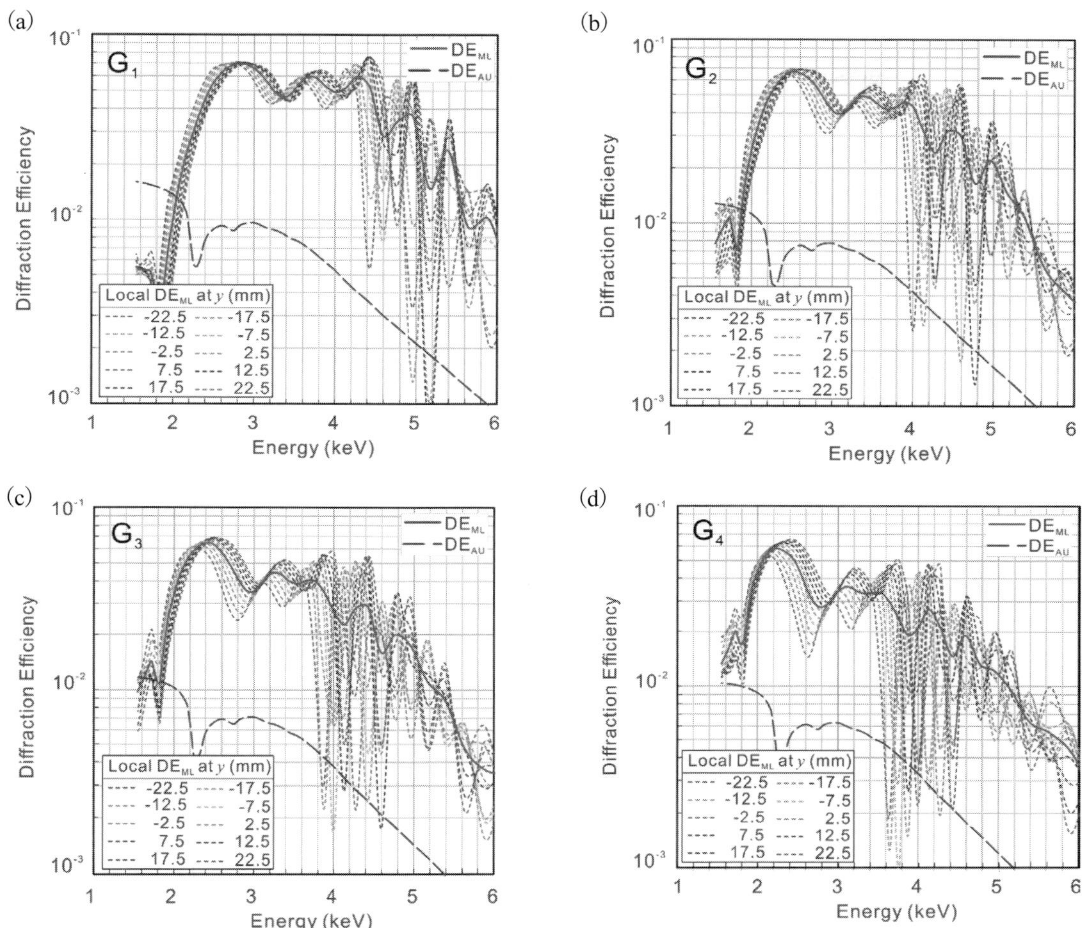

Fig.6 Energy dependance of diffraction efficiency of multilayer and Au coated spherical gratings considering local curvature, incidence angle, and groove density. The figures (a), (b), (c), and (d) show those for the cases that gratings G_1, G_2, G_3, and G_4, are installed respectively. The dashed colored curves show local efficiencies while the red full curves show averaged efficiencies over grating apertures.

変化も考慮した回折効率 DE_{ML} を示す．参考のため，Au コーティングされた格子回折効率 DE_{AU} も示してある．不等間隔溝により光線の入射点によって異なる刻線密度，回折格子表面が球面であることと，有限の距離にある光源点から入射点に至る光線の入射角の違いの回折効率に与える影響は，回折格子の表面を y 軸方向に 10 区画に分割し，それぞれの区画の中心点（$y = \pm2.5$, ±7.5, ±12.5, ±17.5, および ±23.5 mm, $z = 0$ mm）における刻線密度と入射角から回折効率（点線で表示）を求め，次に回折格子全体の回折効率を 10 カ所の局所回折効率の平均として計算することにより考慮した（実線で表示）．図から判るように，2～5 keV のエネルギー領域では，刻線密度に関わらず，多層膜回折格子の回折効率が Au 表面の回折格子のそれよりも 1 桁弱程度高いことがわかる．

軟 X 線平面結像分光器用 VLS 球面格子の刻

線密度の大きな変動は，ホログラフィック法による溝パターンの生成における技術的ボトルネックと考えられてきた．しかし，今回得られた結果は，この特徴が刻線密度と入射光のエネルギー（波長）に深く相関する回折効率の局所的な変動をお互いに相殺することにより，広いエネルギー範囲にわたって実用的な回折効率を得ることに寄与する可能性があることを示している．

Fig.7 は，刻線密度が 2400, 3200, 3600, 4200 本 /mm の多層膜回折格子の零次光の反射効率のエネルギー依存性を ML-G（2400），ML-G（3200），ML-G（3600），ML-G（4200）として示した図である．参考までに，溝密度が 3200 本 / mm の Au 表面の回折格子 Au-G（3200）の零次光の反射効率と多層膜鏡の反射率 ML-M も示した．Au 表面の回折格子以外の多層膜回折格子の零次光の反射効率と，多層膜鏡の反射率はすべて，約 2.8 keV で十分に抑制されている．これは，回折格子の 1 次光の回折効率を高めるために設計された GRI 型の多層膜が，同じエネルギーで反射鏡の反射率も抑制していることを意味している．

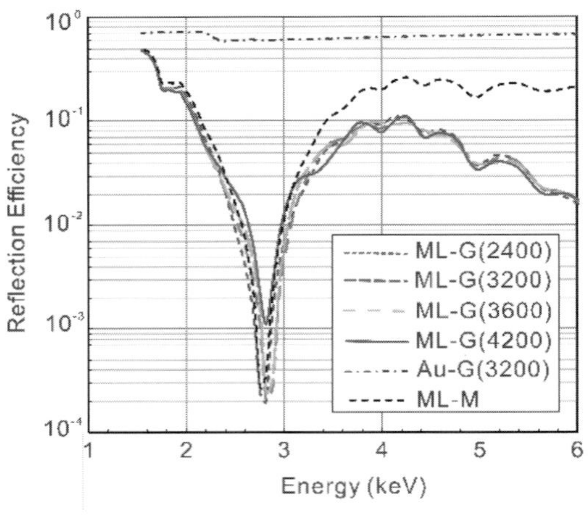

Fig.7 Energy dependance of reflection efficiencies of multilayer gratings MLG and an Au coated grating mirror MLM. For reference, that of an Au coated mirror AuG at the same angle of incidence 88.65° is also shown.

5. おわりに

現在 CCD 等の固体撮像素子は，ピクセルサイズがいわゆる 2 K 時代の～13 μm から 4 K 時代の～6 μm に移行時期にあるが，回折格子においても刻線密度 5000 本 /mm クラスの製作が可能となることで，検出器の進化と呼応した分解能の向上が見込まれることが分かった．さらに，広いエネルギー範囲にわたって反射率を高める中性子鏡や硬 X 線鏡に使用されるスーパーミラー型多層膜の設計は，周期長が漸増的である一方，多層膜を構成する高低密度の 2 つの物質対の厚さの比が一定であることを特徴としている[17, 18]．一方，本稿で述べた GRI 型の多層膜においては，物質対の周期長と膜厚の比の両方が変化している．具体的には，スーパーミラー型多層膜においては，それぞれの周期における低密度と高密度の物質層の膜厚による加重平均屈折率は多層膜全体で一定である一方，今回述べた GRI 型の多層膜においては，高密度の物質層の屈折率が低密度の物質層より小さいため，物質対の下段から上段にかけて，低密度で高屈折率の物質層の膜厚が増すことにより，膜厚による加重平均屈折率は上段になるほど真空の屈折率の 1.0 に近づいているところがスーパーミラー型と異なっている．さらに，今回設計された GRI 型の多層膜の特徴としては，意図的に設計したわけではないが，結果的に零次光の反射率を抑制し，1 次光の回折効率を高めていることを示唆している．

参考文献

1) X. J. Yu, X. Chi, T. Smulders, A. T. S. Wee, A. Rusydi, M. Sanchez del Rio, M. B. H. Breese: *J. Synch. Rad.*, **29**, 1157 (2022).

2) J. Hormes, W. Klysubun, J. Gottert, H. Lichtenbergd, A. Maximenko, K. Morris, P. Nita, A. Prange, J. Szade, L. Wagner, M. Zając: *Nucl. Sci. Instrum.*, **B489**, 76 (2021).

3) M. Koike, T. Hatano, A. S. Pirozhkov, Y. Ueno, M. Terauchi: *Rev. Sci. Instrum.*, **94**, 045109 (2023).

4) T. Kita, T. Harada, N. Nakano, H. Kuroda: *Appl. Opt.*, **22**, 512 (1983).

5) N. Nakano, H. Kuroda, T. Kita, T. Harada: *Appl. Opt.*, **23**, 2386 (1984).

6) M. Koike, T. Namioka, E. Gullikson, Y. Harada, S. Ishikawa, T. Imazono, S. Mrowka, N. Miyata, M. Yanagihara, J. H. Underwood, K. Sano, T. Ogiwara, O. Yoda, S. Nagai: *Proc. SPIE*, **4146**, 163 (2000).

7) M. Koike, K. Sano, E. Gullikson, Y. Harada, H. Kumata: *Rev. Sci. Instrum.*, **74**, 1156 (2003).

8) M. Koike, T. Hatano, A. S. Pirozhkov, Y. Ueno, M. Terauchi: *Rev. Sci Instrum.*, **95**, 023102 (2024).

9) T. Namioka: Vacuum Ultraviolet Spectroscopy I, edited by J. A. Samson and D. L. Ederer, Experimental Methods in the Physical Sciences, Vol.31, Chap. 17.,(1988), (Academic Press, San Diego).

10) Y. K. Yap, M. Inagaki, S. Nakajima, Y. Mori, T. Sasaki: *Opt. Lett.*, **21**, 1348 (1996).

11) T. Kojima, S. Konno, S. Fujikawa, K. Yasui, K. Yoshizawa, Y. Mori, T. Sasaki, M. Tanaka, Y. Okada: *Opt. Lett.*, **25**, 58 (2000).

12) T. Namioka, M. Koike: *Appl. Opt.*, **34**, 2180 (1995).

13) T. Imazono, M. Koike, T. Kawachi, N. Hasegawa, M. Koeda, T. Nagano, H. Sasai, Y. Oue, Z. Yonezawa, S. Kuramoto, M. Terauchi, H. Takahashi, N. Handa, T. Murano: *Proc. SPIE*, **8848**, 884812 (2013).

14) M. Koike, T. Namioka: *J. Electron Spectros. Relat. Phenomena*, **80**, 303 (1996).

15) B. L. Henke, E. M. Gullikson, and J. C. Davis, At. Data Nucl. Data Tables, **54**, 181 (1993).

16) Grating Solver Development Company, "GSolver V5.2," (2012).

17) M. Yanagihara, K. Yamashita: X-Ray Spectrometry: Recent Technological Advances, K. Tsuji, J. Injuk, and R. V. Grieken eds., Chap., 3, p.63, (2004), (John Wiley & Sons, Ltd, Chichester).

18) A. S. Pirozhkov, E. N. Ragozin: *Phys.-Uspekhi*, **58**, 1095 (2015).

全視野型蛍光 X 線イメージングにおける表面敏感性の向上

野路悠斗*，辻　幸一†

Improved Surface Sensitivity in Full-Field X-ray Fluorescence Imaging

Yuto NOJI* and Kouichi TSUJI†

Department of Chemistry and Bioengineering, Graduate School of Engineering,
Osaka Metropolitan University
3-3-138 Sugimoto, Sumiyoshi-ku, Osaka 558-8585, Japan

(Received 20 December 2024, Revised 20 January 2025, Accepted 21 January 2025)

X-ray fluorescence imaging is an analytical method to obtain positional information on elements in a sample by measuring the X-ray fluorescence emitted when the sample is irradiated with X-rays. X-ray fluorescence imaging methods can be broadly classified into two types: full-field and scanning. The scanning type is a method to obtain elemental distribution images by moving the sample in relation to the X-ray microbeam, and because analysis is performed one point at a time, the measurement time becomes longer as the sample size increases. On the other hand, the full-field scanning method uses a two-dimensional detector to obtain elemental distribution images, which are independent of sample size. In a previous study, it was reported that elemental distribution images could be obtained using a full-field X-ray fluorescence imaging system with a large, high-power X-ray generator of 3 kW output. However, the X-ray generator used was large and heavy, making it difficult to carry around and meeting the need for measurement by moving the device. Therefore, in this study, we attempted to miniaturize a full-field X-ray fluorescence imaging system using a compact, low-power X-ray generator. This is the first step toward meeting the need for portability. In addition, we attempted to improve the sensitivity of surface analysis by reducing the viewing angle of primary X-rays to the sample, and by irradiating X-rays at oblique incidence to the sample, we attempted surface elemental imaging with high surface sensitivity.

[Key words] X-ray analysis, Full-field X-ray fluorescence, Elemental distribution imaging, SD card, Non-destructive analysis

蛍光 X 線イメージングは，試料に X 線を照射して放出される蛍光 X 線を計測し，試料中の元素の位置情報を取得する分析方法である．蛍光 X 線イメージング法は大きく分けて全視野型と走査型の 2 種類に分類される．走査型は X 線マイクロビームに対して，試料を動作させて元素分布像を得る手法であり，1 点ずつ分析を行う都合上，試料が大きくなるにつれ，測定時間が長くなるという問題がある．

一方，全視野型は二次元検出器を用いて，元素分布像を取得する手法であり，試料サイズに依存せず，元素分布像を取得することができる．従来の研究において，出力 3 kW の大型・高出力 X 線発生装置を用いた

大阪公立大学大学院工学研究科　大阪府大阪市住吉区杉本 3-3-138　〒 558-8585　＊連絡著者：sl23375g@st.omu.ac.jp
† 連絡著者：k-tsuji@omu.ac.jp

全視野型蛍光 X 線イメージング装置を使用して，元素分布像が取得できたことが報告されている．しかし，使用された X 線発生装置は大型で重量物であるため，持ち運びが難しく，装置を移動させて測定したいというニーズに応えることが難しかった．そこで，本研究では，小型・低出力 X 線発生装置を用いた全視野型蛍光 X 線イメージング装置の小型化を試みた．これにより，可搬性のニーズに応える第一歩となる．加えて，一次 X 線の試料への視射角を小さくすることで，表面分析における感度の向上を試みた．X 線を試料に対して斜入射で照射することにより，表面高感度な表面元素イメージングを試みた．

[キーワード] 蛍光 X 線分析，全視野型蛍光 X 線分析装置，元素分布像，SD カード，非破壊分析

1. はじめに

蛍光 X 線 (XRF：X-ray fluorescence) 分析法は，試料に X 線を照射し，放出される蛍光 X 線を計測することで試料中の元素情報を取得する方法である[1-4]．蛍光 X 線イメージングは試料台にステージを用いた走査型蛍光 X 線分析[5,6]と二次元検出器を用いた全視野型蛍光 X 線分析 (FFXRF：Full-field X-ray fluorescence)[7,8]の 2 種類に大別される．走査型蛍光 X 線イメージング装置は 1 画素ごとに測定を行いながらスキャンを行うため，試料全面を一度に測定することができず，分析には多少の時間差が生じる．1 点ずつ分析を行うため，試料サイズが大きくなるにつれて，測定時間も大きくなってしまう．また，試料全面を同じ時間に測定することができないため，分析中に試料中の元素の位置情報が変化するような試料，例えば，電極材料の反応中の元素挙動分析などの解析は難しい．それに対して，全視野型蛍光 X 線イメージング装置は検出器に二次元検出器を用いるため，検出器の素子面積より小さい面積の測定であれば，試料サイズに依存することなく，元素分布像を取得することができる．試料から発生した蛍光 X 線の位置情報を保持する光学素子として，ポリキャピラリー素子とピンホールコリメーターがある．ピンホールコリメーターを用いた場合，試料サイズにほとんど制約がなく，大面積の元素分布像を取得できる．一方，ポリキャピラリー素子を使用する場合，一度に測定できる面積は検出器の素子面積に依存する．

次に，二次元検出器はエネルギーを識別することができないため，他の部分でエネルギーを識別する力を補う必要がある．一般的に二次元検出器にエネルギー分解能を付与する場合，分光結晶を用いる方法と，シングルフォトンカウンティング解析を行う方法の 2 つがあげられる．分光結晶を用いる場合，結晶構造が既知である結晶に対して，角度を緻密に制御しながら，試料から発生した蛍光 X 線を照射し，回折線を検出器に照射するというものである．これは一般的に波長分散型蛍光 X 線イメージングと呼ばれる分析方法であり，様々な研究が進められている[9-12]．この手法の特徴として，1 元素の測定において分析時間が短くなることや，分光結晶を用いて直接分光するため，エネルギー分解能が優れていることがあげられる．一方で，多元素の同時分析を行うことはできない．

次に，シングルフォトンカウンティング解析とは，X 線シャッターを用いて二次元検出器にエネルギー分解能を付与する手法である[13,14]．この手法は，X 線管の前に配置した X 線シャッターを一定の時間間隔で開閉することで，試料に照射する X 線の露光時間を制御し，二次元検

出器に入射するX線光子の数を1個以下にする．そして，検出器内で1つの電子対を生じるエネルギーが既知であることより，1元素の1光子が検出器に入射したときの電子対の数からエネルギーを知ることができ，シングルフォトンカウンティング解析を利用することで，多元素同時分析が可能となる．シングルフォトンカウンティング解析は，検出器に入射するX線光子の数を1個以下にする性質上，高出力のX線源を必要とするものではなく，低出力のX線源と相性が良いと考えられる．加えて，装置の小型化にも大きなニーズがある．よって，本研究では，出力30 Wの小型・低出力のX線発生装置を使用して，全視野型蛍光X線イメージング分析を行うことを一つの目的とした．また，全視野型蛍光X線イメージングにおいて，試料表面近傍の元素分析の感度を向上させることを本研究のもう一つの目的とした．試料の角度を変え，X線を斜入射させることにより表面近傍に入射X線を照射し，バックグラウンドを抑えて，表面感度を向上させることを試みた．

2. 実　験

2.1　実験装置

Fig.1 (a), (b) は，入射角度45°でX線を試料に照射し，XRF元素イメージングを行った際の装置の写真および模式図である．X線管から試料までの距離は約208 mm，試料から検出器までの距離は約65 mmである．X線管（MCBM 50-0.6B rtw社製Moターゲット）を使用し，50 kV, 0.40 mAで動作させた．蛍光X線の検出には，X線CCDカメラ（ikon-M-SO, Andor, 米国）を使用した．X線CCDカメラのピクセルサイズは，13 μm×13 μm，ピクセル数は，1024 pixel×1024 pixelであり，分析視野は約13.7 mm×約13.7 mmである．X線CCDカメラの前には真空チャンバー，内部に直線型ポリキャピラリー素子（XOS, 米国）を配置した．直線型ポリキャピラリー素子の外径は20 mmであり，ポリキャピラリー素子を構成する1本の素子の径は，12 μmである．また，X線シャッター（XRS6S2P1, 90%pt-10%Ir, Vincent Associates, 米国）をX線

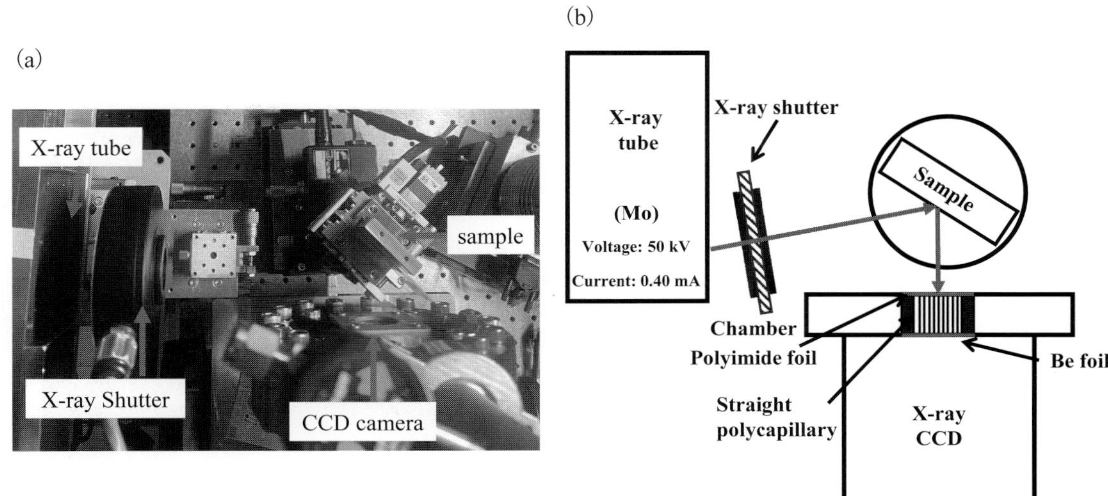

Fig.1　(a) Photograph of full-field X-ray fluorescence spectrometer, (b) Schematic drawing of full-field X-ray fluorescence spectrometer.

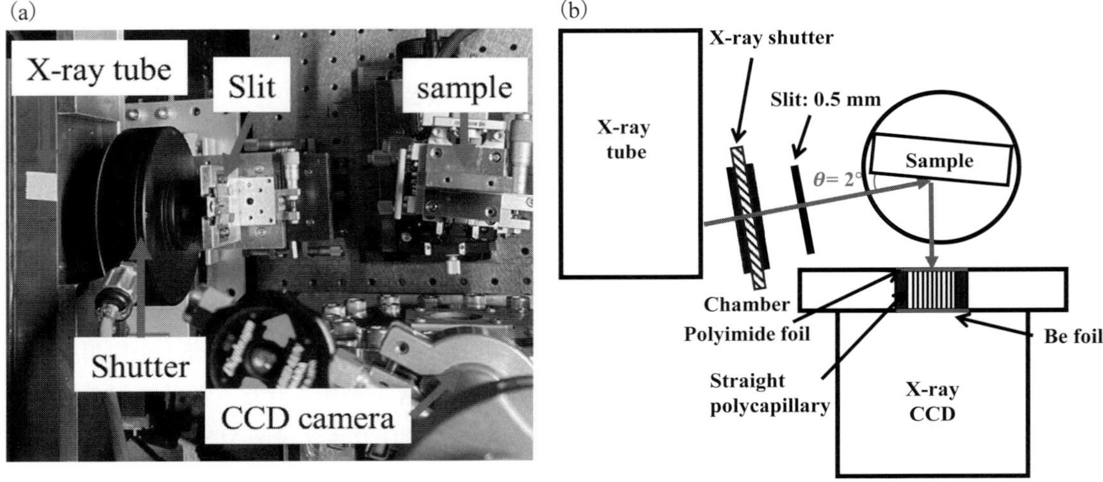

Fig.2 (a) Photograph of full-field X-ray fluorescence spectrometer (X-ray grazing incidence conditions), (b) Schematic drawing of full-field X-ray fluorescence spectrometer (X-ray grazing incidence conditions).

管の前に配置した．X線シャッターとPaolo Romano氏がMATLAB (Mathworks，米国) を用いて開発した解析プログラム[13]を組み合わせることで，シングルフォトンカウンティング解析を行い，X線CCDカメラで検出する蛍光X線のエネルギーを識別した．X線カメラのビニングは4に設定した．試料台には回転ステージを取り付け，試料に対するX線の入射角度を調節した．

また，斜入射条件で試料表面のXRF元素イメージングを行った．その際の装置の写真および模式図をFig.2 (a)，(b) に示す．幅1.2 mmのスリットを使用し，X線をシート状に成型した．スリットはX線シャッターの後方に配置し，シート状に成型したX線を試料に照射した．スリットを用いた場合のX線ビームの入射角は3°，出射角は87°に設定し，斜入射条件で測定を行った．

2.2 試　料

試料としてSDカードを測定した．測定した試料の画像をFig.3に示す．Fig.3に示す四角枠内の分析を行った．また，SDカードにおいて，共焦点型蛍光X線分析装置を用いてSDカードの表面および内部の元素分布像が確認されている[15]．その結果，SDカードの電気回路部分に，銅が使用されていること，ニッケルと金はSDカードの端子部分に使用されていることが明らかになっている[15]．また，臭素はプリント基

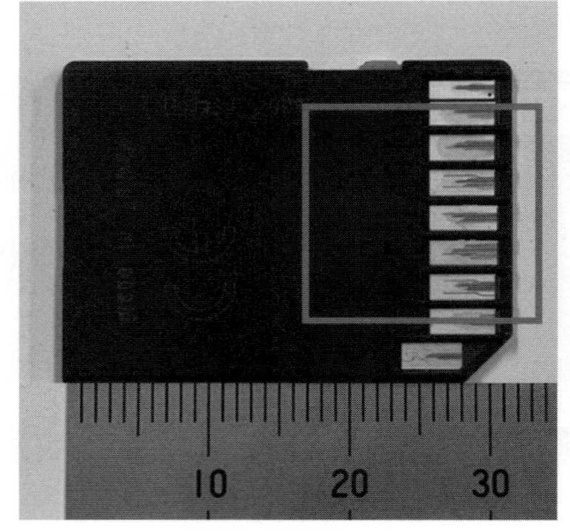

Fig.3 A photograph of the SD card. Analysis scanning area was 13.7 mm wide by 13.7 mm high.

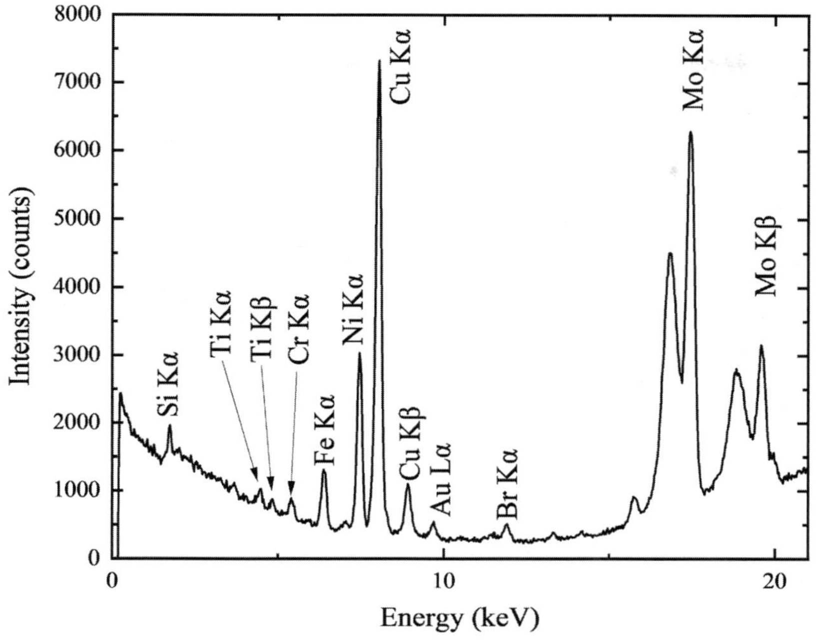

Fig.4 The XRF spectrum taken for the SD card with 1888 sec at an incidence angle of 45 degrees.

板に使われており，臭素系難燃剤に使用されていることを示唆している．また，SDカードの端子部分に関して，深さ方向の元素分布も明らかになっており，ニッケルと金は銅よりも表面近傍に位置していることが確認されている[15]．本研究では，入射X線の照射角度が元素イメージングに与える影響を比較するために，SDカードの分析を行った．

3. 結果と考察

3.1 45°入射での元素イメージング

Fig.1 (a), (b) に示すX線ビームの入射角45°，出射角45°の実験配置において，1フレームあたりの露光時間0.1 s/frame，総フレーム数3000 framesの条件で測定した蛍光X線のスペクトルをFig.4に示す．総測定時間は，1888 sであった．この結果から，SDカード中に含まれる元素として，銅，ニッケル，金，臭素等を確認することができた．次に，XRF解析ソフトPyMcaを用いて，Cu Kα線，Ni Kα線，Au Lα線，Br Kα線におけるエネルギー領域を設定した．エネルギー領域は，Cu Kα線は7.8 keV～8.2 keV，Ni Kα線は7.3 keV～7.6 keV，Au Lα線は9.5 keV～9.9 keV，Br Kα線は11.8 keV～12.0 keVとした．その後，エネルギー領域中の積算強度を出力したFFXRFイメージング像を取得した．その結果を，Fig.5 (a), (b), (d) から，SDカードの端子部分には銅，ニッケル，金等の素材が使われていることが分かる．また，Fig.5 (a) に示すCu Kα線のイメージング像から，Fig.3に示されるSDカード左側のプラスチックの内部に銅素材が利用されていることが分かる．Fig.5 (c) に示すBr Kα線のイメージング像から，臭素はSDカード左側のプラスチックに使用されていると考えられる．

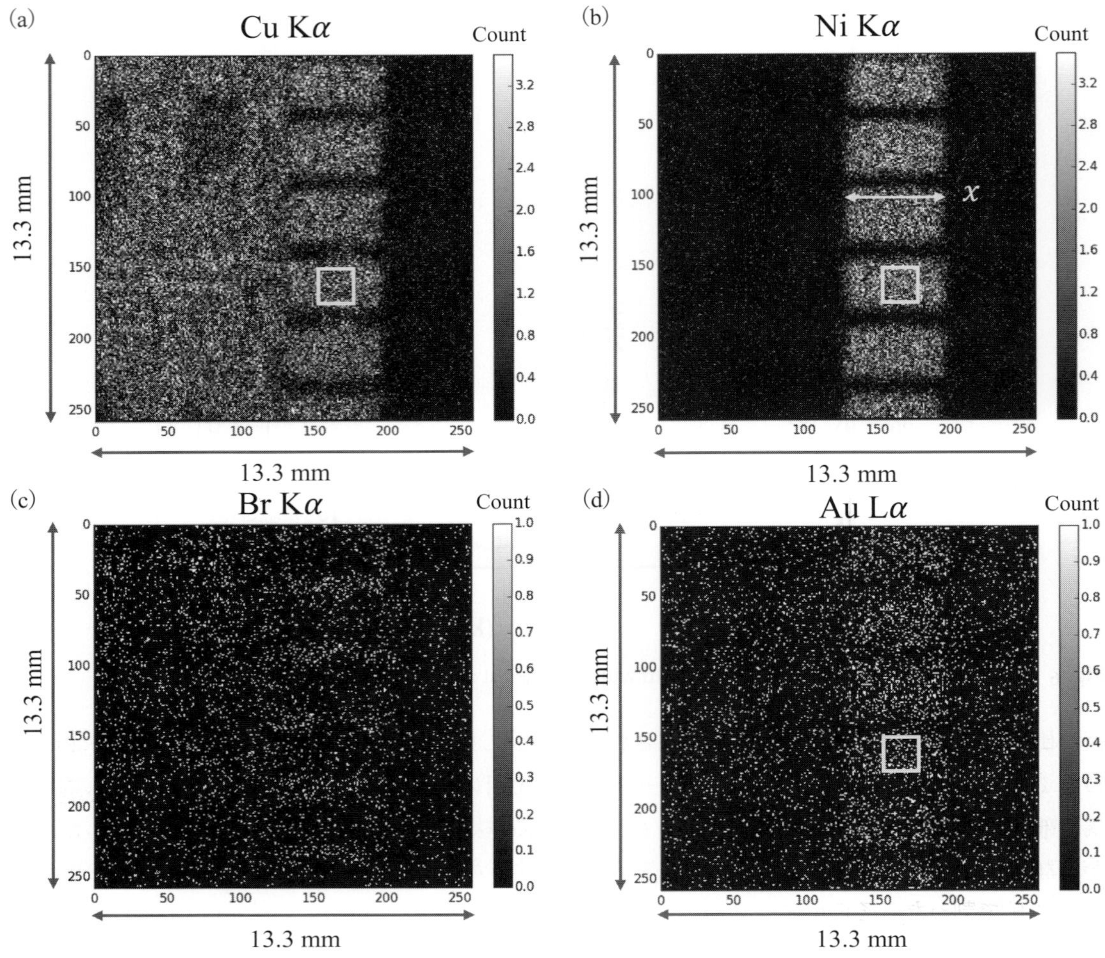

Fig.5 Non-destructive elemental imaging of Cu, Ni, Br, and Au in the SD card measured by FFXRF at an incidence angle of 45 degrees.

3.2 斜入射条件での表面元素イメージング

実験装置をFig.2 (a), (b) で示したものに変更して，斜入射条件で測定を行った．測定時間は1874 sであった．取得したスペクトルをFig.6に示す．Fig.1 (a), (b) で示した実験装置で取得したスペクトルと比較して，確認できた元素の種類は同じであったが，バックグラウンド強度は下がっており，より明瞭なピークを確認することができた．また，XRF解析ソフトPyMcaを用いて，Cu Kα線，Ni Kα線，Au Lα線，Br Kα線におけるエネルギー領域を設定した．エネルギー領域は，Cu Kα線は7.8 keV～8.2 keV，Ni Kα線は7.3 keV～7.6 keV，Au Lα線は9.5 keV～9.86 keV，Br Kα線は11.8 keV～12.0 keVとした．そして，そのエネルギー領域の積算強度を出力したFFXRFイメージング像を取得した．その結果を，Fig.7に示す．Fig.7 (a), (b), (c), (d) に示す元素イメージング像はFig.5 (a), (b), (c), (d) に示す元素イメージング像とおおむね一致した．X線ビームの照射角度

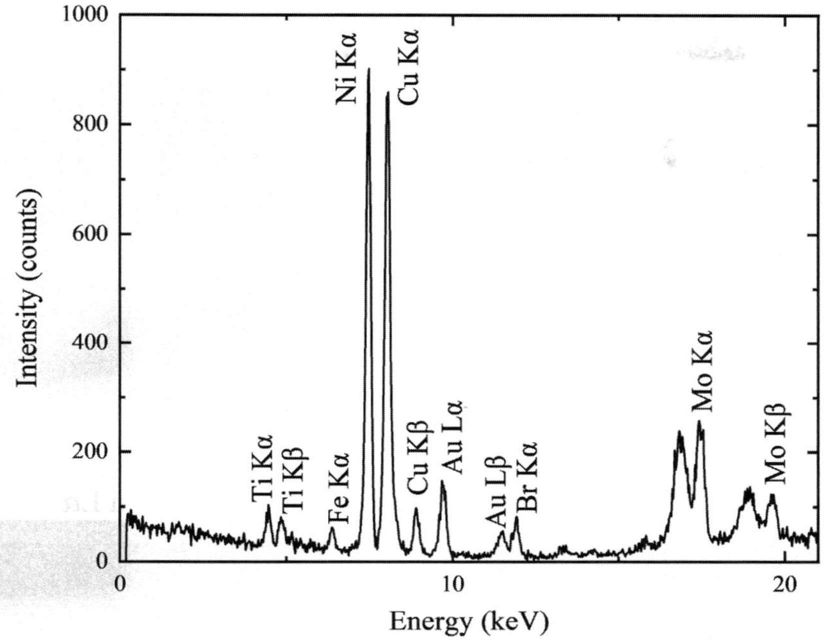

Fig.6 The XRF spectrum of the SD card with 1874 sec at a glancing angle of 2 degrees.

45° と斜入射条件で取得した元素分布像を比較すると，照射角度 45° で取得した元素分布像の方が横幅が小さいことが読み取れる．Fig.5 (b), Fig.7 (b) に示す x と y の値を読み取り，x の値を y の値で割った．その結果，約 0.7 となった．よって，X 線ビームを 45° で照射して取得した元素分布像の横幅は，斜入射条件で取得した元素分布像の横幅の約 0.7 倍といえる．これは，CCD カメラに対して，試料が傾いているために起こる現象であり，斜入射条件で取得した元素分布像の方が，実際の SD カードの大きさに近い．

3.3 X 線の入射角度による表面感度の比較

SD カードの端子部分に着目し，Fig.5 (a), (b) に示す X 線ビームの照射角度 45° で取得した銅とニッケルと金の元素分布像と，Fig.7 (a), (b) に示す斜入射条件で取得した銅とニッケルと金の元素分布像の比較を行った．まず，Fig.5 (a), (b), (d)，Fig.7 (a), (b), (d) に示される四角形の枠内の積算強度を算出した．この値を用いて X 線ビームの照射角度 45° で取得した元素分布像と斜入射条件で取得した元素分布像に対して，Cu Kα 線の積算強度に対する Ni Kα 線の積算強度と Au Lα 線の積算強度の比率を算出した．この結果を Table 1 に示す．この表から，斜入射条件で取得した元素分布像は Cu Kα 線の強度に対する Ni Kα 線の強度と Au Lα 線の強度が大きいことが分かる．また，共焦点型微小部蛍光 X 線分析装置を用いて，SD カードの分析を行った際に，ニッケルと金は銅よりも表面側に使用されていることが分かっている [15]．また，Fig.6 の Cu Kα 線の強度に対する Ni Kα 線の強度と Au Lα 線の強度は，Fig.4 の Cu Kα 線の強度に対する Ni Kα 線の強度と Au Lα 線の強度と比較して向上していることが読み取れる．こ

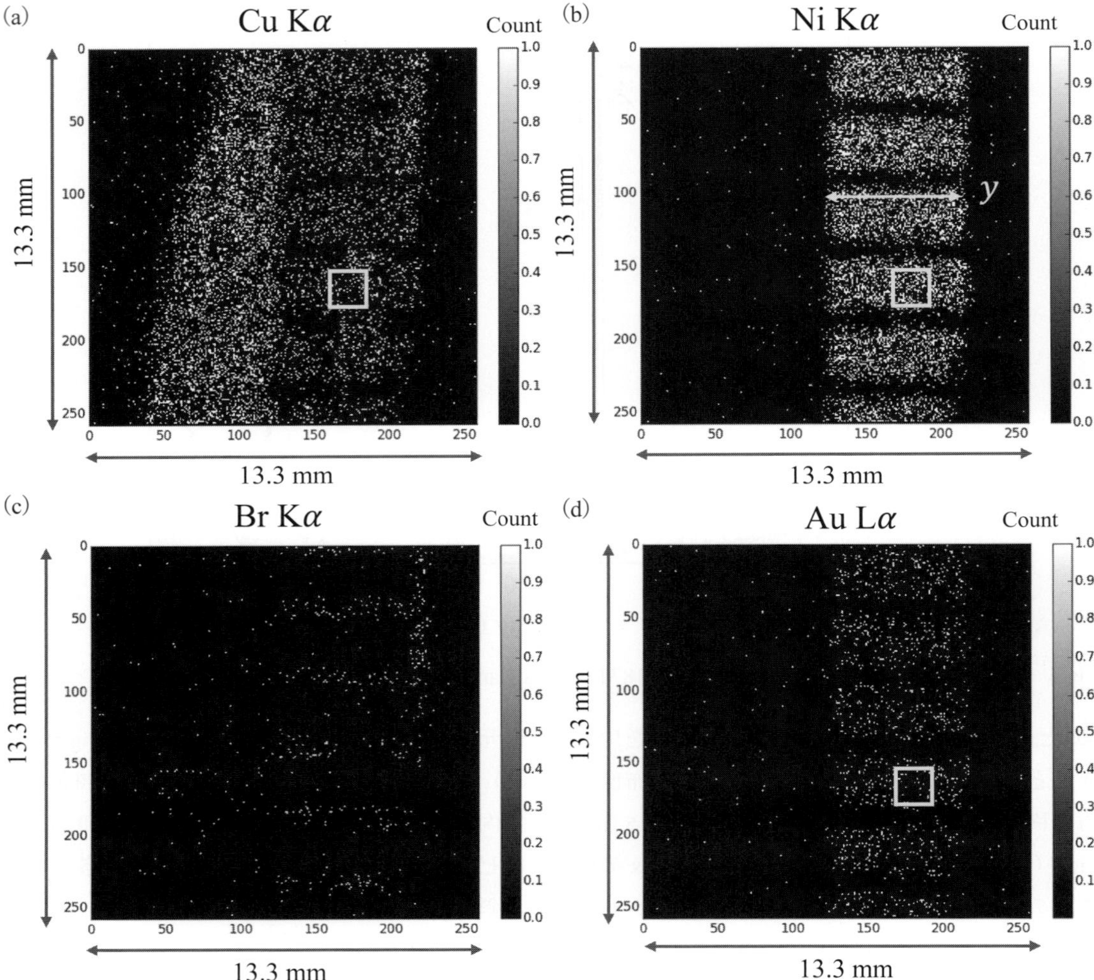

Fig.7 Non-destructive elemental imaging of Cu, Ni, Br, and Au in the SD card measured by FFXRF at a glancing angle of 2 degrees.

Table 1 Ratio of integrated intensity of Ni Kα line and Au Lα to integrated intensity of Cu Kα line.

	Incidence angle	
	45 degrees	Glancing angle
Ni Kα (counts)	1037	274
Au Lα (counts)	132	34
Cu Kα (counts)	1224	112
Ni Kα/Cu Kα	0.85	2.45
Au Lα/Cu Kα	0.11	0.30

れらの結果から，斜入射条件で取得した元素分布像は，X 線ビームの照射角度 45° で取得した元素分布像と比べて，全体の強度が下がるものの，表面近傍において高感度で元素分布像を取得できることが分かる．

4. 結　言

本研究では，小型・低出力 X 線発生装置を使用した全視野型蛍光 X 線イメージング分析を行い，元素分布像を取得できることを明らかにした．また，スリットを用いて入射X線の角度を変え，斜入射条件にすることで表面高感度な元素分布像を取得すること成功した．

謝　辞

本研究成果は，JST大学発新産業創出基金事業可能性検証（JPMJSF23DD）およびJSPS科研費（JP23K23376）の支援を受けて行いました．

参考文献

1）R. E. Van Grieken, A. A. Markowicz (Eds.): Handbook of X-ray Spectrometry, 2nd edition, (2002), (Marcel Dekker Inc.).

2）B. Beckhoff, B. Kanngießer, N. Langhoff, R. Wedell, H. Wolff (Eds.): Handbook of Practical X-ray Fluorescence Analysis, (2006), (Springer, Heidelberg).

3）辻　幸一，村松康司 編：X線分光法，(2018)，(講談社)．

4）K. H. A. Janssens, F. C. V. Adams, A. Rindby: Microscopic X-ray Fluorescence Analysis, 419 (2000), (John Wiley & Sons).

5）B. De Samber, G. Silversmit, K. De Schamphelaere, R. Evens,T. Schoonjans, B. Vekemans, C. Janssen, B. Masschaele, L. Van Hoorebeke, I. Szalóki, F. Vanhaecke, K. Rickers, G. Falkenberg, L. Vincze: *Journal of Analytical Atomic Spectrometry*, **25**, 544-553 (2010).

6）H. Nakano, Y. Nakanishi, S. Mita, M. Nakanishi, S. Kometani, K. Tsuji: Elemental Mapping of Pasta Sample Using Confocal Micro X-Ray Fluorescence Spectrometry, *Advances in X-ray Analysis*, **63**, 140-150 (2020).

7）瀧本雄毅，山梨眞生，Francesco Paolo Romano，辻　幸一：全視野型EDXRFイメージング装置の開発と特性評価，X線分析の進歩，**48**, 159-168 (2017)．

8）A. Yamauchi, M. Iwasaki, K. Hayashi, K. Tsuji: Evaluation of full-field energy dispersive X-ray fluorescence imaging apparatus and super resolution analysis with compressed sensing technique, *X-Ray Spectrometry*, **48**, 644-650 (2019).

9）K. Tsuji, T. Ohmori, M. Yamaguchi, Wavelength Dispersive X-ray Fluorescence Imaging, Analytical *Chemistry*, **83**, 6389-6394 (2011).

10）T. Ohmori, S. Kato, M. Doi, T. Shoji, K. Tsuji: Wavelength dispersive X-ray fluorescence imaging using a high-sensitivity imaging sensor, *Spectrochim. Acta, Part B*, **83-84**, 56-60 (2013).

11）S. Aida, M. Yamanashi, T. Sakumura, K. Matsushita, T. Shoji, N. Kawahara, K. Tsuji: Wavelength-Dispersive XRF Imaging Using Soller Slits and 2D Detector, *Advances in X-ray Analysis*, **61**, 180-187 (2018).

12）Y. Takimoto, M. Yamanashi, S. Kato, T. Shoji, N. Kometani, K. Tsuji: WD-XRF Imaging with Polycapillary Optics under Glancing Incidence Geometry, *Advances in X-ray Analysis*, **59**, 120-124 (2016).

13）F. P. Romano, C. Caliri, L. Celona, S. Gammino, L. Ginutini, D. Mascali, L. Neri, L. Pappalardo, F. Rizzo, F. Taccetti: Macro and micro full field X-ray fluorescence with an X-ray pinhole camera presenting high energy and high spatial resolution, *Analytical chemistry*, **86**, 10892-10899 (2014).

14）O. Scharf, S. Ihle, I. Ordavo, V. Arkadiev, A. Bjeoumikhov, S. Bjeoumikhova, G. Buzanich, R. Gubzhokov, A. Gunther, R. Hartmann, M. Kuhbacher, M. Lang, N. Langhoff, A. Libel, M. Radtke, U. Reinholz, H. Riesemeier, H. Soltau, L. Struder, A. F. Thunemann, R. Wedell: Compact pnCCD-Based X-ray Camera with High Spatial and Energy Resolution: A Color X-ray Camera, *Analytical Chemistry*, **83**, 2532-2538 (2011).

15）T. Nakazawa, K. Tsuji: Depth-selective elemental imaging of microSD card by confocal micro-XRF analysis, *X-Ray Spectrom.*, **42**, 123-127 (2013).

真空を用いるX線分析用の液体・気体セルの開発と適用例

三木悠平[a*]，江口智己[a]，中村雅基[a]，石澤秀紘[b]，武尾正弘[b]，
竹内雅耶[b]，秦　隆志[c]，西内悠祐[c]，多田佳織[c]，鈴木　哲[a]

Development and Application of Liquid/Gas Cells for X-ray Analysis in Vacuum

Yuhei MIKI[a*], Tomoki EGUCHI[a], Masaki NAKAMURA[a], Hidehiro ISHIZAWA[b], Masahiro TAKEO[b], Masaya TAKEUCHI[b], Takashi HATA[c], Yusuke NISHIUCHI[c], Kaori TADA[c] and Satoru SUZUKI[a]

[a] Laboratory of Advanced Science and Technology for Industry, University of Hyogo
3-1-2, Koto, Kamigori, Ako, Hyogo 678-1205, Japan
[b] Graduate School of Engineering, University of Hyogo
2167, Shosha, Himeji, Hyogo 671-2280, Japan
[c] National Institute of Technology, Kochi College
200-1, Monobe, Nankoku, Kochi 783-8508, Japan

(Received 26 December 2024, Revised 14 January 2025, Accepted 23 January 2025)

Generally, the analysis of liquid, gas, and biological samples using vacuum apparatuses often poses great difficulties. In this study, we attempted to analyze these samples in a vacuum by using a liquid (gas) cell with a simple structure. This method allows the analysis of these samples to be performed using a conventional vacuum analytical apparatus without any modification to the apparatus. We report examples of soft X-ray absorption spectroscopy of nitrogen gas, and the analysis of emulsions and microbiological samples using a scanning electron microscope.
[Key words] Liquid cell, Gas cell, Biological sample, Soft X-ray absorption spectroscopy, Scanning electron microscope

液体・気体・生物試料の真空装置による分析には，一般に大きな困難が伴うことが多い．本研究では，簡易な構造の液体（気体）セルを用いることにより，これらの試料の真空中分析を試みた．本手法によれば，汎用真空分析装置を用いて，かつ装置に何ら改造を施すことなく，これらの試料の分析を行うことができる．大気中の窒素ガスの軟X線吸収分光，エマルションと微小生物試料の走査電子顕微鏡による分析例について報告する．
[キーワード] 液体セル，気体セル，生物試料，軟X線吸収分光，走査電子顕微鏡

a 兵庫県立大学高度産業科学技術研究所　兵庫県赤穂郡上郡町光都 3-1-2　〒 678-1205　＊連絡著者：my9154@outlook.jp
b 兵庫県立大学大学院工学研究科　兵庫県姫路市書写 2167　〒 671-2280
c 高知工業高等専門学校　高知県南国市物部 200-1　〒 783-0093

1. 緒 言

電子顕微鏡やX線光電子分光に代表される真空を用いる分析手法は，幅広い分野においてもはや欠かすことのできない重要な分析ツールとなっている．しかしこれらの真空分析装置による液体，気体試料の測定は，これに特化した特別な装置を用いない限り，一般に非常に困難である．また生物試料も，真空中での乾燥により構造が崩れてしまうことが多い[1]．ましてや生きたままの生物の観察は極めて困難である．

これまでに我々は，簡易液体セルに封入した水への走査電子顕微鏡（SEM）中での電子照射により，ナノバブルをその場生成できることを報告した[2,3]．また電子透過窓の端に生成したナノバブルの断面SEM観察などを報告してきた[2,3]．これらの簡易セルを用いることにより，既存の分析装置や汎用装置に何ら改造を施すことなく，液体試料などを真空分析装置内に導入することができる．本研究では，同様の簡易セルを液体，気体，および生物試料の放射光を用いた軟X線吸収分光（XAS），ならびにSEM分析へ適用することを試みた．

2. 実 験

本研究で使用した簡易セルの模式図をFig.1に示す．この図ではカビ試料を大気とともに封止した例を示しているが，他の試料の場合も基本的な構造は同様である．電子（あるいは軟X線）透過窓として機能するSiN，あるいはSiC膜つきの市販のSiチップ（Si厚：0.1～0.2 mm，イーエムジャパン，コーンズテクノロジー，NTTアドバンステクノロジ）をセルとして用いた．SiN（SiC）膜の典型的な厚さ（面積）は，XAS測定用で100～200 nm（1.5×1.5 mm^2），

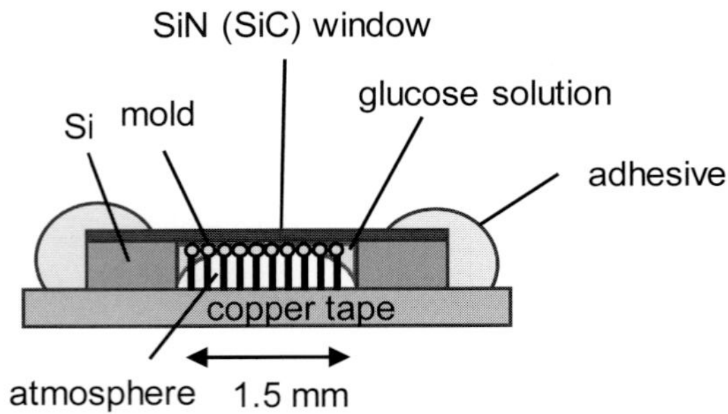

Fig.1 Schematic diagram of our liquid (gas) cell containing a mold sample.

SEM用で15～200 nm（100×100 μm^2～1.5×1.5 mm^2）である．セル内に封入する試料の体積は1 nLから1 μL程度となる．セルの中に試料を入れた後，接着剤を用いて試料を封止した．生物試料の場合，必要に応じて培養液なども封入した．

XAS測定は兵庫県立大学ニュースバル放射光施設のビームラインBL9A[4-6]で行った．このビームラインには，長尺アンジュレーターと定偏角不等間隔平面回折格子分光器が備えられている．本研究では軟X線透過窓を通して測定を行うため，表面敏感な全電子収量法は適用できない．このためフォトダイオードを用いた蛍光収量法[5,6]により吸収スペクトル測定を行った．SEM分析にはJEOL社製のJSM-6700F電界放出SEM装置を用いた．SEM中でのエネルギー分散X線分光法（EDX）測定は，シリコンドリフト検出器（窓材：高分子薄膜，センサー面積：30 mm^2）を用いて行った．SEM観察，EDX分析の際の典型的な照射電流は30～600 pAであった（加速電圧は図のキャプションに記載）．いずれの測定においても内側が大気圧に保持された簡易セルを高真空に保たれた試料槽に導入した．光学顕微鏡観察にはオリンパス社製のBX60M金属顕微鏡を用いた．

3. 結果と考察

3.1 気体試料のXAS

Fig.2に簡易セルに大気を封入することによって得られた大気中の窒素ガスのN-K吸収スペクトルを示す．ここでは200 nm厚のSiC膜を窓材として用いた．N-K吸収端付近でのX線の透過率は約30%と考えられる[7)]．以下，Chenらの報告[8)]を参考に各スペクトル構造の帰属を行う．401 eVのピークは，N_2分子のN 1s軌道から$1\pi_g{}^*$軌道への遷移である．406から410 eVにかけて，リュードベリ状態への遷移が観測されている．イオン化エネルギーの閾値は約410 eVであり，これ以上では連続状態への遷移となる．413から416 eVの構造は二重励起状態への遷移，419 eV付近の構造はσ形状共振とされている．これらのスペクトル構造は，概ね報告されている窒素ガスのスペクトルと一致しており[8)]，簡易セルが気体試料のXAS測定に適用可能であることを示している．ただしエネルギー分解能が十分でないため，高エネルギー分解能の測定で報告されている$1\pi_g{}^*$の振動準位(エネルギー間隔220 meV[9)])が分離できていない．またリュードベリ状態や二重励起状態も本来はより多数のピークから成る．窒素ガスの振動準位は，エネルギー分解能ΔEが30 meV[10)]，40 meV[8)]あるいは80 meV[9)]の測定では明瞭に観測されており，またΔE 150 meV[11)]でも観測されている．これらのことや振動準位のエネルギー間隔から，本測定のΔEは220 meV程度，あるいはそれ以上と考えられる．

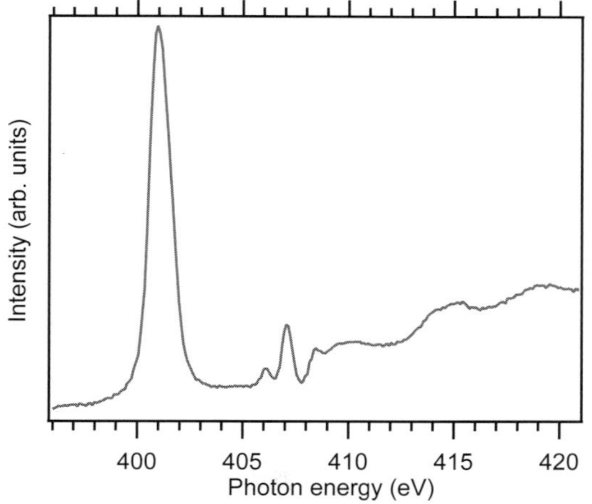

Fig.2 N-K absorption spectrum of nitrogen in the atmosphere. SiC thickness: 200 nm.

3.2 液体試料のSEM

エマルションなどの液体試料のSEM分析には一般に環境制御型SEM[12)]やクライオSEM[13)]などを用いる必要があるが，簡易セルを用いることにより汎用SEMでの分析が可能である．水にオレイン酸($C_{18}H_{34}O_2$)を分散して得られたエマルション試料のSEM観察結果をFig.3に示す．(a)のSEM像には明瞭な白黒のコントラストが観測されている．(b)，(c)のEDXによる分析結

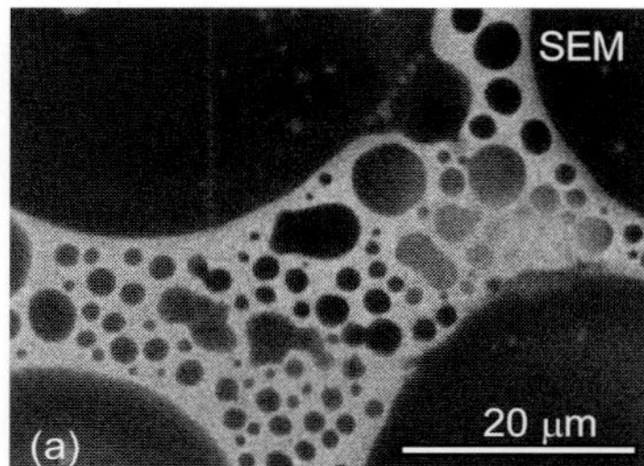

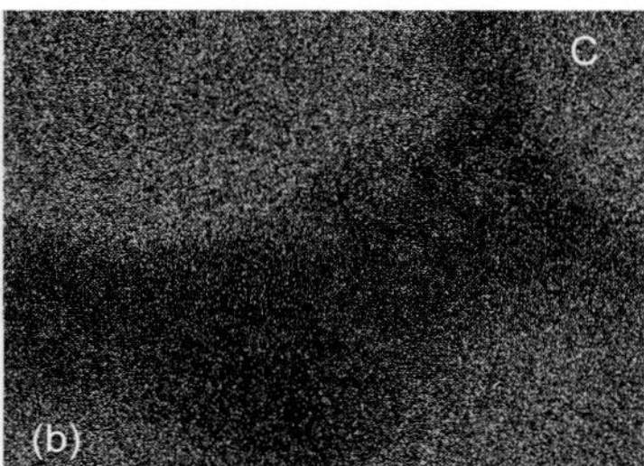

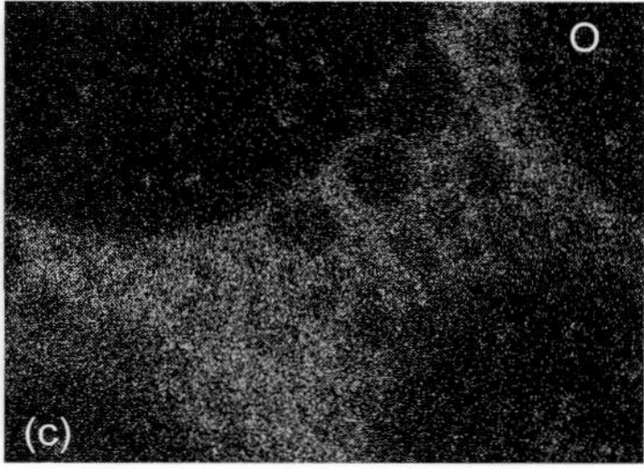

Fig.3 (a) SEM image, (b) C-K, and (c) O-K mapping images of an emulsion sample. SiN thickness: 100 nm. Acceleration voltage: 20 kV.

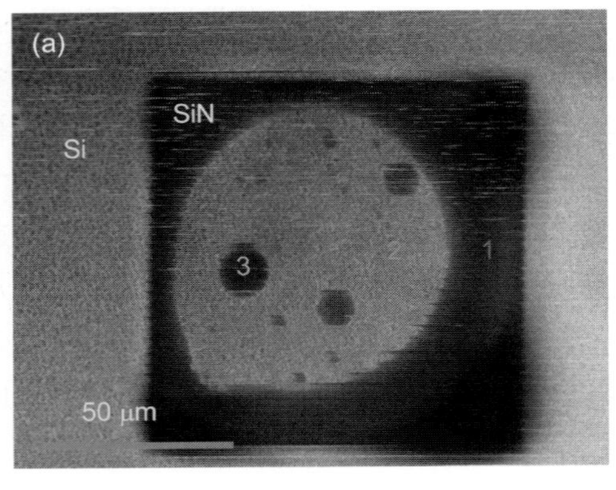

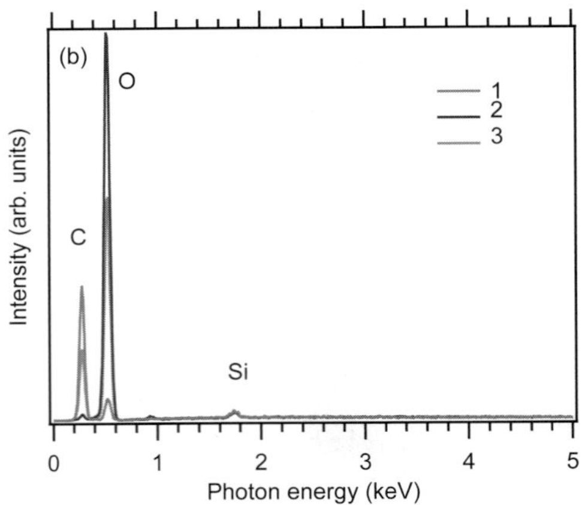

Fig.4 (a) SEM image and (b) EDX spectra obtained from an emulsion sample. SiN thickness: 20 nm. Acceleration voltage: 30 kV.

果から，SEM像の中央付近に見られる黒い円形の部分がオレイン酸，その周囲の明るい部分が水であることがわかる．つまり水中に油（オレイン酸）滴が分散したO/W (oil-in-water) エマルションが多数形成されている．オレイン酸滴は電子透過窓のSiN膜に半球状になって付着していると考えられる．また数十μmの大きなオレイン酸滴の内部には水滴がオレイン酸に囲まれたW/O (water-in-oil) エマルションも観測されている((a) と (c))．直径約0.6 μmのサブミクロンスケールのエマルションも観測することができた．

Fig.4に市販の食用油を水に分散して得られたエマルションのSEM像とEDXによる点分析の結果を示す (SEM像の歪みやノイズは帯電の影響によると思われる)．Fig.3と同様に，SEM像の黒い部分が油，白い部分が水である．ここでは油の中に約60 μm径の水滴があり，さらにその内部に1～10 μm径の油滴が存在するO/W/O (oil-in-water-in-oil) エマルションが形成されていることがわかる．

3.3 生物試料のSEM

市販の味噌から発生したカビをブドウ糖水溶液とともに封止したセルの光学顕微鏡像をFig.5 (a) に示す．またこの試料の3日後の顕微鏡像をFig.5 (b) に示す．セルの中でのカビの成長が確認できる．Fig.5 (b) に示すカビのより高倍観察で得られた像をFig.5 (c) に示す．菌糸の成長とその先の胞子が確認できる．なお，Fig.5

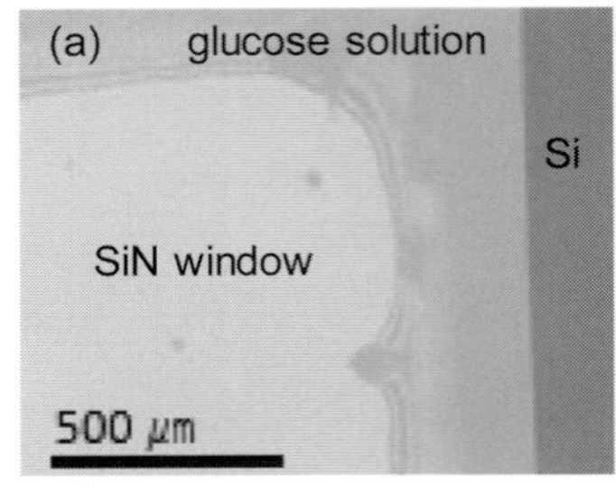

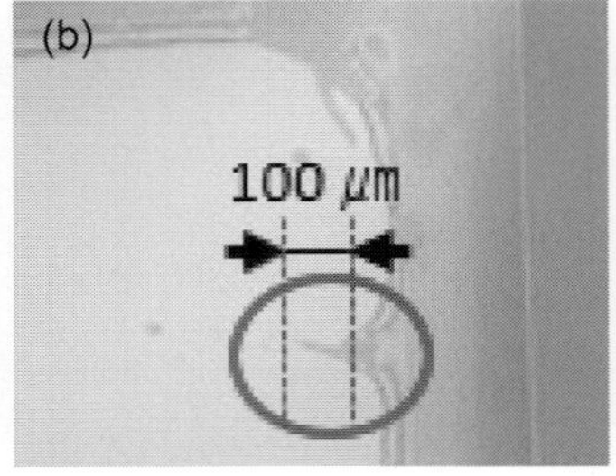

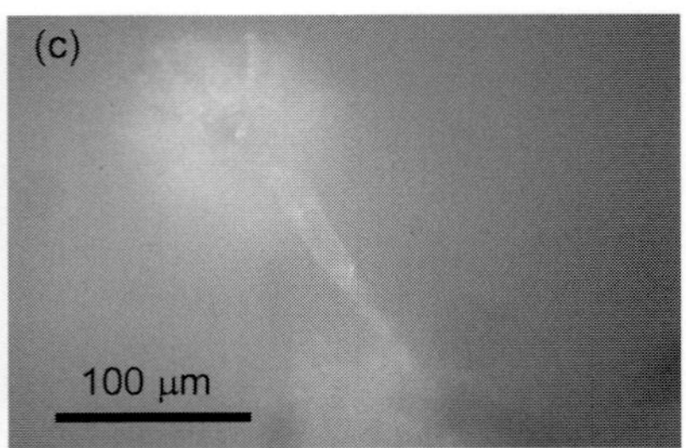

Fig.5 Optical microscope images of a mold sample (a) just after and (b) 3 days after sealing. (c) Magnified image of the mold shown in (b). SiN thickness: 200 nm.

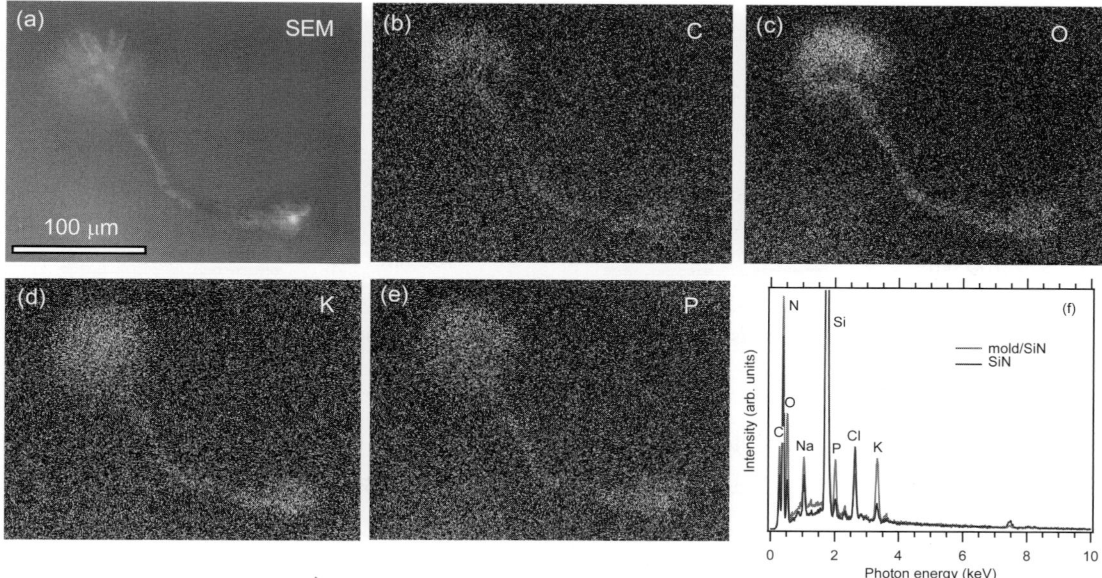

Fig.6 (a) SEM image and (b) C-K, (c) O-K, (d) K-K, (e) P-K mapping images obtained from the mold shown in Fig. 5(c). (f) EDX spectra obtained from the mold mycelium and the SiN window. SiN thickness: 200 nm. Acceleration voltage: 20 kV.

(b) では菌糸の先と胞子の部分が明瞭に観察されていないのは，菌糸が途中で折れ曲がっていることによるデフォーカスのためである．これらの結果は，微小生物を生きたままセル内に封止できることを示している．

Fig.6 に Fig.5 (c) に示したカビの SEM 観察と EDX 分析の結果を示す．Fig.5 (b)，(c) と比べて場所によるデフォーカスが少ないのは，光学顕微鏡に比べて SEM の焦点深度が深いためである．EDX による組成分析が可能であることも SEM の大きな利点であり，ここでは C，O，K，P などの元素をカビから観測することができた．なお (f) のスペクトルに観測される Na と Cl の少なくとも一部はカビの発生に用いた味噌が含む塩分に由来すると考えられる．

また我々は微生物が形成する膜（バイオフィルム）の観察も試みている．Fig.7 に細菌（シトロバクター）によって形成されたバイオフィルムの SEM 像を示す．SiN 膜の内面上にバイオフィルムが形成されている．今後より高倍での微細な構造の観察を目指していく．

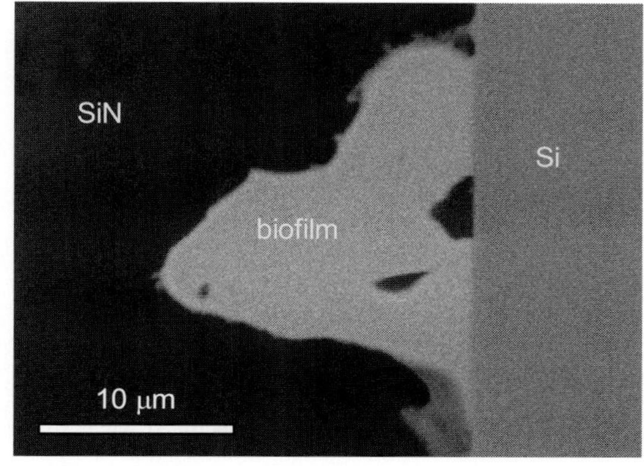

Fig.7 SEM image of a biofilm grown on the SiN inner surface. SiN thickness: 50 nm. Acceleration voltage: 7 kV.

3.4 電子透過窓の電子線への影響

本研究では薄膜を電子透過窓として利用して SEM 分析を行っている．薄膜内部での散乱に

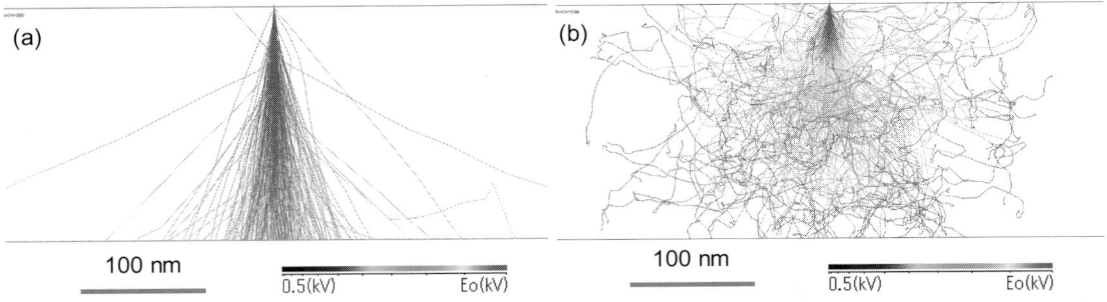

Fig.8 Monte Carlo simulation results of electron scattering in a 200-nm-thick SiN film. Acceleration voltage: (a) 20 kV, (b) 5 kV.

よる電子線への影響をモンテカルロシミュレーションによって評価した．シミュレーションにはフリーソフトウェアの Single Scattering Monte Carlo Simulation V3.05 を用いた．加速電圧 20 kV の電子線を 200 nm 厚の SiN 膜に入射した際のシミュレーション結果を Fig.8 (a) に示す．ほとんどの電子は膜を透過するが，散乱によりビーム径が 100 nm 程度に広がっていることがわかる．従って SEM の空間分解能の観点から，大気圧を保持できる範囲でできるだけ薄い窓を用いることが重要である．また電子線の侵入深さは加速電圧の減少とともに顕著に減少する[14]．同じ薄膜に加速電圧 5 kV の電子線を入射した際の結果を Fig.8 (b) に示す．多くの電子は薄膜を透過しておらず，このような場合 SEM 分析はもはや不可能であると思われる．表面敏感性や試料の損傷の観点から低加速電圧を用いる必要がある場合は，特に窓材の厚さに注意が必要である．

4. 終わりに

簡便なセルを用いることによって汎用真空分析装置に改造を施すことなく，気体・液体・生物試料の軟Ｘ線放射光分析，SEM 分析が可能であることを示した．今後生物試料の高倍 SEM 観察などを試みる予定である．なお我々はガスクラスターイオンビームによる SiN 膜への損傷を抑制したエッチングにより SiN 膜をさらに薄くすることも試みている[15]．これらにより，光電子分光測定なども可能なセルの開発を進めていく予定である．

謝　辞

本研究は科研費（JP23K12336 および JP22K04930）の支援を受けて行われました．

参考文献

1）Y. Takaku, T. Hariyama: *J. Surf. Finishing Soc. Jpn*, **68**, 178 (2017).

2）K. Takahara, S. Suzuki: *J. Appl. Phys*., **130**, 025302 (2021).

3）K. Takahara, S. Suzuki: *e-J. Surf. Sci. Nanotechnol*., **20**, 248 (2022).

4）S. Suzuki, Y. Haruyama, M. Niibe, T. Tokushima, A. Yamaguchi, Y. Utsumi, A. Ito, R. Kadowaki, A. Maruta, T. Abukawa: *Mater. Res. Express*, **6**, 016301 (2019).

5）K. Fujitani, S. Suzuki, M. Kishihara, Y. Utsumi: *J. Appl. Phys*., 135 (2024).

6）K. Fujitani, Y. Utsumi, A. Yamaguchi, H. Sumida, S. Suzuki: *Appl. Surf. Sci*., **637**, 157891 (2023).

7）https://henke.lbl.gov/optical_constants/ (January 23,

2025 accessed).

8) C. T. Chen, Y. Ma, F. Sette: *Phys. Rev.*, A, **40**, 6737 (1989).

9) H. J. Song, H. J. Shin, Y. Chung, J. C. Lee, M. K. Lee: *J. Appl. Phys.*, **97**, 113711 (2005).

10) M. Petravic, R. Peter, M. Varasanec, L. H. Li, Y. Chen, B. C. C. Cowie: *J. Vac. Sci. Technol.*, A, **31**, 031405 (2013).

11) O. Björneholm, A. Nilsson, A. Sandell, B. Hernnäs, N. Mårtensson: *Phys. Rev.*, B, **49**, 2001 (1994).

12) T. Ushiki: *J. Surf. Sci. Soc. Jpn*, **36**, 189 (2015).

13) M. Yamashita, K. Kameyama: *J. Soc. Cosmet. Chem. Jpn*, **32**, 52 (1997).

14) H. Takahashi: *J. Surf. Sci. Soc. Jpn*, **25**, 224 (2004).

15) M. Takeuchi, S. Suzuki, M. Nakamura, T. Hata, Y. Nishiuchi, K. Tada and N. Toyoda: *Jpn. J. Appl. Phys.*, **63**, 07SP04 (2024).

キャピラリーX線光学素子の設計・試作と蛍光X線イメージングにおける評価

福本彰太郎[a*,b]，野路悠斗[a]，辻　幸一[a]

Design and Prototyping Capillary X-ray Optical Elements and Their Evaluation on XRF Imaging

Shotaro FUKUMOTO[a*, b], Yuto NOJI[a] and Kouichi TSUJI[a]

[a] Department of Chemistry and Bioengineering, Graduate School of Engineering, Osaka Metropolitan University
3-3-138 Sugimoto, Sumiyoshi-ku, Osaka 558-8585, Japan
[b] Research and Development Group, Nippon Electric Glass Co., Ltd.
2-7-1 Seiran, Otsu, Shiga 520-8639, Japan

(Received 28 December 2024, Revised 17 January 2025, Accepted 18 January 2025)

In X-ray analysis, especially X-ray fluorescence (XRF), X-ray optics have been used to control X-rays, which has distinguished differences in the composition of microscopic parts and has improved resolution by minimizing the analysis area. X-ray optical elements generally include collimators, zone plates, capillary elements, and the like. Among these, the capillary element makes it possible to observe extremely small parts even with general-purpose equipment in the laboratory because of both the small light collection diameter and the light collection intensity. Although it is such a capillary element, its design method is old, and there has been no significant progress since Kumakhov et al. developed it. Therefore, in this study, with the aim of developing a new capillary element and its application, we developed a program that serves as the basis of the design method and a device for evaluating the element. A prototype of a simulated element consisting of a bundle of glass tubes was made, and its focusing position and size were evaluated with a developed device. In addition, there are not only concentrating types but also linear types of capillary elements. As an example of an application method of a linear capillary element, a wavelength dispersion XRF imaging device was constructed. With this device, the composition distribution information on the sample can be grasped on the surface, and it has the feasibility of measurement in a simpler and shorter time than the conventional imaging method of scanning and measuring points.

[Key words] X-ray optics, Capillary, Wavelength dispersion imaging

X線分析，とりわけ蛍光X線分析（XRF）ではX線光学素子によるX線の制御により，微小部の組成の違いを区別することができるだけでなく，分析領域の極小化による分解能の向上が図られてきた．X線光学素

a 大阪公立大学大学院工学研究科　大阪府大阪市住吉区杉本 3-3-138　〒 558-8585　＊連絡著者：sx23461o@st.omu.ac.jp
b 日本電気硝子株式会社　滋賀県大津市晴嵐 2-7-1　〒 520-8639

子は一般にコリメーター，ゾーンプレート，キャピラリー素子などが挙げられる．この中でもキャピラリー素子は集光径の小ささと集光強度の両立から研究室での汎用装置でも極小部の観察を可能とした．そのようなキャピラリー素子であるが，その設計手法は古く，クマコフらによって開発されてから大きな進展はない．そこで，本研究では新たなキャピラリー素子の開発とその応用を目指し，設計手法の基礎となるプログラムの開発および素子の評価装置を開発した．ガラス管を束ねた模擬的な素子を試作し，その集光位置やサイズを開発後の装置にて評価した．また，キャピラリー素子には集光型だけでなく，直線型も存在する．直線型キャピラリー素子の応用方法の一例とし，波長分散型のイメージング装置を構築した．本装置では，試料上の組成分布情報を面で把握することができ，従来の点を走査して測定するイメージング手法よりも簡便かつ短時間で測定の実現可能性を秘めている．
[キーワード] X線光学素子，キャピラリー，波長分散イメージング

1. 背　景

X線を用いた非破壊分析は学術的にも産業的にも重要なものである．その中でも蛍光X線を用いた組成分析は対象物が含有する組成情報を得るだけでなく，局所的にX線を照射し，それを走査することなどにより組成の分布情報を得ることができる．X線を局所的に照射するための光学素子として，コリメーター，ゾーンプレート，キャピラリー素子がある[1)]．コリメーターはX線を遮蔽する板に貫通孔を開け，穴のサイズに応じた径のX線を透過することができるが，線源から放射されたX線の大部分を遮蔽するために，穴のサイズが小さいほど透過X線の強度が低くなることが難点である．また，ゾーンプレートは集光サイズが小さく，数十nmまで集光可能であるが，その一方で透過強度は低く，放射光施設などの大規模設備で用いられることが多い．そのような中で，キャピラリー素子では，X線の一部が素子内壁において全反射する現象を利用し集光を行い，最小10 μm程度での微小部分析を実現できることから，小型汎用装置へ応用されている．中でも，集光型のキャピラリー素子を線源側と検出器側の両方に取り付けた，共焦点マイクロフォーカス蛍光X線分析装置では小型装置ながら高い空間分解能での組成分析を可能とし，異物の同定などに利用される[2-4)]．

集光型キャピラリー素子はクマコフらによって開発された[5-6)]．X線領域では物質の屈折率は1に近く，可視光領域で用いられるような屈折レンズによる光線制御を行うことができない．一方で，可視光領域同様に材料界面に低角度で照射されたX線は表面での全反射を起こす．この特性を利用し，屈曲させたガラス管の内面にX線を全反射させることでX線を集光させるのが集光型キャピラリー素子である．数十本のガラス管を固定具で屈曲させ束ねたものから作製方法が進展し，数十，数百万本にも及ぶガラス管の束をまとめてリドロー・成形した現在の集光型キャピラリー素子へと発展した．ガラス管の内径および集光したX線のビーム径は最小10 μm程度に至り，近年では1桁μm台のキャピラリー素子も開発されている．

本稿では，新規キャピラリーレンズの開発を目指し，まずは幾何計算での光線追跡による集光位置および集光サイズの予測から楕円モデルにおける集光レンズの可能性について議論し，

X線のサイズを実測するための評価装置の開発について報告する．さらに，集光型だけでなくキャピラリー素子の有用性を広く示すため，直線型キャピラリー素子の応用先の一例として，波長分散型蛍光X線イメージング装置の構築と評価も行ったのでこれも報告する[7]．

2. X線の光線追跡による集光型キャピラリー設計プログラムの作成

キャピラリー素子の開発において重要となるのは，構成するガラスの組成と形状である．キャピラリー表面で全反射可能なエネルギー範囲，角度範囲は，ガラスの組成によって異なる．各X線のエネルギーでの全反射可能な最大入射角度を全反射臨界角といい，これは物質中に含まれる元素のモル比および各元素の原子散乱因子から計算された複素屈折率，および密度から求めることができる．X線領域における複素屈折率 n^* の計算式を式(1)～(3)に示す[8]．

$$n^* = 1 - \delta + i\beta \tag{1}$$

$$\delta = \left(\frac{\lambda^2 r_e}{2\pi v_c}\right)\sum_i (Z_i + f_i') \tag{2}$$

$$\beta = \left(\frac{\lambda^2 r_e}{2\pi v_c}\right)\sum_i (-f_i'') \tag{3}$$

なお，λ：X線の波長，r_e：電子の古典半径(2.818×10^{-15} m)，v_c：結晶の単位格子の体積，Z_i：i番目の原子の原子番号，f'_i，f''_i：i番目の原子の原子散乱因子(異常分散項)である．これをガラスに適応するために，式(4)を用いて変換する．

$$v_c = \sum_i \frac{x_i M_i}{N_A \rho} \tag{4}$$

なお，x_i, M_i：i番目の原子の原子数比(モル比)および原子量，N_A：アボガドロ数，ρ：密度(g/cm^3)である．式(4)を式(2)および(3)に代入し，Σ演算子内の原子数比を考慮して下記の式を得た．

$$\delta = \left(\frac{\lambda^2 r_e}{2\pi}\right) N_A \rho \sum_i x_i (Z_i + f_i') / \sum_i x_i M_i \tag{5}$$

$$\beta = \left(\frac{\lambda^2 r_e}{2\pi}\right) N_A \rho \sum_i x_i f_i'' / \sum_i x_i M_i \tag{6}$$

式(1), (5)および(6)より，今回使用したガラスのX線領域における複素屈折率を計算し，X線のエネルギーに対する全反射臨界角を求めた結果をFig.1に示す．線源にCu Kα(8.04 keV)およびMo Kα(17.44 keV)を用いた場合，ガラス表面での全反射臨界角はそれぞれ約0.22度，約0.1度であった．また，厚み100 µmのガラス板にX線を垂直入射させた際の内部透過率(材料表面での反射・散乱を除いた透過率)をFig.2に示す．線源にCu KαおよびMo Kαを用いた場合，100 µm厚みにおける内部透過率はそれぞれ43%, 92%であった．そのためガラス管に入射したX線の内，全反射できなかったX線の一部はガラス管を透過することが想定され，余分なX線の漏洩を予防するためには金属などによりレンズ側面を覆う必要がある．

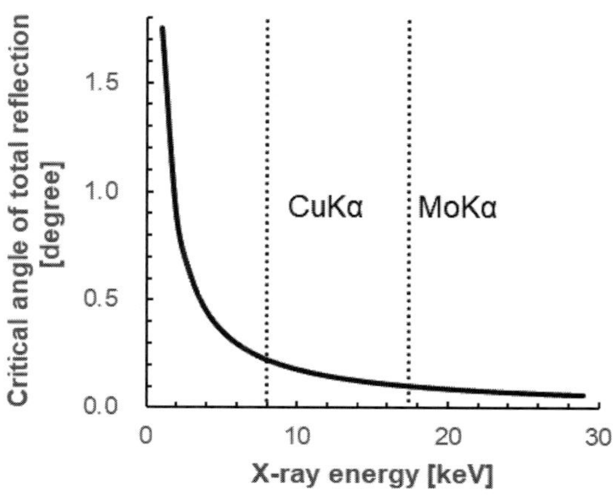

Fig.1 Critical angle of total reflection of X-rays.

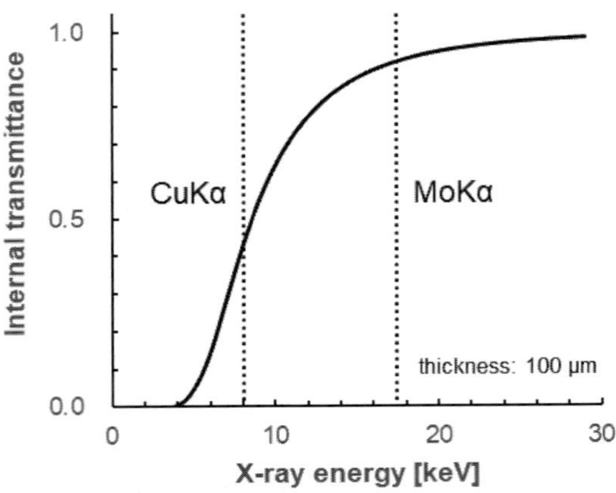

Fig.2 Internal transmittance of glass at 100 μm thickness.

次にPython（パイソン）を用いて光線追跡モデルを作成し，集光部でのX線強度分布を表示可能なプログラムを作成した．このプログラムではレンズは回転対称体とみなし二次元平面上での解析を行っている．キャピラリーは同一焦点組をもつ複数の楕円の両端を切除した形状で模擬した集光型のフルレンズを想定し，X線は点線源から放射状にキャピラリーへ照射されるものとした．模擬の様子をFig.3に示す．プログラムではXY軸をもつ二次元空間にて原点Oを基準として，入力データを9種（線源位置F1，レンズ外径R，レンズ長L，入射側長さLL，出射側長さLR，入射側長径aL，出射側長径aR，ガラス管径r，ガラス管肉厚d）から，出力データ3種（集光位置F2，集光強度，集光サイズ）を算出した．各入力データの計算範囲をTable 1に示す．

入力データからキャピラリー素子内のガラス管の内壁および線源から出射したX線に対してそれぞれ式(7)～(9)および式(10)を立てた．ただし，式(10)中のkは各キャピラリー素子に入射する範囲内で変化する整数とした．ガラス内壁面およびX線の式から交点を計算し，交点での交差角を入射角として全反射の有無を判断した．また交点で全反射した場合は反射X線に対して式を立て，順次計算を行った．

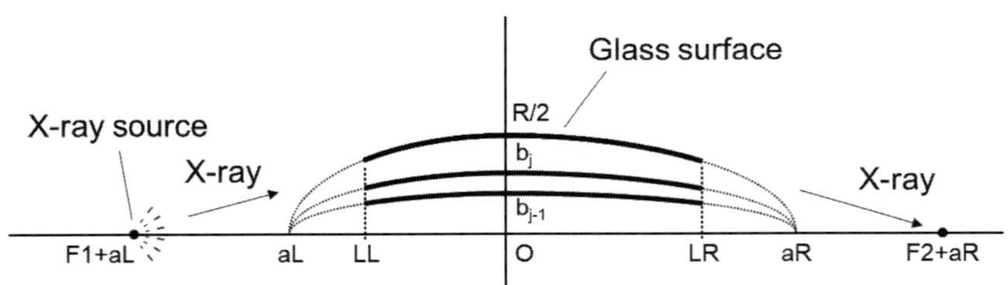

Fig.3 Calculation model of X-ray light trace.

Table 1 Input data for X-ray trace calculation.

	Source	Lens		Incident side		Emission side		Glass tube	
	position	diameter	length	length	major axis	length	major axis	diameter	thickness
Symbol	F1	R	L	LL	aL	LR	aR	r	d
Unit	mm	mm	mm	mm	mm	mm	mm	μm	μm
Min	10	5	20	10	15	10	15	10	1
Max	100	5	100	90	100	90	100	10	1
interval	5	1	10	10	5	10	5	10	1

Glass tube inner surface (*incident side*):

$$\frac{x^2}{a_L{}^2}+\frac{y^2}{b_j{}^2}=1\ (LL<x\le 0) \tag{7}$$

Glass tube inner surface (*emission side*):

$$\frac{x^2}{a_R{}^2}+\frac{y^2}{b_j{}^2}=1\ (0<x<LR) \tag{8}$$

Minor axis:

$$b_j=\frac{R}{2}-\frac{1}{1000}\cdot\{(r+2d)\cdot j-d\}$$
$$(0\le j, b_j\le R) \tag{9}$$

x-ray from source:

$$y=\tan\left(0.001\cdot k\cdot\frac{180}{\pi}\right)\cdot(x-F1-aL) \tag{10}$$

キャピラリー素子の出射端から発せられたX線の式から，出射端側の各座標領域（$\Delta x\cdot\Delta y=0.1\cdot 0.1$）におけるX線の通過本数を各領域でのX線強度とし，その分布を算出した．強度の最大値を集光強度とし，その領域の存在するx座標において，y軸方向に強度分布を取り，Gaussianフィッティングした後の半値幅を集光サイズとした．計算の具体例をTable 2に示す．

具体例では入射側長さLLが短く，出射側長さLRが長い方が集光距離が近く，集光強度が高く，集光サイズが小さい．逆の場合には集光距離が遠く，集光強度が低く，集光サイズが大きい結果となった．

Table 1に記載している全128,820通りの計算を行った．その結果，4,223通りの計算では出力データの集光位置F2が無限遠となり，X線は集光しなかった．残る集光が確認された124,597通りについて，横軸を集光サイズ，縦軸を集光強度として表示した結果をFig.4に示す．Fig.4では，左上ほど集光サイズが小さく，強度が高いことを示し，高分解能分析に有用なレンズ設計ができていることを示す．今回の計算により，楕円形状の組み合わせによる集光型キャピラリーでは，同じ集光サイズでも構造によって集光強度が大きく異なり，また集光強度が最大となるのは集光サイズが10 μm～100 μmのオーダーの場合となることが分かった．したがって，現行の最小径10 μm程度は今回の計算上ではすでに限界値と考えられ，さらなる集光

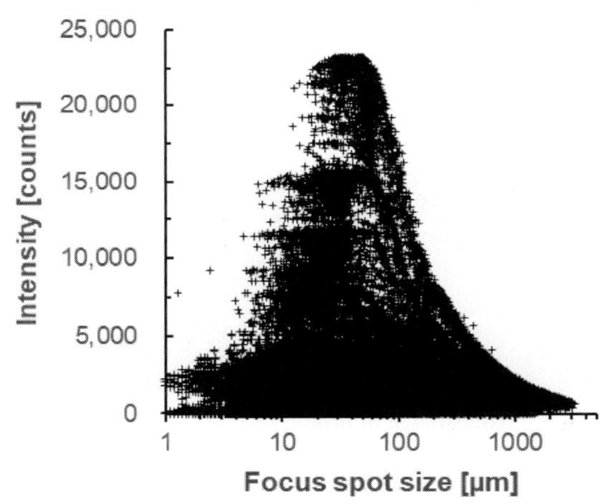

Fig.4 Scatter plot of focus spot size and intensity.

Table 2 Simulated result of X-ray trace.

	Input data									Output data		
	Source	Lens		Incident size		Emission side		Glass tube		Focus		
	position	diameter	length	length	major axis	length	major axis	diameter	thickness	position	intensity	size
Symbol	F1	R	L	LL	aL	LR	aR	r	d	F2	C	W
Unit	mm	mm	mm	mm	mm	mm	mm	μm	μm	mm	count	μm
Ex.1	50	5	80	40	40	60	60	10	1	50.2	1856	170.4
Ex.2	15	5	100	10	90	30	100	10	1	3.7	14900	10.6
Ex.3	10	5	90	80	10	85	80	10	1	556.8	486	1041.5

径の縮小を実現するためには，楕円形状以外のレンズの導入が必要であると考えられる．

3. 集光型キャピラリー素子の実測評価

光線追跡モデルの妥当性を検証するため，Fig.5 に示すようなキャピラリーレンズの試作品を作製しその評価を試みた．試作品は Table 2 に記載の Ex.1 の形状をガラス管のサイズ・本数のみを変えて模擬したものとした．前章のプログラムでの計算の結果では，焦点位置は出射端から 50.2 mm と予想される．本試作品は適切な配置で孔をあけた銅板を間隔をあけて配置し，孔にガラス管を通して所望の形状に曲げることで作製した．なお，試作品は SUS 製の筒状ケースに入れ，入出射面以外からの X 線の漏洩を防いだ．

この試作キャピラリーレンズを透過した際の X 線の挙動について評価するため，ワイヤー法を基本として評価装置を構築した．また，評価装置には視覚的に照射の様子が分かるように，同一光軸上に X 線カメラを設置した．構築した評価装置の外観を Fig.6 に示す．ワイヤーには直径 100 μm の金ワイヤーを用い，金ワイヤーと検出器の距離は常に一定とした．

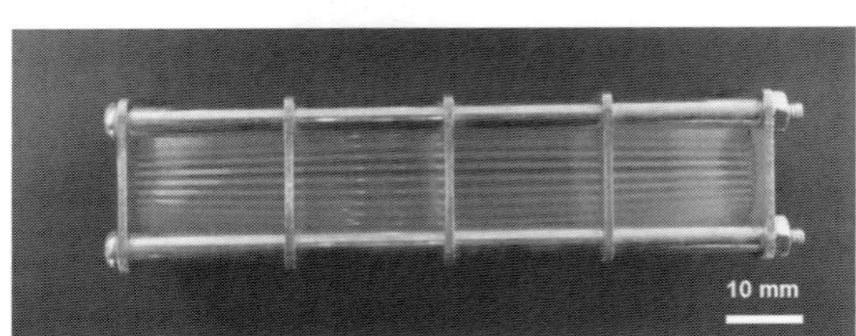

Fig.5 Appearance of prototype capillary lens.

Fig.6 Appearance of X-ray lens detection unit.

構築した評価系を用いて，試作キャピラリーレンズを透過した X 線のビーム径を測定した．具体的には，金ワイヤーが X 線ビームを垂直に横切るように金ワイヤーを走査させながら，金ワイヤーから発せられる Au Lα (9.71 keV) 線強度をモニターすることで評価した．この測定をレンズ出射端からの金ワイヤーの位置を変えながら行った．レンズ出射端－金ワイヤーの各距離において得られた Au Lα 線強度プロファイルに対して，Gaussian フィッティングを行い，スポットサイズおよび照射強度を算出した．スポットサイズはフィッティング後の Gaussian 関数の半値全幅から式 (11) を用いて計算した[9]．

$$B \approx \sqrt{M^2 - \frac{\ln 2}{2} W^2} \tag{11}$$

なお，B: スポットサイズ，M: 半値全幅，W: ワイヤー径である．レンズ－金ワイヤー距離ごとのスポットサイズおよび照射強度の変化を Fig.7 に示す．

スポットサイズが最小となる距離および照射強度の最大となる距離は一致し，試作品はレンズ出射端から 55 mm 付近で集光していた．プログラムでの計算での焦点位置は 50.2 mm であり，プログラムでの計算結果とおおよそ近しい位置に集光を確認することができた．

以上より，前章のプログラムの計算は妥当であることが示され，また今後作製する素子を評価する装置の構築に生かすことができると考えられる．

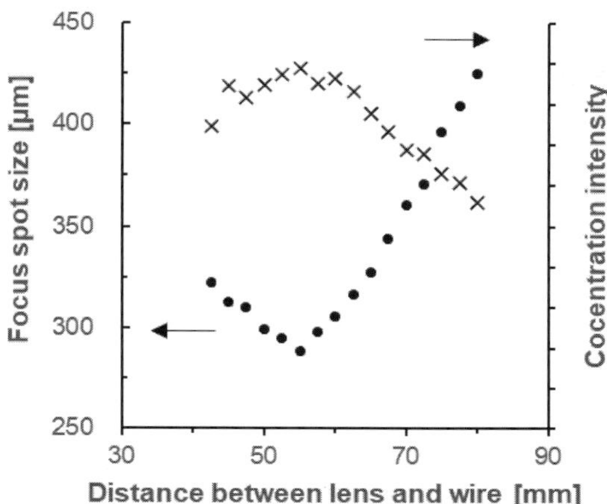

Fig.7 Focus spot size (●) and concentration intensity (×) of prototype lens.

4. 直線型キャピラリーを用いた波長分散型蛍光X線イメージング

キャピラリー素子には集光型のフルレンズの他に，集光型のハーフレンズ，直線型などが開発されている[10)]．ハーフレンズは微小部XRF装置などで試料から発された蛍光X線を効率的に収集するために使用されるが，直線型の有用な用途は少ない．そこで，直線型の新たな用途として，全視野型のWDX面分析の研究がなされている[4)]．今回はソーラースリットと直線型キャピラリー素子による像の違いについて調査したので報告する．

今回構築した全視野型WDX面分析装置の外観をFig.8に示す．X線ターゲットにはMoを，2次元X線カメラにはDECTRIS製PILATUS 3R 100K-Aを，分光結晶には表面にモザイク処理を施したLiF結晶の(200)面を用いた．2次元カメラの素子サイズは172 μm×172 μmである．測定には，金属板が約100 μm間隔で配置されたソーラースリットとキャピラリー径10 μmからなる直線型キャピラリー素子を用いた．

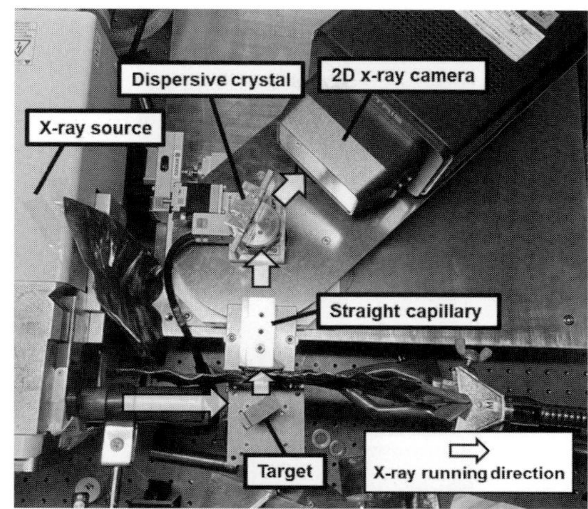

Fig.8 Appearance of full-field WD-XRF imaging unit.

X線管の出口に直径約30 mmの鉛製コリメーターを配置し，試料にX線を絞って照射した．試料からソーラースリットまたは直線型キャピラリー素子までの距離は約10 mm，ソーラースリットまたは直線型キャピラリー素子から分光結晶までの距離は約40 mm，分光結晶から2次元X線カメラまでの距離は約60 mmである．また，一般的に波長分散型蛍光X線分析装置は検出器（今回の場合は2次元X線カメラ）の前にもソーラースリットを配置するが，今回は強度を低下させないために配置しなかった．分光結晶および2次元X線カメラはゴニオメーター上に配置しθ-2θ制御を行った．ターゲット試料には銅板にニッケル箔で文字を描いたものを用いた．X線源の管電圧を50 kV，管電流を35 mAとし，露光時間はソーラースリットでは5 s，直線型キャピラリー素子では300 sとして測定を行った．使用したターゲット試料およびソーラースリットと直線型キャピラリー素子それぞれを用いた際に得られた像をFig.9に示す．

ターゲット試料から放射された蛍光X線は，ソーラースリットでは水平方向の放射が制限さ

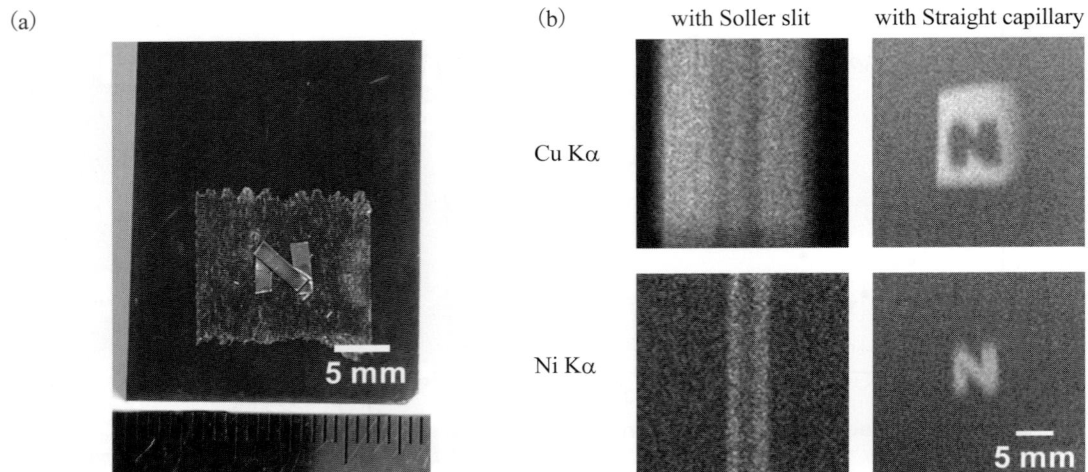

Fig.9 Appearance of (a) sample, (b) FF-WDXRF images.

れることで，水平方向の位置情報を保存した状態で分光結晶に導入された．よって，適当な角度に2次元X線カメラを配置することで，水平方向に関して試料の分布情報を可視化することができた．一方で，直線型キャピラリー素子は2次元的なコリメーターなので，水平方向だけでなく垂直方向にも蛍光X線が制限され，水平方向と垂直方向の位置情報が保持される．つまり，試料面内の2次元における組成の分布情報を分布情報を得ることができた．なお，Fig.9において，水平方向のCuの分布幅が異なるのは，ソーラースリットの方が直線型キャピラリー素子よりも透過部の幅が広いためである．また今回の測定において，直線型キャピラリー素子を使用した場合，透過するX線強度が低いため測定に時間を要した．今後は素子透過率の向上が課題である．

5. まとめ

キャピラリー素子の可能性を広げるため，集光型キャピラリー素子の設計プログラムおよび評価装置を作製した．プログラムでの検証により，楕円形状の組み合わせのみでは集光強度を維持したまま，集光径を10 μm以下にすることは困難なことが分かった．レンズ評価装置の構築および試作品の測定結果から，プログラムは妥当に作成されていることも確かめられた．また，直線型キャピラリー素子を用いた波長分散型蛍光X線イメージング装置で応用について触れた．直線型キャピラリー素子を用いることにより全視野組成像を撮像することができ，従来のマッピングよりも高速に測定ができる可能性を示唆した．キャピラリー素子にはまだまだ有用な可能性が残されており，今後の研究により分析機器の機能向上に貢献したい．

謝　辞

本研究成果はJST大学発新産業創出基金事業可能性検証（JPMJSF23DD）およびJSPS科研費（JP23K23376）の支援を受けて行いました．

参考文献

1）K. Tsuji, J. Injuk, R. E. Van Grieken: "X-ray optics: Recent Technological Advances", Chapter 3, p.63-131, (2004), (John Wiley & Sons, Ltd).

2）B. Kanngiegera, W. Malzera, A. F. Rodrigueza, I. Reiche: *Spectrochim. Acta B*, **60**, 41 (2005).

3）K. Tsuji, K. Nakano, X. Ding: *Spectrochim. Acta B*, **62**, 549 (2007).

4）K. Tsuji, T. Matsuno, Y. Takimoto, M. Yamanashi, N. Kometani, Y. C. Sasaki, T. Hasegawa, S. Kato, T. Yamada, T. Shoji, N. Kawahara: *Spectrochim. Acta B*, **113**, 43 (2015).

5）M. A. Kumakhov: *Nucl. Instrum. Methods Phys. Res. B*, **48**, 283 (1990).

6）M. A. Kumakhov, F. F. Komarov: *Phys. Rep.*, **191**, 289 (1990).

7）K. Tsuji, T. Ohmori, M. Yamaguchi: *Anal. Chem.*, **83**, 6389 (2011).

8）菊田惺志："X線回折・散乱技術　上", p.37-42（1992），（東京大学出版会）.

9）M. Nakae, T. Matsuyama, H. Ishi, K. Tsuji: *X-Ray Spectrom.*, **52**, 290 (2023).

10）M. A. Kumakhov: *X-Ray Spectrom.*, **29**, 343 (2000).

金属材料の結晶構造分布可視化技術の高速化

徳田一弥 [a*,b]，飯原順次 [a]，後藤和宏 [a]，足立大樹 [b]

Improvement of Time Resolution in Visualization Technology for Crystal Structural Distribution of Metallic Materials

Kazuya TOKUDA[a*, b], Junji IIHARA[a], Kazuhiro GOTO[a] and Hiroki ADACHI[b]

[a] Analysis Technology Research Center, Sumitomo Electric Industries, Ltd.
1-1-1, Koya-kita, Itami 664-0016, Japan
[b] Graduate School of Engineering, University of Hyogo
2167, Shosha, Himeji 671-2280, Japan

(Received 29 December 2024, Revised 24 January 2025, Accepted 27 January 2025)

We have enhanced the efficiency of the scanning technique to improve the time resolution of a novel method, “In-Situ XRD Mapping during Tension,” which visualizes the spatial and temporal evolution of heterogeneous deformation in materials. The temporal resolution of this method is determined by the time required for a single two-dimensional scan of specimen; however, the traditional approach had a duration exceeding 500 seconds, which was insufficient for capturing rapid changes. A significant portion of this time was attributed to the acceleration and deceleration of the motors during step scanning. To address this, we implemented a “continuous scan” technique, repeating zigzag scans for both the forward and return paths while minimizing the number of acceleration and deceleration. As a result, while a positional offset occurs between the forward and return scans, the offset remains constant and can be corrected, allowing for mapping with accuracy comparable to traditional methods.

[key words] XRD, Metallic materials, Local deformation

材料の不均一変形の空間・時間的な発展を捉える新規手法「引張その場 XRD マッピング法」の時間分解能向上のため，スキャン方式の効率化に取り組んだ．本法の時間分解能は，試料を 1 回マッピングするのに必要な時間であるが，従来は 500 秒以上と高速な変化を捉えるには不足であった．この内，大部分がマッピング中の試料のステップスキャンにおけるモーター加速と減速の時間であったため，加速・減速の回数を最小限にした「連続スキャン」を往路と復路でジグザグに繰り返す方式の検証を行った．結果として，往路と復路でスキャンの位置ズレが生じるものの，ズレ量は一定であり，その分を補正することで従来法と同等の精度のマッピングが得られることを確認した．

[キーワード] X 線回折，金属材料，局所変形

a 住友電気工業株式会社　兵庫県伊丹市昆陽北 1-1-1　〒 664-0016　＊連絡著者：tokuda-kazuya@sei.co.jp
b 兵庫県立大学大学院工学研究科　兵庫県姫路市書写 2167　〒 671-2280

1. はじめに

銅やアルミ，それらの合金材料は，優れた電気特性と強度特性のバランスを活かして端子や電線などの材料に広く用いられている．このような板材や線材は，鋳造後の金属を圧延や伸線，曲げなどの様々な加工で最終製品の形状としている．加工に伴う変形は製品の特性を決める結晶粒のサイズや転位密度，析出物などの量を変化させる．近年，車載用電線などではさらなる高強度化への要求が高まっていることから，我々は，今後の開発には加工における金属材料の変形挙動の理解と制御が重要と考えている．

金属材料の構造の精密解析には，X 線回折や中性子回折などの有用な手法が存在する．特に近年では，材料に引張もしくは圧縮などの加工を加えながら動的な構造解析を行う「その場測定」技術が発展しており，金属材料の変形を理解する有力なツールとなっている[1-5]．ここで，従来のその場測定は，X 線では mm オーダーのビームサイズで変形中の試験片の一部を，中性子では cm オーダーのビームサイズで試験片の広い領域を測定するため，材料の全体が一様に変形する均一変形の解析に特に適している．一方で，一部の材料では，引張試験の後期などで，特定の部分が細くなる局所変形が生じる．局所変形箇所では，応力が集中してさらに変形が進むため，試験片内で変形量の空間的な分布が生じ，従来型の引張その場測定ではこの分布の詳細を解析することが難しかった．このような局所変形における応力や歪の空間的・時間的な発展の理解は製品開発上非常に重要であるため，我々のグループでは局所変形の可視化を可能とする「引張その場 XRD マッピング」を新たに開発した[6]．既報において，純銅板を対象に SPring-8 BL16XU で 37 keV の X 線エネルギーを用いて測定を行い，試料の厚みと応力，さらに結晶欠陥を反映する不均一歪の経時変化を可視化することに成功している．

一方で，この開発手法には時間分解能の点で課題がある．上記実験での時間分解能は 513 秒であった．実験室装置などの輝度が低い装置と比較するとはるかに高速であるが，従来法である（一か所を測定する）放射光引張その場 XRD では数秒以下での測定も可能なことを考えると，動的な観察を行うには十分とは言えない．特に，金属の変形過程においては歪速度依存性も重要な因子であり[7]，数秒オーダーまで時間分解能向上が実現できれば局所変形と歪速度の相関解析などが期待される．そこで，本研究では引張その場 XRD マッピングの時間分解能向上に向けて取り組んだ．

2. 時間分解能向上に向けた考え方

まず，手法の概要について，Fig.1 の概略図を用いて説明する．試験片の両端を引っ張りながら，引張試験片を引張試験機ごと動かして，局所変形が生じる領域をマッピングする．一つのマッピングが終われば始点に戻って再び二次元スキャンを行い，繰り返しマッピングを行う．

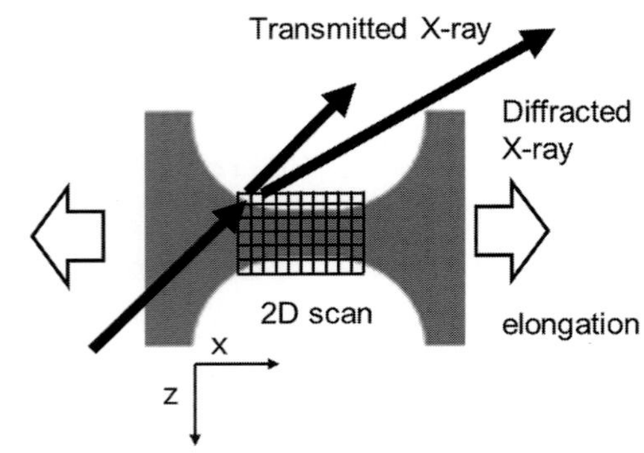

Fig.1 引張その場 XRD マッピング法の概略図.

なお本稿においては引張に平行な方向を x，垂直な方向を z 軸とする．X 線は試料を透過可能な波長の単色光を用いて，試料の透過 X 線強度を取得して解析することで試料の厚みマップの経時変化を，回折 X 線強度を取得して解析することで応力および不均一歪マップの経時変化を得る．

ここで時間分解能は，一つのマッピングの開始時間と，次のマッピングの開始時間の差である．前述の SPring-8 実験において，1 点あたりの露光時間は 0.05 秒，測定点数は 1176（56×21）点であった．すなわち，総測定時間 513 秒の内，露光時間は 58.8 秒であり，露光を行っていない 454.2 秒もの時間が，全体の約 9 割を占めている．測定時間短縮にあたっては，一つのマッピングあたりの測定点数（測定ステップおよび測定範囲）や 1 点あたりの露光時間を，変化が起こる範囲や必要な精度に合わせて調整できるものの，非露光時間が全体の約 9 割を占めているという状況では劇的な短縮は困難である．すなわち，引張その場 XRD マッピングの高速化には，この「非露光時間」を削減する必要がある．

Fig.2 を用いて，非露光時間が長時間となっている原因とその改善策について記載する．SPring-8 で実施したのは Fig.2 (a) のような二次元スキャンである．これは，往路のみの一軸のステップスキャン測定を繰り返したものである．ステップスキャン測定では，モーターの移動と検出器の露光を逐次的に行う．ある z において，x が正の方向にスキャンする場合，モーターは静止状態から加速を開始し，定常速度に至り，減速して次の測定点に静止し，検出器の露光を行う．このような動作の繰り返しで，一行の x スキャンを行った後には一旦 x 軸が始点に戻り，次の z に移って同様のスキャンを行う．

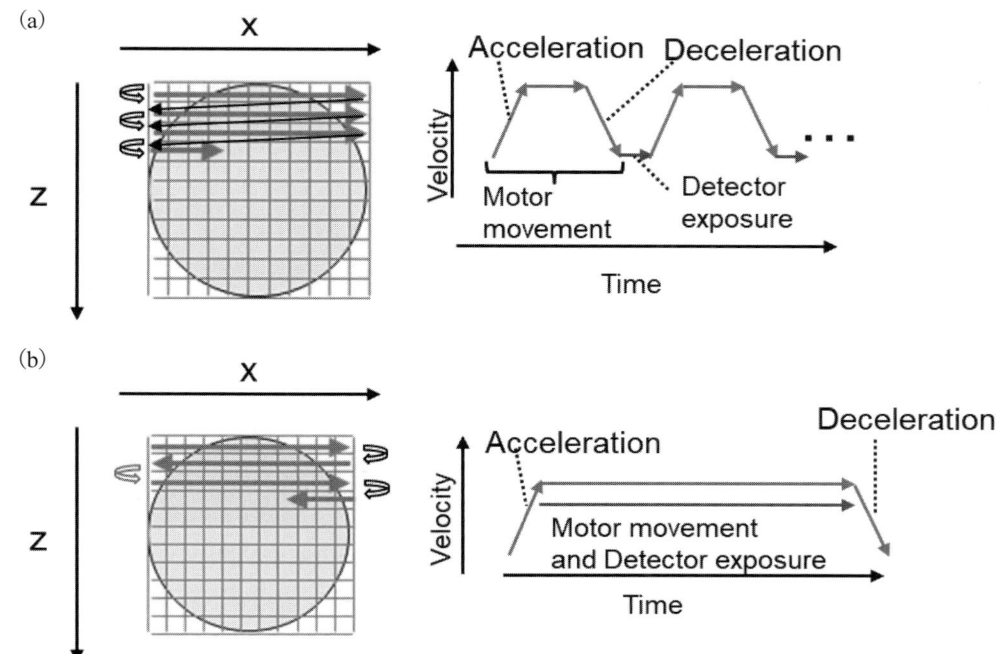

Fig.2　二次元スキャンの模式図．(a) 往路のみのステップスキャン測定，(b) ジグザグ連続スキャン．

すなわち，各点の間を移動する際の加減速時間と，x 軸が始点に戻る時間が全体の非露光時間が長い原因となっている．

そこで，今回は Fig.2 (b) の形式の二次元スキャンを実施した．これは，往路と復路でジグザグに一軸の連続スキャン測定を繰り返したものである．連続スキャン測定とは，モーターを一定速度で動かしながら，一定時間間隔（一定距離間隔）で検出器の露光を行うものである．この方式では，最初の加速と減速（測定したい範囲よりも広く，加速区間と減速区間を設ける）の時間以外は基本的には検出器は測定を行っているため，非露光時間が極めて少ない．また，x 軸の正方向の測定を終えて z 軸が一つ進んだ後は負方向にスキャンを行うことで，始点に戻る間の非露光時間をなくすことも可能である．

本稿では，この新しい方式で従来法と同等のスキャンが可能か確認するため，実験的な検証を行った．ここで，新しい方式であるジグザグ連続スキャンを行うには，二次元検出器の露光と連動可能なカウンタタイマが必要であるが，上記の実験を実施した SPring-8 BL16XU では，取り組み当時そのような設備を保有しておらず，検証は困難であった．そこで，今回は連動機能を持つカウンタタイマを有する SAGA-LS BL16 で二方式のスキャン方式の比較を，破断後試験片への 1 回のマッピングで実施した．SAGA-LS の X 線強度は SPring-8 よりも 2 桁以上劣るため，現実的な測定時間では測定精度は劣るものの，スキャン方式の違いで測定精度に相対的に差が生じるかについては十分な検証が可能と考えた．

3. 実験方法

実験には SAGA-LS BL16 を用いた．Si 111 二結晶分光器で 15.0 keV に単色化した X 線を Pt コートのベンドシリンドリカルミラーに入射角 2.5 mrad で入射して高次光除去と集光を行い，試料に照射した（入射スリットサイズ：0.1 mm 角）．回折用の検出器は PILATUS 100K（Dectris 製，Si センサー厚み 1.0 mm）を用いた．検出器は長手方向を鉛直方向に，試料から 120 mm 離して設置した．また，フォトダイオードで，透過 X 線の強度も同時に測定した．

試料は 0.3 mm 厚のアルミ板を用いた．組成を Table 1 に示す．アルミ板は引張試験片の形状にレーザー加工で切り出し，一度引張試験片で破断させた後，Fig.3 に示す破断部近傍を，二次元スキャンした．放射光 X 線の偏光依存性を考慮し，試験片の長手方向を鉛直方向に設置し，試験片長手方向の測定を行った．スキャン範囲は 2.0 mm (z) × 5.6 mm (x)，スキャン間隔は 0.1 mm とし，1 点あたりの露光時間は 0.1 秒とした（連続スキャンでの x 方向走査速度は

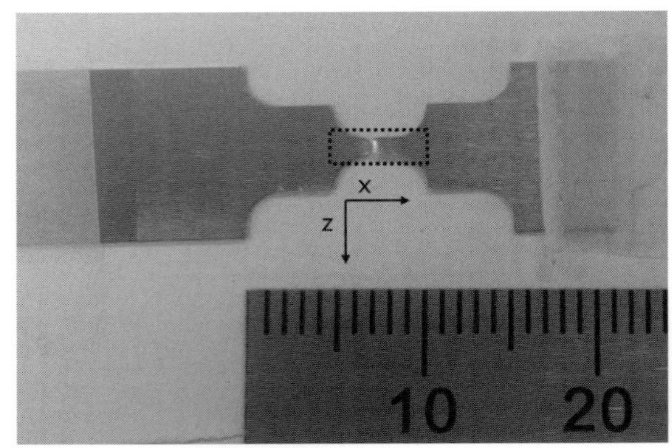

Fig.3　検証用破断後試験片の写真．

Table 1　Chemical composition of the test specimen (mass%).

Si	Fe	Cu	Ti	Al
0.10	0.27	0.01	0.03	Bal.

1 mm/s).なお既報[6)]と同じ銅ではなくアルミを選択したのは，検証に用いたSAGA-LSのエネルギー帯でも透過可能なためである.

測定では，ツジ電子製カウンタタイマCT32-01Eを用いて入射光および透過光強度の読み取りを行った.連続スキャンでは，モーターが静止状態から加速を開始し，等速度になったタイミングでカウンタタイマが一定時間間隔で信号を取り込み，取り込みが終了した段階で減速するように設定する必要がある.すなわち，測定したい範囲(等速度運動の範囲)である5.6 mmに対して，実際にモーターが動く範囲は加速および減速に必要な時間(設定速度と加速レートで決定)を考慮して，広くとる必要がある.今回は加速，減速でそれぞれ0.125 mm分広く設定した.CT32-01Eでは信号を取り組んでいる間にトリガー信号が出力されているため，この信号線を二次元検出器に接続することで，二次元検出器も同じタイミングで露光を行うように設定した.

4. 結　果

Fig.4 (a) に往路のみのステップスキャン法の測定で得た透過率像を示す.破断後試験片の形状を明瞭に確認することができている.測定点は1197 (57×21) 点で，1マップあたりの時間分解能は625秒であった.露光時間は119.7秒，非露光時間は505.3秒となる.

Fig.4 (b) にジグザグ連続スキャン法の測定で得た透過率像を示す.測定点は1120 (56×20) 点で1マップあたりの時間分解能は146秒であった.露光時間は112秒であるため，非露光時間は34秒へと大幅に短縮されているが，Fig.3 (a) と比較して，1行ごとに試料端部の位置が異なる，いびつな形状になっていることが分かる.これは往路と復路の位置ズレに伴うものであり，モーターの移動速度が速いほど大きくなる.ズレ量は一定であるため，それぞれの量で一定量ピクセルをシフトさせて補正を試みた.Fig.4 (c) に復路 (偶数行) を3ピクセル分 (0.3 mm分) 正にシフトしたものであり (左側3ピクセル分は非表示とした).Fig.4 (a) 同様の形状が表示されていることが確認できた.このような相対的なズレは生じているものの，連続スキャンの繰り返し測定の中での位置関係に変化はない.引張その場XRDマッピングではマッピング初期状態からの，各ピクセルでの相対的な変化を見ることから，動的変化を議論する上で問題ない.

なお測定視野が少し異なることから厳密な

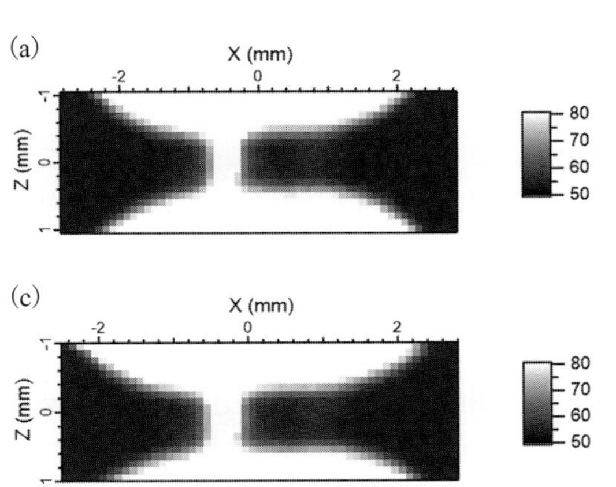

(b)

Fig.4　破断後試験片のX線透過率像 (単位は%).(a) 往路のみのステップスキャン測定，(b) ジグザグ連続スキャン，(c) (b) の偶数行を3ピクセル分正方向にシフト.

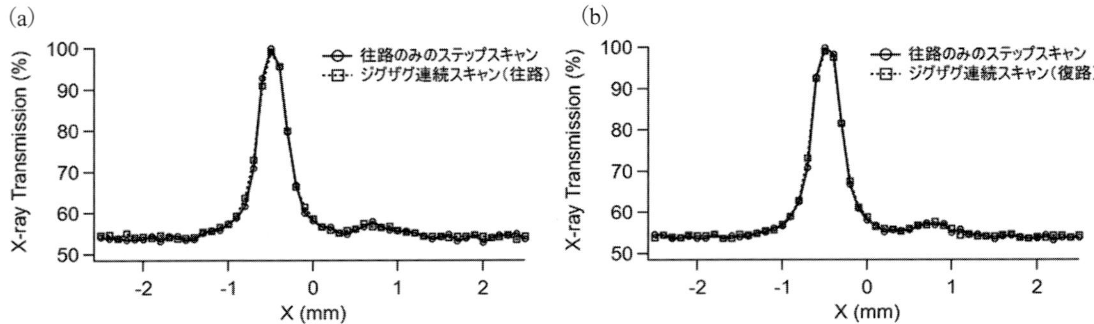

Fig.5　Fig.4 (a) と (c) の中央部の x 軸方向の 1 ピクセル幅ラインスキャン．(a) 連続スキャン (往路) と，対応する位置のステップスキャン (b) 連続スキャン (復路) と，対応する位置のステップスキャン．

比較は困難であるが，Fig.4 (a) の平均透過率は 71.1%，Fig.4 (c) の平均透過率は 70.8% であり，分布形状のみではなく数値としても同等の測定ができている．

二方式のスキャンによる違いをより詳細に確認するため，Fig.4 (a) および Fig.4 (c) の 1 ピクセル幅の x 方向ラインプロファイルの比較を Fig.5 に示す．試験片中央付近の z で，連続スキャンの往路と復路それぞれで，対応する z 位置のステップスキャン測定との比較を行った．Fig.5 (a) はステップスキャン (実線) とジグザグ連続スキャンの復路 (破線) の比較である (連続スキャンの結果は 1.5 ピクセル分シフトして表示)．破断部の中央で試料がないことを反映した，比較的鋭いピーク状のプロファイルとなっているが，特にピーク幅が変化することもなく重なっていることが分かる．Fig.5 (b) は連続スキャンの復路 (同様に 1.5 ピクセル分シフトして表示) とステップスキャンの比較であるが，こちらもステップスキャンの結果とよく重なっている．

以上により，モーター駆動とカウンタタイマの連動が実現できており，透過率について同等の精度で測定できている点が確認できた．

次に，二次元検出器の結果について検証を行った．Fig.6 に今回実験で得た回折プロファイルの例を示す．SAGA-LS BL16 は超電導ウィグラーのビームラインであるが，露光時間 0.1 秒では，この領域に観測される 5 本の回折線すべて (111/200/220/311/222) の強度で S/N がよいスペクトルは得られていない．特にこの波長で 41.4° に観測されるはずの 222 回折線は対数スケールでも確認できない．このため，十分な強度を持つ 111 回折線のみを用いた検証を実施した．

Fig.7 に，111 回折線を疑 Voigt 関数 [8] で最小二乗フィッティングを行って得たピーク位置の分布を示す．試料がない部分での結果を除くために，X 線透過率が 15% 以下および 85% 以上となっているピクセルは 0 として表示した．透過率と同様に，3 ピクセル分のオフセットを実施することでステップスキャンと同様の分布形状を示していることが分かる．この分布については，残留応力の分布を反映している可能性に加えて，破断後試験片の形状に起因する，紙面奥行き方向への試料位置の分布である可能性もある．なお実際の引張その場測定においては，変形中は両端から引張で拘束されているため紙面奥行き方向への試料位置の分布は生じない．

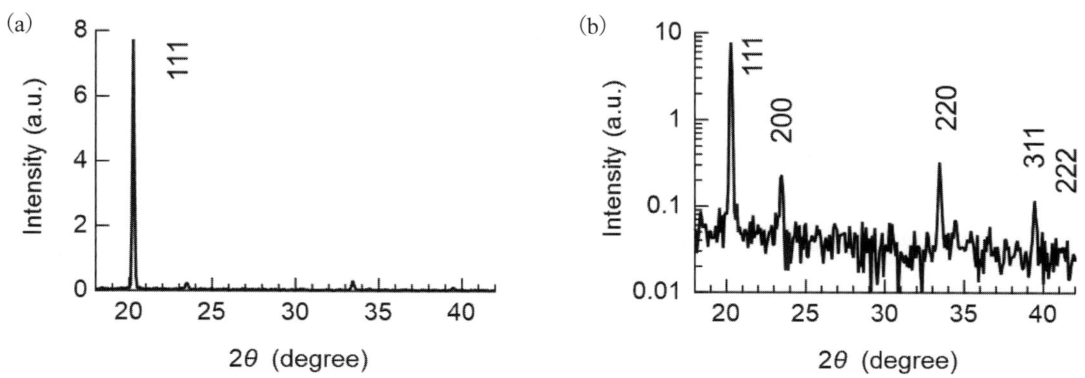

Fig.6 マッピング測定における回折プロファイルの例. (a) 線形, (b) 対数スケール.

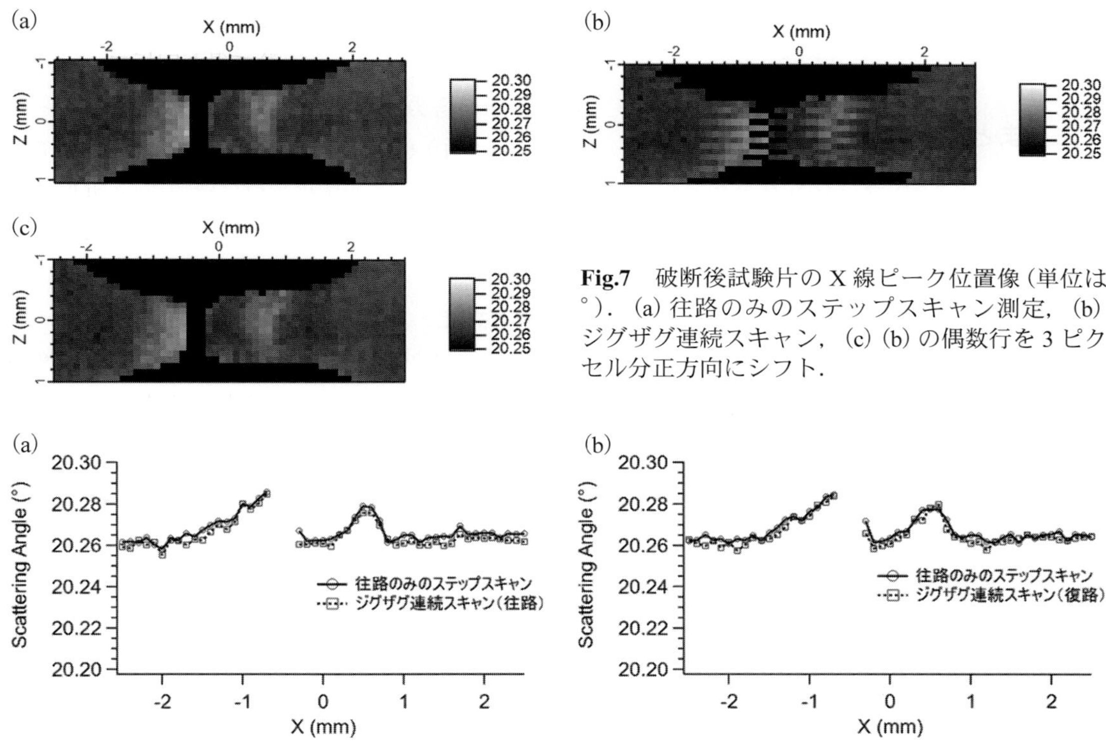

Fig.7 破断後試験片の X 線ピーク位置像 (単位は °). (a) 往路のみのステップスキャン測定, (b) ジグザグ連続スキャン, (c) (b) の偶数行を 3 ピクセル分正方向にシフト.

Fig.8 Fig.7 (a) と (c) の x 軸方向の 1 ピクセル幅ラインスキャン. (a) 中央部, 連続スキャン (往路) と, 対応する位置のステップスキャン (b) 中央部, 連続スキャン (復路) と, 対応する位置のステップスキャン.

Fig.8 に Fig.7 (a) および Fig.7 (c) から抜き出したラインスキャンの比較を示す (Fig.5 同様に連続スキャンの x 軸は 1.5 ピクセル分シフトして表示). Fig.8 (a) はステップスキャン (実線) とジグザグ連続スキャンの復路 (破線) の比較, Fig.8 (b) は連続スキャンの復路 (同様に 1.5 ピクセル分シフトして表示) とステップスキャンの比較である. いずれも形状は類似しているが,

非常にわずかに連続スキャンの方が低角となっているように見える．Fig.7 の二次元像の平均値（閾値で判別した，試料が存在する部分）では Fig.7 (a) で 20.268，Fig.7 (c) で 20.266° であり，連続スキャンの方が 0.002° 低角となっている．この由来は現在のところ不明であるが，二次元検出器における回折角の刻み幅 0.08° と比較して小さい量である．引張その場 XRD マッピングでの応力算出は，変形初期のピーク位置と負荷応力の関係から回帰直線を引く方式であること[6)]も踏まえると，スキャン方式の差による 0.002° の違いは応力算出の精度に影響を与えない．

5. まとめ

引張その場 XRD マッピングの高速化に向けた非露光時間の削減を目的に，ジグザグ連続スキャンの検証を実施した．今回の条件では，ジグザグ連続スキャンでも従来の一方向ステップスキャンと同等精度での測定ができ，高速測定におけるジグザグ連続スキャンの有用性を確認できた．なお測定精度についてはスキャン速度および測定ステップなどで変化する可能性はあり，別条件でスキャンする際には，個々の測定に必要な精度と合わせて条件を決定する必要がある．

今回の検証での非露光時間は 34 秒と，従来法の 505.3 秒から大幅に短縮することに成功した．SAGA-LS よりも高強度な SPring-8 を用いて，複数の回折線を高精度に捉えながらも露光時間を最小化して測定することが可能と期待される．これによって露光時間と非露光時間を合わせた総測定時間は 60 秒以下に短縮できると考えている．一方で，冒頭で述べた通り，従来の引張その場 XRD 測定の時間分解能である数秒のオーダーまで短縮することは現時点では難しく，数秒オーダーの動的変化を捉える際には，二次元的な測定をあきらめ，往復ラインスキャンを繰り返して一次元的な測定を行うなどの対応策が考えられる．

将来的には，加減速を含めて高速駆動が可能なモーターや読み出しリードタイムが極めて短くかつ高精細な二次元検出器なども活用し，マッピング測定のさらなる高速化と高精度化の検討を進めたい．

謝　辞

本報告の測定は SAGA-LS の住友電工ビームライン BL16（課題番号：SEI2024A-005）にて実施しました．施設関係各位に感謝申し上げます．

参考文献

1）H. Adachi, Y. Miyajima, M. Sato, N. Tsuji: *Mater. Trans.*, **56**, 671 (2015).

2）H. Adachi, H. Mizowaki, M. Hirata, D. Okai, H. Nakanishi: *Mater. Trans.*, **62**, 62 (2021).

3）L. Pun, V. Langi, A. R. Ruiz, M. Isakov, M. Hokka: *Mater. Sci. Eng. A*, **900**, 146481 (2024).

4）柄澤誠一，馬場可奈，小貫祐介，大平拓実，三田昌明，伊東正登，鈴木 茂，佐藤成男：銅と銅合金，**63**, 1 (2024).

5）馬場可奈，小貫祐介，長岡佑磨，伊東正登，鈴木 茂，佐藤成男：X 線分析の進歩，**53**, 175 (2022).（https://doi.org/10.57415/xshinpo.53.0_175）

6）K. Tokuda, K. Goto, J. Iihara, H. Adachi: *Mater. Trans.*, **66**, 55 (2025).

7）五弓勇雄，木原諄二：日本金属学会誌，**29**, 271 (1965).

8）P. Thompson, D. E. Cox, J. B. Hastings: *J. Appl. Crystallogr.*, **20**, 79 (1987).

全反射蛍光 X 線分析法による水試料の微量元素分析のための新規試料乾燥残渣作製法開発のための基礎検討

及川紘生，久保田　夢，国村伸祐*

A Preliminary Study on Development of a Novel Method for Preparing the Dry Residue of a Droplet of a Water Sample for Trace Elemental Analysis Using Total Reflection X-ray Fluorescence Analysis

Kosei OIKAWA, Yume KUBOTA and Shinsuke KUNIMURA*

Department of Industrial Chemistry, Graduate School of Engineering, Tokyo University of Science
6-3-1 Niijuku, Katsushika-ku, Tokyo 125-8585, Japan

(Received 29 December 2024, Revised 17 January 2025, Accepted 21 January 2025)

In this study, when drying of a 200 μL droplet of a solution prepared by mixing ultrapure water and tap water in a volume ratio of 9 : 1 on a sample holder was nearly completed, a droplet remaining on the sample holder was collected. Total reflection X-ray fluorescence (TXRF) spectra of the large ring-shaped dry residue after the remaining droplet was collected and the dry residue of the collected droplet on another sample holder were measured. The measurement results showed that Fe in the water sample almost completely migrated to the large ring-shaped dry residue, whereas K was mainly present in the remaining droplet. This would be because Fe formed a poorly soluble salt, whereas K did not form such salts. The dry residue of a ramaining droplet collected when drying of a sample droplet is nearly completed becomes small. The net intensity of a fluorescent X-ray peak of an element per the mass of the element would be enhanced when measuring such a small dry residue because the ratio of fluorescent X-ray photons from the dry residue that reach the X-ray detector increases. TXRF analysis of the dry residue of a remaining droplet collected when sample drying is nearly completed may be beneficial for the analysis of trace amounts of metallic elements that do not form poorly soluble salts.
[Key words] Coffee ring, Dry residue, Fe, Tap water, Total reflection X-ray fluorescence

本研究では，体積比 9：1 で超純水と水道水を混ぜたもの 200 μL を試料台上に乾燥させ，乾燥完了付近で生成していた大きなリング状の乾燥残渣および残っていた液滴を別の試料台上に乾燥させたものの全反射蛍光 X 線スペクトルを測定した．その結果，乾燥完了付近において，難溶性塩を形成しうる Fe のほぼすべてが乾燥残渣に移行し，このような塩を形成しない K の大半は液滴中に残っていたことが明らかになった．乾燥完了付近で回収した残留液滴からは小さな乾燥残渣が生成するため，乾燥残渣から発生する蛍光 X 線光子の中で検出器に到達する割合が大きくなり，元素の質量あたりの蛍光 X 線強度が増大すると考えられる．したがっ

東京理科大学大学院工学研究科工業化学専攻　東京都葛飾区新宿 6-3-1　〒 125-8585　＊連絡著者：kunimura@rs.tus.ac.jp

て，このような乾燥残渣作製法は，難溶性塩を形成しない金属元素の微量分析に有用な可能性がある．

[キーワード] コーヒーリング，乾燥残渣，Fe，水道水，全反射蛍光 X 線

1. 緒 言

全反射蛍光 X 線分析 (total reflection X-ray fluorescence，TXRF) 法により水試料の微量元素分析を行う場合，水試料そのものではなく，試料台上に作製したその乾燥残渣のスペクトル測定が行われる．一般的には 10 μL 程度の試料液滴の乾燥残渣が測定対象となり，μg L^{-1} レベルの元素が検出，定量される．超純水で希釈した元素標準液の場合，目視において薄い点状に観察される小さな乾燥残渣が生成すると，乾燥残渣中の目的元素の質量あたりの蛍光 X 線強度 (以降, 感度と呼ぶ) が増大する傾向がみられる．これは，乾燥残渣の分布範囲が狭いほど，検出器に到達する蛍光 X 線光子の割合が増大するためである．また，このような希薄水溶液の場合，大きな体積の試料液滴を滴下乾燥しても小さな乾燥残渣を作製することができ，滴下体積に応じて目的元素濃度あたりの蛍光 X 線強度が増大するため，より低濃度の元素が検出できるようになる．これまで筆者らは，数百 μL の希薄水溶液試料を試料台上に滴下乾燥したものの TXRF 測定に関する報告を行ってきた[1-3]．文献[2] では，10 μg L^{-1} の Cr を含む水溶液 200 μL から直径数百 μm の乾燥残渣が作製できたことを示している．また，文献[3] では，10 μg L^{-1} の Cr を含む水溶液 400 μL から作製した長径 3 mm，短径 2 mm の乾燥残渣を測定することで，Cr において 0.09 μg L^{-1} の検出限界を達成したことを報告している．このような大きな体積の試料液滴の乾燥残渣を TXRF 測定する方法は，製品としての高純度水の品質評価，火力発電所で使用する原水処理により得られた高純度水の純度評価等に有用と考えられる．

一方，純度の高い水であっても乾燥中の早い段階でリング状の乾燥残渣が生成してしまえば，乾燥完了後の乾燥残渣の分布範囲は広くなる．水溶液の液滴の乾燥によりリング状残渣が生成する現象は，コーヒーリング現象と呼ばれる．平坦な固体表面上にある水溶液の液滴が乾燥する場合，液滴と固体表面との接触面の外周部 (接触線) における水が蒸発しやすい．接触線が固定される場合，Fig.1 (a) に示すように蒸発した外周部の水を補充するために液滴の内部から外周部への流れが生じ，溶質も外周部に運ばれるためリング状の乾燥残渣が生成する[4]．なお，接触線の固定は固体表面の凹凸や沈殿生成により引き起こされるが，平滑面をもつ試料台を使用する TXRF 分析では，液滴の外周部における不純物金属元素を含む沈殿の生成がその主な原因と考えられる．文献[5] では，市販のペットボトル飲料水 200 μL を撥水処理していない試料台に滴下乾燥したとき，大きなリング状残渣が生成したことが示されており，mg L^{-1} または μg L^{-1} オーダーの不純物金属元素がこのような乾燥残渣の生成に影響することは明らかである．一方，水中の不純物金属元素濃度が低く外周部の水の蒸発に伴う金属塩の析出が起こりにくい場合，Fig.1 (b) に示すように，液滴の接触線が移動しつつもその接触角を保ちながら蒸発が進み，最終的に小さな乾燥残渣が生成すると考えられる．なお，実際には Fig.1 (a) で示した乾燥モデルとは異なり，試料液滴の外周部に沈殿が生じても乾燥完了まで接触線の位置が

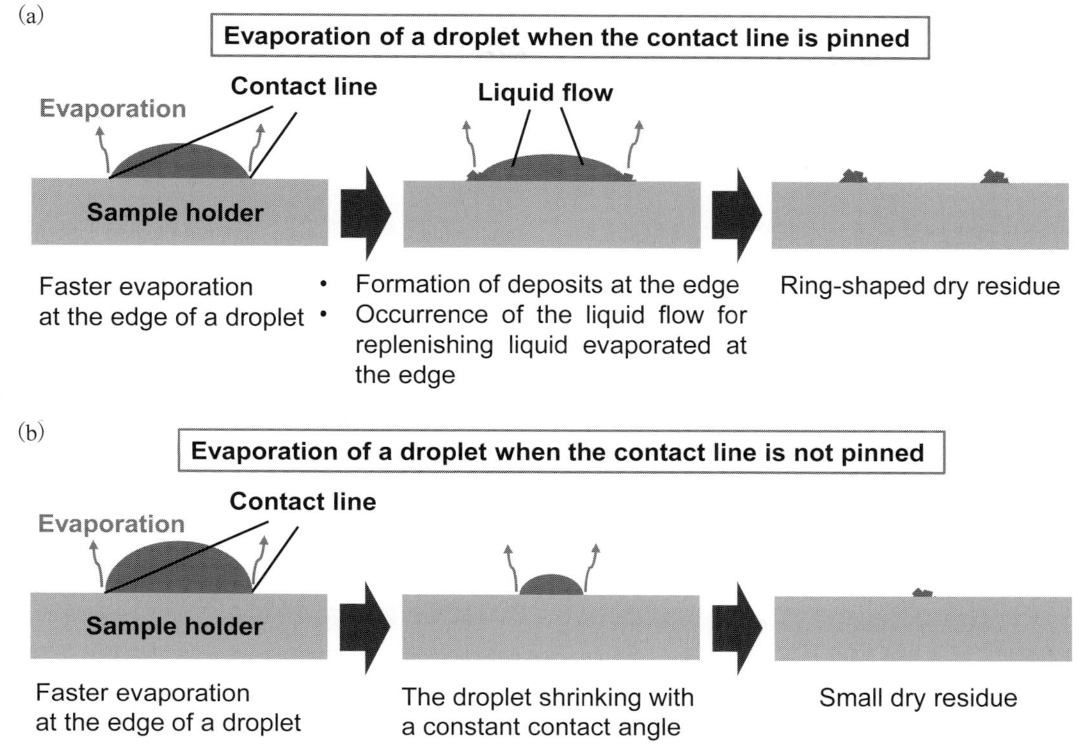

Fig.1 (a) Evaporation of a droplet when the contact line is pinned and (b) that when the contact line is not pinned.

固定されず，Fig.2に示すように液滴が収縮し，リング状残渣の内側にも乾燥残渣が生成する場合もみられる．Fig.2では，リング状残渣の内側にも小さな乾燥残渣が点在していることが観察される．

大きなリング状残渣またはリングの内側にも残渣が分布するものが生成する場合においても，サブ$\mu g\ L^{-1}$レベルの元素が分析できるようになれば，大きな体積の試料液滴の乾燥残渣を測定する方法が利用しやすくなる．このような大きく不均一な乾燥残渣が生成する場合，難溶性塩を形成する金属元素であれば乾燥の早い段階で沈殿するためリング部分全体に分布するが，そのような塩を形成しない金属元素であれば乾燥完了付近まで大半が液滴中に存在する可

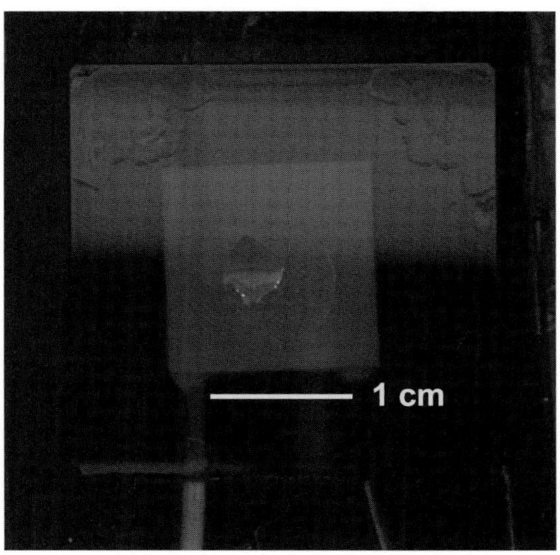

Fig.2 Photograph of the dry residue and a remaining droplet of a water sample taken when the drying of the water sample was nearly completed.

能性がある．したがって，液滴に残りやすい金属元素であれば，乾燥完了付近で残っている少量の液滴を回収し別の試料台に滴下乾燥する乾燥残渣作製法により，回収液の乾燥残渣は小さくなるため，その元素が高感度で分析できるようになる可能性がある．本研究では，体積比9:1で超純水と水道水を混ぜたもの200 μLの乾燥が完了する付近において生成していた乾燥残渣および残っていた液滴を回収し別の基板上に乾燥させたもののTXRF分析を行い，上述した乾燥残渣作製法が難溶性塩を形成しない金属元素の微量分析に有用となりうるか検討した．

2. 実　験

比較的高純度な水試料として，体積比9：1で超純水と水道水を混ぜたものを作製した．また，超純水（関東化学製）で1000 mg L^{-1} Cr標準液（富士フイルム和光純薬製）（$K_2Cr_2O_7$の硝酸酸性溶液）を希釈し，1 μg L^{-1}のCrを含む水溶液を作製した．なお，希薄水溶液の乾燥残渣の大きさ，不純物金属元素の濃度レベルを示すために，Cr水溶液を作製した．

ダイヤモンドライクカーボン（DLC）コーティングしたシグマ光機製の正方形の石英ガラス基板上にフッ素系コーティング剤（HR-FX073E, AGCセイミケミカル製）100 μLをスピンコートすることにより撥水コーティングを行い，この撥水処理を施したものを試料台とした．使用した石英ガラス基板の一辺の長さ，厚さ，反射波面精度は，それぞれ30 mm, 5 mm, $\lambda/20$（$\lambda = 632.8$ nm）であり，DLCコーティングはナノテック㈱（柏市）により行われた．

1 μg L^{-1}のCrを含む水溶液，超純水それぞれ200 μLを試料台上に滴下し，試料台の下に配置したペルチェ素子表面の温度を上昇させることで試料液滴を加熱乾燥した．また，体積比9：1で超純水と水道水を混ぜたもの200 μLを試料台に滴下してペルチェ素子で加熱し，加熱開始から85分後に試料台上に残っていた液滴を回収してから乾燥を完了させたもの（以降，Dry residue Aと呼ぶ），その回収液を別の試料台に滴下乾燥したもの（以降，Dry residue Bと呼ぶ）も作製した．なお，超純水と水道水を混ぜたもの200 μLの乾燥に要した時間は90分程度であったことから，乾燥完了の5分程度前に残っていた液滴を回収したと見積もることができる．

ポータブルTXRF分析装置[6-8]を用い，各試料の乾燥残渣および何も試料溶液を滴下していない試料台のスペクトルを空気中で600秒間測定した．本研究で使用した本装置の構成と測定条件は既報[2]で示した通りであるが，使用したX線管と検出器の概要を以下に述べる．X線源としてTaターゲットX線管（50 kV Cable with Magnum X-ray Source, MOXTEK製）を使用し，その管電圧，管電流は，それぞれ25 kV, 0.2 mAとした．X線検出器として，受光面積30 mm^2のシリコンドリフト検出器（VITUS H30, KETEK製）を使用した．

本研究では，各元素の蛍光X線ピークの左端から右端まで引いた直線の下側をバックグラウンドとし，ピークの左端と右端を除いたチャンネル範囲におけるカウントの合計からこの範囲におけるバックグラウンド成分のカウントの合計を差し引いたものを各元素の蛍光X線強度とした．

3. 結果と考察

1 μg L^{-1}のCrを含む水溶液200 μLの乾燥残渣の写真をFig.3に示す．この乾燥残渣はリン

Fig.3 Photograph of the dry residue of a 200 μL droplet of a solution containing 1 μg L^{-1} of Cr. This solution was prepared by diluting a 1000 mg L^{-1} Cr solution with ultrapure water.

グ状であったが直径約 2 mm の範囲に分布しており，既報[1-3]で報告したように，数百 μL レベルの希薄水溶液の乾燥残渣は小さくなることを確認することができた．1 μg L^{-1} の Cr を含む水溶液 200 μL の乾燥残渣，超純水 200 μL の乾燥残渣および試料溶液を滴下していない試料台の TXRF スペクトルを Fig.4 に示す．Fig.4 (a) における 1 μg L^{-1} の Cr を含む水溶液の乾燥残渣のスペクトルでは Cr Kα 線が観察されており，1 μg L^{-1} の Cr が検出できたことが示された．なお，この Cr 水溶液の乾燥残渣中の Cr は 0.2 ng と算出される．Fig.4 (a) における Cr Kα 線強度は 1844 counts/600 s であった．Fig.4 (a)，4 (b)，4 (c) における Ca Kα 線強度は，それぞれ 56628，14819，946 counts/600 s であり，試料台上の Ca の質量は，1 μg L^{-1} の Cr を含む水溶液の乾燥残渣，超純水の乾燥残渣，試料台の順に大きかったことが示された．Cr を含む水溶液や超純水のスペクトルにおける Ca Kα 線強度の

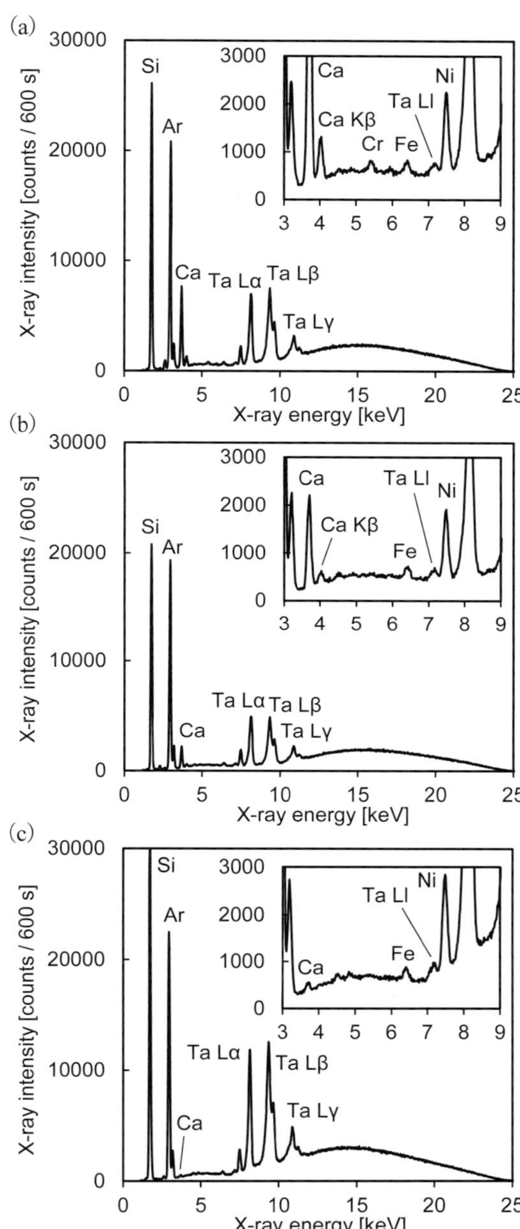

Fig.4 TXRF spectra of dry residues of 200 μL droplets of (a) the solution containing 1 μg L^{-1} of Cr and (b) ultrapure water and (c) a hydrophobic film coated sample holder. The spectra were measured in air for 600 s. The insets show enlarged spectra from 3 to 9 keV.

増大は，試料の作製や採取の際に混入したCaを含む成分に由来すると考えられるが，具体的な原因は不明である．また，Fig.3 (a) におけるCa Kα 線とCr Kα 線の強度比から，1 μg L^{-1} のCrを含む水溶液中のCaは数十 μg L^{-1} レベルであったと考えられる．Fig.4 (a), 4 (b), 4 (c) におけるFe Kα 線強度は，それぞれ2030, 1946, 2227 counts/600 s であり，スペクトル間における強度比較から，各乾燥残渣に由来するFeは検出されなかったと判断できる．Fig.4 におけるNi Kα 線は装置構成要素に由来すると考えられる．Si, Ar およびTa のピークは，それぞれ石英ガラス基板，空気中に0.9% 含まれるAr, X線管のTaターゲットに由来する．

Dry residue A，Dry residue B の写真とTXRFスペクトルをそれぞれFig.5，Fig.6 に示す．Fig.5 に示すようにこれら乾燥残渣はともにリング状であり，リングの内側にも蒸発残留物が観察された．Fig.5 (a) で示したDry residue A の乾燥残渣は大きかったが，Fig.5 (b) で示したDry residue B は直径約2 mm と小さなリング状であった．これは，Dry residue A 作製完了前に回収した液量が少量であったためである．Fig.6 に示すように金属元素としてK, Ca, Fe, Zn が検出されており，主にこれらの塩が体積比9：1で超純水と水道水を混ぜたものの乾燥残渣を構成することがわかる．Fig.6 (a) に示したDry residue A のスペクトルにおけるK, Ca, Zn Kα 線強度は，それぞれFig.6 (b) に示したDry residue B の0.29, 0.79, 4.5 倍であった．Fig.6 (a), 6 (b) におけるCa Kα 線強度は，Fig.4 (a) のそれぞれ13.4, 17.1 倍であり，超純水と水道水を混ぜたものに含まれていたCa は数mg L^{-1} レベルであったと考えられる．Fig.6 (a) にお

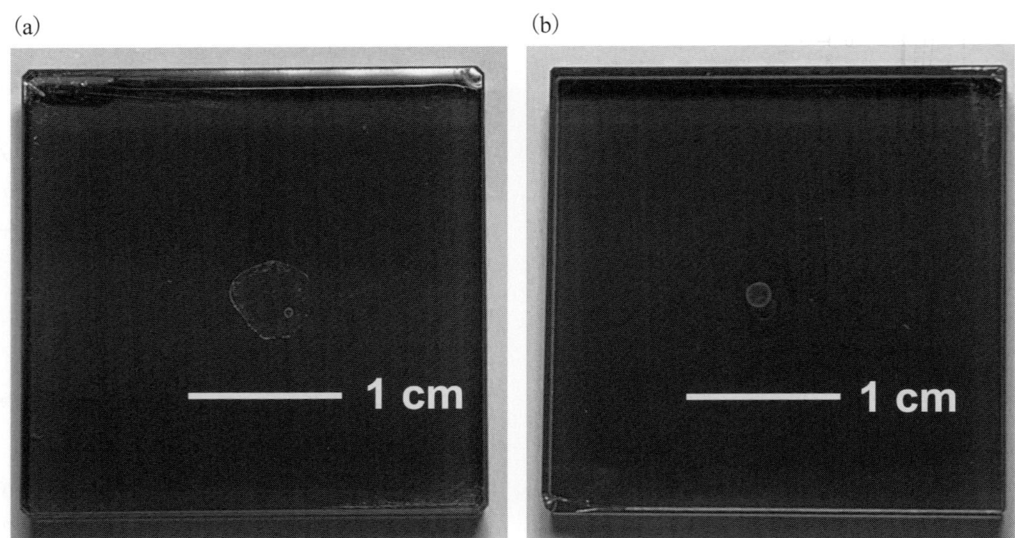

Fig.5 Photographs of (a) Dry residue A and (b) Dry residue B. Dry residue A was prepared as follows: when drying of a 200 μL droplet of a solution prepared by mixing ultrapure water and tap water in a volume ratio of 9:1 on a hydrophobic film coated sample holder was nearly completed, a sample droplet remaining on the sample holder was collected, and then the drying was completed. Dry residue B was prepared by drying the collected droplet on another hydrophobic film coated sample holder.

ける Fe Kα 線強度は 7690 counts/600 s であり，Fig.4 よりも強かったことから，Dry residue A に由来する Fe が検出されたことが示された．一方，Fig.6 (b) における Fe Kα 線強度は Fig.4 よりも弱く，Dry residue B に由来する Fe は検出されなかったと考えられる．Dry residue A, Dry residue B のスペクトルにおける Ca Kα 線強度，Fe Kα 線強度それぞれの和は，Fig.4 における Ca Kα 線強度，Fe Kα 線強度よりもそれぞれ強かったが，これらの強度増大は水道水に起因する．また，Fig.6 (a)，6 (b) で検出された S, Cl, K, Zn も水道水由来と考えられる．

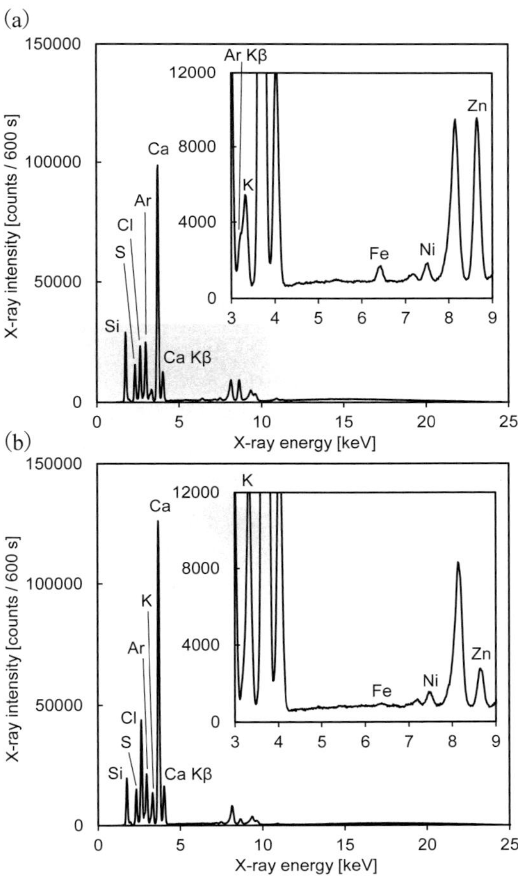

Fig.6 TXRF spectra of (a) Dry residue A and (b) Dry residue B. The spectra were measured in air for 600 s. The insets show enlarged spectra from 3 to 9 keV.

Fig.3 に示したように 1 μg L^{-1} の Cr を含む水溶液 200 μL の乾燥残渣は小さなリング状であったが，この水溶液の主要な不純物金属元素であった Ca がリング状残渣生成の要因であったと考えられる．ただし，見積もられた Ca 濃度レベルは数十 μg L^{-1} と低く，試料液滴の乾燥完了付近まで Ca の沈殿が生じなかったため，小さなリング状残渣が生成したのであろう．Fig.5 (a) に示した Dry residue A は Fig.3 よりも大きなリング状であったが，これは不純物金属元素濃度が高く，乾燥の比較的早い段階で試料液滴外周部に金属塩が沈殿したためである．本研究では，Fig.6 に示した結果から，Dry residue A が生成した段階で Fe のほぼすべてが乾燥残渣に移行していたと結論付けた．Fig.5 に示したように，Dry residue B の方が Dry residue A よりも乾燥残渣の分布範囲が小さかったことから，Dry reside B 測定時の方が各元素の感度が強かったと考えられる．そのため，Fig.6 に示した各乾燥残渣のスペクトル間における K, Ca, Zn の蛍光X線強度の比から，いずれの乾燥残渣が各元素をどの程度多く含んでいたか正確に決定することはできないが，Dry residue A が生成した段階において，K の大半は液滴中，Zn の大半は乾燥残渣中に存在し，液滴中および乾燥残渣中に存在していた Ca の質量のオーダーは同じであったと評価することはできる．水酸化第二鉄の 25℃における溶解度積は非常に小さく (2×10^{-39}) [9]，計算上では，中性付近の水中の遊離 Fe^{3+} 濃度が 10^{-16} g L^{-1} レベルでもこの析出は起こる．したがって，試料溶液中の Fe は，試料液滴の乾燥の比較的早い段階で液滴外周部に水酸化第二鉄として沈殿することにより，リング状の Dry residue A の生成に関与したと考え

られる．Fig.6からわかるようにCaはFeやZnよりも高濃度で含まれていたが，乾燥完了付近における乾燥残渣中Caに対する液滴中Caの質量比はFeやZnよりも大きかった．これは，Caの難溶性塩の溶解度積は比較的大きく（たとえば$CaSO_4$は25℃で2.4×10^{-5}）[9)]，試料液滴の乾燥完了付近でも溶存態として存在しやすかったためと考えられる．Dry residue Aに含まれていたKはKClとして存在していたと考えられるが，KClは水にとけやすいため，試料液滴の蒸発が完了する付近でも溶存態として存在しやすかったのであろう．以上のことから，比較的高純度な水試料数百μLを乾燥させる場合，その乾燥完了付近における乾燥残渣中に対する液滴中の各元素の質量比は，試料中に元々含まれていた濃度ではなく，金属元素の種類に依存する可能性が示された．難溶性塩を形成しない金属元素は，乾燥完了付近でも液滴中に残る割合が大きくなると考えられる．今後，さらに詳細な検討は必要であるが，試料液滴の乾燥完了付近で残留液滴を回収し，別の試料台に滴下乾燥する場合には小さな乾燥残渣が作製できるため，この乾燥残渣のTXRFスペクトルを測定する方法は，大きく不均一な乾燥残渣が生成する水試料中の沈殿を生成しにくい金属元素の高感度分析に利用できる可能性がある．

4. 結　言

本研究では，比較的高純度な水試料数百μLを乾燥させる際，難溶性塩を形成しない金属元素は，試料液滴の乾燥完了付近でもその大半が液滴中に存在することを示した．試料液滴の乾燥完了付近で残っている少量の液滴を回収し，別の試料台に滴下乾燥したものをTXRF測定することにより，このような金属元素がより高感度で分析可能になると考えられる．

参考文献

1) 加古安律紗，国村伸祐：分析化学，**71**, 431 (2022).

2) Y. Akahane, S. Nakazawa, S. Kunimura: *ISIJ Int*., **62**, 871 (2022).

3) 宮崎里穂子，及川紘生，国村伸祐：鉄と鋼, **110**, 956 (2024).

4) R. D. Deegan, O. Bakajin, T. F. Dupont, G. Huber, S. R. Nagel, T. A. Witten: *Nature*, **389**, 827 (1997).

5) T. Sugioka, H. Umeda, S. Kunimura: *Anal. Sci*., **36**, 465 (2020).

6) S. Kunimura, J. Kawai: *Anal. Chem*., **79,** 2593 (2007).

7) S. Kunimura, J. Kawai: *Analyst*, **135**, 1909 (2010).

8) S. Kunimura, S. Kudo, H. Nagai, Y. Nakajima, H. Ohmori: *Rev. Sci. Instrum*., **84**, 046108 (2013).

9) 小澤岳昌 訳：“スクーグ分析化学”, p.373,（2019),（東京化学同人）；D. A. Skoog, D. M. West, F. J. Holler, S. R. Crouch: “Fundamentals of Analytical Chemistry 9th Edition”, (2013), (Cengage Learning, Boston).

エネルギー分散型蛍光X線分析装置による土壌中As, Pb定量における干渉スペクトルの影響評価

中野和彦*，杉本　涼，原　奎哉，伊藤彰英

Effect of Interference Spectra on the Quantitative Analysis of As and Pb in Soil Sample by Energy Dispersive X-Ray Fluorescence Spectrometer

Kazuhiko NAKANO*, Ryou SUGIMOTO, Keiya HARA and Akihide ITOH

Azabu University, Department of Environmental Science, School of Life and Environmental Science
1-17-71 Fuchinobe, Chuo-ku, Sagamihara-shi, Kanagawa 252-5201 Japan

(Received 30 December 2024, Revised 7 January 2025, Accepted 8 January 2025)

In this study, we studied the effect of interference spectra, especially the Se Kβ line and the FeKα-sum peak, on the quantitative analysis of As and Pb in soil sample using energy dispersive X-Ray Fluorescence (EDX) spectrometer. Soil calibrating standards containing As and Pb were prepared by adding standard solutions of As and Pb to the base soil (decomposed granite soil). By applying the appropriate correction for the effects of spectral interferences, the quantitative values of As and Pb in the contaminated soil certified reference material (CRM) JSAC 0462, 0463, and 0466, were good agreement with the certified values of As and Pb. The influence of the Se Kβ line on the quantification values of Pb and As was +0.49 (μg g^{-1}/μg g^{-1}) for Pb, and −0.27 (μg g^{-1}/μg g^{-1}) for As, respectively. On the other hand, the effect of Fe Kα-sum peak was negligible.

[Key words] EDX, XRF, Soil sample, Pb, As, Spectrum interference

本研究では，エネルギー分散型の蛍光X線分析装置（EDX装置）で土壌中のAsおよびPbを行う場合の，Se Kβ線およびFe Kα-sum peakの干渉スペクトルの影響評価を行った．AsおよびPbを含有させた検量線用土壌標準試料は，真砂土にAsとPbの標準溶液を添加して作製した．作製した検量線用土壌標準試料を用いて，汚染土壌認証標準物質JSAC 0462, 0463, 0466のAsとPbの定量を行った結果，スペクトル干渉の影響を適切に補正することで，PbおよびAsの定量値は，認証値の不確かさの範囲内に収まった．Se Kβ線が，PbおよびAsの定量値に与える影響は，Pbで+0.49 (μg g^{-1}/μg g^{-1})，Asで−0.27 (μg g^{-1}/μg g^{-1})であった．一方，Fe Kα-sum peakによる影響は，ほぼゼロとみなすことができた．

［キーワード］ エネルギー分散型蛍光X線分析装置，土壌，Pb，As，スペクトル干渉

麻布大学生命・環境科学部環境科学科　神奈川県相模原市中央区淵野辺 1-17-71　〒252-5201　＊連絡著者：k-nakano@azabu-u.ac.jp

1. はじめに

土壌汚染は蓄積性の汚染であり，一度，有害物質が土壌に流出すると，長期間にわたってその場に留まり続ける．日本では1990年代以降，金属精錬工場やガス精製工場の停止，またはそれら工場跡地の再開発等に伴い，市街地において重金属の土壌汚染が顕在化した．このような背景を踏まえ，2003年に土壌汚染対策法が施行され，重金属類では，CdやPb, Cr (VI) 等の9成分が，第二種特定有害物質として指定されている．これら特定有害物質の基準値超過件数（基準不適合事例数）は，現在も年間で500件程度報告されており，中でもPbおよびAsは，基準不適合事例数の多い元素である[1]．土壌汚染対策法におけるPbおよびAsの含有量の公定分析法では，1 M塩酸で浸透抽出させて試料検液を調製し，その試料検液を誘導結合プラズマ発光分光法（ICP-AES）や誘導結合プラズマ質量分析法（ICP-MS）等の分光分析法で測定して含有量を算出する[2]．一方，蛍光X線分析法（X-Ray Fluorescence Spectrometry, XRF）は，土壌汚染対策法の公定分析法ではないが，土壌中の特定有害物質を直接，迅速かつ簡便に分析可能であることから，これまでに汚染土壌や地球化学試料の分析に数多く適用されている[3-5]．またこれまでに，土砂中の全ヒ素および全鉛の定量分析法がJIS化[6]されたほか，過去には東京都の土壌汚染調査における簡易分析法[7]にも採用されてきた[7]．

蛍光X線分析で土壌試料を分析する際の定量誤差の要因には，試料組成や水分量等の違いに起因するマトリックス効果[8-10]，粒径や鉱物組成差に起因する粒度効果や鉱物効果[11, 12]，妨害ピークによるスペクトル干渉[13]がある．特にPbが共存する試料でAsを定量する場合，As Kα線（10.53 keV）に対して，Pb Lα線（10.55 keV）が干渉スペクトルとなることはよく知られている．このような試料では，Pbの分析線にPb $L\beta_1$線（12.61 keV）を，Asの分析線にAs Kβ線（11.72 keV）をそれぞれ用いて定量を行うことがある．しかしAs Kβ線のXRF強度は，As Kα線と比べて1/5～1/10程度低いため，Asの含有量が数10 $\mu g\ g^{-1}$以下の定量には不向きとなる．このため一般的には，Pb $L\beta_1$線とPb Lα線のXRF強度比やピーク分離によってAs Kα線のXRF強度を算出する方法がよく用いられる．とりわけ，市販のエネルギー分散型の蛍光X線分析装置（EDX装置）には，装置メーカー独自の解析ソフトウェアが標準的に付属されており，As Kα線とPb Lα線が重なっていても，解析ソフトウェアによって，As Kα線のXRF強度を自動的に計算される場合が多い．解析ソフトウェアでは通常，Pb $L\beta_1$線のXRF強度（ピーク面積）からPb Lα線のピーク面積を計算して，As Kα線のピーク面積を算出する．このため，Asを正確に定量するためには，Pb $L\beta_1$線のXRF強度を正確に測定する必要がある．しかしPb $L\beta_1$線は，Seが共存する試料では，Se Kβ線（12.49 keV）が干渉スペクトルとなるほか，鉄分が多い試料では，Fe Kα線のサムピーク（Fe Kα-sum peak；12.8 keV）が干渉スペクトルとなる可能性もある[14]．これらのような試料では，Pbの含有量を実際よりも過大に評価し，結果として，Asの含有量を過小に評価することとなる．

本研究では，EDX装置で土壌中のAsおよびPbを精確に定量するため，干渉スペクトルの影響，特にPb $L\beta_1$線への干渉スペクトルとなる，Se Kβ線およびFe Kα-sum peakの影響評価を行った．干渉スペクトルの影響評価を行うため，AsおよびPb定量用の検量線用土壌標準試料を作製し，これらの標準試料を用いて，As, PbおよびSeの含有量を認証した汚染土壌標準物質の定量を行い，干渉スペクトルの影響を考慮した場合と考慮しない場合とで，AsおよびPbの定量値にどの程度，影響が生じるかを評価した．

2. 実　験

2.1　蛍光X線分析装置

XRF測定は，卓上型のエネルギー分散型蛍光X線分析装置（EDX）MiniPal4（Malvern Panalytical社製，下面照射型）を用いて行った．本XRF装置のX線源は9 Wのエンドウィンド型Rh管球，X線検出器は空冷式のシリコンドリフト検出器（SDD）［素子面積：5 mm^2，エネルギー分解能：145 eV@5.9 keV］である．AsおよびPb測定における管電圧，管電流，一次X線フィルター，および測定時間はそれぞれ，30 kV, 200 μA, Agフィルター（100 μm厚），および300 sとした．また，全てのXRF測定は大気雰囲気下で実施した．

測定により得られたXRFスペクトルの解析およびXRF強度の算出は，装置付属の解析ソフトウェアではなく，スペクトル解析プログラムPyMca Ver.5.4.1を用いて行った．これは，装置付属の解析ソフトウェアでAsとPbが共存した試料を測定した場合，解析ソフトウェアが，As Kα線とPb Lα線の合算されたピークから，As Kα線のピーク強度を自動計算して出力することに加え，Fe Kα-sum peakのピーク強度は計算されない仕様になっているためである．PyMcaによる解析では，測定元素ごとのROI（region of interest）を設定して，ピークの面積強度（ネット強度）を算出した．また，Rh Kαのコンプトン散乱X線の測定も行い，これを内標準線に用いてマトリックス効果の補正を行った．

2.2　試　薬

AsおよびPb添加用の標準溶液は，三酸化二ヒ素（亜ヒ酸，富士フイルム和光純薬社製，純度99.5%）および特級硝酸鉛（関東化学社製，純度99.5%）で調製した．三酸化二ヒ素は1 M水酸化ナトリウム水溶液で溶解してから塩酸で酸性（pH 2）に，硝酸鉛はMilli-Q水で溶解させ，AsおよびPb含有量が1.00 mass%の標準溶液をそれぞれ調製した．Se添加用の標準溶液は，一級のセレン酸ナトリウム（富士フイルム和光純薬社製）をMilli-Q水で溶解させて，1 mass%のSe標準溶液を調製した．また，Fe Kα-sum peakの評価用試薬として，特級二酸化ケイ素（富士フイルム和光純薬社製）および一級酸化鉄（富士フイルム和光純薬社製）を用いた．

2.3　As，Pb検量線用土壌標準試料

AsおよびPbの検量線用土壌標準試料は，兵庫県淡路市産の真砂土（ダイセイ社製）を原料として作製した．真砂土は，花崗岩系岩石の風化残積土であり，砂質土と粘質土の両方の特徴を有する土壌である．また，黒ボク土や褐色森林土と比べて，腐植質に由来する臭素含有量も少なく，BrによるAsの干渉スペクトルの影響もほぼないことから，本研究の原料土壌としては好適である（BrによるAsの干渉スペクトルの影響については3.2の項で後述する）．

ファンダメンタルパラメータ法により算出した，真砂土の主成分元素の半定量値および強熱減量をTable 1に示す．強熱減量は，JIS A1226：2020 [15] に準拠し，マッフル炉（日陶科学社製小型電気炉NHK-120-Ⅱ）内で，乾燥土壌

Table 1 Semi-quantitative values of major components and, As, Pb and Se in the base soil (decomposed granite soil from Awaji Island) calculated by Fundamental Parameter (FP) method.

Component	Concentration (mass%)
SiO_2	69
Al_2O_3	17
Fe_2O_3	4.9
K_2O	4.3
CaO	2.4
MgO	0.8
TiO_2	0.5
MnO	0.1
P_2O_5	0.07
As	Not detected
Pb	Not detected
Se	Not detected
Ignition Loss	0.03
Total	99.1

2.0 gを室温から100分で750℃まで温度を上昇させた後，その温度で60分間加熱して放冷した試料の重量減量値から算出した．Table 1に示すように，原料土壌のSiO_2量は69 mass%，Al_2O_3量は17 mass%，強熱減量は0.03%であり，真砂土の中でも風化花崗岩（真砂，マサ）の割合が高い試料であった．また，分析対象元素であるAs, Pb, および，干渉スペクトルとなるSeは全て，ファンダメンタルパラメータ法では定量値を得ることはできなかった（定量下限値以下であった）．

AsおよびPbの検量線用土壌標準試料は以下の手順で作製した．

(1) 原料土壌の真砂土を2 mmメッシュのステンレス製の篩にかけ，恒温乾燥機で100℃，24時間乾燥し，これをステンレス製のカッターミル（大阪ケミカル社製ワンダークラッシャーWC-3L）で，10000 rpm，5分間微粉砕したものをベース土壌とした．

(2) 調製したベース土壌100 gを17 cm×24 cm×3 cmのプラスチック製の容器に入れ，これに1.00 mass%のAsまたはPb標準溶液をAsまたはPb濃度で500 μg g^{-1}，1000 μg g^{-1}，2000 μg g^{-1}となるよう，5, 10, 20 mLずつ添加した．次いで，溶液の全量が30 mLとなるようMilli-Q水を添加した．

(3) 標準溶液を添加した土壌試料を樹脂製のへらで80分混合撹拌し，50℃, 48時間乾燥させた後，さらに手動式の撹拌機で80分混合撹拌して均質化を図り，これを検量線用土壌標準試料とした．

作製した検量線用土壌標準試料は，円すい四分法で3回縮分したものから5 gを精秤し，これを底面に高分子フィルム（SPEX社製Ultralene™フィルム：厚さ4 μm）を張った内径30 mmのポリプロピレン製の中空試料カップに入れ，試料カップを数回タッピングして底面の形状を整えてXRF分析に供した．以上の操作のフローチャートをFig.1に示す．

Table 2 Certified values of As and Pb in contaminated soil CRMs (JSAC 0462, JSAC 0463, and JSAC 0466).

	Certified value/μg g^{-1}		
	As	Pb	Se
JSAC 0462	71.5 ± 2.9	73.7 ± 2.7	71.6 ± 2.1
JSAC 0463	137.6 ± 4.0	151.6 ± 5.4	141.5 ± 3.6
JSAC 0466	1093 ± 32	1214 ± 26	1175 ± 26

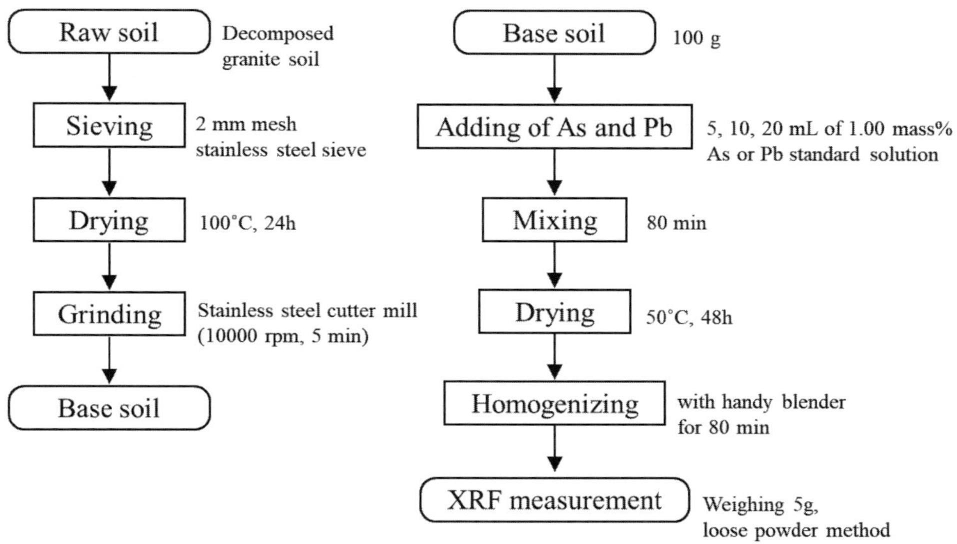

Fig.1 Flowchart of the preparation for calibrating standard soil containing As and Pb.

2.4 有害金属成分分析用汚染土壌認証標準物質

干渉スペクトルの影響評価は，日本分析化学会が頒布した有害金属成分分析用汚染土壌標準物質 JSAC 0462, 0463, 0466 を用いて行った．本標準物質は，福岡県北九州市産の褐色森林土を原料とし，As や Pb 等，土壌汚染対策法の特定有害物質 6 元素（As, Pb, Cr, Se, Cd, Hg）の含有量を認証した認証標準物質である[16]．Table 2 に JSAC 0462, 0463, 0466 の As, Pb および Se の認証値および不確さを示す．

3. 結果と考察

3.1 As および Pb の検量線

ベース土壌（真砂土）に As または Pb を添加して作製した単元素標準試料を XRF 測定し，作成した検量線を Fig.2 に示す．Fig.2 では，As Kα 線と As Kβ 線，Pb Lα 線と Pb Lβ_1 線を分析線とした検量線をそれぞれ示している．また，全ての分析線の XRF 強度は，Rh Kα コンプトン散乱 X 線を内標準線に用いて規格化した．Fig.2 に示すように，As および Pb の検量線は，いずれの分析線においても検量範囲内で良好な直線性を示した．それぞれの分析線における検量線の傾き，すなわち分析感度を比較した結果，Pb では，Pb Lα 線と Pb Lβ_1 線の傾きがほぼ同じであったのに対し，As では，As Kβ 線の傾きは，As Kα 線と比べて 1/6 程度であった．また，ブランク試料（As, Pb 無添加土壌）を 10 回測定して得られた XRF 強度の標準偏差の 3 倍（3σ）から算出した検出限界値はそれぞれ，As Kα 線で 2.8 μg g^{-1}，As Kβ 線で 3.3 μg g^{-1}，Pb Lα 線で 5.3 μg g^{-1}，Pb Lβ_1 線で 5.3 μg g^{-1} となり，As Kα 線と比べて感度が劣る As Kβ 線であっても，理論計算上，ppm レベルの分析感度が得られた．

3.2 As および Pb の干渉スペクトルおよび補正方法

Fig.3 に，汚染土壌認証標準物質 JSAC 0462 の XRF スペクトルを示す．JSAC 0462 は，As

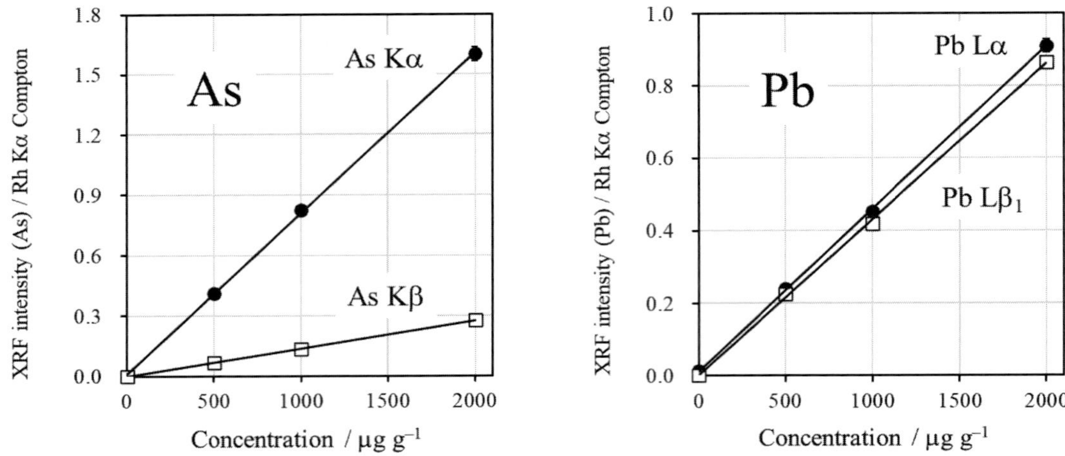

Fig.2 Calibration curves of As and Pb in the decomposed granite soil with the loose powder method.

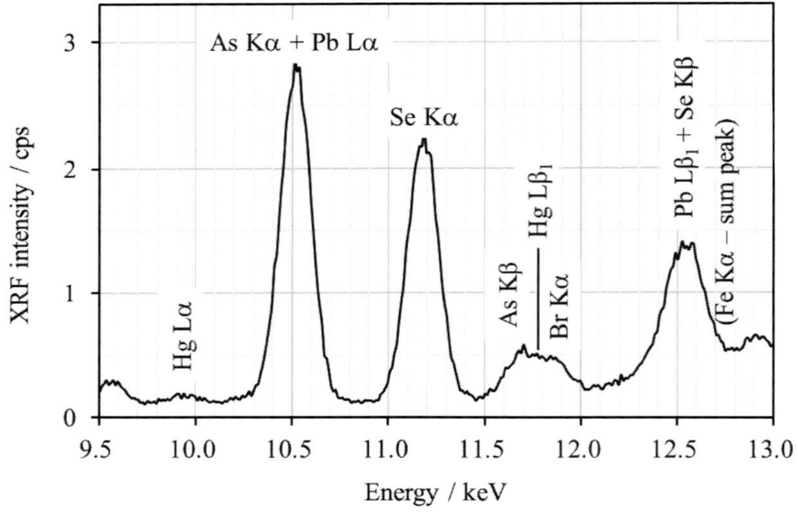

Fig.3 EDX spectrum of the contaminated soil CRMs (JSAC 0462).

を 71.5 μg g^{-1}，Pb を 73.6 μg g^{-1} 含有するほか，Se を 71.6 μg g^{-1}，Hg を 7.27 μg g^{-1} 含有した標準物質である．前述のとおり，As と Pb が共存する試料では，As Kα 線（10.53 keV）と Pb Lα 線（10.55 keV）のエネルギーが近接するため，互いに干渉スペクトルとなる．さらに Fig.3 に示すように，Se や Hg が共存する試料では，Se Kβ 線（12.49 keV） が Pb $L\beta_1$ 線（12.61 keV）線の干渉スペクトルに，Hg $L\beta_1$ 線（11.82 keV）が As Kβ 線（11.72 keV）の干渉スペクトルになる．その他，褐色森林土や黒ボク土のように腐植質が多い試料には Br が含まれるため，Br Kα 線（11.91 keV）が As Kβ 線の干渉スペクトルとなる．また，EDX で Fe の含有量が多い試料を測定する場合は，Fe Kα 線のサムピーク（12.8 keV）が干渉スペクトルとなる可能性もある．

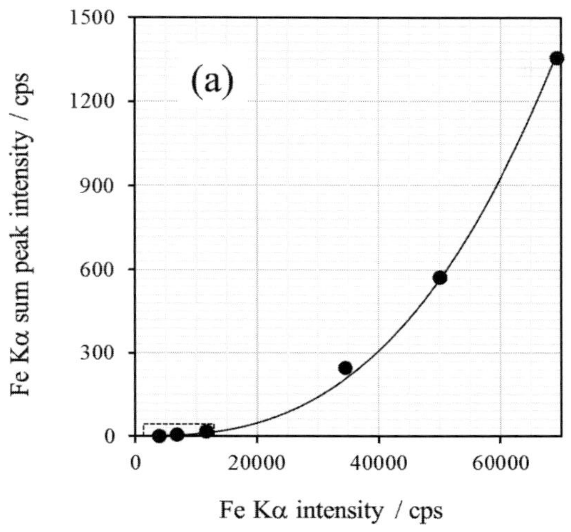

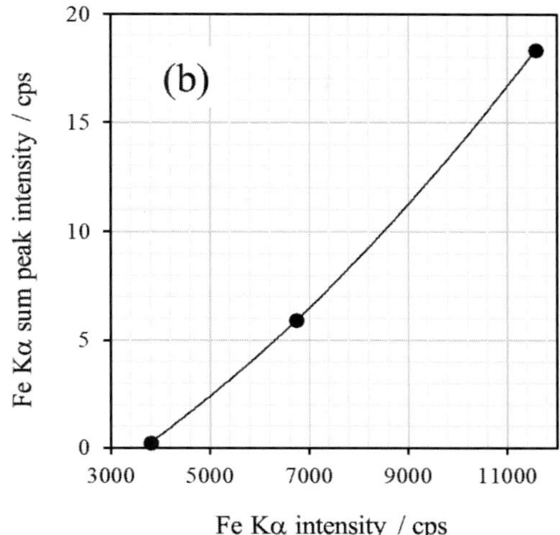

Fig.4 Relationship between Fe Kα and FeKα-sum peak intensities. (b): Enlarged view of the dotted square in Fig.4 (a).

本研究では以下の(1)および(2)式に示すとおり，Pbの分析線にPb Lβ_1線を用いて，Se βおよびFe Kα-sum peakの干渉影響を正確に補正し，補正したPb Lβ_1線のXRF強度比からPb Lα線の強度を用いてAs Kα線のXRF強度を算出することとした．

$$I_{\mathrm{Pb\,L\beta_1}} = I_{(\mathrm{Pb\,L\beta_1+Se\,K\beta+Fe\,K\alpha\text{-}sum})} - k_1 \cdot I_{\mathrm{Se}\,K\alpha} - k_2 \cdot I_{\mathrm{Fe\,K\alpha}} \quad (1)$$

$$I_{\mathrm{As\,K\alpha}} = I_{(\mathrm{As\,K\alpha+\,Pb\,L\alpha})} - k_3 \cdot I_{\mathrm{Pb\,L\beta_1}} \quad (2)$$

(1), (2)式におけるIは，各分析線のXRF強度（ネット強度，cps），k_1, k_2およびk_3は，Se Kβ線，Fe Kα-sum peakおよびPb Lα線のXRF強度を算出するためのスペクトル干渉補正係数である．

これらのスペクトル干渉補正係数を求めるため，まず，真砂土にPbまたはSeをそれぞれ1000 μg g^{-1}添加した土壌標準試料を測定した．Se標準試料は，As, Pb検量線用土壌標準試料と同様の方法で作製した．測定の結果，本装置におけるSe Kβ線およびPb Lα線のXRF強度を算出するためのスペクトル干渉補正係数k_1およびk_3はそれぞれ，$k_1 = I_{\mathrm{SeK\beta}}/I_{\mathrm{SeK\alpha}} = 0.176$，および$k_3 = I_{\mathrm{Pb\,L\alpha}}/I_{\mathrm{Pb\,L\beta_1}} = 1.021$となった．

次に，Fe Kα-sum peakの強度を算出するため，SiO_2粉末にFe_2O_3粉末を5, 10, 20 mass%となるように段階的に混合・均質化した試料の測定を行った．Fig.4には，一次X線フィルターにAgとAlを用いてXRF測定した際の，Fe Kα強度に対するFe Kα-sum peak強度の関係を示す．Fig.4 (b)は，Agフィルターで測定したFe Kα強度とFe Kα-sum peak強度の関係を拡大図で示したものである．Fig.4に示すとおり，本装置におけるFe Kα-sum peakは，Fe Kα強度が3800 cps程度から検出されはじめ，Fe Kα強度の増加に伴い指数関数的に増加した．この関係性を二次曲線で近似して，Fe Kα線の強度からFe Kα-sum peakの強度を算出し，Pb Lβ_1線付近の強度から差し引くことで，Pb Lβ_1線の強度を算出した．

3.3 AsおよびPb定量における干渉スペクトルの影響評価

3.2で算出したスペクトル干渉補正係数を用いて求めた，汚染土壌認証標準物質JSAC 0462, 0463, 0466中のPbおよびAsの定量値をTable 3およびTable 4にそれぞれ示す．Table 3およびTable 4には，スペクトル干渉の影響を考慮しなかった場合の定量値と認証値も合わせて示している．また，定量値の誤差範囲は，独立3回測定により得られた標準偏差の値である．なお，JSAC 0462, 0463, 0466のFe Kα線のピーク強度は，Fe Kα-sum peakが検出される3800 cps未満であったため，Fe Kα-sum peakによる干渉影響を“ゼロ”としてTable 3およびTable 4に記載した．Table 3およびTable 4に示すとおり，スペクトル干渉の影響を適切に補正することで，PbおよびAsの定量値は，全ての試料で認証値の不確かさの範囲内に収まった．

次にSe共存下の試料が，PbおよびAsの定量値に与える影響を検討した．上述のとおり，Se Kβ線はPb $L\beta_1$線の干渉スペクトルとなるため，Seが共存する試料では，Pbの含有量を実際よりも過大に評価し，結果として，Asの含有量を過小に評価することとなる．例えば，JSAC 0466におけるPbの定量値は，Seの影響を考慮した場合が1210 μg g^{-1}であるのに対し，Seの影響を考慮しなかった場合では1780 μg g^{-1}となり，Pbの含有量を570 μg g^{-1}過剰に見積もることとなる．一方，JSAC 0466のAsの定量値は，Seの影響を考慮した場合が1090 μg g^{-1}であるのに対し，Seの影響を考慮しなかった場合では773 μg g^{-1}となり，Asの含有量を317 μg g^{-1}過少に評価することとなる．これらの結果から，1 μg g^{-1}のSeが，PbおよびAsの定量値に与える影響は，Pbで+0.49 (μg g^{-1}/μg g^{-1})，Asで−0.27 (μg g^{-1}/μg g^{-1})と

Table 3 Quantitative value of Pb in contaminated soil CRMs (JSAC 0462, JSAC 0463, and JSAC 0466) without and after correction for interference peaks on the Pb $L\beta_1$ line.

Sample	Quantitative value of Pb / μg g^{-1}			Certified value / μg g^{-1}
	Without correction	After correction with Se Kβ	After correction with Se Kβ and Fe Kα sum peak	
JSAC 0462	114 ± 10	77.5 ± 5.6	77.5 ± 5.6	73.7 ± 2.7
JSAC 0463	218 ± 11	152 ± 6.8	152 ± 6.8	151.6 ± 5.4
JSAC 0466	1780 ± 89	1210 ± 48	1210 ± 48	1214 ± 26

Table 4 Quantitative value of As in contaminated soil CRMs (JSAC 0462, JSAC 0463, and JSAC 0466) without and after correction for interference peaks on the As Kα line.

Sample	Quantitative value of As / μg g^{-1}				Certified value / μg g^{-1}
	Without correction	After correction with Pb Lα	After correction with Pb Lα and Se Kβ	After correction with Pb Lα, Se Kβ and Fe Kα sum peak	
JSAC 0462	128 ± 4.5	63.2 ± 2.2	74.2 ± 2.6	74.2 ± 2.6	71.5 ± 2.9
JSAC 0463	239 ± 19	117 ± 9.7	145 ± 12	145 ± 12	137.6 ± 4.0
JSAC 0466	1750 ± 51	773 ± 23	1090 ± 32	1090 ± 32	1093 ± 32

なる．すなわち，Seが10 μg g^{-1}含まれる試料では，Pbを4.9 μg g^{-1}過剰に，Asを2.7 μg g^{-1}過少に評価することとなる．

4. まとめ

本研究では，EDX装置で土壌中のAsおよびPbを行う場合の，Se Kβ線およびFe Kα-sum peakの干渉スペクトルの影響評価を行ったAsおよびPbを含有させた検量線用土壌標準試料を用いて，汚染土壌認証標準物質JSAC 0462, 0463，0466のAsとPbの定量を行った結果，スペクトル干渉の影響を適切に補正することで，PbおよびAsの定量値は，認証値の不確かさの範囲内に収まった．Se Kβ線が，PbおよびAsの定量値に与える影響は，Pbで+0.49 (μg g^{-1}/μg g^{-1})，Asで−0.27 (μg g^{-1}/μg g^{-1})であった．Seは，PbやAsと比べれば，土壌汚染の報告例が少ない元素であるが，Se共存下の試料でPbおよびAsの定量を行う場合は，Seによる干渉スペクトルの影響を適切に補正する必要がある．一方，Fe Kα-sum peakによる影響は，褐色森林土を母材とする本標準物質ではゼロとみなすことができた．本標準物質のFe含有量は，Fe_2O_3換算で約10%[8]であることから，Fe_2O_3の含有量が10%未満の試料の場合，Fe Kα-sum peakの影響は無視してよいと考えられる．しかしながら，関東ローム土や風化花崗岩を母材とする土壌では，Fe_2O_3が15%以上含まれる試料もあることから，これらの試料を測定する際には注意が必要である．

謝　辞

本研究の一部は，JSPS科研費JP22K05159の助成によるものである．

参考文献

1) 環境省 水・大気環境局：令和4年度　土壌汚染対策法の施行状況及び土壌汚染調査・対策事例等に関する調査結果，(2024).
2) 環境省告示第19号，(2003).
3) 椎野 博, 芦田 肇, 中村 保, 高村浩太郎, 宇高　忠: X線分析の進歩，**34**, 259-269 (2003).
4) 丸茂克美，氏家 亨，小野木有佳:X線分析の進歩，**38**, 235-247 (2007).
5) 中野和彦，伊藤拓馬，大渕敦司，薛 自求：X線分析の進歩, **48**, 417-428 (2017).
6) JIS K 0470：2008「土砂類中の全ひ素及び全鉛の定量－エネルギー分散方式蛍光X線分析法」.
7) 東京都環境局 web site,「都が選定した土壌汚染調査（重金属等）の簡易で迅速な分析技術の詳細について」, https://www.kankyo1.metro.tokyo.lg.jp/archive/chemical/soil/information/analysis/heavy_metals.html (2024.12.16 accessed).
8) Y. Shibata, J. Suyama, M. Kitano, T. Nakamura: *X-Ray Spectrom.*, **38**, 410-416 (2009).
9) 萩原健太，小池裕也，中村利廣：分析化学, **69**, 487-495 (2020).
10) K. Nakano, S. Tobari, S. Shimizu, T. Ito, A. Itoh: *X-Ray Spectrom.*, **51**, 101-108 (2022).
11) 中野和彦，伊藤拓馬，高原晃里，森山孝男，薛 自求：X線分析の進歩, **46**, 227-235 (2015).
12) 高原晃里，大渕敦司，森山孝男，中野和彦，村井健介：X線分析の進歩，48，394-402 (2017).
13) 柴田康博，巣山潤之介，濱本亜希，吉原 登，鶴田 暁，中野和彦，中村利廣：分析化学, **57**, 477-483 (2008).
14) 荒木淑絵，村岡弘一，宇高 忠，谷口一雄：X線分析の進歩, **39**, 151-160 (2008).
15) JIS A 1226：2020「土の強熱減量試験方法」.
16) 中村利廣, 浅田正三, 石橋耀一, 岡田 章, 川瀬 晃, 中野和彦, 濱本亜希, 坂東 篤, 村上雅志, 小野昭紘, 吉原 登，柿田和俊，坂田 衞，瀧本憲一:分析化学, **57**, 191-198 (2008).

XANES スペクトルデータ (2)；
窒素含有芳香族化合物の C K 端，N K 端 XANES

山田咲樹，村松康司＊

XANES Spectral Data (2) ;
C K, N K-XANES of Nitrogen-containing Aromatic Compounds

Saki YAMADA and Yasuji MURAMATSU＊

Graduate School of Engineering, University of Hyogo
2167 Shosha, Himeji, Hyogo 671-2201, Japan

(Received 7 January 2025, Revised 26 January 2025, Accepted 27 January 2025)

X-ray absorption near-edge structure (XANES) spectra of reference compounds were collected for the spectral data-base. In the present data-base, C K-XANES and N K-XANES of nitrogen-containing aromatic compounds were demonstrated. Additionally, theoretical XANES calculated by the density functional theory (DFT) method and density of states (DOS) with electrostatic potential maps calculated by the molecular orbital (MO) method were demonstrated.
[Key words] Nitrogen-containing aromatic compounds, C K-XANES, N K-XANES

構造既知な有機化合物の X 線吸収端構造（XANES）のスペクトルデータを整理し掲載した．具体的には窒素含有黒鉛系炭素材料の参照試料として有効な窒素含有芳香族化合物である．実測の C K 端 XANES と N K 端 XANES に加えて，密度汎関数理論（DFT）計算で算出した計算 XANES と，分子軌道（MO）計算で算出した電子状態密度（DOS）および静電ポテンシャル図も掲載した．
［キーワード］窒素含有芳香族化合物，C K 端 XANES，N K 端 XANES

1. 緒　言

近年，黒鉛系炭素に窒素を注入した窒素含有炭素材料が新たな環境・エネルギー材料として注目されている．このような窒素含有炭素材料の開発には電子・化学状態や組成比を把握することが必要で，X 線吸収端近傍構造（XANES）による解析が有効である[1]．これまでに我々は，様々な窒素含有炭素材料の状態分析のため，分子構造が既知な窒素含有芳香族化合物の XANES を多数測定した．これら化合物の XANES スペクトルをデータベース化して一覧できるようにすれば，今後の炭素材料の XANES 分析に役立つと考える．

本稿では，これまでに測定してきた窒素含有芳香族化合物の C K 端と N K 端の XANES ス

兵庫県立大学工学研究科　兵庫県姫路市書写 2167　〒 671-2201　＊連絡著者：murama@eng.u-hyogo.ac.jp

ペクトルを開示する．あわせて，密度汎関数理論 (DFT：density functional theory) 計算で算出した計算 XANES と分子軌道 (MO：molecular orbital) 計算で算出した非占有軌道の電子状態密度 (DOS：density of state) および静電ポテンシャル図も示す．

2. 化合物と測定・計算条件

2.1 化合物

XANES を測定した化合物を Fig.1 に示す．ベンゼン，ナフタレン，フェナントレン等の芳香環に様々な窒素官能基が結合した計 25 種の測定試料である．いずれの試料も，富士フィルム和光純薬㈱または東京化成工業㈱の市販品である．カタログの中で最も純度の高い (95% 以上) 試薬を入手し，精製はせずにそのまま XANES 測定に供した．

2.2 XANES 測定

XANES 測定は Advanced Light Source (ALS) の BL-6.3.2 [2] において実施した．BL-6.3.2/ALS のビームライン分光器には平均刻線密度 1200 mm^{-1} の不等間隔刻線回折格子と 40 μm スリットを用い，多目的 X 線反射率計を XANES 測定に転用した．測定装置の真空度は 10^{-5} Pa 台に保たれ，常温下で測定した．XANES は試料電流を計測する全電子収量 (TEY：total electron yield) 法で取得した．粉末状の各試料はインジウムシートにスパチュラで押さえて保持し，このインジウムシートを導電性カーボンテープで試料基板に貼りつけた．放射光照射で流れる試料電流はこの試料基板を介して測定装置外に置かれた電流計 (ピコアンメータ) で計測した．入射光の強度スペクトルは，次亜塩素酸ナトリウム溶液で洗浄した Au 板 [3] の試料電流 (I_0) で計測し，各試料の試料電流 (I) を I_0 で除して TEY (I/I_0) とした．測定領域は C K 端で 260～310 eV，N K 端で 380～430 eV とし，両領域とも 0.1 eV ステップで走査した．入射光の理論分解能 E/ΔE は C K 端で約 5000，N K 端で約 2500 である．なお，分光器の走査エネルギーは，高配向性熱分解黒鉛 (HOPG) の C K 端 XANES に現れる π* ピークが 285.5 eV になるよう光子エネルギーに換算した．TEY を光子エネルギーに対してプロットして XANES を描画した．C K 端では 270～280 eV，N K 端では 390～400 eV における直線部を直線近似し，バックグラウンドに相当するこの近似直線以下の領域を削除することによりバックグランドを取り除いた．

2.3 DFT 計算と MO 計算

DFT 計算による計算 XANES の算出には Materials Studio プラットフォーム (Dassault Systems) の平面波擬ポテンシャル法に基づく第一原理計算ソフト，CASTEP [4] を用いた．計算対象の分子モデルをスーパーセル内に置き，スーパーセルサイズは分子間相互作用を無視できる大きさに設定した．擬ポテンシャルには OTFG ultrasoft を使用し，平面波のカットオフエネルギーは最大 517 eV とした．構造安定化後，CASTEP で基底状態計算を行い，次に注目炭素に C $1s^{-1}$ 空孔を設けた励起状態計算を行い，遷移確率を算出した．遷移エネルギー補正 [5] を施した後，遷移確率を遷移エネルギーに対してプロットして計算 XANES を描画した．

DV-Xα 分子軌道法 [6] を用いて DOS の算出と静電ポテンシャルを描画した．DOS 計算では，炭素原子と窒素原子の 2s* 軌道と 2p* 軌道の非占有 DOS を算出し，0.5 eV 幅のローレンツ関数を畳み込んだ．最高占有軌道 (HOMO：highly

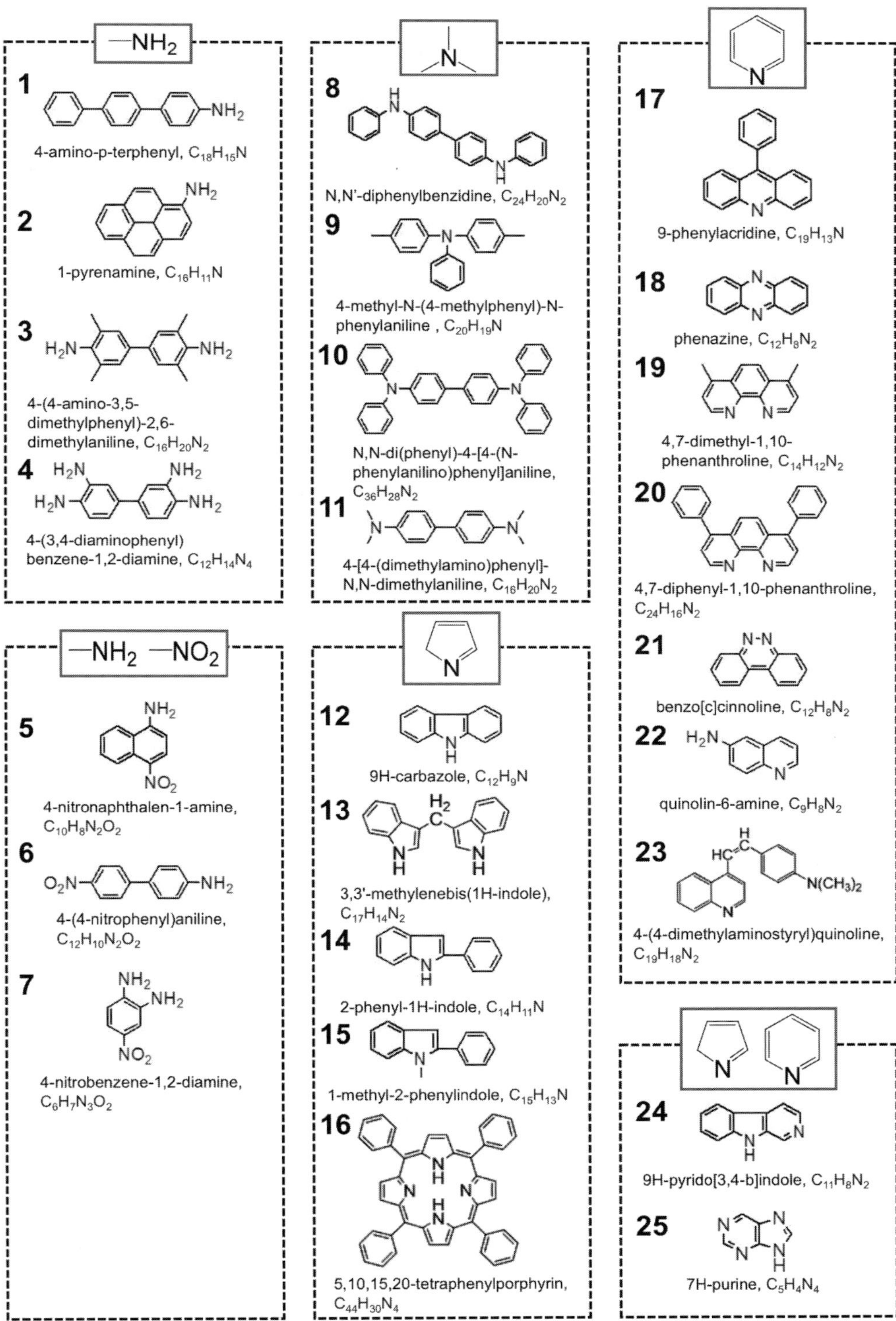

Fig.1 Samples of nitrogen-containing aromatic compounds.

occupied molecular orbital）からの MO エネルギーに対して DOS をプロットすることで DOS スペクトルを描画した．

3. スペクトルデータ集

各化合物の C K 端，N K 端 XANES，計算 XANES，DOS（C 2p*, C 2s*, N 2p*, N 2s*），および静電ポテンシャル図を次頁以降に列記する．なお，XANES を異なる測定日で複数回測定し，スペクトル形状の再現性を確保できた XANES を掲載した．また，付属の CD-ROM に各化合物の C K 端と N K 端の XANES テキストデータ（csv ファイル）を添付する．このデータを利用して何等かの媒体で発表する場合は，必ず本報を引用していただきたい．

参考文献

1）T. Amano, K. Shirode, Y. Muramatsu, E. M. Gullikson: *Jpn. J. Appl. Phys*., **52**, 041304 (2013).

2）J. H. Underwood, E. M. Gullikson, M. Koike, P. J. Batson, P. E. Denham, K. D. Franck, R. E. Tackaberry, W. F. Steele: *Rev. Sci. Instrum*., **67**, 3372 (1996).

3）村松康司，Eric M. Gullikson：X 線分析の進歩，**41**, 127-134（2010）.

4）S. J. Clark, M. D. Segall, C. J. Pickard, P. J. Hasnip, M. J. Probert, K. Refson, M. C. Payne: *Krystallogr*., **220**, 567-570 (2005).

5）T. Mizoguchi, I. Tanaka, S.-P. Gao, C. J. Pickard: *J. Phys. Condense Matter*, **21**, 104204 (2009).

6）足立裕彦監修：“はじめての電子状態計算”，（1998），（三共出版）.

1　4-amino-p-terphenyl, $C_{18}H_{15}N$

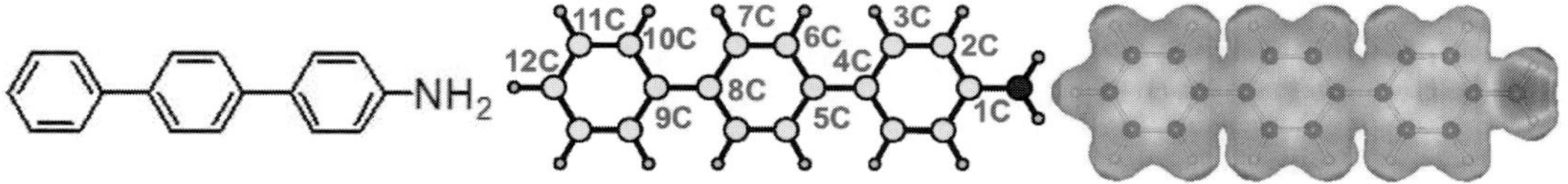

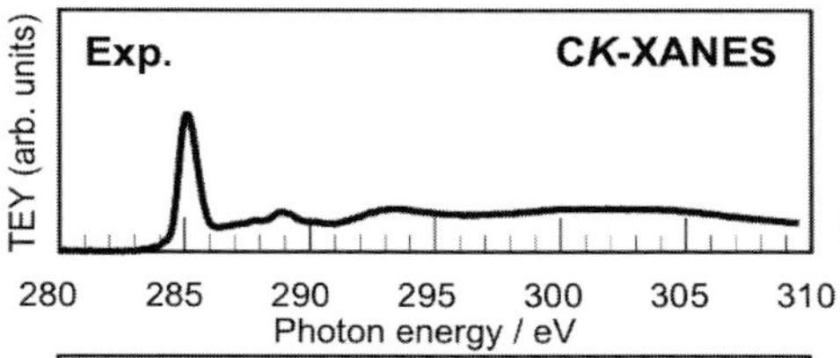

Exp.　CK-XANES

(2007/11/3, BL-6.3.2/ALS)

Exp.　NK-XANES

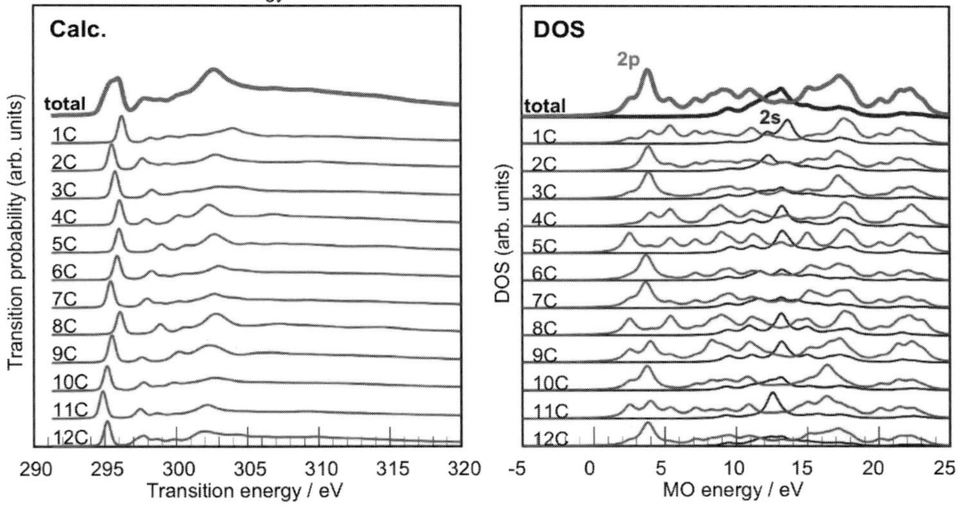

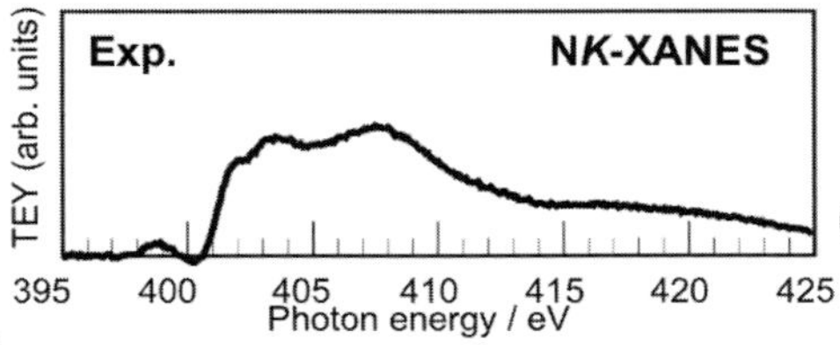

(2007/11/3, BL-6.3.2/ALS)

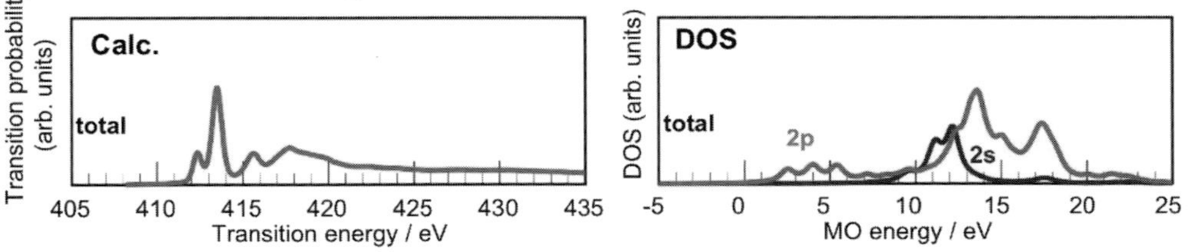

2 1-pyrenamine, $C_{16}H_{11}N$

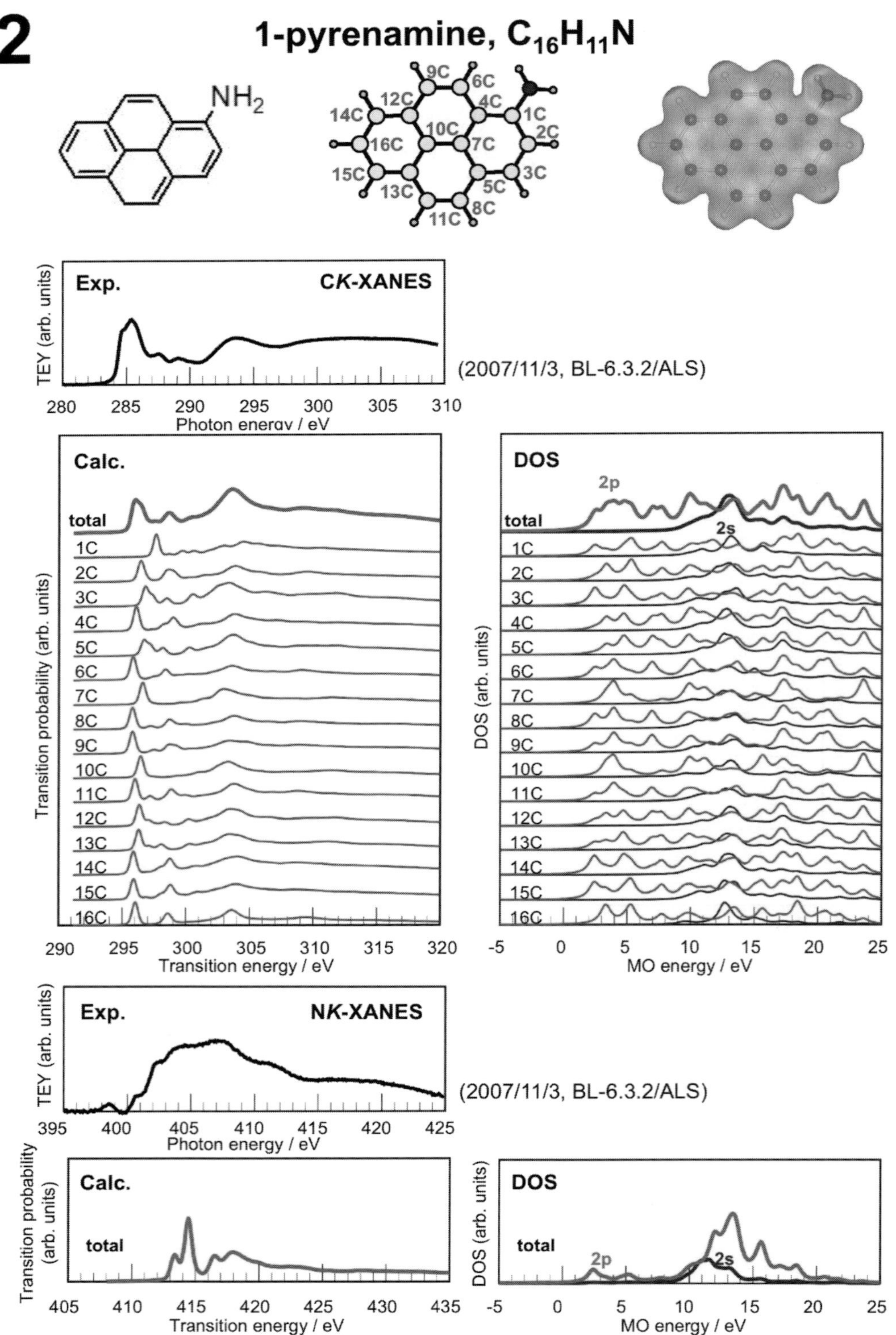

3 4-(4-amino-3,5-dimethylphenyl)-2,6-dimethylaniline, $C_{16}H_{20}N_2$

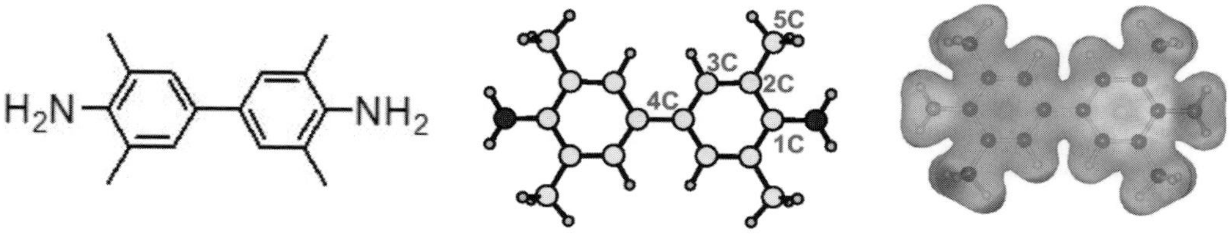

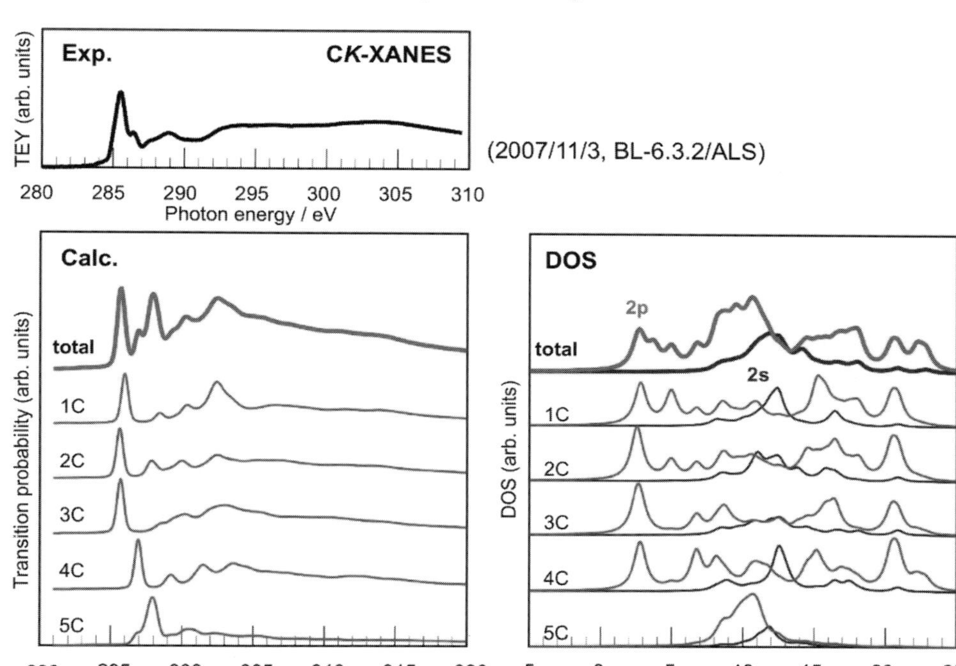

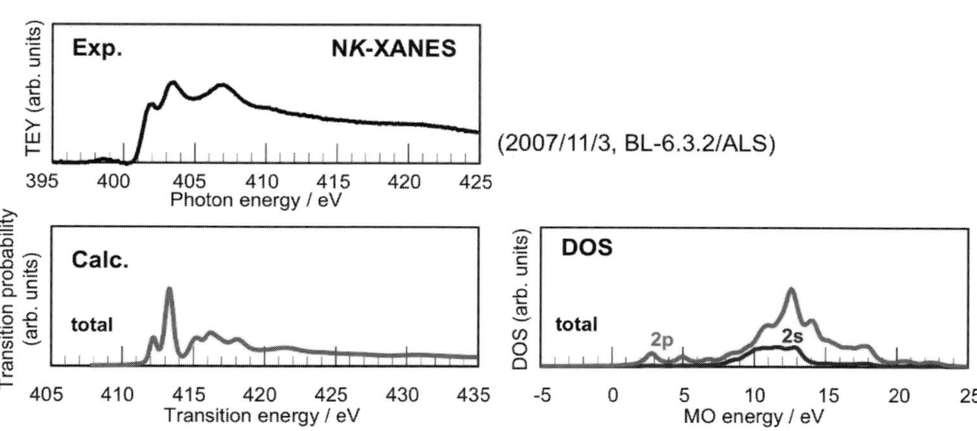

4 4-(3,4-diaminophenyl)benzene-1,2-diamine, $C_{12}H_{14}N_4$

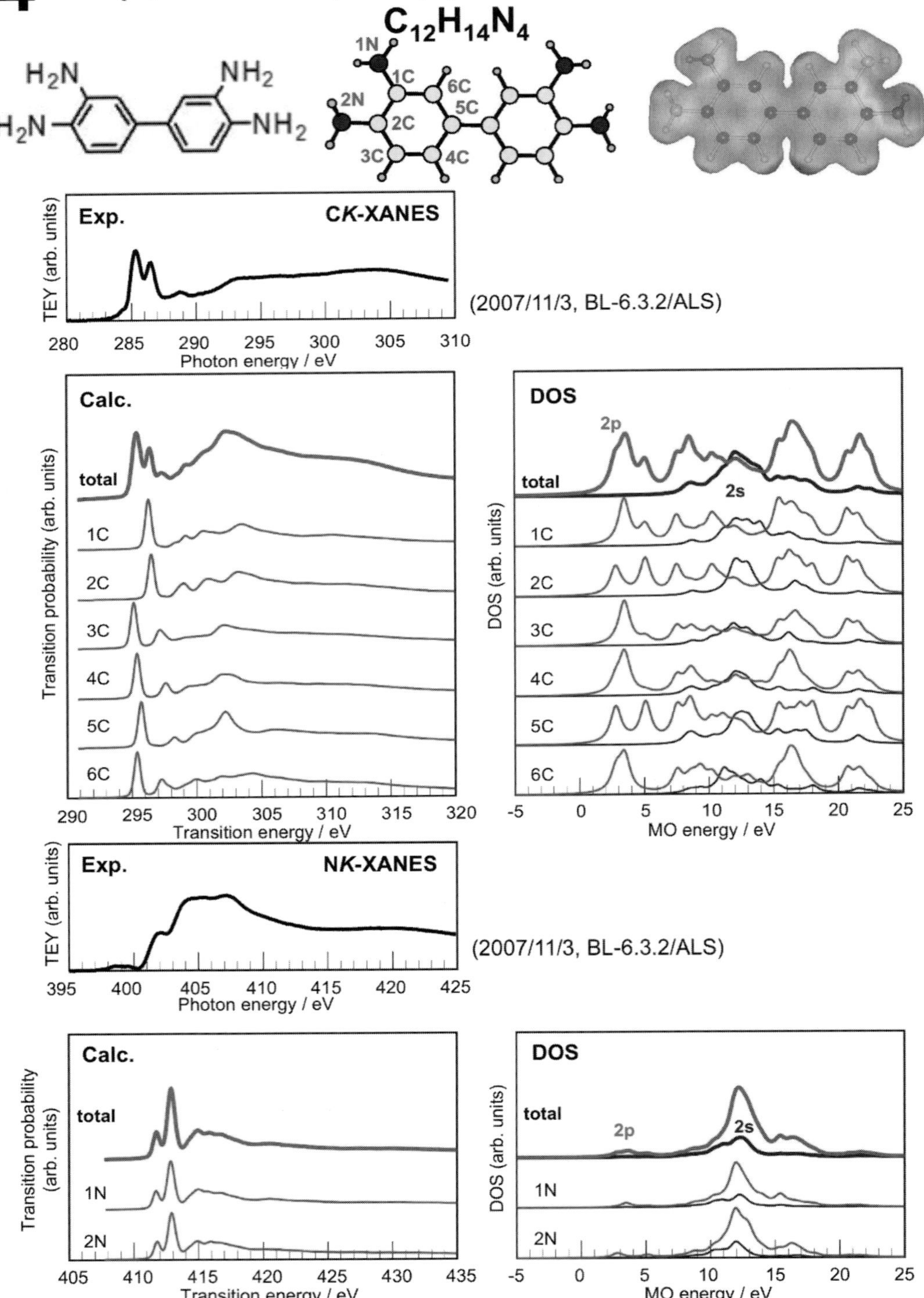

5 4-nitronaphthalen-1-amine, $C_{10}H_8N_2O_2$

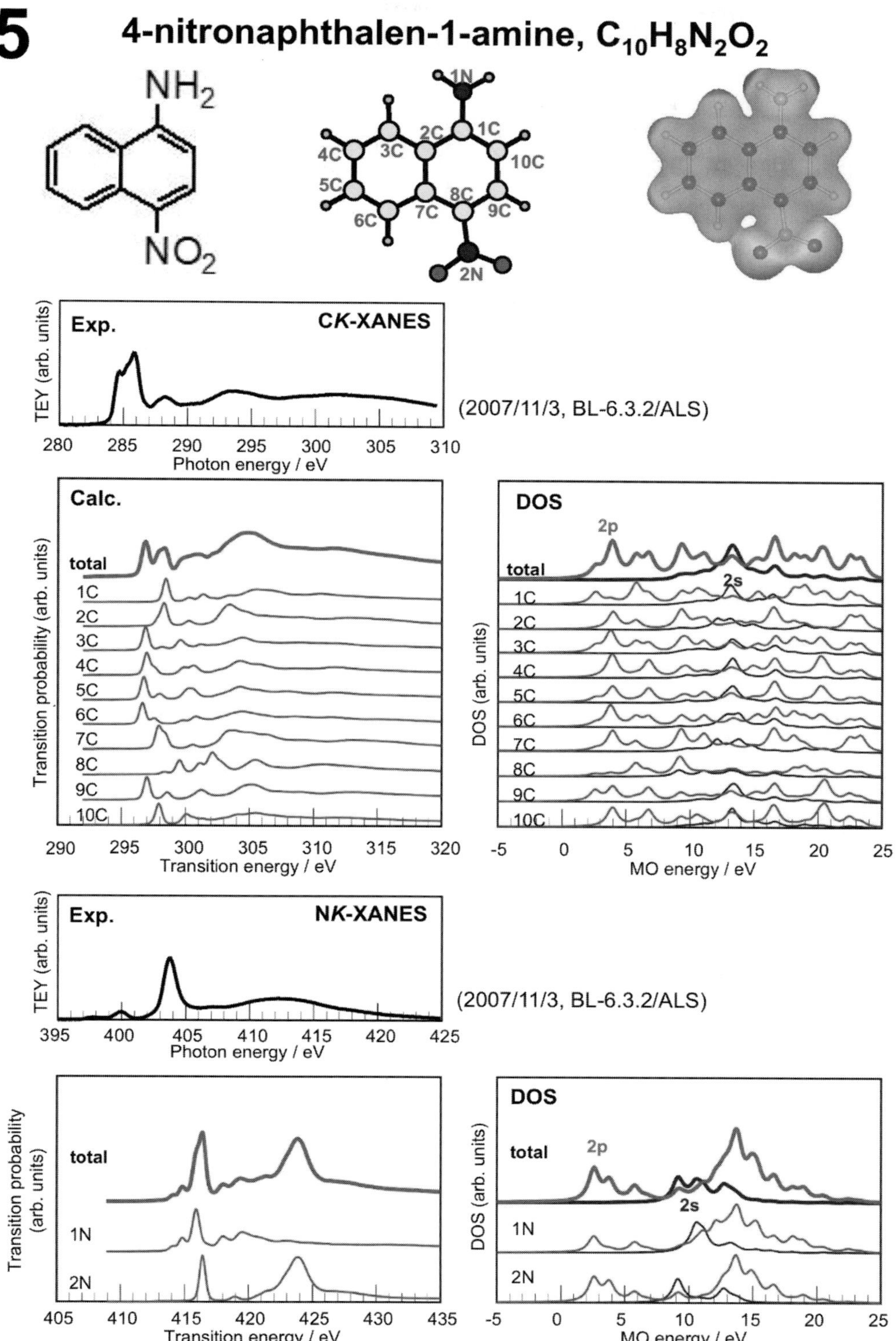

6 4-(4-nitrophenyl)aniline, $C_{12}H_{10}N_2O_2$

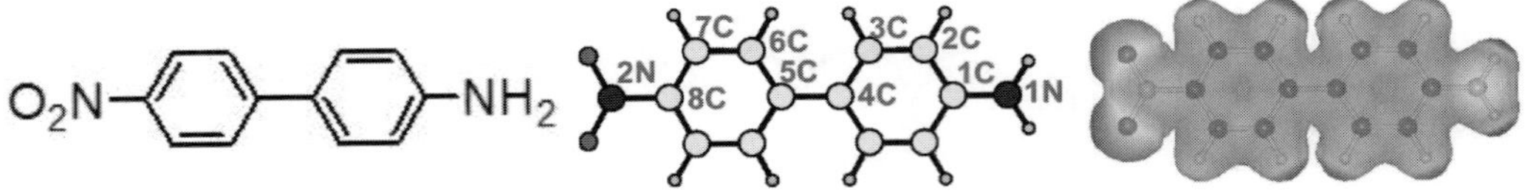

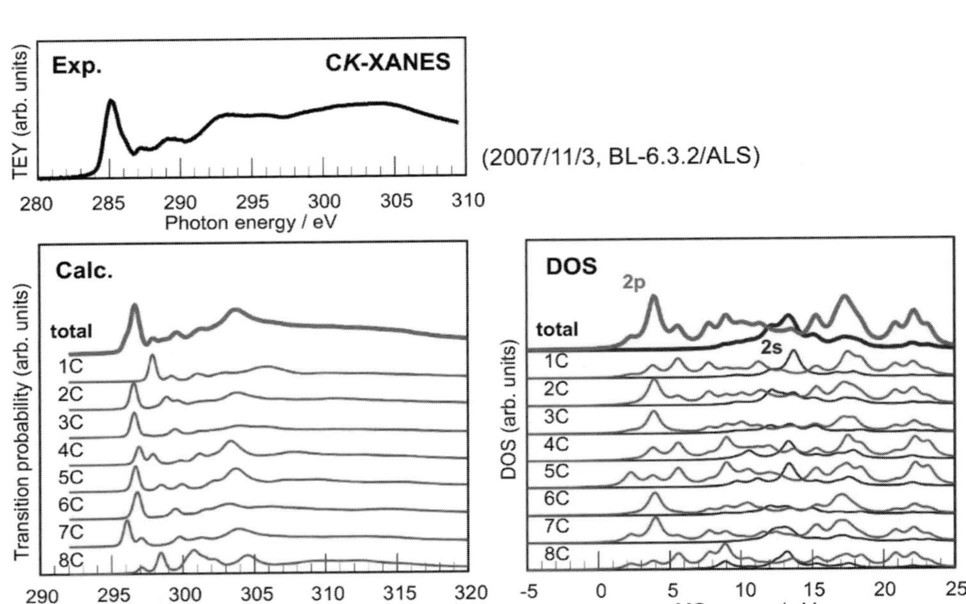

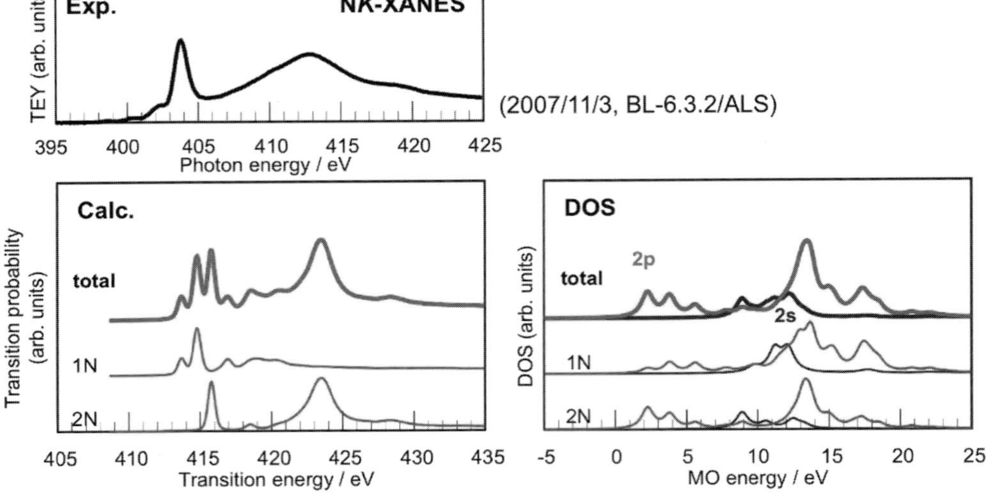

7 4-nitrobenzene-1,2-diamine, $C_6H_7N_3O_2$

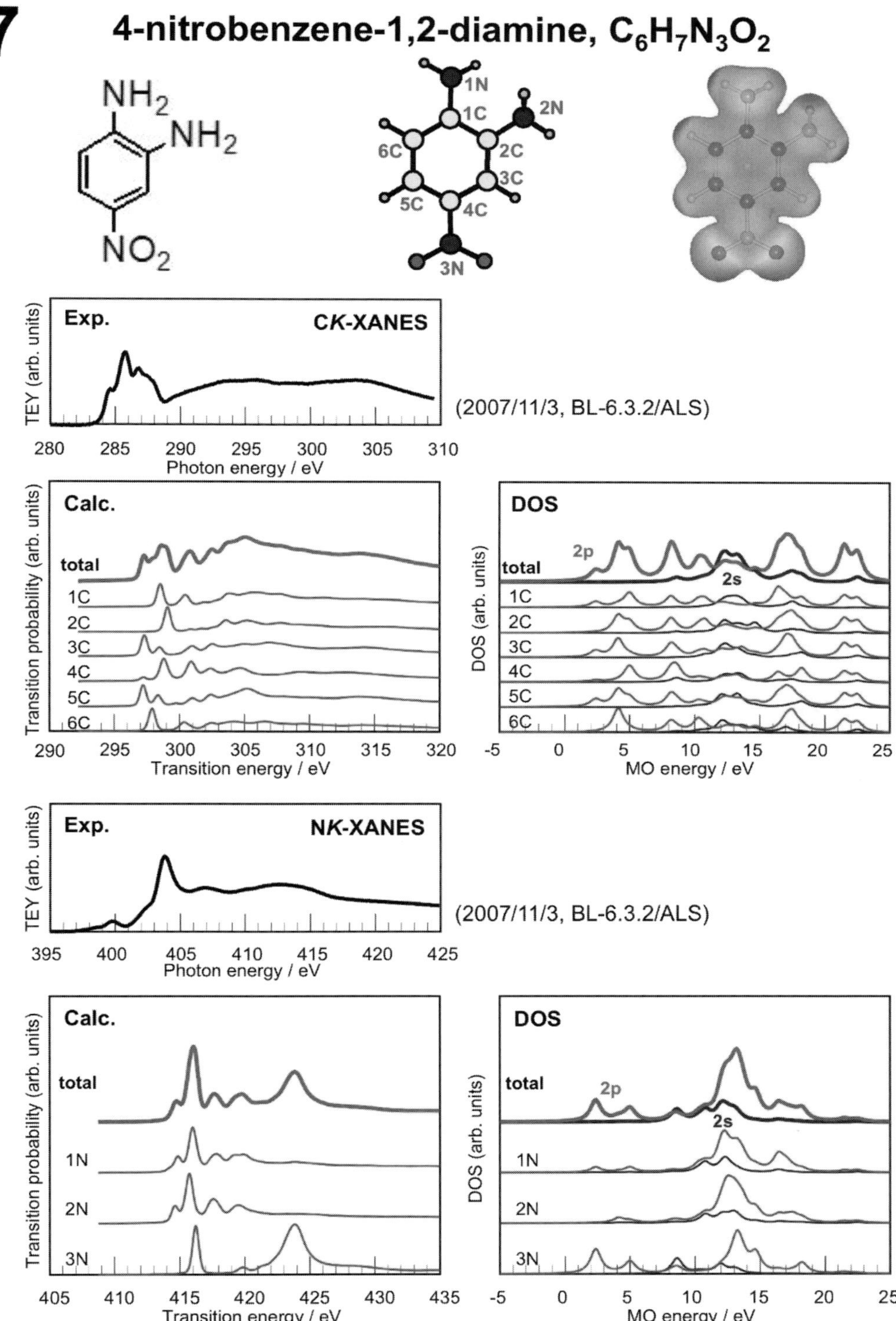

8 N,N'-diphenylbenzidine, $C_{24}H_{20}N_2$

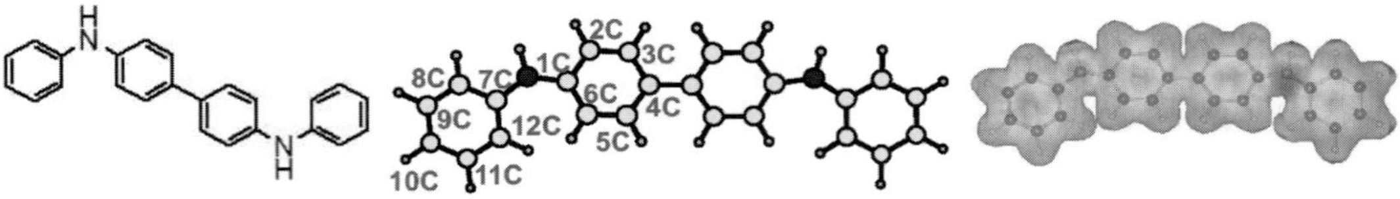

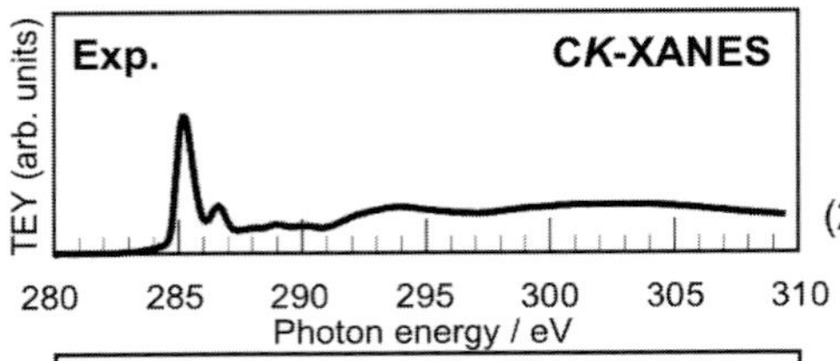

(2007/11/3, BL-6.3.2/ALS)

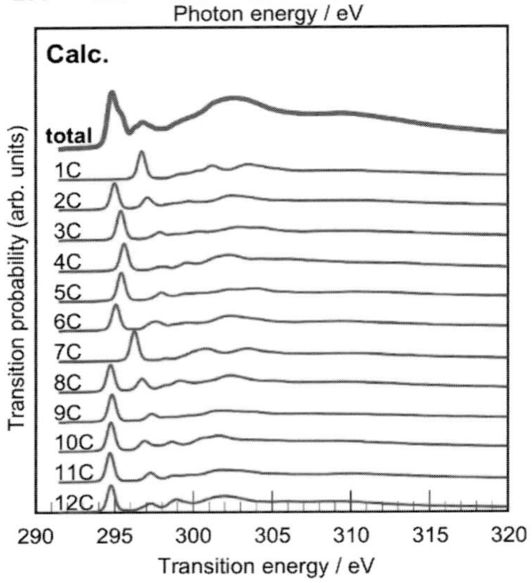

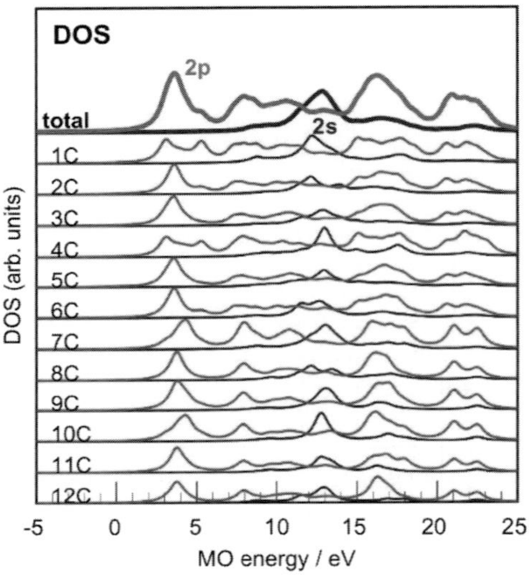

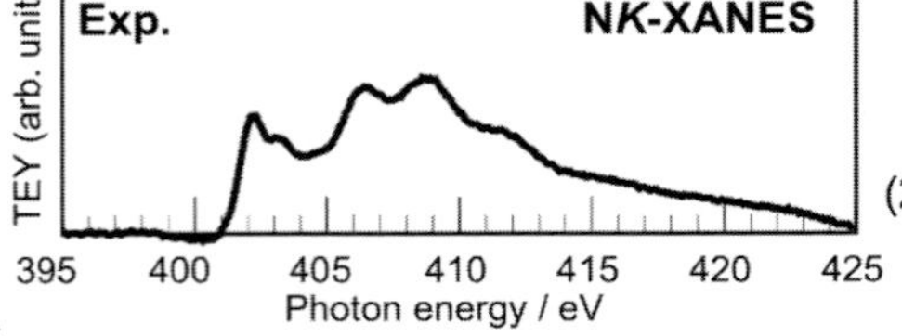

(2007/11/3, BL-6.3.2/ALS)

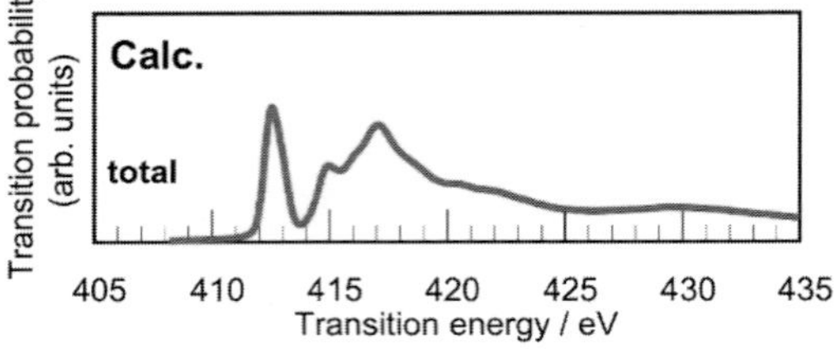

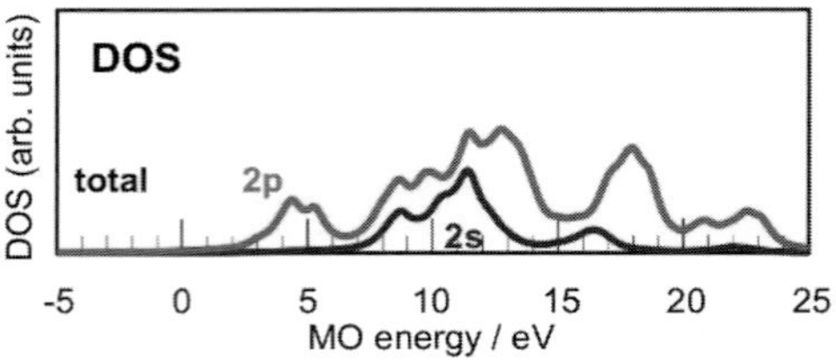

9 4-methyl-N-(4-methylphenyl)-N-phenylaniline, $C_{20}H_{19}N$

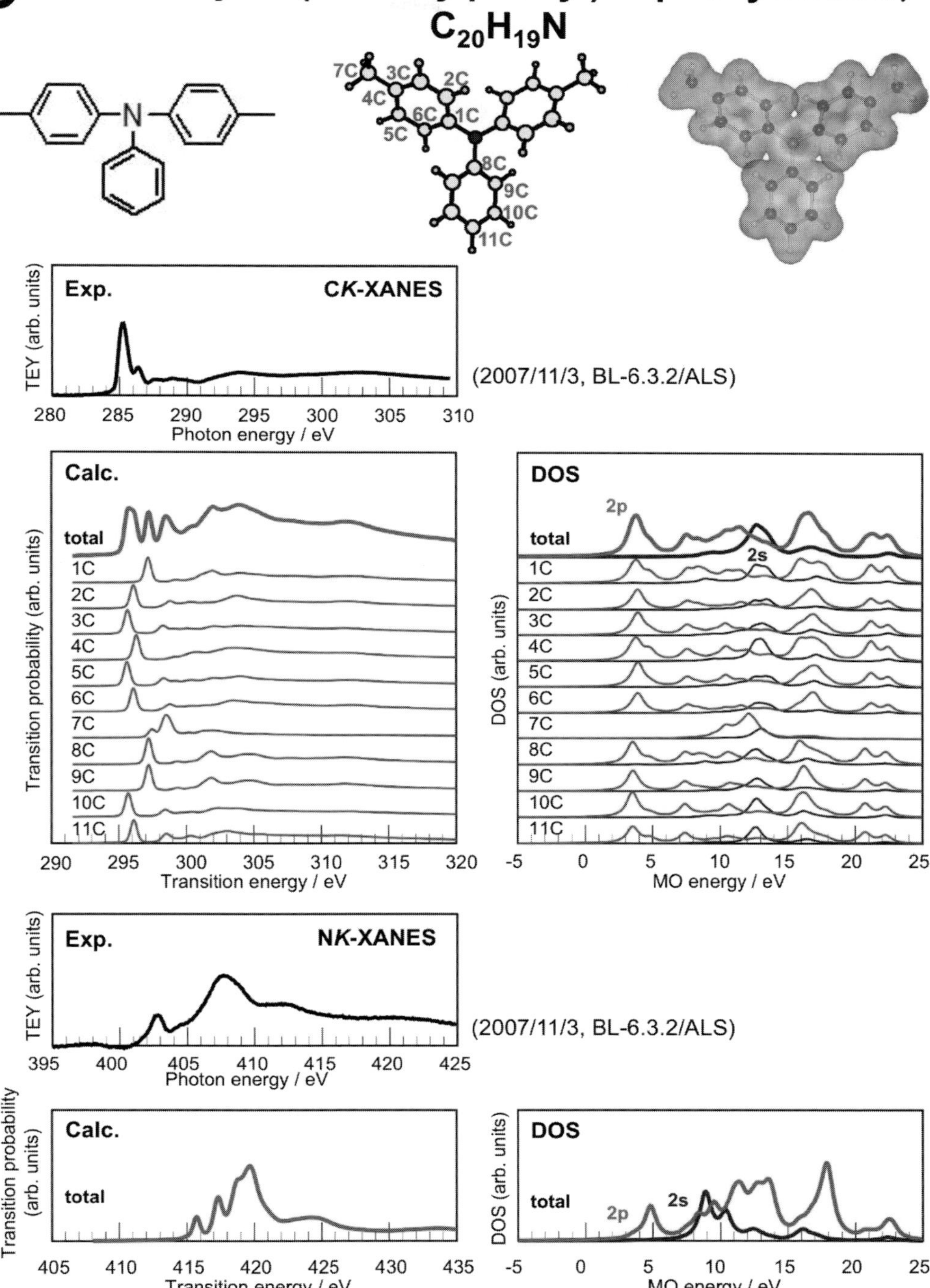

10 N,N-di(phenyl)-4-[4-(N-phenylanilino)phenyl]aniline, $C_{36}H_{28}N_2$

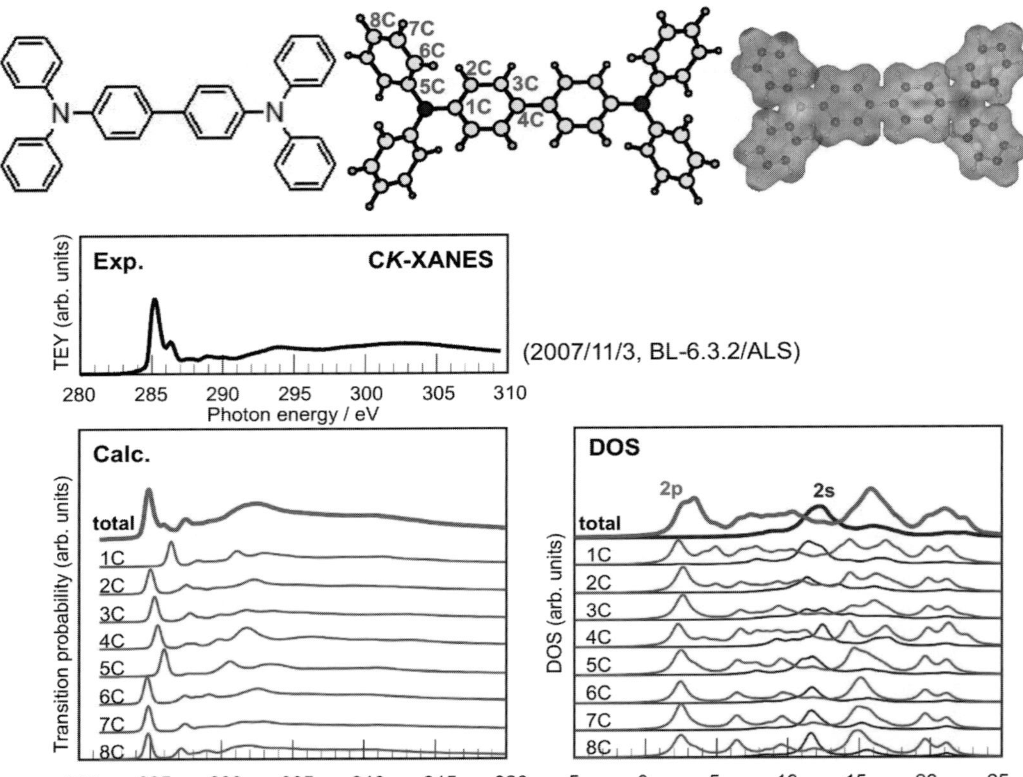

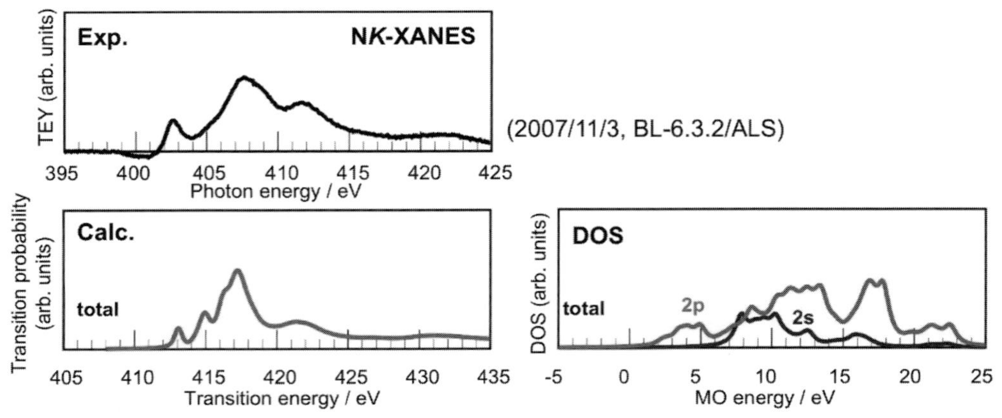

11 4-[4-(dimethylamino)phenyl]-N,N-dimethylaniline, $C_{16}H_{20}N_2$

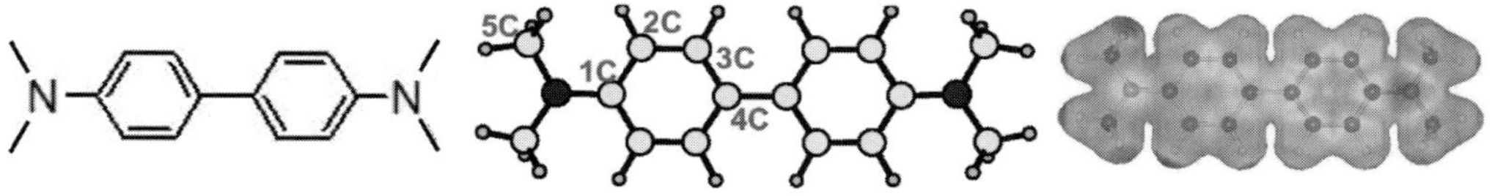

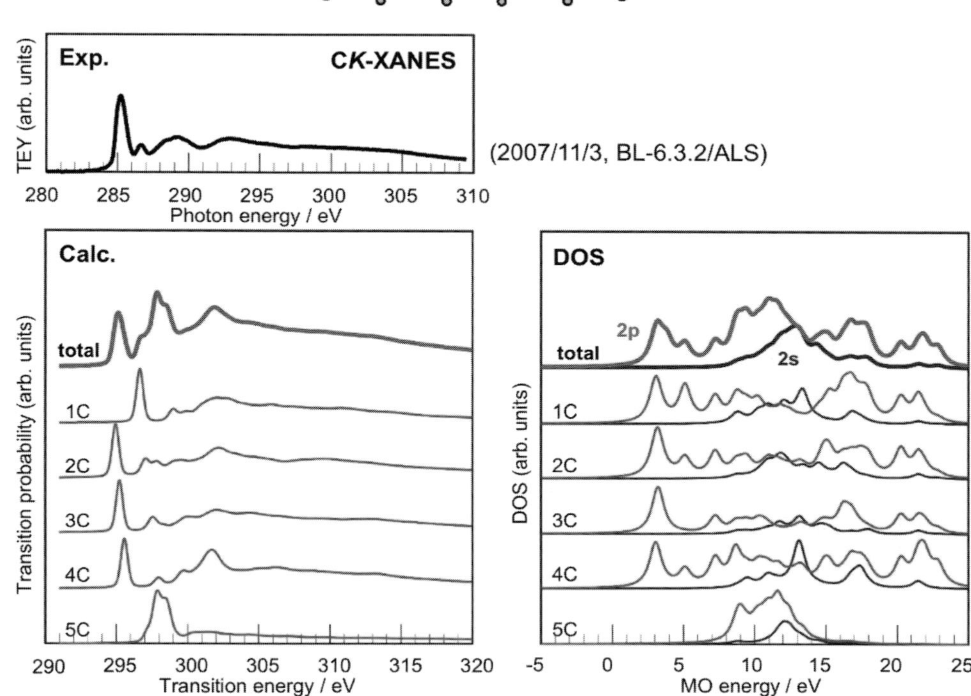

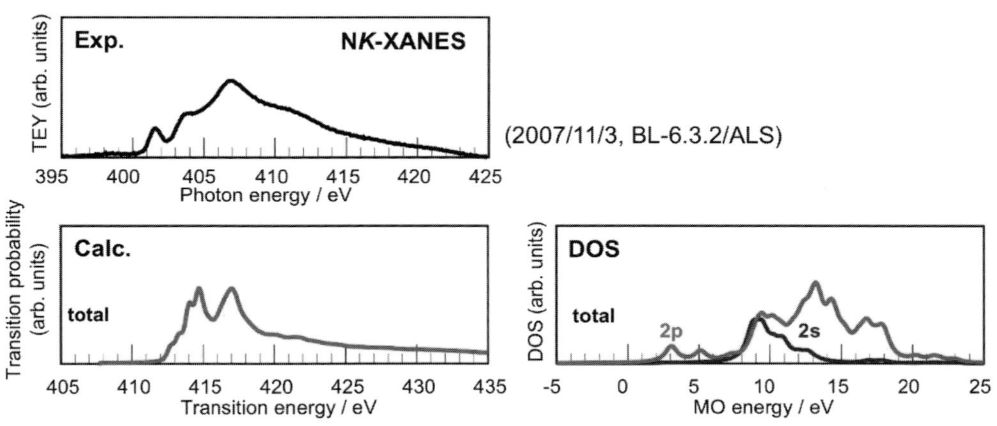

12 9H-carbazole, $C_{12}H_9N$

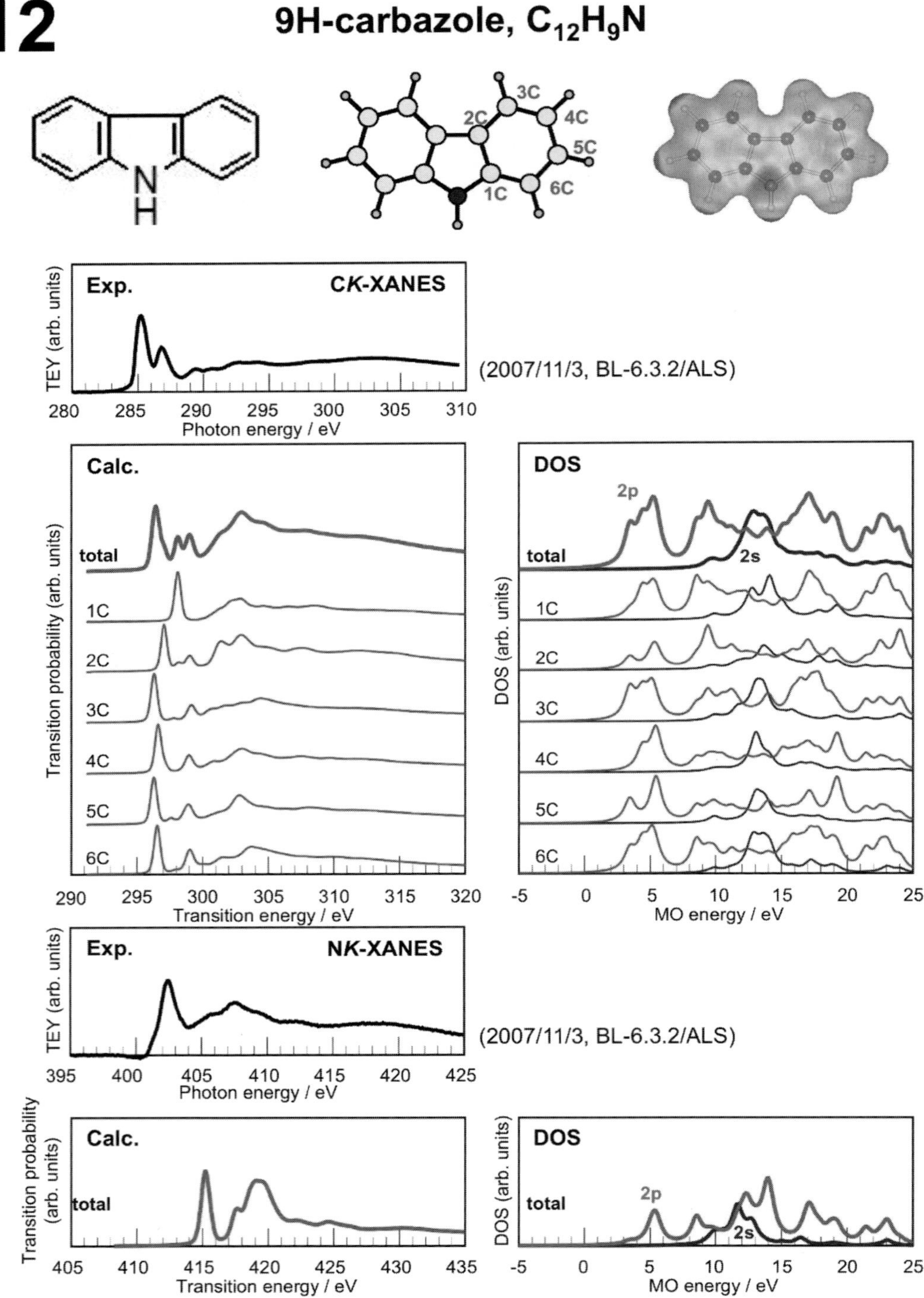

13 3,3'-methylenebis(1H-indole), $C_{17}H_{14}N_2$

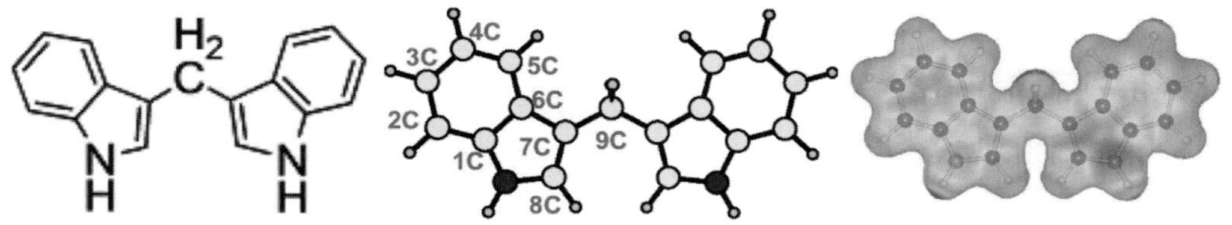

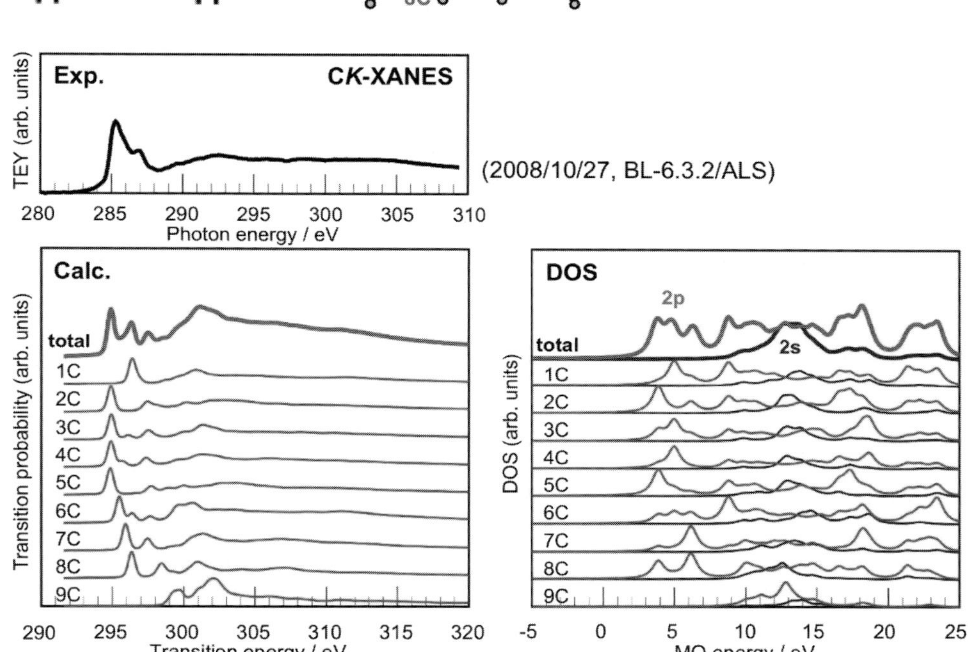

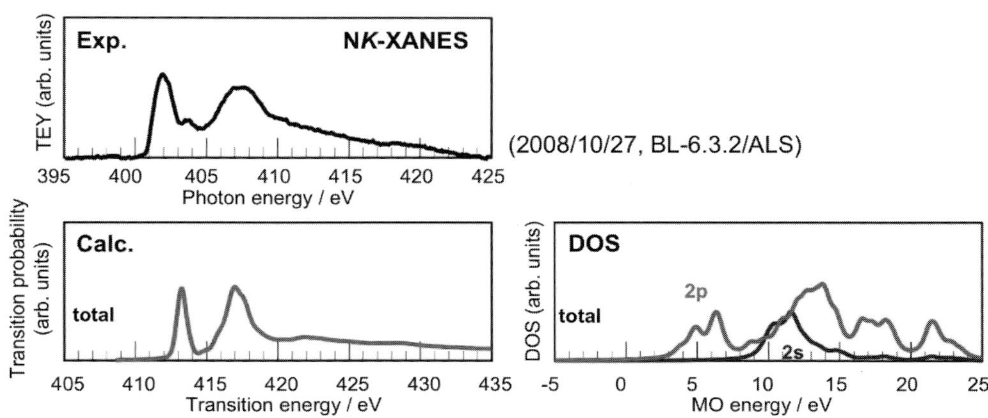

14 2-phenyl-1H-indole, $C_{14}H_{11}N$

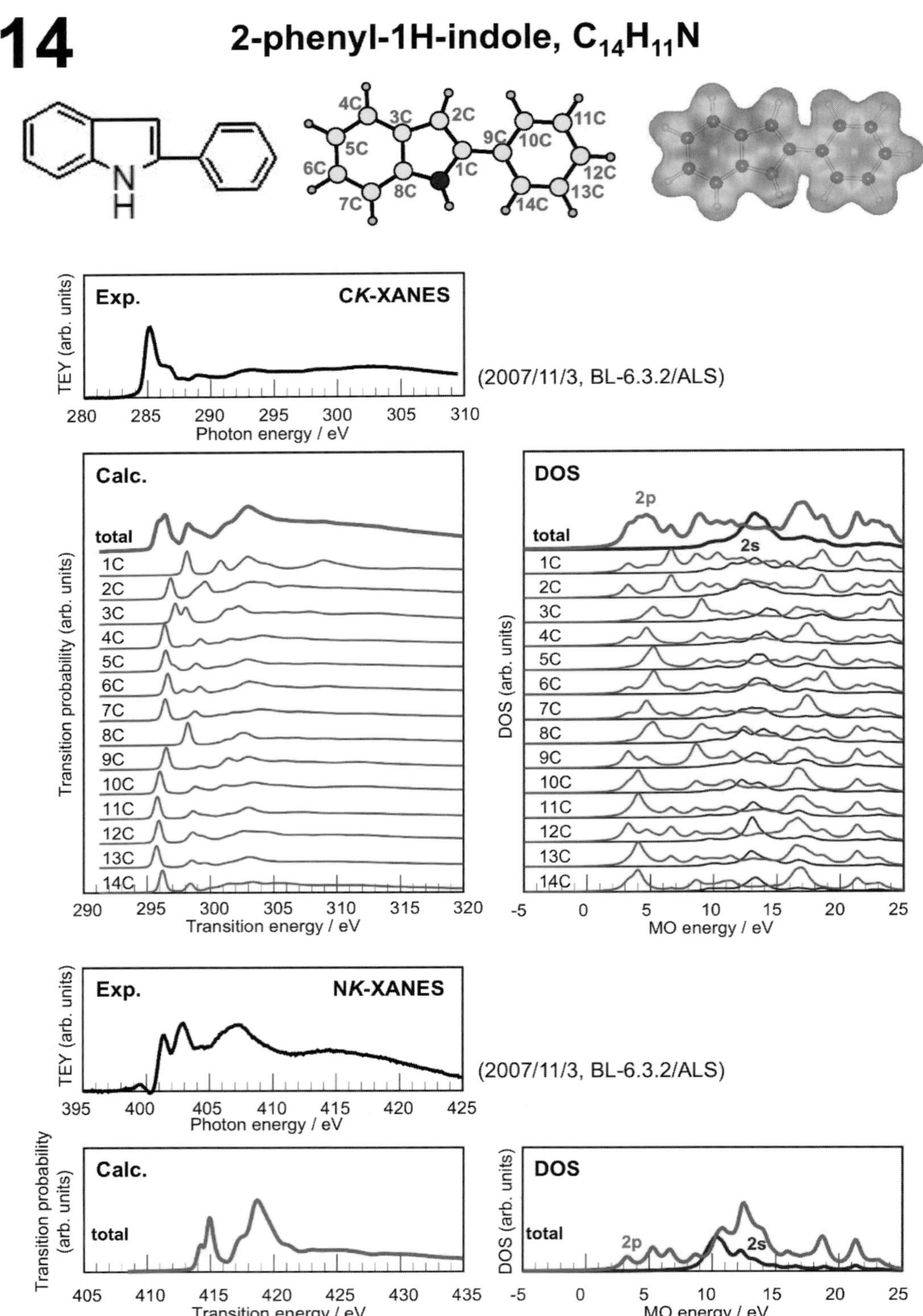

15 1-methyl-2-phenylindole, $C_{15}H_{13}N$

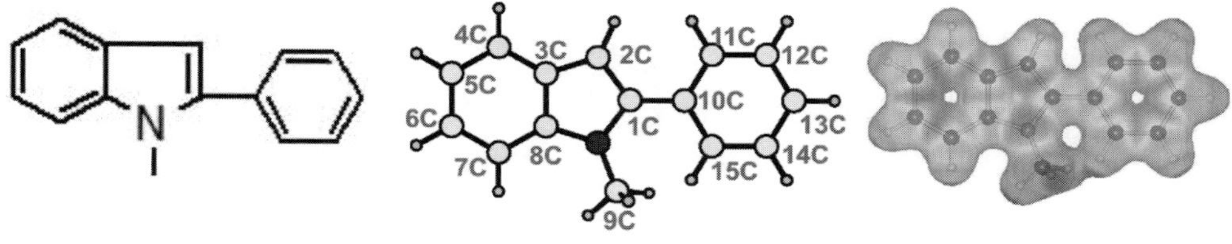

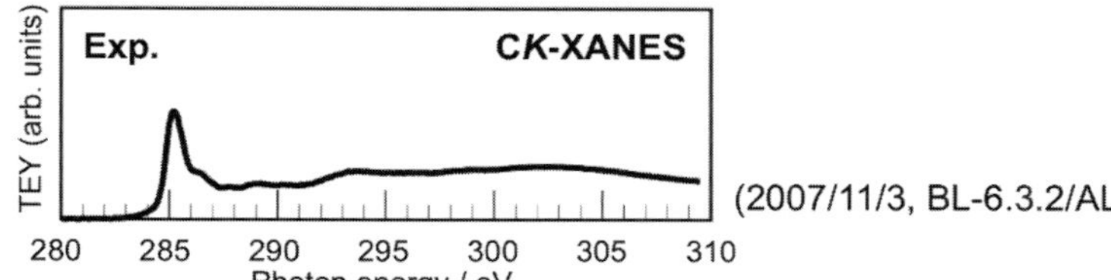

(2007/11/3, BL-6.3.2/ALS)

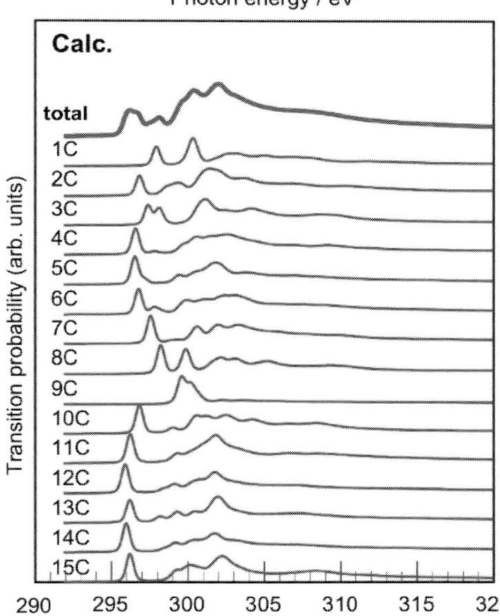

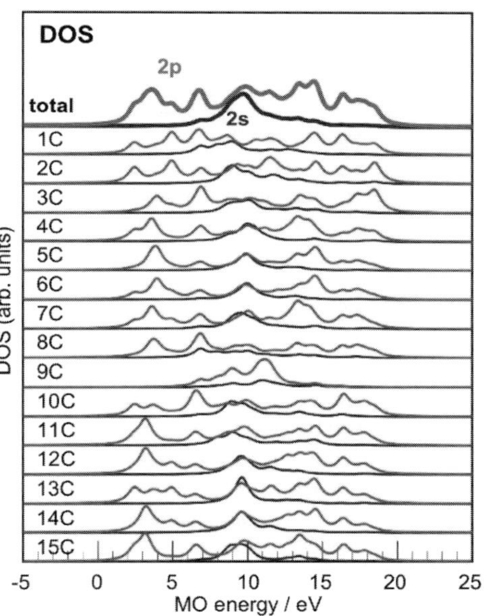

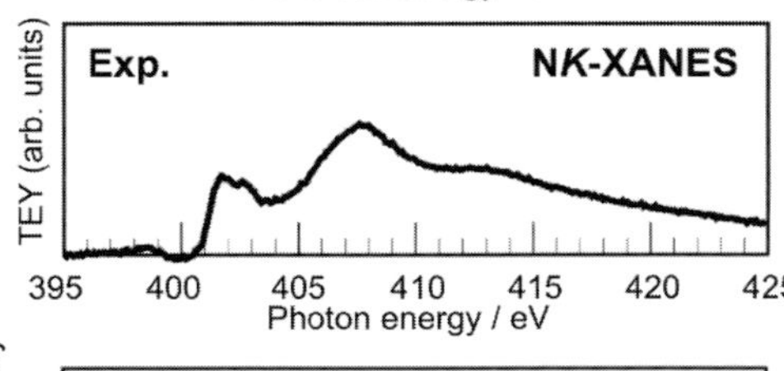

(2007/11/3, BL-6.3.2/ALS)

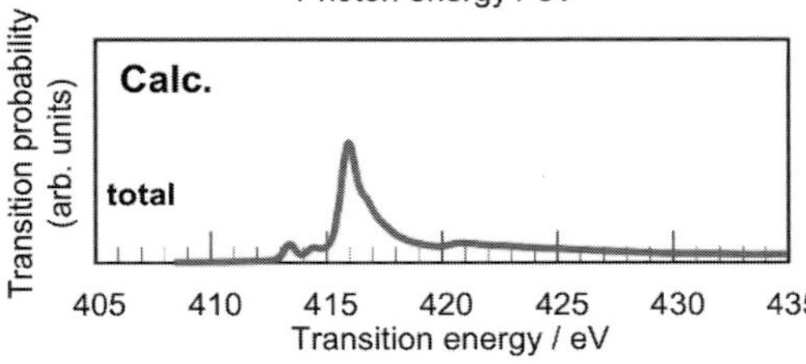

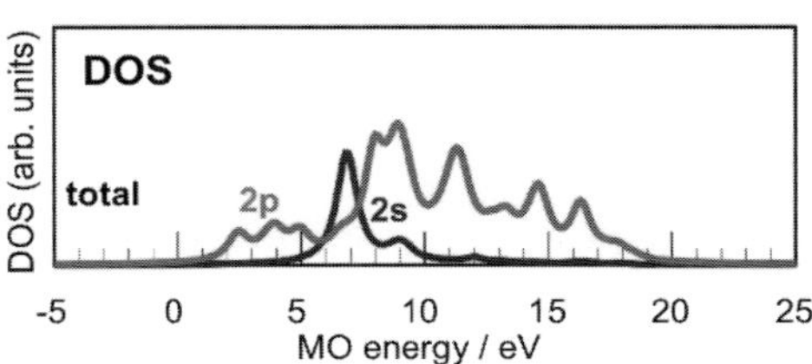

16 5,10,15,20-tetraphenylporphyrin, $C_{44}H_{30}N_4$

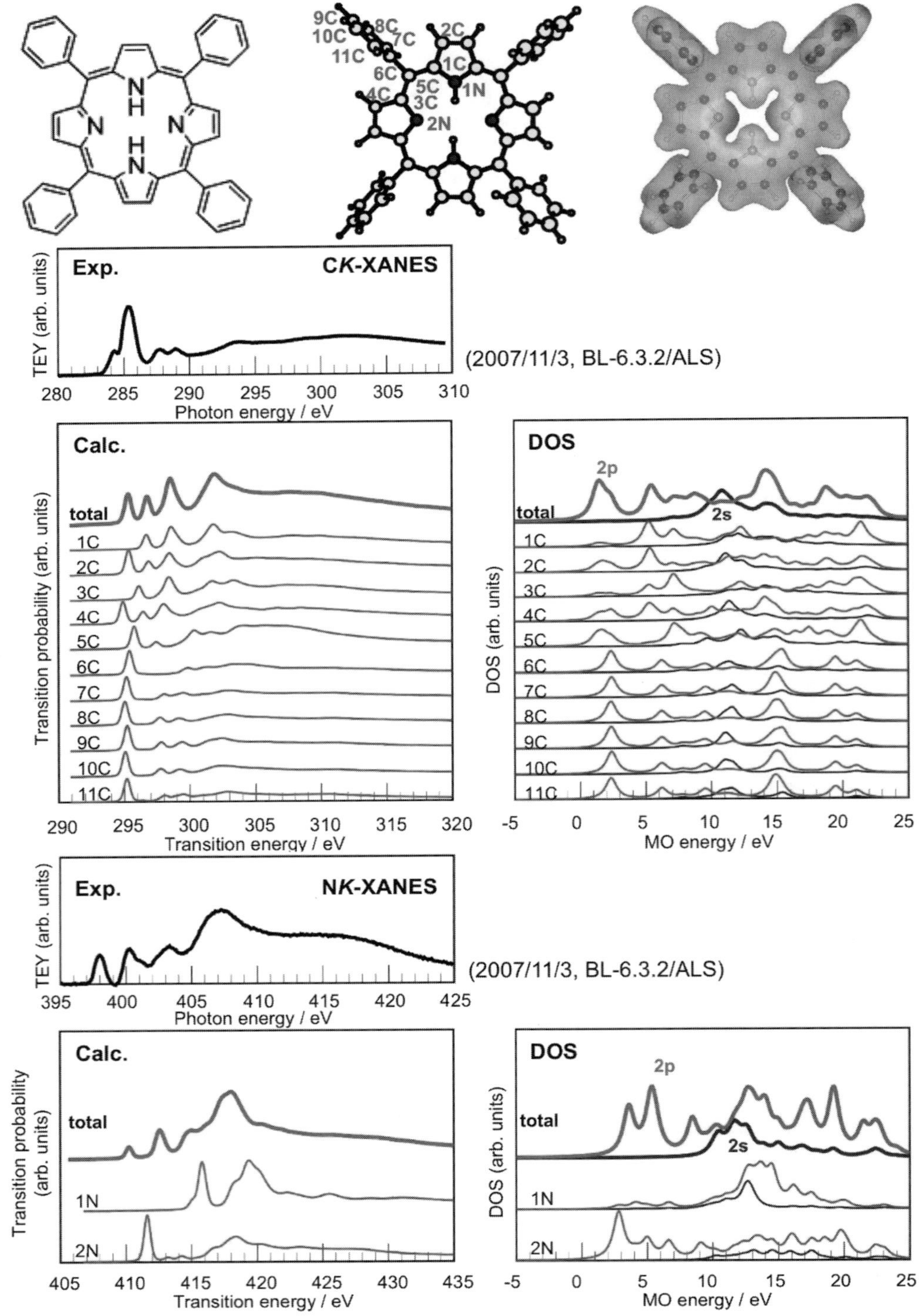

17 9-phenylacridine, $C_{19}H_{13}N$

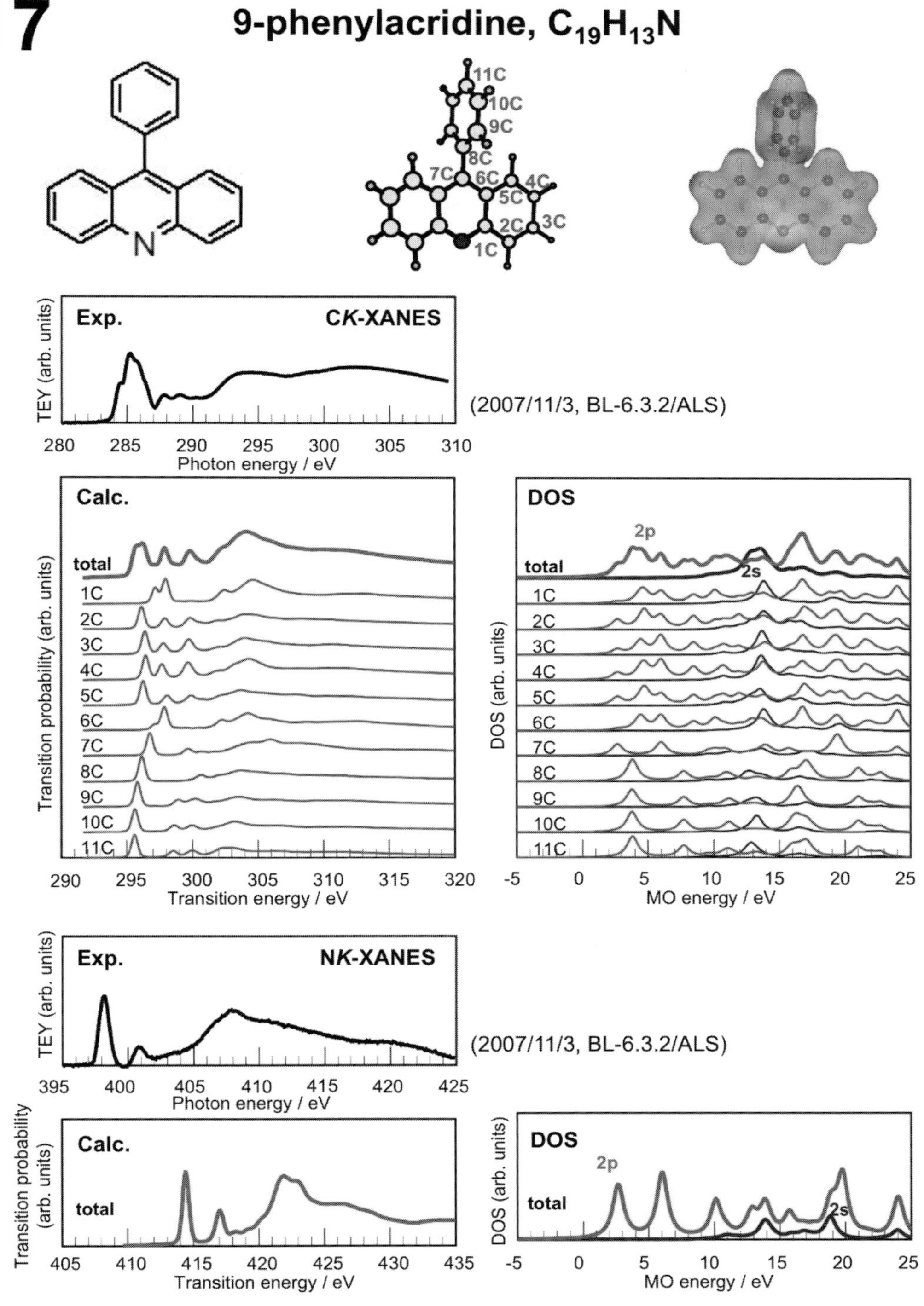

18 phenazine, $C_{12}H_8N_2$

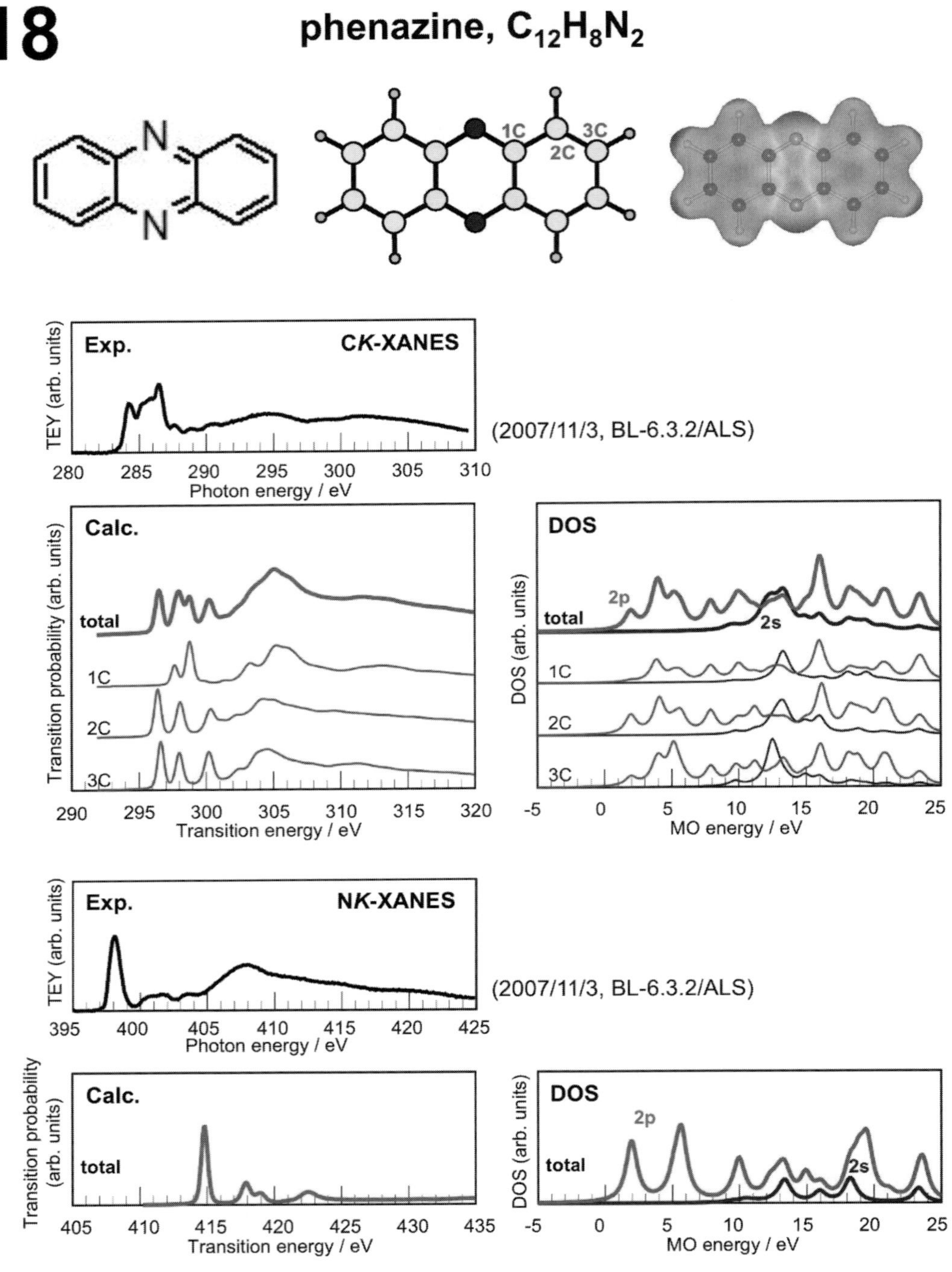

19 4,7-dimethyl-1,10-phenanthroline, $C_{14}H_{12}N_2$

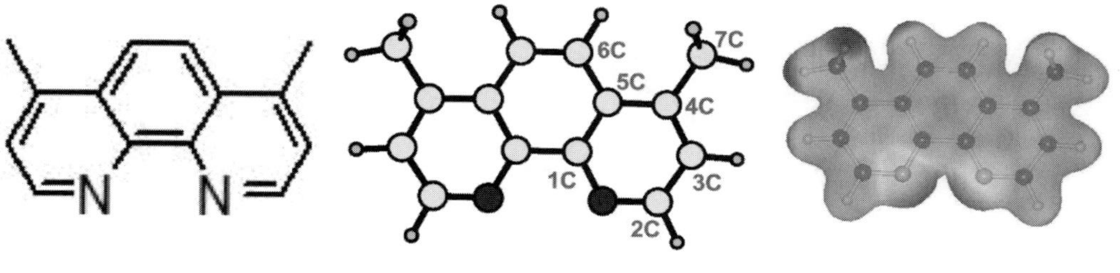

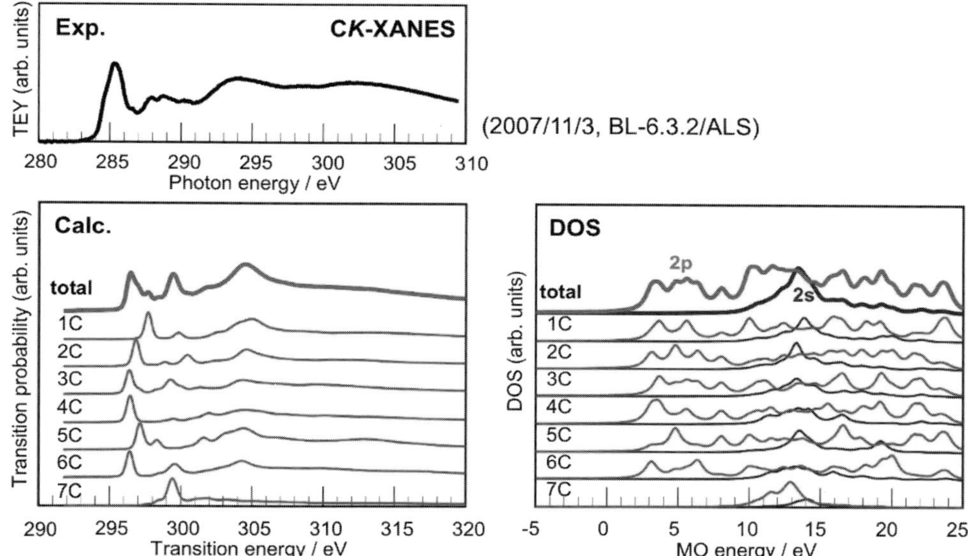

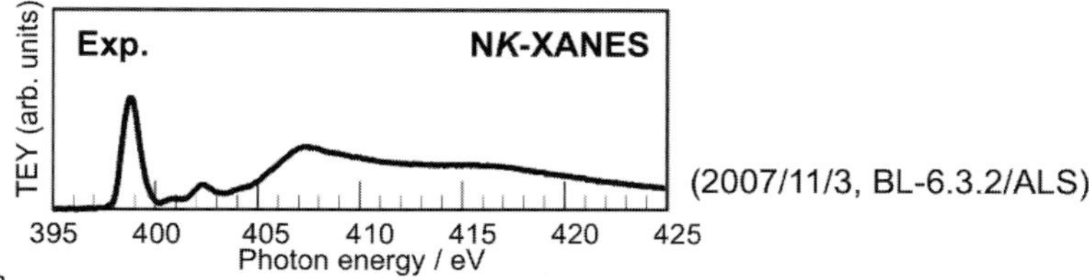

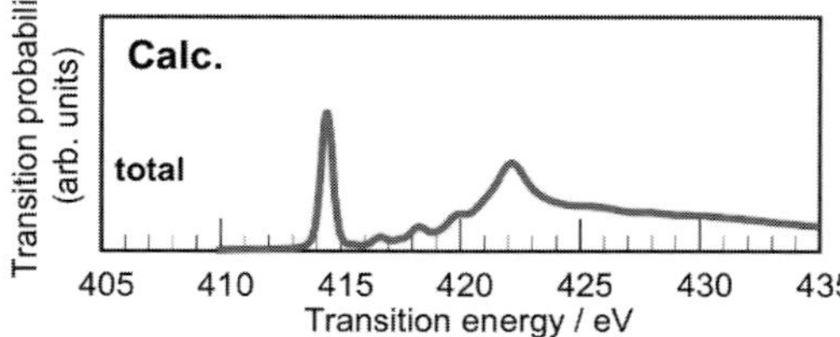

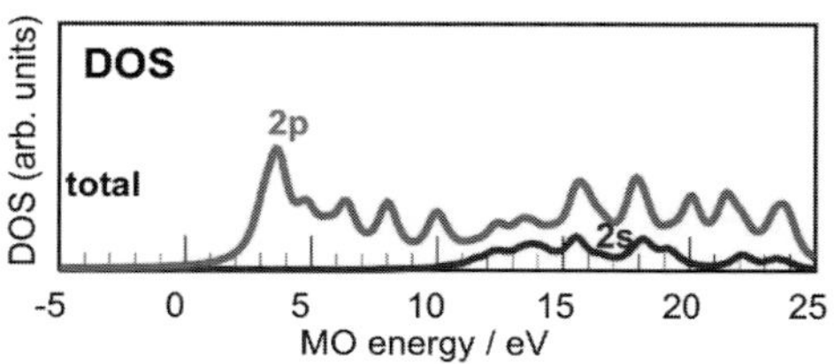

20 4,7-diphenyl-1,10-phenanthroline, $C_{24}H_{16}N_2$

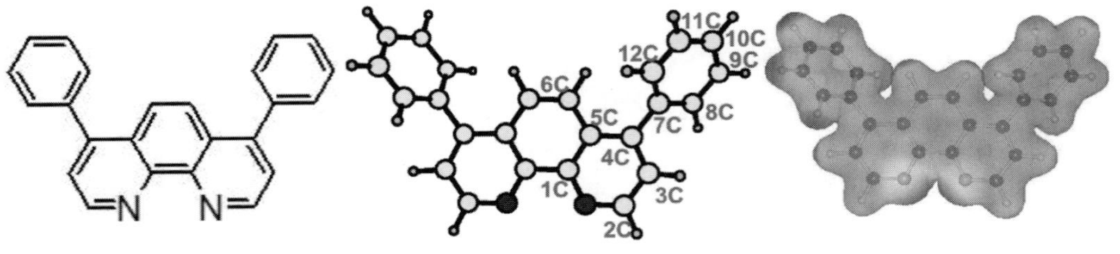

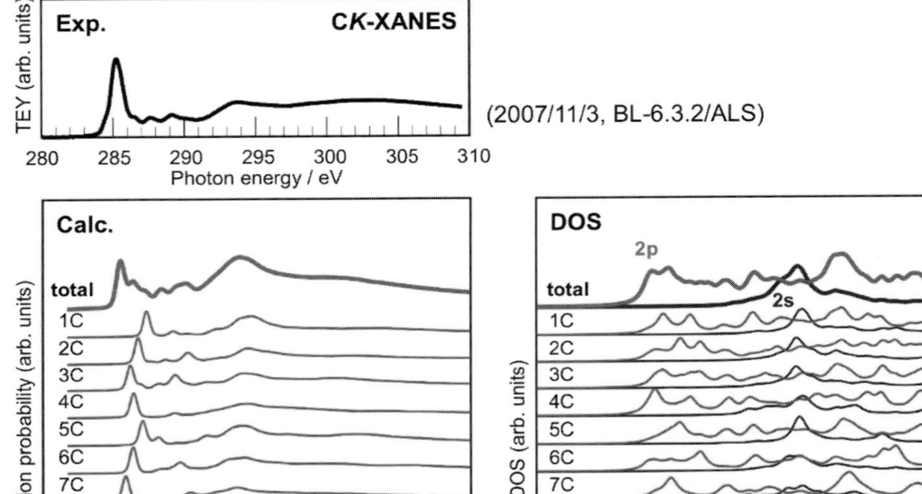

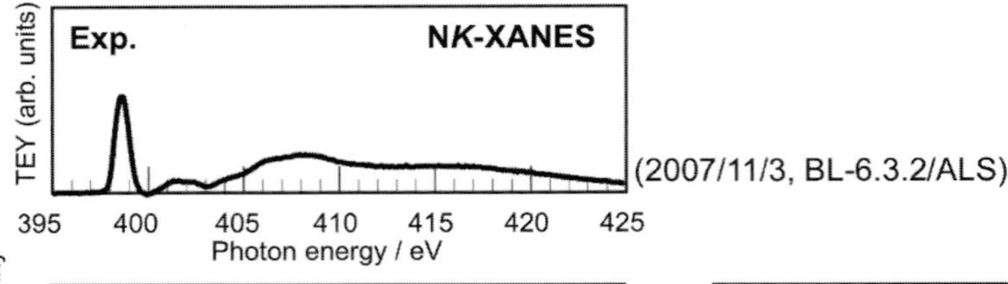

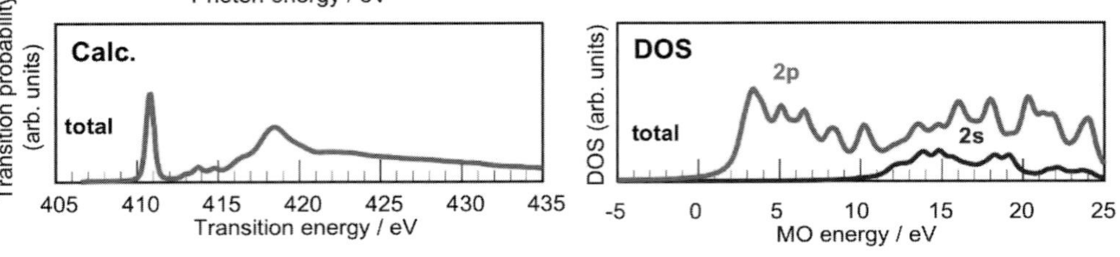

21 benzo[c]cinnoline, $C_{12}H_8N_2$

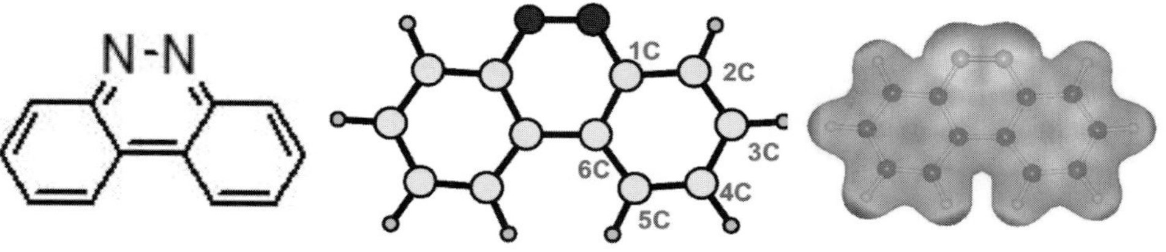

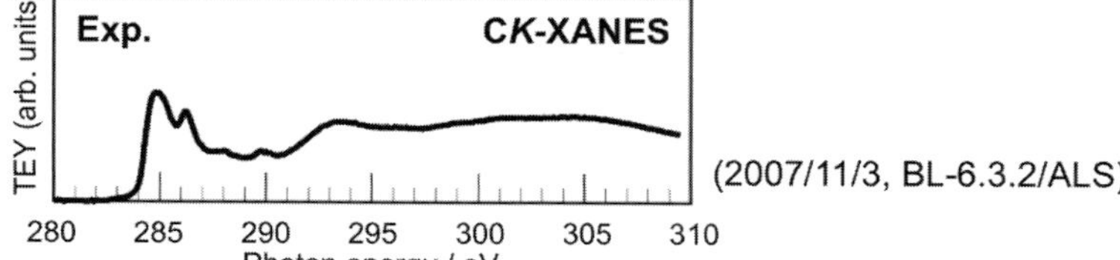

(2007/11/3, BL-6.3.2/ALS)

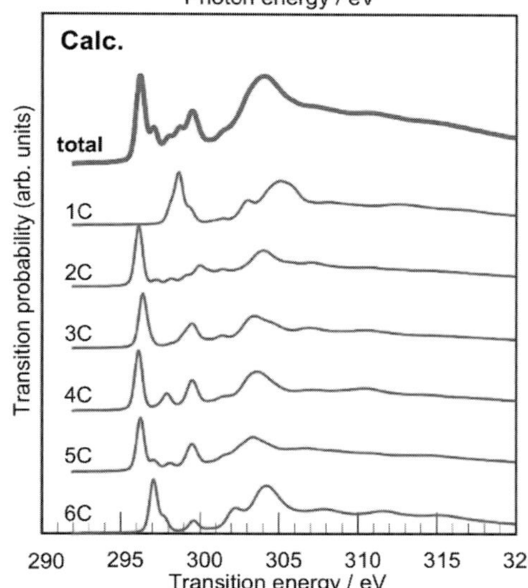

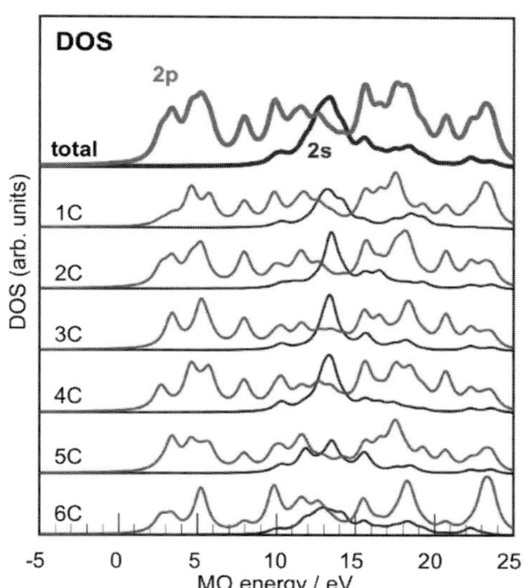

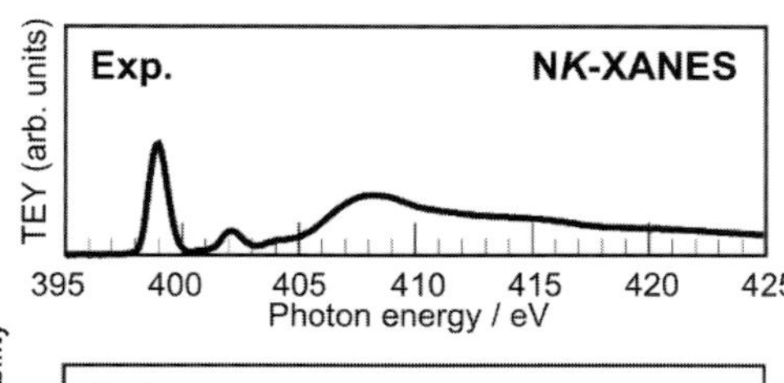

(2007/11/3, BL-6.3.2/ALS)

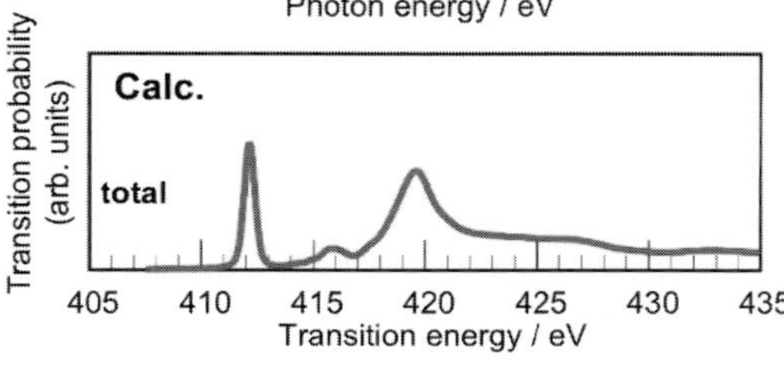

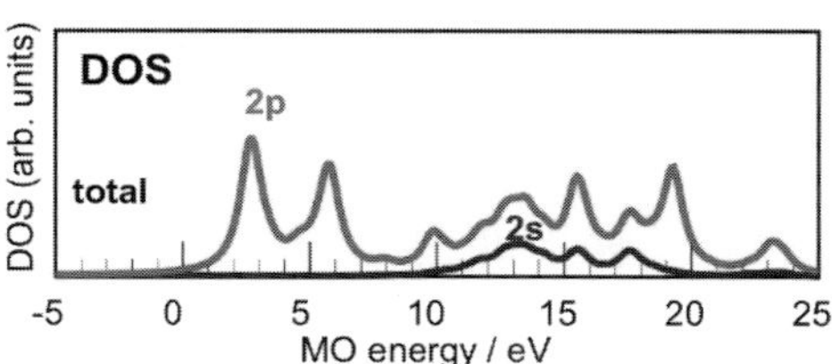

22 quinolin-6-amine, $C_9H_8N_2$

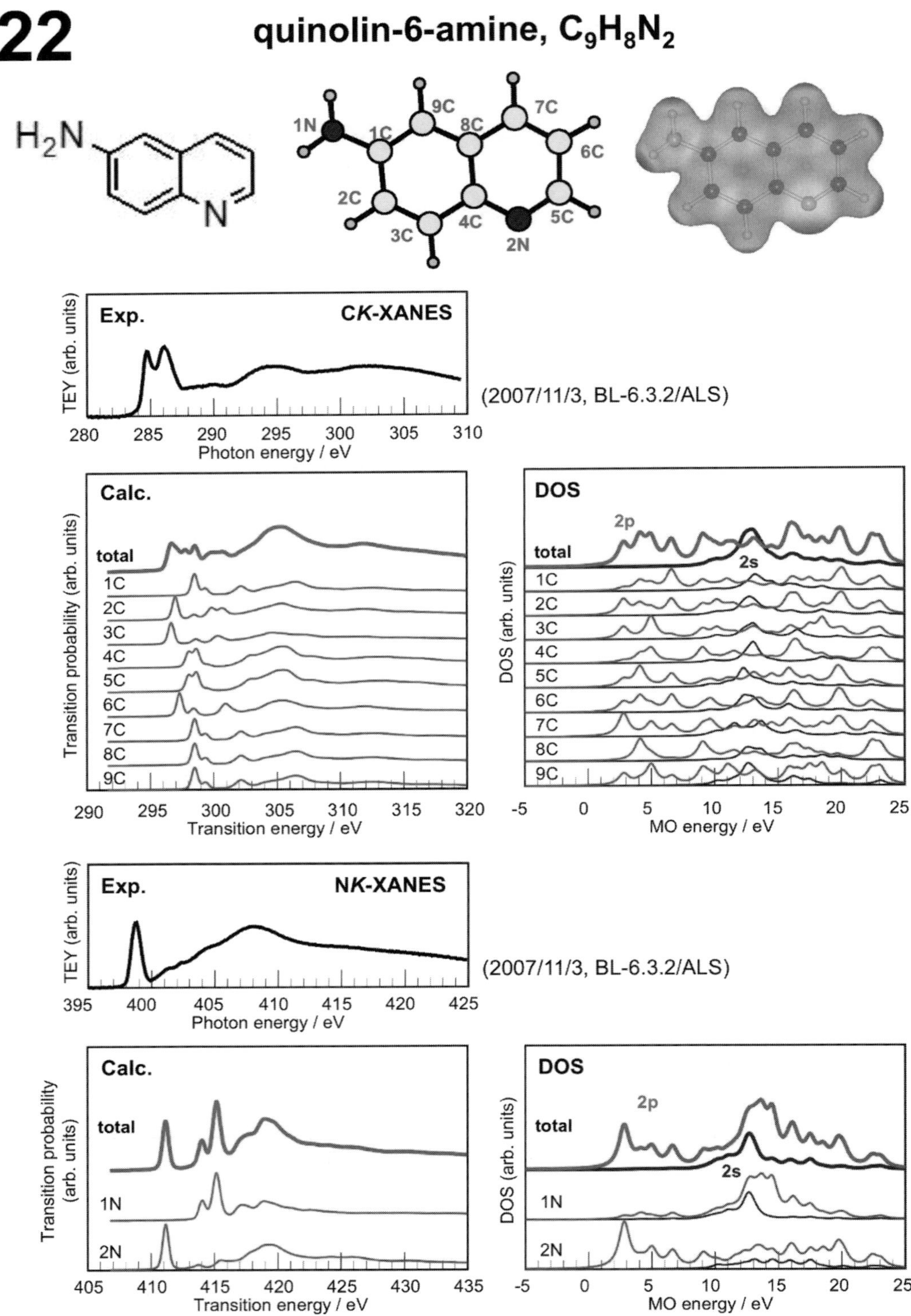

23CK 4-(4-dimethylaminostyryl)quinoline, $C_{19}H_{18}N_2$

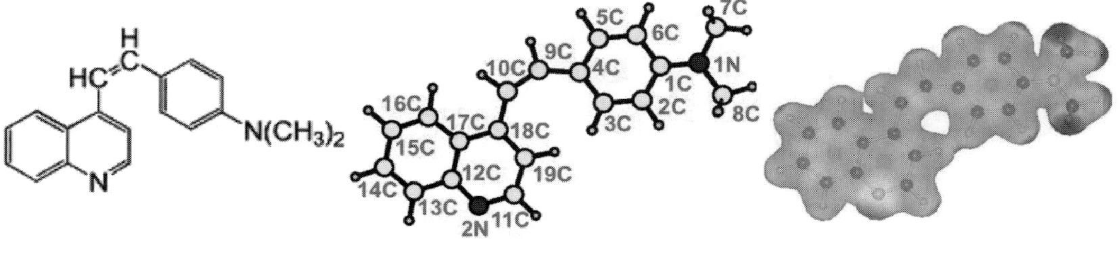

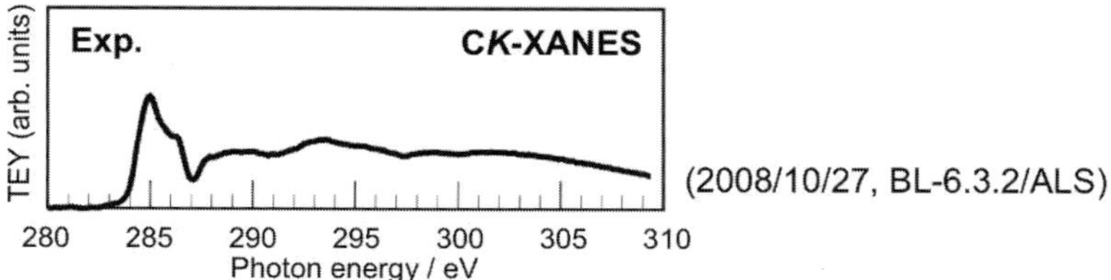

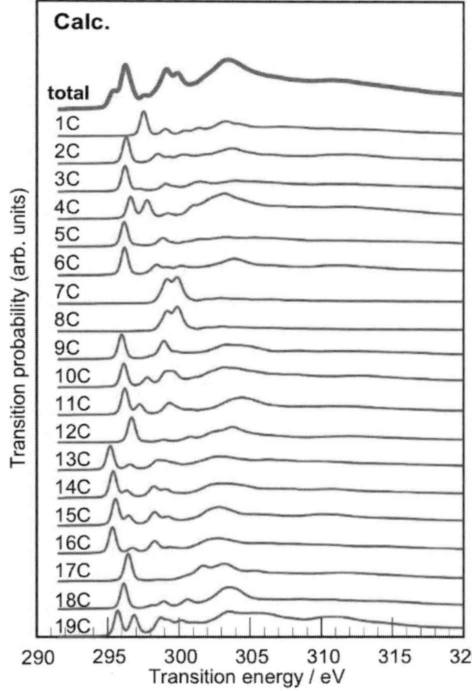

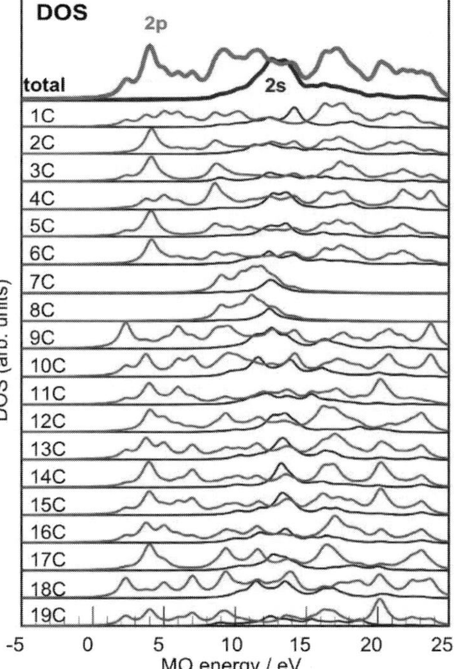

23$_{NK}$ 4-(4-dimethylaminostyryl)quinoline, $C_{19}H_{18}N_2$

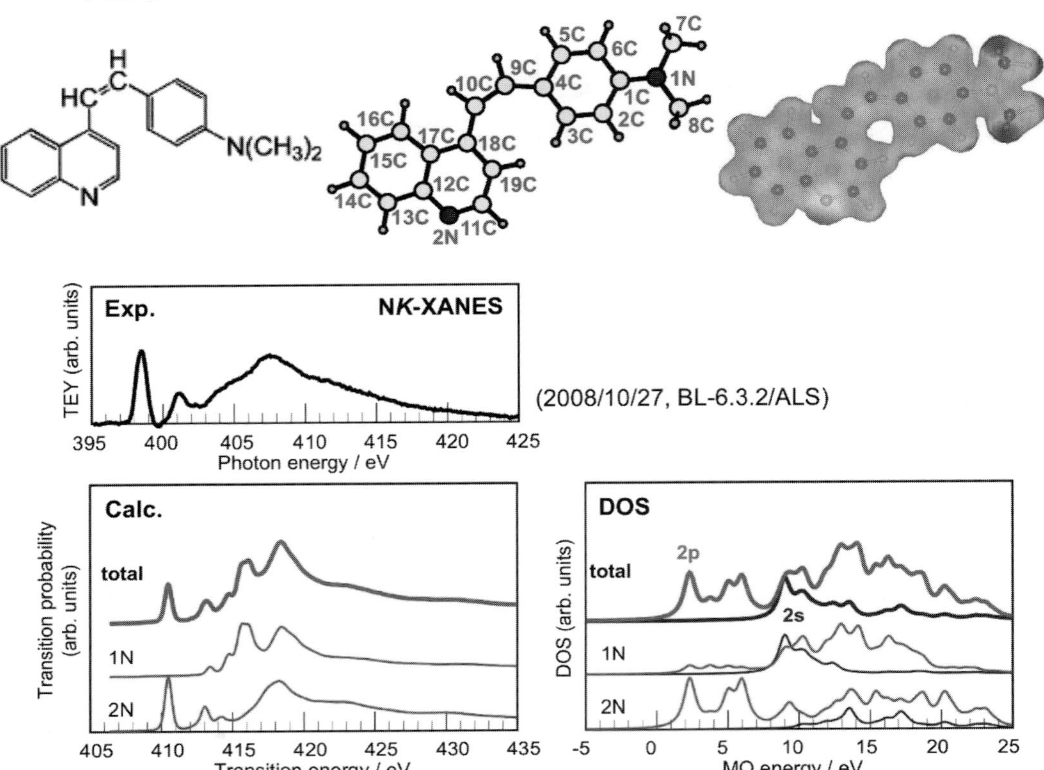

24 9H-pyrido[3,4-b]indole, $C_{11}H_8N_2$

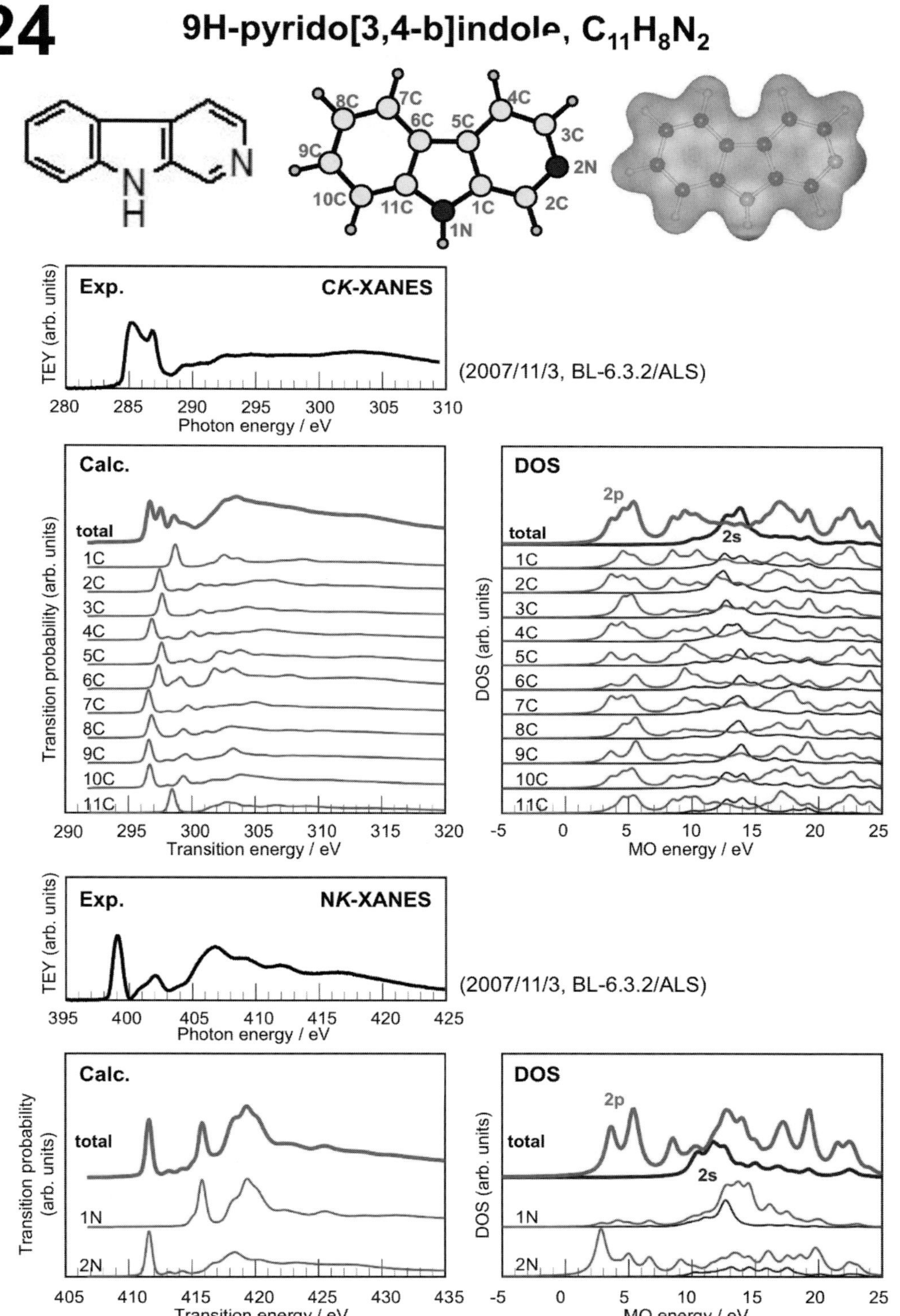

25 7H-purine, $C_5H_4N_4$

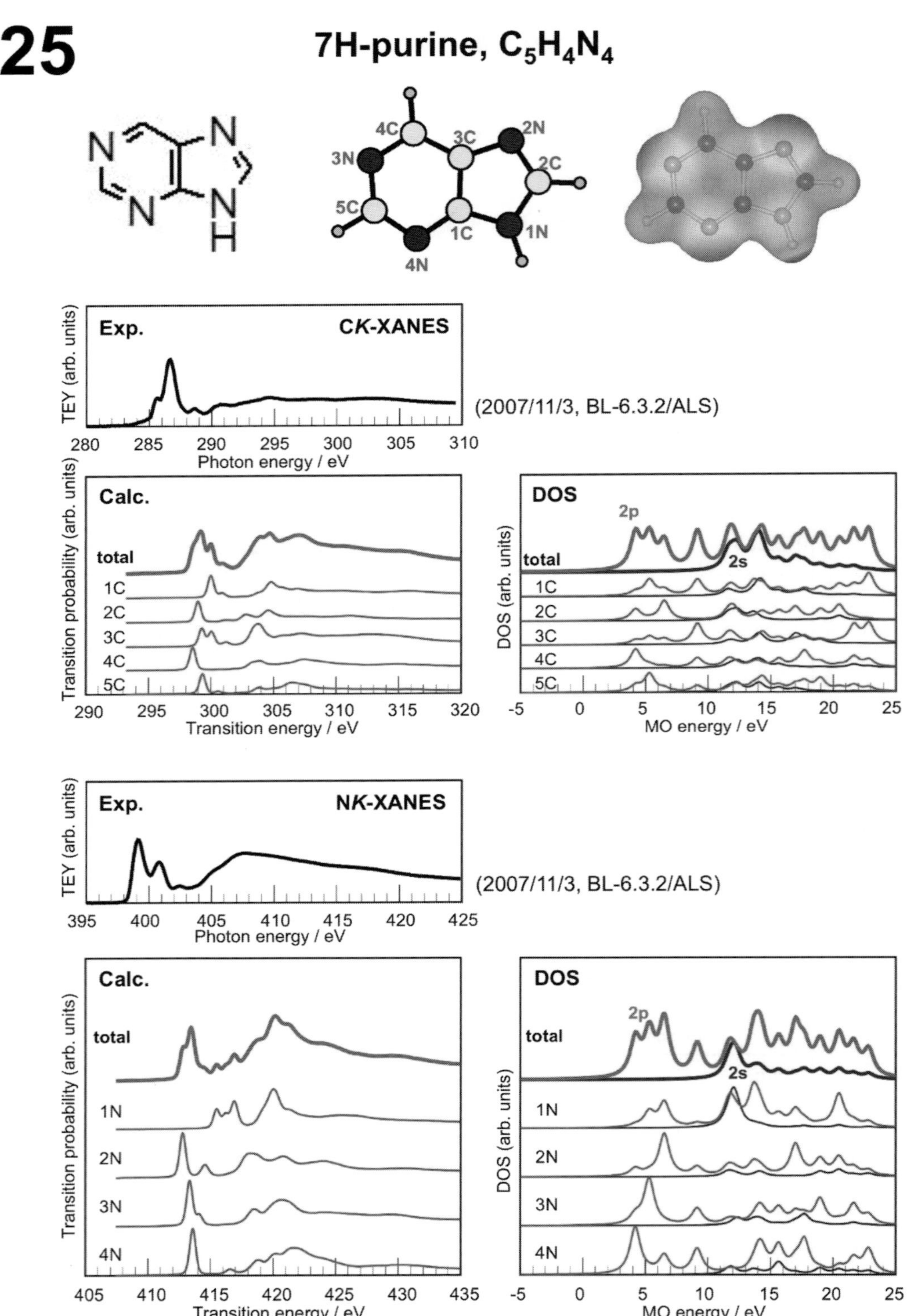

微視的空間の可視化を目指したKrガスからの蛍光X線検出

小澤博美*，藤井蓮唯羅，辻　幸一

X-ray Fluorescence Detection from Kr Gas for Visualization of Microscopic Space

Hiromi OZAWA*, Reira FUJII and Kouichi TSUJI

Division of Science and Engineering for Materials, Chemistry and Biology,
Graduate School of Engineering, Osaka Metropolitan University
3-3-138 Sugimoto, Sumiyoshi-ku, Osaka 558-8585, Japan

(Received 23 January 2025, Revised 30 January 2025, Accepted 31 January 2025)

Final goal of this study employs micro X-ray fluorescence (micro-XRF) is to non-destructively analyze cracks and porosity in electronic components. Traditional methods require sample destruction procedure, complicating crack analysis. Micro-XRF, using a focused X-ray beam, allows for high-resolution imaging of elemental distribution in micro-regions. We analyzed noble gases, specifically krypton (Kr), within microspecies. The spatial resolution was evaluated to be 21 μm, assuming that the distribution image by X-ray fluorescence is taken for Kr gas confined in a certain space.

[Key words] Micro-XRF, Kr-gas, Microscopic space, Spatial resolution

本研究の最終目標は，マイクロ蛍光X線分析（micro-XRF）を用いて，電子部品のクラックや空隙を非破壊で分析することである．従来の方法では試料を破壊する必要があり，クラック分析が複雑化していた．集束X線ビームを利用したmicro-XRFにより，微小領域における元素分布の高分解能イメージングが可能となる．本研究では，希ガスの一種であるクリプトン（Kr）を対象に微小領域での分析を行った．この結果は，ガス成分の可視化およびクラック位置の特定に対するmicro-XRFの有用性を示している．ある空間に閉じ込められたKrガスに対して蛍光X線による分布像をとることを想定した場合，空間分解能は21 μmと評価された．

［キーワード］ マイクロ蛍光X線分析，クリプトンガス，微視的空間，空間分解能

1.　はじめに

1.1　電子部品の信頼性について

現在社会において，電子部品はスマートフォン，コンピュータ，自動車，医療機器など，さまざまな分野で不可欠な存在である．これらの部品は，データ処理，通信，エネルギー管理などの機能を支え，技術革新を推進している．近年，モノのインターネット（IoT）や人工知能（AI）の進展により，信頼性の高い電子部品の需要が

大阪公立大学大学院工学研究科物質化学生命系専攻　大阪府大阪市住吉区杉本3-3-138　〒558-8585
＊連絡著者：sx23383r@st.omu.ac.jp

急増している．

電子部品の信頼性とは，特定の条件下で指定された機能を果たす能力を指し，現代の電子機器において重要な要素である[1)]．広範な利用に伴い，信頼性は温度，湿度，振動，電磁干渉などの環境要因によって大きく影響され，故障メカニズムの理解を複雑にしている．電子部品にはさまざまな故障モードが存在するが，特に外層から発生するクラックが一般的である．製造，基板組立，運用中に生じる応力が，外部樹脂の破損を引き起こし，クラックが内部要素に進展することで機能障害を引き起こす可能性がある．そのため，電子部品の高付加価値化，特に長寿命化を実現するには，クラック形成のメカニズムを調査し，その根本原因を特定することが不可欠である．

1.2　電子部品のクラック解析

電子部品のクラック，特に空隙を調べる一つの方法は，製品を破壊して露呈された表面を面分析することである．過去数十年にわたり，面分析における空間分解能を向上させるため多様な分析手法の開発・改良が行われてきた[2)]．試料を破壊することを厭わないのであれば，さまざまな観察のアプローチが取れる．たとえばFIB-FESEMを用いれば，クラック部位の3D像がナノメートルオーダーで観察可能である．しかし当該方法ではクラックを含む製品を破壊してしまうため，そのほかの分析と組み合わせることが難しくメカニズムの解明が困難になる可能性がある．また試料を高真空に置く必要があるため，液体などを含む電子デバイスへの適用には前処理などさらなる手順を必要とする．

試料内部の構造を三次元的に非破壊で取得する最もよく知られた方法はX線CT法である．最近のX線CTは高解像度であり，クラックの詳細な三次元形状を取得することが可能である．しかし，X線CT解析画像から元素情報を得ることは難しく[3)]，また，電子デバイスは金属材料が含まれていることが多く，プラスチックと金属の複合材料を用いた電子デバイスではX線の吸収・散乱の影響からアーティファクトが発生し，正しい形状が取得できない可能性が高い．また厚い金属部位にて発生するクラックの場合，エッジエフェクトによるアーティファクトが発生し，クラックの形状を把握することができない可能性がある．さらにX線の分解能は現時点で150 nmボクセルサイズ程度が最小[4)]であり，クラックの形状を把握するためには約10倍～20倍のクラックが検出限界となる．また小さなボクセルサイズを達成させるためにはサンプルを1 mm^3程度に割断する必要があり，結局はクラックを観察するがためにその他の部分を破壊しなければならない．また観察のために非常に高価な設備を必要とする．

クラックを非破壊で観察する方法として良く知られているのが浸透探傷試験がある．クラック部に浸透液を染み込ませ，表面の浸透液を除去後現像液にて浸透液を表出させて観察する[5)]．大掛かりな設備を必要とせず，クラックを目視で観察できるが浸透液を塗布することで，その後のメカニズム解明に必要な元素情報などを取得するときに困難を伴う．細孔を測定する方法としてはポロシメーター（水銀圧入法）も考えられる[6)]が，水銀は人体に有毒であり，特に産業分野であれば測定サンプルの破棄などにも困難が伴う．したがって，非破壊で，将来的に三次元に拡張可能な二次元情報を取得でき，常圧で測定可能であり，かつ元素情報も得られる分析手法が求められている．

これらの制約を克服するための有望なアプローチの一つが，X線蛍光（XRF）分光法とである．XRF分析法は非破壊技術であり，高真空条件を必要とせずに材料の元素分析を可能にする．試料の元素組成に関する定性および定量情報を効果的に提供でき，複雑な構造の分析に特に適している[6,7]．詳述するように，最近のXRF技術の進歩により，その空間分解能と感度が大幅に向上し，元素分布の詳細なマッピングが可能になっている[8,9]．そこで，XRF分析法は，クラックと材料特性との複雑な関係を研究するための貴重なツールとなる可能性があり，さまざまな製品における故障メカニズムの理解を深める手段となりえる．

本研究では，材料中に発生したクラックを想定し，狭い領域に希ガスを導入し，その希ガスからの蛍光X線を測定することで，微量空間のXRFイメージングを目指して実験を行った．希ガスは試料と反応することもなく，測定後は排気することもできるので，クラックの分布を知る有効なインジケーターとなりえる．これまで，各種材料のXRF分析において希ガスに注目して測定することはあまりない．Arガスは大気中に0.93%含まれており，大気中で測定したXRFスペクトルにおいては，Ar Kα（2.96 keV）線は他の分析線を妨害する可能性もあり，積極的に分析されることはない．むしろ，試料周りをHeガスなど置換することで，Arガスを排除する工夫がされている．なお，クリプトン（Kr）ガスは大気中に0.0001%存在するとされており，Kr Kα線は12.63 keVにあるが，通常の実験室でのXRF分析では検出されない．

前述のように希ガスは不純物として扱われることが多く，XRFにおいて希ガスを対象として分析した事例は非常に少ない．例えば，多孔質材料におけるKrガスの吸着特性に着目し，XRF分析を通じて細孔サイズを推定した報告がある[10]．電池分野においては活性炭の細孔サイズは製品の特性を決定する極めて重要な要素である．しかし，前述の実施例で平均的な細孔サイズに関する情報しか提供されておらず，細孔の位置や形状についての情報を取得することはできない．

本研究の目的は，XRF分析装置を用いて希ガスの元素分布解析を通じて分析性能を評価し，希ガスを用いた微視的なクラックの可視化の可能性を探ることである．希ガスを可視化できれば，クラックを希ガスで満たすことでその可視化が容易になり，同時にクラック領域やその周辺から元素分布情報を取得することも可能になると考えられる．

2. 実験方法

2.1 Micro-XRF法について

Fig.1に微小部X線蛍光（micro-XRF）分析装置の一般的な装置構成を示す．この分析装置を用いることで，微小領域の元素組成を高い空間分解能で分析することができる．光源から放出されたX線を試料に照射すると試料内の元素

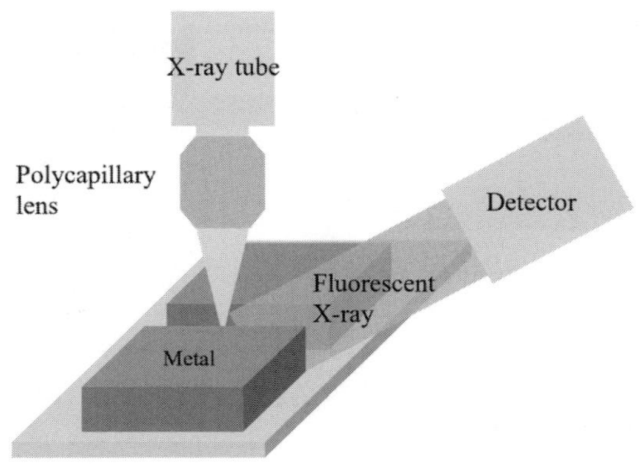

Fig.1 Schematic diagram of the micro X-ray fluorence Spectrometer.

が特有のエネルギーを有する蛍光X線を放出する．この蛍光X線をX線検出器で捉え，エネルギー解析することで，試料中に存在する元素の種類と濃度に関する知見を得ることができる．

近年のmicro-XRF装置はポリキャピラリーX線集光素子を用いて集束したX線ビームを使用しており，微細領域を元素分析することができる．また，試料を連続的に走査しながら蛍光X線を位置情報とともに記録することで，元素分布像を取得することも可能となっている．高い空間分解能と非破壊分析を特徴とし，複雑な形状を持つ試料にも適用可能であるため材料科学，環境分析，考古学などのさまざまな分野で利用されている．

2.2　測定装置について

Fig.2に本研究で用いたmicro-XRF分析装置の概観写真を示す．ロジウムターゲットの低出力小型X線管（rtw社，ドイツ）を用いており，X線管に印加する電圧50 kVと電流0.5 mAで動作させた．試料から発生した蛍光X線はSi-PIN検出器（Amptek, XR-100CR, アメリカ）を用いて大気中で検出した．X線管にはポリキャピラリーX線集光素子（XOS, アメリカ）を取り付けている．Mo Kαのエネルギーにおいて，X線ビーム径として8 μmが保証されている．得られるX線ビーム径は組み合わせるX線源により変化するが，Fig.2の装置を用いて，金属細線の走査法によりX線ビーム径を評価したところ，Mo Kα線のエネルギーにおいて9.5 μmと評価している[11]．試料はx-y-z自動ステージ（XA04A-R2-1JおよびZA07A-R3S-2H神津精機製，日本）に置き，試料位置の制御を行った．ステッピングモーターを用いた制御により1 μmの精度で試料位置を制御でき，面内（x-y軸方向）に±5 mm，高さ方向（z軸方向）に±12.5 mmの可動範囲を有している．

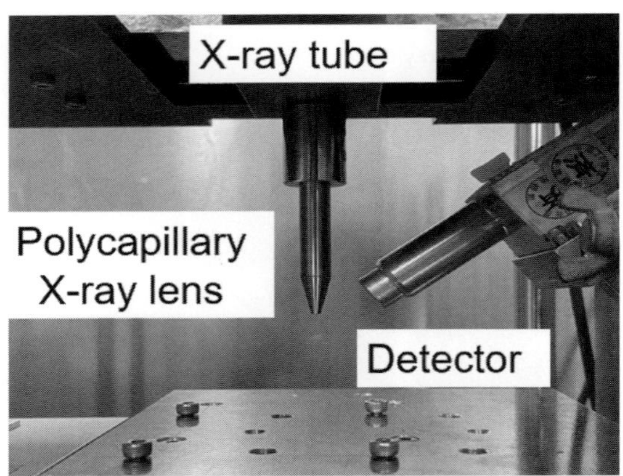

Fig.2　Photograph of the micro-XRF instrument.

3.　実験結果

3.1　KrガスのXRFスペクトル

クリプトン（Kr）ガスは12.65 keVに特有の蛍光X線エネルギーを持つことが知られている．厚さ300 μmのポリエチレン（PE）製の袋にKrガスを封入してXRF分析を行うと，Fig.3に示すように，Kr KαやKr Kβのピークが確認された．Krガスを満たした状態でのPE袋の厚さはおよそ10 mmであった．Kr Kα線はXRF分析においても測りやすいエネルギー領域に観測される．希ガスは他の元素との反応性が低く，安定な元素である．よって，測定対象である試料に影響を及ぼすことがないため，電子デバイスなどの評価に利用できる条件を備えていると言える．

3.2　Krガスを用いたXRF線分析

微小空間に閉じ込められたKrガスの分析を試みるために，Fig.4に示す評価デバイスを準備した．ABS樹脂を素材として，3Dプリンター

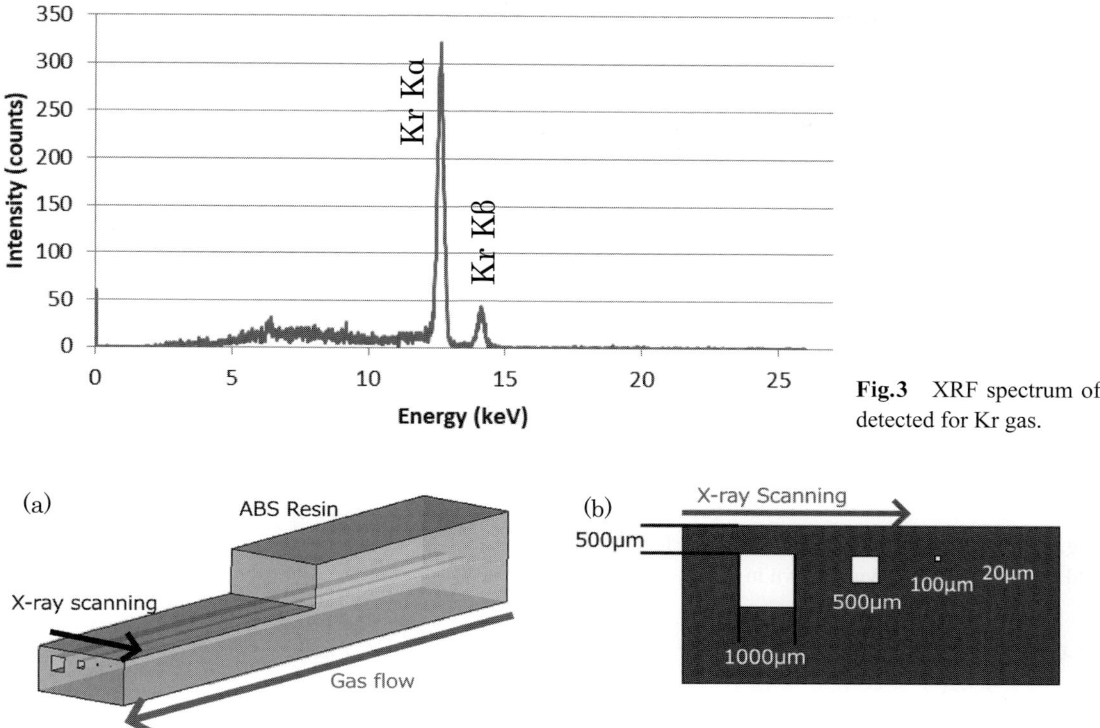

Fig.3 XRF spectrum of detected for Kr gas.

Fig.4 (a) Three-dimensional diagram of the device for evaluating XRF line analysis during noble gas flow. This device was scanned perpendicular to the gas flow direction for XRF line analysis. (b) The cross-sectional view of the device. Four gas paths were created with different dimensions.

を用いて作製した．ガスの封入口方面は，封入管に合わせて高さ6 cm，幅6.6 cm，奥行き2 cmとなっており，その後は蛍光X線を効率よく取得できるよう，表面のABS樹脂を500 μmまで薄くして設計した．それぞれガスの通り道となるストロー部分は1000 μm, 500 μm, 100 μm, 20 μmの矩形型空孔となっており，XRFで表層からスキャンすることで分解能を定量的に評価できるようにした．Fig.4 (a) は3次元の全体構造図を示しており，Fg.4 (b) はXRFでスキャンする部位の断面図である．

Krガスのボンベに接続した内径5 mm程度の高分子チューブを通じて，Krガスを評価デバイスの一方向から導入した．つまり，Krガスは評価デバイスに作製された3つの細長いパスの空間に満たされた．Krガスをフローさせながら，ガス成分が閉じ込められたパスに直交する方向でXRF分析を行った．なお，Krガスの特性を評価するにあたり，比較として，ArガスもFig.4の評価デバイスに導入し，XRFによる線分析を行った．線分析の走査距離は4000 μmで，10 μm間隔でXRF測定を行った．各地点における測定時間は10秒とした．Kr Kα線強度とAr Kα線強度の線分析結果をFig.5に示す．横軸は，評価デバイスの走距離であり，およそ1100 μmから2200 μmあたりにKrのプロファイルにおいて大きな強度分布が見られる．これは，Fig.4 (b) の評価デバイスの断面図にお

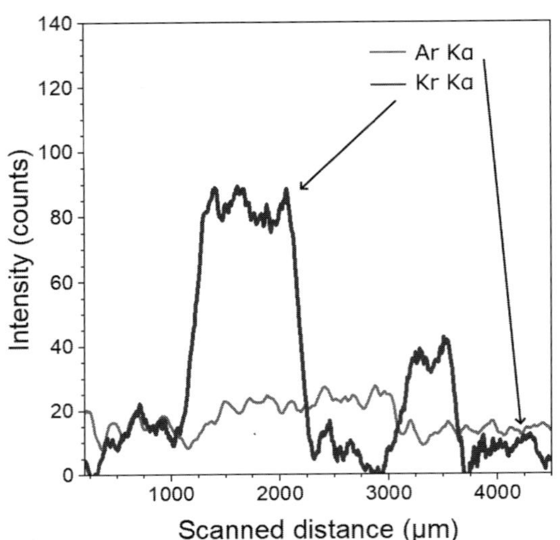

Fig.5 XRF Line analysis results obtained for Kr gas and Ar gas using the device shown in Fig.4.

ける1000 μm×1000 μmの断面を有する空間に満たされたKrからのXRFを検出したものと考えられる．実際，線分析における強度変化の幅は，おおよそKrガスが満たされた空間の大きさに対応している．さらに，3100 μmあたりから3500 μmあたりに2つ目の分布も確認され，これは，評価デバイスにおける500 μm×500 μmの断面を有する空間に満たされたKrガスを検出したものに対応する．一方で，Arガスを用いた比較測定では，Fig.5に示すように，有意な分布を得ることができなかった．これは，Ar Kα (2.96 keV) のX線が検出される前に，厚さ500 μmのABS樹脂により吸収されたためである．Krガスの場合には，12.63 keVに特性X線エネルギーを有するため，吸収の影響が少なく，Fig.5のようなプロファイルが得られたと考えられる．なお，Fig.4 (b) に示された100 μm角，20 μm角に対しては，Krにおいても観測されなかった．

3.3 KrガスのXRFイメージングにおける空間分解能の評価

KrガスのXRFイメージングを行う際の空間分解能を評価するために，Fig.6に示す試料を準備した．シリコンウェーハ片 (30 mm×30 mm) 上に2枚のチタン板 (10 mm×10 mm，厚さ1.5 mm，ニラコ製，日本) を配置した．この際に2枚のチタン板の間隔を約200 μmとした．さらに，厚さ300 μmのポリエチレン (PE) 袋内に両面テープを用いてチタン板を固定した．ただし，2枚のチタン板の隙間の上部には，XRF測定のために両面テープで覆わないようしている．Krガスを袋に導入して内部の空気を置換した後に，PE袋の導入口をヒートシーラーで封じ，KrガスをPE袋中に閉じ込めた．つまり，Krガスがチタン板間の間隙部に存在している状態で保持された．

この試料に対して，micro-XRF分析装置を用いてTi板とKrガスが存在する領域近傍を線分析を行った．この際，XRFの検出は，Fig.1に示したように，2枚のチタン板の間隙の方向から行った．この配置をとることにより，KrのXRFをチタン板で遮られることなく，測定することができた．300 μmの走査範囲において2 μm間隔で蛍光X線を取得した．各地点での測定時間は24秒に設定した．測定結果をFig.7に示す．Figs.7 (a) (b) はKr Kα線のネット強度およびTi Kα線のグロス強度の走査距離依存性を

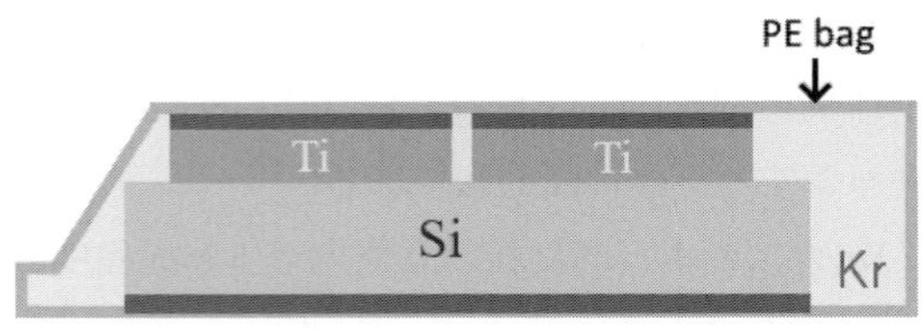

Fig.6 Sample prepared for evaluating spatial resolution of Kr gas analysis.

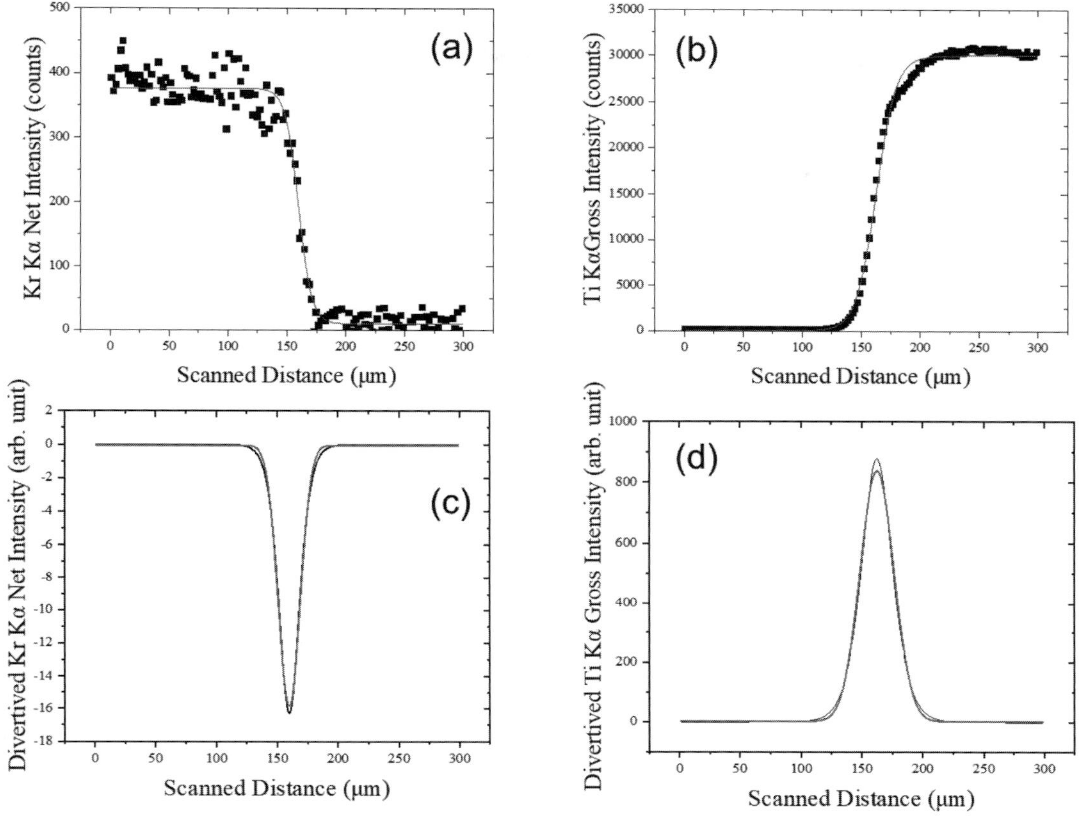

Fig.7 Line profiles of (a) Kr Kα net intensity and (b) Ti Kα gross intensity. Sigmoid curves were fitted with both plots as shown with red lines. Differentiated curve of (c) Kr Kα and (d) Ti Kα lines. Also, Gaussian curves were fitted with both profiles as shown with red lines.

示している．データ解析において，まず，測定された Kr Kα ピークに対して，ピークをまたぐ ROI (region of interest) を設定し，その全積算強度（グロス強度）を算出した．その後，設定した ROI の両端の数点からなる平均強度で直線をひき，その下部をバックグラウンド強度とした．グロス強度からバックグラウンド強度を引いて，ネット強度とした．このネット強度をプロットしたのが Fig.7 (a) である．Kr ガスからの XRF 強度は弱かったので，グロス強度ではバックグラウンド強度の影響を強く受ける可能性があるため，ネット強度で解析することにした．一方，Ti Kα 線は XRF 強度が強いため，グロス強度そのものを Fig.7 (b) にプロットした．走査位置が 150 μm あたりで，Kr 強度は急激に減少するのに対して，Ti 強度は逆に急増した．これは Ti 板と Kr ガス領域の境目を測定しているためであり，一種のナイフエッジ法を適用した測定に相当する．チタン板には㈱ニラコから供給された 2 枚の板を用いており，その表面は平滑であるとともに，端面も直線的に滑らかにカットされていた．

Figs.7 (a) (b) に示された 2 つのプロファイルに対して，赤の実線で示すシグモイド関数でフィッティングした．さらに，Figs.7 (c) (d) では，シグモイド関数を微分して得られた曲線を黒の実線で，さらに，これらの曲線にフィットするガウス関数を赤線で示している．以上のデータ解析は，Origin Pro 2023の機能を用いた．最終的に得られたガウス曲線に対して半値幅(FWHM)を求めたところ，Krに対して21 μm，Tiに対して33 μmであった．したがって，ナイフエッジ法により評価したKrガスの空間分解能は21 μmと評価された．つまり，現在の測定装置，測定条件下では，21 μm以上の間隙に対してKrのXRFイメージングが適用可能と言える．なお，より正確な評価のためには，エッジとして用いる材料をより詳細に評価する必要がある．

また，同時に解析したにも関わらず，Krに対して21 μm，Tiに対して33 μmと半値幅に差が見られた．これは空間分解能の評価に用いたXRFのエネルギー値の差に起因する可能性がある．つまり，Krでは12.63 keVで評価したのに対して，Tiでは4.51 keVで評価された．空間分解能の評価値に大きく影響を与える要因としてX線ビーム径がある．Fig.2のポリキャピラリ素子には，X線から発生した特性X線と白色X線全てが導入され，X線ビームが形成される．この場合，ポリキャピラリー内部で生じるX線全反射現象のエネルギー依存性のために，X線ビームにエネルギー分布が生じることが報告されている[12]．すなわち，エネルギーの低いX線はX線ビームの周辺まで分布するのに対して，高いエネルギーのX線はビームの中央部に集光される．Kr Kαはその吸収端(14.3 keV)以上のX線で励起されるため，X線ビーム径はビームの中心にある高エネルギー領域のビーム径が関わることになる．一方，Ti Kαでは吸収端が5.0 keVであり，用いたX線ビームの周辺を含めた太い領域から励起可能となる．よって，Ti Kαで空間分解能を評価すると，33 μmとKrの評価値よりも大きく評価されたものと理解される．

4. 結　論

微小空間に閉じ込めたKrガスをmicro-XRF装置を用いて分析することにより，Krガスを検出することによる空間分解能を21 μmと評価した．Krガスのmicro-XRF分析を通じて，材料等のクラックを可視化できる可能性が示唆された．さらに，micro-XRFや共焦点微小部蛍光X線分析装置を用いることで[13]，X線CTでは得られないクラック周辺の元素分布情報を取得することが可能と考えられる．今後は，Krガスの検出限界深さも評価するとともに，空間分可能のエネルギー依存性からKrに近いGaAsの測定にもトライできるかを調査する．そして実際の電子デバイスへの適用可能性をさらに調査する計画である．

謝　辞

本研究は，日本学術振興会(JSPS)科学研究費助成事業(KAKENHI)［助成番号23K23376］の支援を受けて実施されました．

参考文献

1) J. W. Akhmetov, S. M. Seitova, D. Toibazarov, G. T. Kadyrbayeva, A. Dauletkulova, G. B. Issayeva: Verification of Reliability Technical Devices through Resolving Probability of Failure and Failure, *Physico-Mathematical Series*, **321**, 49-61 (2018).

2) S. R. Babu, S. K. Michelic: Overview of Application of Automated SEM/EDS Measurements for Inclusion

Characterization in Steelmaking, *Metamat*, **2** (2024).

3) E. Maire, P. J. Withers : Quantitative X-ray Tomography, *Int. Mater. Rev*, **59**, 1-43 (2014).

4) 和山正志，山下泰久：3次元構造をナノスケールで実現するX線CTの登場，表面技術，**66**, 48-52 (2015).

5)（一社）日本非破壊検査協会編著："浸透探傷試験Ⅰ 2018",（2018),（一般社団法人日本非破壊検査協会).

6) P. J. Potts, A. T. Ellis, M. Holmes, P. Kregsamer, C. Streli, M. Weste, P. Wobrauschekd: X-ray Fluorescence Spectrometry, *J. Anal. At. Spectrom.*, **15**, 1417-1442 (2000).

7) M. West, A. T. Ellis, P. J. Potts, C. Streli, C. Vanhoofe, P. Wobrauschekc: 2016 Atomic Spectrometry Update —A Review of Advances in X-ray Fluorescence Spectrometry and Its Applications, *J. Anal. At. Spectrom.*, **31**, 1706-1755 (2016).

8) K. Tsuji, K. Nakano, H. Hayashi, K. Hayashi, C. Ro: X-ray Spectrometry. *Anal. Chem.*, **80**, 4421-4454 (2008).

9) K. Tsuji, K. Nakano, Y. Takahashi, K. Hayashi, C. Ro: X-ray Spectrometry, *Anal. Chem.*, **84**, 636-668 (2012).

10) V. A. Ryzhkov: Evaluation of porous structure by Kr and Xe desorption halftimes with X-Ray Fluorescence analysis, *MICROPOR MESOPOR MAT.*, **331**, 111657 (2022).

11) M. Nakae, T. Matsuyama, H. Ishi, K. Tsuji: Mathematical considerations for evaluating X-ray beam size in micro-XRF analysis, *X-Ray Spectrometry*, **52**, 290-302 (2023).

12) A. Matsuda, Y. Nodera, K. Nakano, K. Tsuji: X-ray Energy Dependence of the Properties of the Focused Beams Produced by Polycapillary X-ray Lens, *Anal. Sci.*, **24**, 843-846 (2008).

13) 小澤博美，辻 幸一：共焦点型微小部蛍光X線分析法による金属腐食過程のその場観察，防錆管理，**67**, 309-313 (2023).

X 線トポグラフィによる転位密度評価のための自動画像解析技術の開発

本多葵一*，永富隆清，松野信也

Development of an Automatic Image Analysis Technique for Evaluating Dislocation Density Distribution Using X-ray Topography

Kiichi HONDA*, Takaharu NAGATOMI and Shinya MATSUNO

Asahi Kasei Corp.
2-1, Samejima, Fuji, Shizuoka 416-8501, Japan

(Received 24 January 2025, Revised 29 January 2025, Accepted 31 January 2025)

We have developed an automatic image analysis technique of X-ray topography (XRT), which is used in the development of the growth technique of high-quality single-crystal semiconductor substrates and epitaxial films, to realize the evaluation of dislocation density over the substrates surface at high-throughput. We defined the false detection rate as the ratio of the number of images mistakenly detected as dislocations that are not recognized as dislocations by human eyes to the total number of detected dislocations. We confirmed that the false detection ratio is less than 3% for substrates with dislocation density of about 10^4 cm^{-2}, such as SiC substrates. We also confirmed that the developed algorithm can be applied to XRT images obtained with not only a general-purpose XRD apparatus but also apparatus specific to high-special resolution XRT.

[Key words] X-ray topography, Dislocation density, Automatic image analysis, Single crystal substrates

高品質な単結晶半導体基板やエピタキシャル膜の成長技術開発において用いられる X 線トポグラフィ（XRT）による転位評価について，高スループットでの基板全面の転位密度評価を実現するための XRT 像の自動解析技術を開発した．人の目で XRT 像を見たときに転位ではないと判断される像を誤って転位として検出する割合として定義した誤検出率は，SiC 基板などの 10^4 cm^{-2} 程度の転位密度を持つ基板に対して 3% 以下であることを確認した．また XRT 用 X 線カメラを搭載した汎用 X 線回折（XRD）装置で取得した XRT 像だけでなく，XRT 専用装置で得られる高空間分解能 XRT 像に対しても開発したアルゴリズムが適用できることも確認した．

[キーワード] X 線トポグラフィ，転位密度，自動画像解析，単結晶基板

旭化成株式会社　静岡県富士市鮫島 2-1　〒 416-8501　＊連絡著者：honda.kx@om.asahi-kasei.co.jp

1. はじめに

電気自動車や太陽光発電システムなどにおいて必須であるパワーデバイスの開発が精力的に行われている[1)]．パワーデバイスの性能を決める最も重要な要素の一つが半導体基板の品質であり，現在では従来の Si や GaAs に加えて SiC や GaN が用いられるようになってきた．今後のパワーデバイスの高性能化や低コスト化には SiC や GaN 基板の大口径化と高品質化，あるいは AlN やダイヤモンドなどの新たな材料の単結晶基板が求められる．半導体単結晶基板の品質として最も重要な評価指標の一つが転位密度分布であり，一般的に用いられている手法としてエッチピット法[2)]がある．エッチピット法ではエッチング条件を最適化することで，転位数密度の評価に加えてエッチピットの形状から転位種の判定も可能である[3)]．しかしながらエッチングを行うため破壊分析であり分析直後に成膜等を行えないこと，基板種に合わせたエッチング条件の最適化が必要であることなどが，基板開発やデバイスの製造や開発への迅速なフィードバックの面で課題である．

デバイス開発において基板中の転位がエピタキシャル層へ与える影響や転位フィルタ層による転位抑制効果[4)]などの知見を得るためには転位の非破壊分析が求められる．非破壊で基板面内の転位分布を取得できる手法としては従来から用いられている X 線トポグラフィ（XRT）[5, 6)]や，最近では多光子顕微鏡観察による転位解析技術の開発も進んでいる[7)]．単結晶基板成長技術の開発においては基板面内の転位密度分布に加えて単結晶ブールの成長軸方向の転位密度の変化も重要であり，単結晶ブールから切り出した多数枚の単結晶基板の転位密度分布評価のためには高スループットでの測定と解析が必要である．非破壊での高スループット転位密度測定の観点では XRT が有効であるが，転位の計数を考えると例えば直径 4 インチ（100 mmϕ）面内の 10^4 cm^{-2} オーダーの転位を XRT 像から人の手で計数することは困難である．これまでに，XRT 像から自動で転位を計数するツールとして SiC 基板用の転位密度解析ソフトウェア[8)]が市販されているが，SiC 以外の基板に対しても適用できる汎用性の高い自動解析ツールは存在しない．今後の GaN などの半導体基板成長技術の開発においては，これらの基板において支配的である貫通転位の転位密度を基板全面にわたって自動で検出して計数することが求められる．そこで本研究では，主に貫通転位で構成される XRT 像の特徴を考慮して種々の画像解析法を組み合わせることで XRT 像中の転位を高い精度で自動検出して計数し，種々の半導体基板に対して取得した XRT 像から転位密度の面内分布を評価することが可能な転位自動解析技術を開発したので報告する．

2. XRT測定

本研究で解析対象とした XRT 像は主に汎用 X 線回折（XRD）装置（SmartLab, Rigaku, 以下汎用 XRD 装置）に X 線カメラ（XTOP, Rigaku）を搭載したラボ機で取得した．汎用 XRD 装置の XRT 測定条件は Table 1 に示す通りである．検証用試料には 4 インチ SiC（001）基板（4H-N-DG, アズワン）を用い，XRT 測定面は SiC（$\bar{1}$ 1 0 10）として基板中央の約 50 mm 角の領域を測定した．

Fig.1 (a) に示すように汎用 XRD 装置では Y 方向に伸びた線状の X 線を照射することで，各照射位置においてある回折条件を満たす回折 X 線強度を記録する．X 線の伸びた Y 方向と垂

Table 1 XRT measurement condition using general-purpose XRD apparatus equipped with an X-ray camera specific to XRT measurement.

Apparatus	SmartLab (Rigaku)
X-ray source	Cu-Kα
Excitation voltage	45 kV
Emission current	200 mA
Detector	XTOP
Measurement mode	Traverse
Measurement arrangement	Reflection

Table 2 XRT measurement condition using apparatus specific to high-special resolution XRT measurement.

Apparatus	XRTmicron (Rigaku)
X-ray source	Cu-Kα
Excitation voltage	40 kV
Emission current	30 mA
Detector	HR-XTOP
Measurement mode	Snapshot
Measurement arrangement	Reflection

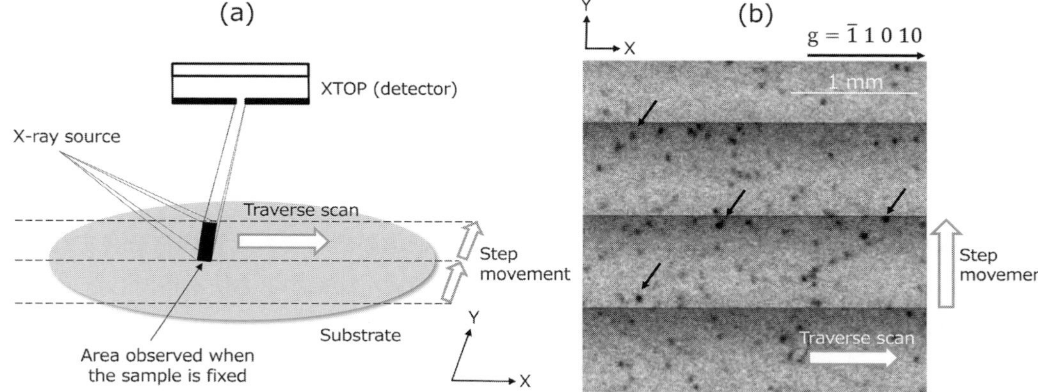

Fig.1 (a) Schematic diagram of XRT measurement using a general-purpose XRD apparatus equipped with a X-ray camera specific to XRT measurement (XTOP), and (b) XRT image of the area of 2.7×2.7 mm^2 observed using SiC($\bar{1}$ 1 0 10) diffraction. Arrows in (b) indicate examples of dislocations.

直な X 方向に試料を走査することで X 方向に長い帯状の XRT 像が得られ，さらに Y 方向に試料をステップ移動させることで基板全面の XRT 像が得られる．Fig.1 (b) は SiC($\bar{1}$ 1 0 10) を用いて取得した SiC 基板の XRT 像のうち基板中央付近の 2.7 mm 角をトリミングした像であり，矢印で示したように転位は暗く観察される．本論文では，画像解析によりこれらの転位を自動検出して転位密度を求めるアルゴリズムの開発について述べる．なお X 方向に長い帯状の XRT 像になるのは Y 方向の強度分布を持つ Y 方向に伸びた入射 X 線を横方向に走査して 1 枚の XRT 像を取得することが理由である．Y 方向に入射 X 線由来の輝度分布を持つ XRT 像を結合して一つの XRT 像とするため結合部のコントラスト差が大きく，Fig.1 (b) のように X 方向に延びた帯状のコントラストを持つ XRT 像となる．

本研究では，XRT 専用装置 (XRTmicron, Rigaku, 以下 XRT 専用機) に高空間分解能 X 線カメラ (HR-XTOP, Rigaku) を搭載したラボ機で取得した高空間分解能 XRT 像への開発した自動画像解析技術の適用も検討した．XRT 専用機には高輝度微小点 X 線光源と放物面多層膜ミラー光学系が採用されており，汎用 XRD 装置よりも高精細な XRT 像を取得できることが特徴の一つである[9]．XRT 専用機の XRT 測定条件は Table 2 に示す通りである．

3. 転位自動検出アルゴリズム

3.1 XRT像の自動解析の流れ

開発した転位自動検出アルゴリズムの流れをFig.2に示す．50 mm角などの広い領域に対して取得したXRT像を2.7 mm角領域の像に分割し，分割した画像（元画像）の解析を繰り返すことで取得したXRT像全面の画像解析を行う．本解析法では次の3点を取り入れることで自動化を実現した．すなわち①元画像のバックグラウンド（BG）補正とノイズ除去，②輝度分布の規格化，③二値化閾値の2段階での設定による転位検出の高精度化，である．

Fig.2 (a) はXRT測定で得られた元画像を示しており，入射X線強度由来の横方向の帯状のBGが見られるため，このBGを除去するためにFig.2 (b) に示すマスク処理を採用した．次に，基板の反りなどの影響により2.7 mm角のXRT像の輝度ヒストグラムが基板面内で異なることを補正することで基板面内全面に対して同一パラメータを用いて自動処理を行うために，Fig.2 (c) に示すように輝度分布の規格化を採用した．この規格化により，異なる測定条件あるいは異なる材料の基板に対して取得したXRT像も同一パラメータで自動解析でき，開発した技術の汎用性が向上した．続いて次の二値化処理の前にノイズを抑えつつ個々の転位画像を明瞭にするために，Fig.2 (d) に示すローパスフィルタ処理を採用した．

次にFig.2 (e) に示すようにXRT像の輝度分布を転位とBG成分に分離することで決定した閾値を用いて二値化し，輪郭検出により転位を検出した．転位が明瞭に認識できる場合はここまでの処理により転位として検出されるが，明るさがBGに近い転位の検出精度が十分ではなかった．そこでより精度よく二値化の閾値を決定するために，このステップまでの処理で検出された転位の情報をもとに転位を含まないBGのみの領域を探索する方法を検討した．具体的にはFig.2 (g) に示すようにBGのみの領域を転位像の特徴をもとに探索して抽出し，BG領域のみの輝度分布から転位とBGの閾値を改めて決定して二値化した．最後に改めて二値化した画像に対して輪郭検出を行うことで転位を検出して転位数を計数した（Fig.2 (h)）．この2.7 mm角のXRT像に対する解析を繰り返すことで測

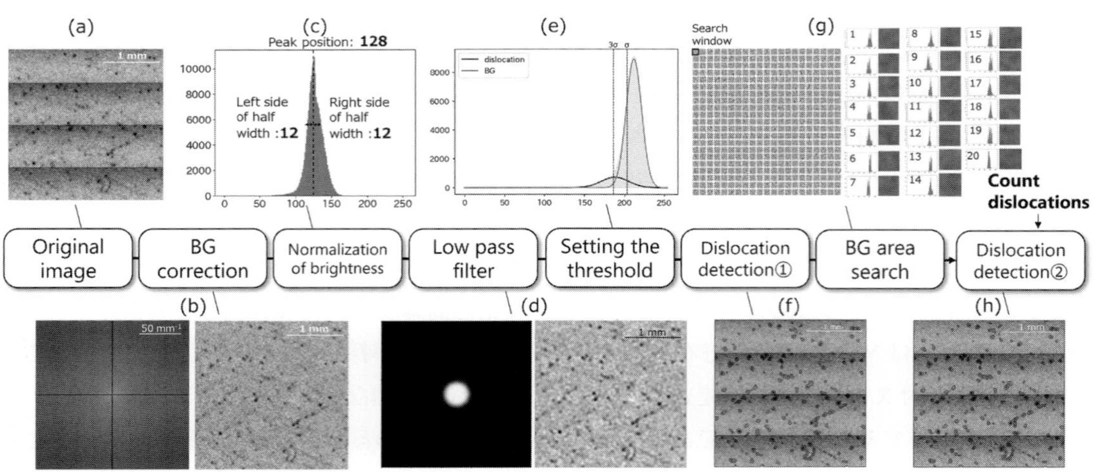

Fig.2 Flow of the automatic dislocation detection algorithm.

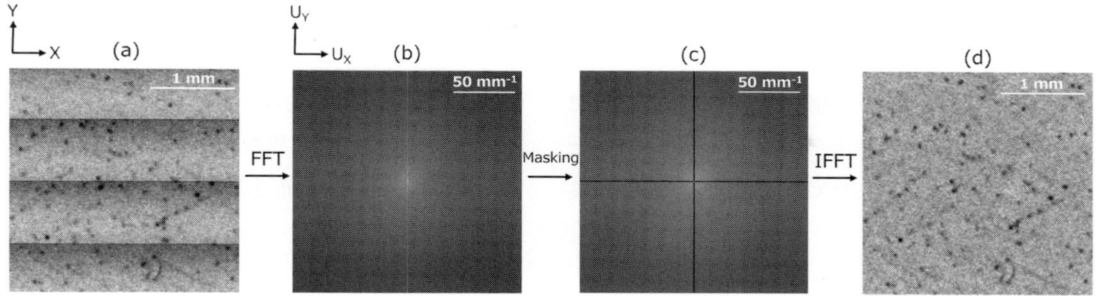

Fig.3 BG correction by masking the power spectrum. (a) XRT image (original image), (b) power spectrum after FFT, (c) power spectrum after masking, and (d) XRT image after inverse FFT. The mask in (c) sets the brightness values along $U_X = 0$ and $U_Y = 0$ to zero except for the origin at $U_X = U_Y = 0$.

定領域全面の XRT 像を解析した．これら一連の処理を行うプログラムはすべて Python スクリプトで作成した．以下，開発したアルゴリズムの各処理を詳細に述べる．

3.2　BG 補正

BG 補正の方法を Fig.3 に示す．Fig.3 (a) に示した元画像では入射 X 線の長手方向の強度分布に由来する横縞が観測されるため，この BG に対する補正を行った．帯状のコントラストについては一般的なフーリエ空間でのマスク処理により除去した．そのために元画像を高速フーリエ変換（FFT：Fast Fourier Transformation）して Fig.3 (b) のパワースペクトルを得た．このパワースペクトルに対して X および Y 方向に平行な周波数成分を画像から消去するマスク処理を行った．すなわち Fig.3 (c) に示す通り，X および Y 方向の空間周波数，U_X および U_Y，について，$U_X = 0$ と $U_Y = 0$ 上（ただし直流成分である原点 $U_X = U_Y = 0$ を除く）の輝度値をゼロとした．その後 Fig.3 (c) を逆 FFT することで帯状の輝度変化が補正された Fig.3 (d) の XRT 像を得る．

Fig.4 (a) はマスク処理後の XRT 像と X および Y 方向の平均輝度プロファイルを示している．前段の FFT 像に対してマスク処理を行う処理において全体の明るさに相当する直流成分 $U_X = U_Y = 0$ を除いた（輝度値をゼロにしない）ことによるアーティファクトのため，X および Y 方向の平均輝度プロファイルに低空間周波数の強度変調が発生する．そこで X および Y 方向の平均輝度プロファイルに対して多項式を最小二乗フィッティングし，元画像の各方向の輝度をフィッティング関数で割ることで補正することとした．その結果，Fig.4 (b) に示す通り BG レベルが一定な XRT 像が得られた．このマスク処理と低周波成分除去による BG 処理は，基板の材料種や測定条件によらず汎用 XRD 装置で得られる XRT 像の特徴にあわせた処理である．

3.3　輝度分布の規格化

基板の反りなどを原因とする基板面内での XRT 像の輝度分布の変化が存在すると画像処理による自動検出が困難となり検出精度も下がるため，輝度分布の規格化を採用した．Fig.5 (a) は SiC 基板の異なる領域から得られた 2 つの XRT 像である．領域によって XRT 像全体の明るさが異なり，それに伴って輝度分布も異なることがわかる．そこで輝度分布に見られる BG 成分による強いピークのピーク輝度値と半値幅について，すべての XRT 像に対して一致するよう規格化を行った．具体的にはピーク位置は 8 bit 階調の中心である 128 とし，半値幅についてはピークの左側と右側に分けていずれも 12 とし，各 XRT 像の輝度分布が同じピーク値と半値幅を持つように各 XRT 像の輝度値を変換した．なお半値幅に対する 12 という値は多数の 2.7 mm 角の XRT 像から典型的な値を求めて設定した．Fig.5 (b) から，輝度分布を規格化することで輝度分布が異なっていた XRT 像の輝度分布が類似した分布となっていることがわか

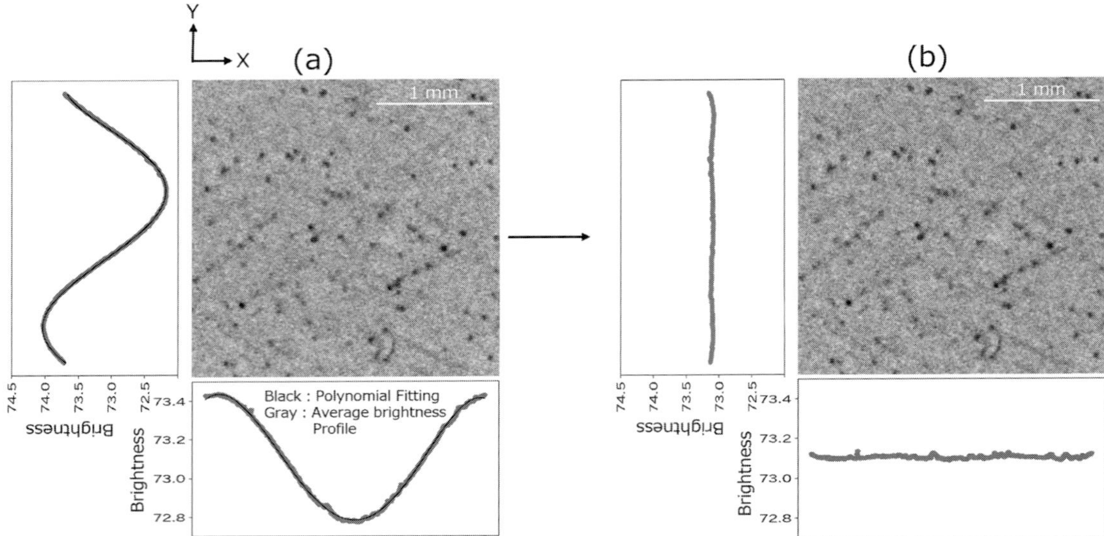

Fig.4 XRT images (a)before and (b)after the correction for low-frequency components using the least squares fitting method and average brightness profiles in vertical (Y) and horizontal (X) directions. The gray plot shows the average brightness profile and the black line plots the curve obtained by polynomial fitting.

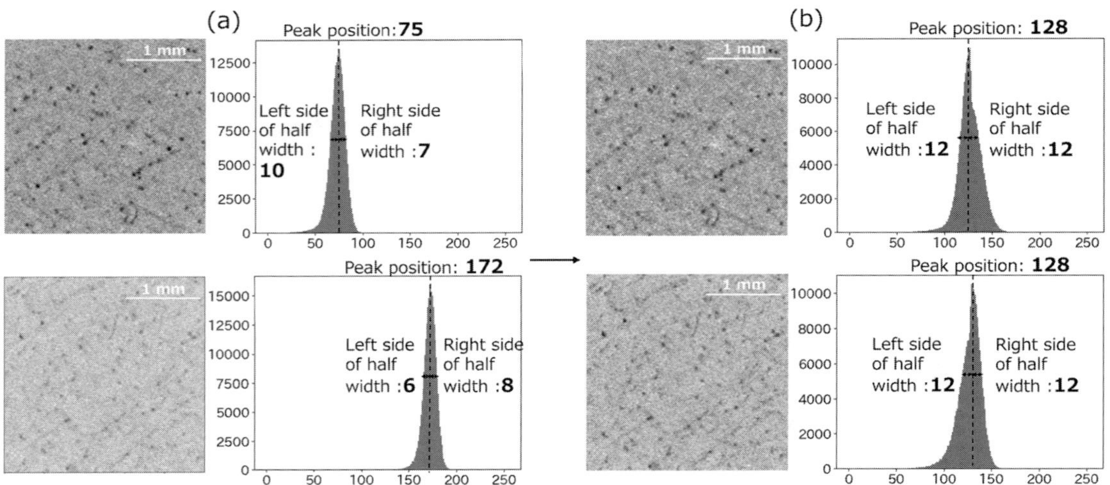

Fig.5 (a) 2.7×2.7 mm^2 XRT images obtained from different regions on a SiC substrate surface and their brightness distribution, and (b) XRT images and brightness distribution after normalization of brightness distribution.

る．そのため，このあとの画素値の二値化による転位検出などを同一のパラメータで実施できる．またこの輝度分布の規格化処理を実装したことで，測定条件や基板の種類等が異なる XRT 像に対しても本アルゴリズムを適用して同一パラメータで自動解析できることを確認した．この輝度分布の規格化により汎用性を向上させている点が，開発した技術の特徴の一つである．

3.4　ローパスフィルタ処理

XRT 像に含まれるノイズを除去し，かつ個々の転位像を明瞭にすることは，XRT 像の二値化による転位検出の効率を向上させる．そこでローパスフィルタ処理により，個々の転位の像の形成にほとんど寄与しておらずノイズ成分を多く含む高空間周波数成分を取り除いた．ローパスフィルタのカットオフ周波数の設定方法を Fig.6 に示す．XRT 像 (Fig.6 (a)) のうち転位像 1 個を 64×64 pixels^2 のサイズでトリミングして抽出した (Fig.6 (b))．次に FFT によりパワースペクトルに変換した後に 5 pixel 幅で抽出 (Fig.6 (c)) したラインプロファイルが Fig.6 (d) である．ピーク右側の全面積に対して面積が 70% となる周波数を転位像を構成する最大周波数としてローパスフィルタのカットオフ周波数とした (Fig.6 (d))．実際の処理では複数の転位像に

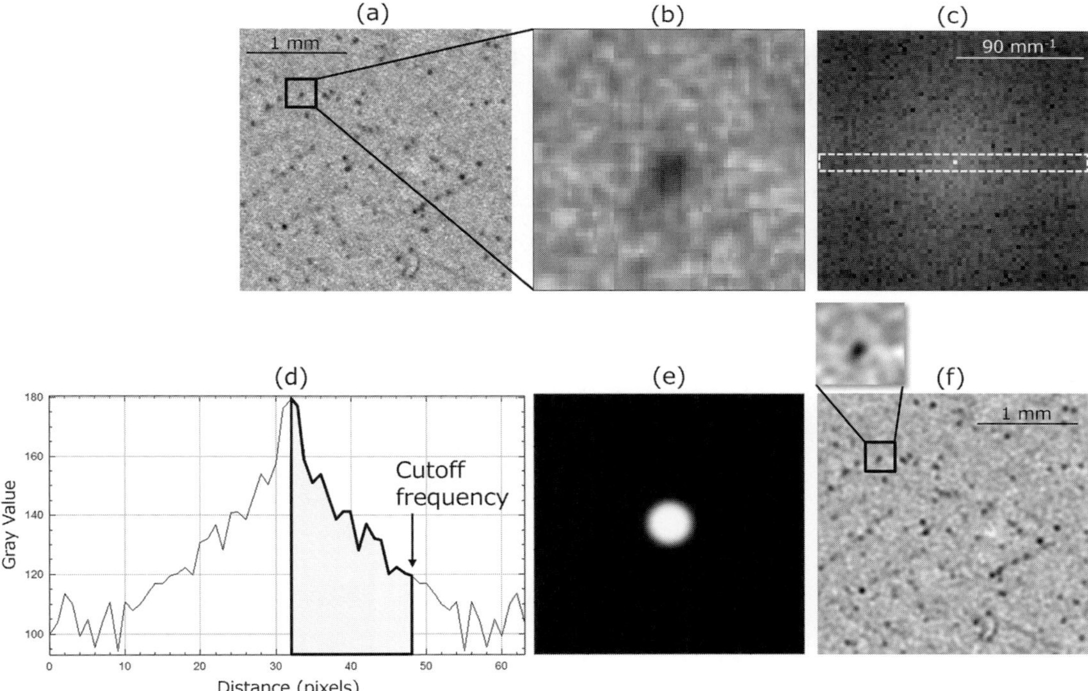

Fig.6　Setting of the cutoff frequency of the low pass filter. (a) 2.7×2.7 mm^2 XRT image, (b) a single dislocation image trimmed to 64×64 pixels^2, (c) power spectrum of the trimmed image, (d) line profile of the power spectrum extracted from the area shown in (c) by dashed line, (e) low pass filter image, and (f) XRT image after low pass filter treatment. The dashed rectangle with the width of 5 pixels in (c) is the area where the line profile was extracted. The grey area to the right of the peak in (d) is 70% of the area on the right, and the spatial frequency at this point was set as the cutoff frequency.

対して同様の処理を行い，得られるカットオフ周波数の平均値を最終的なカットオフ周波数とした．Fig.6 (e) はローパスフィルタ像で，カットオフ周波数まではすべて通し（= 1），カットオフ周波数から 45 pixels を超えるとフィルタ値をゼロとし，その間は余弦関数でつなぐ形とした．なお，材料や基板方位によって個々の転位像が異なるためカットオフ周波数も変化することから，材料や基板方位ごとにカットオフ周波数を決定する必要がある．このローパスフィルタ処理により転位像形成に必要な空間周波数成分のみ通してノイズ成分が除去されるため，Fig.6 (f) に示すように個々の転位が明瞭な XRT 像が得られる．

3.5　二値化の閾値設定と転位検出

Fig.7 に輝度分布に基づいて XRT 像を二値化して輪郭検出により転位を検出する処理を示す．Fig.7 (a) の輝度分布は明るい BG による強いピークと暗いコントラストを持つ転位による成分で構成される．そこで BG 成分と転位の成分それぞれに対してガウス関数をフィッティングし，BG ピークの分散を σ としたときの 3σ となる輝度値を二値化の閾値とした．二値化画像に対して転位を検出する方法として輪郭検出を採用した (Fig.7 (b))．

転位像のコントラストが BG に対して明瞭な場合はこの処理で精度よく転位を検出できるが，例えば Fig.7 (b) 内の拡大図に示すように BG 成分のノイズがある場合は誤って転位として検出される場合などがある．そこで，人の目で見て転位ではないと判断されるコントラストを誤って転位として検出した数の検出された全転位数に対する割合を誤検出率と定義して転位検出の精度を評価したところ，例えば Fig.7 (b) では 2.7% であった．この誤検出率をより改善するために開発したアルゴリズムでは，この段階で得られた転位数の計数値をもとに転位像の

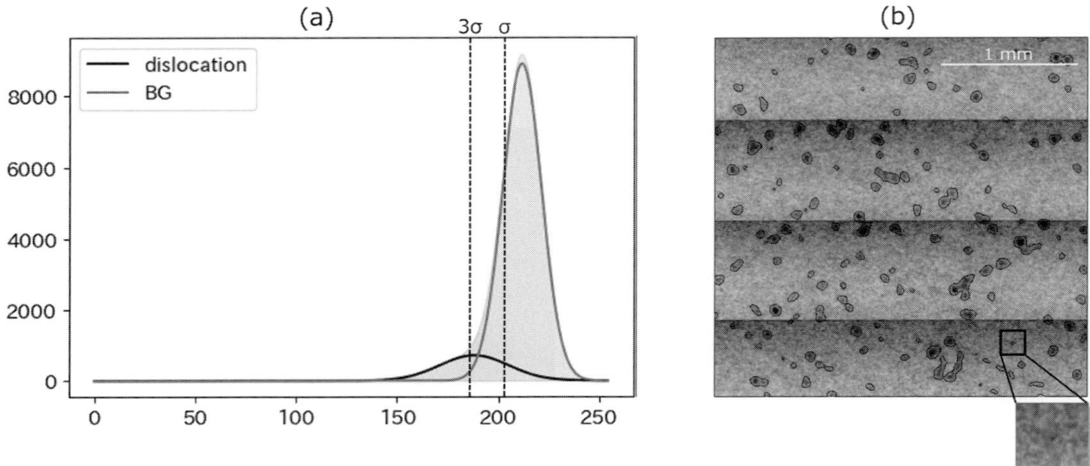

Fig.7　(a) Setting the threshold for binarization using brightness distribution, (b) dislocation detection results in the XRT image. In (a), the BG component (black line) and dislocation component (gray line) were fitted with a Gaussian function to the brightness distribution. The threshold for binarization was set at 3σ, where σ is the standard deviation of the BG component. In (b) detected dislocations were marked (surrounded) by the black lines. Enlarged image shows the contrast mistakenly detected as a dislocation.

特徴を活かしてBGのみで転位を含まない領域を探索し，BG領域のみの輝度分布を求めて二値化の閾値を決定する処理を搭載した．

3.6 BG領域の検索と二値化閾値の決定および転位検出

XRT像から転位を含まないBG領域のみを抽出するためにFig.8 (a) に示すように2.7 mm角のXRT像を検索窓で分割し，検索窓ごとにBGのみの領域か転位を含むのかを判定することとした．検索窓の大きさは一つ前の処理で求めた転位数を元に設定した．具体的には1枚の転位画像を転位数で割ることで転位一つが占める面積の平均値を求め，その面積の約1/4を検索窓の大きさとすることで確実にBGのみで形成される探索窓が設定されるようにした．そのため転位数が多い場合は検索窓が小さく，転位数が少ない場合は検索窓が大きくなり，効率的にBG領域を検索できる．

BG領域の判定は転位像の特徴である輝度分布のピーク非対称性，すなわちFig.7のところでも述べたようにBG成分のみであれば輝度分布はガウス分布に近く，転位成分を含む場合は低輝度値側がテールを引いて非対称形になることを利用することとした．Fig.8 (b) は検索窓1つ分のXRT像に対する輝度分布を示している．検索窓が小さく輝度分布の信号ノイズ比が低い場合でも輝度分布のピーク位置を決定できるように，ガウス関数をフィッティングしてピーク位置を算出した．次にFig.8 (c) に示したようにこのピークの右側（高輝度側，黒線）と，左右を折り返して重ねて表示してあるピーク左側（低輝度側，グレー線）の輝度値の差分を求めた．この差分値が小さいほど対称な輝度分布，すなわちBG領域である，と判定できる．

Fig.9はBG領域を探索した結果である．Fig.8のところで説明したBG領域であることを示す差分値の小さい方から検索窓を20個ピックアップし（Fig.9 (a, b)），Fig.9 (c) に示す通り各検索窓に対する輝度分布を足し合わせてBGの輝度分布とした．この輝度分布にガウス関数をフィッティングし，その時の分散をσとして3σに相当する輝度値を二値化の閾値とした．

Fig.10に転位検出の結果を示す．入射X線の強度分布に起因する帯状のXRT像の結合部に見られる暗い領域に存在する転位や，BGレベルに近い明るさを持つ転位など，元画像において目視にて認識される転位が精度よく検出され

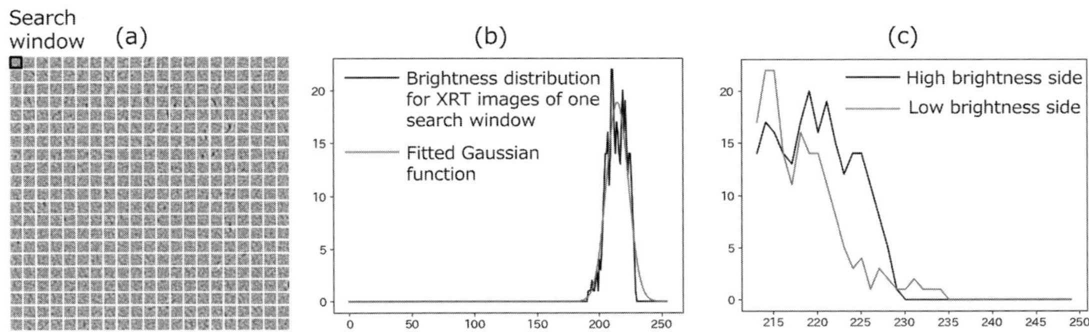

Fig.8 Search of BG areas. (a) Search window settings, (b) brightness distribution (black line) and fitted Gaussian function (grey line) for the XRT image of one search window, and (c) comparison of the high brightness side (black line) and low brightness side (gray line) of the brightness distribution.

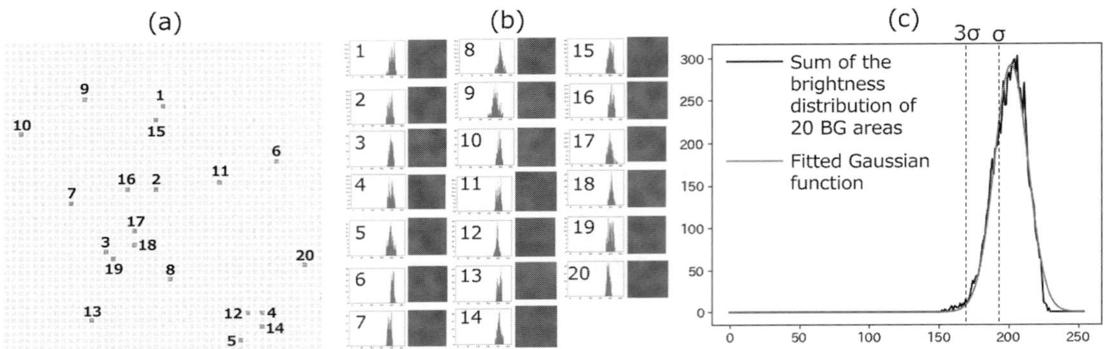

Fig.9 BG area determination. (a) The positions and numbers of 20 search windows determined to be BG regions in the XRT image, (b) XRT images and brightness distribution of each search window determined to be the BG region, and (c) the sum of the brightness distribution of 20 BG regions (black line) and Gaussian function fitting (gray line).

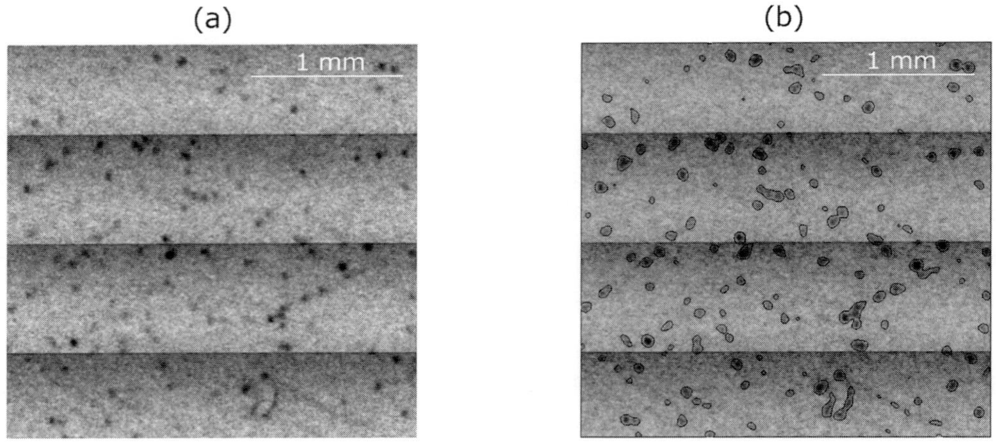

Fig.10 Automatic detection of dislocations in 2.7×2.7 mm^2 XRT images. (a) Original image, and (b) dislocation detection results in the XRT image. The number of detected dislocations was 139.

ていることが分かる．この XRT 像で検出された転位数は 139 個であった．Fig.10 (b) の誤検出率は 0.7% であり，Figs.8, 9 の処理を行う前の Fig.7 (b) の段階での誤検出率 2.7% より改善した．また Fig.7 (b) において誤検出の例として示したノイズが Fig.10 (b) では転位として検出されていないことも確認できる．また Table 3 に示す通り，誤検出率を他の材料 (Al_2O_3, AlN) の単結晶基板の XRT 像に対しても見積もったところ，どの基板に対しても誤検出率は 3% 以下と見積もられ高い精度を実現していることを確認した．なお今回開発した転位解析法による転位検出の精度に関しては，今後，いくつかの材料の単結晶基板に対して今回開発した技術で

Table 3 Materials of substrates and false detection rate.

Materials of substrates	False detection rate
SiC	≦ 1%
Al_2O_3	≦ 1%
AlN	≦ 3%

(a) 5.4 mm

618 2.1E3/cm2	687 2.4E3/cm2	680 2.3E3/cm2	619 2.1E3/cm2	657 2.3E3/cm2	630 2.2E3/cm2	660 2.3E3/cm2	701 2.4E3/cm2	631 2.2E3/cm2
706 2.4E3/cm2	670 2.3E3/cm2	592 2.0E3/cm2	678 2.3E3/cm2	708 2.4E3/cm2	705 2.4E3/cm2	646 2.2E3/cm2	611 2.1E3/cm2	683 2.3E3/cm2
728 2.5E3/cm2	601 2.1E3/cm2	622 2.1E3/cm2	661 2.3E3/cm2	668 2.3E3/cm2	660 2.3E3/cm2	621 2.1E3/cm2	552 1.9E3/cm2	691 2.4E3/cm2
683 2.3E3/cm2	681 2.3E3/cm2	564 1.9E3/cm2	664 2.3E3/cm2	725 2.5E3/cm2	766 2.6E3/cm2	676 2.3E3/cm2	659 2.3E3/cm2	718 2.5E3/cm2
698 2.4E3/cm2	616 2.1E3/cm2	719 2.5E3/cm2	755 2.6E3/cm2	674 2.3E3/cm2	683 2.3E3/cm2	665 2.3E3/cm2	714 2.4E3/cm2	668 2.3E3/cm2
627 2.2E3/cm2	725 2.5E3/cm2	757 2.6E3/cm2	690 2.4E3/cm2	754 2.6E3/cm2	626 2.1E3/cm2	685 2.3E3/cm2	683 2.3E3/cm2	675 2.3E3/cm2
695 2.4E3/cm2	692 2.4E3/cm2	742 2.5E3/cm2	737 2.5E3/cm2	723 2.5E3/cm2	673 2.3E3/cm2	754 2.6E3/cm2	545 1.9E3/cm2	666 2.3E3/cm2
582 2.0E3/cm2	643 2.2E3/cm2	694 2.4E3/cm2	709 2.4E3/cm2	652 2.2E3/cm2	662 2.3E3/cm2	739 2.5E3/cm2	650 2.2E3/cm2	633 2.2E3/cm2
544 1.9E3/cm2	582 2.0E3/cm2	636 2.2E3/cm2	650 2.2E3/cm2	713 2.4E3/cm2	687 2.4E3/cm2	662 2.3E3/cm2	651 2.2E3/cm2	537 1.8E3/cm2

(b) (Unit : 10^3 cm^{-2})

2.1	2.4	2.3	2.1	2.3	2.2	2.3	2.4	2.2
2.4	2.3	2.0	2.3	2.4	2.4	2.2	2.1	2.3
2.5	2.1	2.1	2.3	2.3	2.3	2.1	1.9	2.4
2.3	2.3	1.9	2.3	2.5	2.6	2.3	2.3	2.5
2.4	2.1	2.5	2.6	2.3	2.3	2.3	2.4	2.3
2.2	2.5	2.6	2.4	2.6	2.1	2.3	2.3	2.3
2.4	2.4	2.5	2.5	2.5	2.3	2.6	1.9	2.3
2.0	2.2	2.4	2.4	2.2	2.3	2.5	2.2	2.2
1.9	2.0	2.2	2.2	2.4	2.4	2.3	2.2	1.8

2.6 1.8

Fig.11 Results of automated analysis of XRT images taken in a central area of approximately 50×50 mm^2 on a 4-inch SiC(001) substrate surface. (a) The number of dislocations and dislocation densities obtained for a 5.4×5.4 mm^2 area, i.e., 2.7×2.7 $mm^2 \times 4$, are superimposed on the XRT image, and (b) grayscale representation of the dislocation density shown in (a).

XRT 解析を行った後にエッチピット法でも評価を行って検証する予定である.

3.7 基板全面の解析

以上，基板全面などの広範囲で取得した XRT 像を分割した 2.7 mm 角サイズの XRT 像に対する転位検出のアルゴリズムを説明した．分割した 2.7 mm 角の XRT 像すべてに対して同様の解析を繰り返すことで広い面積の XRT 像を自動解析できる．Fig.11 (a) は 4 インチ SiC (001) 基板の中央付近の約 50 mm 角領域に対して得られた XRT 像を 2.7 mm 角の領域に対して解析した後，5.4 mm 角 (すなわち 2.7 mm 角領域 ×4) で転位数と転位密度求めて XRT 像に重ね書きした結果である．また Fig.11 (b) は (a) の転位密度をクレースケール表示した結果である．このように広い面積に対して取得した任意の材料の半導体単結晶基板に対する XRT 像の面内転位密度分布の評価が可能となった.

4. 高空間分解能像への適用

高空間分解能の XRT 像が得られる XRT 専用機を用いて取得した XRT 像の解析へも開発したアルゴリズムが適用可能であるかを確認した．Fig.12 は (a) 汎用 XRD 装置と (b) XRT 専用機を用いて SiC (001) の同一視野に対して測定した XRT 像である．汎用 XRD 装置で得られた XRT 像の自動解析で検出された転位がほぼ XRT 専用機の XRT 像の自動解析結果でも検出されていることが分かる．検出された転位数は XRT 専用機の方が多く，汎用 XRD 装置で検出された転位数は XRT 専用機の 7 割程度である．これは図中に矢印で示した通り，XRT 専用機の方が空間分解能が高いため，コントラストが低くサイズが小さい転位が XRT 専用機では検出されているのに対して汎用 XRD 装置では

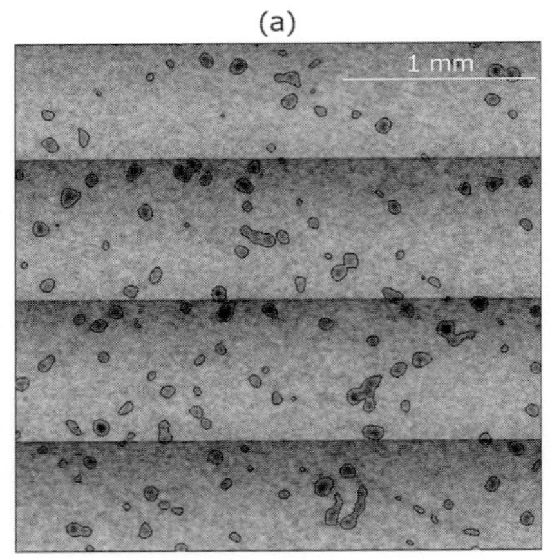

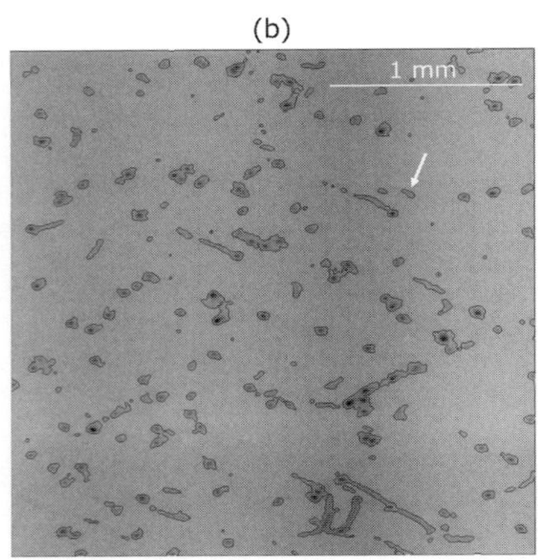

Fig.12 Automatic dislocation analysis of XRT images of ($\bar{1}$ 1 0 10) plane of SiC(001) substrate acquired by (a) general-purpose apparatus and (b) specific apparatus. The number of dislocations detected was 139 in (a) and 194 in (b).

検出されていないことが理由である．この汎用 XRD 装置と XRT 専用機による転位検出感度の違いは同一材料種の基板であれば同程度であったことから，汎用 XRD 装置によるスクリーニングと高空間分解能での解析が必要な時のみ XRT 専用機で測定を行う組み合わせで，半導体基板開発へのタイムリーなフィードバックが可能であることを確認した．

5. まとめ

本研究では，単結晶基板の XRT 像を自動解析することで転位密度分布を求める解析技術を開発した．SiC 基板など 10^4 cm^{-2} 程度の転位密度を持つ基板に対して，誤検出率が 3% 以下の精度で転位を計数できることを確認した．現在開発した技術は，半導体基板やエピタキシャル膜の面内転位評価へ適用できるものと考えている．

参考文献

1) 岩室憲幸：パワーデバイスの最新動向，表面技術，**74**, 296-300 (2023).

2) 中村大輔，山口　聡：低転位密度 SiC 単結晶成長と転位構造解析，応用物理，**75**, 1140-1143 (2006).

3) Y. Yao, Y. Ishikawa, Y. Sugawara, H. Saitoh, K. Danno, H. Suzuki, Y. Kawai, N. Shibata: Molten KOH Etching with Na_2O_2 Additive for Dislocation Revelation in 4H-SiC Epilayers and Substrates, *Jpn. J. Appl. Phys*., **50**, 075502 (2011).

4) O. Morohara, H. Geka, H. Fujita, K. Ueno, D. Yasuda, Y. Sakurai, Y. Shibata, N. Kuze: High-efficiency AlInSb mid-infrared LED with dislocation filter layers for gas sensors, *J. Cryst. Growth*., **518**, 14-17 (2019).

5) 表　和彦：X 線トポグラフによる結晶欠陥の観察，表面と真空，**64**, 236-241 (2021).

6) T. Wicht, S. Muller, R. Weingartner, B. Epelbaum, S. Besendorfer, U. Blab, M. Weisser, T. Unruh, E. Meissner: X-ray characterization of physical-vapor-transport-grown bulk AlN single crystals, *J. Appl. Cryst*., **53**, 1080-1086 (2020).

7) 谷川智之：多光子励起フォトルミネセンスによる GaN 結晶の 3 次元非破壊解析，応用物理，**89**, 524-528 (2020).

8) 表　和彦：X 線トポグラフによる転位測定と SiC 転位密度解析ソフトウェア，リガクジャーナル，**47**, 19-23 (2016).

9) 稲葉克彦：XRTmicron による単結晶基板の欠陥組織評価，リガクジャーナル，**51**, 6-12 (2020).

福岡市大平寺遺跡から出土した鉄滓の始発原料推定

松木麻里花，市川慎太郎，栗崎　敏*

Estimation of Raw Materials for Iron Slags Excavated from the Taiheiji Site in Fukuoka City

Marika MATSUKI, Shintaro ICHIKAWA and Tsutomu KURISAKI*

Faculty of Science, Fukuoka University
8-19-1 Nanakuma, Jonan-ku, Fukuoka, 814-0180, Japan

(Received 9 November 2024, Revised 22 November 2024, Accepted 25 November 2024)

In this study, we estimated the raw materials of iron slags excavated from the Taiheiji site in northern Kyushu. Located in northern Kyushu, Mt. Aburayama is a granitic area that is often rich in iron sand. Also, a large amount of limonites has been excavated at the Taiheiji site at the foot of Mt. Aburayama. In other words, it is possible that these iron sand and/or limonite were used as raw materials for iron manufacture at the Taiheiji site. Then, we investigated 20 iron sands collected from acidic rocky terrain at the foot of Mt. Aburayama, 48 iron slags and 14 limonites excavated from the Taiheiji site were measured by X-ray fluorescence analysis (XRF) and compared in terms of Ti/V ratio, which is said to remain unchanged during the iron manufacturing process. As a result, 23 iron slags showed Ti/V ratios almost the same as those of iron sand. Therefore, there is a high possibility that these iron slags were made from iron sand originating from acidic rocky terrain at the foot of Mt. Aburayama.

[Key words] Mt. Aburayama, Iron sand, Iron slag, X-ray fluorescence spectrometry, Ti/V ratio

本研究では，北部九州の大平寺遺跡から出土した鉄滓の原料を推定した．原料の候補として，以下の 2 つが考えられる．1 つ目は，北部九州に位置する油山山麓の地質が，砂鉄を豊富に含むことが多い花崗岩帯なので，この地域の砂鉄である．2 つ目は，大平寺遺跡から多数出土している褐鉄鉱である．そこで，油山山麓の酸性岩質の地点から採集した砂鉄 20 点および大平寺遺跡から出土した鉄滓 48 点および褐鉄鉱 14 点を蛍光 X 線分析（XRF）で測定し，製鉄の過程で値が変化しないといわれている Ti/V 比を比較した．その結果，23 点の鉄滓が油山山麓の酸性岩質の地点に由来する砂鉄とほぼ同じ Ti/V 比を示し，この地域の砂鉄で作られた可能性が示唆された．

［キーワード］ 油山，砂鉄，鉄滓，蛍光 X 線分析，Ti/V 比

1. はじめに

諸説あるが，日本の製鉄は現在のところ弥生時代の後期に小規模なものが始まり，古墳時代の後期には本格的に開始されていたと見るのが有力である[1)]．その最古の例は，岡山県総社

福岡大学理学部化学科　福岡県福岡市城南区七隈 8-19-1　〒 814-0180　＊連絡著者：kurisaki@fukuoka-u.ac.jp

市千引カナクロ谷遺跡とされており，鉄生産が盛んに行われていた中国地方は，製鉄開始期の遺跡が多い地域である[2]．一方，北部九州も同時期の遺跡が多く見つかっている．福岡大学が所在する油山山麓周辺でも，同程度の時期のものと思われる製鉄関連遺跡が多数発見されており，例えば，柏原M遺跡[4]，大牟田古墳群[5]，大平寺遺跡[6]，桧原遺跡[7]，笹栗製鉄遺跡[8]，倉瀬戸古墳群[9]，有田遺跡[10]，飯倉G遺跡[11]，野芥遺跡[12]，重留村下遺跡[13]，三郎丸古墳群[14]，荒平古墳群[15]および松木田遺跡[16]などから鉄製遺物が出土している (Fig.1)．しかし，これらの遺跡から出土した鉄製遺物は，化学的な調査が不十分であり，特に，始発原料は明らかになっていない．油山山麓周辺は白亜紀の火山−深成活動により，磁鉄鉱系列の花崗岩が豊富な地質である[17]．古代から大正期まで製鉄が盛んであった中国山地において，花崗岩帯から採集した砂鉄を製鉄の原料としていた[18]ことを鑑みると，油山山麓周辺の古代製鉄でも花崗岩質に由来する砂鉄が原料として使われていた可能性が考えられる．また，大平寺遺跡からは褐鉄鉱が多数出土しており，この遺跡から出土した鉄製遺物の原料としてこの褐鉄鉱が使用されていた可能性もある．先行研究として，石掛ら[19]は油山山麓周辺で採集した河川砂10点および露頭土壌2点から磁選で砂鉄を取り出し，砂鉄の鉱物および化学組成，砂鉄を採集した地点の地質を明らかにした．また，Ichikawaら[20]は，前述と同じ砂鉄の元素濃度を使って散布図を作成し，日本の他の地域の砂鉄と比較することで，油山山麓周辺の砂鉄を特徴づけることができる指標を明らかにした．さらに，著者らは既報において，大平寺遺跡の鉄滓15点，荒平古墳群の鉄滓2点および釘1点，倉瀬戸古墳群の鉄滓2点の化学組成を明らかにし，油山山麓周辺の砂鉄と比較することで，これらの鉄製遺物の原料を推定した[21]．

本研究では，上記の研究を踏まえ，北部九州の遺跡から出土した鉄製遺物のうち，大平寺遺跡の鉄滓に着目し，これらの鉄滓と原料候補である砂鉄および褐鉄鉱の化学組成を比較し，始発原料を推定した．ここでは，既報で分析した大平寺遺跡の鉄滓15点および油山山麓周辺から採集した砂鉄26点に加えて，新たに鉄滓33点および砂鉄8点を分析した．砂鉄は，油山山麓周辺を流れる樋井川，金屑川，片江川，小笠木川，さや川，油山川，那珂川，名柄川および日向川から河川砂もしくはその付近の露頭土壌，福岡県に位置する姉子の浜，今宿海岸，今津海岸，芥屋海水浴場，長浜海岸，大原海岸，新町漁港および津上崎から海砂を採集し，磁選で取り出したものを原料候補に使用した．また，本研究で新たに大平寺遺跡から採集した褐鉄鉱も原料候補に加えた．

2. 実　験

2.1　試　料

油山山麓周辺から河川砂 (20種類)，露頭土壌 (4種類) および海砂 (10種類) を採集した．さらに，これらから磁選で砂鉄を採集した．鉄滓および褐鉄鉱は，大平寺遺跡から採集した．試料を採集した地点をFig.1，試料の詳細をTable 1, 鉄滓および褐鉄鉱の写真をFig.2に示す．

2.2　試料調製

2.2.1　河川砂，露頭土壌，海砂および砂鉄試料

採集した河川砂および海砂は，水道水でぬめりを洗い流した後, 純水で洗浄し, 室温で約1ヶ月間乾燥させた．露頭土壌は洗浄せずに，室温

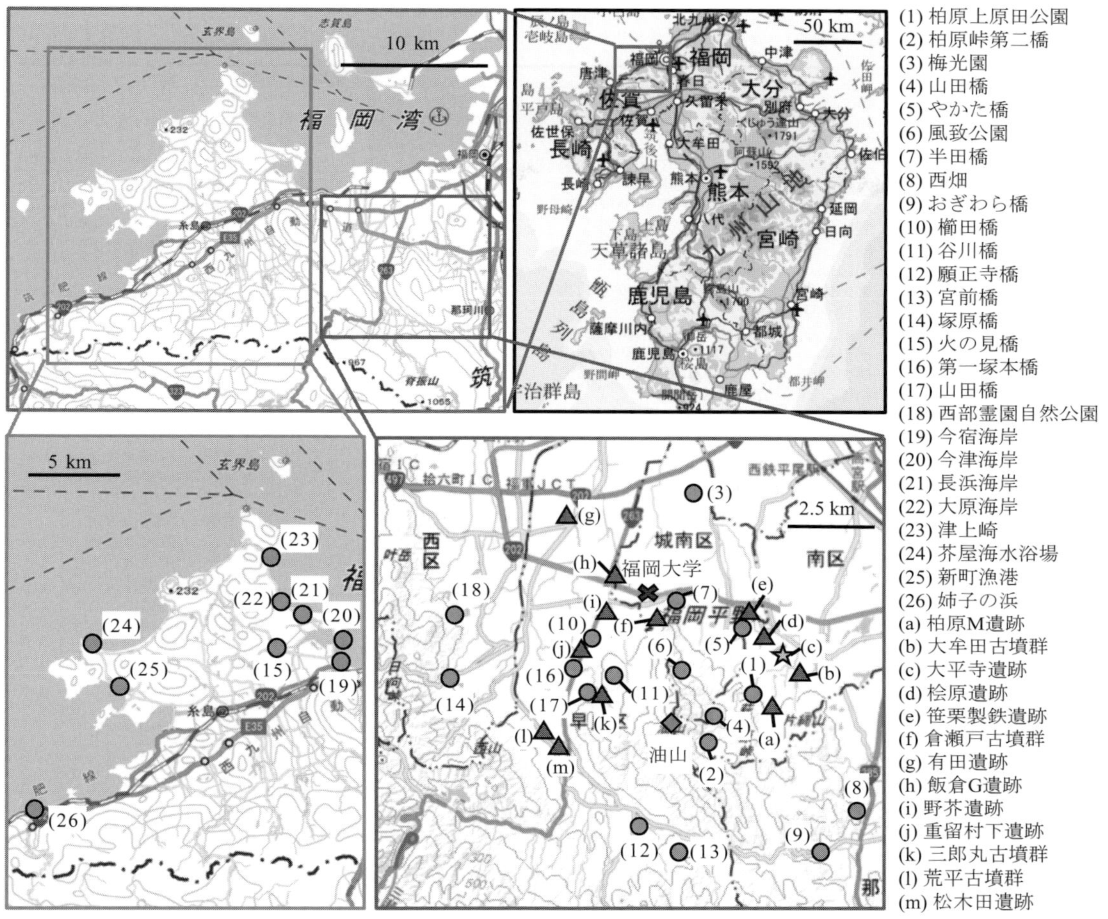

Fig.1 北部九州の製鉄関連遺跡および試料採集地点（地図は地理院地図[3]を使用）．▲製鉄関連遺跡 (a)～(m)，☆鉄滓および褐鉄鉱試料の採集地点，●河川砂，露頭土壌および海砂試料の採集地点 (1)～(26)．

で約 2 週間乾燥させた．河川砂および海砂（10 kg），露頭土壌（2 kg）を円錐四分法で 500 g に縮分した．その後，ステンレス製の篩を用いて，4 mm 以上の小石を除去し，さらにピンセットで貝殻や根などの異物を取り除いた．これをアルミナ製のボール（直径 25 mm を 5 個と直径 20 mm を 28 個）とともにアルミナ製のポットミル（900 mL，BP-1）に入れ，ポットミル回転台（日陶化学㈱，ANZ-52D）で 2 時間粉砕した後，アルミナ製の乳鉢および乳棒で目開き 500 μm 以下のステンレス製の篩に通るまで粗粉砕した．粗粉砕したものをアルミナ製のボール（直径 20 mm を 25 個）とともに 500 mL のアルミナ製の容器に入れ，遊星型ボールミル（Fritsch，Planetary Mono Mill Pulverisette 6）を用いて 400 rpm で 30 分間微粉砕した．微粉砕したもののうち 30 g を河川砂，露頭土壌および海砂試料として保存した．

5 L の三角フラスコに，微粉砕した試料 470 g と 2～3 L の純水を加え，撹拌機（EYELA，ZZ-1200）で 400 rpm，24 時間撹拌した．懸濁物を

Table 1 油山山麓周辺から採集した河川砂，露頭土壌，海砂および砂鉄試料，大平寺遺跡から採集した鉄滓および褐鉄鉱試料の詳細.

試料名	試料の種類	採集地点	備考
BKEr河砂	河川砂	梅光園	樋井川
BKEr砂鉄	砂鉄	梅光園	BKEr河砂から採集
DTMr河砂	河川砂	第一塚本橋	金屑川
DTMr砂鉄	砂鉄	第一塚本橋	DTMr河砂から採集
FCPr河砂	河川砂	風致公園	片江川
FCPr砂鉄	砂鉄	風致公園	FCPr河砂から採集
GSJr河砂	河川砂	願正寺橋	小笠木川
GSJr砂鉄	砂鉄	願正寺橋	GSJr河砂から採集
HNDr河砂	河川砂	半田橋	片江川
HNDr砂鉄	砂鉄	半田橋	HNDr河砂から採集
HNMr河砂	河川砂	火の見橋	さや川
HNMr砂鉄	砂鉄	火の見橋	HNMr河砂から採集
KSDr河砂	河川砂	櫛田橋	油山川
KSDr砂鉄	砂鉄	櫛田橋	KSDr河砂から採集
KWKr河砂	河川砂	柏原上原田公園	樋井川
KWKr砂鉄	砂鉄	柏原上原田公園	KWKr河砂から採集
KWKs銀砂	河川砂	柏原上原田公園	樋井川 銀色の河川砂から採集
KWKs砂鉄	砂鉄	柏原上原田公園	KWKs銀砂から採集
KWTo土壌	露頭土壌	柏原峠第二橋	樋井川
KWTo砂鉄	砂鉄	柏原峠第二橋	KWTo土壌から採集
KWTr河砂	河川砂	柏原峠第二橋	樋井川
KWTr砂鉄	砂鉄	柏原峠第二橋	KWTr河砂から採集
MYMr河砂	河川砂	宮前橋	小笠木川
MYMr砂鉄	砂鉄	宮前橋	MYMr河砂から採集
NSHb黒砂	河川砂	西畑	那珂川 黒色の河川砂から採集
NSHb砂鉄	砂鉄	西畑	NSHb黒砂から採集
NSHr河砂	河川砂	西畑	那珂川
NSHr砂鉄	砂鉄	西畑	NSHr河砂から採集
OGWr河砂	河川砂	おぎわら橋	那珂川
OGWr砂鉄	砂鉄	おぎわら橋	OGWr河砂から採集
SRPo土壌	露頭土壌	西部霊園自然公園	名柄川
SRPo砂鉄	砂鉄	西部霊園自然公園	SRPo土壌から採集
SRPr河砂	河川砂	西部霊園自然公園	名柄川
SRPr砂鉄	砂鉄	西部霊園自然公園	SRPr河砂から採集
TKHr河砂	河川砂	塚原橋	日向川
TKHr砂鉄	砂鉄	塚原橋	TKHr河砂から採集
TNGo土壌	露頭土壌	谷川橋	油山川
TNGo砂鉄	砂鉄	谷川橋	TNGo土壌から採集
TNGr河砂	河川砂	谷川橋	油山川
TNGr砂鉄	砂鉄	谷川橋	TNGr河砂から採集
YKTr河砂	河川砂	やかた橋	樋井川
YKTr砂鉄	砂鉄	やかた橋	YKTr河砂から採集
YMHo土壌	露頭土壌	山田橋	樋井川
YMHo砂鉄	砂鉄	山田橋	YMHo土壌から採集
YMHr河砂	河川砂	山田橋	樋井川
YMHr砂鉄	砂鉄	山田橋	YMHr河砂から採集
YMKr河砂	河川砂	山田橋	金屑川
YMKr砂鉄	砂鉄	山田橋	YMKr河砂から採集
ANKs海砂	海砂	姉子の浜	—
ANKs砂鉄	砂鉄	姉子の浜	ANKs海砂から採集
IMJs海砂	海砂	今宿海岸	—
IMJs砂鉄	砂鉄	今宿海岸	IMJs海砂から採集
IMZs海砂	海砂	今津海岸	—
IMZs砂鉄	砂鉄	今津海岸	IMZs海砂から採集
KYBd海砂	海砂	芥屋海水浴場	排水溝付近で採集
KYBd砂鉄	砂鉄	芥屋海水浴場	KYBd海砂から採集
KYBs海砂	海砂	芥屋海水浴場	—
KYBs砂鉄	砂鉄	芥屋海水浴場	KYBs海砂から採集
NGHs海砂	海砂	長浜海岸	—
NGHs砂鉄	砂鉄	長浜海岸	NGHs海砂から採集
OBRl海砂	海砂	大原海岸	砂鉄が少ない海砂
OBRl砂鉄	砂鉄	大原海岸	OBRl海砂から採集
OBRr海砂	海砂	大原海岸	砂鉄が多い海砂
OBRr砂鉄	砂鉄	大原海岸	OBRr海砂から採集
SMFs海砂	海砂	新町漁港	—
SMFs砂鉄	砂鉄	新町漁港	SMFs海砂から採集
TGZs海砂	海砂	津上崎	—
TGZs砂鉄	砂鉄	津上崎	TGZs海砂から採集
THJ01	鉄滓	大平寺遺跡	源蔵池付近
THJ02	鉄滓	大平寺遺跡	源蔵池付近
THJ03	鉄滓	大平寺遺跡	源蔵池付近
THJ04	鉄滓	大平寺遺跡	源蔵池付近
THJ05	鉄滓	大平寺遺跡	源蔵池付近
THJ06	鉄滓	大平寺遺跡	源蔵池付近
THJ07	鉄滓	大平寺遺跡	源蔵池付近
THJ08	鉄滓	大平寺遺跡	源蔵池付近
THJ09	鉄滓	大平寺遺跡	源蔵池付近
THJ10	鉄滓	大平寺遺跡	源蔵池付近
THJ11	鉄滓	大平寺遺跡	源蔵池付近
THJ12	鉄滓	大平寺遺跡	源蔵池付近
THJ13	鉄滓	大平寺遺跡	源蔵池付近
THJ14	鉄滓	大平寺遺跡	源蔵池付近
THJ15	鉄滓	大平寺遺跡	源蔵池付近
THJ16	鉄滓	大平寺遺跡	源蔵池付近
THJ17	鉄滓	大平寺遺跡	源蔵池付近
THJ18	鉄滓	大平寺遺跡	源蔵池付近
THJ19	鉄滓	大平寺遺跡	源蔵池付近
THJ20	鉄滓	大平寺遺跡	源蔵池付近
THJ21	鉄滓	大平寺遺跡	源蔵池付近
THJ22	鉄滓	大平寺遺跡	源蔵池付近
THJ23	鉄滓	大平寺遺跡	源蔵池付近
THJ24	鉄滓	大平寺遺跡	源蔵池付近
THJ25	鉄滓	大平寺遺跡	源蔵池付近
THJ26	鉄滓	大平寺遺跡	源蔵池付近
THJ27	鉄滓	大平寺遺跡	源蔵池付近
THJ28	鉄滓	大平寺遺跡	源蔵池付近
THJ29	鉄滓	大平寺遺跡	源蔵池付近
THJ30	鉄滓	大平寺遺跡	源蔵池付近
THJ31	鉄滓	大平寺遺跡	源蔵池付近
THJ32	鉄滓	大平寺遺跡	源蔵池付近
THJ33	鉄滓	大平寺遺跡	源蔵池付近
THJ34	鉄滓	大平寺遺跡	源蔵池付近
THJ35	鉄滓	大平寺遺跡	源蔵池付近
THJ36	鉄滓	大平寺遺跡	源蔵池付近
THJ37	鉄滓	大平寺遺跡	源蔵池付近
THJ38	鉄滓	大平寺遺跡	源蔵池付近
THJ39	鉄滓	大平寺遺跡	源蔵池付近
THJ40	鉄滓	大平寺遺跡	源蔵池付近
THJ41	鉄滓	大平寺遺跡	源蔵池付近
THJ42	鉄滓	大平寺遺跡	源蔵池付近
THJ43	鉄滓	大平寺遺跡	源蔵池付近
THJ44	鉄滓	大平寺遺跡	源蔵池付近
THJ45	鉄滓	大平寺遺跡	源蔵池付近
THJ46	鉄滓	大平寺遺跡	源蔵池付近
THJ47	鉄滓	大平寺遺跡	源蔵池付近
THJ48	鉄滓	大平寺遺跡	源蔵池付近
LMN01	褐鉄鉱	大平寺遺跡	源蔵池付近
LMN02	褐鉄鉱	大平寺遺跡	源蔵池付近
LMN03	褐鉄鉱	大平寺遺跡	源蔵池付近
LMN04	褐鉄鉱	大平寺遺跡	源蔵池付近
LMN05	褐鉄鉱	大平寺遺跡	源蔵池付近
LMN06	褐鉄鉱	大平寺遺跡	源蔵池付近
LMN07	褐鉄鉱	大平寺遺跡	源蔵池付近
LMN08	褐鉄鉱	大平寺遺跡	源蔵池付近
LMN09	褐鉄鉱	大平寺遺跡	源蔵池付近
LMN10	褐鉄鉱	大平寺遺跡	源蔵池付近
LMN11	褐鉄鉱	大平寺遺跡	源蔵池付近
LMN12	褐鉄鉱	大平寺遺跡	源蔵池付近
LMN13	褐鉄鉱	大平寺遺跡	源蔵池付近
LMN14	褐鉄鉱	大平寺遺跡	源蔵池付近

樋井川，片江川および那珂川の西畑の河川砂，露頭土壌，砂鉄試料は，石掛ら[19]が採集したものである.

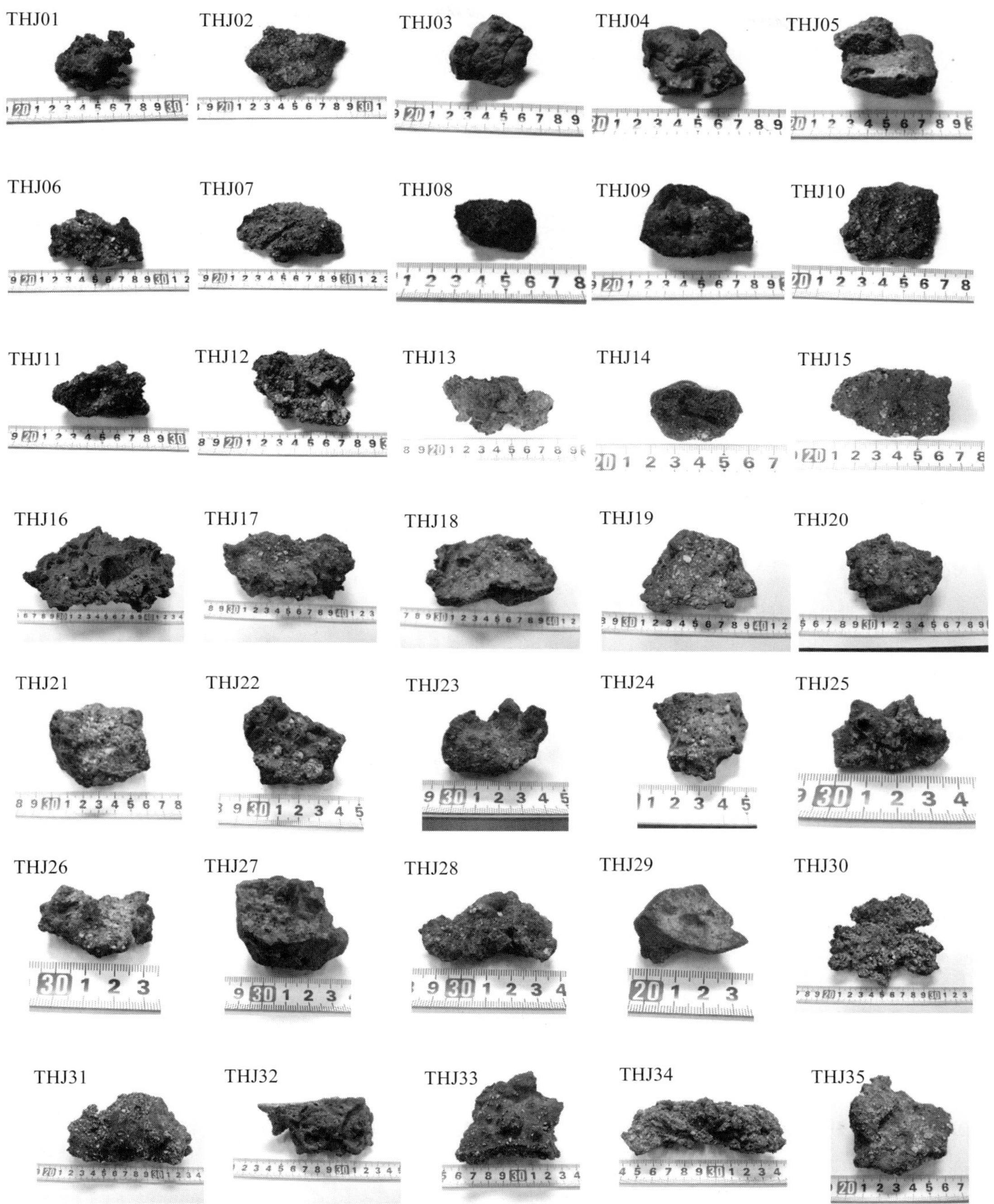

Fig.2　大平寺遺跡から採集した鉄滓および褐鉄鉱．試料名は Table 1 を参照．

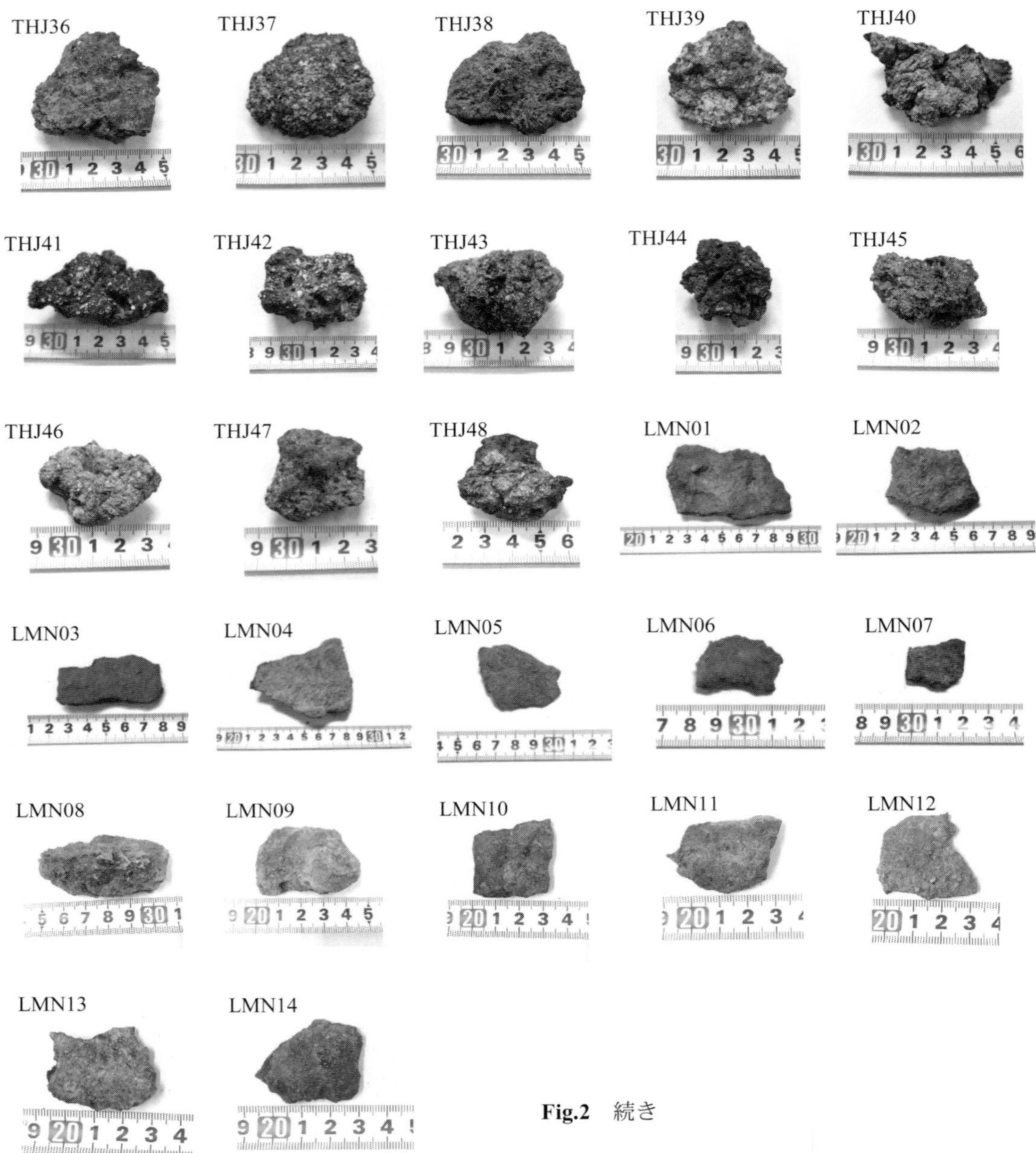

Fig.2　続き

500 mL ビーカーに入れ，ビーカーの底にネオジム磁石を当て，磁性のない鉱物や粘土などを純水で洗い流した．この磁選でビーカーの底に残ったものを風乾し，砂鉄試料とした．

2.2.2　鉄滓および褐鉄鉱試料

試料は超音波洗浄機（Elma，S120H）で 30 分間洗浄し，室温で 2～3 日間乾燥させた．この試料をハンマーで破砕した後，タングステンカーバイト（WC）製のシリンダーモルタルで打砕し，アルミナ製の乳鉢と乳棒で，目開き2 mmのステンレス製の篩に通るまで粗粉砕した．粗粉砕したこれらの試料を以下のように，試料の量（体積）に応じて適切な方法で微粉砕した．微粉砕に使用するボールミルに入れる試料の体積は，容器の容積の1/3が適切な量である．THJ01～12, 16～23, 27, 30～45，LMN01, 04, 05, 08, 09（≧15 mL）の微粉砕には，WC製の45 mLの容器と直径10 mmのWC製ボール18個を用い，遊星式ボールミルで400 rpmで40分間微粉砕した．THJ24～26, 28, 29, 46～48, LMN02, 03, 06, 07, 10～14（≧4 mL, <15 mL）の微粉砕には，WC製の12 mLの容器と直径10 mmのWC製ボール6個を用い，前述と同様に微粉砕した．他方，THJ13～15はアルミナ製の乳鉢と乳棒で，目開き500 μmのステンレス製の篩に通るまで粗粉砕した後，アルミナ製の12 mLの容器と直径10 mmのアルミナ製ボール6個を用い，遊星式ボールミルで500 rpmで90分間微粉砕した．

2.3　粉末ペレットの作製

塩化ビニル製リング（Rigaku, RS100-15, 内径16 mm, 厚さ5 mm）をステンレス製のダイスに載せ，河川砂，露頭土壌および海砂では試料粉末0.65 gを，砂鉄，鉄滓（THJ01～29）および褐鉄鉱では試料粉末1.9 gを，炉材が豊富に含まれていて1.9 gを充填できなかった鉄滓（THJ30～48）では試料粉末1.0 gをリングに充填し，別のダイスで挟んだ．その後，油圧式加圧機（理研精機，PIKEN POWER-18）を用いて200 kgf cm^{-2}で1分間加圧した．1種類の試料につき，5つの粉末ペレットを作製した．他方，試料の量が少なく粉末ペレットを5つ作製できない場合は，1種類の試料につき3度詰め替えを行い，表裏を使って6回の測定を行った．

2.4　蛍光X線分析（XRF）

粉末ペレットにした試料をエネルギー分散型XRF装置（Rigaku NEX DE，下面照射型，シリコンドリフト型半導体検出器（SDD））で測定した．測定径は10 mmで，X線管球はAg管球（最大出力12 W－60 kV）である．測定は，Low（管電流580 μA，管電圧6.5 kV，測定範囲0～3 keV，測定時間100秒間），Middle（管電流130 μA，管電圧35 kV，測定範囲3～15 keV，測定時間100秒間），High（管電流200 μA，管電圧60 kV, 測定範囲15～50 keV, 測定時間100秒間）の3つのエネルギー範囲に分け，ヘリウム雰囲気下（300 mL min^{-1}）で行った．河川砂，露頭土壌および海砂試料の定量分析には，装置付属のソフトウェアによるセミ・ファンダメンタル・パラメータ（SFP）法を用いた．砂鉄，鉄滓および褐鉄鉱試料の定量分析には，MBH Analytical Ltd.の鉄鋼標準物質（12X353G, 12X355C, 12X12749Xおよび12X15266V）で較正したファンダメンタル・パラメータ（FP）法[22]を用いた．また，測定の結果，分析線が検出できず，定量値を算出できなかったものおよび検出限界を下回ったものをN.D.（検出限界未満）とした．なお，検出限界は式(1)に基づいて装置付属のソフトウェアが自動的に算出した．ここで，I_{net}は，理論プロファイルから計算した分析線のネット強度（バックグラウンドを含まない強度）で，I_{bg}は，分析線の理論プロファイルから計算したバックグラウンドを含む分析線の強度からI_{net}を差し引いた強度（バックグラウンド強度）を示す．

$$\text{検出限界} = 3\times \text{分析成分の含有率} \times \frac{\sqrt{I_{bg}}}{I_{net}} \quad (1)$$

2.5　X 線回折分析（XRD）

鉄滓試料の XRD プロファイルの測定には全自動多目的 X 線回折装置（Rigaku SmartLab）を使用した．X 線管球は Cu 管球を用い，平行ビーム法で測定した．測定は，管電圧 40 kV，管電流 30 mA，ステップ幅 0.01°，走査範囲 5～75°，計数時間 1.0 s で行った．

シリコン製の試料板（試料充填部 20 mm × 20 mm × 0.5 mm）に試料粉末を充填し，測定を実施した．回折線の帰属には，International Centre for Diffraction Date（ICDD）発行の粉末回折データベース（Powder Diffraction File：PDF-2）[23] を使用した．

3.　結果と考察

3.1　蛍光 X 線分析による定量値の信頼性

河川砂，露頭土壌および海砂試料は SFP 法で定量した．この方法の信頼性を検証するため

Table 2　XRF/SFP 法による地球化学標準物質（JG-1, JG-1a, JG-2, JG-3）の定量（Na_2O～Fe_2O_3，mass%；その他の元素，$\mu g\ g^{-1}$）．

	JG-1（花崗閃緑岩）			JG-1a（花崗閃緑岩）			JG-2（花崗岩）			JG-3（花崗閃緑岩）		
	推奨値[24]	定量値		推奨値[24]	定量値		推奨値[24]	定量値		推奨値[24]	定量値	
Na_2O	3.38	5.86	(4.3)	3.39	5.91	(4.5)	3.54	5.47	(3.9)	3.96	6.12	(1.9)
MgO	0.740	0.896	(6.0)	0.690	0.659	(3.7)	0.037	N.D.	—	1.79	2.02	(1.8)
Al_2O_3	14.2	13.7	(1.8)	14.3	14.0	(0.6)	12.5	12.4	(0.8)	15.5	15.0	(1.0)
SiO_2	72.3	71.1	(0.8)	72.3	72.3	(0.3)	76.8	76.4	(0.4)	67.3	67.7	(0.3)
P_2O_5	0.099	0.256	(5.4)	0.083	0.230	(4.3)	0.002	0.154	(3.2)	0.122	0.288	(2.2)
K_2O	3.98	3.72	(8.1)	3.96	3.24	(4.1)	4.71	4.03	(2.0)	2.64	2.20	(1.6)
CaO	2.20	2.05	(8.8)	2.13	1.82	(4.8)	0.700	0.601	(2.8)	3.69	3.16	(1.6)
TiO_2	0.260	0.261	(9.2)	0.250	0.186	(5.4)	0.044	0.022	(9.4)	0.480	0.387	(1.8)
MnO	0.063	0.058	(9.0)	0.057	0.044	(5.2)	0.016	0.011	(5.1)	0.071	0.054	(2.5)
Fe_2O_3	2.18	1.95	(8.7)	2.00	1.54	(5.2)	0.970	0.824	(2.3)	3.67	2.91	(2.0)
S	10.9	410	(6.6)	—	403	(3.5)	7.00	403	(2.5)	54.7	457	(2.6)
Cl	58.1	334	(24)	—	263	(13)	—	237	(7.5)	156	403	(2.5)
V	25.2	35.7	(10)	22.7	N.D.	—	3.78	N.D.	—	70.1	74.6	(12)
Cr	53.2	34.6	(34)	17.6	N.D.	—	6.37	N.D.	—	22.4	N.D.	—
Co	—	16.3	(20)	—	N.D.	—	—	N.D.	—	—	39.7	(6.1)
Ni	7.47	10.5	(27)	6.91	9.20	(9.3)	4.35	8.55	(12)	14.3	19.0	(9.0)
Cu	2.52	7.76	(23)	1.67	6.34	(13)	0.490	5.27	(16)	6.81	11.1	(6.4)
Zn	41.1	32.3	(13)	36.5	24.8	(6.0)	13.6	7.24	(4.4)	46.3	32.6	(3.0)
Ga	—	12.1	(15)	—	10.5	(5.1)	—	11.8	(3.9)	—	10.6	(7.9)
As	0.330	N.D.	—	—	N.D.	—	—	N.D.	—	—	N.D.	—
Rb	182	162	(11)	178	143	(5.1)	301	250	(2.2)	67.3	55.2	(1.9)
Sr	184	173	(10)	187	150	(4.5)	17.9	15.5	(2.1)	379	307	(2.1)
Y	30.6	23.7	(10)	32.1	22.1	(3.5)	86.5	62.9	(1.9)	17.3	14.8	(3.9)
Zr	111	82.3	(16)	118	69.4	(6.0)	97.6	57.7	(5.1)	144	110	(6.6)
Nb	12.4	4.76	(16)	11.4	3.92	(8.3)	14.7	5.95	(7.6)	5.88	2.70	(18)
Cs	—	N.D.	—	—	N.D.	—	—	N.D.	—	—	N.D.	—
Ba	466	124	(7.2)	470	104	(4.2)	81.0	19.9	(5.1)	466	133	(2.2)
La	22.4	N.D.	—	21.3	N.D.	—	19.9	N.D.	—	20.6	N.D.	—
Ce	45.8	14.0	(15)	45.0	N.D.	—	48.3	N.D.	—	40.3	N.D.	—
Pb	25.4	20.4	(11)	26.4	17.9	(5.0)	31.5	23.2	(2.2)	11.7	6.51	(9.4)

10回測定したうち，7回以上検出したものを記載．
*，全てのFeをFe_2O_3として算出．
( )，相対標準偏差，% (n = 10)．
N.D.，検出限界未満．

に花崗岩系の地球化学標準物質（JG-1, JG-1a, JG-2, JG-3（産業技術総合研究所））の測定を行い，得られた定量値を推奨値[24]と比較した．その結果をTable 2に示す．SFP法による標準物質の定量値は，Sを除いて推奨値と概ね一致した．また，各元素の相対標準偏差は概ね10%以下だが，JG-1のCl, Cr, Co, Ni, Cuは，20～30%程度であり，他の元素と比べてばらつきが大きかった．

一方，砂鉄，鉄滓および褐鉄鉱試料はFP法で定量した．この方法の信頼性を検証するためにChina National Analysis Center for Iron and Steelの焼結鉄鉱標準物質DC18019, Bureau of Analysed Samplesの赤鉄鉱標準物質690-1およびGEOSTATS TPY Ltd.のパルプ鉄標準物質GIOP134の測定を行い，得られた定量値を認証値と比較した．その結果をTable 3に示す．FP法による標準物質の定量値は，690-1のNaを

Table 3　鉄鋼標準物質（12X353G, 12X355C, 12X12749Xおよび12X15266V）で較正したXRF/FP法によるDC18019, 690-1およびGIOP134の定量（mass%）．

DC18019（焼結鉄鉱）				690-1（赤鉄鉱）				GIOP134（パルプ鉄）			
	認証値	定量値			認証値	定量値			認証値	定量値	
Na_2O	−	N.D.	−	Na	0.031	1.49	(3.5)	MgO	0.934	0.905	(4.3)
MgO	2.71	2.76	(2.4)	Mg	0.815	1.36	(6.7)	Al_2O_3	9.95	11.3	(0.9)
Al_2O_3	2.57	1.77	(1.4)	Al	0.198	0.187	(2.3)	SiO_2	13.5	16.8	(1.4)
SiO_2	6.11	7.68	(1.4)	Si	0.881	1.94	(2.4)	K_2O	0.117	0.090	(8.8)
K_2O	−	0.063	(12)	P	0.009	0.011	(4.6)	CaO	1.69	1.59	(1.4)
CaO	10.5	10.8	(0.6)	S	−	0.009	(14)	TiO_2	0.658	0.676	(1.1)
TiO_2	0.240	0.248	(2.2)	Cl	−	0.100	(7.3)	Na	0.392	1.99	(4.2)
MnO	0.700	0.699	(0.6)	K	0.016	N.D.	−	P	0.058	0.027	(2.2)
T.Fe	54.0	52.8	(0.2)	Ca	0.269	0.278	(2.5)	S	0.026	0.036	(3.2)
P	0.073	0.019	(2.5)	Ti	0.229	0.227	(2.1)	Cl	0.004	0.070	(1.5)
S	0.027	0.048	(17)	V	0.142	0.150	(1.7)	V	0.012	0.020	(6.7)
Cl	−	0.080	(2.5)	Cr	0.011	0.020	(4.6)	Cr	0.008	0.017	(3.4)
V	−	0.021	(6.0)	Mn	0.034	N.D.	−	Mn	0.060	0.027	(9.5)
Cr	−	0.021	(8.2)	Fe	66.7	64.0	(1.1)	Fe	47.5	45.9	(0.5)
Co	−	0.062	(5.1)	Co	0.009	0.085	(4.6)	Co	0.002	0.058	(6.2)
Ni	−	0.005	(9.0)	Ni	0.020	0.017	(12)	Ni	0.002	0.003	(21)
Cu	−	0.016	(5.0)	Cu	0.001	0.002	(26)	Cu	0.002	0.004	(10)
Zn	−	0.054	(1.0)	Zn	−	0.002	(29)	Zn	0.003	0.004	(23)
As	0.021	0.034	(2.3)	As	−	N.D.	−	As	0.001	0.002	(11)
Rb	−	0.003	(7.5)	Rb	−	0.002	(11)	Rb	−	0.002	(8.4)
Sr	−	0.015	(1.1)	Sr	−	0.001	(22)	Sr	0.007	0.006	(2.4)
Y	−	N.D.	−	Y	−	N.D.	−	Y	−	0.001	(10)
Zr	−	0.007	(4.3)	Zr	−	N.D.	−	Zr	0.013	0.013	(3.1)
Sn	−	0.007	(2.9)	Sn	−	N.D.	−	Sn	0.001	N.D.	−
Ba	−	0.022	(2.5)	Ba	−	N.D.	−	Ba	0.008	0.010	(2.6)
Ta	−	N.D.	−	Ta	−	N.D.	−	Ta	−	0.003	(10)
Pb	−	0.111	(3.3)	Pb	−	N.D.	−	Pb	0.003	N.D.	−

10回測定したうち，7回以上検出したものを記載．
( )，相対標準偏差，%（$n = 10$）．
N.D.，検出限界未満．

除いて，認証値と概ね一致した．また，各元素の相対標準偏差は概ね10%以下だが，690-1のCu, Zn, SrおよびGIOP134のNi, Znは，20～30%程度であり，他の元素と比べてばらつきが大きかった．

3.2　蛍光X線分析による試料の化学組成

油山山麓周辺から採集した20点の河川砂試料，4点の露頭土壌試料，10点の海砂試料，34点の砂鉄試料および大平寺遺跡から採集した48点の鉄滓試料および14点の褐鉄鉱試料をXRFで測定した．これらの定量値をTable 4に示す．ここで，河川砂，露頭土壌および海砂試料は砂鉄試料を採集した地点の地質を推定する目的で定量したが，OBRl海砂は，砂鉄が全体の質量の56%含まれており，正確な地質の推定が困難である．そのため，OBRl海砂は，磁選で砂鉄を取り除いた後の海砂を分析し，Table 4に記載した．また，OBRr海砂は砂鉄が全体の質量の96%含まれており，磁選後は海砂がほぼ残らなかったため，この海砂の定量値はTable 4に記載していない．

鉄滓試料の中で，THJ02, 06, 07, 10～12, 15, 25, 30～34, 36, 37, 39～47はFe_2O_3濃度（2.16～40.1%）よりもSiO_2濃度（45.3～76.5%）の方が高かった．そのため，これらの鉄滓試料は，主成分がSiO_2である炉材が豊富に含まれている可能性が高い．

3.3　砂鉄試料を採集した地点の地質

前述の通り，油山山麓周辺は，白亜紀の火山－深成活動によって，磁鉄鉱系列の花崗岩が豊富な地質となった[17]ため，砂鉄を採集した地点は，深成岩である花崗岩に富む地質であると考えている．そこで，Table 4の成分のうち，河川砂（20種類），露頭土壌（4種類）および海砂試料（9種類）のSiO_2濃度を用いて，砂鉄を採集した地点の地質を推定した．その結果をFig.3に示す．SiO_2濃度による地質の分類[25]では，SiO_2<45%のとき超塩基性岩（コマチアイトまたはかんらん岩），45～52%のとき塩基性岩（玄武岩または斑レイ岩），52～63%のとき

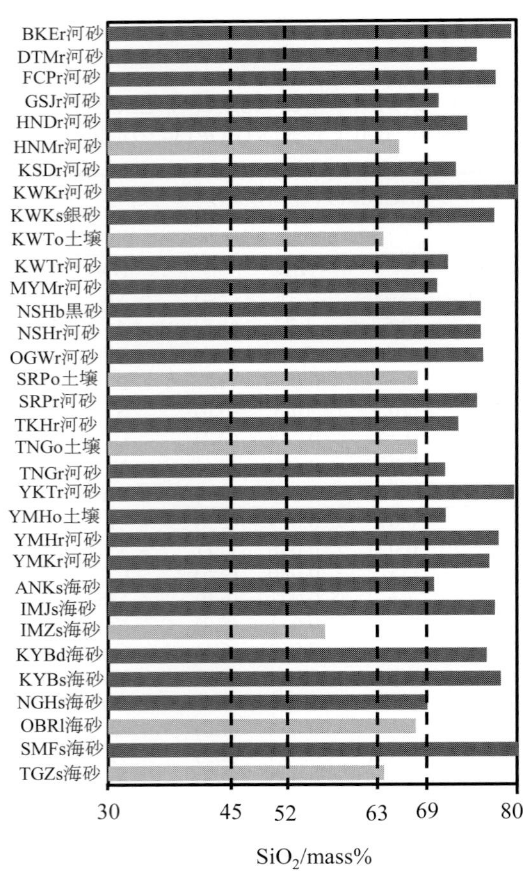

Fig.3　油山山麓周辺から採集した河川砂，露頭土壌および海砂試料のSiO_2濃度．■酸性岩質；□酸性岩質以外．試料名はTable 1を参照．SiO_2<45%，超塩基性岩（コマチアイトまたはかんらん岩）；45～52%，塩基性岩（玄武岩または斑レイ岩）；52～63%，中性岩（安山岩または閃緑岩）；63～69%，中性岩・酸性岩（デイサイトまたは花崗閃緑岩）；>69%，酸性岩（流紋岩または花崗岩）．

Table 4　XRF による河川砂，露頭土壌，海砂，砂鉄，鉄滓および褐鉄鉱試料の化学組成（Na_2O～Fe_2O_3：mass%，その他の元素：$\mu g\ g^{-1}$）.

	BKEr河砂	DTMr河砂	FCPr河砂	GSJr河砂	HNDr河砂	HNMr河砂	KSDr河砂	KWKr河砂	KWKs銀砂
Na_2O	2.96 (10)	4.41 (7.2)	2.61 (3.7)	5.73 (4.9)	3.25 (4.5)	3.52 (9.2)	5.32 (8.1)	2.85 (3.1)	3.05 (5.4)
MgO	0.236 (24)	0.209 (14)	N.D. —	0.450 (4.3)	0.277 (5.6)	2.24 (6.4)	0.345 (6.3)	0.139 (8.4)	0.267 (16)
Al_2O_3	11.3 (3.6)	11.9 (1.6)	12.7 (1.5)	14.7 (1.0)	13.1 (4.0)	13.8 (2.0)	13.9 (1.2)	10.3 (1.5)	12.0 (8.0)
SiO_2	79.4 (0.4)	75.2 (0.6)	77.5 (0.2)	70.5 (0.7)	74.0 (1.6)	65.7 (0.7)	72.6 (0.5)	80.3 (0.3)	77.3 (1.9)
P_2O_5	0.062 (6.5)	N.D. —	0.054 (2.7)	N.D. —	0.076 (3.5)	0.158 (9.2)	N.D. —	0.056 (2.5)	0.061 (3.3)
K_2O	3.74 (4.1)	5.65 (5.9)	4.45 (1.5)	4.29 (4.6)	3.74 (3.6)	3.77 (3.5)	4.82 (3.0)	4.29 (1.7)	4.40 (1.6)
CaO	1.22 (6.3)	1.27 (7.9)	1.27 (1.9)	2.06 (5.5)	1.72 (5.2)	4.24 (3.7)	1.30 (2.7)	1.02 (1.1)	1.21 (9.8)
TiO_2	0.132 (7.9)	0.151 (10)	0.161 (4.7)	0.257 (6.3)	0.247 (7.0)	0.653 (5.0)	0.171 (4.9)	0.146 (1.9)	0.221 (17)
MnO	0.026 (7.7)	0.022 (11)	0.030 (3.7)	0.037 (6.8)	0.068 (7.5)	0.117 (3.4)	0.029 (2.5)	0.020 (1.8)	0.026 (13)
Fe_2O_3*	0.787 (9.0)	0.985 (4.7)	1.10 (2.7)	1.90 (5.8)	3.28 (9.5)	5.55 (3.5)	1.31 (4.8)	0.820 (3.1)	1.27 (7.5)
S	8.69 (12)	180 (1.9)	8.81 (2.7)	230 (3.6)	9.50 (7.7)	821 (3.6)	234 (1.9)	8.59 (3.9)	12.8 (7.1)
Cl	52.1 (3.5)	586 (151)	50.2 (12)	124 (9.3)	55.7 (6.2)	456 (61)	211 (101)	37.8 (2.7)	43.4 (9.4)
V	N.D. —	60.0 (19)	N.D. —	50.1 (20)	N.D. —	148 (14)	49.3 (20)	N.D. —	N.D. —
Cr	N.D. —	N.D. —	N.D. —	N.D. —	N.D. —	112 (40)	N.D. —	N.D. —	N.D. —
Co	N.D. —	N.D. —	N.D. —	N.D. —	N.D. —	62.4 (8.5)	N.D. —	N.D. —	N.D. —
Ni	7.17 (15)	12.5 (17)	5.55 (10)	12.1 (10)	7.34 (5.7)	41.4 (10)	12.5 (5.6)	4.79 (8.8)	5.40 (6.3)
Cu	2.93 (8.5)	10.4 (13)	2.79 (8)	11.0 (13)	3.91 (11)	26.4 (3.6)	11.4 (11)	2.37 (13)	2.52 (12)
Zn	39.6 (5.1)	22.1 (10)	28.4 (3.2)	59.3 (7.5)	51.0 (4.3)	87.5 (6.9)	35.4 (3.7)	23.7 (2.2)	42.5 (9.3)
Ga	10.0 (7.4)	9.78 (15)	13.3 (5.4)	15.3 (6.6)	13.2 (12)	12.2 (7.3)	12.0 (8.1)	10.6 (6.4)	12.6 (9.8)
As	N.D. —	N.D. —	N.D. —	N.D. —	N.D. —	N.D. —	N.D. —	N.D. —	N.D. —
Se	N.D. —	N.D. —	N.D. —	N.D. —	N.D. —	N.D. —	N.D. —	N.D. —	N.D. —
Rb	87.9 (9.9)	142 (5.5)	125 (1.9)	121 (6.6)	103 (5.3)	130 (5.5)	131 (4.3)	106 (1.1)	114 (2.5)
Sr	250 (10)	330 (5.5)	284 (1.6)	425 (6.9)	308 (5.5)	385 (5.7)	318 (3.7)	282 (0.8)	299 (5.3)
Y	9.90 (12)	6.41 (13)	13.3 (3.5)	7.99 (6.8)	15.0 (9.8)	26.9 (12)	7.47 (20)	10.6 (4.1)	11.8 (5.6)
Zr	104 (8.1)	132 (6.2)	119 (3.1)	175 (6.3)	159 (6.6)	261 (22)	128 (6.2)	121 (0.7)	126 (4.5)
Nb	N.D. —	1.89 (9.6)	N.D. —	6.57 (23)	N.D. —	11.3 (11)	3.55 (7.3)	N.D. —	N.D. —
Sn	N.D. —	N.D. —	N.D. —	N.D. —	N.D. —	N.D. —	N.D. —	N.D. —	N.D. —
Ba	741 (6.1)	560 (6.0)	773 (1.7)	429 (6.3)	688 (3.8)	375 (8.6)	427 (4.0)	921 (1.6)	858 (3.0)
La	N.D. —	N.D. —	N.D. —	N.D. —	99.0 (11)	N.D. —	N.D. —	N.D. —	N.D. —
Ce	N.D. —	N.D. —	N.D. —	N.D. —	136 (12)	N.D. —	N.D. —	N.D. —	26.3 (10)
Ta	N.D. —	N.D. —	N.D. —	N.D. —	N.D. —	N.D. —	N.D. —	N.D. —	N.D. —
W	N.D. —	N.D. —	N.D. —	N.D. —	N.D. —	N.D. —	N.D. —	N.D. —	N.D. —
Pb	14.5 (8.9)	20.2 (6.0)	17.5 (3.6)	20.7 (3.2)	17.9 (4.9)	19.1 (19)	19.7 (3.9)	16.6 (1.4)	17.9 (4.5)

	KWTo土壌	KWTr河砂	MYMr河砂	NSHb黒砂	NSHr河砂	OGWr河砂	SRPo土壌	SRPr河砂	TKHr河砂
Na_2O	3.48 (1.4)	3.89 (7.7)	6.36 (2.3)	2.52 (3.5)	3.55 (7.3)	4.53 (5.6)	5.04 (6.5)	4.03 (7.0)	4.03 (8.3)
MgO	0.541 (3.2)	0.263 (9.8)	0.380 (3.8)	0.171 (6.8)	0.291 (5.9)	0.419 (6.0)	0.440 (7.4)	0.466 (7.5)	0.794 (5.7)
Al_2O_3	23.6 (1.1)	16.0 (3.8)	14.8 (0.4)	13.8 (1.2)	12.8 (8.2)	12.2 (0.7)	17.1 (0.5)	12.1 (2.7)	13.0 (1.8)
SiO_2	63.7 (0.6)	71.6 (0.3)	70.3 (0.3)	75.6 (0.2)	75.6 (2.2)	75.9 (0.2)	67.9 (0.5)	75.1 (0.5)	72.8 (0.5)
P_2O_5	0.068 (0.7)	0.065 (6.9)	N.D. —	0.060 (3.6)	0.051 (6.1)	N.D. —	N.D. —	N.D. —	N.D. —
K_2O	3.00 (1.1)	3.72 (2.9)	3.97 (0.4)	4.33 (1.0)	4.31 (1.4)	3.88 (2.4)	4.43 (2.3)	4.82 (2.6)	5.09 (3.3)
CaO	1.73 (1.1)	1.54 (5.1)	1.96 (1.5)	1.44 (1.9)	1.50 (10)	1.37 (2.6)	1.49 (3.3)	1.04 (5.4)	1.72 (2.7)
TiO_2	0.406 (2.3)	0.242 (5.6)	0.232 (3.5)	0.252 (2.5)	0.232 (8.2)	0.177 (5.4)	0.325 (5.2)	0.207 (6.5)	0.252 (5.7)
MnO	0.051 (3.2)	0.036 (6.9)	0.036 (3.5)	0.039 (3.1)	0.037 (13)	0.028 (4.6)	0.077 (5.2)	0.215 (6.1)	0.055 (8.7)
Fe_2O_3*	3.31 (1.9)	2.46 (5.9)	1.82 (2.3)	1.63 (5.3)	1.46 (12)	1.40 (1.6)	2.95 (3.5)	1.78 (4.8)	2.05 (6.0)
S	10.8 (2.9)	8.87 (12)	194 (2.2)	10.6 (4.5)	9.04 (1.6)	204 (1.2)	259 (1.8)	224 (6.9)	285 (1.6)
Cl	67.8 (13)	60.4 (25)	201 (66)	58.2 (3.3)	42.4 (6.4)	222 (59)	1.43×10^3 (140)	389 (126)	294 (92)
V	N.D. —	N.D. —	37.9 (20)	N.D. —	N.D. —	62.6 (22)	N.D. —	42.9 (18)	56.7 (29)
Cr	N.D. —	N.D. —	N.D. —	N.D. —	N.D. —	N.D. —	N.D. —	N.D. —	N.D. —
Co	N.D. —	N.D. —	N.D. —	N.D. —	N.D. —	N.D. —	22.5 (26)	N.D. —	N.D. —
Ni	5.11 (8.6)	4.47 (14)	10.7 (10)	5.76 (14)	4.99 (9.0)	14.3 (11)	13.3 (19)	16.6 (8.0)	20.0 (7.4)
Cu	2.64 (6.8)	2.09 (17)	10.7 (15)	2.94 (17)	2.76 (5.7)	11.9 (7.9)	19.3 (8.4)	15.6 (9.3)	14.9 (4.2)
Zn	73.9 (3.7)	40.3 (6.2)	43.1 (5.1)	43.3 (3.4)	39.9 (5.3)	26.7 (2.4)	63.6 (5.8)	40.4 (5.4)	35.8 (3.8)
Ga	24.2 (3.2)	13.0 (9.2)	14.6 (8.3)	12.7 (7.7)	13.8 (5.6)	9.83 (6.2)	20.5 (8.2)	10.3 (7.8)	11.4 (2.7)
As	N.D. —	N.D. —	N.D. —	N.D. —	N.D. —	N.D. —	N.D. —	N.D. —	N.D. —
Se	N.D. —	N.D. —	N.D. —	N.D. —	N.D. —	N.D. —	N.D. —	N.D. —	N.D. —
Rb	127 (1.0)	110 (8.9)	114 (1.0)	111 (2.1)	114 (1.4)	98.7 (3.2)	174 (4.0)	138 (2.5)	150 (4.6)
Sr	343 (0.4)	307 (9.0)	388 (1.2)	315 (2.5)	337 (1.6)	303 (2.8)	313 (3.9)	241 (3.2)	257 (5.0)
Y	18.8 (4.1)	18.1 (9.3)	9.01 (5.1)	12.3 (5.1)	12.8 (2.1)	7.60 (5.2)	21.2 (9.4)	10.2 (15)	12.9 (11)
Zr	207 (1.9)	158 (6.5)	168 (1.9)	137 (2.7)	143 (3.8)	136 (3.4)	194 (5.2)	122 (3.6)	114 (3.1)
Nb	17.9 (6.3)	9.06 (12)	6.14 (21)	6.30 (18)	5.87 (18)	3.27 (31)	12.6 (5.2)	5.09 (12)	4.74 (12)
Sn	N.D. —	N.D. —	N.D. —	N.D. —	N.D. —	N.D. —	N.D. —	N.D. —	N.D. —
Ba	487 (1.9)	612 (3.0)	382 (5.3)	870 (3.2)	881 (2.6)	421 (2.0)	302 (3.9)	350 (3.4)	387 (3.1)
La	47.5 (5.2)	126 (3.9)	N.D. —	N.D. —	N.D. —	N.D. —	N.D. —	N.D. —	N.D. —
Ce	47.9 (16)	180 (5)	N.D. —	34.3 (6.3)	35.2 (17)	N.D. —	39.4 (12)	N.D. —	N.D. —
Ta	N.D. —	N.D. —	N.D. —	N.D. —	N.D. —	N.D. —	N.D. —	N.D. —	N.D. —
W	N.D. —	N.D. —	N.D. —	N.D. —	N.D. —	N.D. —	N.D. —	N.D. —	N.D. —
Pb	19.8 (2.9)	17.3 (8.8)	19.8 (2.9)	18.0 (5.0)	19.0 (2.7)	16.4 (3.8)	25.4 (7.1)	18.4 (5.3)	22.1 (4.7)

5回測定したうち，4回以上検出したものを記載.
*，全てのFeをFe_2O_3として算出.
( )，相対標準偏差，% (n = 5).
N.D.，検出限界未満.

Table 4 続き.

	TNGo土壌	TNGr河砂	YKTr河砂	YMHo土壌	YMHr河砂	YMKr河砂	ANKs海砂	IMJs海砂	IMZs海砂
Na_2O	2.55 (13)	5.26 (5.3)	2.21 (7.8)	3.25 (4.0)	3.06 (2.0)	3.95 (9.0)	3.34 (2.1)	4.21 (8.8)	3.46 (2.8)
MgO	0.549 (9.4)	0.468 (8.6)	0.162 (9.0)	0.423 (9.1)	0.210 (11)	0.236 (13)	1.73 (2.4)	0.242 (13)	6.71 (2.4)
Al_2O_3	18.4 (1.4)	14.4 (1.3)	11.0 (3.4)	17.6 (7.4)	11.7 (1.8)	11.5 (2.0)	8.31 (1.0)	11.8 (1.5)	9.09 (1.1)
SiO_2	67.9 (0.3)	71.2 (0.6)	79.7 (0.8)	71.3 (2.5)	77.8 (0.3)	76.6 (0.4)	69.9 (1.1)	77.3 (0.4)	56.5 (0.3)
P_2O_5	0.262 (1.8)	N.D. —	0.062 (1.2)	0.078 (4.8)	0.058 (1.0)	N.D. —	N.D. —	0.174 (11)	0.212 (3.5)
K_2O	3.54 (4.2)	4.62 (2.2)	4.42 (1.5)	3.08 (1.7)	4.56 (0.4)	4.97 (4.2)	2.86 (4.7)	4.84 (7.1)	1.11 (2.0)
CaO	1.83 (3.8)	1.61 (2.5)	1.11 (5.0)	1.45 (7.2)	1.17 (2.6)	1.03 (4.9)	4.65 (6.6)	0.700 (8.5)	16.3 (1.2)
TiO_2	0.455 (4.8)	0.222 (3.1)	0.172 (0.8)	0.340 (5.7)	0.191 (2.4)	0.162 (10)	1.04 (11)	0.067 (13)	0.493 (2.8)
MnO	0.080 (5.0)	0.043 (2.7)	0.030 (3.8)	0.061 (5.4)	0.030 (2.0)	0.025 (11)	0.099 (6.2)	0.011 (19)	0.110 (5.1)
Fe_2O_3*	4.18 (4.8)	1.93 (1.2)	0.975 (2.8)	2.18 (6.4)	1.12 (2.0)	1.35 (9.0)	7.81 (6.6)	0.424 (9.4)	5.20 (2.1)
S	999 (2.6)	252 (2.2)	8.69 (2.9)	12.1 (6.9)	8.93 (1.6)	180 (4.6)	263 (7.2)	501 (7.5)	1.74×10^3 (4.3)
Cl	326 (14)	407 (22)	46.8 (4.9)	65.0 (3.8)	41.5 (6.4)	138 (48)	262 (25)	377 (19)	1.57×10^3 (7.1)
V	57.9 (10)	52.2 (17)	N.D. —	N.D. —	N.D. —	63.5 (19)	220 (8.5)	48.9 (11)	95.9 (5.8)
Cr	N.D. —	N.D. —	N.D. —	N.D. —	N.D. —	N.D. —	212 (15)	38.7 (57)	2.77×10^3 (9.2)
Co	41.6 (9.1)	N.D. —	N.D. —	N.D. —	N.D. —	N.D. —	94.4 (5.1)	N.D. —	66.4 (14)
Ni	29.7 (19)	15.3 (11)	6.75 (6.9)	5.87 (4.4)	4.72 (9.0)	12.6 (21)	28.1 (15)	10.9 (11)	79.3 (7.0)
Cu	42.0 (7.8)	11.2 (5.0)	3.48 (21)	2.76 (4.0)	2.37 (5.7)	10.4 (15)	12.5 (16)	7.50 (11)	20.2 (19)
Zn	276 (5.3)	40.3 (4.2)	35.0 (5.0)	54.1 (5.9)	31.2 (5.3)	20.2 (6.9)	34.4 (9.1)	9.04 (11)	47.1 (5.8)
Ga	22.7 (9.4)	13.6 (5.6)	9.92 (10)	16.3 (8.0)	11.9 (5.6)	8.45 (9.5)	8.47 (19)	6.86 (7.1)	3.18 (18)
As	4.58 (16)	N.D. —	N.D. —	N.D. —	N.D. —	N.D. —	1.63 (21)	N.D. —	2.76 (19)
Se	N.D. —	N.D. —	N.D. —	N.D. —	N.D. —	N.D. —	N.D. —	N.D. —	N.D. —
Rb	147 (5.3)	133 (1.4)	103 (2.7)	93.6 (4.4)	115 (1.4)	122 (4.0)	96.8 (9.3)	111 (8.0)	43.2 (3.5)
Sr	298 (5.2)	355 (1.7)	255 (4.9)	294 (6.7)	301 (1.6)	268 (3.7)	272 (9.3)	190 (7.9)	757 (2.2)
Y	20.5 (11)	10.7 (12)	10.7 (5.2)	14.8 (7.4)	11.4 (2.1)	9.05 (16)	50.9 (8.6)	4.37 (6.9)	15.0 (3.9)
Zr	256 (5.1)	157 (3.5)	104 (3.1)	175 (4.1)	128 (3.8)	136 (16)	1.10×10^3 (11)	55.6 (21)	116 (7.4)
Nb	11.4 (11)	5.23 (13)	N.D. —	10.6 (12)	4.30 (18)	2.27 (2.8)	44.6 (8.0)	N.D. —	N.D. —
Sn	N.D. —	N.D. —	N.D. —	N.D. —	N.D. —	N.D. —	N.D. —	N.D. —	N.D. —
Ba	363 (3.5)	425 (7.0)	859 (2.4)	684 (1.5)	909 (2.6)	509 (4.1)	266 (7.7)	264 (4.4)	110 (1.5)
La	N.D. —	N.D. —	N.D. —	N.D. —	N.D. —	N.D. —	N.D. —	N.D. —	N.D. —
Ce	36.0 (8.9)	33.8 (15)	N.D. —	36.7 (17)	N.D. —	37.6 (26)	61.5 (18)	N.D. —	N.D. —
Ta	N.D. —	N.D. —	N.D. —	N.D. —	N.D. —	N.D. —	N.D. —	N.D. —	N.D. —
W	N.D. —	N.D. —	N.D. —	N.D. —	N.D. —	N.D. —	N.D. —	N.D. —	N.D. —
Pb	38.5 (6.9)	21.3 (3.9)	16.3 (2.4)	15.7 (6.8)	18.0 (2.7)	19.3 (7.3)	14.3 (14)	16.1 (6.0)	N.D. —

	KYBd海砂	KYBs海砂	NGHs海砂	OBRl海砂	SMFs海砂	TGZs海砂	BKEr砂鉄	DTMr砂鉄	FCPr砂鉄
Na_2O	2.32 (8.0)	2.95 (8.2)	4.27 (6.6)	4.03 (10)	3.58 (2.5)	5.95 (3.8)	N.D. —	0.740 (15)	1.87 (23)
MgO	0.523 (12)	0.601 (8.3)	1.63 (5.1)	1.61 (4.4)	0.425 (1.3)	2.30 (2.3)	3.34 (11)	0.925 (21)	N.D. —
Al_2O_3	7.35 (2.4)	8.38 (2.8)	10.5 (2.0)	11.3 (3.3)	9.73 (1.5)	12.8 (0.6)	0.583 (11)	1.01 (11)	0.620 (8.7)
SiO_2	76.3 (2.2)	78.0 (1.3)	69.0 (1.1)	67.6 (1.5)	80.6 (0.4)	63.7 (0.5)	3.61 (9.3)	3.92 (9.6)	3.06 (6.9)
P_2O_5	N.D. —	N.D. —	0.121 (17)	0.172 (45)	0.202 (4.9)	N.D. —	0.040 (15)	0.014 (20)	0.019 (13)
K_2O	4.64 (6.8)	3.65 (3.5)	3.34 (4.5)	3.12 (3.1)	3.63 (4.4)	2.59 (3.2)	N.D. —	0.047 (29)	N.D. —
CaO	4.53 (21)	5.31 (9.7)	5.77 (5.7)	6.26 (8.1)	0.838 (12)	5.23 (0.5)	0.084 (13)	0.054 (12)	0.023 (21)
TiO_2	0.361 (27)	0.068 (16)	0.567 (8.3)	1.08 (9.6)	0.089 (4.7)	0.645 (6.9)	1.28 (5.8)	0.356 (0.7)	0.333 (3.0)
MnO	0.055 (73)	0.008 (20)	0.076 (6.4)	0.075 (7.1)	0.008 (11)	0.082 (6.9)	0.213 (2.2)	0.118 (1.8)	0.109 (1.4)
Fe_2O_3*	3.70 (13)	0.566 (9.7)	4.46 (7.3)	3.86 (11)	0.609 (4.9)	6.04 (2.7)	89.5 (0.5)	92.7 (0.7)	93.8 (0.5)
S	386 (6.2)	877 (6.6)	323 (2.7)	662 (6.3)	564 (2.9)	484 (6.4)	33.7 (42)	5.96 (59)	13.4 (27)
Cl	493 (8.9)	1.33×10^3 (6.2)	575 (12)	839 (58)	2.09×10^3 (41)	3.90×10^3 (40)	545 (41)	169 (29)	381 (15)
V	66.1 (44)	N.D. —	166 (13)	277 (6.7)	28.5 (19)	173 (41)	950 (2.1)	789 (2.6)	692 (1.9)
Cr	142 (60)	32.4 (31)	90.9 (25)	222 (52)	36.0 (36)	100 (40)	886 (5.6)	N.D. —	N.D. —
Co	35.5 (12)	N.D. —	60.0 (15)	93.3 (8.5)	N.D. —	75.7 (6.2)	N.D. —	N.D. —	N.D. —
Ni	18.6 (44)	11.0 (10)	27.7 (12)	38.8 (3.5)	12.5 (4.5)	33.4 (8.4)	222 (8.5)	N.D. —	N.D. —
Cu	11.5 (31)	8.23 (8.7)	17.7 (15)	43.6 (8.9)	8.93 (5.0)	24.5 (7.0)	N.D. —	N.D. —	N.D. —
Zn	19.3 (19)	6.13 (20)	38.7 (11)	39.6 (9.5)	8.67 (3.0)	60.6 (18)	242 (8.2)	211 (6.7)	267 (3.9)
Ga	6.58 (31)	5.12 (8.1)	10.3 (8.3)	28.9 (11)	5.19 (4.3)	11.0 (5.0)	N.D. —	N.D. —	N.D. —
As	N.D. —	1.80 (26)	3.13 (24)	8.17 (13)	1.04 (17)	N.D. —	N.D. —	N.D. —	N.D. —
Se	N.D. —	N.D. —	N.D. —	3.83 (8.9)	N.D. —	N.D. —	N.D. —	N.D. —	N.D. —
Rb	187 (14)	141 (5.2)	101 (5.5)	82.5 (3.5)	107 (3.8)	75.4 (3.8)	N.D. —	18.5 (13)	12.1 (11)
Sr	211 (17)	211 (11)	486 (5.1)	391 (4.9)	142 (4.1)	500 (2.0)	5.88 (29)	10.0 (19)	3.98 (37)
Y	35.7 (47)	6.28 (9.3)	31.2 (8.5)	71.6 (12)	4.53 (13)	34.7 (4.4)	N.D. —	N.D. —	3.26 (54)
Zr	429 (23)	48.6 (14)	333 (17)	5.08×10^3 (16)	37.4 (12)	487 (14)	227 (2.4)	375 (5.6)	325 (3.4)
Nb	8.07 (10)	N.D. —	16.8 (18)	19.3 (12)	1.12 (24)	19.5 (8.8)	N.D. —	N.D. —	N.D. —
Sn	N.D. —	N.D. —	N.D. —	N.D. —	N.D. —	N.D. —	N.D. —	N.D. —	29.4 (8.2)
Ba	208 (6.0)	134 (5.2)	312 (7.7)	194 (1.6)	151 (2.0)	293 (1.5)	9.44 (39)	N.D. —	17.5 (24)
La	N.D. —	N.D. —	N.D. —	24.7 (10)	N.D. —	N.D. —	N.D. —	N.D. —	N.D. —
Ce	N.D. —	N.D. —	N.D. —	49.0 (7.8)	N.D. —	53.9 (9.1)	N.D. —	N.D. —	N.D. —
Ta	N.D. —	N.D. —	N.D. —	N.D. —	N.D. —	N.D. —	N.D. —	N.D. —	N.D. —
W	N.D. —	N.D. —	N.D. —	N.D. —	N.D. —	N.D. —	N.D. —	N.D. —	N.D. —
Pb	23.7 (13)	17.8 (15)	13.6 (15)	20.3 (6.1)	12.2 (2.4)	14.3 (30)	N.D. —	N.D. —	N.D. —

TNGo土壌～TGZs海砂は，5回測定したうち，4回以上検出したもの.
BKEr砂鉄～FCPr砂鉄は，6回測定したうち，5回以上検出したもの.
*，全てのFeをFe_2O_3として算出.
( )，相対標準偏差，% (TNGo土壌～TGZs海砂は，$n = 5$，BKEr砂鉄～FCPr砂鉄は，$n = 6$).
N.D.，検出限界未満.

Table 4 続き.

	GSJr砂鉄	HNDr砂鉄	HNMr砂鉄	KSDr砂鉄	KWKr砂鉄	KWKs砂鉄	KWTo砂鉄	KWTr砂鉄	MYMr砂鉄
Na_2O	N.D. —	N.D. —	N.D. —	1.02 (6.5)	0.550 (15)	N.D. —	N.D. —	N.D. —	0.773 (15)
MgO	0.919 (16)	N.D. —	2.30 (12)	3.04 (10)	0.827 (5.6)	N.D. —	N.D. —	N.D. —	0.103 (26)
Al_2O_3	1.59 (6.4)	0.526 (15)	2.07 (8.6)	2.09 (4.8)	0.321 (12)	0.151 (18)	0.331 (44)	0.458 (11)	1.32 (5.5)
SiO_2	5.55 (4.5)	2.31 (8.8)	10.6 (9.7)	9.14 (4.5)	2.00 (4.5)	0.481 (8.9)	0.558 (34)	1.26 (16)	3.81 (4.3)
P_2O_5	0.016 (13)	0.033 (12)	0.026 (10)	0.026 (17)	0.018 (12)	N.D. —	0.091 (73)	0.023 (80)	0.017 (14)
K_2O	0.069 (12)	N.D. —	0.052 (19)	0.141 (11)	N.D. —	N.D. —	N.D. —	N.D. —	0.035 (28)
CaO	0.098 (6.2)	0.041 (7.2)	0.937 (15)	0.178 (7.7)	0.039 (9.2)	N.D. —	N.D. —	N.D. —	0.064 (5.6)
TiO_2	0.608 (5.7)	0.563 (4.4)	0.629 (5.1)	0.616 (2.2)	0.267 (2.8)	0.367 (1.8)	0.314 (8.7)	0.330 (4.3)	0.433 (3.3)
MnO	0.126 (2.9)	0.110 (3.8)	0.095 (8.7)	0.146 (1.8)	0.120 (2.0)	0.090 (3.0)	0.114 (4.8)	0.091 (1.5)	0.099 (4.1)
Fe_2O_3*	90.2 (1.0)	95.1 (1.1)	82.1 (2.0)	83.6 (1.2)	95.8 (0.4)	98.7 (0.2)	96.9 (2.4)	96.7 (0.6)	93.2 (0.3)
S	8.01 (31)	3.86 (78)	25.5 (60)	32.8 (16)	N.D. —	N.D. —	87.1 (64)	N.D. —	N.D. —
Cl	553 (92)	378 (16)	345 (120)	333 (50)	212 (33)	233 (62)	2.17×10^3 (46)	376 (19)	309 (62)
V	766 (2.5)	737 (1.3)	2.14×10^3 (2.1)	705 (3.6)	794 (2.3)	770 (1.1)	812 (4.4)	703 (0.8)	727 (2.1)
Cr	N.D. —	N.D. —	1.92×10^3 (1.6)	N.D. —	N.D. —	N.D. —	N.D. —	N.D. —	N.D. —
Co	N.D. —	N.D. —	N.D. —	N.D. —	N.D. —	N.D. —	N.D. —	N.D. —	N.D. —
Ni	42.2 (13)	N.D. —	93.2 (39)	150 (16)	64.1 (15)	N.D. —	N.D. —	N.D. —	N.D. —
Cu	N.D. —	N.D. —	N.D. —	31.8 (25)	N.D. —	N.D. —	N.D. —	N.D. —	N.D. —
Zn	202 (6.3)	126 (9.2)	103 (12)	306 (7.2)	294 (3.8)	153 (5.4)	221 (5.3)	110 (13)	143 (11)
Ga	N.D. —	N.D. —	N.D. —	N.D. —	N.D. —	N.D. —	N.D. —	N.D. —	N.D. —
As	N.D. —	N.D. —	N.D. —	N.D. —	N.D. —	N.D. —	N.D. —	N.D. —	N.D. —
Se	N.D. —	N.D. —	N.D. —	N.D. —	N.D. —	N.D. —	N.D. —	N.D. —	N.D. —
Rb	20.7 (5.7)	11.3 (17)	14.1 (21)	20.5 (7.5)	49.4 (154)	19.1 (17)	12.7 (29)	48.7 (169)	20.2 (10)
Sr	13.3 (12)	4.22 (30)	24.5 (21)	21.7 (5.1)	N.D. —	N.D. —	N.D. —	N.D. —	9.20 (15)
Y	4.30 (32)	3.92 (43)	5.84 (46)	5.77 (27)	N.D. —	N.D. —	N.D. —	3.96 (48)	4.74 (48)
Zr	338 (10)	356 (5.8)	253 (26)	378 (3.2)	392 (2.1)	131 (2.6)	123 (16)	373 (4.9)	424 (5.1)
Nb	N.D. —	N.D. —	N.D. —	N.D. —	N.D. —	N.D. —	N.D. —	N.D. —	N.D. —
Sn	N.D. —	N.D. —	N.D. —	9.77 (30)	N.D. —	N.D. —	N.D. —	N.D. —	N.D. —
Ba	12.8 (22)	N.D. —	N.D. —	47.0 (15)	N.D. —	N.D. —	N.D. —	N.D. —	N.D. —
La	18.1 (27)	N.D. —	N.D. —	N.D. —	N.D. —	N.D. —	N.D. —	N.D. —	N.D. —
Ce	59.3 (18)	40.4 (37)	N.D. —	36.1 (18)	N.D. —	N.D. —	N.D. —	33.9 (35)	34.5 (27)
Ta	N.D. —	N.D. —	N.D. —	N.D. —	N.D. —	N.D. —	N.D. —	N.D. —	N.D. —
W	N.D. —	N.D. —	N.D. —	N.D. —	N.D. —	N.D. —	N.D. —	N.D. —	N.D. —
Pb	N.D. —	N.D. —	N.D. —	N.D. —	N.D. —	N.D. —	N.D. —	N.D. —	N.D. —

	NSHb砂鉄	NSHr砂鉄	OGWr砂鉄	SRPo砂鉄	SRPr砂鉄	TKHr砂鉄	TNGo砂鉄	TNGr砂鉄	YKTr砂鉄
Na_2O	N.D. —	1.55 (10)	0.942 (7.0)	N.D. —	0.735 (14)	N.D. —	0.893 (6.9)	0.768 (15)	N.D. —
MgO	0.586 (29)	1.23 (19)	3.34 (12)	N.D. —	1.56 (21)	4.64 (12)	0.380 (16)	1.50 (7.6)	0.533 (38)
Al_2O_3	0.491 (9.3)	0.675 (9.4)	1.87 (5.0)	0.950 (8.3)	1.09 (11)	2.30 (7.9)	2.11 (9.9)	1.59 (5.7)	0.305 (24)
SiO_2	2.01 (5.9)	3.27 (7.4)	8.21 (6.4)	2.24 (6.3)	4.90 (8.8)	10.2 (7.7)	4.78 (8.2)	6.03 (5.6)	1.33 (16)
P_2O_5	0.020 (7.9)	0.024 (16)	0.023 (15)	N.D. —	0.015 (5.3)	0.027 (7.2)	0.065 (4.6)	0.021 (7.8)	0.020 (20)
K_2O	N.D. —	N.D. —	0.081 (19)	N.D. —	0.036 (31)	0.076 (12)	N.D. —	0.045 (24)	N.D. —
CaO	0.016 (23)	0.032 (14)	0.192 (13)	N.D. —	0.130 (12)	0.323 (6.8)	0.092 (7.5)	0.088 (6.5)	0.020 (11)
TiO_2	0.453 (3.0)	0.408 (4.3)	0.795 (3.7)	0.362 (5.3)	0.717 (2.6)	0.931 (6.2)	0.977 (1.6)	0.656 (3.5)	0.409 (3.3)
MnO	0.101 (3.0)	0.118 (1.8)	0.164 (2.6)	0.076 (6.9)	0.152 (3.7)	0.202 (13)	0.178 (1.3)	0.137 (4.0)	0.134 (11)
Fe_2O_3*	94.9 (1.1)	92.7 (0.8)	84.4 (1.3)	95.8 (0.5)	90.6 (1.2)	80.3 (2.4)	90.0 (0.6)	89.0 (0.7)	96.5 (1.2)
S	3.21 (55)	10.9 (79)	15.7 (22)	N.D. —	41.1 (10)	40.2 (16)	50.6 (5.1)	13.1 (21)	10.4 (48)
Cl	305 (15)	433 (38)	183 (27)	123 (27)	229 (65)	375 (69)	555 (100)	239 (23)	350 (17)
V	750 (1.4)	764 (2.4)	763 (3.0)	829 (2.1)	829 (1.4)	1.26×10^3 (1.4)	580 (4.0)	712 (2.2)	756 (1.3)
Cr	N.D. —	N.D. —	N.D. —	N.D. —	N.D. —	N.D. —	N.D. —	N.D. —	N.D. —
Co	N.D. —	N.D. —	N.D. —	N.D. —	N.D. —	N.D. —	N.D. —	N.D. —	1.31×10^3 (3.8)
Ni	N.D. —	N.D. —	183 (6.8)	N.D. —	52.8 (20)	271 (14)	103 (16)	66.4 (22)	N.D. —
Cu	N.D. —	N.D. —	25.7 (28)	N.D. —	N.D. —	N.D. —	155 (5.3)	21.3 (24)	N.D. —
Zn	151 (6.8)	167 (15)	237 (6.0)	125 (9.0)	197 (3.9)	314 (11)	4.55×10^3 (2.4)	156 (5.9)	221 (3.1)
Ga	N.D. —	N.D. —	N.D. —	N.D. —	N.D. —	N.D. —	N.D. —	N.D. —	N.D. —
As	12.0 (23)	N.D. —	N.D. —	N.D. —	N.D. —	8.12 (36)	102 (28)	N.D. —	N.D. —
Se	N.D. —	N.D. —	N.D. —	N.D. —	N.D. —	N.D. —	N.D. —	N.D. —	N.D. —
Rb	N.D. —	10.0 (17)	17.8 (17)	18.4 (17)	18.1 (11)	14.7 (16)	16.2 (10)	19.7 (6.7)	11.6 (24)
Sr	N.D. —	N.D. —	21.8 (6.7)	N.D. —	12.1 (17)	20.6 (9.8)	8.88 (18)	12.0 (7.0)	N.D. —
Y	327 (2.0)	N.D. —	6.02 (26)	N.D. —	7.35 (63)	7.70 (42)	N.D. —	7.70 (44)	N.D. —
Zr	N.D. —	370 (5.3)	413 (5.7)	172 (5.4)	299 (1.9)	260 (15)	108 (11)	371 (8.1)	182 (3.2)
Nb	N.D. —	N.D. —	N.D. —	N.D. —	N.D. —	N.D. —	N.D. —	N.D. —	N.D. —
Sn	N.D. —	10.8 (13)	N.D. —	N.D. —	N.D. —	12.1 (12)	83.3 (6.2)	N.D. —	21.8 (11)
Ba	N.D. —	N.D. —	29.9 (12)	N.D. —	N.D. —	14.5 (32)	26.8 (16)	12.3 (36)	N.D. —
La	N.D. —	N.D. —	N.D. —	N.D. —	N.D. —	N.D. —	N.D. —	27.1 (27)	N.D. —
Ce	N.D. —	N.D. —	N.D. —	N.D. —	N.D. —	N.D. —	46.9 (24)	74.2 (12)	N.D. —
Ta	N.D. —	N.D. —	N.D. —	N.D. —	N.D. —	N.D. —	N.D. —	N.D. —	N.D. —
W	N.D. —	N.D. —	N.D. —	N.D. —	N.D. —	N.D. —	N.D. —	N.D. —	N.D. —
Pb	N.D. —	N.D. —	N.D. —	N.D. —	N.D. —	N.D. —	117 (37)	N.D. —	N.D. —

6回測定したうち，5回以上検出したものを記載．*，全てのFeをFe_2O_3として算出.
( )，相対標準偏差，% (n = 6).
N.D.，検出限界未満.

Table 4 続き.

	YMHo砂鉄		YMHr砂鉄		YMKr砂鉄		ANKs砂鉄		IMJs砂鉄		IMZs砂鉄		KYBd砂鉄		KYBs砂鉄		NGHs砂鉄	
Na_2O	N.D.	—	1.61	(9.1)	0.497	(13)	N.D.	—	N.D.	—	N.D.	—	N.D.	—	1.53	(3.9)	1.01	(13)
MgO	N.D.	—	1.49	(21)	N.D.	—	0.727	(13)	4.72	(8.5)	20.1	(1.0)	0.542	(13)	1.11	(6.5)	1.23	(5.4)
Al_2O_3	0.458	(15)	0.619	(26)	0.750	(6.8)	1.00	(15)	2.57	(4.8)	1.83	(1.7)	1.09	(8.8)	2.07	(5.5)	1.46	(12)
SiO_2	0.846	(12)	3.09	(24)	2.27	(6.8)	4.43	(16)	12.9	(5.7)	21.8	(1.3)	3.26	(8.8)	7.31	(5.8)	6.84	(8.6)
P_2O_5	N.D.	—	0.029	(8.2)	0.013	(17)	0.017	(19)	0.079	(5.5)	0.055	(2.6)	0.027	(26)	0.044	(2.7)	0.042	(13)
K_2O	N.D.	—	N.D.	—	N.D.	—	N.D.	—	0.254	(4.0)	0.074	(9.1)	N.D.	—	0.081	(18)	0.034	(23)
CaO	N.D.	—	0.037	(10)	0.025	(21)	0.368	(17)	0.538	(6.2)	2.14	(6.4)	0.189	(9.2)	0.682	(5.4)	0.797	(20)
TiO_2	1.05	(2.0)	0.297	(9.1)	0.380	(3.6)	1.69	(2.8)	2.16	(7.1)	1.26	(3.5)	2.02	(15)	3.14	(4.1)	0.440	(4.5)
MnO	0.106	(4.9)	0.113	(4.6)	0.116	(2.5)	0.152	(16)	0.173	(4.1)	0.227	(2.9)	0.264	(4.1)	0.237	(2.3)	0.093	(3.6)
Fe_2O_3*	96.6	(0.9)	92.5	(1.3)	95.8	(0.3)	91.1	(1.0)	75.7	(2.4)	48.3	(1.4)	92.3	(0.6)	83.5	(0.7)	87.7	(1.1)
S	N.D.	—	7.69	(44)	N.D.	—	5.25	(28)	255	(9.4)	593	(1.6)	5.60	(24)	21.2	(13)	11.2	(26)
Cl	397	(14)	377	(8.6)	172	(61)	303	(74)	898	(40)	827	(24)	806	(141)	386	(85)	361	(71)
V	932	(3.3)	764	(1.9)	756	(2.6)	1.65×10^{3}	(2.1)	923	(5.6)	1.21×10^{3}	(2.6)	1.46×10^{3}	(2.9)	1.81×10^{3}	(1.6)	2.58×10^{3}	(1.3)
Cr	N.D.	—	N.D.	—	N.D.	—	942	(104)	1.66×10^{3}	(6.4)	3.11×10^{4}	(1.6)	N.D.	—	N.D.	—	N.D.	—
Co	N.D.	—	N.D.	—	N.D.	—	N.D.	—	673	(5.5)	458	(3.7)	N.D.	—	N.D.	—	N.D.	—
Ni	N.D.	—	N.D.	—	N.D.	—	N.D.	—	169	(11)	558	(5.3)	N.D.	—	53.4	(27)	N.D.	—
Cu	N.D.	—	N.D.	—	N.D.	—	N.D.	—	112	(5.3)	40.6	(7.7)	N.D.	—	N.D.	—	N.D.	—
Zn	150	(17)	190	(31)	165	(9.2)	148	(26)	692	(4.7)	360	(5.9)	245	(3.6)	320	(6.2)	83.4	(36)
Ga	N.D.	—	N.D.	—	N.D.	—	N.D.	—	N.D.	—	N.D.	—	N.D.	—	N.D.	—	N.D.	—
As	N.D.	—	N.D.	—	N.D.	—	N.D.	—	65.0	(13)	18.9	(6.3)	N.D.	—	N.D.	—	N.D.	—
Se	N.D.	—	N.D.	—	N.D.	—	N.D.	—	N.D.	—	N.D.	—	N.D.	—	N.D.	—	N.D.	—
Rb	12.5	(15)	10.6	(8.3)	18.8	(13)	N.D.	—	27.4	(7.1)	11.0	(4.1)	14.2	(26)	12.7	(27)	14.4	(24)
Sr	N.D.	—	N.D.	—	N.D.	—	7.59	(26)	64.2	(6.1)	90.9	(12)	8.75	(8.8)	37.5	(8.2)	20.1	(10)
Y	2.25	(33)	N.D.	—	N.D.	—	3.92	(30)	16.0	(11)	10.0	(21)	6.95	(40)	4.78	(31)	3.99	(24)
Zr	301	(1.2)	421	(12)	350	(2.7)	582	(26)	263	(14)	45.6	(18)	242	(40)	173	(18)	287	(49)
Nb	N.D.	—	N.D.	—	N.D.	—	N.D.	—	N.D.	—	N.D.	—	14.5	(36)	14.3	(20)	N.D.	—
Sn	N.D.	—	N.D.	—	N.D.	—	N.D.	—	137	(5.9)	N.D.	—	11.6	(14)	21.3	(8.1)	N.D.	—
Ba	N.D.	—	N.D.	—	N.D.	—	N.D.	—	63.4	(18)	23.7	(4.7)	N.D.	—	25.6	(30)	N.D.	—
La	N.D.	—	N.D.	—	N.D.	—	N.D.	—	N.D.	—	N.D.	—	N.D.	—	N.D.	—	N.D.	—
Ce	N.D.	—	N.D.	—	N.D.	—	N.D.	—	N.D.	—	N.D.	—	N.D.	—	N.D.	—	N.D.	—
Ta	N.D.	—	N.D.	—	N.D.	—	N.D.	—	57.3	(26)	28.2	(8.1)	N.D.	—	N.D.	—	N.D.	—
W	N.D.	—	N.D.	—	N.D.	—	N.D.	—	N.D.	—	N.D.	—	N.D.	—	N.D.	—	N.D.	—
Pb	N.D.	—	N.D.	—	N.D.	—	N.D.	—	157	(7.5)	N.D.	—	N.D.	—	N.D.	—	N.D.	—

	OBRl砂鉄		OBRr砂鉄		SMFs砂鉄		TGZs砂鉄		THJ01		THJ02		THJ03		THJ04		THJ05	
Na_2O	0.614	(10)	N.D.	—	N.D.	—	1.00	(13)	0.906	(12)	1.20	(3.5)	1.58	(5.6)	1.51	(6.1)	1.17	(5.7)
MgO	0.134	(28)	0.270	(46)	0.867	(13)	1.18	(8.3)	1.18	(2.2)	0.619	(4.8)	1.08	(1.0)	1.02	(2.3)	0.818	(2.9)
Al_2O_3	0.707	(6.2)	0.710	(29)	1.60	(5.7)	1.71	(4.8)	6.11	(0.5)	13.5	(0.4)	5.04	(0.7)	5.22	(0.8)	6.55	(1.3)
SiO_2	2.42	(4.6)	2.63	(34)	8.41	(6.6)	7.18	(4.9)	23.0	(0.2)	68.0	(0.4)	27.2	(0.3)	27.2	(0.3)	34.8	(0.3)
P_2O_5	N.D.	—	N.D.	—	0.046	(6.9)	0.035	(21)	0.215	(1.5)	0.102	(1.3)	0.130	(3.8)	0.138	(4.3)	0.132	(5.5)
K_2O	N.D.	—	N.D.	—	0.088	(17)	0.049	(31)	0.983	(0.9)	2.89	(3.8)	1.36	(1.2)	1.36	(1.3)	1.51	(1.7)
CaO	0.236	(8.2)	0.338	(31)	0.460	(4.9)	0.736	(5.0)	3.62	(0.7)	0.635	(9.4)	4.60	(0.2)	4.53	(0.5)	3.72	(0.8)
TiO_2	0.285	(6.8)	0.382	(25)	0.636	(6.1)	0.739	(6.3)	1.57	(0.8)	1.87	(1.0)	1.69	(0.5)	1.73	(0.5)	1.73	(0.4)
MnO	0.067	(6.2)	0.074	(17)	0.102	(1.2)	0.121	(3.4)	0.266	(0.8)	0.147	(5.6)	0.227	(0.8)	0.227	(1.3)	0.271	(1.1)
Fe_2O_3*	95.1	(0.3)	94.5	(1.8)	86.7	(1.2)	87.1	(0.6)	60.2	(0.2)	10.4	(2.9)	55.0	(0.2)	55.1	(0.3)	47.3	(0.5)
S	N.D.	—	4.65	(61)	14.7	(21)	9.39	(17)	104	(2.8)	48.1	(4.2)	66.2	(2.1)	78.1	(1.4)	62.0	(2.6)
Cl	156	(8.0)	217	(29)	1.08×10^{3}	(114)	172	(13)	330	(3.0)	168	(14)	532	(90)	396	(44)	327	(15)
V	2.69×10^{3}	(1.2)	2.75×10^{3}	(1.4)	1.65×10^{3}	(0.9)	2.79×10^{3}	(0.5)	3.06×10^{3}	(0.9)	422	(28)	2.74×10^{3}	(1.3)	2.74×10^{3}	(1.2)	2.95×10^{3}	(1.5)
Cr	N.D.	—	N.D.	—	N.D.	—	N.D.	—	N.D.	—	N.D.	—	N.D.	—	N.D.	—	N.D.	—
Co	N.D.	—	N.D.	—	N.D.	—	N.D.	—	752	(42)	N.D.	—	524	(10)	N.D.	—	477	(21)
Ni	N.D.	—	N.D.	—	37.0	(17)	N.D.	—	N.D.	—	N.D.	—	43.5	(12)	N.D.	—	41.5	(14)
Cu	N.D.	—	N.D.	—	N.D.	—	N.D.	—	70.8	(5.8)	N.D.	—	N.D.	—	N.D.	—	73.7	(6.0)
Zn	47.5	(42)	73.4	(34)	159	(5.0)	146	(6.8)	N.D.	—	76.8	(9.0)	47.1	(36)	N.D.	—	33.4	(4.6)
Ga	N.D.	—	N.D.	—	N.D.	—	N.D.	—	N.D.	—	N.D.	—	N.D.	—	N.D.	—	N.D.	—
As	N.D.	—	N.D.	—	N.D.	—	N.D.	—	25.0	(25)	N.D.	—	22.3	(33)	N.D.	—	22.8	(6.7)
Se	N.D.	—	N.D.	—	N.D.	—	N.D.	—	9.85	(7.8)	N.D.	—	N.D.	—	N.D.	—	7.62	(19)
Rb	15.1	(9.6)	14.6	(38)	19.0	(16)	15.4	(8.1)	44.6	(5.2)	76.9	(3.5)	55.3	(3.8)	55.4	(1.1)	50.5	(2.5)
Sr	N.D.	—	N.D.	—	27.4	(8.7)	31.1	(7.5)	226	(1.1)	82.8	(2.3)	265	(0.3)	265	(1.1)	187	(1.4)
Y	N.D.	—	9.98	(136)	4.15	(27)	12.8	(23)	71.5	(1.6)	22.0	(3.5)	68.9	(1.4)	69.6	(3.1)	73.5	(1.4)
Zr	1.63×10^{3}	(20)	4.18×10^{3}	(40)	141	(16)	478	(43)	1.43×10^{4}	(0.4)	2.57×10^{3}	(1.9)	1.49×10^{4}	(0.6)	1.51×10^{4}	(1.0)	1.39×10^{4}	(1.1)
Nb	N.D.	—	N.D.	—	N.D.	—	N.D.	—	28.2	(9.9)	15.0	(8.3)	25.6	(21)	25.0	(20)	25.5	(9.1)
Sn	N.D.	—	N.D.	—	19.4	(17)	8.75	(45)	N.D.	—	N.D.	—	N.D.	—	N.D.	—	N.D.	—
Ba	N.D.	—	N.D.	—	N.D.	—	N.D.	—	329	(3.2)	482	(2.1)	215	(3.9)	219	(4.5)	388	(0.7)
La	N.D.	—	N.D.	—	N.D.	—	N.D.	—	62.0	(23)	73.9	(5.2)	73.7	(12)	71.3	(17)	92.4	(8.1)
Ce	N.D.	—	N.D.	—	N.D.	—	N.D.	—	153	(9.5)	127	(4.7)	170	(7.8)	166	(9.0)	196	(6.0)
Ta	N.D.	—	N.D.	—	N.D.	—	N.D.	—	N.D.	—	N.D.	—	N.D.	—	N.D.	—	N.D.	—
W	N.D.	—	N.D.	—	N.D.	—	N.D.	—	618	(1.9)	1.40×10^{3}	(6.4)	558	(4.5)	419	(4.1)	723	(1.8)
Pb	N.D.	—	N.D.	—	N.D.	—	N.D.	—	N.D.	—	N.D.	—	N.D.	—	N.D.	—	N.D.	—

YMHo砂鉄～YMKr砂鉄，IMJs砂鉄，KYBs砂鉄，NGHs砂鉄，SMFs砂鉄は，6回測定したうち，5回以上検出したもの．
ANKs砂鉄，IMZs砂鉄，KYBd砂鉄，OBRl砂鉄，OBRr砂鉄，TGZs砂鉄～THJ05は，5回測定したうち，4回以上検出したもの．
*，全てのFeをFe_2O_3として算出．
( )，相対標準偏差，% (YMHo砂鉄～YMKr砂鉄，IMJs砂鉄，KYBs砂鉄，NGHs砂鉄，SMFs砂鉄は，$n = 6$，ANKs砂鉄，IMZs砂鉄，KYBd砂鉄，OBRl砂鉄，OBRr砂鉄，TGZs砂鉄～THJ05は，$n = 5$)．N.D.，検出限界未満．

Table 4 続き.

	THJ06		THJ07		THJ08		THJ09		THJ10		THJ11		THJ12		THJ13		THJ14	
Na_2O	2.51	(1.8)	1.21	(3.6)	N.D.	—	1.70	(6.2)	0.934	(13)	1.27	(4.7)	1.65	(2.5)	0.628	(13)	N.D.	—
MgO	0.686	(4.2)	0.558	(3.1)	0.421	(3.9)	0.671	(5.0)	0.615	(5.1)	0.704	(2.4)	0.981	(0.6)	0.625	(4.6)	0.667	(4.9)
Al_2O_3	8.17	(0.1)	10.9	(1.0)	5.71	(0.9)	4.99	(0.9)	8.30	(1.0)	16.3	(0.3)	13.6	(1.8)	6.79	(0.5)	4.58	(0.6)
SiO_2	47.7	(0.2)	62.0	(1.2)	11.0	(0.8)	27.3	(0.2)	45.3	(0.8)	69.6	(0.4)	67.7	(2.8)	26.5	(0.4)	20.1	(0.4)
P_2O_5	0.095	(3.0)	0.076	(9.3)	0.278	(1.3)	0.129	(1.4)	0.144	(1.5)	0.123	(2.5)	0.170	(12)	0.130	(2.5)	0.148	(3.3)
K_2O	2.31	(1.3)	2.38	(12)	0.209	(5.5)	1.22	(0.9)	1.23	(6.6)	3.13	(5.2)	3.56	(7.1)	0.826	(2.2)	0.541	(0.9)
CaO	2.31	(0.4)	1.11	(20)	0.216	(4.0)	3.09	(1.0)	1.26	(6.8)	0.876	(16)	2.08	(8.6)	1.49	(0.9)	1.45	(1.0)
TiO_2	5.29	(0.4)	2.50	(3.5)	1.68	(0.9)	0.883	(0.8)	1.27	(2.4)	0.487	(9.4)	0.634	(8.2)	1.06	(0.8)	7.32	(0.5)
MnO	0.435	(0.7)	0.187	(11)	0.104	(2.7)	0.192	(1.4)	0.088	(8.1)	0.065	(18)	0.104	(11)	0.106	(2.2)	0.541	(0.7)
Fe_2O_3*	29.0	(0.2)	18.4	(2.2)	78.4	(0.2)	58.6	(0.3)	40.1	(0.5)	6.92	(1.0)	9.13	(18)	60.8	(0.5)	63.0	(0.1)
S	84.7	(0.3)	52.8	(3.6)	92.4	(1.6)	68.5	(1.6)	83.3	(4.8)	81.9	(3.8)	35.4	(11)	141	(0.6)	66.5	(2.2)
Cl	237	(14)	251	(4.4)	515	(96)	319	(18)	302	(5.7)	330	(93)	142	(18)	479	(63)	605	(87)
V	1.80×10^3	(2.2)	752	(29)	2.49×10^3	(1.0)	2.40×10^3	(1.0)	1.65×10^3	(5.2)	204	(68)	179	(43)	2.02×10^3	(0.8)	2.95×10^3	(1.2)
Cr	N.D.	—	N.D.	—	N.D.	—	N.D.	—	N.D.	—	N.D.	—	N.D.	—	N.D.	—	N.D.	—
Co	348	(8.9)	N.D.	—	679	(7.1)	422	(11)	N.D.	—	N.D.	—	N.D.	—	487	(5.7)	480	(6.6)
Ni	43.6	(13)	N.D.	—	36.5	(19)	37.8	(12)	47.4	(51)	N.D.	—	N.D.	—	77.5	(6.1)	46.0	(9.8)
Cu	38.0	(4.4)	N.D.	—	73.5	(9.2)	N.D.	—	N.D.	—	N.D.	—	N.D.	—	N.D.	—	N.D.	—
Zn	41.1	(5.0)	136	(27)	51.6	(15)	N.D.	—	44.3	(99)	N.D.	—	28.8	(34)	34.9	(4.5)	26.4	(7.7)
Ga	N.D.	—	N.D.	—	N.D.	—	N.D.	—	N.D.	—	N.D.	—	N.D.	—	N.D.	—	N.D.	—
As	16.7	(28)	N.D.	—	38.5	(2.8)	N.D.	—	N.D.	—	N.D.	—	N.D.	—	36.3	(4.8)	26.5	(6.7)
Se	6.66	(8.4)	N.D.	—	N.D.	—	N.D.	—	N.D.	—	N.D.	—	N.D.	—	N.D.	—	N.D.	—
Rb	55.5	(0.8)	72.9	(14)	27.3	(5.0)	39.9	(3.5)	46.7	(13)	91.1	(4.7)	91.1	(16)	50.9	(0.9)	31.9	(3.3)
Sr	165	(1.2)	136	(8.0)	16.2	(6.0)	195	(0.9)	69.7	(9.4)	114	(3.1)	167	(16)	134	(1.1)	102	(1.5)
Y	58.7	(1.4)	30.4	(24)	41.4	(4.2)	35.3	(1.4)	39.5	(16)	17.9	(9.8)	19.3	(19)	50.2	(2.0)	65.9	(2.2)
Zr	9.61×10^3	(0.4)	3.37×10^3	(2.4)	1.10×10^4	(1.0)	7.84×10^3	(0.6)	3.69×10^3	(0.7)	2.01×10^3	(0.4)	1.30×10^3	(14)	8.19×10^3	(0.6)	1.23×10^4	(0.0)
Nb	44.7	(5.2)	17.9	(7.6)	28.1	(12)	N.D.	—	22.3	(7.5)	7.02	(18)	6.75	(28)	15.3	(26)	64.8	(7.9)
Sn	N.D.	—	N.D.	—	N.D.	—	N.D.	—	N.D.	—	N.D.	—	N.D.	—	N.D.	—	N.D.	—
Ba	482	(1.5)	407	(2.6)	50.1	(18)	318	(1.9)	286	(1.4)	467	(1.1)	501	(15)	261	(1.7)	143	(2.5)
La	146	(3.2)	90.2	(5.5)	N.D.	—	35.7	(4.1)	73.2	(4.4)	45.8	(7.0)	56.9	(17)	69.1	(7.1)	98.3	(4.9)
Ce	266	(3.2)	153	(4.9)	78.9	(15)	84.9	(5.5)	151	(3.4)	79.7	(4.3)	95.9	(20)	143	(3.3)	222	(3.6)
Ta	82.7	(2.6)	N.D.	—	N.D.	—	N.D.	—	N.D.	—	N.D.	—	N.D.	—	N.D.	—	N.D.	—
W	997	(2.4)	1.95×10^3	(17)	357	(3.6)	467	(2.0)	1.00×10^3	(19)	1.79×10^3	(7.9)	1.50×10^3	(17)	419	(4.1)	723	(1.8)
Pb	N.D.	—	N.D.	—	N.D.	—	N.D.	—	N.D.	—	N.D.	—	N.D.	—	N.D.	—	N.D.	—

	THJ15		THJ16		THJ17		THJ18		THJ19		THJ20		THJ21		THJ22		THJ23	
Na_2O	1.41	(1.1)	N.D.	—	1.06	(8.9)	1.14	(6.8)	N.D.	—	1.37	(6.2)	1.07	(6.5)	1.26	(5.6)	1.14	(4.0)
MgO	0.544	(3.5)	0.628	(3.8)	0.433	(1.4)	0.435	(5.4)	0.939	(1.2)	0.683	(4.2)	1.17	(1.0)	0.836	(2.8)	0.608	(2.7)
Al_2O_3	12.7	(0.7)	5.73	(0.6)	6.20	(0.3)	5.84	(0.5)	3.97	(0.8)	4.59	(0.6)	5.37	(0.6)	3.91	(0.4)	4.06	(0.4)
SiO_2	72.9	(0.4)	27.1	(0.4)	35.4	(0.5)	32.0	(0.3)	22.7	(0.2)	31.1	(0.3)	27.9	(0.2)	20.6	(0.6)	28.3	(0.3)
P_2O_5	0.062	(2.9)	0.254	(2.6)	0.236	(1.3)	0.336	(0.2)	0.333	(1.1)	0.334	(1.3)	0.453	(0.5)	0.388	(1.0)	0.243	(0.7)
K_2O	2.85	(1.8)	0.898	(2.0)	1.12	(1.3)	0.911	(1.3)	0.769	(1.3)	1.14	(0.7)	0.761	(1.8)	0.734	(1.0)	0.864	(1.8)
CaO	0.833	(3.3)	1.32	(1.1)	1.34	(1.7)	1.63	(0.9)	1.40	(1.0)	2.36	(0.6)	2.83	(0.7)	2.05	(0.9)	1.70	(0.9)
TiO_2	0.637	(1.4)	6.03	(0.2)	0.600	(1.0)	0.808	(0.9)	9.69	(0.3)	0.741	(1.9)	1.79	(0.6)	0.800	(0.7)	0.578	(0.6)
MnO	0.056	(2.0)	0.361	(1.1)	0.084	(1.8)	0.116	(1.8)	0.483	(0.5)	0.137	(1.2)	0.256	(0.5)	0.140	(1.2)	0.096	(1.5)
Fe_2O_3*	7.64	(4.5)	56.2	(0.2)	52.6	(0.3)	55.5	(0.2)	57.7	(0.1)	56.3	(0.3)	56.8	(0.1)	68.3	(0.6)	61.5	(0.1)
S	33.1	(2.4)	488	(2.3)	587	(0.6)	322	(2.9)	379	(2.1)	302	(0.7)	404	(3.1)	323	(2.9)	336	(2.1)
Cl	152	(9.2)	604	(8.4)	437	(2.2)	438	(3.9)	690	(3.7)	442	(3.0)	529	(0.8)	915	(60)	475	(1.6)
V	466	(3.7)	1.97×10^3	(1.9)	1.67×10^3	(1.1)	2.43×10^3	(1.8)	4.28×10^3	(1.0)	2.47×10^3	(0.5)	2.67×10^3	(1.6)	2.82×10^3	(1.1)	2.33×10^3	(1.1)
Cr	N.D.	—	1.15×10^3	(1.5)	672	(1.9)	676	(2.5)	3.35×10^3	(1.0)	687	(1.2)	690	(0.7)	835	(1.1)	909	(1.3)
Co	N.D.	—	604	(4.7)	571	(3.5)	553	(2.8)	566	(1.5)	535	(3.1)	659	(17)	673	(3.9)	574	(4.3)
Ni	31.4	(7.3)	69.0	(10)	92.2	(5.5)	56.2	(8.0)	74.2	(24)	51.2	(10)	51.6	(13)	31.8	(21)	43.5	(10)
Cu	16.9	(7.0)	87.9	(3.6)	N.D.	—	69.7	(6.9)	85.4	(5.3)	N.D.	—	75.8	(4.7)	N.D.	—	N.D.	—
Zn	53.2	(1.9)	60.9	(7.4)	53.0	(4.9)	56.5	(5.7)	55.6	(11)	42.0	(7.0)	43.4	(4.5)	33.1	(11)	30.9	(8.9)
Ga	N.D.	—	N.D.	—	N.D.	—	N.D.	—	N.D.	—	N.D.	—	N.D.	—	N.D.	—	N.D.	—
As	N.D.	—	33.7	(5.0)	30.5	(2.6)	25.3	(3.5)	23.2	(7.8)	20.3	(11)	26.0	(3.7)	20.1	(7.1)	N.D.	—
Se	N.D.	—	N.D.	—	N.D.	—	N.D.	—	N.D.	—	N.D.	—	N.D.	—	N.D.	—	N.D.	—
Rb	77.4	(3.1)	44.2	(3.5)	50.0	(1.5)	37.3	(3.2)	30.7	(5.7)	40.9	(2.4)	34.3	(4.4)	33.8	(4.5)	36.9	(3.3)
Sr	90.4	(3.4)	92.0	(1.5)	98.7	(1.4)	94.4	(2.8)	82.1	(0.8)	128	(0.9)	108	(1.9)	103	(1.9)	93.9	(1.0)
Y	21.4	(3.3)	62.5	(3.4)	32.0	(2.1)	39.2	(7.9)	67.6	(2.4)	34.2	(1.6)	70.7	(1.4)	35.0	(9.2)	26.0	(2.8)
Zr	1.43×10^3	(3.0)	9.29×10^3	(0.5)	4.35×10^3	(0.8)	7.36×10^3	(0.4)	1.01×10^4	(0.2)	6.38×10^3	(0.7)	1.04×10^4	(0.4)	6.52×10^3	(1.2)	4.01×10^3	(0.4)
Nb	5.76	(15)	69.9	(2.8)	16.2	(24)	20.7	(15)	75.8	(5.6)	17.8	(6.3)	45.1	(5.7)	18.0	(13)	N.D.	—
Sn	N.D.	—	N.D.	—	N.D.	—	N.D.	—	N.D.	—	N.D.	—	N.D.	—	N.D.	—	N.D.	—
Ba	304	(6.0)	224	(3.6)	285	(1.7)	215	(1.9)	195	(3.4)	213	(2.7)	212	(2.5)	146	(2.8)	163	(2.3)
La	46.1	(18)	102	(9.9)	47.9	(11)	N.D.	—	108	(7.0)	N.D.	—	60.5	(12)	N.D.	—	N.D.	—
Ce	72.3	(13)	209	(7.8)	92.4	(8.4)	84.2	(7.2)	223	(4.4)	74.1	(5.2)	140	(7.9)	49.4	(16)	50.6	(5.0)
Ta	82.7	(2.6)	N.D.	—	N.D.	—	N.D.	—	N.D.	—	N.D.	—	N.D.	—	N.D.	—	N.D.	—
W	997	(2.4)	227	(2.6)	280	(3.3)	166	(4.8)	208	(3.7)	354	(1.4)	203	(5.0)	150	(2.0)	274	(2.6)
Pb	9.11	(3.7)	N.D.	—	N.D.	—	N.D.	—	N.D.	—	N.D.	—	N.D.	—	N.D.	—	N.D.	—

5回測定したうち，4回以上検出したものを記載.
*，全てのFeをFe_2O_3として算出.
()，相対標準偏差，% ($n = 6$).
N.D.，検出限界未満.

Table 4 続き.

	THJ24		THJ25		THJ26		THJ27		THJ28		THJ29		THJ30		THJ31		THJ32	
Na_2O	0.979	(9.0)	1.58	(4.1)	1.25	(3.2)	1.38	(1.6)	0.902	(7.8)	1.87	(6.7)	1.20	(4.0)	1.34	(4.7)	1.39	(3.7)
MgO	1.17	(2.8)	0.822	(1.7)	0.731	(3.7)	0.807	(4.4)	0.570	(1.7)	1.07	(1.7)	0.465	(2.6)	0.757	(4.5)	0.672	(0.6)
Al_2O_3	4.94	(0.4)	6.13	(0.5)	5.72	(0.8)	4.15	(0.9)	6.56	(0.6)	5.16	(1.0)	7.54	(0.4)	10.9	(0.6)	7.75	(0.7)
SiO_2	22.5	(1.0)	52.0	(0.8)	36.5	(0.9)	23.5	(0.8)	31.3	(0.5)	30.6	(0.6)	74.1	(0.1)	70.8	(0.2)	48.7	(0.3)
P_2O_5	0.499	(0.6)	0.182	(2.8)	0.432	(1.5)	0.361	(0.4)	0.437	(1.0)	0.405	(1.6)	0.142	(2.2)	0.145	(1.9)	0.243	(1.9)
K_2O	0.639	(2.0)	2.52	(0.8)	1.30	(0.9)	0.937	(1.4)	0.825	(3.1)	1.32	(1.5)	2.51	(1.0)	3.28	(0.7)	2.13	(0.8)
CaO	2.76	(1.0)	2.64	(1.0)	2.81	(1.2)	1.96	(1.0)	1.70	(1.2)	4.02	(1.0)	0.791	(1.0)	0.798	(1.9)	1.63	(0.5)
TiO_2	1.84	(0.8)	0.900	(1.2)	1.86	(0.8)	2.68	(0.4)	0.827	(0.4)	1.57	(0.5)	0.426	(2.1)	0.405	(1.8)	0.614	(0.8)
MnO	0.246	(0.7)	0.091	(1.4)	0.213	(1.1)	0.188	(0.8)	0.129	(1.2)	0.188	(1.2)	0.050	(2.8)	0.063	(1.5)	0.099	(2.8)
Fe_2O_3*	62.8	(0.3)	32.4	(1.1)	47.4	(0.5)	62.6	(0.8)	55.5	(0.3)	52.2	(0.5)	12.2	(0.4)	11.1	(1.5)	36.0	(0.5)
S	409	(1.9)	220	(2.1)	355	(1.7)	337	(2.7)	456	(1.9)	333	(2.3)	358	(3.3)	245	(3.4)	299	(2.8)
Cl	688	(13)	400	(15)	494	(2.4)	708	(41)	468	(8.1)	614	(4.8)	262	(2.1)	274	(2.5)	438	(27)
V	2.74×10^3	(0.9)	1.21×10^3	(1.0)	2.64×10^3	(1.5)	2.38×10^3	(1.3)	2.58×10^3	(0.9)	1.80×10^3	(1.1)	394	(5.2)	264	(3.0)	1.52×10^3	(1.6)
Cr	760	(1.7)	481	(1.3)	574	(2.6)	1.23×10^3	(0.9)	750	(0.9)	331	(4.2)	94.4	(6.5)	81.1	(20)	484	(2.2)
Co	627	(2.7)	385	(2.7)	479	(4.7)	604	(2.7)	522	(2.3)	506	(3.3)	206	(4.0)	195	(1.5)	388	(3.3)
Ni	53.6	(7.3)	72.1	(3.7)	61.8	(6.1)	63.6	(1.5)	60.8	(6.9)	54.9	(7.9)	16.3	(22)	22.0	(9.1)	66.0	(3.5)
Cu	76.3	(4.2)	N.D.	—	67.4	(21)	N.D.	—	N.D.	—	73.3	(3.8)	11.3	(19)	12.7	(14)	N.D.	—
Zn	43.4	(5.0)	125	(1.7)	48.0	(4.6)	37.4	(8.8)	49.6	(8.0)	34.3	(2.1)	30.7	(6.6)	83.1	(2.5)	57.7	(3.7)
Ga	N.D.	—	N.D.	—	N.D.	—	N.D.	—	N.D.	—	N.D.	—	N.D.	—	N.D.	—	N.D.	—
As	32.7	(5.4)	18.9	(1.8)	23.5	(6.4)	23.8	(3.7)	25.9	(6.2)	29.0	(6.4)	2.01	(32)	N.D.	—	20.9	(3.4)
Se	N.D.	—	5.15	(10)	N.D.	—	27.6	(17)	N.D.	—	N.D.	—	N.D.	—	N.D.	—	4.55	(9.6)
Rb	34.1	(3.2)	106	(1.6)	44.8	(2.9)	51.6	(1.0)	35.0	(1.9)	55.3	(2.7)	80.8	(1.0)	121	(1.4)	73.6	(1.3)
Sr	105	(2.8)	218	(0.9)	147	(1.8)	122	(1.7)	87.2	(1.3)	243	(1.1)	120	(1.3)	127	(2.0)	133	(0.4)
Y	65.0	(1.5)	45.3	(1.1)	76.0	(4.5)	103	(3.0)	33.3	(6.5)	69.5	(2.5)	22.9	(7.4)	22.6	(3.4)	31.9	(1.4)
Zr	1.15×10^4	(0.6)	3.73×10^3	(1.3)	1.21×10^4	(1.1)	1.08×10^4	(1.3)	6.86×10^3	(0.4)	1.14×10^4	(1.0)	1.30×10^3	(1.5)	839	(2.0)	3.65×10^3	(0.9)
Nb	46.0	(6.2)	21.2	(15)	41.0	(6.1)	70.8	(4.1)	18.3	(9.2)	36.5	(12)	8.06	(10)	9.07	(11)	13.0	(26)
Sn	N.D.	—	N.D.	—	N.D.	—	N.D.	—	N.D.	—	N.D.	—	N.D.	—	N.D.	—	N.D.	—
Ba	181	(2.9)	378	(1.6)	296	(2.5)	209	(5.0)	176	(2.6)	199	(4.1)	340	(2.2)	356	(3.3)	318	(2.3)
La	50.0	(13)	69.3	(2.5)	76.5	(10)	87.8	(12)	N.D.	—	65.7	(12)	N.D.	—	N.D.	—	N.D.	—
Ce	122	(7.6)	127	(2.5)	160	(6.2)	203	(6.2)	72.2	(4.9)	144	(5.8)	65.4	(15)	52.8	(15)	74.2	(10)
Ta	N.D.	—	N.D.	—	N.D.	—	N.D.	—	N.D.	—	N.D.	—	N.D.	—	23.5	(17)	N.D.	—
W	N.D.	—	274	(4.4)	191	(2.1)	341	(1.6)	145	(5.9)	181	(4.3)	2.35×10^3	(1.2)	1.80×10^3	(2.1)	1.02×10^3	(1.3)
Pb	N.D.	—	N.D.	—	N.D.	—	N.D.	—	N.D.	—	N.D.	—	N.D.	—	30.0	(9.3)	N.D.	—
	THJ33		THJ34		THJ35		THJ36		THJ37		THJ38		THJ39		THJ40		THJ41	
Na_2O	1.47	(4.3)	1.25	(3.4)	2.12	(5.4)	1.38	(16)	2.65	(3.3)	N.D.	—	5.87	(2.2)	1.72	(4.5)	1.46	(3.6)
MgO	0.751	(2.5)	0.661	(2.0)	0.741	(6.5)	0.471	(2.1)	1.95	(2.5)	1.17	(2.2)	0.528	(1.7)	0.970	(1.7)	0.793	(2.6)
Al_2O_3	11.1	(0.5)	10.5	(0.0)	5.36	(1.5)	8.74	(1.0)	15.4	(0.7)	4.85	(1.0)	9.86	(0.6)	11.0	(0.5)	12.5	(0.4)
SiO_2	69.7	(0.3)	68.3	(0.2)	37.6	(0.6)	72.3	(0.4)	67.0	(0.1)	26.7	(0.8)	76.5	(0.2)	69.4	(0.2)	70.5	(0.1)
P_2O_5	0.150	(2.1)	0.102	(1.5)	0.354	(3.4)	0.096	(3.8)	0.100	(2.0)	0.410	(3.4)	0.073	(3.3)	0.176	(0.9)	0.137	(1.7)
K_2O	3.37	(1.2)	2.90	(2.0)	1.59	(2.1)	2.49	(0.9)	4.64	(1.6)	1.37	(0.7)	3.34	(0.9)	3.46	(0.7)	3.63	(1.3)
CaO	0.711	(3.8)	0.635	(2.5)	3.51	(1.2)	0.443	(1.1)	0.560	(2.7)	2.46	(0.6)	1.03	(1.1)	1.06	(1.6)	0.493	(4.1)
TiO_2	0.375	(2.4)	0.461	(2.1)	1.07	(1.9)	0.486	(1.2)	0.714	(1.7)	8.67	(0.5)	0.194	(5.6)	0.938	(0.9)	0.411	(2.4)
MnO	0.065	(2.0)	0.051	(5.4)	0.189	(3.4)	0.029	(3.9)	0.140	(2.1)	0.617	(0.9)	0.047	(3.2)	0.126	(2.8)	0.057	(2.4)
Fe_2O_3*	11.8	(0.6)	14.7	(0.6)	46.5	(2.0)	13.0	(0.6)	6.57	(1.8)	51.6	(0.3)	2.16	(1.1)	10.7	(0.8)	9.60	(1.3)
S	251	(1.1)	261	(0.6)	334	(2.5)	388	(6.5)	506	(3.9)	499	(2.6)	480	(5.4)	228	(1.6)	233	(1.9)
Cl	375	(43)	319	(16)	1.03×10^3	(99)	330	(35)	286	(23)	764	(8.8)	290	(68)	334	(14)	752	(124)
V	274	(7.7)	409	(3.2)	2.07×10^3	(1.3)	400	(2.6)	N.D.	—	2.72×10^3	(2.0)	N.D.	—	266	(5.8)	196	(10)
Cr	83.0	(18)	148	(3.4)	469	(3.4)	130	(17)	N.D.	—	2.22×10^3	(1.2)	N.D.	—	285	(6.5)	35.5	(26)
Co	221	(3.5)	237	(0.9)	490	(4.6)	236	(1.8)	70.5	(5.7)	597	(4.6)	60.9	(7.1)	169	(3.8)	156	(1.5)
Ni	26.0	(25)	29.2	(20)	60.5	(7.6)	23.2	(13)	N.D.	—	77.2	(6.9)	N.D.	—	20.0	(15)	19.1	(6.1)
Cu	14.3	(8.4)	16.2	(9.6)	71.8	(6.3)	11.2	(17)	N.D.	—	90.8	(11)	N.D.	—	18.0	(12)	10.4	(16)
Zn	98.2	(3.3)	84.6	(3.5)	37.6	(15)	42.7	(44)	157	(2.5)	47.4	(4.1)	54.9	(3.8)	57.3	(6.2)	58.6	(3.4)
Ga	N.D.	—	N.D.	—	N.D.	—	N.D.	—	N.D.	—	N.D.	—	N.D.	—	N.D.	—	N.D.	—
As	3.69	(62)	N.D.	—	20.5	(2.6)	2.78	(21)	N.D.	—	24.0	(9.0)	N.D.	—	N.D.	—	N.D.	—
Se	N.D.	—	N.D.	—	6.79	(19)	N.D.	—	N.D.	—	N.D.	—	N.D.	—	N.D.	—	N.D.	—
Rb	125	(1.0)	114	(0.9)	53.3	(5.2)	88.6	(0.7)	198	(2.0)	48.5	(2.1)	107	(0.9)	122	(2.0)	143	(1.7)
Sr	118	(0.6)	120	(1.5)	223	(2.9)	97.0	(0.7)	208	(1.6)	144	(1.3)	223	(0.8)	148	(1.2)	119	(1.5)
Y	22.4	(5.4)	23.2	(5.2)	50.4	(2.7)	24.2	(6.8)	11.8	(6.4)	105	(3.7)	10.7	(1.7)	27.1	(3.3)	21.2	(1.1)
Zr	811	(1.2)	1.00×10^3	(1.4)	6.98×10^3	(3.9)	1.08×10^3	(1.1)	262	(0.7)	1.29×10^4	(2.4)	144	(1.6)	967	(1.6)	617	(1.7)
Nb	9.50	(17)	10.9	(8.1)	22.7	(14)	10.4	(15)	17.1	(7.1)	95.8	(2.6)	8.33	(15)	13.3	(4.5)	9.87	(6.2)
Sn	N.D.	—	N.D.	—	N.D.	—	N.D.	—	N.D.	—	N.D.	—	N.D.	—	N.D.	—	N.D.	—
Ba	333	(2.3)	370	(2.6)	299	(2.8)	315	(2.1)	423	(2.3)	271	(4.4)	255	(1.7)	389	(0.8)	367	(2.0)
La	N.D.	—	N.D.	—	55.1	(2.4)	40.1	(16)	N.D.	—	158	(5.4)	N.D.	—	36.8	(9.5)	N.D.	—
Ce	50.0	(22)	56.3	(10)	106	(3.7)	63.7	(9.6)	N.D.	—	306	(4.6)	20.7	(21)	62.6	(2.2)	46.9	(11)
Ta	25.4	(31)	22.7	(22)	N.D.	—	18.3	(15)	N.D.	—	N.D.	—	N.D.	—	20.0	(19)	20.9	(12)
W	1.83×10^3	(1.4)	1.36×10^3	(1.8)	699	(3.3)	1.87×10^3	(0.2)	735	(2.2)	196	(4.0)	2.02×10^3	(1.5)	1.35×10^3	(1.6)	1.32×10^3	(2.3)
Pb	38.3	(25)	18.7	(15)	N.D.	—	N.D.	—	39.8	(8.7)	N.D.	—	26.2	(17)	28.5	(18)	26.8	(12)

5回測定したうち，4回以上検出したものを記載.
*，全てのFeをFe_2O_3として算出.
( )，相対標準偏差，% ($n = 6$).
N.D.，検出限界未満.

Table 4 続き．

	THJ42	THJ43	THJ44	THJ45	THJ46	THJ47	THJ48	LMN01	LMN02
Na_2O	1.97 (4.0)	1.61 (8.0)	1.78 (2.7)	1.71 (5.1)	1.68 (5.8)	1.85 (6.1)	0.955 (7.1)	0.343 (76)	N.D. —
MgO	0.803 (1.2)	0.941 (2.0)	1.04 (1.6)	0.859 (2.0)	0.644 (1.9)	0.671 (3.8)	0.753 (4.8)	0.535 (3.0)	0.303 (3.5)
Al_2O_3	10.9 (0.4)	9.74 (0.1)	9.61 (0.1)	9.64 (0.3)	8.14 (0.5)	9.89 (0.4)	4.52 (2.9)	15.8 (0.4)	18.8 (0.3)
SiO_2	73.9 (0.1)	62.7 (0.3)	64.7 (0.2)	65.5 (0.3)	66.0 (0.8)	51.7 (0.4)	27.5 (2.8)	60.9 (0.6)	44.9 (0.4)
P_2O_5	0.121 (1.1)	0.292 (0.2)	0.156 (1.1)	0.144 (1.0)	0.198 (1.7)	0.299 (0.9)	0.220 (4.2)	0.032 (3.1)	0.021 (2.9)
K_2O	3.63 (0.7)	3.21 (1.1)	2.98 (0.9)	2.75 (0.9)	2.90 (1.0)	2.07 (0.6)	0.705 (3.6)	1.22 (3.2)	0.709 (3.4)
CaO	0.881 (1.3)	3.30 (0.7)	1.82 (0.5)	1.33 (0.6)	1.56 (2.7)	2.50 (1.3)	0.908 (2.0)	N.D. —	N.D. —
TiO_2	0.494 (0.6)	1.00 (0.8)	1.30 (1.2)	0.969 (0.7)	0.773 (1.6)	1.21 (1.4)	1.54 (1.1)	0.798 (1.9)	0.455 (1.8)
MnO	0.039 (3.0)	0.073 (0.7)	0.108 (0.8)	0.083 (2.3)	0.102 (3.7)	0.108 (4.8)	0.062 (3.0)	0.024 (7.4)	N.D. —
Fe_2O_3*	6.85 (0.6)	16.3 (0.6)	15.7 (0.5)	16.3 (0.7)	17.2 (2.4)	28.6 (0.8)	62.2 (1.0)	20.1 (1.8)	34.4 (0.2)
S	220 (0.8)	580 (5.7)	337 (1.8)	312 (6.3)	215 (2.8)	411 (5.2)	302 (2.8)	142 (2.8)	266 (1.0)
Cl	454 (47)	771 (78)	562 (37)	599 (85)	851 (89)	401 (8.9)	502 (16)	310 (58)	579 (86)
V	139 (7.9)	875 (1.3)	923 (4.6)	825 (2.8)	900 (3.0)	1.15×10^3 (3.1)	2.73×10^3 (1.9)	54.4 (7.7)	N.D. —
Cr	45.5 (36)	198 (2.5)	434 (2.6)	294 (1.6)	300 (1.2)	335 (3.7)	989 (1.8)	N.D. —	N.D. —
Co	170 (1.7)	269 (2.2)	269 (2.9)	299 (2.3)	275 (1.8)	352 (2.5)	615 (7.5)	N.D. —	N.D. —
Ni	16.8 (8.3)	64.4 (4.1)	66.5 (3.7)	66.3 (1.2)	62.8 (2.1)	62.5 (5.8)	73.5 (23)	25.6 (23)	30.4 (24)
Cu	8.07 (16)	54.0 (5.6)	N.D. —	53.1 (2.0)	53.4 (1.8)	54.2 (24)	57.6 (19)	9.75 (33)	N.D. —
Zn	43.8 (1.0)	N.D. —	29.9 (5.2)	66.8 (2.1)	224 (1.0)	60.5 (2.7)	26.5 (22)	56.8 (53)	33.8 (26)
Ga	N.D. —	N.D. —	N.D. —	N.D. —	N.D. —	N.D. —	N.D. —	N.D. —	N.D. —
As	N.D. —	11.3 (9.2)	12.9 (6.4)	10.7 (20)	8.63 (11)	13.7 (8.4)	19.4 (27)	N.D. —	N.D. —
Se	N.D. —	5.22 (7.7)	3.81 (14)	4.39 (10)	3.66 (14)	5.37 (6.3)	N.D. —	N.D. —	N.D. —
Rb	154 (0.9)	109 (1.2)	124 (1.1)	106 (0.8)	93.6 (0.9)	71.1 (0.7)	37.5 (7.3)	75.2 (1.2)	54.3 (2.8)
Sr	167 (0.8)	385 (0.8)	193 (0.8)	153 (1.1)	143 (0.9)	201 (1.6)	45.3 (5.8)	31.5 (2.1)	15.9 (9.7)
Y	22.1 (5.1)	55.7 (0.7)	50.4 (1.1)	43.9 (0.9)	42.3 (1.6)	65.0 (1.5)	31.2 (13)	15.1 (7.2)	10.5 (11)
Zr	604 (0.6)	3.48×10^3 (0.9)	3.06×10^3 (0.6)	2.80×10^3 (1.5)	3.03×10^3 (2.7)	6.51×10^3 (0.9)	2.91×10^3 (2.4)	288 (1.7)	221 (3.1)
Nb	9.37 (10)	21.2 (5.1)	19.8 (2.3)	16.6 (10)	13.8 (10)	30.4 (5.1)	25.5 (13)	7.78 (9.9)	N.D. —
Sn	N.D. —	N.D. —	N.D. —	N.D. —	N.D. —	N.D. —	N.D. —	N.D. —	N.D. —
Ba	343 (1.0)	385 (1.3)	330 (2.7)	327 (2.9)	321 (3.1)	319 (3.7)	107 (3.2)	213 (2.6)	161 (5.3)
La	32.2 (15)	56.3 (10)	57.2 (15)	47.0 (13)	43.0 (20)	70.9 (7.7)	N.D. —	N.D. —	N.D. —
Ce	51.3 (10)	96.6 (9.7)	95.5 (11)	81.2 (11)	69.1 (15)	132 (8.0)	72.7 (7.8)	74.0 (16)	85.0 (17)
Ta	19.8 (15)	N.D. —	N.D. —	N.D. —	N.D. —	N.D. —	94.3 (27)	N.D. —	N.D. —
W	1.88×10^3 (0.8)	896 (0.6)	1.09×10^3 (1.1)	1.47×10^3 (0.9)	1.41×10^3 (8.0)	464 (4.5)	231 (15)	338 (12)	759 (6.2)
Pb	9.09 (20)	35.7 (11)	38.2 (2.9)	65.5 (6.3)	63.2 (4.2)	55.0 (5.3)	N.D. —	22.1 (17)	30.2 (31)

	LMN03	LMN04	LMN05	LMN06	LMN07	LMN08	LMN09	LMN10	LMN11
Na_2O	N.D. —	N.D. —	N.D. —	0.317 (27)	0.254 (14)	0.290 (7.8)	N.D. —	N.D. —	N.D. —
MgO	0.253 (20)	0.253 (8.9)	0.356 (3.6)	0.399 (2.5)	0.449 (3.5)	0.736 (5.4)	0.770 (1.7)	0.631 (1.5)	0.608 (2.4)
Al_2O_3	16.3 (6.2)	14.8 (4.7)	19.8 (3.8)	12.7 (0.7)	13.4 (1.6)	11.6 (0.7)	12.3 (1.1)	12.1 (0.5)	11.1 (0.4)
SiO_2	37.0 (5.2)	37.4 (4.8)	40.6 (3.7)	39.0 (0.7)	49.3 (0.6)	57.8 (0.5)	57.3 (0.3)	48.3 (0.4)	47.5 (0.3)
P_2O_5	0.020 (14)	0.018 (9.1)	0.021 (27)	0.022 (4.7)	0.023 (3.1)	0.051 (2.6)	0.053 (2.2)	0.049 (0.8)	0.045 (2.4)
K_2O	0.681 (5.5)	0.880 (2.6)	0.803 (2.8)	1.05 (1.7)	1.40 (1.3)	1.43 (1.2)	1.43 (2.7)	1.13 (1.2)	1.13 (0.5)
CaO	N.D. —	N.D. —	0.035 (20)	N.D. —	0.035 (22)	N.D. —	0.037 (29)	0.020 (25)	N.D. —
TiO_2	0.421 (2.9)	0.414 (2.1)	0.444 (1.1)	0.546 (1.1)	0.737 (1.3)	0.751 (1.1)	0.779 (0.9)	0.563 (1.3)	0.640 (1.4)
MnO	N.D. —	N.D. —	N.D. —	0.027 (7.1)	0.051 (1.7)	0.116 (0.9)	0.090 (1.5)	0.020 (11)	N.D. —
Fe_2O_3*	45.0 (6.3)	45.9 (4.6)	37.7 (5.8)	45.8 (0.8)	34.2 (1.1)	26.9 (0.6)	26.8 (0.5)	36.7 (0.7)	38.5 (0.6)
S	216 (5.8)	256 (5.2)	172 (3.9)	164 (3.0)	130 (2.4)	675 (1.9)	771 (1.1)	904 (0.3)	846 (0.4)
Cl	308 (14)	272 (47)	257 (20)	178 (6.6)	228 (84)	367 (11)	401 (1.3)	424 (1.9)	422 (2.7)
V	49.1 (20)	44.9 (9.5)	43.8 (19)	79.3 (21)	104 (28)	109 (20)	110 (18)	106 (21)	120 (12)
Cr	N.D. —	N.D. —	N.D. —	N.D. —	N.D. —	183 (3.4)	152 (6.5)	168 (3.0)	160 (4.7)
Co	N.D. —	N.D. —	N.D. —	N.D. —	N.D. —	343 (2.3)	255 (3.7)	315 (2.4)	367 (3.4)
Ni	38.5 (32)	40.4 (10)	40.0 (24)	61.1 (6.5)	56.4 (13)	47.0 (4.9)	47.6 (13)	48.8 (7.9)	44.2 (9.4)
Cu	N.D. —	15.2 (26)	14.4 (18)	26.8 (16)	26.2 (18)	28.2 (4.7)	28.1 (8.6)	30.4 (3.8)	31.9 (12)
Zn	40.7 (28)	43.9 (12)	43.5 (8.1)	52.5 (7.2)	49.8 (8.3)	64.2 (5.2)	59.6 (3.8)	49.9 (4.8)	47.3 (8.6)
Ga	N.D. —	N.D. —	N.D. —	N.D. —	N.D. —	N.D. —	N.D. —	N.D. —	N.D. —
As	54.5 (16)	N.D. —	N.D. —	N.D. —	N.D. —	18.4 (2.9)	19.0 (13)	58.4 (3.6)	26.2 (12)
Se	N.D. —	N.D. —	N.D. —	N.D. —	N.D. —	N.D. —	N.D. —	N.D. —	3.22 (15)
Rb	62.9 (12)	63.5 (7.8)	58.3 (8.9)	100 (1.6)	107 (1.1)	106 (1.0)	115 (0.8)	82.2 (1.0)	89.9 (1.0)
Sr	18.6 (15)	25.0 (8.4)	19.9 (9.4)	31.2 (1.5)	41.4 (2.7)	46.2 (2.4)	46.2 (1.6)	32.0 (2.4)	32.9 (1.0)
Y	12.1 (18)	15.1 (7.6)	10.6 (24)	15.8 (13)	18.0 (3.4)	24.4 (5.9)	23.5 (4.7)	16.4 (14)	16.8 (8.4)
Zr	245 (12)	241 (6.6)	220 (6.0)	227 (5.4)	310 (4.1)	273 (1.3)	283 (2.2)	191 (1.4)	213 (1.5)
Nb	N.D. —	N.D. —	N.D. —	N.D. —	6.41 (18)	18.2 (10)	17.7 (11)	13.2 (8.0)	15.5 (7.6)
Sn	N.D. —	N.D. —	N.D. —	N.D. —	N.D. —	N.D. —	N.D. —	N.D. —	N.D. —
Ba	163 (8.9)	217 (6.8)	156 (8.4)	199 (4.0)	267 (3.5)	252 (2.2)	246 (3.2)	178 (1.8)	186 (2.8)
La	N.D. —	71.8 (9.5)	N.D. —	N.D. —	N.D. —	N.D. —	N.D. —	N.D. —	N.D. —
Ce	97.9 (15)	126 (12)	78.4 (15)	N.D. —	113 (12)	86.8 (12)	79.7 (20)	100 (7.6)	74.5 (14)
Ta	N.D. —	N.D. —	N.D. —	N.D. —	N.D. —	17.5 (7.3)	N.D. —	N.D. —	N.D. —
W	1.15×10^3 (13)	499 (12)	118 (36)	N.D. —	N.D. —	595 (3.7)	108 (5.3)	N.D. —	N.D. —
Pb	20.2 (14)	16.7 (13)	35.0 (38)	37.3 (32)	30.6 (31)	191 (2.5)	164 (4.0)	169 (1.8)	163 (2.5)

THJ42～LMN02，LMN04，LMN05，LMN08～LMN11は，5回測定したうち，4回以上検出したもの．
LMN03，LMN06，LMN07は，6回測定したうち，5回以上検出したもの．*，全てのFeをFe_2O_3として算出．
( )，相対標準偏差，% (THJ42～LMN02，LMN04，LMN05，LMN08～LMN11は，$n = 5$，LMN03，LMN06，LMN07は，$n = 6$)．
N.D.，検出限界未満．

Table 4 続き.

	LMN12	LMN13	LMN14
Na_2O	0.307 (21)	N.D. —	N.D. —
MgO	0.533 (2.8)	0.560 (1.6)	0.412 (4.2)
Al_2O_3	12.8 (1.3)	9.91 (0.9)	11.1 (0.8)
SiO_2	51.0 (0.5)	57.2 (0.6)	34.3 (0.7)
P_2O_5	0.051 (2.5)	0.051 (2.0)	0.053 (1.0)
K_2O	1.28 (1.5)	1.40 (1.1)	0.839 (2.2)
CaO	N.D. —	N.D. —	N.D. —
TiO_2	0.558 (2.0)	0.698 (0.6)	0.384 (1.4)
MnO	0.023 (2.4)	0.121 (1.1)	0.551 (3.5)
Fe_2O_3*	33.3 (0.9)	29.6 (0.3)	51.8 (0.8)
S	719 (1.3)	832 (0.8)	806 (1.1)
Cl	372 (3.4)	302 (2.9)	307 (0.9)
V	97.7 (10)	82.9 (13)	76.9 (20)
Cr	140 (13)	124 (12)	201 (5.0)
Co	286 (3.3)	298 (2.4)	534 (2.2)
Ni	46.2 (7.2)	35.1 (13)	38.3 (6.5)
Cu	28.7 (6.5)	27.8 (8.5)	32.3 (13)
Zn	46.5 (6.1)	45.4 (4.7)	64.3 (3.1)
Ga	N.D. —	N.D. —	N.D. —
As	37.0 (3.1)	15.2 (21)	103 (3.4)
Se	2.35 (29)	N.D. —	N.D. —
Rb	76.5 (1.4)	90.7 (0.5)	73.6 (2.3)
Sr	37.7 (3.7)	47.2 (1.9)	24.2 (5.5)
Y	16.3 (9.6)	23.0 (4.1)	34.9 (4.1)
Zr	237 (5.7)	287 (3.0)	169 (5.5)
Nb	14.1 (12)	17.2 (3.3)	15.1 (25)
Sn	N.D. —	N.D. —	N.D. —
Ba	209 (3.5)	271 (2.7)	219 (3.8)
La	N.D. —	73.0 (6.4)	63.6 (11)
Ce	97.0 (14)	124 (10)	111 (11)
Ta	N.D. —	N.D. —	N.D. —
W	N.D. —	22.3 (18)	85.5 (8.8)
Pb	129 (2.7)	194 (3.5)	791 (4.9)

LMN12は，6回測定したうち，5回以上検出したもの．LMN13，LMN14は，5回測定したうち，4回以上検出したもの．
*，全てのFeをFe_2O_3として算出．
()，相対標準偏差，%（LMN12は，$n = 6$，LMN13，LMN14は，$n = 5$）．
N.D.，検出限界未満．

き中性岩（安山岩または閃緑岩），63～69% のとき中性岩・酸性岩（デイサイトまたは花崗閃緑岩），>69% のとき酸性岩（流紋岩または花崗岩）である．この分類法によると，33 種類の試料のうち HNMr 河砂，KWTo 土壌，SRPo 土壌，TNGo 土壌，IMZs 海砂，OBRl 海砂，TGZs 海砂が酸性岩質ではない地質であり，残りの 26 種類が花崗岩の属する酸性岩質であった．しかし，これらの酸性岩質に分類された試料の中で，ANKs 海砂，IMJs 海砂，KYBd 海砂，KYBs 海砂，NGHs 海砂，SMFs 海砂は，地質図[26] によると堆積岩質であった（Fig.4）．前述の通り，花崗岩帯は砂鉄が豊富に含まれていることが多い[18] ため，油山山麓の酸性岩質の地点に由来する砂鉄が当時の鉄生産の原料に使われていた可能性がある．そこで，ここでは酸性岩質に由来する 20 種類の砂鉄を鉄滓の始発原料の候補とした．

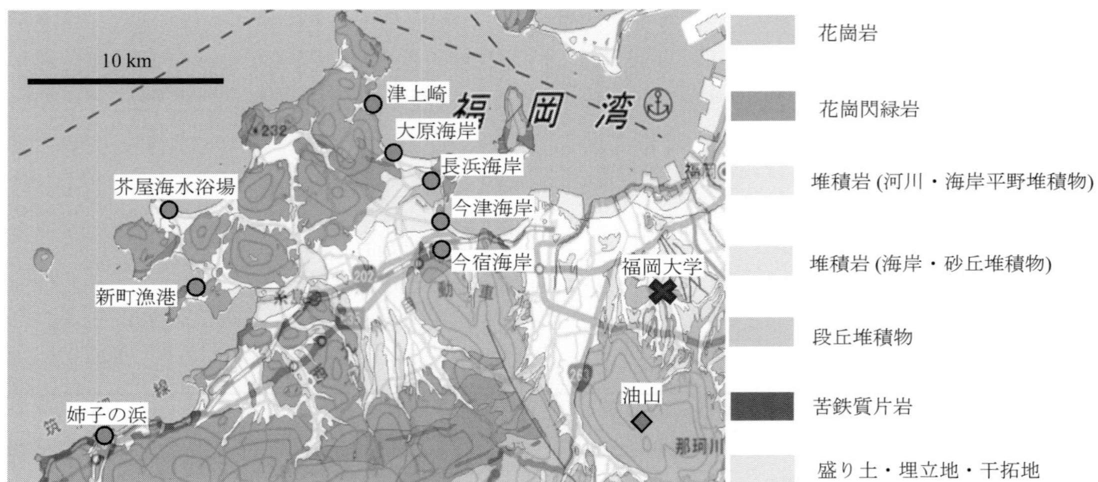

Fig.4 海砂試料の採集地点付近の地質図（地図は地質図 Navi[26] を使用）．◯海砂試料の採集地点．

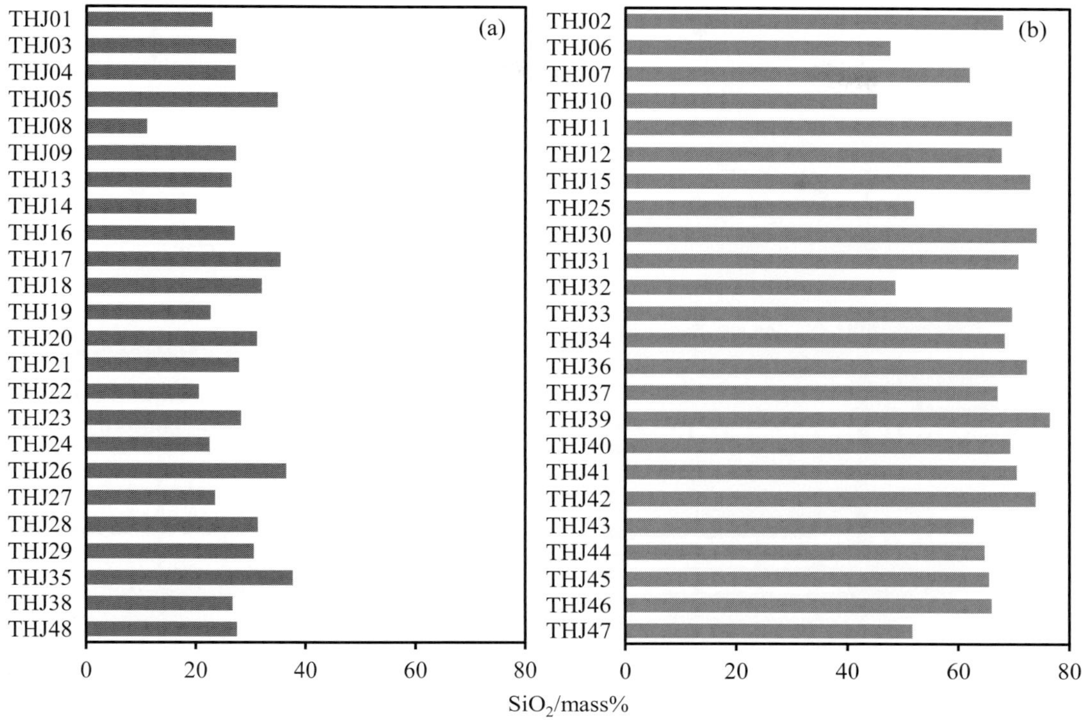

Fig.5 大平寺遺跡から出土した鉄滓の SiO_2 濃度．(a) 炉材があまり含まれていない鉄滓，(b) 炉材を豊富に含む鉄滓．試料名は Table 1 を参照．

3.4 鉄滓試料における炉材の影響

製鉄の際，炉材が原料に混入するため，炉材の成分が鉄滓の化学組成に影響を与えることがある[27, 28]．そこで，炉材の主成分である SiO_2 に着目した．Fig.5 に，炉材を豊富に含む（Table 4 で Fe_2O_3 濃度よりも SiO_2 濃度の方が高い）鉄滓試料（THJ02, 06, 07, 10～12, 15, 25, 30～34, 36, 37, 39～47）と炉材があまり含まれていない試料（THJ01, 03～05, 08, 09, 13, 14, 16～24, 26～29, 35, 38, 48）の SiO_2 濃度を示す．さらに，これらの鉄滓の XRD プロファイルを Fig.6 に示す．すべての鉄滓には共通して，鉄かんらん石（Fe_2SiO_4），磁鉄鉱（Fe_3O_4），磁赤鉄鉱（Fe_2O_3）およびウスタイト（FeO）が，THJ37, 39 にのみ黒雲母（$KFeMg_2(AlSi_3O_{10})(OH)_2$）および灰長石（$CaAl_2Si_2O_8$）が，THJ01, 03, 04, 05, 09, 14, 22 を除いた鉄滓に石英（SiO_2）の回折線が検出された．これらの鉱物の中で，石英は炉材を豊富に含む鉄滓試料に豊富に含まれていた．炉材を豊富に含むものは炉材の成分が鉄滓の化学組成に大きな影響を与えている可能性があるため，鉄滓の原料推定は，炉材を豊富に含む試料とそうでない試料に分けて行った．

3.5 Ti/V 比による砂鉄と鉄滓の比較

鉄滓中に濃集しやすい Ti および V を使った Ti/V 比，つまり，Ti を V で除した値は原料と鉄滓の間で，ほぼ同一の値になる[27-31]．平井らは，この性質に着目して，縦軸を log (Ti/Fe)，横軸を log (V/Fe) とした散布図を用いて，鉄製

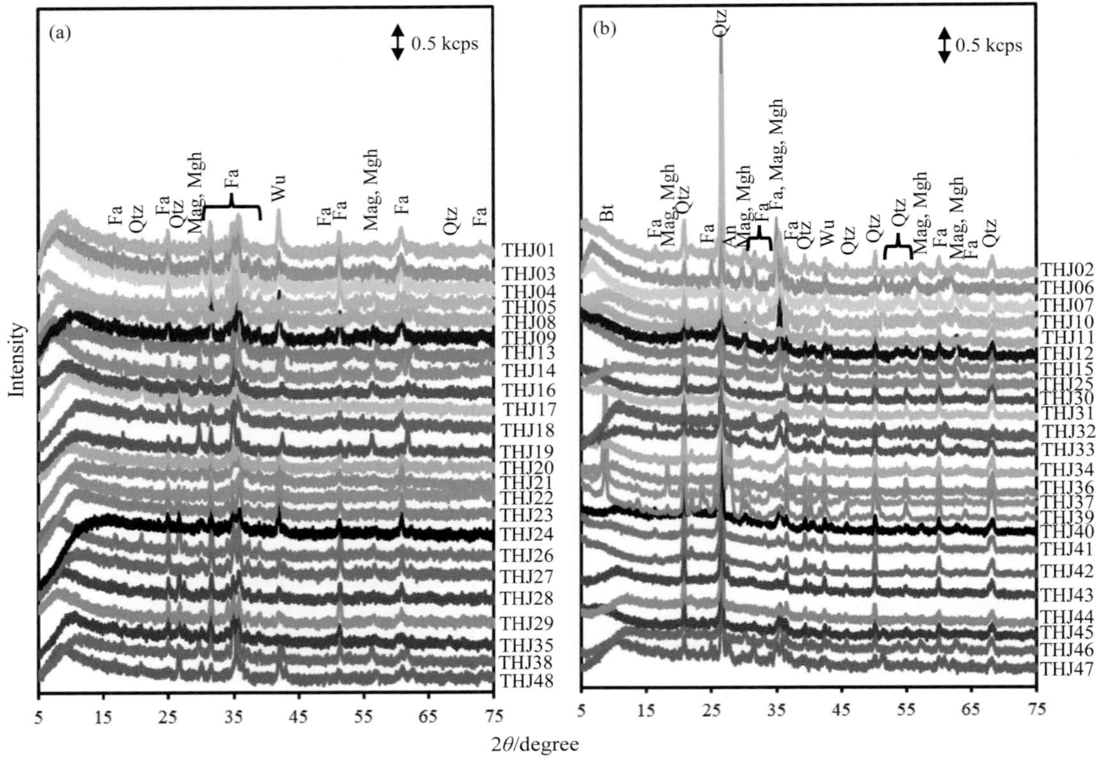

Fig.6　大平寺遺跡から出土した鉄滓の XRD プロファイル．Fa, 鉄かんらん石（Fe_2SiO_4）；Qtz, 石英（SiO_2）；Mag，磁鉄鉱（Fe_3O_4）；Mgh，磁赤鉄鉱（Fe_2O_3）；Wu，ウスタイト（FeO）；Bt，黒雲母（$KFeMg_2(AlSi_3O_{10})((OH)_2)$）；An，灰長石（$CaAl_2Si_2O_8$）．(a) 炉材があまり含まれていない鉄滓，(b) 炉材を豊富に含む鉄滓．試料名は Table 1 を参照．

遺物とその原料を比較し，製錬過程における Ti と V の挙動を明らかにしている．この散布図では，傾きが原料の Ti/V 比で，原点を通る直線に鉄滓のプロットが乗るとき，鉄滓がこの原料由来だと推定できる．

Table 4 の成分のうち，砂鉄および鉄滓試料の TiO_2 および V の濃度値を使って，Ti/V 比を算出した．砂鉄および鉄滓の Ti/V 比を Table 5 に示す．Table 5 には，Fig.3 と地質図で推定した砂鉄の採集地点の地質および試料の SiO_2 濃度も併記した．Table 5 によると，酸性岩質の地点に由来する砂鉄の Ti/V 比は 3.4～11 に分布していた．ただし，これらの中で，BKEr 河砂の採集地点は付近で河川工事が行われていたため，BKEr 砂鉄は，純粋な油山山麓由来でない可能性がある．そのため，BKEr 砂鉄（Ti/V = 14）は鉄滓との比較には使用しないこととした．

砂鉄および鉄滓の TiO_2 および V の濃度値をそれぞれ Fe_2O_3 の濃度値で除した Ti/V 散布図を Fig.7 に示す．散布図上の Ti/V 比が 3.4～11 の範囲内（Fig.7 の▭）に鉄滓のプロットが乗っていると，油山山麓の酸性岩質の地点に由来する砂鉄の Ti/V 比とほぼ同じであることを意味する．すなわち，鉄滓の原料が油山山麓の酸性

Table 5 油山山麓周辺から採集した砂鉄と大平寺遺跡から採集した鉄滓および褐鉄鉱の Ti/V 比.

試料	採集地点の地質	Ti/V比	SiO_2濃度	試料	採集地点の地質	Ti/V比	SiO_2濃度
BKEr砂鉄	酸性岩質	14	3.61	THJ15	—	14	72.9
DTMr砂鉄	酸性岩質	4.5	3.92	THJ16	—	31	27.1
FCPr砂鉄	酸性岩質	4.8	3.06	THJ17	—	3.6	35.4
GSJr砂鉄	酸性岩質	7.9	5.55	THJ18	—	3.3	32.0
HNDr砂鉄	酸性岩質	7.6	2.31	THJ19	—	23	22.7
HNMr砂鉄	中性岩・酸性岩質	2.9	10.6	THJ20	—	3.0	31.1
KSDr砂鉄	酸性岩質	8.7	9.14	THJ21	—	6.7	27.9
KWKr砂鉄	酸性岩質	3.4	2.00	THJ22	—	2.8	20.6
KWKs砂鉄	酸性岩質	4.8	0.481	THJ23	—	2.5	28.3
KWTo砂鉄	中性岩・酸性岩質	3.9	0.558	THJ24	—	6.7	22.5
KWTr砂鉄	酸性岩質	4.7	1.26	THJ25	—	7.4	52.0
MYMr砂鉄	酸性岩質	5.9	3.81	THJ26	—	7.1	36.5
NSHb砂鉄	酸性岩質	6.0	2.01	THJ27	—	11	23.5
NSHr砂鉄	酸性岩質	5.3	3.27	THJ28	—	3.2	31.3
OGWr砂鉄	酸性岩質	10	8.21	THJ29	—	8.7	30.6
SRPo砂鉄	中性岩・酸性岩質	4.4	2.24	THJ30	—	11	74.1
SRPr砂鉄	酸性岩質	7.2	4.90	THJ31	—	15	70.8
TKHr砂鉄	酸性岩質	5.9	10.2	THJ32	—	4.0	48.7
TNGo砂鉄	中性岩・酸性岩質	17	4.78	THJ33	—	14	69.7
TNGr砂鉄	酸性岩質	9.2	6.03	THJ34	—	11	68.3
YKTr砂鉄	酸性岩質	5.4	1.33	THJ35	—	5.2	37.6
YMHo砂鉄	酸性岩質	11	0.846	THJ36	—	12	72.3
YMHr砂鉄	酸性岩質	3.9	3.09	THJ37	—	—	67.0
YMKr砂鉄	酸性岩質	5.0	2.27	THJ38	—	32	26.7
ANKs砂鉄	堆積岩質	10	4.43	THJ39	—	—	76.5
IMJs砂鉄	堆積岩質	23	12.9	THJ40	—	35	69.4
IMZs砂鉄	堆積岩質	10	21.8	THJ41	—	21	70.5
KYBd砂鉄	堆積岩質	14	3.26	THJ42	—	35	73.9
KYBs砂鉄	堆積岩質	17	7.31	THJ43	—	11	62.7
NGHs砂鉄	堆積岩質	1.7	6.84	THJ44	—	14	64.7
OBRl砂鉄	堆積岩質	1.1	2.42	THJ45	—	12	65.5
OBRr砂鉄	堆積岩質	1.4	2.63	THJ46	—	8.6	66.0
SMFs砂鉄	堆積岩質	3.9	8.41	THJ47	—	11	51.7
TGZs砂鉄	堆積岩質	2.6	7.18	THJ48	—	5.7	27.5
THJ01	—	5.1	23.0	LMN01	—	147	60.9
THJ02	—	44	68.0	LMN02	—	—	44.9
THJ03	—	6.2	27.2	LMN03	—	86	37.0
THJ04	—	6.3	27.2	LMN04	—	92	37.4
THJ05	—	5.9	34.8	LMN05	—	101	40.6
THJ06	—	29	47.7	LMN06	—	69	39.0
THJ07	—	33	62.0	LMN07	—	71	49.3
THJ08	—	6.7	11.0	LMN08	—	69	57.8
THJ09	—	3.7	27.3	LMN09	—	71	57.3
THJ10	—	7.7	45.3	LMN10	—	53	48.3
THJ11	—	24	69.6	LMN11	—	53	47.5
THJ12	—	35	67.7	LMN12	—	57	51.0
THJ13	—	5.2	26.5	LMN13	—	84	57.2
THJ14	—	25	20.1	LMN14	—	50	34.3

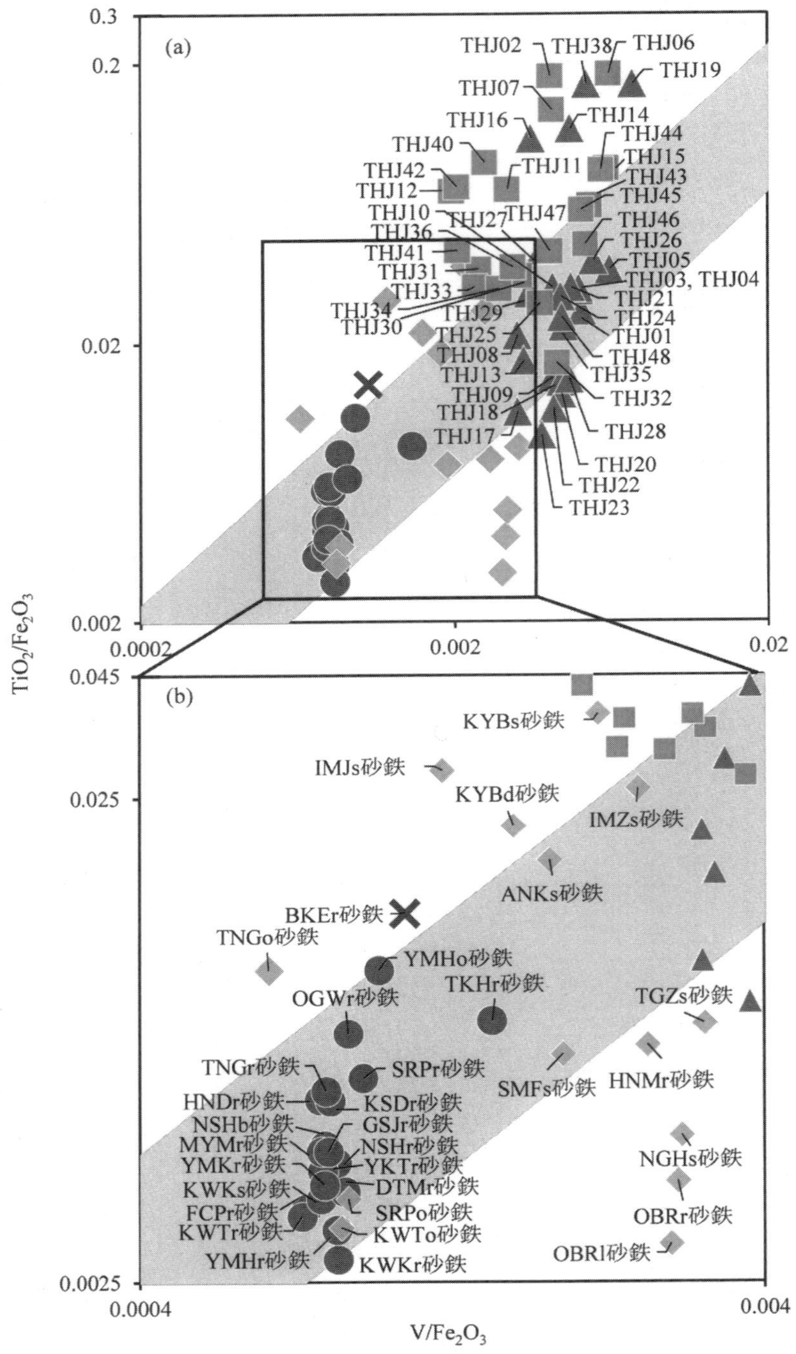

Fig.7 大平寺遺跡から採集した鉄滓と油山山麓周辺から採集した砂鉄の Ti/V 散布図．(a) 全体，(b) 囲み部分の拡大，●砂鉄（酸性岩質由来），◆砂鉄（酸性岩質以外に由来），✖除外した砂鉄，▬ Ti/V 比が 3.4～11 の範囲（採集地点が酸性岩質由来の砂鉄）．▲炉材があまり含まれていない鉄滓，■炉材を豊富に含む鉄滓．試料名は Table 1 を参照．

岩質の地点に由来する砂鉄である可能性が高いことを示す．ただし，THJ37 および THJ39 は V 濃度が検出されなかったため，プロットを作成できなかった．

炉材があまり含まれていない 24 点の鉄滓のうち 15 点（THJ01, 03～05, 08, 09, 13, 17, 21, 24, 26, 27, 29, 35, 48）および炉材を豊富に含む 22 点の鉄滓のうち 8 点（THJ10, 25, 30, 32, 34, 43, 46, 47）のプロットが，酸性岩質の地点に由来する砂鉄の Ti/V 比（3.4～11）の範囲内に位置した．したがって，これらの鉄滓の原料は油山山麓の酸性岩質の地点に由来する砂鉄である可能性が高い．また，これらの鉄滓の中で，炉材を豊富に含む試料の Ti/V 比（7.7～11）は，THJ32 を除いて砂鉄の Ti/V 比（3.4～11）の範囲の中で比較的高い値を示した．そのため，炉材の成分の影響を大きく受けると，Ti/V 比が高くなる傾向がある．

他方，炉材を豊富に含む 22 点の鉄滓のうち 14 点（THJ02, 06, 07, 11, 12, 15, 31, 33, 36, 40～42, 44, 45）のプロットがこの範囲内には位置しなかった．これらの鉄滓は，炉材の成分が鉄滓の化学組成に大きな影響を与えたため，この範囲から外れた可能性がある．しかし，炉材があまり含まれていない 24 点の鉄滓のうち 9 点（THJ14, 16, 18, 19, 20, 22, 23, 28, 38）は，炉材の影響が少ないにもかかわらず，この範囲から外れた．この 9 点の鉄滓のうち THJ18, 20, 22, 23, 28 の Ti/V 比は 2.5～3.3 で，この範囲の近くにプロットされた．そのため，今回採集した地点以外の油山の酸性岩質に由来する砂鉄であれば，この 5 点の鉄滓の Ti/V 比と一致する可能性がある．残りの鉄滓 4 点（THJ14, 16, 19, 38）の Ti/V 比は 23～32 と高く，この範囲から大きく外れていた．この 4 点の鉄滓は，TiO_2 濃度（6.03～9.69%）が他の炉材があまり含まれていない鉄滓（0.600～2.68%）と比較して高かった．すなわち，この 4 点の鉄滓の原料が砂鉄である場合，TiO_2 濃度が高いものが使用されたということになる．砂鉄は TiO_2 濃度が 5～8% を境目に，これより濃度が低いものが真砂砂鉄，高いものが赤目砂鉄といわれている[32)]．油山山麓の花崗岩質に由来する砂鉄は TiO_2 濃度がこの基準より低いため真砂砂鉄に分類されるが，この 4 点の鉄滓は赤目砂鉄，つまり，油山山麓ではない別の地域の砂鉄を原料にして製鉄された可能性がある．または，4 点の鉄滓の原料が鉄鉱石である場合，チタン鉄鉱などの TiO_2 濃度が高い鉱石から製鉄されたと考えられる．

3.6　Ti/V 比による褐鉄鉱と鉄滓の比較

Table 4 の成分のうち，褐鉄鉱および鉄滓試料の TiO_2 および V の濃度値を使って，Ti/V 比を算出した．褐鉄鉱および鉄滓の Ti/V 比を Table 5 に示す．Table 5 によると，褐鉄鉱の Ti/V 比は 50～147 に分布していた．

褐鉄鉱および鉄滓の TiO_2 および V の濃度値をそれぞれ Fe_2O_3 の濃度値で除した Ti/V 散布図を Fig.8 に示す．ただし，LMN02 は V 濃度が検出されなかったため，プロットを作成できなかった．Fig.8 において，褐鉄鉱の Ti/V 比（50～147）の範囲内（Fig.8 の　）に鉄滓のプロットが乗っていると，鉄滓と褐鉄鉱の Ti/V 比とほぼ同じであることを意味する．すなわち，鉄滓の原料が大平寺遺跡から採集した褐鉄鉱である可能性が高いことを示す．しかし，褐鉄鉱の Ti/V 比（50～147）の範囲と比較すると，46 点の鉄滓すべてがこの範囲外にプロットされた．したがって，大平寺遺跡から採集した褐鉄鉱が鉄滓の原料として使われた可能性は低い．

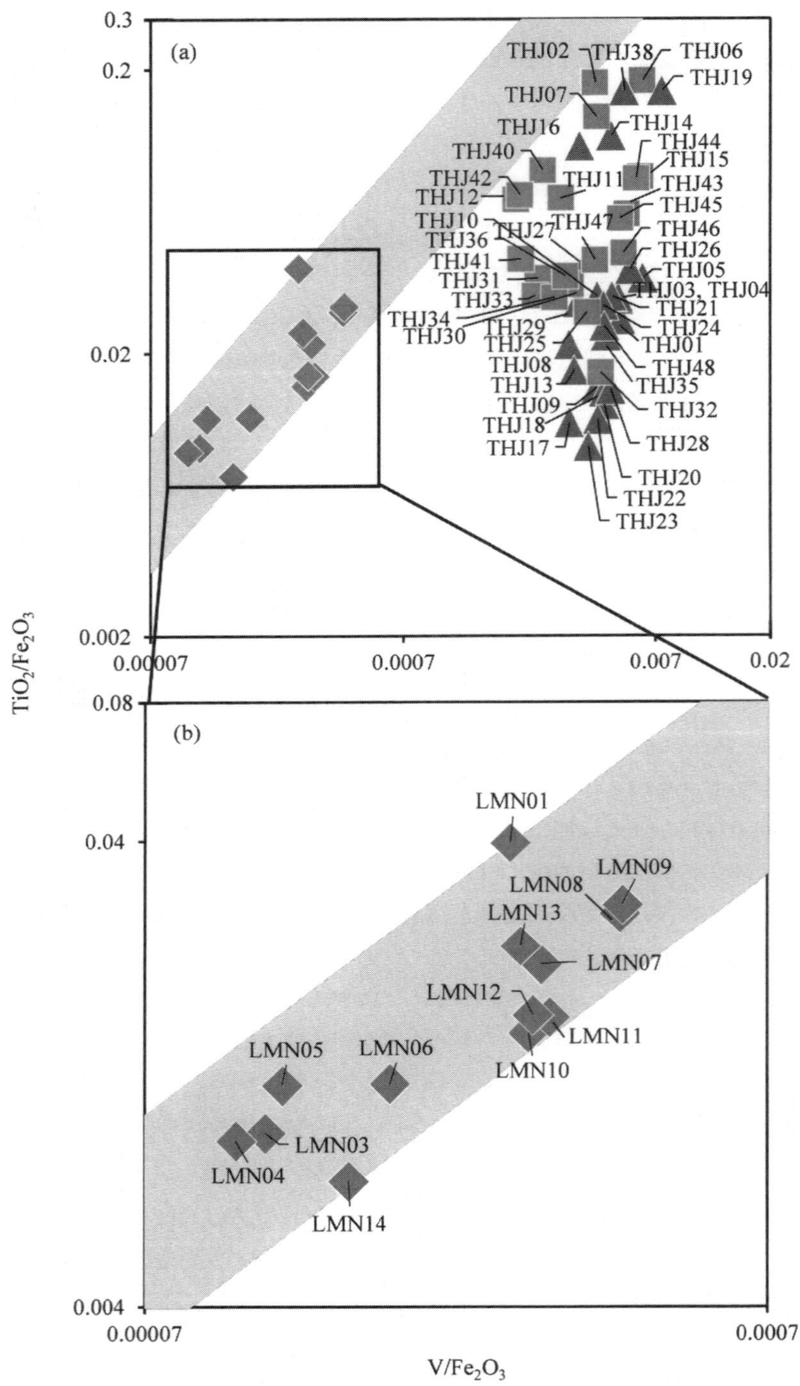

Fig.8 大平寺遺跡から採集した鉄滓と褐鉄鉱の Ti/V 散布図．(a) 全体，(b) 囲み部分の拡大，◆ 褐鉄鉱，▒ Ti/V 比が 50～147 の範囲（褐鉄鉱）．▲ 炉材があまり含まれていない鉄滓，■ 炉材を豊富に含む鉄滓．試料名は Table 1 を参照．

4. 結　論

大平寺遺跡の鉄滓をXRFで測定し，SiO_2濃度およびXRDによる石英の強度により，炉材を豊富に含む試料とそうでない試料に分けた後，始発原料を推定した．これらの鉄滓の原料候補として，油山山麓周辺の酸性岩質の地点に由来する20種類の砂鉄および14種類の褐鉄鉱を使用した．

測定した成分のうち，砂鉄および鉄滓のTiO_2, VおよびFe_2O_3濃度でTi/V散布図を作成し，それらを比較した．その結果，炉材をあまり含まない24点の鉄滓のうち15点および炉材を豊富に含む22点の鉄滓のうち8点は，酸性岩質に由来する砂鉄のTi/V比の範囲内にプロットされたため，これらの鉄滓の原料は油山山麓の酸性岩質の地点に由来する砂鉄である可能性が高い．他方，この範囲から外れた炉材を豊富に含む14点の鉄滓は，混入した炉材の化学組成の影響を大きく受けた可能性がある．しかし，炉材をあまり含まない9点の鉄滓は，炉材の影響が小さいにもかかわらず，この範囲から外れた．この9点の鉄滓のうち5点のTi/V比は，酸性岩質に由来する砂鉄のものと近い値であった．そのため，今回採集した地点以外の油山の酸性岩質に由来する砂鉄であれば，この5点の鉄滓のTi/V比と一致する可能性がある．残り4点の鉄滓は，別の地域の砂鉄もしくは鉄鉱石から製鉄されたと考えられる．さらに，Ti/V散布図で褐鉄鉱と鉄滓を同様に比較した．その結果，今回分析した鉄滓の中で，褐鉄鉱が原料の可能性があるものはなかった．

謝　辞

本研究の一部は，JSPS科研費JP22K00991の助成および福岡大学の研究助成（課題番号：221044）によるものである．福岡大学人文学部歴史学科の桃崎祐輔教授には，大平寺遺跡の試料を提供していただいた．古賀市教育委員会の西幸子博士には，油山山麓周辺でのサンプリングにご協力いただいた．ここに記して，お礼申し上げる．

参考文献

1) 舘　充：鉄と鋼，**91**, 2 (2005).
2) 野田拓治，長谷部善一：“熊本県立装飾古墳館 企画展図録12：古代たたら製鉄 復原の記録”, (1999), (熊本県文化財保護協会).
3) 国土交通省 国土地理院，“地理院地図”，〈https://www.gsi.go.jp〉，(2023年11月10日アクセス).
4) 山崎純男：“福岡市埋蔵文化財調査報告書191：柏原遺跡群Ⅵ”，(1988), (福岡市教育委員会).
5) 佐田　茂，松本　肇：“福岡市埋蔵文化財調査報告書14：福岡市大牟田15号・43号墳発掘調査報告”，(1971)，(福岡市教育委員会).
6) 佐藤一郎：“福岡市埋蔵文化財調査報告書1225：大平寺遺跡1”，(2014), (福岡市教育委員会).
7) 吉留秀敏，本田光子，比佐陽一郎，田中良之，金宰賢：“福岡市埋蔵文化財調査報告書540：桧原遺跡”，(1997)，(福岡市教育委員会).
8) 藏冨士寛，星野恵美：“福岡市埋蔵文化財調査報告書700：福岡外環状道路関係埋蔵文化財調査報告14”，(2002), (福岡市教育委員会).
9) 小田富士雄，武末純一：“福岡大学考古学研究室研究報告1：倉瀬戸古墳群II”，(2000), (福岡大学人文学部考古学研究室).
10) 山崎純男，池崎譲二：“福岡市埋蔵文化財調査報告書470：有田・小田部　第23集”, (1996), (福岡市教育委員会).
11) 横山邦継，長家　伸，吉留秀敏：“福岡市埋蔵文化財調査報告書334：干隈遺跡”，(1993), (福岡市教育委員会).
12) 松村道博，小林義彦：“福岡市埋蔵文化財調査報告書297：野芥遺跡”, (1992), (福岡市教育委員会).

13) 田上勇一郎：“福岡市埋蔵文化財調査報告書 880:重留村下遺跡3”, (2006), (福岡市教育委員会).
14) 二宮忠司, 大庭友子, 比佐陽一郎：“福岡市埋蔵文化財調査報告書 495:三郎丸古墳群”, (1996), (福岡市教育委員会).
15) 加藤 隆也：“福岡市埋蔵文化財調査報告書 1023：荒平古墳群 1”, (2009), (福岡市教育委員会).
16) 長家 伸：“福岡市埋蔵文化財調査報告書 1241：松木田 4”, (2014), (福岡市教育委員会).
17) 唐木田芳文, 富田宰臣, 下山正一, 千々和一豊:“地域地質研究報告:5 万分の 1 地質図幅”, **51**, 1 (1994), (地質調査所).
18) 田中芳則, 風巻 周：応用地質, **46**, 88 (2005).
19) 石掛雄大, 市川慎太郎, 栗崎 敏:X 線分析の進歩, **52**, 209 (2021).
20) S. Ichikawa, Y. Ishikake, Y. Nishi, S. Kawata, H. Yamakata, T. Kurisaki: *X-Ray Spectrom.*, **53**, 121 (2023).
21) 松木麻里花, 市川慎太郎, 栗崎 敏：X 線分析の進歩, **55**, 215 (2024).
22) 大久保いずみ, 市川慎太郎, 脇田久伸, 沼子千弥, 米津幸太郎, 横山拓史, 栗崎 敏:X 線分析の進歩, **53**, 183 (2022).
23) International Centre for Diffraction Data (ICDD): PDF Powder Diffraction File (Database), edited by Dr. Soorya Kabekkodu, Newtown Square, PA, USA (2010).
24) N. Imai, S. Terashima, S. Itoh, A. Ando: *Geost. Newsl.*, **19**, 135 (1995).
25) 周藤賢治, 小山内康人:“記載岩石学”, p.7 (2002), (共立出版).
26) 国立研究開発法人産業技術総合研究所 / 地質調査総合センター：“地質図 Navi”, 〈https://gbank.gsj.jp/geonabi/〉, (2024 年 08 月 01 日アクセス).
27) 平井昭司：放射化分析, **8**, 14 (1999).
28) 平井昭司：交野市埋蔵文化財調査報告, 2001-III, 127 (2002).
29) 平井昭司, 加藤将彦, 村岡弘一, 岡田往子：福島県文化財センター白河館研究紀要 2004, 35 (2005).
30) 平井昭司, 加藤将彦, 岡田往子：原子力機構施設利用総合共同研究成果報告集, 162 (2008).
31) 平井昭司：まてりあ (Materia Japan), **47**, 350 (2008).
32) 久保善博：鉄と鋼, **109**, 25 (2023).

全反射蛍光 X 線分析法と固相抽出法を用いるビタミン B_{12} 分析法の検出限界の改善

内藤千裕[a]，及川紘生[b]，国村伸祐[a, b*]

Improvement in the Detection Limit for Vitamin B_{12} Obtained by a Combination of Total Reflection X-ray Fluorescence Analysis and Solid-Phase Extraction

Chihiro NAITO[a], Kosei OIKAWA[b] and Shinsuke KUNIMURA[a, b*]

[a] Department of Industrial Chemistry, Faculty of Engineering, Tokyo University of Science
6-3-1 Niijuku, Katsushika-ku, Tokyo 125-8585, Japan
[b] Department of Industrial Chemistry, Graduate School of Engineering, Tokyo University of Science
6-3-1 Niijuku, Katsushika-ku, Tokyo 125-8585, Japan

(Received 30 November 2024, Revised 11 January 2025, Accepted 20 January 2025)

This paper describes a method to improve the detection limit for vitamin B_{12}, which is an organic cobalt complex, obtained by total reflection X-ray fluorescence (TXRF) analysis combined with solid-phase extraction. Vitamin B_{12} in 10 mL of an aqueous solution containing 10 ng mL^{-1} of vitamin B_{12} was collected on a solid phase extraction column, and then the collected vitamin B_{12} was eluted with 0.4 mL of 40% ethanol. Finally, the net intensity of the Co Kα line originating from vitamin B_{12} in the dry residue of a 50 μL droplet of the eluate was measured by a portable TXRF spectrometer. A detection limit of 0.82 ng mL^{-1} was obtained for vitamin B_{12}. On the other hand, when TXRF spectra of four dry residues of 200 μL droplets of eluates obtained after solid-phase extractions performed in the same procedure as described above were measured, detection limits were 0.24, 0.17, 0.20, and 0.34 ng mL^{-1}, respectively. Although there was variation in the detection limit among the dry residues, TXRF analysis of the dry residue of a larger volume droplet of an eluate obtained after solid-phase extraction of a solution containing vitamin B_{12} was effective for detecting a lower concentration of vitamin B_{12}.
[Key words] Cobalt, Cyanocobalamin, Solid-phase extraction, Total reflection X-ray fluorescence, Vitamin B_{12}

本研究では，全反射蛍光 X 線分析法と固相抽出法を組み合わせ，有機コバルト錯体であるビタミン B_{12} を分析する方法の検出限界改善法を検討した．まず 10 ng mL^{-1} ビタミン B_{12} 水溶液 10 mL を固相抽出カラムに流し，0.4 mL の 40% エタノールでカラムに捕捉されたビタミン B_{12} を溶離することで溶出液を得た．つづいてこの溶出液 50 μL を試料台に滴下乾燥し，ポータブル全反射蛍光 X 線分析装置で乾燥残渣中のビタミン B_{12}

a 東京理科大学工学部工業化学科　東京都葛飾区新宿 6-3-1　〒 125-8585
b 東京理科大学大学院工学研究科工業化学専攻　東京都葛飾区新宿 6-3-1　〒 125-8585　＊連絡著者：kunimura@rs.tus.ac.jp

に由来するCo Kα線強度を測定した．Co Kα線強度から求められたビタミンB_{12}の検出限界は，0.82 ng mL^{-1}であった．上記と同じ手順で得た溶出液200 μLの乾燥残渣4つの全反射蛍光X線スペクトルの測定を行ったところ，得られた検出限界は0.24，0.17，0.20，0.34 ng mL^{-1}であった．検出限界のばらつきは大きかったが，大きな体積の試料液滴の乾燥残渣を測定する方法がより低濃度のビタミンB_{12}分析に有効であることを示した．

［キーワード］コバルト，シアノコバラミン，固相抽出，全反射蛍光X線，ビタミンB_{12}

1. 緒　言

ビタミンB_{12}はコバルトイオンを1つ有する有機金属錯体であり，動物性食品に含まれる．われわれの健康を維持するために摂取が必要な物質であることから，当該物質を配合した医薬品や食品もある．また，ビタミンB_{12}が関連する疾病の診断を行うために，血清または血漿中のビタミンB_{12}濃度測定が行われる．したがって，食品の品質管理や医療における臨床検査を行う目的で，ビタミンB_{12}分析は必要である．なお，本論文において「濃度」は，特にことわりがない限り溶液の体積あたりの目的物質の質量である．微生物学的定量法はビタミンB_{12}分析法として広く利用されており，Kelleherら[1)]はこの分析法を用いた血清中ビタミンB_{12}分析において，検出限界が20 pg mL^{-1}を下回っていたことを報告した．黒田ら[2)]は前処理として固相抽出を行い海水，河川水，底質間隙水中のビタミンB_{12}を分離，回収し，微生物学的定量法でpg mL^{-1}レベルのビタミンB_{12}分析を行った．しかし，微生物学的定量法は試料中のビタミンB_{12}濃度に対する微生物の増殖度を測定することでビタミンB_{12}を定量する方法であり，濃度を決定するまでに数日を要する．国内においては，化学発光酵素免疫測定法，電気化学発光免疫測定法，または化学発光免疫測定法による自動分析装置がビタミンB_{12}の臨床検査に利用されている[3)]．また，比較的迅速かつ簡単に微量ビタミンB_{12}が分析できる方法として高速液体クロマトグラフィー法があり，蛍光を検出する方法で0.1 ng mL^{-1}の検出限界[4)]，電量検出法を利用した場合では0.08 ng mL^{-1}の検出限界[5)]が報告されている．ビタミンB_{12}はコバルトを含むことから，試料中のビタミンB_{12}自体ではなくコバルトを分析する方法でもビタミンB_{12}濃度を決定することができる．蛍光X線分析法は元素分析法の一つであるが，さまざまなポータブル装置が開発，市販されており，分析が必要とされる場所で各種試料中のビタミンB_{12}分析を行うために適した方法と考えられる．しかし，蛍光X線分析法で得られる情報は試料中のコバルト濃度であり，単にコバルトを分析するだけではその由来がビタミンB_{12}であるかどうか判断することはできない．したがって，蛍光X線分析法によりビタミンB_{12}濃度を決定するためには，前処理として試料からビタミンB_{12}を分離回収することが必要不可欠である．Moradiら[6)]は前処理として酸化グラフェンを用いた固相抽出を行い，酸化グラフェンに吸着させたビタミンB_{12}の蛍光X線分析を行うことでビタミンB_{12}において20 μg L^{-1} (ng mL^{-1})の検出限界を達成した．

上述した通り，これまでさまざまな分析法がビタミンB_{12}分析に利用されてきたが，食品や医療など幅広い分野で応用できる分析法としては，前処理や測定が簡単でこれらに要する薬品が少なくて済み，比較的短時間で定量値が得られるものが望ましいであろう．Kunimuraら[7]は黒田ら[2]と同様にフェニル基を結合させたシリカを充填した逆相系の固相抽出カラムを用い，10 mLの溶液試料中のビタミンB_{12}をカラムに吸着させ，0.4 mLの40%エタノールで回収して得たビタミンB_{12}濃縮液中のコバルトをポータブル全反射蛍光X線（total reflection X-ray fluorescence, TXRF）分析装置[8-10]で分析する方法により，ビタミンB_{12}において1 ng mL^{-1}の検出限界が得られたことを報告した．また，この方法により市販の錠剤型食品に含まれていたビタミンB_{12}に由来するコバルトも検出できた[11]．固相抽出は操作が簡単で必要な試薬量が少量で済み，カラムさえあれば特別な設備がなくてもビタミンB_{12}が分離濃縮できることから，オンサイト分析の前処理に適していると考えられる．また，一般的なTXRF分析は空気中で行われ，特定のガスや溶媒の装置への導入も不要であることから，簡単にスペクトルを得ることができる．TXRF分析では一般的な蛍光X線分析とは異なり試料台上に溶液試料の液滴を滴下乾燥する必要があるが，溶液試料中のより低濃度の元素が分析できる．ただし，世界保健機関（World Health Organization, WHO）はビタミンB_{12}欠乏を示す血漿中濃度を203 pg mL^{-1}未満と提案しており[12]，TXRF分析法を血清または血漿中のビタミンB_{12}分析に応用するためには，少なくとも200 pg mL^{-1}程度の検出限界を得る必要がある．

水溶液試料のTXRF分析では，通常10 μL程度の試料液滴の乾燥残渣の測定が行われる．一方，より大きな体積の試料液滴から乾燥残渣を作製すると，滴下体積に比例して目的元素の蛍光X線強度が増加し，より低濃度の元素が分析可能になると期待される．ただし，大きな体積の試料液滴を乾燥させると，その乾燥残渣が大きなリング状となる場合がある．そのようなときにはX線検出器に到達する乾燥残渣からの蛍光X線光子の割合が低下するため，期待したほど感度は向上しない．なお，本論文において「感度」は，目的物質の濃度あたりの蛍光X線強度を意味する．一方，不純物濃度の低い水の場合，大きな体積の液滴を滴下乾燥してもその乾燥残渣の分布範囲は小さくなる．われわれは，希薄水溶液試料のTXRF分析を行う場合，試料台上に大きな体積の試料液滴を滴下乾燥しても小さな乾燥残渣が作製でき，この方法が低濃度の元素分析に有効であることを報告してきた[13-15]．たとえば文献[15]は，10 μg L^{-1}（10 ng mL^{-1}）のクロムを含む水溶液400 μLの乾燥残渣（長径3 mm, 短径2 mm）の測定により，クロムにおいて0.09 μg L^{-1}（0.09 ng mL^{-1}）の検出限界が得られたことを示している．希薄なビタミンB_{12}溶液の固相抽出により得られた溶出液は表面張力が水よりも小さなエタノールを高濃度含むが，ビタミンB_{12}の希薄溶液であることから，上述した乾燥残渣作製法がビタミンB_{12}の検出限界改善にも有効な可能性がある．本研究では，TXRF分析法および固相抽出法を組み合わせるビタミンB_{12}分析法の検出限界を改善するために，大きな体積の試料液滴から作製した乾燥残渣のTXRF測定を行う方法の有効性を検討したので報告する．

2. 実　験

ビタミンB_{12}の一種であるシアノコバラミン（富士フイルム和光純薬製）を蒸留水で溶解することにより，10 ng mL^{-1}のビタミンB_{12}水溶液を作製した．1000 mg L^{-1} コバルト標準液（富士フイルム和光純薬）（$Co(NO_3)_2 \cdot 6H_2O$ の硝酸酸性溶液）を超純水（関東化学製）で希釈し，0.5 ng mL^{-1} のコバルトを含む水溶液を作製した．また，シアノコバラミンを超純水で溶解し，0.25 μg mL^{-1} のビタミン B_{12} 水溶液を作製した．モル質量が 1355.4 g mol^{-1} のシアノコバラミンには1つのコバルトイオンが含まれていることから，10 ng mL^{-1} のビタミン B_{12} 水溶液には約 0.4 ng mL^{-1} のコバルトが含まれる．したがって，10 ng mL^{-1} のビタミン B_{12} 水溶液におけるコバルト濃度は，0.5 ng mL^{-1} のコバルトを含む水溶液と同等である．

逆相系の固相抽出カラムである Agilent Technologies 製の Bond Elut PH を用い，10 ng mL^{-1} のビタミン B_{12} 水溶液および 0.5 ng mL^{-1} のコバルトを含む水溶液の固相抽出を行った．Bond Elut PH はフェニル基を結合させたシリカを充填した固相抽出カラムであり，本研究では，充填剤量が 100 mg，カラムサイズが 10 mL，カラム形状がラージリザーバカートリッジ（LRC）タイプのものを使用した．このカラムを用いる場合，主に結合官能基であるフェニル基とシアノコバラミンとの間の π-π 相互作用により，シアノコバラミンが捕捉されると考えられる．文献[7]を参考とし，以下の手順で固相抽出を行った．

1. カラムの洗浄を目的として，40% エタノール 2 mL，つづいて超純水 2 mL をカラムに流した．
2. 10 mL の 10 ng mL^{-1} のビタミン B_{12} 水溶液または 0.5 ng mL^{-1} のコバルトを含む水溶液をカラムに流した．
3. 10 mL の超純水をカラムに流した．
4. 40% エタノール 0.4 mL でカラムに捕捉された成分を溶離させ，カラムからの溶出液を得た．

なお，カラムに入れた試料溶液，超純水および 40% エタノールをカラムに通過させる際には，ダイヤフラムポンプを用いてカラムの出口側を減圧した．

反射波面精度が $\lambda/20$（$\lambda = 632.8$ nm）の石英ガラス基板（シグマ光機製）上に 400 μL のフッ素系コーティング剤（SFE-X008，AGC セイミケミカル製）をスピンコートすることにより，試料台表面の撥水コーティングを行った．なお，石英ガラス基板の直径および厚さはそれぞれ 30 mm，5 mm であった．10 ng mL^{-1} のビタミン B_{12} 水溶液および 0.5 ng mL^{-1} のコバルトを含む水溶液の固相抽出を行い，得られた各溶出液の液滴は撥水面をもつ試料台上に滴下乾燥した．本研究では，ペルチェ素子上に試料液滴をのせた試料台を配置し，ペルチェ素子に直流電流を流してペルチェ素子表面の温度を上昇させることで試料液滴を加熱乾燥した．また，0.25 μg mL^{-1} のビタミン B_{12} 水溶液の液滴の乾燥残渣も作製した．ポータブル TXRF 分析装置を用い，各試料液滴の乾燥残渣のスペクトルを測定した．本装置の構成および測定条件は既報[14]で示したが，以下に概要を述べる．管電圧 25 kV，管電流 0.2 mA の条件で MOXTEK 製のタンタルターゲットX線管（50 kV Cable with Magnum X-ray Source）から発生させたX線にX線導波路の隙間（高さ 30 μm，幅 1 cm）を通過させることで，平行化したX線ビームを得た．この平行化したX線ビームを試料に照射し，受光面積 30 mm^2 のシリコンドリフト検出器（VITUS H30，KETEK 製）を用いて TXRF スペクトルを

600秒間測定した．装置内の雰囲気は空気とした．

1つのビタミンB_{12}分子は1つのコバルトイオンを有することから，ビタミンB_{12}水溶液中のビタミンB_{12}のモル濃度〔mol L^{-1}〕はコバルトと同じとなる．バックグラウンドを差し引いたCo Kα線強度がビタミンB_{12}のモル濃度に比例するとし，バックグラウンド成分の平方根の3倍に等しくなるときのコバルトのモル濃度（固相抽出前の溶液中におけるモル濃度）を算出した後，これにシアノコバラミンのモル質量を乗じることで濃度（固相抽出前の溶液の体積あたりのシアノコバラミンの質量）に換算した検出限界を求めた．

3. 結果と考察

0.25 μg mL^{-1}のビタミンB_{12}水溶液50 μLの乾燥残渣，10 ng mL^{-1}ビタミンB_{12}水溶液の固相抽出により得られた固相抽出カラムからの溶出液50 μLの乾燥残渣のTXRFスペクトルをFig.1に示す．Fig.1に示すように，各試料溶液中のビタミンB_{12}に由来するCo Kα線ピークが観察された．Fig.1 (a), (b)におけるCo Kα線強度はそれぞれ6339，4821 counts/600 sであった．また，Fig.1 (a), (b)から得られたビタミンB_{12}の検出限界はそれぞれ14，0.82 ng mL^{-1}であり，固相抽出法を用いた予備濃縮はより低濃度のビタミンB_{12}を分析するために有効であった．TXRFスペクトルにおけるSi, ArおよびTaピークの由来は，それぞれ試料台，空気中に約0.9%含まれるアルゴン，X線管のターゲットである．Niのピークは装置由来と考えられる．また，Fe, CaおよびClのピークは試料溶液調製，前処理または乾燥残渣作製の間に生じた汚染に由来すると考えられるが，具体的に何に由来するかは不明である．0.5 ng mL^{-1}のコバルトを含む水溶液を固相抽出し，得られた溶出液100 μLの乾燥残渣のTXRFスペクトルをFig.2に示す．10 ng mL^{-1}のビタミンB_{12}水溶液におけるコバルト濃度は0.5 ng mL^{-1}のコバルトを含む水溶液と同等であり，Fig.1 (b)では明瞭なCo Kα線ピークが現れた．一方，Fig.2ではCo Kα線ピークがみられなかった．この結果

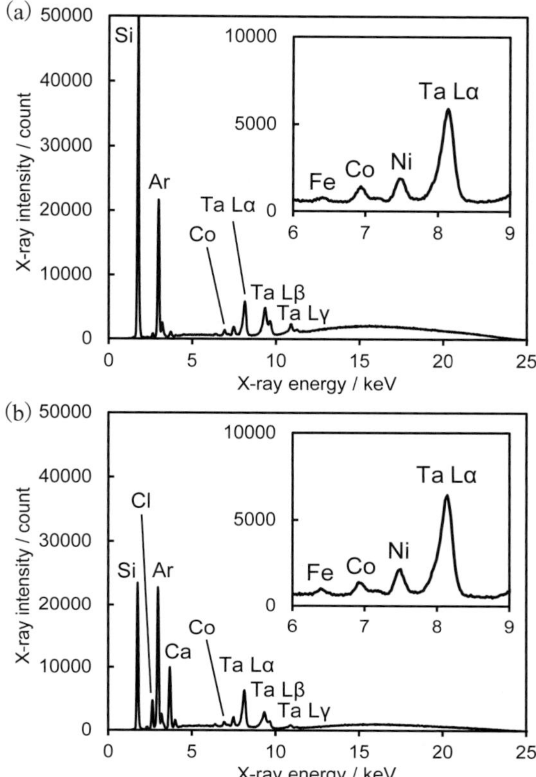

Fig.1 Representative TXRF spectra of dry residues of 50 μL droplets of (a) an aqueous solution containing 0.25 μg mL^{-1} of vitamin B_{12} and (b) an eluate obtained by collecting vitamin B_{12} in 10 mL of an aqueous solution containing 10 ng mL^{-1} of vitamin B_{12} on a solid-phase extraction column and eluting the collected vitamin B_{12} with 0.4 mL of 40% ethanol.
These spectra were measured in air for 600 s. The insets show enlarged spectra from 6 to 9 keV.

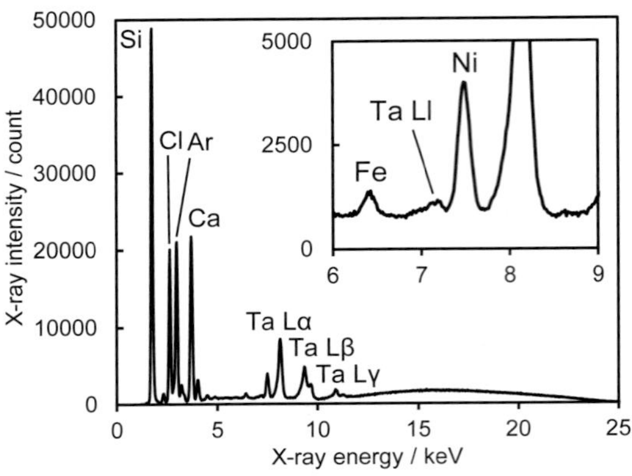

Fig.2 Representative TXRF spectrum of the dry residue of a 100 μL droplet of an eluate obtained by collecting substances in 10 mL of an aueous solution containing 0.5 ng mL^{-1} of cobalt on a solid-phase extraction column and eluting the collected substances with 0.4 mL of 40% ethanol.
The spectrum was measured in air for 600 s. The inset shows enlarged spectrum from 6 to 9 keV.

は，ビタミンB12とコバルトを含む無機化合物の溶液中においてそれぞれに由来するコバルト濃度が同等である場合，TXRF分析法と固相抽出法を組み合わせて用いることによりビタミンB12中のコバルトが選択的に分析可能であることを示す．10 ng mL^{-1} ビタミンB12水溶液を固相抽出し，得られた溶出液200 μLの乾燥残渣4つのTXRFスペクトルをFig.3に示す．Fig.3におけるCo Kα線強度は19511，29019，26503，12862 counts/600 sであり，その相対標準偏差は33%であった．また，得られたビタミンB12の検出限界は0.24, 0.17, 0.20, 0.34 ng mL^{-1}であった．

文献[7]では，10 mLの試料溶液中のビタミンB12を固相抽出カラムに吸着させ，0.4 mLの40%エタノールで溶離することでカラムから得た溶出液10 μLの試料台への滴下乾燥を5回行い（すなわち，合計50 μLを滴下乾燥して），ポータブルTXRF分析装置で1800秒間測定することによりビタミンB12において1 ng mL^{-1}の検出限界が得られた．一方，本研究では既報[7]と同体積の試料溶液および40%エタノールをカラムに流して得た溶出液50 μLの乾燥残渣を600秒間測定することで，0.82 ng mL^{-1}の検出限界を達成した．本研究で使用した検出器の受光面積（30 mm^2）は既報[7]で使用したもの（7 mm^2）よりも大きく，乾燥残渣から発生した蛍光X線の中で検出器に到達する割合を増大させることができたため，より短時間の測定でも検出限界を改善することができたと考えられる．Fig.3に示したように，カラムからの溶出液の試料台への滴下体積を大きくして乾燥残渣中のビタミンB12の質量を増大させることでCo Kα線強度が増大し，その結果としてビタミンB12の検出限界が改善した．試料液滴の滴下体積を50から200 μLへと増やすことによりCo Kα線強度が4倍になると期待されたが，Fig.3におけるCo Kα線強度の平均値はFig.1（b）の4.6倍であり，期待した通りの感度増大が達成できた．本研究では高濃度のエタノールを含む試料溶液200 μLの撥水試料台への滴下乾燥を行ったが，目視観察による乾燥残渣の分布範囲は検出器の受光面積よりも小さかった．そのため，高効率で蛍光X線が検出器に到達し，滴下体積の増加に応じた感度向上が達成できたと考えられる．表面張力が水よりも弱い溶液であっても溶媒の蒸発により析出する成分が微量である場合，大きな体積の試料液滴から乾燥残渣を作製する方法は感度向上に有効と考えられる．試料液滴200 μLを乾燥させるために要した時間は約70分であったが，複数試料の分析を行う場合，全試料溶液の乾燥を同時に行えば全試料の前処理，乾燥，測定のすべてに要する

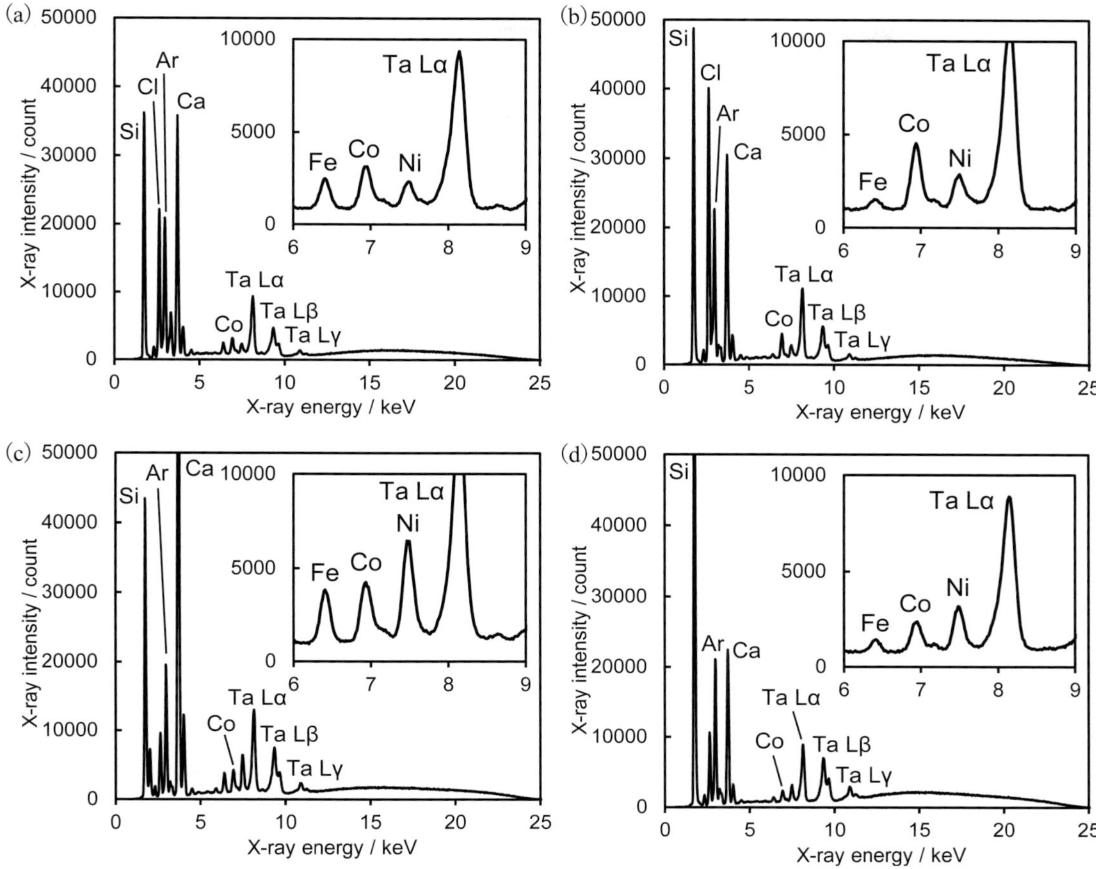

Fig.3 Representative TXRF spectra of dry residues of 200 μL droplets of eluates obtained after solid-phase extractions.
Each eluate was obtained by collecting vitamin B_{12} in 10 mL of an aueous solution containing 10 ng mL^{-1} of vitamin B_{12} on a solid-phase extraction column and eluting the collected vitamin B_{12} with 0.4 mL of 40% ethanol. These spectra were measured in air for 600 s. The insets show enlarged spectra from 6 to 9 keV.

時間に対する乾燥時間の割合は小さくなるであろう．ただし，Fig.3に示した固相抽出を行い得られた溶出液200 μLの乾燥残渣4つのスペクトルでは，Co Kα線強度にばらつきがみられた．TXRF分析における溶液試料の分析では均一な溶液そのものではなくその乾燥残渣の測定を行うため，作製した乾燥残渣の大きさや均一性の違いにより感度にばらつきが生じる．Fig.3でみられたCo Kα線強度のばらつきは，作製した乾燥残渣中におけるビタミンB_{12}の分布状況のばらつきが大きかったためと考えられる．均一性の高い乾燥残渣作製法の確立はTXRF分析法による溶液試料分析の定量精度を向上させるための共通課題であり，今後は試料液滴の加熱温度，試料台表面の凹凸などさまざまな条件の最適化に関する検討が必要と考えられる．上述したように感度のばらつきについては課題が残るが，本研究では固相抽出により得られたカラムからの溶出液の試料台への滴下体積を増やす方法により，TXRF分析法と固相抽出法を組み合わせて用いるビタミンB_{12}分析法の感度が改善し，200 pg mL^{-1}付近の検出限界が得られたことを示した．

4. 結　言

本研究では，固相抽出カラムに回収した溶液試料中のビタミンB_{12}を40% エタノールで溶離し，ポータブルTXRF分析装置でカラムからの溶出液の乾燥残渣を測定する方法によるビタミンB_{12}の検出限界改善法を検討した．溶離操作で得た溶出液のTXRF分析用試料台への滴下体積を大きくする方法は，ビタミンB_{12}の濃度換算した検出限界を改善するために有効であった．測定ごとに求められたビタミンB_{12}の感度のばらつきは大きかったが，平均的には0.2 ng mL^{-1}付近の検出限界が得られた．本分析技術は感度のばらつきを低減させるための検討を今後必要とするが，食品のみならず血清（または血漿）の簡易分析にも利用可能な性能を有すると考えられる．

参考文献

1) B. P. Kelleher, S. D. O. Broin: *J. Clin. Pathol.*, **44**, 592 (1991).

2) 黒田益代, 古城方和：水質汚濁研究, **14**, 394 (1991).

3) 渭原　博, 木村幸子, 渡邊敏明, 橋詰直孝：ビタミン, **90**, 581 (2016).

4) H-B. Li, F. Chen, Y. Jiang: *J. Chromatogr.* A, **891**, 243 (2000).

5) M. L. Marszałł, A. Lebiedzińska, W. Czarnowski, P. Szefer: *J. Chromatogr.* A, **1094**, 91 (2005).

6) M. Moradi, S. Zenouzi, K. Ahmadi, A. Aghaknani: *X-Ray Spectrom.*, **44**, 16 (2015).

7) S. Kunimura, Y. Tokuoka, U. Aono: *Anal. Sci.*, **34**, 1401 (2018).

8) S. Kunimura, J. Kawai: *Anal. Chem.*, **79**, 2593 (2007).

9) S. Kunimura, J. Kawai: *Analyst*, **135**, 1909 (2010).

10) S. Kunimura, S. Kudo, H. Nagai, Y. Nakajima, H. Ohmori: *Rev. Sci. Instrum.*, **84**, 046108 (2013).

11) 国村伸祐，菅原悠吾，徳岡佳恵，青野海奈，杉岡大志郎，袋井祐佳，寺田脩一郎：分析化学，**68**, 325 (2019).

12) B. de Benoist: *Food Nutr. Bull.*, **29**, S238 (2008).

13) 加古安律紗，国村伸祐：分析化学，**71**, 431 (2022).

14) Y. Akahane, S. Nakazawa, S. Kunimura: *ISIJ Int.*, **62**, 871 (2022).

15) 宮崎里穂子，及川紘生，国村伸祐：鉄と鋼，**110**, 956 (2024).

蛍光X線分析法によるネコの被毛水銀量の決定 および爪の元素分析

井上史之*，辻　幸一

Determination of Mercury Amount in Cat Fur by X-ray Fluorescence Analysis and Elemental Analysis of Claws

Fumiyuki INOUE* and Kouichi TSUJI

Department of Chemistry and Bioengineering, Graduate School of Engineering, Osaka Metropolitan University
3-3-138 Sugimoto, Sumiyoshi-ku, Osaka 558-8585, Japan

(Received 17 December 2024, Revised 7 January 2025, Accepted 15 January 2025)

In recent years, research and development on health management and biomarkers for pets such as dogs and cats have progressed in veterinary medicine and industry. In this study, the authors focused on mercury, a harmful substance to all living organisms, and investigated analytical methods to evaluate mercury exposure in cats that consume fish, a species prone to mercury bioaccumulation. Mercury may be present in pet food derived from seafood, and chronic intake could lead to accumulation, increasing disease risks. Although inductively coupled plasma mass spectrometry (ICP-MS) has been used to assess mercury exposure, it requires large sample volumes, extensive preprocessing, and presents challenges with gas handling during measurement. This highlights the need for a non-destructive, rapid method requiring small sample amounts. This study attempted to apply non-destructive X-ray fluorescence (XRF) analysis to measure mercury accumulated in cat hair. Using three cat hair samples with known high mercury exposure levels determined by ICP-MS, the samples underwent preprocessing optimized for XRF analysis, and detection experiments were conducted. While sensitivity was limited with small sample sizes, increasing the sample amount allowed for the detection of XRF intensity correlated with mercury concentrations. Furthermore, the detected XRF intensity demonstrated a correlation with mercury levels, suggesting the potential for quantitative analysis. Additionally, we report the results of testing nail samples, which are as easily obtainable as hair, using total reflection X-ray fluorescence.

This study demonstrated that XRF analysis is effective as a simple and rapid screening method for mercury exposure using small amounts of hair samples. This method has the potential to support health risk assessments for pets, particularly contributing to the reduction of disease risks associated with chronic mercury exposure in cats.

[Key words] X-ray analysis, Total reflection X-ray fluorescence, Mercury, Cat fur, Cat claws, Non-destructive analysis

---

大阪公立大学大学院工学研究科　大阪府大阪市住吉区杉本 3-3-138　〒 558-8585　＊連絡著者：so22169j@st.omu.ac.jp

近年，獣医学や企業において，イヌやネコ等のペット向けの健康管理やバイオマーカーの研究開発が進められている．そこで著者らは，ヒトのみならず，あらゆる生物に有害な水銀に注目し，水銀が生物濃縮される魚類を摂取するネコの水銀暴露量を評価する分析手法を検討した．水銀は魚介類由来のペットフードに含まれる可能性があり，慢性的な摂取による蓄積が疾患リスクを高める恐れがある．これまで，水銀の曝露量評価には誘導結合プラズマ質量分析法（ICP-MS）が用いられてきたが，測定に大量の試料と前処理が必要であり，測定時に発生する気体の処理も問題となっており，非破壊的かつ少量の試料で迅速に測定できる方法が求められていた．本研究では，ネコ被毛に蓄積された水銀を非破壊的に測定可能な蛍光X線分析法にて測定することを試みた．ICP-MSで濃度が既知の3検体の水銀暴露量が高いネコ被毛サンプルを用い，それぞれ蛍光X線分析に最適化された前処理を施し，検出実験を行った．少量のサンプルでは，水銀の検出感度に限界があり，明確な定量が困難であったが，サンプル量を増加させることで，濃度に相関した蛍光X線強度を得ることができた．さらに，検出されたX線強度は，水銀濃度と相関しており，定量分析の可能性が示唆された．また，被毛同様に簡便に採取可能なネコの爪試料の全反射蛍光X線分析も行ったので，その結果も報告する．本実験により，蛍光X線分析法は，少量の被毛サンプルを用いて簡便かつ迅速に水銀曝露のスクリーニングを行う手段として有効であることが示された．本手法は，ペットの健康リスク評価を支援し，特にネコの慢性的な水銀曝露による疾患リスクの抑制に寄与する可能性がある．

［キーワード］蛍光X線分析，全反射蛍光X線分析，水銀，ネコ被毛，ネコ爪，非破壊分析

1. はじめに

近年，ペットの飼育数が増加する中，ネコや犬の健康管理が社会的にも重要な課題となっている．特に，ネコは高齢化が進む傾向にあり，慢性的な疾患リスクが増加していることが報告されている．その中でも食事を通じた重金属の蓄積がネコの健康に与える影響が注目されており，特に水銀は，ペットフードに含まれる可能性のある有害金属として問題視されている[1)]．水銀は，自然界で広く存在し，海洋汚染を通じて魚介類に蓄積されることが知られている[2)]．ペットフードの中でも，特に魚介類を主成分とする製品は，水銀のリスクが高いとされており，ペットに長期的な健康影響を与える可能性がある[3)]．しかしながら微量な水銀暴露は緊急性の高い疾患の原因にはなりにくいこともあり，一般的な検診で水銀量の測定を提供している動物病院，クリニックなどの施設は見られない．これまで，水銀曝露の評価には主に血液や尿，被毛を対象に誘導結合プラズマ質量分析（ICP-MS）が用いられてきた[4)]．ICP-MSは高感度な測定手法であり，微量元素の定量が可能である一方，大量の試料（50 mg程度）と酸溶液を用いた複雑で時間を要する前処理が必要であるため，ペットの健康スクリーニングには適していないという課題があった．

そこで本研究では，蛍光X線分析（XRF）を用いた非破壊測定法に注目した．XRFは，迅速かつ簡便に元素分析を行える手法であり，少量の試料でも十分な感度で重金属を検出できる可能性がある．特に，ペットの被毛は，血液や尿に比べて長期的な蓄積を反映するため，水銀の慢性的な曝露を評価する指標として有効であることが指摘されている[5)]．また，XRFは前処理が簡便で，非破壊的な分析が可能であるため，飼い主や獣医師による健康管理の実務においても有用性が期待される．本研究の目的は，蛍光

X線分析を用いてネコの被毛中に蓄積した水銀を検出する方法を開発し，従来のICP-MSに代わる簡便なスクリーニング手法を提案することである．これにより，少量の被毛サンプルから非破壊的に水銀の曝露量を評価できる可能性を示し，ペットの長期的な健康管理に寄与することを目指す．また，通常のエネルギー分散型XRFに加えて，簡便に採取可能なネコの爪試料に対して，蛍光X線分析法の中でも，より高感度に微量分析が可能な全反射蛍光X線分析法（TXRF）を用いた多元素微量分析を試みたので，その結果を合わせて報告する．

2. 実　験

2.1　被毛試料準備

本研究では，XRFを用いて，ネコ被毛中の水銀濃度を非破壊で測定する手法を検討した．まず，準備した3体（S1, S2, S3と区別する）のネコの被毛サンプルをICP-MS分析により測定した．被毛試料（約75 mg）を秤量し，アセトンおよび0.01%トリトン溶液で洗浄後，6.25%テトラメチルアンモニウムヒドロキシド（TMAH）10 mLと0.1%金溶液50 μLを加え，75 ℃で2時間振とうして溶解した．冷却後，スカンジウム，ガリウム，インジウムの内標準溶液を添加し，秤量により体積を調整した上でICP-MS（7500ce, Agilent）を用いて測定を行った．その結果，水銀濃度はICP-MS分析により，S1：29.30 ppm，S2：14.68 ppm，S3：7.53 ppmと決定されている．これらの水銀はネコが摂取している食事から由来していると考えられる．全ての被毛サンプルは，アセトン洗浄を行い油分や汚染物質を除去した上で超純水によりすすぎを行った後，常温下で24時間乾燥させた．被毛はFig.1のように厚さ4 μmのポリプロピレンフィルムで覆われたサンプルカップに，両面カーボンテープを用い被毛を3 mmに切断して配置した．

また，サンプル量と強度の関係を検証するため，各サンプルは，20本, 40本，および，微小部分析用のXRFサンプルカップに被毛を充填したサンプルを準備した．このサンプリングで

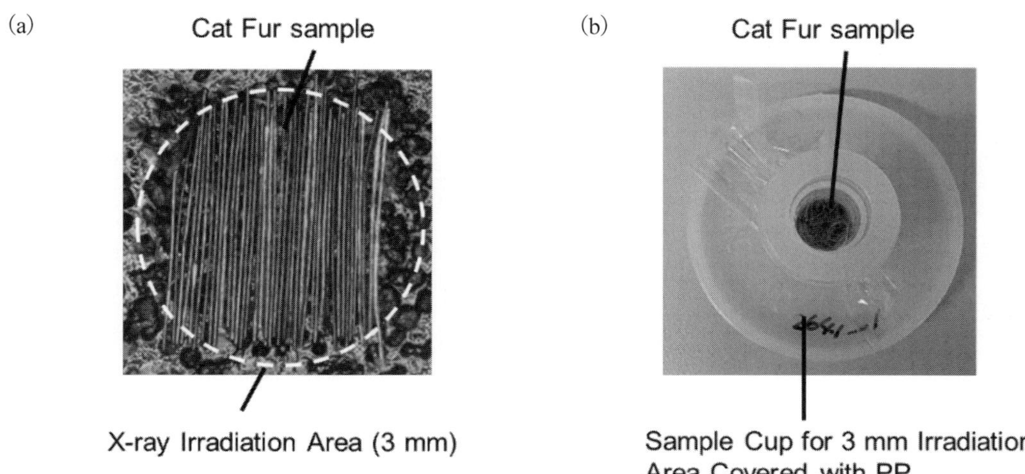

Fig.1　Sample (a): 40 strands of 3 mm-cut cat fur arranged on carbon tape, and sample (b): fur filled into a sample cup.

は，被毛のサンプル量，照射範囲，深さが誤差要因となるため，後述する被毛の厚みと検出強度の検証も実施した．

2.2 被毛試料のXRF分析

被毛20本および40本を両面カーボンテープに並べてサンプルカップに配置し，卓上型エネルギー分散型蛍光X線分析装置で測定した．蛍光X線分析には下面照射の型の卓上型エネルギー分散型蛍光X線分析装置（EDX-7000，島津製作所）を用いた．装置構成をFig.2に示すが，測定は，X線管の管電圧50 kV，コリメーター径3 mm，真空条件下で行い，測定時間は300秒とした．サンプルは各々3回測定し，得られた蛍光X線強度の平均値を算出した．あらかじめ測定したICP-MSによる測定値と比較し，蛍光X線分析法における水銀の定量結果を評価するため，試料量を20本，40本，および150本のパターンに分け分析を実施した．150本のサンプリングについては，3 mmコリメーターの照射範囲に納まらないため，前述したようにサンプルカップに充填する方法を用いた．ICP-MSの分析例では，被毛試料を硝酸で溶融した後に測定を行うため同一サンプルは残らない．一方，生物の被毛試料は，同一個体の被毛であっても，採取部位や測定箇所，さらに採取時期以前の食生活の影響により，若干の差異が生じる可能性がある．しかしながら，本研究の目的が水銀暴露の簡易スクリーニングであることを踏まえ，これらの微小な差異は許容可能であると考えた．

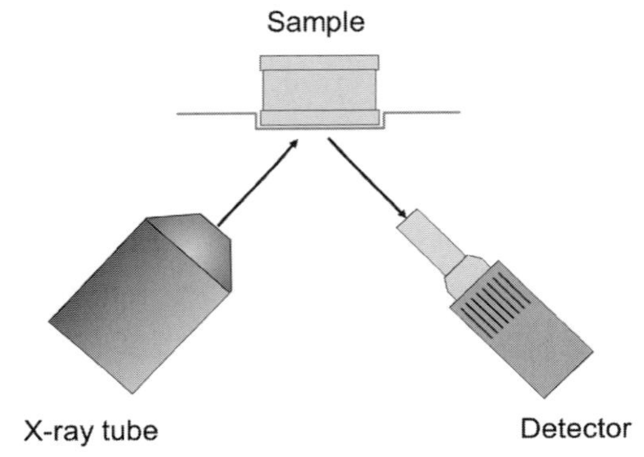

Fig.2 Equipment configuration of conventional XRF.

2.3 爪試料準備

全反射蛍光X線分析を用いた爪試料の元素分析に際し，Fig.3のようにネコの爪を採取後，乳鉢でおおよそ50～100 μm径の粉末状にした．

(a)

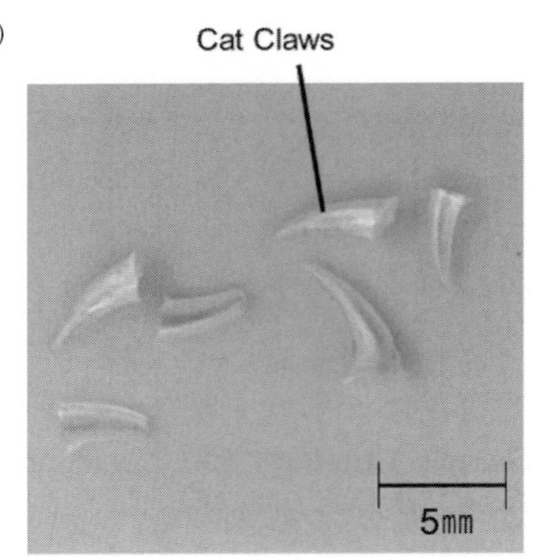

(b)

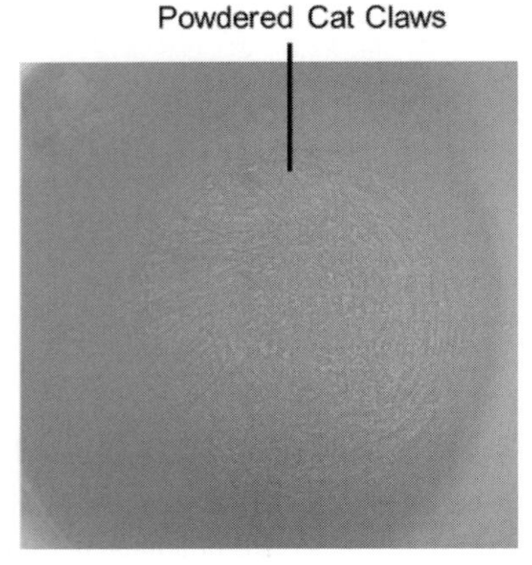

Fig.3 Cat claws (22 mg) (a) powdered claws (b).

次に，この粉末をスライドガラスの中央に配置し，超純水 10 μL を滴下してから乾燥させ，測定を行った．このプロセスは，粉末状の試料が測定時に飛散するのを防ぐため，純水によりスライドガラスに物理吸着させることを目的としている．

2.4　爪試料の TXRF 分析

爪試料の分析には，卓上型の全反射蛍光X線分析装置であるリガク社製の NANOHUNTER II を使用した．TXRF は，試料表面すれすれに入射するX線によって表面近傍の元素を効率的に励起し，バックグラウンドの原因となる散乱X線をほとんど発生させない測定手法である．ネコの爪粉末の分析において，TXRF（全反射型X線蛍光分析法）を採用したナノハンターⅡを選定した理由は，その高感度と低検出限界にある．TXRF は全反射現象を利用することでバックグラウンドノイズを低減し，微量元素の検出において極めて高い精度を実現する．また，簡便な試料調製方法と非破壊的な分析が可能であり，生体由来試料に適している．エネルギー分散型 XRF（EDXRF）では検出限界が ng～μg レベルである一方，TXRF は pg レベルの微量成分の検出が可能で，マトリックス効果の影響も最小限に抑えられる．さらに，ネコの爪は被毛に比べて大量に採取することが難しいため，限られた試料量で高精度な分析が可能な TXRF が適切であると判断した．微量の液体試料をガラスなどの基板上に点滴し乾燥させることで，この手法の特長を活かした高感度の微量元素分析が可能となる．TXRF 装置の構成を Fig.4 に示す．X線源には 600 W の高出力モリブデン（Mo）ターゲットを採用しており，高感度な測定を実現している[6]．検出器には大面積のシリコンドリフト検出器（SDD）を搭載しており，効率的なX線検出が可能となっている．また，入射X線の角度を可変にする機構を備えているため，表面近傍だけでなく，深さ方向の元素情報も取得でき，多層構造や異なる深さ方向の成分分析にも対応している．これらの特長により，用いた TXRF 装置（NANOHUNTER II）は高感度かつ高精度な微量元素分析を実現しており，爪試料中の微量元素の詳細な測定に適用できる可能性を有している．この装置を利用して前項で準備した爪粉末サンプルを，視射角 0.025°，集光角 0.050°，300 s の条件で測定した．

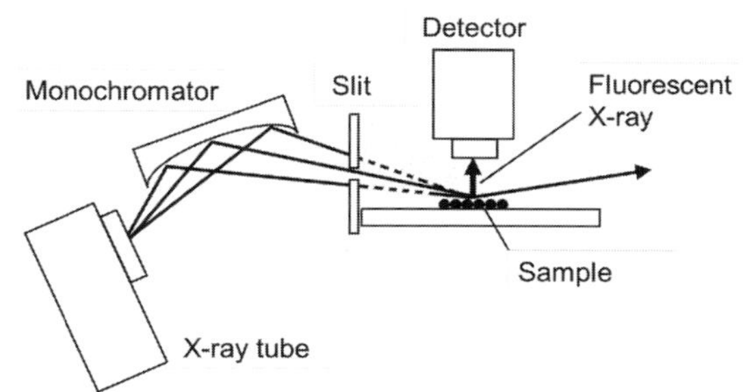

Fig.4　Configuration of the TXRF instrument.

3.　結果および考察

3.1　被毛試料 XRF 分析の結果および考察

本実験で得られた Hg Lα の強度値を Table 1 にまとめた．被毛 20 本の場合，強度値に差異がみられないが，40 本のサンプル量になると強度値に差が見られる．20 本および 40 本の場合のスペクトル例を Fig.5 に示す．Hg Lα ピークの検出は不明瞭であり，検出下限に近いことがわかる．

これらの結果を踏まえ，より多量のサンプルを使用した再実験が必要であると判断した．そこで，Fig.1 (b) に示したサンプルカップに，被毛 150 本分に相当する量を 1～2 mm 程度に裁

Table 1 Hg Lα intensity under each measurement condition. (counts)

Sample	S1		S2		S3	
Number of Samples	20	40	20	40	20	40
Hg Lα intensity (counts)	1228	3069	1228	2148	614	642
	949	2530	949	2213	632	1265
	924	2157	924	1232	308	616
	912	2128	912	2128	304	912
Avg. (counts)	1003	2471	1003	1930	465	859
SD (counts)	151	439	151	467	183	302

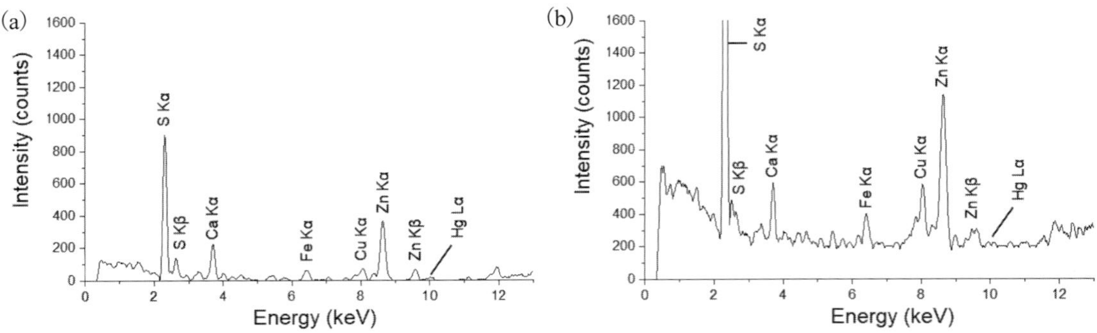

Fig.5 X-ray fluorescence spectrum of 20 strands of fur (a) and 40 strands of fut (b).

断した上で，均一に充填し測定を実施した．この方法では，被毛を両面カーボンテープに並べるのではなく，十分な量の被毛をサンプルカップ内に充填することで，X線の照射範囲全体に均一な分布を確保した．また，ポリプロピレンフィルムを皺状にし，被毛を詰めたサンプルカップの上部空隙部分に充填することで試料の固定を安定させ，測定中の試料の移動を防いだ．

この実験で得られたスペクトルをFig.6に示す．20本，40本のスペクトルと比較しバックグラウンドもなく明瞭なピークが観察できる．しかしながらHg Lβピークについては，Br Kαと重なっており判別は困難であった．一般的に生物の被毛には0.1～10 ppm程度の臭素が含まれているためである．また，S1～S3の被毛を同様の方法により同量サンプルカップに充填して測定し比較を行った．各サンプルのHg濃度と蛍光X線強度との相関をFig.7に示す．蛍光X線強度と水銀濃度の間に明確な相関性が確認された．特に，サンプル量の増加により，スペクトルのピーク強度が水銀濃度に比例する形で増加し，定量分析が可能なレベルでの直線性が得られた．取得データでの相関係数 R^2 は0.9629であった．被毛表面は洗浄しており，測定されたHgは被毛内部に存在しているものと考えられる．この結果から，適切なサンプル量を確保することで，蛍光X線分析を用いて数ppm程度の被毛水銀濃度のスクリーニングが可能であることが示された．

前述の通り，被毛をサンプルカップに充填する場合，被毛は繊維状でハリ（ある程度の強度）があり不均一なため，X線照射部位，密度にば

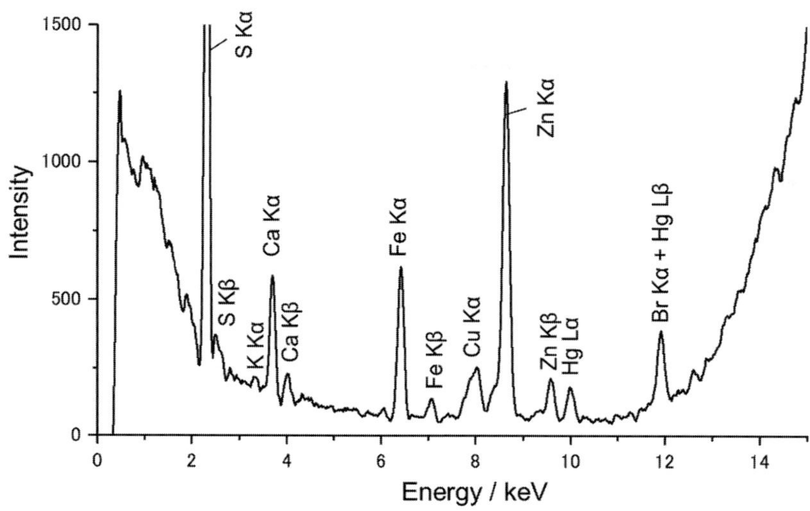

Fig.6 X-ray fluorescence spectrum of fur filled in a sample cup.

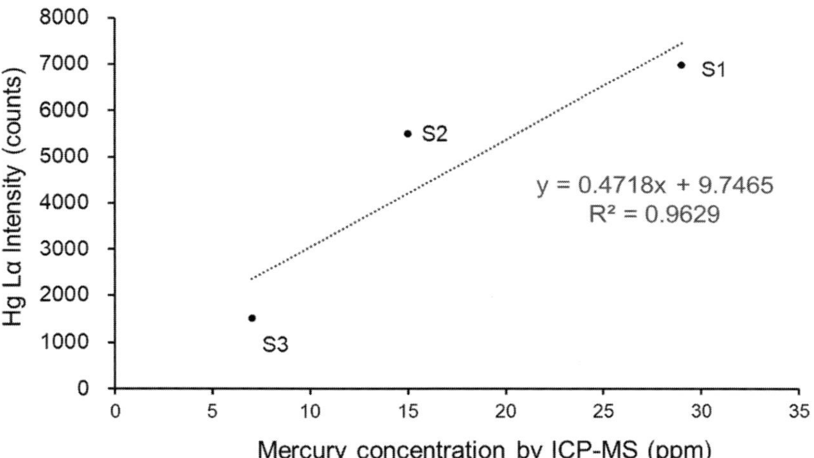

Fig.7 Correlation between Hg concentration determined by ICP-MS and X-ray fluorescence intensity.

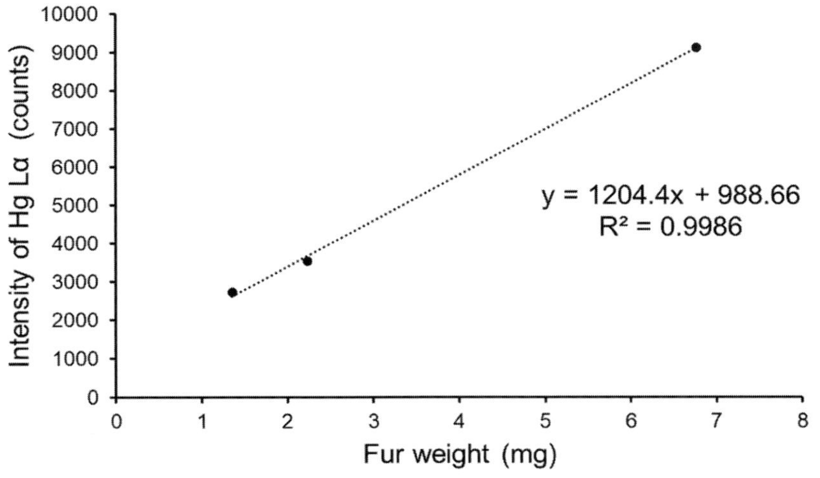

Fig.8 The relationship between compressed fur weight and Hg Lα.

らつきがでることが想定される．本サンプリング方法でどの程度のばらつきがあるのかを検証した．筒状のサンプルカップに1.35 mg, 2.23 mg, 6.76 mgの3パターンの重量の被毛を充填し，直線性を検証した．その結果をFig.8に示す．この実験においては，R^2が0.9986と高い直線性を示し，サンプルカップに被毛を充填する方法では，少なくとも重量6.76 mg程度までは，飽和することなく含有量に応じたHg Lαが検出できることが分かった．

3.2　ネコ爪のTXRF分析の結果および考察

本研究では，ネコの爪に含まれる微量元素をTXRFにて分析した．得られたスペクトルをFig.9に示す．過去の研究では，動物の爪や毛髪などの生体サンプル中の微量元素分析に関する報告は限られており，犬の被毛やヒトの爪に含まれる元素分析に関する研究は存在するが，ネコの爪に特化した研究報告は非常に少ない．犬の被毛については，亜鉛欠乏が皮膚疾患や被毛の異常を引き起こすことが報告されている[7]．また，ヒトの爪に関しては，健康な個体の爪中の微量元素濃度が性別や年齢と関連していることが示されている[8]．さらに，毛髪や爪の元素分析における蛍光X線分光法（XRF）の有用性が認識されており，非破壊で迅速な分析手法として適している．著者らの研究では，共焦点型微小部蛍光X線分析法を用いてヒトの爪試料の元素イメージングを行い，爪内部の元素分布を詳細に解析している[9]．この研究では，爪試料の面内および深さ方向における元素分布を明らかにし，特にカルシウムや亜鉛の分布特性を示している．

例えば，犬の毛髪やヒトの爪に含まれる元素分析については一部の研究が行われているが，ネコの爪に関するデータはほとんど見当たらない．このため，本研究はネコの爪に含まれる元素組成に関する基礎的データを提供するものとして意義があるといえる．測定スペクトルでは，K, Ca, Zn, Feといった生体関連の微量元素が確認され，特にCaのKαピーク（約3～4 keV付近）が顕著であり，主成分として爪の硬度や構造に関与する可能性が示唆された．さらに，ZnのKαおよびKβピーク（約9 keV付近）は，Znが

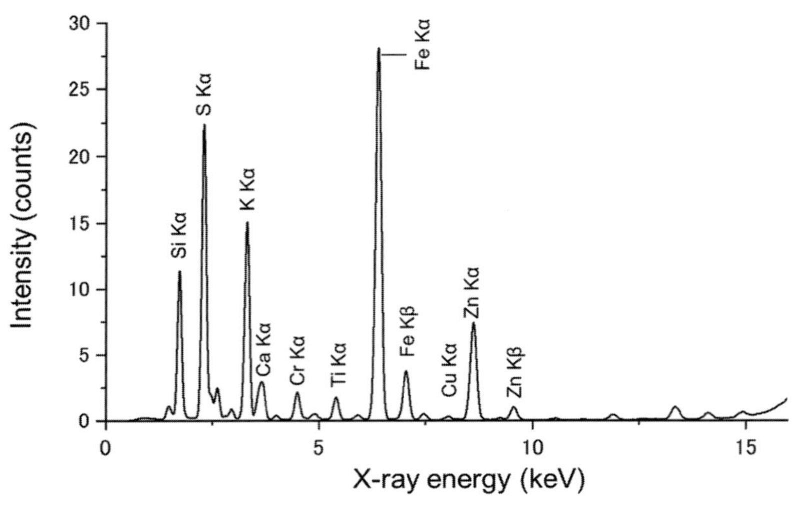

Fig.9　TXRF spectrum of cat claws.

生体中で重要な役割を果たしていることを反映し，ネコの爪にも代謝物質として現れていると考えられる．また，Fe の Kα ピーク（6.4 keV）が高強度に観測され，Fe が生体の酸素運搬や酵素反応に関与するだけでなく，爪の成長に一定の影響を与えている可能性がある．

本研究の結果は，TXRF（全反射蛍光X線分析）がネコの爪のような微小生体サンプルにおいて，微量元素の非破壊的かつ高感度な分析を可能にする有効な手法であることを示した．また，同時に鉛，カドミウム，ヒ素などの重金属濃度を測定したが，いずれも重金属汚染を示す異常値は観察されなかった．ネコにおける重金属汚染に関する具体的な基準値は存在しないが，過去の研究では重金属がネコに与える影響について示唆されている[10)]．本文献によると，鉛やカドミウム，ヒ素がネコの健康に与える影響として，神経系や腎臓への障害，また被毛や爪に異常が現れることが報告されている．また，ネコの被毛中の水銀濃度が摂取するフード中の水銀濃度に影響されることが確認されており，汚染がある場合には被毛中に高い濃度が蓄積されることが示されている．これに基づき，今回の分析で得られたネコの爪の重金属濃度が異常でないことが確認できた．これらの結果を踏まえ，ネコの爪および被毛における重金属濃度は正常範囲内であり，重金属汚染の影響を受けていないと判断される．これにより，ネコの生活環境がこれらの重金属に汚染されていないことが示唆され，本研究が環境的な安全性の評価にも寄与する可能性がある．今後，ネコ以外の動物種の爪やその他の生体サンプルに対する TXRF 分析が進むことで，動物の健康状態や生活環境に関するモニタリングがさらに進展することが期待される．

4. おわりに

今回の研究では，XRF を用いたネコ被毛中の水銀検出が可能であることを示した．サンプル準備に関しては，サンプル量や裁断方法，サンプルカップ内での分布を厳密に検討することで，測定精度の向上が期待される．さらに，本論文で報告した分析法や分析手順は，他の重金属やネコ以外の動物へも適用可能であると考えられる．今後，用いた分析機器の感度向上，特には低濃度の水銀を正確に定量するため，検出限界を改善するための二次ターゲット法[11)]などの補助手法を検討することも有効と考える．

本研究で得られた結果は，ペットの健康管理における重金属暴露リスクを簡便に評価できる新しい手法として応用可能である．今後，さらなる技術の向上により，獣医療やペットフードの安全性検査など幅広い分野で活用されることが期待される．

謝　辞

本研究成果は JST 大学発新産業創出基金事業可能性検証（JPMJSF23DD）および JSPS 科研費（JP23K23376）の支援を受けて行いました．

参考文献

1) H. Choi, et al.: Mercury levels in pet food and health implications, *Food Chemistry*, **126** (3), 1089-1094 (2011).

2) T. W. Clarkson: The toxicology of mercury and its chemical compounds, *Critical Reviews in Toxicology*, **27** (3), 243-254 (1997).

3) 寺地智弘，西浦　誠，舟場正幸，松井　徹：ICP-MS 半定量法によるキャットフード中有害金属類の同時分析，ペット栄養学会誌，**16** (1)，13-17 (2013)．

4) K. E. Jarvis, A. L. Gray, R. S. Houk: Handbook of

Inductively Coupled Plasma Mass Spectrometry, Blackie Academic & Professional, (1992).

5) I. Mansilla-Rivera, V. Rodriguez-Santiago: Heavy metal contamination in pets and associated health risks, *Science of the Total Environment*, **408** (13), 2672-2680 (2010).

6) Hikari Takahara, Atsushi Morikawa, Saori Kitayama, Tsugufumi Matsuyama, Kouichi Tsuji: Elemental analysis of hourly collected air filters with X ray fluorescence under grazing incidence, *Analytical Sciences*, **40**, 519-529 (2024).

7) 堀　哲郎，小山博之，斎藤　実：イヌの亜鉛欠乏，日本ペット栄養学会誌，**4** (1)，43-50 (1998).

8) 林　正利，大平修二，松井寿夫：ヒト爪中の微量元素濃度，日本衛生学雑誌，**41** (5)，843-850 (1986).

9) 浦田泰成，松山嗣史，井上史之，辻　幸一：共焦点型微小部蛍光X線分析法による爪試料の元素イメージング，分析化学，**72** (6)，217-225 (2023).

10) 寺地智弘，舟場正幸，土井花織，湯浅一之，松井　徹：ネコ被毛中水銀濃度の測定，ペット栄養学会誌，**14** (Suppl)，75-76 (2011).

11) 井上史之，松山嗣史，辻　幸一：背面二次ターゲットを利用した毛髪中微量元素からの蛍光X線強度増大に関する検討，分析化学，**72**，10・11，417-423 (2023).

イミノ二酢酸キレートディスクに吸着させたウランの蛍光 X 線分析

吉井　裕[a,b*]，王　慧[a]，柳澤右京[b,a]，松山嗣史[c,a]，酒井康弘[b,a]

X-ray Fluorescence Analysis of Uranium Adsorbed on an Iminodiacetic Acid Chelating Disk

Hiroshi YOSHII [a,b]*, Hui WANG [a], Ukyou YANAGISAWA[b,a], Tsugufumi MATSUYAMA[c,a] and Yasuhiro SAKAI [b,a]

[a] National Institutes for Quantum Science and Technology
4-9-1 Anagawa, Inage, Chiba, Chiba 263-8555, Japan
[b] Department of Physics, Faculty of Science, Toho University
Miyama 2-2-1, Funabashi, Chiba 274-8510, Japan
[c] Department of Chemistry and Biomolecular Science Faculty of Engineering, Gifu University
1-1 Yanagido, Gifu 501-1193, Japan

(Received 27 December 2024, Revised 8 January 2025, Accepted 9 January 2025)

When analyzing uranium in a solution using X-ray fluorescence, the detection sensitivity can be improved compared to that of the direct measurement of the solution by adsorbing the uranium onto an adsorbent and measuring the adsorbent using X-ray fluorescence spectrometer. In this study, we focused on the use of iminodiacetic acid chelating disks (ICD) as adsorbents. When measuring uranium as a nuclear fuel material via adsorption, preventing even small amounts of uranium from leaking is necessary. Therefore, in this study, we developed an appropriate method of sealing the ICD after passing the solution through it. Passing 75 mL of a solution containing uranium through an ICD cut to a diameter of 13 mm, sealing it using the developed method, and performing X-ray fluorescence analysis revealed that highly sensitive uranium detection, with a detection limit of 0.13 ng mL^{-1}, was possible. This is superior to the detection limit of total reflection X-ray fluorescence analysis under certain conditions.

[Key words] X-ray fluorescence, Uranium, Iminodiacetic acid chelating disc

試料溶液中のウランを蛍光 X 線分析する際に，何らかの吸着剤にウランを吸着させ，その吸着材そのものを蛍光 X 線測定することにより，試料溶液の直接測定の場合よりも検出感度を向上させることが可能である．本研究では，この吸着材としてイミノ二酢酸キレートディスク（キレートディスク）に着目した．核燃料物質としてのウランを吸着させて測定する場合は，わずかなウランも漏洩させないことが求められるため，本研究では，通液後のキレートディスクの適切な密封方法を開発した．ウラン含有試料溶液 75 mL を 13 mm 径に

a 国立研究開発法人量子科学技術研究開発機構放射線医学研究所　千葉県千葉市稲毛区穴川 4-9-1 〒 263-8555
＊連絡著者：yoshii.hiroshi@qst.go.jp
b 東邦大学理学部物理学科　千葉県船橋市三山 2-2-1　〒 274-8510
c 岐阜大学工学部化学・生命工学科　岐阜県岐阜市柳戸 1-1 〒 501-1193

切り出したキレートディスクに通液し，開発した方法で密封し，蛍光 X 線分析を行うことにより，検出下限 0.13 ng mL^{-1} という高感度なウラン検出が可能であることが示された．これは，条件によっては全反射蛍光 X 線分析における検出下限よりも優れていた．

［キーワード］ 蛍光 X 線分析，ウラン，イミノ二酢酸キレートディスク

1. 緒 言

試料溶液中のウランの蛍光 X 線（X-ray fluorescence：XRF）分析を行う際に，XRF 分析用カップに入れて直接測定するよりも，何らかの吸着材に試料溶液中のウランを吸着させ，その吸着材ごと測定する方が高感度な検出を可能にする．我々はこれまでに，試料溶液中に酸化グラフェン分散液を添加してウランを吸着させ，そのウラン吸着酸化グラフェンをメンブレンフィルターで捕集して XRF 分析する手法を開発し，75 mL の試料溶液に含まれる 300 ng のウランの分析を行った場合において 0.37 ng mL^{-1}（= ppb）という高感度分析を実現している[1]．ところが，この方法では，ウランを吸着した酸化グラフェンを捕集したメンブレンフィルターを乾燥させる際に，ウラン吸着酸化グラフェンがわずかながら飛散する可能性が否定できない．ウランは環境中にも広く存在する元素であり，環境試料中ウランの分析においてフード内でウラン吸着酸化グラフェンがわずかに飛散することは，その後の管理が十分になされていれば大きな問題にはならない．しかし，核燃料としてのウランは，たとえわずかな量であっても，また，それがフード内であっても，飛散が確認されれば直ちに作業を停止して汚染の検査と除去を行う必要がある．そこで我々は，イミノ二酢酸型キレート樹脂をディスク状に加工したイミノ二酢酸キレートディスク（以下，キレートディスク，図では ICD：iminodiacetic acid chelating disk とする）に着目した．キレートディスクは，試料溶液中の金属元素を簡便かつ効率的に吸着できる素材として知られている[2]．一般に，キレートディスクに吸着された金属元素は，硝酸などの溶出液で溶出され，誘導プラズマ発光分析や誘導プラズマ質量分析に供される[3-5]．これに対して，萩原らは，キレートディスクに試料溶液中の金属元素を吸着させた後，ディスクそのものを蛍光 X 線分析することで，簡便な元素分析を可能とした[6,7]．彼らは，現場分析を想定してハンドヘルド型の XRF 装置を用いることとし，そのため，通常は直径 47 mm で販売されているキレートディスクを，XRF 装置の X 線照射野のサイズに近い直径 13 mm に切り出し，試料溶液を通液した後，彼らが独自に開発した治具を用いてディスクを保持して XRF 分析を行った[7]．

この方法は，核燃料取扱施設等における事故や災害等で環境中に放出されたウランの分析においても有用と考えられる．しかし，核燃料物質であるウランは，他の金属元素とは異なる取り扱いが求められる．とりわけ，試料作製の手順において，ウランの漏洩が起こらないように注意を払う必要がある．そこで本研究では，キレートディスクにウランを吸着させて XRF 分析を行うにあたり，我々がこれまでに培ってきた技術[1,8,9]を応用することで，核燃料物質漏洩の可能性が極めて低い試料密封方法を開発した．そのうえで，卓上型 XRF 装置でウラン溶液を通液したキレートディスクの XRF 分析を

行い，その結果を，ろ紙にウラン溶液を滴下して蛍光X線分析した場合やウラン溶液をガラス基板に滴下して全反射蛍光X線分析した場合におけるこれまでの我々の成果[9, 10]と比較した．

2. 実　験

2.1　試薬，器具等

本研究において，標準液の希釈等に富士フイルム和光純薬製の超純水を用いた．ウラン含有多元素標準液として，Spex社のXSTC-1407を用いた．この標準液にはウランのほか，コバルト，銅，セシウム，トリウムが含まれており，その濃度はすべての元素について10 μg mL^{-1}（= ppm）である．キレートディスクのコンディショニングや試料溶液のpH調整に用いた酸とアルカリの溶液は，富士フイルム和光純薬製の試薬特級硝酸（比重1.38）と8 mol L^{-1}（= M）水酸化ナトリウム水溶液の超純水希釈液である．キレートディスクのコンディショニングのため，富士フイルム和光純薬製のメタノールおよび酢酸アンモニウムを超純水で溶解した1 Mおよび0.1 Mの酢酸アンモニウム水溶液を用いた．キレートディスクによるウラン吸着の際のマスキング剤として，タカラバイオ社のエチレンジアミン四酢酸（EDTA）粉末を超純水で溶解して用いた．

2.2　キレートディスクのコンディショニング

本研究ではCDS社製のキレートディスクを用いた．このディスクは，直径が47 mm，厚さは0.5 mmである．キレートディスクのコンディショニングは，萩原らの先行研究[7]を参考に，次の手順で行った．直径47 mmのキレートディスクから直径13 mmのディスクを切り出し，メタノールで1分間膨潤させたのちに2 M硝酸に漬けて2時間静置した．ディスクを超純水に移してしばらく静置し，pHを計測したのちに，さらにディスクを新しい超純水に移すという作業を，pHが5を超える程度になるまで繰り返した．その後，ディスクを0.1 M酢酸アンモニウム水溶液中に移したうえで，pHが5.6になるように調整した．

2.3　試料溶液作製方法

キレートディスクに通液する試料溶液は，0.1 Mの酢酸アンモニウムを含み，pHは5.6としておくのがメーカー（CDS社）から推奨されており，これまでの研究においてもその条件でウランの吸着が行われている[2]．また，キレートディスクへのウランの吸着においては，試料溶液に0.5 mMほどのEDTAが含まれていると，そのマスキング効果により共存金属による妨害を低減できることが知られている[2]．これらを踏まえて，以下のように試料溶液を作製した．まず，75 mLの超純水に1 Mの酢酸アンモニウム水溶液を8 mL入れ，その濃度を約0.1 Mとし，そこに，XSTC-1407を0, 10, 20, 30, 40, 50 μL添加した．添加されたウランの量は，それぞれ0, 100, 200, 300, 400, 500 ngである．そこに0.5 MのEDTAを85 μL添加することにより，試料溶液におけるEDTA濃度を約0.5 mMとした．pHを5.6に調整してから，30分間静置した．なお，試料溶液は同一のウラン添加量に対して8個ずつ作製した．

2.4　キレートディスクへの試料溶液の通液と密封

2.2節の方法でコンディショニングした直径13 mmキレートディスクをザルトリウス社製直径13 mmフィルター用エンプティホルダに

入れて，100 mL シリンジに取り付けて，全体をジーエルサイエンス社のイナートセップ吸引マニホールドに取り付けた．このとき，フィルターホルダ内で，キレートディスクよりも上流側にパッキンが来るようにした．吸引にはアルバック機工社のダイアフラム型ドライ真空ポンプ DA-20D を用いた．試料溶液通液前に 10 mL 程度の 0.1 M 酢酸アンモニウム水溶液（pH 5.6）を通液することにより，フィルターホルダのつなぎ目からの液漏れがないことを確認できる．試料溶液の通液は，マニホールドのコックを全開として行ったが，通液速度は 10 mL min^{-1} 程度だった．通液後のキレートディスクの密封方法を Fig.1 に示す．まず，通液完了後のキレートディスクをフィルターホルダからパッキンごと取り出し，50 μm 厚ポリプロピレン製片側粘着テープの中央に接着した．この片側粘着テープには，位置合わせおよび補強のために外径 40 mm，内径 25 mm の厚紙リングが貼り付けてあり，この厚紙リングにも薄い両面テープが貼り付けてある．このため，片側粘着テープと厚紙リング全体が粘着面となっている．キレートディスクをこのリングの中央部に接着する際，片側粘着テープの接触面側が通液時の下流側となるようにした．この場合，粘着面に張り付けたキレートディスクの上にパッキンが来ることになる．その後，キレートディスク上に貼り付いているパッキンをピンセットで丁寧に取り除き，50 μm 厚ポリプロピレン製片側粘着テープごと，キレートディスクを 70℃のヒーター上で乾燥させた．乾燥後，粘着テープ上のキレートディスクの上から 3 μm 厚マイラ膜を貼り付けて密封した．皺を入れることなくマイラ膜を貼り付けるために，十分な広さの厚紙に 3 μm マイラ膜を乗せて，膜が張った状態で四隅をテープで固定したものを用意し，この厚紙ごと，リング付き片側粘着テープに押し付けるようにして張り付けた．最後に厚紙リングの縁に沿ってマイラ膜を切り取ることで，薄い円形の試料が完成した．測定の際は，マイラ膜の側から X 線が照射されるように試料室に入れることとした．U Lα 線のエネルギーは 13.6 keV と比較的高く，50 μm 厚ポリプロピレン製片側粘着テープによる減衰はほとんど無視できるが，それで

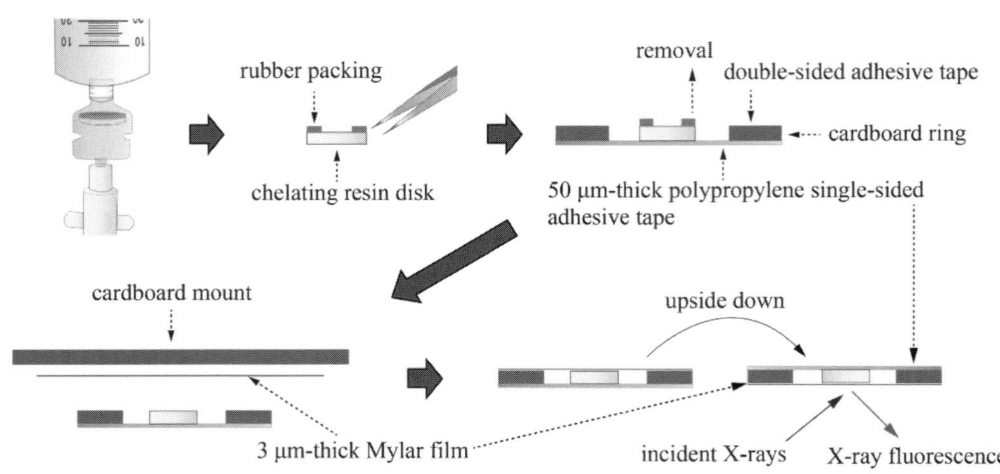

Fig.1 Method of sealing the ICDs to prevent uranium leakage.

も，3 μm マイラ膜側で測定する方が良いと考えたためである．50 μm 厚ポリプロピレン製片側粘着テープにキレートディスクの通液時下流側を貼り付けたことで，3 μm マイラ膜側に通液時上流側が来ることとなる．13.6 keV のエネルギーの X 線にとって，50 μm 厚ポリプロピレンによる減衰はほぼ無視できるが，約 500 μm 厚であるキレートディスクによる減衰は無視できない．キレートディスク内で，ウランは通液時上流側に多く分布していると考えられるため，こちら側を測定面にすることは適当である．

2.5　蛍光 X 線分析

本研究では，我々のこれまでの研究と同様に [1, 8, 9]，卓上型エネルギー分散 XRF 分析装置 Epsilon 4（Malvern Panalytical）を用いて XRF 測定を行った．この装置は定格 15 W の銀ターゲット X 線管を備えており，管電圧を 50 kV に設定した場合の最大管電流は 300 μA である．また，この装置は高エネルギー分解能シリコンドリフト検出器を備えており，そのエネルギー分解能は約 135 eV（Mn Kα）である．この装置には 6 種類の一次 X 線フィルターが備えられており，本研究ではこのうち 300 μm 厚の銅製一次 X 線フィルターを用いた．一般に，下面照射型のエネルギー分散 XRF 分析装置では，試料の斜め下方から X 線が照射されるため，X 線照射像は楕円形となる．しかし，この装置では，このスピナー機構により試料が回転するため，試料に均等に X 線が照射される．以前の我々の研究において，X 線照射像をガフクロミックフィルムで観察し，X 線照射像が直径約 8 mm の比較的強度の強い X 線による円形の部分と，その外側に直径約 15 mm の比較的強度の弱い X 線が照射された部分が存在する同心円状になっていることを示した [8]．この装置の試料室は円筒形であり，その内径は 40 mm である．試料の外径が 40 mm なのは，これに合わせたためである．試料が薄く，これが試料室内で浮いてしまうと XRF 測定のフォーカス位置からずれてしまうため，円筒形でアルミニウムを内貼りしたステンレス鋼製重りを置いて測定を行った．測定時の管電圧は 50 kV，管電流は 300 μA，測定時間は 5 分間とした．測定されたスペクトルに対し，これまでの我々の研究で行ってきた方法 [9] でピークフィッティングを行い，U Lα 線のピーク部分の面積としてネット信号強度を得た．また，同じフィッティングの結果から，このピークのエネルギー領域のバックグラウンド信号強度を得た．すなわち，バックグラウンド信号強度はブランク試料の測定結果ではなく，実試料の測定結果のピークフィッティングの結果として得られたものを用いた．

3.　結果と考察

500 ng のウランを含む試料溶液を通液したキレートディスクの XRF スペクトルを Fig.2 に示す．スペクトルには，X 線管のターゲットに

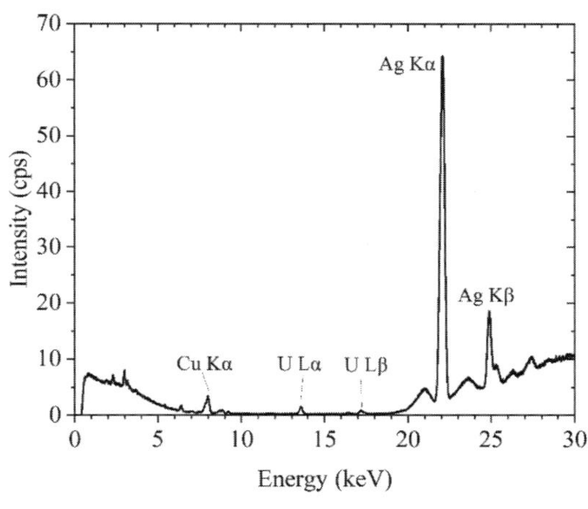

Fig.2　X-ray fluorescence spectrum of an ICD passed through a sample containing 500 ng of uranium.

由来する強い Ag Kα 線 (22.2 keV)，Kβ 線 (24.9 keV) とそれらのコンプトン散乱線のほか，一次X線フィルターに由来する Cu Kα 線 (8.05 keV) が見られる．これらは装置由来の構造である．これらに加え，強度は低いが U Lα 線，U Lβ 線 (17.2 keV) が見られる．ウラン添加量が最大のもの (500 ng) でもこのように低強度であることから，このウラン添加量の範囲で信号の数え落としは起きていないものと考えられる．

Fig.3 に，このスペクトル中の U Lα 線近傍領域におけるピークフィッティングの結果を示す．このエネルギー領域には Pb Lβ 線 (12.6 keV)，Th Lα 線 (13.0 keV)，Bi Lβ 線 (13.0 keV)，Br Kβ 線 (13.3 keV)，Rb Kα 線 (13.4 keV)，Sr Kα 線 (14.2 keV) が存在しており，U と Th の Lα 線は，それぞれ $L\alpha_1$ 線と $L\alpha_2$ 線が，Pb と Bi の Lβ 線は多数の微細構造線が重なったものとなっている．このうち，Lα 線のピークは $L\alpha_1$ 線のピークと $L\alpha_2$ 線のピークの重なりとして，Pb と Bi の Lβ 線のピークは $L\beta_1$ 線と $L\beta_2$ 線が重なり分離できないピーク，$L\beta_3$ 線のピーク，$L\beta_4$ 線のピークという 3 つのピークの重なりとして表現し，それらのピークをすべて含むフィッティング関数を構築してピークフィッティングを行った．その結果，Br Kβ 線, Rb Kα 線の強度はほぼゼロで，その他のピークに対しても，U Lα 線以外のピークの強度は極めて低いという結果となった．試料にはウランと同量のトリウムが含まれているが，Th Lα 線のピーク強度は U Lα 線に比べて著しく低い．これは，実験条件におけるウランとトリウムの吸着特性の差が原因であると考えられるが，本研究はウランの分析に焦点を当てているので，この件については別の機会に検討したい．

Fig.4 に，試料溶液へのウラン添加量と U Lα 線の信号強度の関係 (検量線) を示す．検量線が非常によく直線に乗っていることが見て取れる．検量線の傾き ($0.067\ \mathrm{cps\ ng^{-1}}$) は，過去の我々の研究における，5.5 mm 径のろ紙にウラン溶液を滴下した試料の場合 [9] ($0.077\ \mathrm{cps\ ng^{-1}}$) よりも若干程度小さくなっている．5.5 mm 径ろ紙は，Epsilon 4 の入射 X 線照射野のうち，特に強い X 線が照射される直径 8 mm の範囲に完全に収まるが，13 mm 径キレートディスクではウランが吸着している領域 (パッキンの内径は 10 mm なので直径 10 mm よりもやや狭い程度と考えら

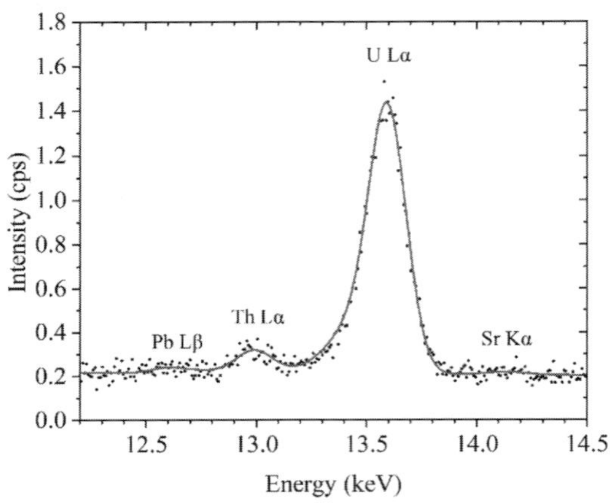

Fig.3 Enlarged view of the XRF spectrum around the U Lα peak with fitting result.

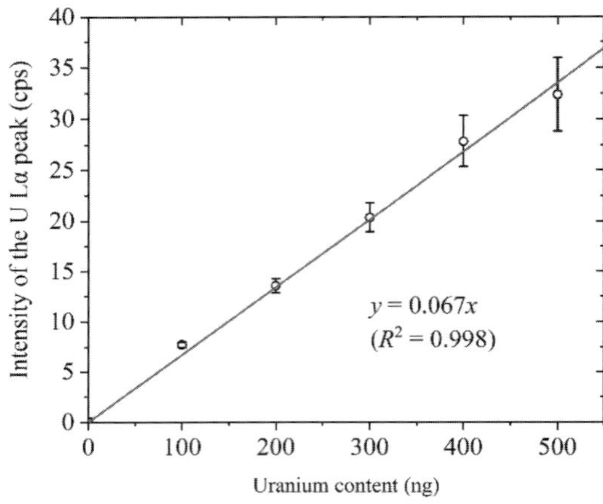

Fig.4 Relationship between uranium content and net intensity of the U Lα peak.

れる）の外縁部が，この直径8 mmの範囲から外れる．このため，同じウラン量において5.5 mm径ろ紙の場合よりもU Lα線の信号が低めになったものと考えられる．キレートディスクの直径を8 mmよりも小さくすることができれば，5.5 mm径ろ紙の場合と同等の強度のU Lα線が観測されると思われるが，今回使用したザルトリウス社製直径13 mmエンプティフィルターホルダは，市販のエンプティフィルターホルダの中で内径が最も小さく，これ以上小さな直径のキレートディスクを収めうるエンプティフィルターホルダは存在しない．もちろん，8 mmよりも小さな径のキレートディスクを収めることのできるエンプティフィルターホルダを自作する方法もあるが，その場合，通液速度が極端に遅くなるという問題が生じる可能性があり，これは今後の研究の中で検討していきたい．また，本研究では，厚さ0.5 mmのキレートディスクの通液時上流側を測定面とした．キレートディスクの厚さ方向に対して，ウラン吸着量は通液時上流側から下流側にかけて徐々に減少していると考えられるもの，キレートディスクのウラン吸着能は非常に高いので[2]，テーリングが少なく，本研究の方法ではウランの大部分が通液時上流側に存在していると考えられる．同じ濃度のウラン溶液を同じ液量だけ通液した場合にディスク内でのウランの分布が異なると，ウランの蛍光X線信号強度は変化すると考えられるが，Fig.4を見る限りそのような現象は生じていない．この件について詳細な検討は行っていないが，ディスク内でのウランの分布を司るのは通液速度であると考えられるので，通液速度を一定としておけばFig.4の検量線を用いてウランの定量が可能である．

試料溶液へのウラン添加量が100 ngの試料の測定結果をもとに，以下の式を用いて検出下限（minimum detection limit；MDL）を算出した．

$$\mathrm{MDL} = \frac{3m}{I_{\mathrm{net}}}\sqrt{\frac{I_{\mathrm{BG}}}{t}}. \qquad (1)$$

ここで，m (ng) は試料溶液中ウラン量，I_{net} (cps) はU Lα線の信号強度，I_{BG} (cps) はU Lα線と同じエネルギー範囲のバックグラウンド信号強度，t (s) は測定時間である．得られたMDLは10.0 ngだった．この値は，5.5 mm径ろ紙にウラン溶液を滴下して測定した場合のMDLが8.0 ngであったこと[9]と比較して，すでに述べたようなX線照射野との関係による信号強度の低下を考慮すると妥当な値である．一方，5.5 mm径ろ紙に一度に滴下できる液量は10 μLなので，濃度換算のMDLは800 ng mL^{-1}（= ppb）となるのに対して，キレートディスクへ通液した試料溶液の酢酸アンモニウム添加前の体積は75 mLなので，本法によるMDLを濃度に換算すると0.13 ppbとなる．これは，5.5 mm径ろ紙にウラン溶液を滴下して測定した場合のMDLよりもはるかに高感度である．また，試料溶液中のウランを酸化グラフェンに吸着させ，これをメンブレンフィルターで捕集してXRF分析を行った場合のMDLは0.37 ppbだったので[1]，これと比較しても高感度である．酸化グラフェンを用いた方法では，メンブレンフィルターで捕集する際の目詰まりを防ぐために塩分濃度計指示値が3%になるまで過塩素酸ナトリウムを添加したが，その析出物によりバックグラウンド信号が上昇し，そのためMDLが本法よりも高めになったものと考えられる．さらに，本法は，酸化グラフェンによって濃縮したウラン溶液の全反射蛍光X線（Total reflection XRF：TXRF）分析における我々の過去の結果[10]（MDL = 0.15 ppb）と比較しても，わずかながら高感度である．

TXRF分析においては，作製された試料のごく一部がガラス基板に滴下され，分析に供される．我々の過去の研究では，500 μLの試料溶液のうち，10 μLのみがスライドガラスに滴下され，TXRF分析に供された．これに対してキレートディスクでは，吸着されたウランのすべてが分析対象となっている．このため，濃度換算でのMDLの値が低く，高感度なウラン検出が可能となったものである．本研究では初期試料溶液量を75 mLとしたが，これを例えば150 mLにすれば，濃度換算のMDLを0.065 ppb，すなわち65 pg mL^{-1}（= ppt）まで改善できることになる．初期試料溶液量を増やし，その分濃度を下げていくと，容器の壁へのウラン吸着などが無視できなくなってくるため，無限にMDLを下げることはできないが，シングルpptオーダーのMDLも夢ではないと思われる．

4. 結　語

核燃料物質であるウランを含む溶液を通液したキレートディスクを，ウランを漏洩させることなく密封する手法を開発した．13 mm径に切り出したイミノ二酢酸キレートディスクにウラン溶液75 mLを通液し，これを開発した方法で固定して乾燥させ，密封して卓上型XRF分析装置で測定することにより，0.13 ppbのMDLを実現した．今後は，ウランよりも比放射能が高く，体内に取り込まれると肺に沈着し，長期にわたる内部被ばくの原因となるプルトニウムについても，同様の方法でXRF分析できることを確認したい．

謝　辞

本研究は，原子力規制委員会原子力規制庁「令和4年度原子力施設等防災対策等委託費（東京電力福島第一原子力発電所の放射性廃棄物の特性評価に関する検討）事業」として実施したものです．この事業において，有識者による検討委員会委員として，大阪公立大学の辻幸一教授，長岡技術科学大学の鈴木達也教授，金沢大学の長尾誠也教授には検討委員会の席で様々なご助言をいただきました．深くお礼申し上げます．

参考文献

1) H. Yoshii, T. Uwatoko, H. Takahashi, Y. Sakai: *X-ray Spectrom.*, **51**, 454 (2022).
2) 古庄義明, 小野壮登, 山田政行, 大橋和夫, 北出 崇, 栗山清治, 太田誠一, 井上嘉則, 本水昌二：分析化学, **57**, 969 (2008).
3) 三浦 勉, 森本隆夫, 早野和彦, 岸本武士：分析化学, **49**, 245 (2000).
4) 伊藤彰英, 石垣輝幸, 新垣輝生, 山田亜矢子, 山口真実, 可部徳子：分析化学, **58**, 257 (2009).
5) 中山由佳, 野田 寧：日本海水学会誌, **66**, 283 (2012).
6) K. Hagiwara, Y. Koike, M. Aizawa, T. Nakamura: *Talanta*, **144**, 788 (2015).
7) 萩原健太, 甲斐祥太郎, 小池裕也, 相澤 守, 中村利廣：分析化学, **65**, 489 (2016).
8) H. Yoshii, K. Takamura, T. Uwatoko, H. Takahashi, Y. Sakai: *Spectrochim Acta B*, **189**, 106368 (2022).
9) 吉井 裕, 柳澤右京, 松山嗣史, 酒井康弘：分析化学, **73**, 359 (2024).
10) 吉井 裕：X線分析の進歩, **51**, 11 (2020).

白色ポリエステル単繊維の非破壊異同識別における全反射蛍光X線分析の再現性向上

松田　渉[a*]，高原晃里[a]，中西俊雄[b]，瀬戸康雄[b]

Improvement of Reproducibility in Total Reflection X-ray Fluorescence Analysis for Nondestructive Discrimination of White Single Polyester Fibers

Wataru MATSUDA[a*], Hikari TAKAHARA[a], Toshio NAKANISHI [b] and Yasuo SETO[b]

[a] Rigaku
3-9-12, Matsubara-cho, Akishima, Tokyo 196-8666, Japan
[b] Riken
1-1-1, Koto, Sayo-cho, Sayo-gun, Hyogo 679-5342, Japan

(Received 27 December 2024, Revised 20 January 2025, Accepted 23 January 2025)

The improvement of quantification precision of elemental determination for polyester single fibers using Total Reflection X-ray Fluorescence (TXRF) analysis by the internal standard correction of scattering X-ray was investigated. The reproducibility of the measurement using five samples of the same type of polyester single fiber showed a relative standard deviation of 55%. On the other hand, by performing the internal standard correction based on the intensity ΔS, which is the difference between the Mo K scattered line intensity with and without the sample, the relative standard deviation was lowered to 8%.

Using white polyester single fibers with known fiver preparation, fiber discrimination was conducted using the internal standard correction based on ΔS. When measuring three types of white polyester single fibers with different amounts of matting agent (Ti), the standard deviation was reduced compared to that before correction, which makes it easier to discriminate the fiber types. Similarly, when measuring three types of white polyester single fibers with different amounts of catalyst (Sb), the relative standard deviation was 64% without the ΔS scattered line correction, which makes it difficult to discriminate the fibers with the different Sb amounts. When the ΔS scattered line correction is applied, the measurement error was reduced to 22%, enabling the discrimination of different fibers.

[Key words] Forensic science, Trace elemental analysis, Scattered radiation internal standard

全反射蛍光X線分析（TXRF）によるポリエステル単繊維の測定において，散乱線内標準法を用いた測定再現性の向上を検討した．同種のポリエステル単繊維5検体を測定し，微量成分のTiにより評価を行った．Ti Kα強度のRSDは55%であった．一方で試料設置時のMo K散乱線強度から試料未設置時のMo Kの散乱線

a 株式会社リガク　東京都昭島市松原町 3-9-12　〒196-8666　＊連絡著者：w-matuda@rigaku.co.jp
b 国立研究開発法人理化学研究所　兵庫県佐用郡佐用町光都 1-1-1　〒679-5148

強度を差し引いた強度 ΔS による内標準補正を行うことにより，RSD は 8% まで低減し測定再現性を改善することができた．

作製条件が既知の白色ポリエステル単繊維を用いて ΔS に基づく内標準補正による異同識別を実施した．艶消し剤 (Ti) 量が異なる 3 種の白色ポリエステル単繊維を測定した時，補正前に対して標準偏差を小さくすることができ，繊維種の識別がより容易となった．同様に触媒 (Sb) 量が異なる 3 種の白色ポリエステル単繊維を測定した時，未補正時では RSD が 64% と大きく Sb 量を指標とした識別は困難であったが，ΔS に基づく散乱線補正により，22% と測定誤差を低減でき，繊維間の識別が可能となった．TXRF における散乱線内標準法を用いることで，測定再現性を向上できた．

[キーワード] 法科学，微量元素分析，散乱線内標準法

1. はじめに

微小・微量試料の分析技術である微細物分析は，法科学の分野で非常に高いニーズがある．科学捜査においては，事件現場から採取された微小な単繊維や塗膜片などの検査を基に，被疑人物や車両の特定や識別が行われ，犯罪の証拠として活用されている．ポリエステル繊維は世界で最も多く使用・生産されている化学繊維であり，証拠として扱われる機会も多いが，その外観は特徴が少なく，識別や同定が困難な材料の一つである．また，採取可能な繊維の量も限られているため，消費せずに再鑑定に備えて非破壊で分析することが望まれる．非破壊分析手法として，光学顕微鏡による形状観察や染料の識別には顕微分光法[1, 2]が使用されており，また高分子種の識別には顕微フーリエ変換赤外分光 (FT-IR) 法[3, 4]が用いられている．しかし，白や黒などの無彩色の繊維は顕微分光により特徴的な定性情報は得られず，特に識別が困難であるとされている．

全反射蛍光 X 線分析法 (TXRF 法) は全反射臨界角度以下で X 線を入射させることで，試料表面の元素を高感度に分析できる手法である[5]．半導体分野で Si ウェーハ表面の極微量の金属汚染管理に適用されている[6]．微小試料を Si ウェーハに載せて測定することにより，非破壊で微量元素分析が可能であり，法科学分野において，ガラス片[7]，自動車塗膜[8]，ガンショット痕[9]，繊維製品[10]などへの応用が多数報告されている．繊維については，数 10 μm 径の単繊維試料でも 5 mm 程度の長さがあれば，繊維中に含まれる微量の金属分析が可能である．ポリエステル繊維には製造時に重合触媒や艶消し剤として用いられている微量の無機元素が含まれており，その元素種や量による異同識別が報告されてきた[7, 9]．これまで放射光 (SR) による分析が多かったが，最近では，実験室で高感度に分析が可能である卓上型全反射蛍光 X 線分析装置によりトランクマット由来のポリエステル単繊維の異同識別を実施し，SR-μXRF と同等のスペクトルが得られることが報告されている[11, 12]．

TXRF 法で Si ウェーハや石英ガラスといった反射基板に試料を載せて測定する際，蛍光 X 線強度は試料形状や測定位置 (検出器との距離) により変化しやすい[13, 14]．測定の再現性や定量性は異同識別の精度に影響するため，改善が必要である．液体試料の場合は内標準法が一般に用いられており，試料に添加した内標準元素と分析元素の強度比によりばらつきを補正する．しかし繊維のような固体試料では内標準元

素を均質に添加することは難しい．我々はこれまでにTXRFによる散乱線強度を内標準として補正する散乱線内標準法を検討している[15, 16]．粉末試料中の微量成分の蛍光X線強度が粒径や分散の違いによるばらつきをバックグラウンド強度またはコンプトン散乱線強度を用いて内標準補正を行うことで，定量精度を改善した[15]．黒色のトランクマットから採取した単繊維においても，蛍光X線強度のばらつきが散乱線強度比により低減したことから，散乱線補正法が有効である可能性を示唆した[16]．しかし，トランクマットのような繊維製品には複数の繊維やリサイクル繊維などが混在している可能性があり，補正法の詳細な検討には至らなかった．本研究では，艶消し剤や触媒元素など試料情報が明らかな新品のポリエステル繊維を用いて，TXRFスペクトルの蛍光X線強度のばらつきや，散乱線強度を用いた強度補正法を評価した．また検討した散乱線の強度補正法を用いて，着色繊維に比べ検出元素が少なく，定量が難しい白色ポリエステル単繊維試料の異同識別を検討した．

2. 実　験

TXRF分析には卓上型全反射蛍光X線分析装置NANOHUNTER II（リガク）を用いた．600 WのMoターゲットX線管から発生したX線から，湾曲集光多層膜ミラーでMo Kα線（17.4 keV）と高エネルギー線（30 keV）を同時に分光し，試料表面に対し0.1°以下の低角度で入射して全反射蛍光X線分析を行った．検出器はシリコンドリフト半導体検出器（SDD）を用い，試料基板に対し直上に配置した．試料基板はSiウェーハを適用し，装置の試料台にあわせて清浄なSiウェーハをクリーンブース内で26 mm×50 mm角に切断したものを用いた．測定条件は管電圧−管電流を50 kV-12 mA，視射角を0.030°でX線を入射させ，測定時間を3000秒，窒素ガスフローで実施した．

作製条件が既知で，触媒（Sb）量が異なる白色ポリエステル繊維3種（WP01～WP03）と，艶消し剤（Ti）量が異なる白色ポリエステル繊維3種（WP04～WP06）を試料として用いた．本繊維3種を光学顕微鏡により確認したところ，単繊維の直径は10～30 μmの円筒形であった．測定の際には5 mm程度の単繊維を採取し，試料基板の中心に載せ，そのまま測定に供した．なお，窒素ガスフローの影響による試料の移動の動きなどがないことを確認した．

試料位置依存性を評価するため，試料位置を制御した模擬試料を作製した．模擬試料の作製方法は76 mm×26 mmのスライドガラス（松浪硝子工業）にイットリウムの原子吸光標準液1 mg/mL（富士フイルム和光純薬）を1 μL滴下し60℃で10分乾燥した．スライドガラスの中心の9 mm×5 mmのエリアに，1 mm間隔でグリッドになるように滴下乾燥し，試料位置の異なる60個のスライドガラス基板を作製した．乾燥痕は1 mm以内であった．試料位置依存性の評価時のNANOHUNTER IIの測定条件は，管電圧−管電流を50 kV-12 mA，視射角0.030°でX線を入射し，測定時間を30秒とし，大気雰囲気で行った．

3. 結果と考察

3.1 全反射蛍光X線分析装置の試料位置依存性

一般的な蛍光X線分析では，X線照射サイズのほうが試料サイズより大きくなるように，マスクで覆うなどして安定した蛍光X線強度を得ている．一方でTXRF法は，X線照射サイズと比べ試料サイズが非常に小さいため，試料と検出器の距離に依存して蛍光X線強度が変動しやすい．そのため，できるだけ同じ位置に試料を設置することが重要となる．試料の設置位置による強度のばらつきを確認するため，TXRF法における蛍光X線強度の試料位置依存性を評価した．

模擬試料のY Kα強度分布をFig.1に示す．この図では，検出器の真下となる位置を原点として1 mm間隔の分析結果を示しており，得られた蛍光X線強度のうち最大強度を100として規格化した色調分布で示した．原点が最も蛍光X線強度が高く，例えば，(x, y) = (0, 2)で2割以上蛍光X線強度が減衰していることが分かった．一方で，入射X線に対し平行方向（X軸）は比較的に蛍光X線強度の減衰が緩やかであった．これは，X線を全反射臨界角以下で入射していることから，入射方向に対して試料基板上でX線が広がり，入射方向に対しては一様な強度分布を持つためと考えられる．一方で入射X線と垂直方向については，ビームの広がりがないため位置依存性が強いと考えられる．Tsujiらは Au の蒸着膜を用いて NANOHUNTER II の有効分析領域を評価しており，視射角 0.05° の時の有効分析範囲が 5 mm（X軸）× 4 mm（Y軸）である[17]と報告しており，本実験で得られたX線強度分布と近い結果であった．今回扱う単繊維は位置依存性が少なくなるように入射X線に対して平行に設置し，目視で単繊維の中心が原点になるように設置することとした．

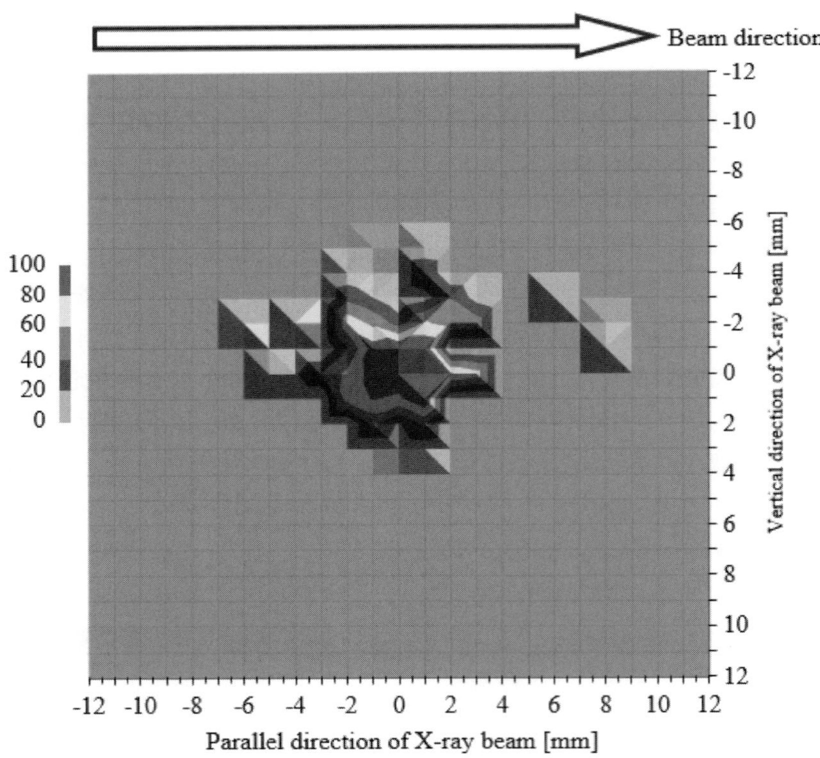

Fig.1 Fluorescent X-ray (Y Kα) intensity distribution in NANOHUNTER II. The position (x, y)=(0, 0) is just below the detector. Color range are X-ray intensity distribution (a.u.).

3.2 散乱線強度補正の検討

全反射蛍光X線分析装置による測定において，蛍光X線強度が試料位置依存性を持つことを，3.1項において模擬試料で確認をした．そこで測定による強度ばらつきをできるだけ低減させるために，試料位置および方向を目視によりそろえて測定することとした．

同一品種の白色ポリエステル単繊維試料WP01の5検体のTXRFスペクトルをFig.2に示す．Fig.2 (a) よりTXRFスペクトルから，Ca, Ti, Mn, Fe, Cu, Zn, Sbのピークが観察された．Siは基板に用いたウェーハ由来であり，Brはウェーハの表面汚染（洗浄残渣であることを購入元に確認済み）に起因してると考えられる．Fig.2 (b) に3.5 keVから5.5 keVを拡大したスペクトルを示す．単繊維中の微量元素のうち強度の高かったTiに着目すると，Ti Kαの X線強度が同種の5検体間でばらついており，試料の置き方を工夫しても測定結果がばらつく結果となった．視射角を0.030°と非常に低い角度で測定しているため，中心位置で約10 μmの高さ情報を測定していることとなる．ポリエステル単繊維は最大30 μmであるため，今回の測定では試料の一部を照射していると考えられる．Tsujiらは，NANOHUNTER IIの高さ依存性をAuを蒸着したポリイミドフィルムで評価しており，試料の高さが10 μmを越えるとAu Lβ_1のX線強度が急速に減少したことを確認し，試料の高さを10 μm以下にすることが望ましいと報告している[17]．また，試料の設置位置や試料の長さを統一できていないことで得られるX線強度が大きく変化すると考える．しかし，一次X線の散乱線であるMoのThomson散乱線とCompton散乱線の強度にも，Ti強度と同様の強度変化が見られたことから，散乱線補正によるばらつきの改善が示唆された．

散乱線補正の方法を検討するために，散乱線の候補として，Mo Kα Thomson散乱線（17.2～

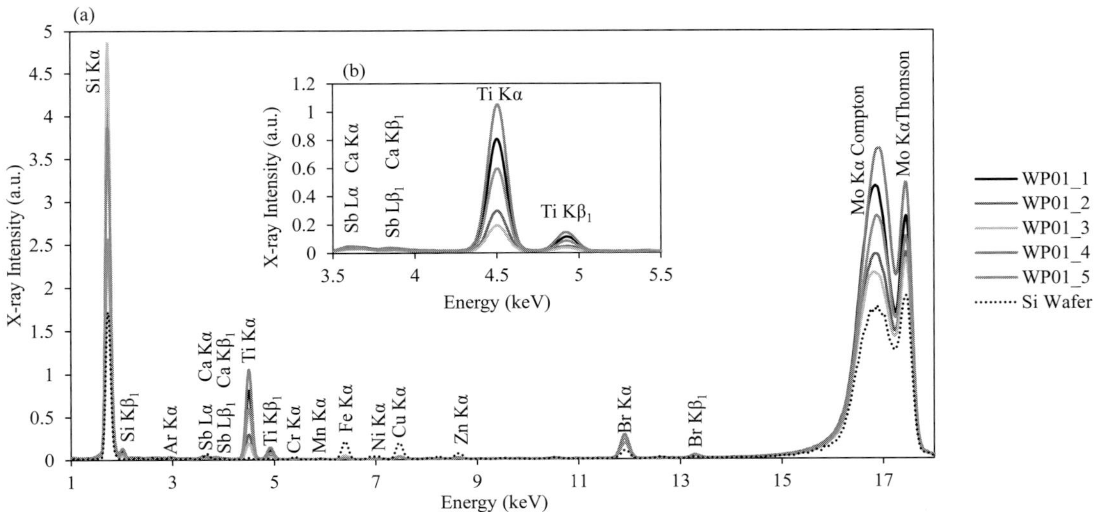

Fig.2 TXRF spectra of 5 single polyester fiber samples of the same type. (a) shows whole spectra (1～18 keV), (b) is expanded to show each data (3.5～5.5 keV).
The spectral variations are represented in color. Please refer to the CD-ROM version for the color details. as the print version is in grayscale.

Table 1 X-rayintensity of 5 single polyester fiber samples of same type.

Sample No.	Ti Kα (cps)	Ti/Mo Kα Thomson	Ti/Mo Kα Compton	Ti/Mo Kα Thomson+Compton	Ti/ΔS
1	12.5	0.13	0.07	0.04	0.12
2	4.5	0.05	0.03	0.02	0.11
3	2.9	0.04	0.02	0.01	0.10
4	16.5	0.15	0.08	0.05	0.11
5	9.3	0.10	0.06	0.04	0.13
Average	9.1	0.09	0.05	0.03	0.11
Standard deviation	5.0	0.04	0.02	0.014	0.009
RSD(%)	55	45	42	43	8

RSD(%)：Relative standard deviation

18.0 keV)，Mo Kα Compton 散乱線（16.5～17.2 keV)，Mo Kα Thomson+Compton 散乱線（16.5～18.0 keV）を比較した．また 試料未設置時の Mo の散乱線強度は，試料設置時と比べ 5.5～8.5 割程度であり，試料設置時の散乱線の 5 割以上は試料ではなく基板由来と考えられた．そこで，試料設置時の Mo K の散乱線強度から，試料未設置時の Mo K の散乱線強度を差し引いた強度，ΔS も散乱線補正として検討した．同一品種の白色ポリエステル単繊維試料 WP01 の 5 検体の測定結果および散乱補正による結果を Table 1 に示す．Table 1 より，散乱線未補正時の Ti Kα の蛍光 X 線強度の相対標準偏差（RSD）は 55% と大きなばらつきを示し，Mo Kα Thomson 散乱や Mo Kα Compton 散乱線強度による補正でも RSD は 40% 台と大きな改善が得られなかった．一方で，ΔS による散乱線補正時の RSD は 8% と大きな改善が見られた．単繊維のような微小試料では，試料未設置時のウェーハの散乱線強度が試料設置時の散乱線強度に対し相対的に大きくなることから，散乱線強度を評価する上では ΔS による補正が有効であることが示された．

3.3 ΔS 補正を用いたポリエステル単繊維の異同識別

ポリエステル繊維には微量の無機元素が含まれており，用いる染料によって特徴的な元素種や量が異なるため，元素分析による異同識別を評価した．白色のポリエステル繊維は染料を使用していないため他の色と比べて検出可能な元素種や量が少なく，定量の精度が異同識別に大きく寄与する．3.2 項で有効性が示された ΔS による散乱線内標準補正を用いて，白色ポリエステル単繊維の異同識別を実施した．

艶消し剤（Ti）量が異なる 3 種の白色ポリエステル単繊維（WP04～WP06）をそれぞれ 3 回測定した結果を Fig.3 に示す．Ti 強度が一番高い試料 WP06 において補正前後の RSD を比較すると，補正前が 17%，補正後が 10% とわずかだが精度の向上が確認できた．Photo1 に透過顕微鏡で観察した結果を示す．3 種間で繊維中の粒量が異なっていることがわかる．3 種の繊維は酸化チタンの量の違いで粒子量が異なっており，それぞれ WP04 はブライト，WP05 はセミダル，WP06 はフルダルである．そのため観測された粒子は酸化チタンであると考えられる．

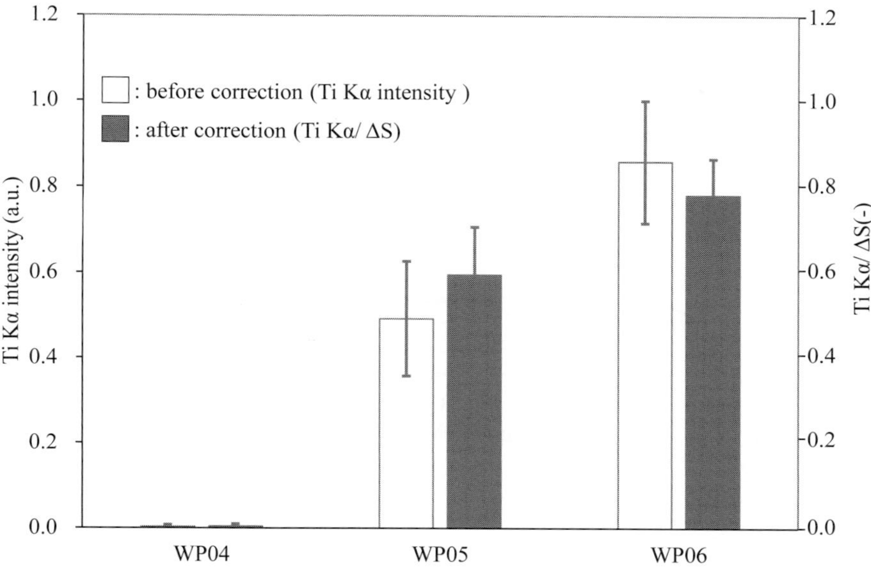

Fig.3 TXRF intensity of single polyester fibers with difference in gloss. Error bar is standard deviation. Ti Kα/ΔS data corresponds to the right-hand axis.

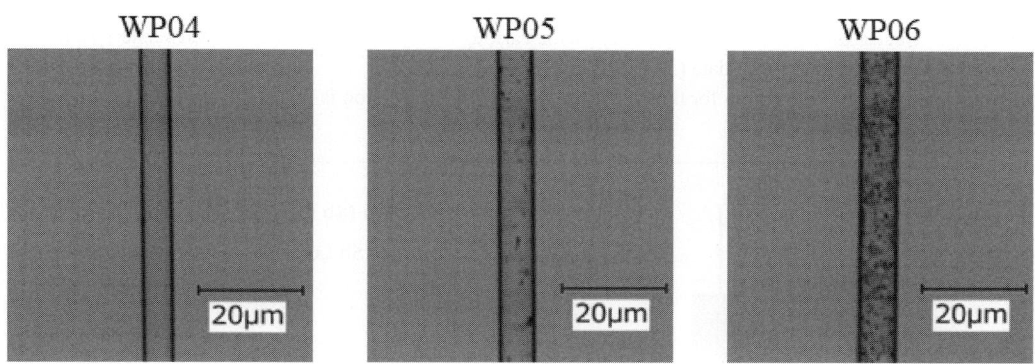

Photo 1 Transmission light microscope images of single polyester fibers with various gloss level.

粒子量の増加に伴い，TXRF 分析における Ti Kα の X 線強度は，WP04，WP05，WP06 の順に増加することから，TXRF 法により艶消し剤の量による識別が可能であることが示された．

触媒（Sb）量が異なる 3 種の白色ポリエステル単繊維（WP01～WP03）の定性スペクトルを Fig.4 に示す．試料 WP01 において Sb L 線を明確に検出した．また Ca を含む試料も存在し，Sb とピークの重なりが観察されていたことから，ソフトウエアによるピーク分離を行い Sb Lα の X 線強度の抽出を行った．Fig.5 に 3 種の測定結果を，透過光観察結果を Photo2 に示す．Sb 量が一番高い WP01 において補正前後の RSD を比較すると，補正前が 64%，補正後が 22% と定量精度の向上が確認できた．ΔS の散乱線補正による WP01 と WP02 の結果に対

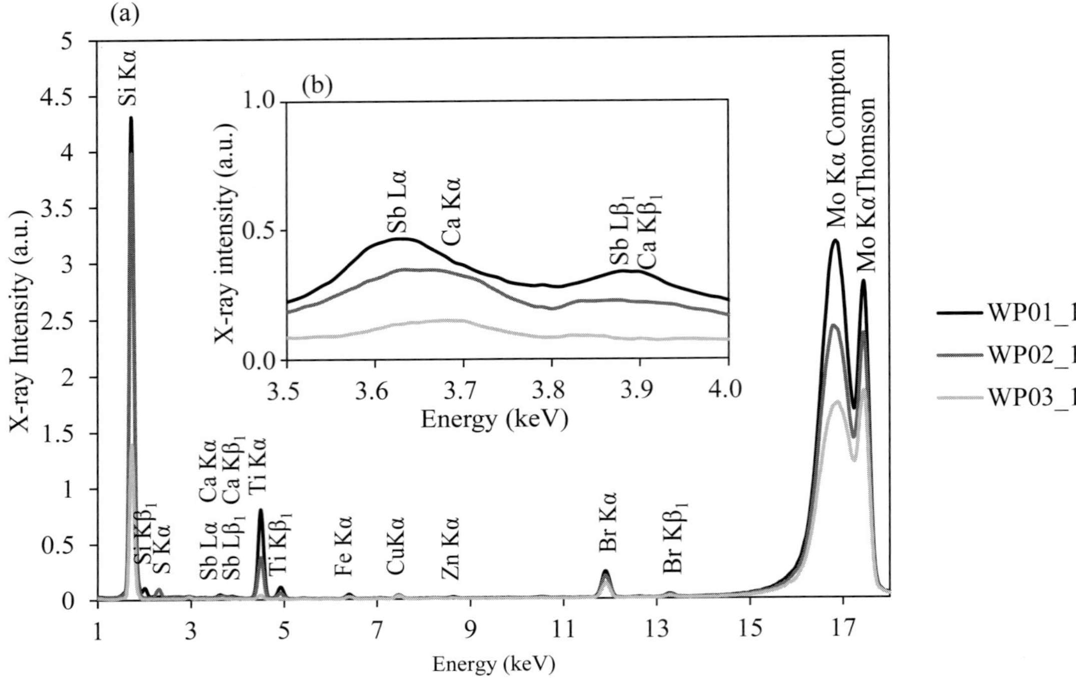

Fig.4 TXRF spectra of d single polyester fibers with various catalyst amounts. (a) shows whole spectra (1～18 keV), (b) is expanded to show each data (3.5～4.0 keV).
Please refer to the CD-ROM version for the color details, as the print version is in grayscale.

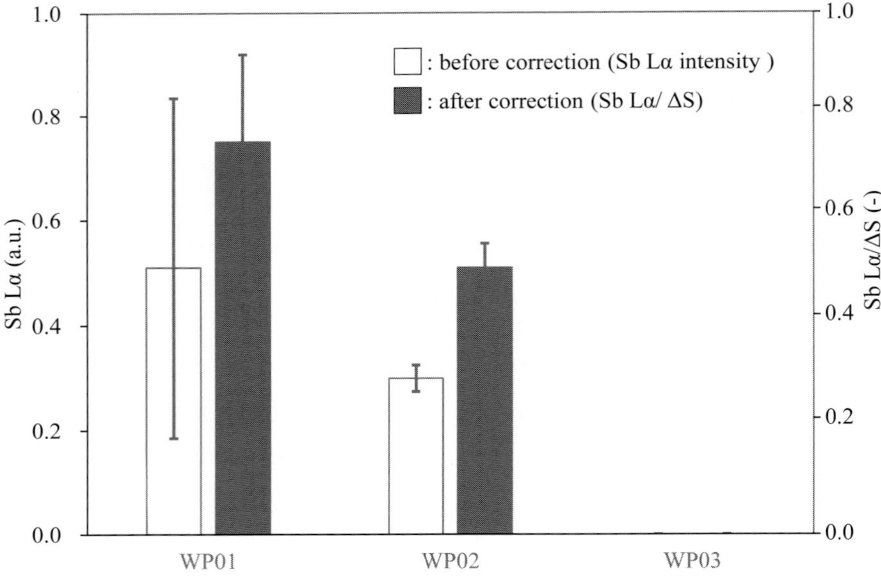

Fig.5 TXRF intensity of single polyester fibers with various catalyst amounts. Error bar is standard deviation. Sb Lα/ΔS date corresponds to the right-hand axis.

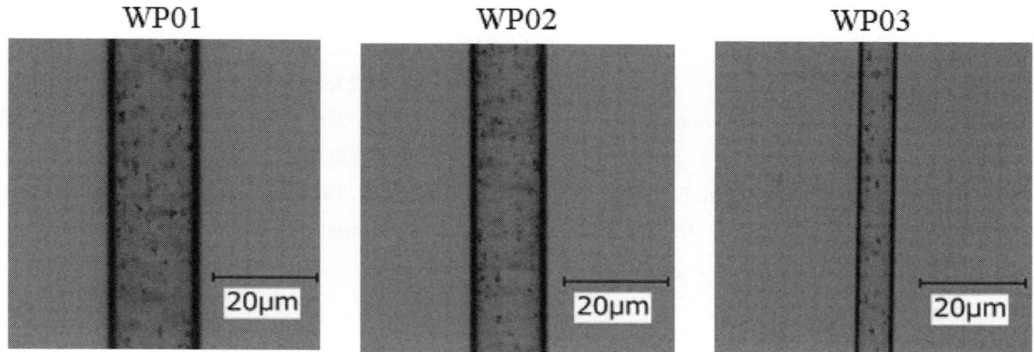

Photo 2 Transmission light microscope images of single polyester fibers with various catalyst amounts.

し，Weltch の t 検定（両側，有意水準 5%）を実施したところ，p 値は 0.04 と有意差があることがわかった．このように，ΔS に基づく散乱線内標準補正を行うことで測定誤差を軽減でき，触媒量の違いによる識別が可能であることが示された．

4. 結　論

卓上 TXRF 装置を用いて白色ポリエステル単繊維を測定した．測定では試料の一部しか X 線が照射されていないと想定され，また試料位置や形状によって得られる蛍光 X 線強度が異なるものの，試料設置時の Mo K の散乱線強度から試料未設置時の Mo K の散乱線強度を差し引いた強度 ΔS に基づく散乱線内標準補正を行うことで，測定精度が向上することが分かった．ΔS 補正法を用いることで，Ti 量や Sb 量が異なるポリエステル単繊維試料の繊維間を識別が可能となった．本手法を用いることで，繊維状試料や粉末や破片といった微細物の試料に対して特別な試料処理を行うことなく，再現性の高い測定結果をもたらすことが期待される．

参考文献

1）S. Suzuki, Y. Suzuki, H. Ohta, R. Sugita, Y. Marumo: *Sci. Justice.*, **41**, 107-111 (2001).

2）EC. Heider, N. Mujumdar, AD. Campiglia: *Anal. Bioanal. Chem.*, **408**, 7935-7943 (2016).

3）MW. Tungol, EG. Bartick, A. Montaser: *J. Forensic Sci.*, **36**, 1027-1043 (1991).

4）S. Prati, M. Milosevic, G. Sciutto, I. Bonacini, SG. Kazarian, R. Mazzeo: *Anal. Chim. Acta.*, **941**, 67-79 (2016).

5）国村伸祐：X 線分析の進歩, **42**, 59-74 (2011).

6）山上基行, 野々口雅弘, 山田 隆, 庄司 孝, 宇高 忠, 森 良弘, 野村恵章, 谷口一隆, 脇田久伸, 池田重良：分析化学, **48**, 1005-1011 (1999).

7）鈴木康弘，笠松正昭，杉田律子，太田彦人，鈴木真一，中西俊雄，斉藤恭弘，下田 修，渡邉誠也，西脇芳典，二宮利男：法科学技術, **11**, 149-158 (2006).

8）石井健太郎，竹川知宏，大前義仁，西脇芳典，蒲生啓司：分析化学，**64**, 867-874 (2015).

9）A. Wastl, B. Bogner, P. Kregsamer, P. Wobrauschek, C. Streli: *Adv. X-ray Anal.*, **55**, 299 (2011).

10）西脇芳典，石井健太郎，竹川知宏，蒲生啓司：法科学技術, **21**, 67-73 (2016).

11）H. Takahara, W. Matsuda, Y. Kusakabe, S. Ikeda, M. Kuraoka, H. Komatsu, Y. Nishiwaki：*Analytical Sciences*, **37**, 1123-1129 (2021).

12）H. Komatsu, H. Takahara, W. Matsuda, Y.

12）H. Komatsu, H. Takahara, W. Matsuda, Y. Nishiwaki：*Journal of Forensic Sciences*, **66**, 1658-1668 (2021).

13）Y. Tabuchi, K. Tsuji: *X-Ray Spectrom.*, **45**, 197-201, (2016).

14）C. Horntrich, P. Kregsamer, J. Prost, F. Stadlbauer, P. Wobrauschek, C. Streli: *Spectrochim. Acta B*, **77**, 31-34 (2022).

15）H. Takahara, A. Ohbuchi, K. Murai: *Spectrochim. Acta B*, **149**, 276-280 (2018).

16）高原晃里，松田 渉，日下部 寧，池田 智，森山孝男, 西脇芳典:X 線分析の進歩, **50**, 349-357 (2019).

17）K. Tsuji, N. Taniguchi, H. Yamaguchi, T. Matsuyama: *X-Ray Spectrom.*, **52**, 357-363 (2023).

XANES によるウラン酸化物中のウラン原子価の評価

秋山大輔 [a*]，岡本芳浩 [b]，佐藤修彰 [c]，桐島　陽 [a]

Evaluation of Uranium Valence in Uranium Oxides by XANES

Daisuke AKIYAMA[a*], Yoshihiro OKAMOTO[b], Nobuaki SATO[c]
and Akira KIRISHIMA[a]

[a] Institute of Multidisciplinary Research for Advanced Materials, Tohoku University
2-1-1 Katahira, Aoba-ku, Sendai, Miyagi 980-8577, Japan
[b] Japan Atomic Energy Agency, Materials Sciences Research Center
1-1-1 Kouto, Sayo, Hyogo 679-5748, Japan
[c] Center for Fundamental Research on Nuclear Decommissioning, Tohoku University
6-6-01-2 Aramaki Aza-Aoba, Aoba-ku, Sendai, Miyagi 980-8579, Japan

(Received 1 January 2025, Revised 27 January 2025, Accepted 31 January 2025)

Uranium is commonly used as a fuel for nuclear power generation in the form of UO_2. It is known that the uranium valence of uranium in uranium oxides is 4-6, and the characteristics of the oxides significantly depend on the valence. In particular, UO_2 has a wide range of non-stoichiometric compositions, and the valence of uranium continuously changes depending on the oxygen potential and temperature. Therefore, evaluating the uranium valence is important for understanding the properties and formation conditions of uranium compounds. In this study, uranium oxides with different valences (UO_2, U_4O_9, U_3O_7, U_3O_8, $UFeO_4$, UO_3, $CaUO_4$) were synthesized as standard materials, and the valence of uranium in the uranium oxides was evaluated from the XANES spectra at the U_L_3 edge.

[Key words] Uranium oxide, Complex uranium oxide, Valence of uranium, XANES

核燃料物質であるウランは，UO_2 として原子力発電の燃料として広く用いられている．ウランは酸化物の状態で 4～6 価をとることが知られており，その原子価によって酸化物の物性が大きく異なる．特に UO_2 は酸素のハイポおよびハイパー領域にまたがる広い不定比組成をとり，ウランの原子価は酸素ポテンシャルや温度によって変化する．そのため，ウランの原子価を評価することは，ウラン化合物の物性や生成条件を知る鍵となる．本研究では，標準物質として原子価の異なるウラン酸化物（UO_2, U_4O_9, U_3O_7, U_3O_8, $UFeO_4$, UO_3, $CaUO_4$）を合成し，それらの U_L_3 端における XANES スペクトルからウラン酸化物中のウランの原子価を評価，標準物質で得られた検量線から他のウラン複合酸化物中のウラン原子価について検討した．

[キーワード] ウラン酸化物，ウラン複合酸化物，ウラン原子価，XANES

---

a 東北大学多元物質科学研究所　宮城県仙台市青葉区片平 2-1-1　〒 980-8577　＊連絡著者：d.akiyam@tohoku.ac.jp
b 日本原子力研究開発機構物質科学研究センター　兵庫県佐用郡佐用町光都 1-1-1　〒 679-5165
c 東北大学原子炉廃止措置基盤研究センター　宮城県仙台市青葉区荒巻字青葉 6-6-01-2　〒 980-8579

1. 緒　言

ウラン元素の酸化物は，ウランの原子価が4価のUO_2から6価のUO_3までの間に，U_4O_9，U_3O_7およびU_3O_8が存在することが知られている．UO_2とUO_3の間には，他の化学形も報告されており[1,2]，連続的に存在しているともいえる．また，U_3O_8およびUO_3は多くの構造相転移を引き起こすことが知られており[1,2]，ウラン酸化物の挙動は複雑である．4価のUO_2は，立方晶（CaF_2型）であるが，室温の大気中では徐々に酸化が進み，O/U比は2から徐々に大きくなっていく．酸化が一定程度進むとU_4O_9になるが，この時点ではまだCaF_2型構造が維持されている．大気中での酸化はさらに進み，やがて正方晶のU_3O_7になる．U_4O_9およびU_3O_7では，ウランは4価と5価が混在している状態にあると考えられる[3,4]．さらに酸化が進むとU_3O_8となるが，U_3O_7からU_3O_8まで酸化するには長い時間を要する．U_3O_8は直方晶系構造をとり，ウランの原子価は5価と6価の混在状態である[3,4]．常温常圧下でU_3O_8からさらに酸化が進むことはなく，自然酸化によりUO_3が生成されることはない．ただし，水が存在すると6価の水和物（SchoepiteやStudtiteなど）が生成される．UO_3の製造法にはいくつかあるが，たとえば過酸化ウラン水和物$UO_4 \cdot 2H_2O$や硝酸ウラニル（$UO_2(NO_3)_2 \cdot 6H_2O$）の熱分解によっても得られる[2]．その際に，熱処理温度を低く設定するとアモルファスUO_3が得られる．このように，ウラン酸化物の化学状態は様々に変化するが，それらと最も密接に結びついている重要な情報の1つは，ウランの原子価である．

XANES領域のXAFS測定では，原子価が既知の酸化物を標準物質として検量線を作成したうえで，未知の物質の原子価を評価する方法が用いられる．ウラン原子価既知の酸化物として，UO_2中のウランの原子価を4価，U_4O_9を4.5価，U_3O_7を4.67価，U_3O_8を5.33価，UO_3を6価の標準として用いることができる．また，安定な複合酸化物として$UFeO_4$や$CaUO_4$が得られ，同様にそれぞれ5価，6価の標準物質として使用できる．これらの物質のXAFSデータは，検量線を構成する標準物質として頻繁に使用される重要なものである．本報ではこれらの物質に焦点を当てて，原子価の評価や局所構造の違いなどの特徴をまとめた．さらに，様々なウラン複合酸化物を合成し，上述したウラン標準物質で得られた検量線から種々のウラン複合酸化物についてのウラン原子価の評価を行った．

2. 実　験

2.1　ウラン標準試料の合成

Table 1に示す，ウランの原子価が異なる酸化物をそれぞれ合成した．まず，東北大学多元物質科学研究所にて保管しているU_3O_8を，大気雰囲気800℃で4時間加熱処理することで，付着している水分を除去し，U_3O_8の精製を行った．精製したU_3O_8をAr+10 vol% H_2ガスを60 ml/minで掃気しながら，1000℃で6時間還元処理することでUO_2を合成した．UO_2とU_3O_8は

Table 1　Uranium oxide and average uranium valence.

Uranium oxides	Average Uranium Valence
UO_2	4.00
U_4O_9	4.50
U_3O_7	4.67
$UFeO_4$	5.00
U_3O_8	5.33
UO_3	6.00
$CaUO_4$	6.00

ウラン酸化物の中でも比較的合成が容易な酸化物であり，ウラン酸化物の標準試料としてよく用いられる．一方，U_4O_9 や U_3O_7 は合成方法が文献によって異なり，また単相で合成することは困難である．例えば，Leinders らは U_4O_9 の合成は UO_2 を 200℃，Ar+0.01 vol%O_2 雰囲気で 24 時間加熱処理，U_3O_7 の合成方法は UO_2 を 250℃，大気雰囲気で 7 時間加熱処理することであると報告している [5)]．しかしながら，合成した U_4O_9 に U_3O_8 が 1.5 wt%，U_3O_7 に 3.8 wt% が共存しており，単相の U_4O_9 と U_3O_7 は得られていないと述べている [5)]．我々が同様の条件で加熱処理を行ったところ，UO_2 を 200℃，Ar+0.01 vol%O_2 雰囲気で 24 時間加熱処理することで単相の U_3O_7 を合成することができたため，本報では上記の条件を採用した．U_4O_9 は UO_2 を加熱処理するだけでは U_3O_7 や U_3O_8 が混在してしまい，単相の U_4O_9 を合成することが困難であったため，メカノケミカル処理を合成プロセスに加えた．ここでは，Ar 雰囲気下で UO_2 とタングステンカーバイド製ボール（ϕ10 mm，10 個）をタングステンカーバイド製のポットに入れ，遊星ボールミル（FRITSCH 社製の pulverisette7）を用いて粉砕（700 rpm，5 min+5 min インターバル×6 回）した後に，Ar ガスを 20 ml/min で掃気しながら 1000℃で 6 時間加熱処理することで U_4O_9 を合成した．UO_3 は，UO_2 や U_3O_8 の加熱処理では合成することができないため，まず U_3O_8 を硝酸で溶解した後にホットプレートで蒸発乾固することで硝酸ウラニル（$UO_2(NO_3)_2 \cdot 6H_2O$）を得た．続いて硝酸ウラニルを大気雰囲気 550℃で 6 時間加熱処理することで，UO_3 を合成した．$UFeO_4$ は U_3O_8 と Fe_3O_4 を等モル混合し，石英管に真空封入して 1050℃で 1 週間加熱処理した後に，石英管から試料を回収，混合して再度石英管に真空封入して 1050℃で 1 週間加熱処理して合成した [6)]．さらに，加熱処理後の試料中にわずかに含まれるウラン酸化物を除去するため，1M 硝酸溶液を用いて酸溶解処理を行った．$CaUO_4$ は U_3O_8 と $CaCO_3$ を Ar+2 vol% O_2 ガスを掃気しながら 1200℃で 2 時間加熱処理することで合成した．

2.2　ウラン複合酸化物の合成

2.2.1　UMO_4（M = Cr, Co, Cu）の合成

ウランの複合酸化物として，UMO_4（M = Cr, Co, Cu）の合成を行った．$UCrO_4$ は原料として UO_2 と金属 Cr を混合した後，1200℃，24 時間 Ar+2 vol% O_2 気流化にて加熱処理することで合成した．$UCoO_4$ は U_3O_8 と CoO を混合した後，1000℃，8 時間大気雰囲気で加熱処理を行うことで合成した [7)]．$UCuO_4$ は U_3O_8 と CuO を混合した後，870℃，8 時間大気雰囲気で加熱処理を行うことで合成した [7)]．

2.2.2　UM_3O_{10}（M = V, Nb, Ta）の合成

ウランの複合酸化物として，UM_3O_{10}（M = V, Nb, Ta）の合成を行った．UV_3O_{10} は，U_3O_8 と V_2O_5, V_2O_3 を UV_3O_{10} の化学量論比となるように秤量，混合を行った後に石英管に真空封入を行った．真空封入した試料を，550℃で 7 時間加熱処理を行うことで合成した [8)]．UNb_3O_{10} は U_3O_8 と NbO_2, Nb_2O_5 を UNb3O_{10} の化学量論比となるように秤量，混合を行った後に石英管に真空封入を行った．真空封入した試料を，550℃で 7 時間加熱処理を行うことで合成した [9)]．UTa_3O_{10} の合成は，$UO_2(NO_3)_2 \cdot 6H_2O$ と Ta_2O_5 を U：Ta = 1：3（モル比）となるように秤量，混合した後に 1400℃，大気雰囲気で 2 時間加熱処理した．また，冷却時は 3℃ /min で

900℃まで冷却した後，900℃から室温まで急冷して合成した[10)]．

2.3　粉末X線回折（Powder X-Ray Diffraction, XRD）

合成した試料は，XRD（㈱リガク製MiniFlex 600）を用いて結晶相の同定を行った．試料をメノウ乳鉢で粉砕し，ガラス試料板の凹部に押し付けて，測定用平面とした．X線はCu-Kα線（λ = 1.5405 Å）を使用し，管球電圧は15 mA，サンプリング幅は0.02°，2θは10°～140°，スキャン速度は20°/minとした．XRD測定によって得られたスペクトルは，リガク社製XRD解析ソフトPDXL2を用いて解析を行い，結晶相の同定はICDDデータベース[11)]を用いた．

2.4　X線吸収微細構造測定（X-ray Absorption Fine Structure, XAFS）

試料のXAFSデータは，高エネルギー加速器研究機構（KEK）放射光実験施設（Photon Factory）のBL-27Bステーションにおいて取得した．BL-27Bステーションは，Si(111)の2結晶モノクロメーターにより単色化された4～22 keVの範囲のX線が使用可能である．ビームラインの情報は文献[12)]に詳述されている．

ウランL_3吸収端のXAFS実験では，必ず最初に標準物質の測定を行った．測定エネルギー範囲は，実験によって若干の違いがあるがおおむね16.87～18.08keVである．UO_2のような高い結晶性を有する物質が対象の場合，さらに範囲を広げることもある．標準物質としては，UO_2, U_4O_9, U_3O_7, $UFeO_4$, U_3O_8, UO_3, $CaUO_4$を用いた．これらの物質は，ウラン原子価の検量線を作ることが目的なので，XANES領域だけを測定すればよいが，EXAFS領域の測定に支障はないかを確認するため，広いエネルギー範囲を測定した．特に，UO_2は測定系のエネルギー値の変動を評価するために，実験の間に何度か測定を繰り返している．最近では，第3の電離箱を設置し，参照試料としてY_2O_3を設置した測定を行うことで，エネルギー値の変動を修正・補正しているが，それでも測定中にUO_2の測定を何度か実施してエネルギー値を確認している．

3.　結果と考察

3.1　ウラン標準試料

3.1.1　ウラン標準試料のXRD測定

ウラン標準試料として用いた酸化物（UO_2, U_4O_9, U_3O_7, U_3O_8, $UFeO_4$, UO_3, $CaUO_4$）のXRD測定結果をFig.1に示す．UO_2, U_4O_9はいずれもCaF_2型構造であり，XRDパターンがよく似ている．U_4O_9に含まれるウランは4価から一部が5価に酸化されイオン半径が短くなるため，UO_2のパターンに比べピークが若干高角側にシフトしている．また，UO_2とU_4O_9は不定比領域が広いため，格子定数を詳細に評価する必要がある．合成したUO_2の格子定数は5.470 Å，U_4O_9の格子定数は5.440 Åとなり，文献値[5)]とよく一致した．続いてU_3O_7はCaF_2型構造のUO_2がわずかに変形した正方晶系のβ-U_3O_7と一致した[13)]．全体的に若干ブロードなピークとなり，結晶性が低いと考えられる．しかし，結晶性を向上させるためには加熱時間を長くするか，温度を上げる必要があるが，U_3O_8に酸化する可能性が高いため本報ではこのU_3O_7試料を採用した．U_3O_8は直方晶系のα-U_3O_8のパターン[14)]とよく一致していることと，ピークもシャープであることから結晶性が高いU_3O_8が合成できたと考えられる．$UFeO_4$は2.1節に示した方法で過去に合成した試料[6)]

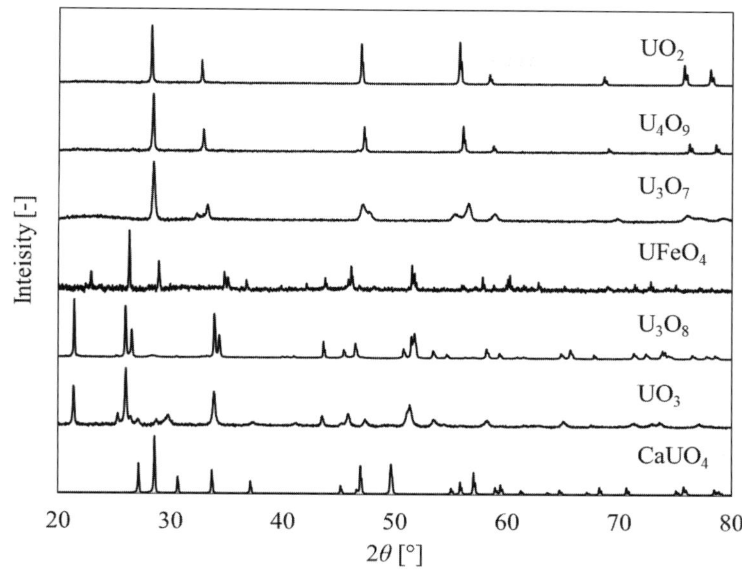

Fig.1 XRD patterns of uranium standard samples.

を用いた．UO_3 は単斜晶系の β-UO_3，直方晶系の γ-UO_3 が混在したパターンとなった．温度条件を変えることで非晶質の UO_3 や α-UO_3 等も生成するが，いずれの結晶相も単相で合成することは困難であった．本報では，6 価の標準試料として UO_3 を合成することが目的であり，UO_3 が特定の構造のみである必要はないため，β-UO_3，と γ-UO_3 が混在した試料を UO_3 標準試料として用いることとした．$CaUO_4$ は三方晶系のカルシウムウラネートであり，データベース（ICSD：23195）の XRD パターンとよく一致し，不純物も確認されなかったため，純度の高い $CaUO_4$ を合成できていることが分かった．

3.1.2　ウラン酸化物の L3 吸収端 XAFS による原子価評価

前述のように原子価が既知の様々なウラン標準酸化物を使い，横軸に X 線エネルギー，縦軸にウラン原子価の検量線を作成し，次に，原子価が未知の物質中のウラン原子価を評価する方法を採っている．Fig.2 にはそれらの規格化された XANES スペクトルを，および Fig.3 にそれに基づき作成した検量線を示す．最も原子価の小さい UO_2 が低エネルギー側に位置し，原子価が大きい $CaUO_4$ が高エネルギー側に位置している．UO_3 は $CaUO_4$ に比べ若干低エネルギー側に位置しているが，これは UO_3 の結晶性や不定比性が原因と考えられ，UO_3 を標準試料として使用する場合はどの結晶系が適切か検討を行う必要がある．Fig.2 のスペクトルは，一般の XANES スペクトル同様に，原子価が大きくなるに従い，ホワイトラインが高エネルギー側にシフトしている．ここで重要なのは，ウランの酸化を反映しているこのシフト量をもとに検量線を作成する際に，どこを基準とするかである．選択肢としては，ホワイトラインの頂点のエネルギー値をとる方法と，ホワイトラインの立ち上がりの変曲点をとる方法が一般的である．

これらの方法には一長一短があり，どちらが優れているかは一概に判断できない．たとえば，Fig.2 を見ても明らかなように，立ち上がり変

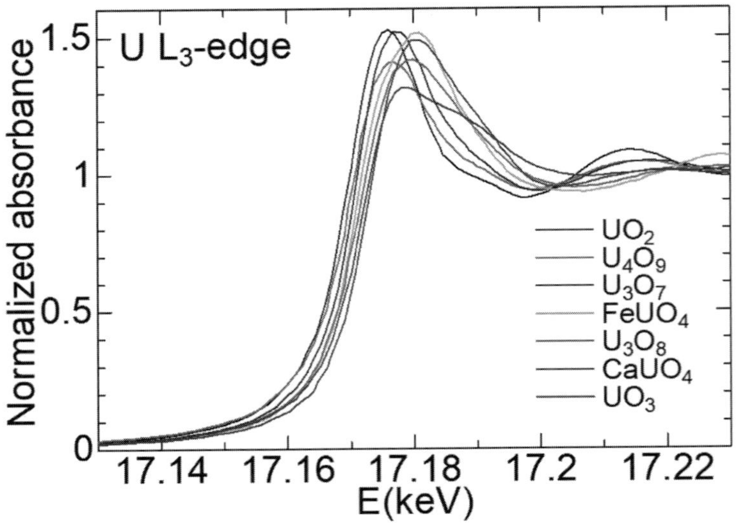

Fig.2 XANES spectra of uranium oxides (U_L_3 edge).

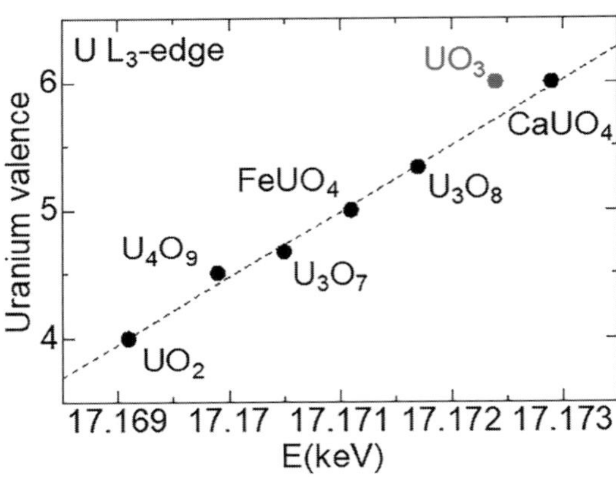

Fig.3 Relationship between the energy of the inflection point at the white line energy of U_L_3 end and the valence of uranium.

曲点が原子価に対して比例するようにシフトしているのに対し，ホワイトライン頂点は必ずしもそうなっていない．U_3O_8 や UO_3 のような6価を含む酸化物には，距離が極端に短いU-O相関（ウラニル型，axial等と言われる）が混在することがあり，ホワイトラインが高エネルギー側に肩を示し，その反動で頂点が低エネルギー側に動く傾向がある．高エネルギー側に出現する肩は，XANESの指紋的な活用においては効果的であるが，原子価の定量的評価では混迷の原因になる．一方で，同じ6価でも，UO_3 と異なり，$CaUO_4$ はほぼ等しい距離の第1近接U-O相関から構成されるので，ホワイトライン頂点エネルギーを使用した評価が可能である．さらに，検量線用データをどこまで時間をかけて測定するかの実務的な問題もある．前述のように，U_3O_8 より原子価の小さい酸化物は徐々に酸化が進むので，定期的に試料の再調製を行う必要がある．さらに，前述した通り，U_4O_9 や U_3O_7 は，純度の高い状態のものを調製すること自体が容易ではない．また，測定時に本来の目的試料以外に，標準試料の測定に長い時間を割かなければならない問題もある．検量線の再利用ができれば便利だが，どのように光学系の調整を行っても，全く同じ光学条件を再現することは難しいので，著者らはこれまで必ずその都度，標準試料の測定を行ってきた．そこから，ホワイトライン立ち上がり変曲点の評価は，頂点エネルギーによる評価よりも，測定条件の影響（特に縦方向のスリット幅）を受けやすいことをすでに確認している．特に，縦方向のスリット幅

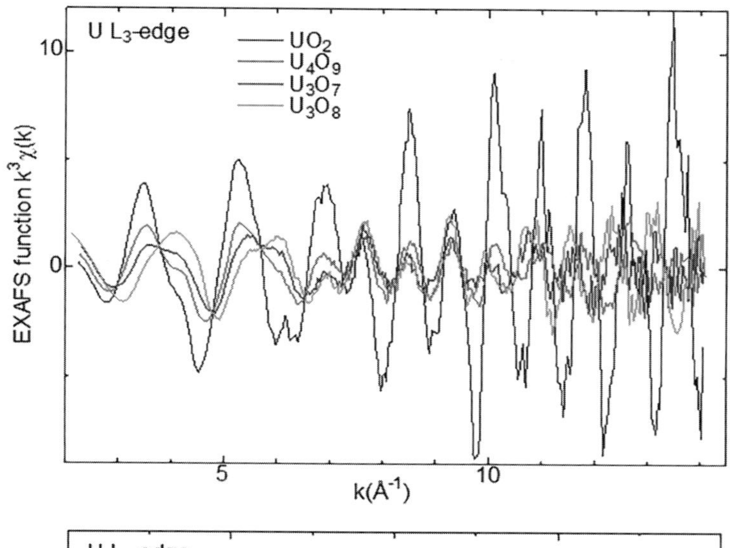

Fig.4 EXAFS function $k^3\chi(k)$ for standard uranium samples (UO_2, U_4O_9, U_3O_7, U_3O_8).

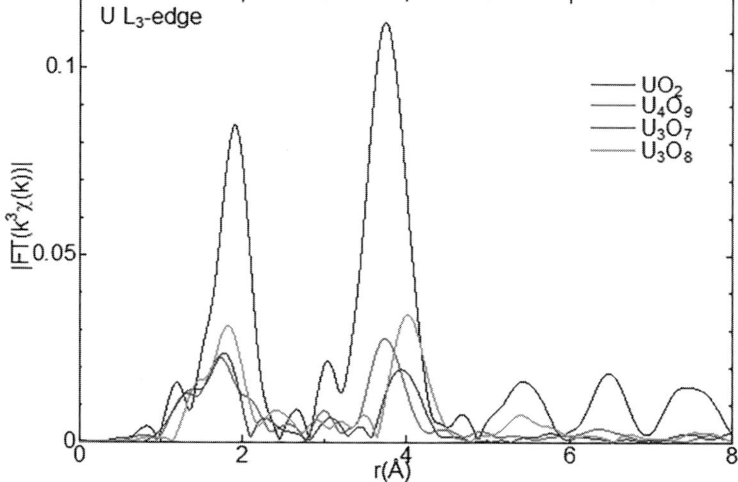

Fig.5 Radial distribution functions of uranium standard samples (UO_2, U_4O_9, U_3O_7, U_3O_8).

を大きくすると，放射光の特性上，エネルギー分解能を悪化させるので影響が大きい．そこで，十分なクオリティの測定データの確保とエネルギー分解能による影響の兼ね合いを経験的に考慮した上で，スリット幅を縦 1 mm× 横 2 mm に固定して測定を実施している．本報ではこれらの事情を考慮したうえで，ホワイトラインの立ち上がり変曲点を検量線の基準とした．これらの検量線により導出したウラン原子価の誤差は，標準試料を利用した追加の測定などからの評価から，およそ ±0.2～0.3 程度と見積もられている．

UO_2, U_4O_9, U_3O_7 および U_3O_8 の EXAFS 関数 $k^3\chi$ (k) および動径分布関数をそれぞれ Fig.4, Fig.5 に示す．UO_2 に対して，U_4O_9 の EXAFS 関数の振幅および動径分布関数のピークが大幅に減少し，その後，U_3O_7 さらに U_3O_8 までそれらがあまり変わっていないのが特徴である．UO_2 と U_4O_9 は，同じ CaF_2 型構造のため EXAFS 関数の位相があまり変わらないのに対し，結晶系が異なるU_3O_7とU_3O_8では位相がずれている．動径分布関数の第2ピーク（主にU-U対相関からなる）の位置が，UO_2/U_4O_9よりもU_3O_7/U_3O_8で遠距離側にシフトしているが，これは単純にウラン原子価の増加による反発力の増加を反映している．

3.2 ウラン複合酸化物

3.2.1 UMO_4（M = Cr, Co, Cu）と UM_3O_{10}（M = V, Ta, Nb）の XRD 分析

UMO_4 (M = Cr, Co, Cu) に加え，標準試料として用いている$UFeO_4$を比較のため再掲したXRD測定結果をFig.6に示す．$UCrO_4$は$UFeO_4$と同様に，2.2.2項に示した方法で過去に合成し

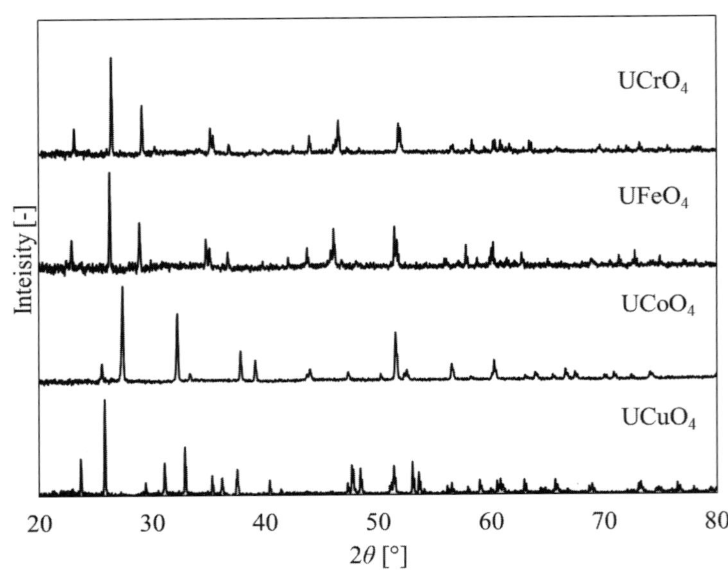

Fig.6 XRD patterns of UMO_4 (M = Cr, Fe, Co, Cu).

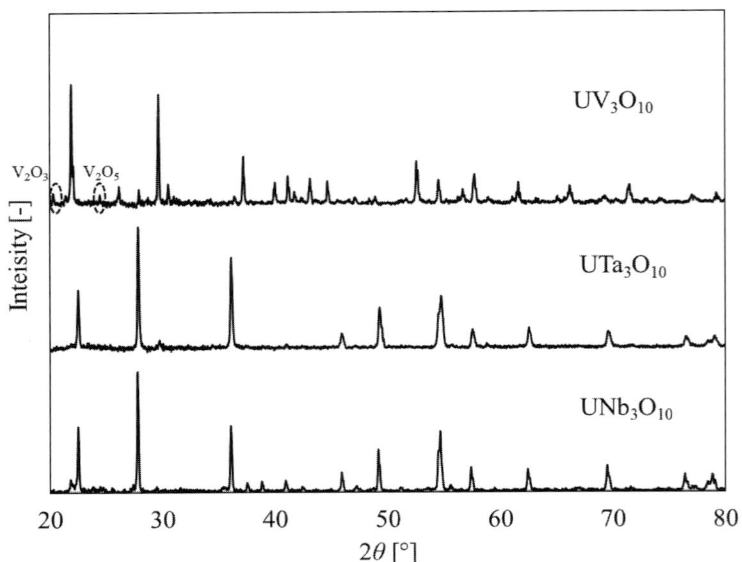

Fig.7 XRD patterns of UM_3O_{10} (M = V, Ta, Nb).

た試料[6] を用いた．$UFeO_4$ と $UCrO_4$ はいずれも直方晶系で空間群が *Pbcn* のよく似た構造である．$UCoO_4$, $UCuO_4$ の XRD 測定結果は，データベース（ICSD：26939, 36071）の XRD パターンとそれぞれよく一致し，不純物相は確認されなかった．$UCoO_4$ は直方系で空間群が *Ibmm*, $UCuO_4$ は単斜晶系で空間群が $P2_1/n$ の構造をとる．

続いて，UM_3O_{10}（M = V, Ta, Nb）の XRD測定結果を Fig.7 に示す．UTa_3O_{10}，UNb_3O_{10} の XRD 測定結果は，データベース（ICSD：27779, 84406）の XRD パターンとそれぞれよく一致し，不純物相は確認されなかった．ただし，UV_3O_{10} は主要なピークはデータベース（ICSD：73610）とよく一致したが，未反応の V_2O_3 と V_2O_5 とみられるピークが一部確認された．しかし，UV_3O_{10} 由来のピークと比較して非常に小さいことや，未反応の U 化合物の生成は確認されなかったため，本研究ではこれを UV_3O_{10} 試料として使用した．

3.2.2 UMO_4（M = Cr, Co, Cu）と UM_3O_{10}（M = V, Ta, Nb）に含まれるウランの原子価評価

Fig.8 に UMO_4（M = Cr, Co, Cu）試料の U_L_3 端の XANES の結果を示す．$UCrO_4$, や $UFeO_4$ の場合，UO_2 と UO_3 の間に U_L_3 吸収端が確認されたことからこれらの酸化物中のウランは 5 価であると考えられる．一方，M = Co の場合は 5 価と 6 価の混在，M = Cu の場合は UO_3 の吸収端とほぼ同様であり，ウランは 6 価であると推察された．これは，MUO_4 中におけるそれぞれの遷移金属元素の価数が Cr, Fe は 3 価，Co は主に 2 価，Cu は 2 価であるためと考えられる．$UCrO_4$ に含まれるウランは 5 価であることは報告されており[15]，今回の結果と一致した．

Fig.9 に UM_3O_{10}（M = V, Ta, Nb）試料の U_L_3 端の XANES の結果を示す．この結果を見ると，UNb_3O_{10} および UTa_3O_{10} のホワイトラインが U の 5 価標準である $UFeO_4$ とよく一致していることから，U の原子価はほぼ 5 価であると考えられる．一方，UV_3O_{10} のホワイトラインは $UFeO_4$ に比べ若干高エネルギー側にシフトして

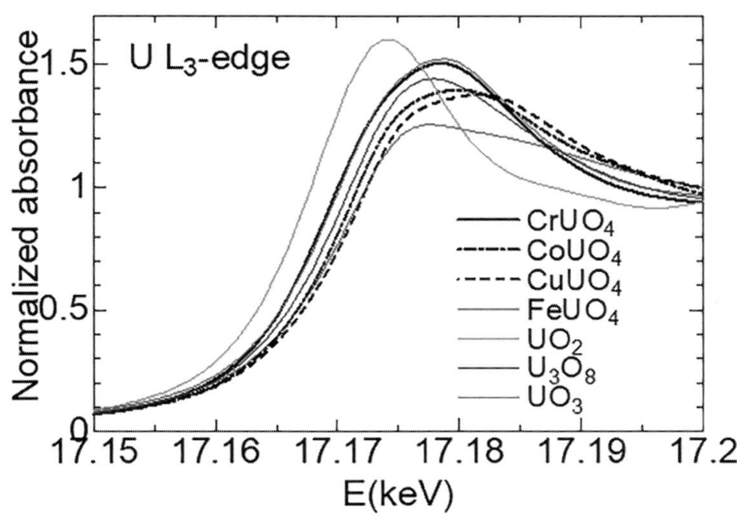

Fig.8 XANES spectra of the U_L_3 edge for UMO_4 (M = Cr, Co, Cu).

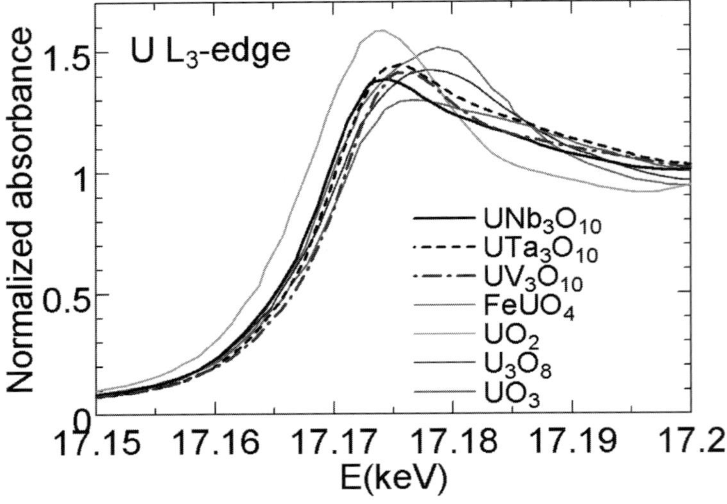

Fig.9 XANES spectra of the U_L_3 edge for UM_3O_{10} (M = V, Nb, Ta)

いた.

ここまでの UMO_4 (M = Cr, Co, Cu) および UM_3O_{10} (M = V, Nb, Ta) に含まれるUの原子価をU標準試料の検量線から求めた結果をTable 2に示す. $UCoO_4$ はコバルトが2価でウランが6価になると知られているが, 本手法で導出した結果, $UCoO_4$ 中のウランは若干6価よりも小さい値になった. これはコバルトが2価と3価で混在している可能性を示唆しており, 今後検討する必要がある. $UCuO_4$ はウランがほぼ6価であることが確認された. これは銅が2価であるため, 電荷バランスの関係からウランが6価となることと整合する. 続いて, UV_3O_{10} に含まれるウランは5価よりも大きい値となった. これはバナジウムの原子価が4価と5価の混在である可能性を示している. Guoら[10]は UNb_3O_{10} の結晶構造と比較して, U-O距離の違いから UV_3O_{10} 中のウランが5価よりも大きい可能性があると言及しており, 今回の実験結果と整合している. UNb_3O_{10} に含まれるウランはほぼ5価となり, Dickensら[9]の結論と一致した. これらの結果から, ウラン標準試料の検量線を用いてウラン原子価を導出する方法は, 複雑な原子価を取る遷移金属とのウラン複合酸化物においても適用可能であることが分かった.

Table 2 Uranium valence of uranium compounds derived from the calibration curve method.

Uranium compounds	Uranium valence
$UCrO_4$	4.96
$UCoO_4$	5.65
$UCuO_4$	6.03
UV_3O_{10}	5.62
UNb_3O_{10}	4.78
UTa_3O_{10}	5.08

4. 結　論

ウラン酸化物および複合酸化物のU_L_3 端におけるXANESスペクトルから得られた変曲点のエネルギーが, ウランの原子価と線形関係にあることが分かった. 標準試料としてこれらのウラン酸化物および複合酸化物を用いることで, ウラン酸化物試料に含まれるウランの平均原子価の定量的な評価が可能になった. ただし, ウランの標準試料のうち, U_4O_9 や U_3O_7 は合成が困難であることや保管方法によってはウランの酸化が進行してしまう可能性があるため，XRDを用いた結晶相の確認と，定期的な再調製が必要となる．一方で複合酸化物である$UFeO_4$や$CaUO_4$はウラン酸化物に比べて比較的安定なため，標準試料として適用することができる．このように異なるウランの原子価について，安定な化合物を標準試料として用い，他の化合物の評価に用いることが望ましい．

謝　辞

本研究はJSPS科研費17K14908，20K15203の助成を受け実施した．放射光実験はKEK-PFのビームライン（BL27B）において，課題番号2021G656，2023G655で行われた．

参考文献

1) 佐藤修彰，桐島 陽，渡邉雅之:“ウランの化学（I）―基礎と応用―”，(2020)，(東北大学出版会).

2) R. M. Lester, M. E. Norman, F. Jean: “The Chemistry of the Actinide and Transactinide Elements”, Volumes 1, (2006), (Springer Netherlands).

3) K. O. Kvashnina, S. M. Butorin, P. Martin, P. Glatzel: *Phys. Rev. Lett.*, **111**, 25, 253002 (2013).

4) G. Leinders, R. Bes, J. Pakarinen, K. Kvashnina, M. Verwerft: *Inorg. Chem.*, **56**, 12, 6784-6787 (2017).

5) G. Leinders, J. Pakarinen, R. Delville, T. Cardinaels, K. Binnemans, M. Verwerft: *Inorg. Chem.*, **55**, 8, 3915-3927 (2016).

6) D. Akiyama, R. Kusaka, Y. Kumagai, M. Nakada, M. Watanabe, Y. Okamoto, T. Nagai, N. Sato: *J. Nucl. Mater.*, **568**, 153847 (2022).

7) H. R. Hoekstra, R. H. Marshall: *ACS Publications*, (1967).

8) A. M. Chippindale, S. J. Crennell, P. G. Dickens: *J. Mater. Chem.*, **3**, 1, 33-37 (1993).

9) P. G. Dickens, G. J. Flynn, S. Patat, G. P. Stuttart: *J. Mater. Chem.*, **7**, 3, 537-543 (1997).

10) X. Guo, C. Lipp, E. Tiferet, A. Lanzirotti, M. Newville: *Dalton Trans.*, **45**, 47, 18892-18899 (2016).

11) International Centre for Diffraction Data, (2013). ICDD Products/PDF-2.

12) H. Konishi, A. Yokoya, H. Shiwaku, H. Motohashi, T. Makita, Y. Kashihara, S. Hashimoto, T. Haramia, T. A. Sasaki, H. Maeta, H. Ohno, H. Maezawa, S. Asaoka, N. Kanaya, K. Ito, N. Usami, K. Kobayashi: Nuclear Instruments and Methods in Physics Research Section A: Accelerators, Spectrometers, Detectors and Associated Equipment, **372**, 1-2, 322-332 (1996).

13) P. Tempest, P. Tucker, J. J. Tyler: *Nucl. Mater.*, **151**, 269-274 (1988).

14) P. Taylor, D. Wood, A. J. Duclos: *Nucl. Mater.*, **189**, 116-123 (1992).

15) X. Guo, E. Tiferet, L. Qi, J. M. Solomon, A. Lanzirotti, M. Newville, M. H. Engelhard, R. K. Kukkadapu, D. Wu, E. S. Ilton, M. Asta, S. R. Sutton, H. Xu, A. Navrotsky: *Dalton Trans.*, **45**, 11, 4622-4632 (2016).

科学鑑定に向けた筆記具インクの軟X線吸収測定

豆﨑実夢[a]，中西俊雄[b]，瀬戸康雄[b]，村松康司[a*]

Soft X-Ray Absorption Measurements of Writing Inks for Forensic Analysis

Miyu MAMEZAKI[a], Toshio NAKANISHI[b], Yasuo SETO[b] and Yasuji MURAMATSU[a*]

[a] Graduate School of Engineering, University of Hyogo
2167 Shosha, Himeji, Hyogo 671-2201, Japan
[b] RIKEN SPring-8 Center
1-1-1 Kouto, Sayo-cho, Sayo-gun, Hyogo 679-5148, Japan

(Received 7 January 2025, Revised 26 January 2025, Accepted 27 January 2025)

To develop a non-destructive analytical method of inks forensic identification, the X-ray absorption near edge structure (XANES) of various writing ink samples applied to copy paper was measured by the total-electron-yield (TEY) method. The ink samples of writing pens (oil-based ballpoint pen, gel ballpoint pen, friction ballpoint pen, oil-based marker pen, water-based marker pen, highlighter pen, pencil) were prepared from major domestic manufacturers. TEY-XANES was measured by the conductive substrate contact method while the ink samples were applied to copy paper. The measurements were performed at BL10/NewSUBARU. In C K-edge XANES, XANES of the copy paper is superimposed. Hence, it is possible to identify the ink components by subtracting XANES profiles of copy paper as background. In N K-edge XANES, since copy paper does not contain nitrogen, it is possible to identify the ink components by fingerprint analysis by comparing with the XANES of reference samples.
[Key words] Soft X-ray absorption, Total electron yield, C K-XANES, N K-XANES, Ink, Writing pens, Forensic analysis

科学鑑定に向けた筆記具インクの非破壊分析技術の開発を目指し，コピー用紙に塗布された各種筆記具インク試料のX線吸収端構造(XANES)を全電子収量(TEY)法で測定した.国内主要製造企業の筆記具(油性ボールペン，ゲルボールペン，フリクションボールペン，油性マジックペン，水性マジックペン，蛍光ペン，鉛筆)を対象とし,このインクをコピー用紙に塗布した状態で導電性基板密着法によりTEY-XANESを測定した.測定はBL10/NewSUBARUで実施した．C K端XANESでは，コピー用紙のXANESが重畳するため，これをバックグラウンドとして適切に削除することができれば，筆記具の種類や製造企業ごとに特徴的なインク成分の識別が可能である．N K端XANESでは，コピー用紙に窒素が含まれないため，参照試料のXANESと比較する指紋分析でインク成分の識別が可能である.
[キーワード] 軟X線吸収分光，全電子収量，C K端XANES，N K端XANES，インク，筆記具，法科学

a 兵庫県立大学工学研究科　兵庫県姫路市書写 2167　〒671-2201　＊連絡著者：murama@eng.u-hyogo.ac.jp
b 国立研究開発法人理化学研究所放射光科学研究センター　兵庫県佐用郡佐用町光都 1-1-1

1. 緒　言

軟X線吸収スペクトルの測定方法として全電子収量（TEY：total electron yield）法が多用される．TEY法はX線照射により試料表面から放出される全電子（光電子，オージェ電子，二次電子など）に相当する試料電流を計測する方法であるため，一般に導電性試料には容易に適用できる．一方，絶縁性試料の場合は試料電流が流れ難いため工夫を要する．これまでに我々は導電性基板に密着させた絶縁性膜試料に軟X線を照射すると，膜厚が数十μmでも膜厚方向に試料電流が流れ，下地の導電性基板を介して試料電流を十分な強度で検出できることを見出し，これを導電性基板密着法と名付けた[1)]．本法を用いれば，紙，布，テープなど絶縁性試料のX線吸収端構造（XANES：X-ray absorption near-edge structure）を容易に測定できることを明らかにした[2)]．特に，かさ密度の低い布は数十pAの試料電流が流れてS/N比の高いXANESが得られ，この分析応用として絶縁性ワイパーに吸着させた飲料や不飽和脂肪酸の成分分析ができることを明らかにした[3, 4)]．この結果を踏まえ，本法を用いることで絶縁性の紙に筆記具で塗布したインクの検出，識別が可能であろうと考えた．

インクの分析は法科学的に重要であり[5)]，各筆記具（油性，水性ボールペン，プリンターのトナーなど）のインク成分の分析[5-12)]や年代鑑定[13-15)]など，その研究は多岐にわたる．この分析には，ラマン分光法[5, 7, 11)]や薄層クロマトグラフィー（TLC）[5, 6, 9)]，ガスマスクロマトグラフィー（GC-MS）[5, 10, 12)]や赤外線分光法（FT-IR）[6)]など多くの実験室系手法が適用されてきた．放射光を利用した分析としては，ボールペンインクの赤外放射光分光顕微分析[16)]が報告されている．しかし，インク成分の軽元素（C, N, Oなど）の化学状態を非破壊分析するXANES分析例はほとんどないのが現状である．この理由として，インクが塗布される紙が絶縁性であるため，測定が容易なTEY法が適用され難かったためと考えられる．この問題を解決するには，前述した導電性基板密着法が有効であると考えられる．

そこで本研究では，導電性基板密着法を用いて，紙に塗布された筆記具インクのTEY-XANES分析技術の確立を目的とする．具体的には，コピー用紙上に塗られた各種筆記具インクのC K端とN K端のTEY-XANES測定から，筆記具の種類や製造企業ごとの識別を試みた．

2. 実　験

2.1 試　料

測定試料として用いた市販のコピー用紙（CPと表記）と市販の筆記具の仕様をTable 1に示す．筆記具は，油性ボールペン（OB），ゲルボールペン（GB），フリクションボールペン（FB），油性マジックペン（OM），水性マジックペン（WM），蛍光ペン（FM），鉛筆（P）とした．製造企業は国内主要5社（MITSUBISHI, PENTEL, PILOT, TOMBOW, ZEBRA）を対象とした．以降，インク（Label）をCPに塗布した試料はLabel/CP，金基板に塗布した試料はLabelと表記する．試料プレートの写真をFig.1に示す．各筆記具のインクを約5 mm角に切り出したCPに塗布し，これを導電性カーボン両面テープに密着させて銅基板に保持した．このとき，塗布するインクの量は，科学鑑定として本方法を適応することを想定して普段文字を書くインク量程度であることと，試料上の放射光ビームサイズ（目測でのゼロ次光像；横3 mm× 縦1 mm）を考慮して，

Table 1 Specification of writing pens.

Label	Brand, "Trade name"	Color
Copy Paper		
CP	RICOH, "Office Paper Standard"	
Oil-based Ballpoint-pen		
OB_MIb	MITSUBISHI, "JETSTREAM"	black
OB_MIr	MITSUBISHI, "JETSTREAM"	red
OB_PEb	PENTEL, "e-ball"	black
OB_PIb	PILOT, "Opt"	black
OB_TOb	TOMBOW, "MONO graph"	black
OB_ZEb	ZEBRA, "Tapli"	black
Gel-based Ballpoint-pen		
GB_MIb	MITSUBISHI, "Uni-ball one"	black
GB_MIr	MITSUBISHI, "Uni-ball one"	red
GB_PEb	PENTEL, "ENERGEL"	black
GB_PIb	PILOT, "Juice"	black
GB_ZEb	ZEBRA, "SARASA"	black
Frixion Ballpoint-pen		
FB_MIb	MITSUBISHI, "Uni-ball R.E"	black
FB_MIr	MITSUBISHI, "Uni-ball R.E"	red
Oil-based Marker-pen		
OM_MIb	MITSUBISHI, "Pi:S marker"	black
OM_MIr	MITSUBISHI, "Pi:S marker"	red
Water-based Marker-pen		
WM_MIb	MITSUBISHI, "PROCKEY"	black
WM_PIb	PILOT, "SUPER puti"	black
Fluorescent Marker-pen		
FM_MIp	MITSUBISHI, "PROPUS window"	pink
FM_MIy	MITSUBISHI, "PROPUS window"	yellow
Pencil		
P_MIb	MITSUBISHI, "uni (B)"	black
P_MIr	MITSUBISHI, "uni"	red

横5 mm× 縦1 mm程度のサイズとし，CP上に塗布する際は通常の筆圧でCP上を3回往復させて塗布した．また，インク自体のXANESを得るため，5 mm角に切り出した金基板にそれぞれのインクを塗布し，銅基板に保持した．金基板はあらかじめ次亜塩素酸ナトリウム溶液を用いて洗浄した[17]．

なお，N K端XANESの参照試料として，Table 2に示す窒素含有化合物とTable 3に示す色素化合物を用いた．

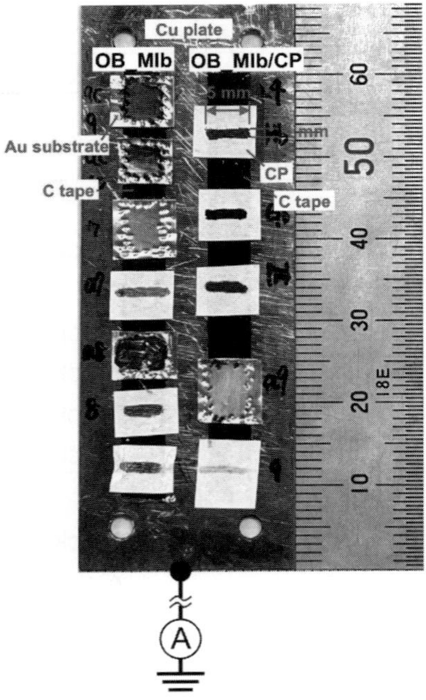

Fig.1 Photo of the ink samples put on a Cu plate.

Table 2 Reference aromatic compounds having various nitrogenated functional groups.

Label	Common name
Am1	4-amino-p-terphenyl
Am2	4-(4-amino-3,5-dimethylphenyl)-2,6-dimethylaniline
Am3	N,N'-diphenylbenzidine
Am4	N,N-di(phenyl)-4-[4-(N-phenylanilino)phenyl]aniline
Am5	4-[4-(dimethylamino)phenyl]-N,N-dimethylaniline
Im1	9-phenylacridine
Im2	Phenazine
AmIm	4-(4-dimethylaminostyryl)quinoline

Am1 $-NH_2$ **Am2** H_2N- $-NH_2$

Am3 **Am4**

Am5 **Im1**

Im2 **AmIm** $N(CH_3)_2$

Table 3 Reference pigments.

Label	Common name	C.I. generic name
PMB1	Victoria Pure Blue BO	Basic Blue 7
PMB2	Copper(II) Phthalocyanine	Pigment Blue 15
PMV1	Methyl Violet B base	Basic Violet 1
PMV2	Ethyl Violet	Basic Violet 4
PMR1	Rhodamine 6G	Basic Red 1
PMR2	Lithol Rubine BCA	Pigment Red 57
PMO	Methyl Orange	-

PMB1 PMB2

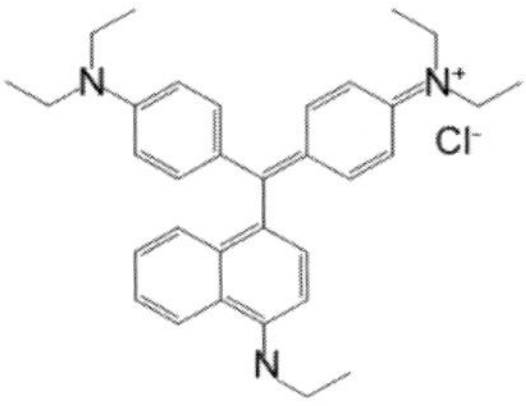

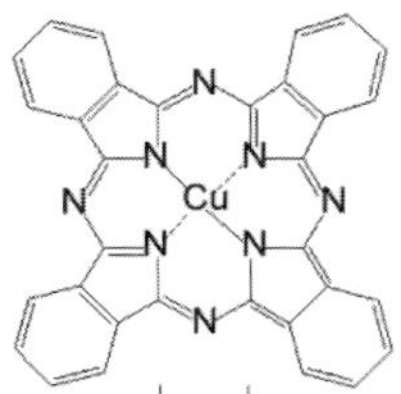

PMV1 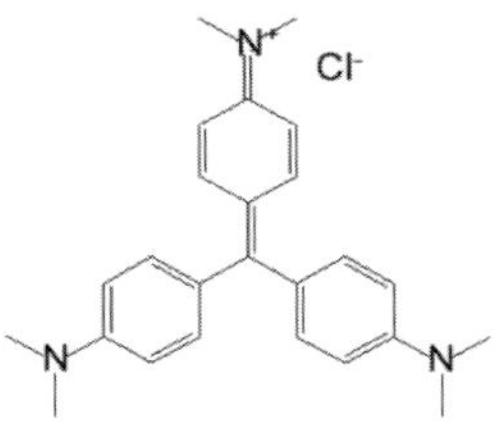 PMV2

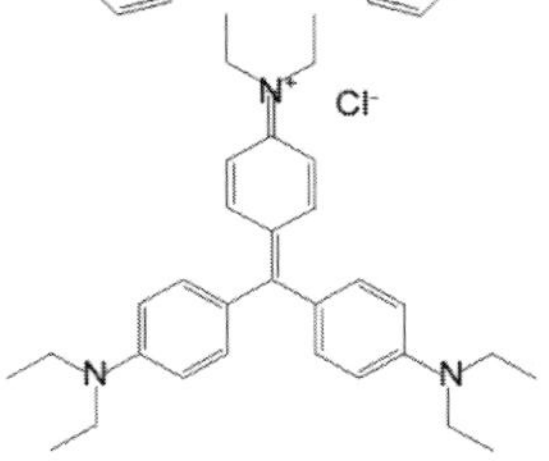

PMR1 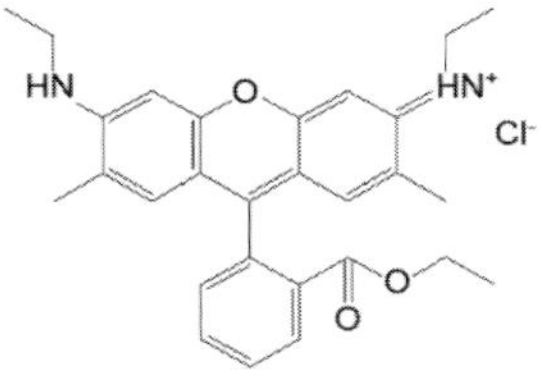 PMR2

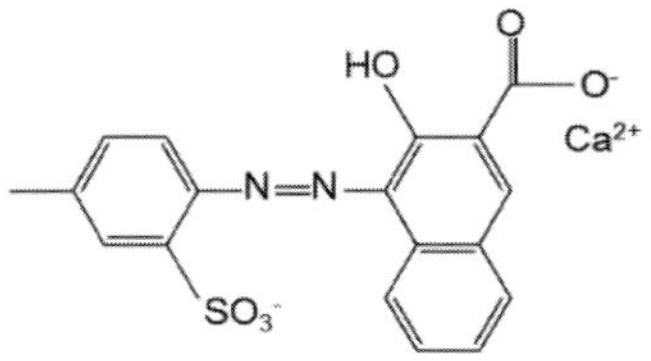

PMO

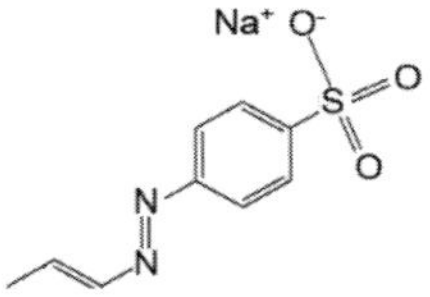

2.2 TEY-XANES 測定

TEY-XANES 測定は兵庫県立大学放射光施設 NewSUBARU (NS) の BL10 に設置した軟X線吸収分析装置で実施した[18-21]．ビームライン分光器の回折格子刻線密度は 1800 mm^{-1}，スリット幅は 20 μm に設定し，C K 端 (265～315 eV) と N K 端 (375～415 eV) の TEY-XANES を測定した．入射光の強度スペクトルは Au 板の試料電流 (I_0) で計測し，各試料の試料電流 (I) を I_0 で除して TEY ($= I/I_0$) とした．高配向性熱分解黒鉛 (HOPG) の C K 端 XANES と TiO_2 の O K 端 XANES を測定し，両 XANES におけるエネルギー既知のピークを基準にして，入射X線の走査エネルギーを光子エネルギーに補正した．この光子エネルギーに対して TEY をプロットすることで C K 端と N K 端の TEY-XANES

を描画した．なお，試料面に対する入射光の斜入射角は基本的に90°直入射としたが，鉛筆試料の場合は成分である黒鉛の配向性を考慮して，斜入射角を54.5°のマジックアングル（MA）でも測定した．MAで測定した鉛筆試料は試料ラベルにMAと下添えした．

なお，紙の主成分が酸素を含むセルロースであることと，インク成分のO K端XANESがブロードであるために，O K端XANESによるインク成分の識別が難しいことがあらかじめ確認されたため，本報ではO K端XANESについて記述しない．

3. 結果と考察

3.1 インク試料のXANES

各筆記具インクをAu板に塗布して測定したインク自体のC K端XANESとN K端XANESをFig.2に示す．C K端XANES（a）をみると，いずれのインクも285 eV付近にπ*ピークを呈し，これからsp^2炭素をもつ芳香族化合物あるいは不飽和化合物を成分として含むことが示唆される．また，多くのインクは293 eV付近にブロードなσ*ピークを呈し，π*～σ*ピーク間の286～290 eVは複数個のピークが観測される複雑なピーク構造をもつ．これらのピークは油性ボールペンOB，ゲルボールペンGB，油性マジックペンOM, 水性マジックペンWM，鉛筆Pにおいて製造企業または色による差異がみられ，このようなC K端XANESはインク成分の指紋分析に有効であると考えられる．なお，鉛筆PのC K端XANESでは，285.5 eVのπ*ピークが斜入射角54.5° MAで高く，90°直入射で低い．これは，鉛筆の主成分が黒鉛（グラファイト）であり，金基板に塗布した際の圧力で黒鉛が配向したためと考えられる．

N K端XANES（b）では，多くのインクが398～405 eV領域に複雑なピーク構造を示し，油性ボールペンOB，ゲルボールペンGB，油性マジックペンOMにおいて製造企業または色による差異がみられた．C K端XANESと同様にN K端XANESもインク成分の指紋分析に有効であると考えられる．ただし，フリクションボールペンFBと蛍光ペンFMの各色はC K端，N K端XANESで同一の形状を示すことかから，両者を色ごとに識別することは困難である．なお，水性マジックペンWMと鉛筆PにはN K端XANESは観測されず，窒素は含まれないと考えられる．

各筆記具インクをコピー用紙CPに塗布した試料（インクLabel/CPと表記）のC K端XANESとN K端XANESをFig.3に示す．C K端XANES（a）をみると，マトリクスのCPは低エネルギーテールを伴いながら285.5 eVに鋭いピークを示し，287.5 eV付近にショルダーと，289 eV付近にピークを呈する．紙に塗布したインク試料のXANESは，多くの試料でコピー用紙の特徴的XANES形状を伴いながらも試料間で差異がみられる．これはインク自体のXANESにコピー用紙のXANESが重畳するためであり，ここからインク成分を識別するには，コピー用紙のXANESをバックグラウンドとして削除する必要がある．N K端XANES（b）をみると，CPはN K端にXANESを示さず，窒素を含まないことが確認できる．これに対して紙に塗布したインク試料のN K端XANESは，Fig.2（b）のインク試料自体と同様なXANESを示した．したがって，N K端XANESではC K端とは異なりバックグラウンドとなるコピー用紙のXANESを削除する必要がなく，容易にインク成分の指紋分析が可能である．

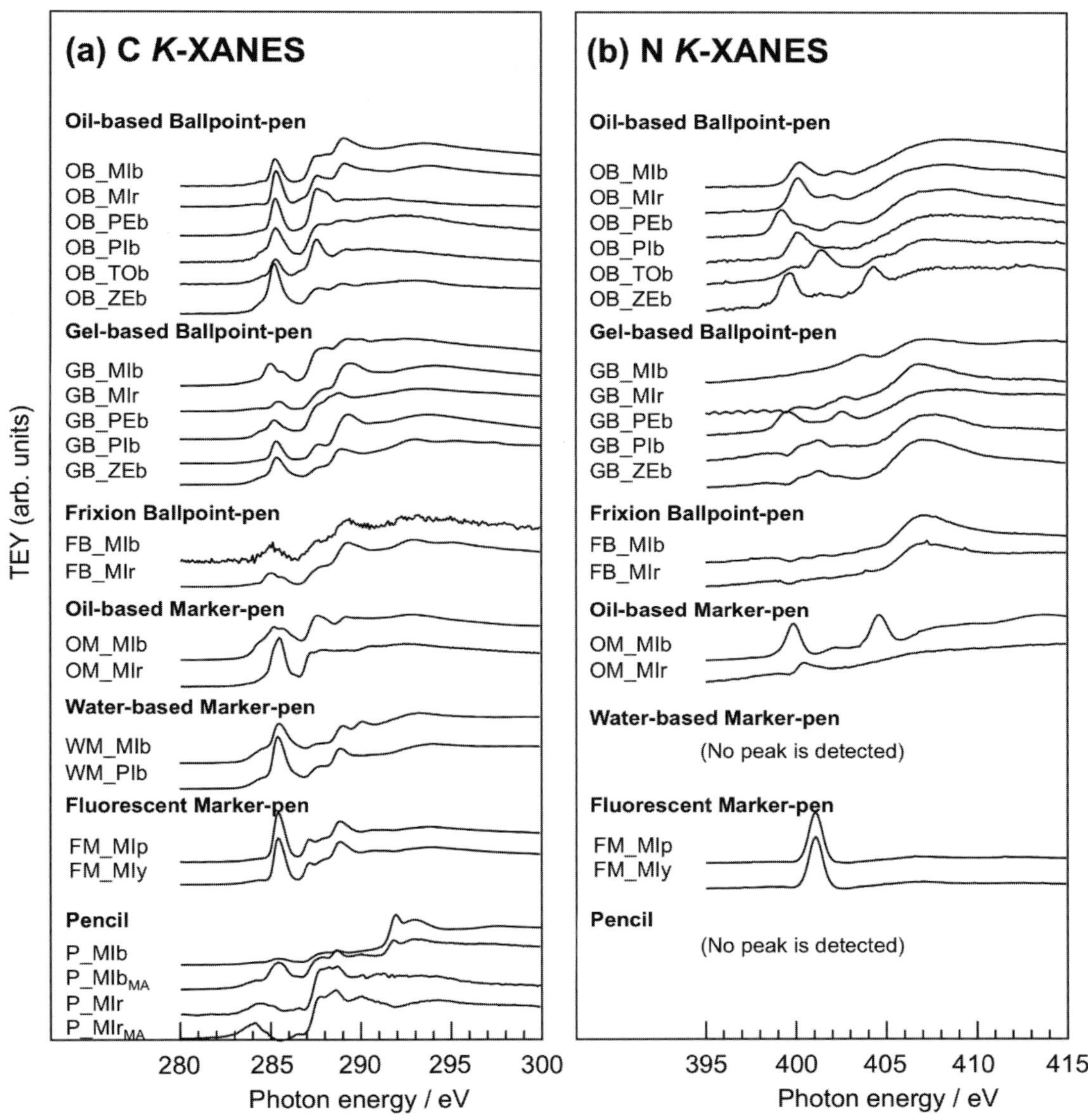

Fig.2 TEY-XANES spectra in the C K (a) and N K (b) regions of ink samples.

3.2 インク試料のC K端XANESにおけるコピー用紙XANESの削除

筆記具インクをコピー用紙CPに塗布した試料のC K端XANESからCPのXANESをバックグラウンドとして削除するため，各インク試料Label/CPのC K端XANESからCPのXANESに重み(f)を乗じて差し引いた差分スペクトル，(Label/CP)-f(CP)をFig.4に示す．なお，f値は0.01～0.9の範囲で変化させ，287～293 eV領域の差分スペクトル(図中，緑太線)とインク自体のXANES(赤線)の平均二乗誤差が最小になる値を採用した．図において，イン

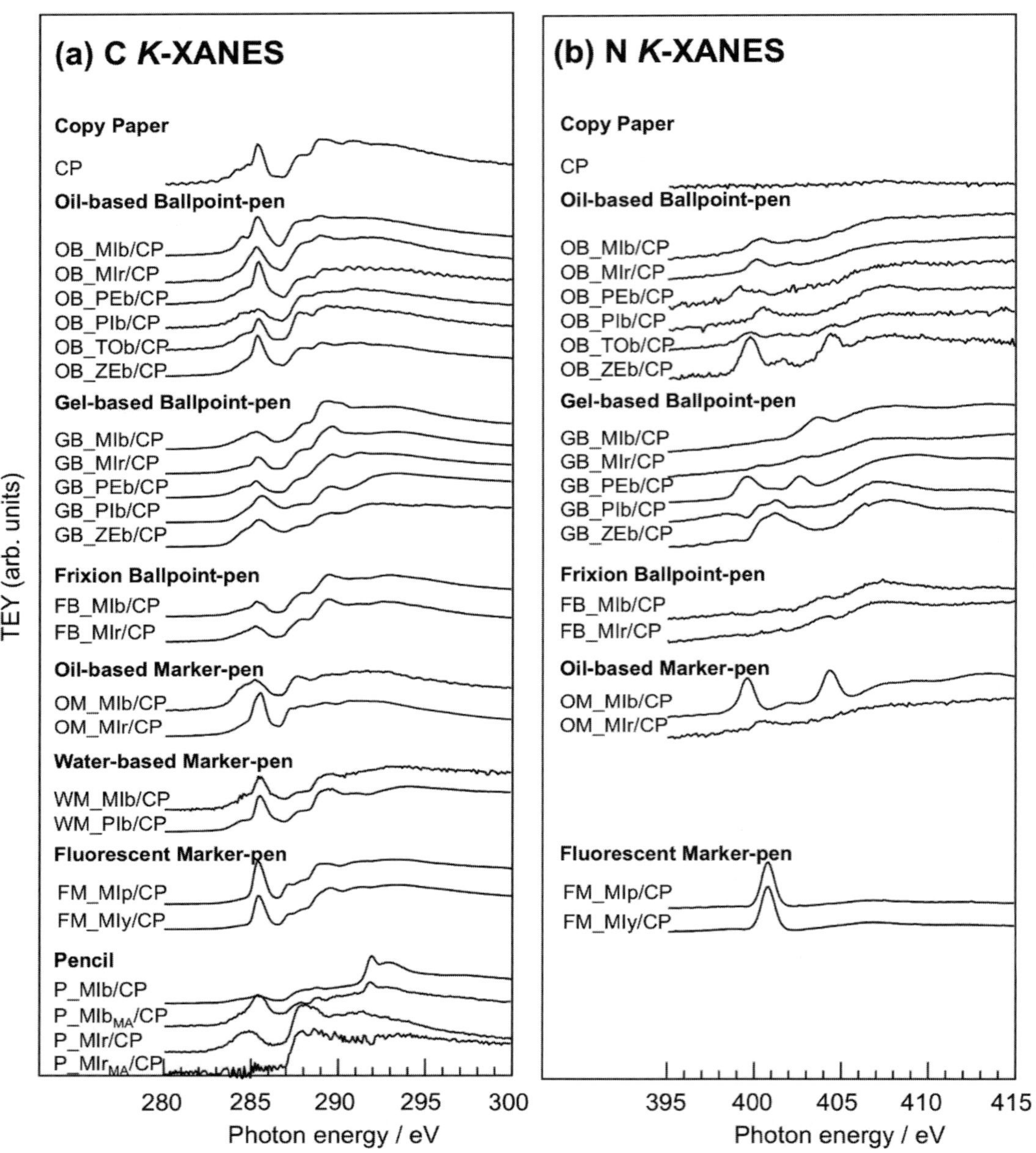

Fig.3 TEY-XANES spectra in the C K (a) and N K (b) regions of inks drawn on copy papers.

ク自体の特徴的なXANESピークが差分スペクトルのピークと一致した位置を点線で示す．このピーク位置が3カ所以上で一致した場合は，インク成分の識別が可能であると見做した．水性インク筆記具(a)では，ゲルボールペンのGB_PEbとGB_Zebを除いて3カ所でピーク位置が一致し，インク成分の識別が可能であることがわかった．ピーク位置の一致を3カ所で確

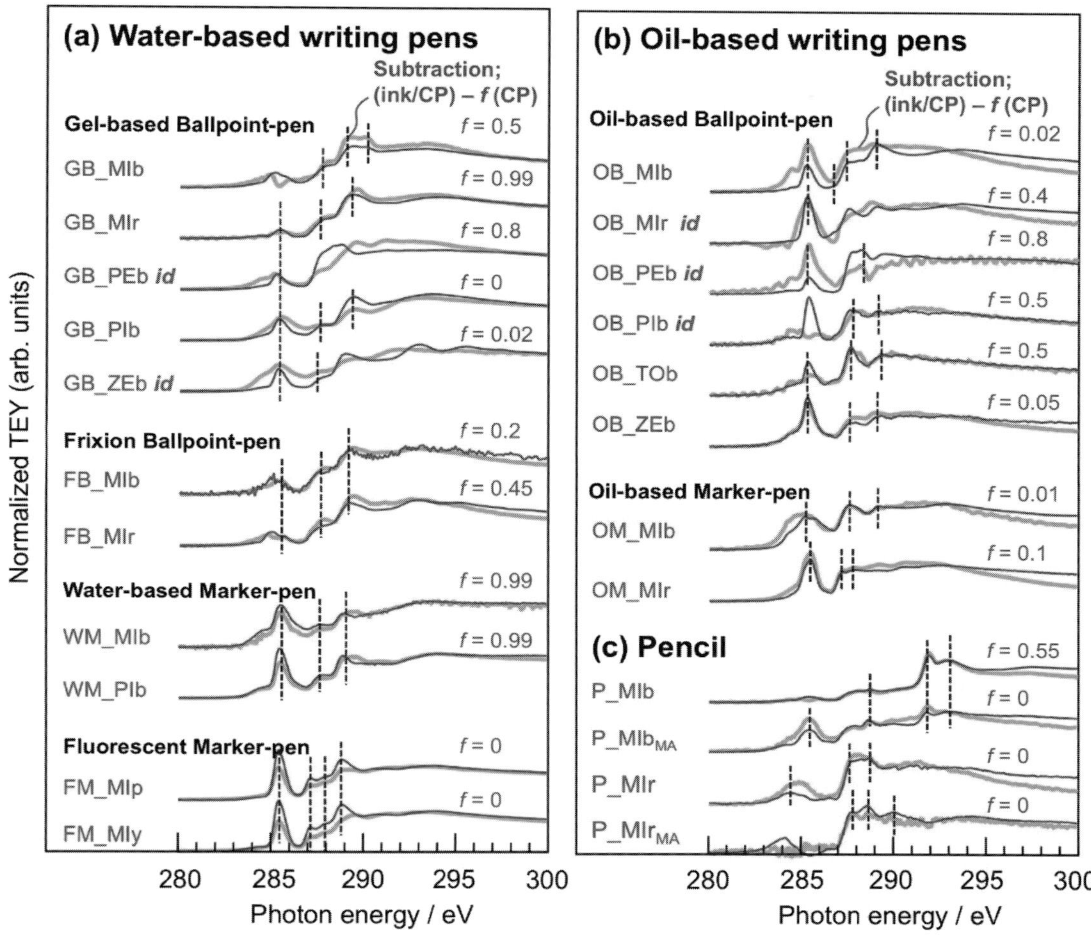

Fig.4 TEY-XANES spectra in the C K region of inks (red lines) with the subtracted spectra (bold green lines) of (ink/CP) − *f* (CP). The note of "***id***" means the indistinguishable ink on CP.

認できない試料については，紙へのインクの浸み込みが低いことや，下地の導電性カーボンテープとの密着性が低いために，インク成分の XANES が抽出し難いと考えられる．油性インク筆記具 (b) では，油性ボールペンの OB_MIr, OB_PEb, OB_PIb を除いてピーク位置が一致した．鉛筆 (c) では，インクの主成分が導電性の黒鉛のため TEY が高く，CP の影響が小さく，識別が容易である．

総じて，コピー用紙に塗布された筆記具インクの C K 端 XANES からは，CP のバックグラウンドを適切に削除すれば，多くの筆記具でインク成分の識別が可能であることが確認できた．ただし，識別が難しいインク試料もあることから，注意を要する．

3.3 インク試料の N K 端 XANES と参照試料の比較

前述したように，コピー用紙には窒素が含まれないため，窒素を含むインクの場合はコピー用紙に塗布された場合でも容易にインク成分のN K端XANESを測定でき，参照試料のXANESとの比較から指紋分析の可能性がある．同一製造企業（MITSUBISHI）の黒色インクを対象として，油性ボールペンOB，ゲルボールペンGB，フリクションボールペンFB，油性マジックペンOMのN K端XANESを，窒素含有化合物（Table 2）と色素化合物（Table 3）のXANESと比較してFig.5に示す．OB, GB, FB, OMは400～405 eV領域に複数ピーク（*a*～*d*と表記）を呈する．このうち，OBとOMはピーク*a*が顕著であり，これは色素のPMB1（Victoria Pure Blue BO），PMR1（Rhodamine 6G），PMR2（Lithol Rubine BCA）のピークに近い．ピーク*b*はアミン（Am1～Am4）と色素の PMV1（Methyl Violet B base）とPMV2（Ethyl Violet）に近い．ピーク*c*はアミンと類似する．OMが呈するピーク*d*に一致するピークはこれらの参照試料にはない．

このようにN K端XANESの指紋分析からインク成分を推察することは可能である．ただし，製造企業におけるインク成分の詳細は明らかにされていないため，インク成分を特定するには製造情報をもとにした参照試料の測定が必要である．

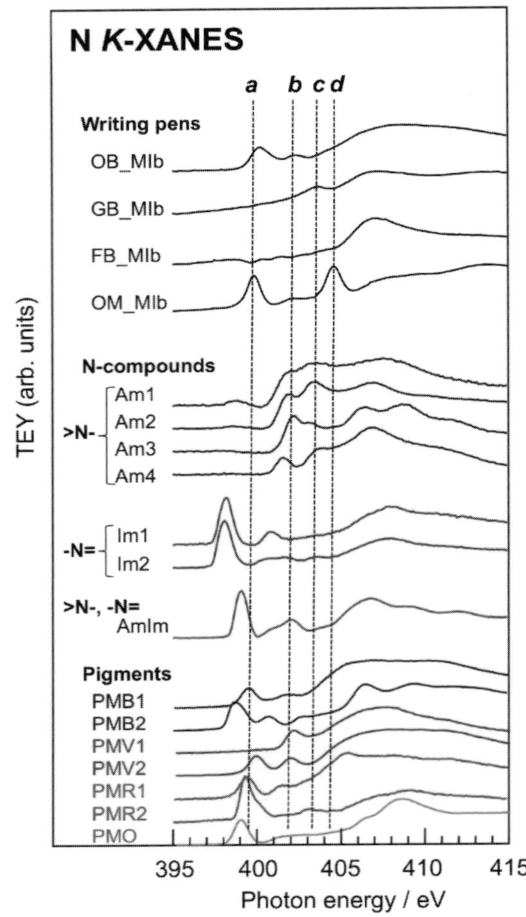

Fig.5 N K-XANES spectra of black inks (OB, GB, FB, OM), compared to reference N-compounds and pigments.

4. 結　論

本研究では，科学鑑定に向けた筆記具インクの非破壊分析技術の開発を目指し，コピー用紙に塗布された各種筆記具インク試料のTEY-XANESを導電性基板密着法で測定した．国内主要製造企業の筆記具（油性ボールペン，ゲルボールペン，フリクションボールペン，油性マジックペン，水性マジックペン，蛍光ペン，鉛筆）の各インクは特徴的なC K端，N K端XANESを呈し，インク成分の識別が可能であることがわかった．コピー用紙に塗布されたインク試料でもTEY-XANESを測定することができた．ただし，C K端XANESでは，マトリクスであるコピー用紙のXANESが重畳するため，これをバックグラウンドとして適切に削除することができれば，インク成分の識別が可能である．N K端XANESでは，コピー用紙に窒素が含まれないため，参照試料のXANESと比較する指紋分析でインク成分の識別が可能である．ただし，十分な種類の適切な参照試料を用意する必要がある.

以上より，導電性基板密着法を用いたCK端とNK端の非破壊TEY-XANES測定から，紙に塗布された筆記具インクを識別できる可能性が高いことを明らかにした.

謝　辞

本研究をおこなうにあたり，BL10/NewSUBARUでの軟X線吸収測定をサポートしていただいた原田哲男教授（兵庫県立大学高度産業技術研究所）に感謝いたします.

参考文献

1）Y. Muramatsu, E. M. Gullikson: *Anal. Sci*., **36**, 1507-1513 (2020).

2）村松康司，谷　雪奈，飛田有輝，濱中颯太，E. M. Gullikson：X線分析の進歩, **49**, 219-230 (2018).

3）村松康司，丸山瑠菜，E. M. Gullikson：X線分析の進歩, **51**, 179-190 (2020).

4）丸山瑠菜，村松康司：X線分析の進歩, **53**, 243-256 (2022).

5）M. Calcerrada, C. G. Ruiz: *Anal. Chim. Acta*, **853**, 143-166 (2015).

6）K. Tsutsumi, K. Ohga: *Anal. Sci*., **14**, 269-274 (1998).

7）W. D. Mazzella, P. Buzzini: *Forensic Sci. Int*., **152**, 241-247 (2005).

8）G. Payne, C. Wallace, B. Reedy, C. Lennard, R. Schuler, D. Exline, C. Roux: *Talanta*, **67**, 334-344 (2005).

9）N. Cedric, M. Pierre: *Forensic Sci. Int*., **185**, 29-37 (2009).

10）I. D van der Werf, G. Germinario, F. Palmisano, L. Sabbatini: *Anal. Bioanal. Chem*., **399**, 3483-3490 (2011).

11）A. Braz, M. L. Lopez, C. G. Ruiz: Forensic Sci. Int., **232**, 206-212 (2013).

12）Z. Lian, R. Yang, L. Zhao, G. Shi, L. Liang, D. Qin, J. Zou, B. Yin: *Forensic Sci. Int*., **318**, 110562 (2021).

13）M. Ezcurra, J. M. G. Go′ngora, I. Maguregui, R. M. Alonso: *Forensic Sci. Int*., **197**, 1-20 (2010).

14）O. D. Santana, F. C. Hardisson, D. V. Moreno: *Microchem. J*., **138**, 550-561 (2018).

15）D. S. İşlek, E. İşat, S. Cengiz: *J. Forensic Sci*., **65**, 661-663 (2019).

16）本多定男，橋本　敬，森脇太郎，池本夕佳，木下豊彦：SPring-8/SACLA利用研究成果集, **7** (2), 168-171 (2019).

17）村松康司，Eric M. Gullikson：X線分析の進歩, **41**, 127-134 (2010).

18）村松康司，濱田明信，原田哲男，木下博雄：X線分析の進歩, **43**, 407-414 (2012).

19）村松康司，濱田明信，植村智之，原田哲男，木下博雄：X線分析の進歩, **44**, 243-251 (2013).

20）植村智之，村松康司，南部啓太，原田哲男，木下博雄：X線分析の進歩, **45**, 269-278 (2014).

21）植村智之，村松康司，南部啓太，福山大輝，九鬼真輝，原田哲男，渡邊健夫，木下博雄：X線分析の進歩, **46**, 317-325 (2015).

中性子回折による銅合金の圧縮変形に伴う ミクロ組織発達過程の観察

柄澤誠一[a]，小貫祐介[b]，河野龍星[a]，下村愛翔[c]，
大平拓実[d]，三田昌明[e]，伊東正登[d]，鈴木　茂[f]，佐藤成男[a*]

Observation of Microstructure Evolution During Compressive Deformation of Copper Alloys by Using Neutron Diffraction

Seiichi KARASAWA[a], Yusuke ONUKI[b], Ryusei KAWANO[a], Manato SHIMOMURA[c], Takumi ODAIRA[d], Masaaki MITA[e], Masato ITO[d], Shigeru SUZUKI[f] and Shigeo SATO[a*]

[a] Graduate School of Science and Engineering, Ibaraki University
4-12-1 Nakanarusawa, Hitachi, Ibaraki 316-8511, Japan
[b] School of Engineering, Tokyo Denki University
5 Senjuasahicho, Adachi, Tokyo 120-8551, Japan
[c] School of Engineering, Ibaraki University
4-12-1 Nakanarusawa, Hitachi, Ibaraki 316-8511, Japan
[d] Innovation Center, Mitsubishi Materials Corporation
7-147 Shimoishito, Kitamoto, Saitama 364-0028, Japan
[e] Innovation Center, Mitsubishi Materials Corporation
1002-14 Mukoyama, Naka, Ibaraki 311-0102, Japan
[f] Micro System Integration Center, Tohoku University
2-1-1 Katahira, Sendai, Miyagi 980-8577, Japan

(Received 10 January 2025, Revised 21 January 2025, Accepted 23 January 2025)

In-situ microstructural observation of metallic materials during deformation using X-ray or neutron diffraction is an effective analytical method, but in the case of tensile deformation, microstructural observation in the high strain range is difficult because of fracture caused by local deformation. Therefore, we established an in-situ neutron-diffraction method with compressive deformation for observing high strain region. The jig used to compress the specimens was made of vanadium alloy, which is transparent to neutrons and has excellent high-temperature strength properties. In situ neutron diffraction of the tensile deformation of Cu-Zn alloys at room temperature and 573 K showed no difference in dislocation multiplication within the measurable strain range before fracture. On the other hand, when the alloy was subjected to

a 茨城大学大学院理工学研究科　茨城県日立市中成沢町 4-12-1　〒 316-8511　＊連絡著者：shigeo.sato.ar@vc.ibaraki.ac.jp
b 東京電機大工学部　東京都足立区千住旭 5　〒 120-8511
c 茨城大学工学部　茨城県日立市中成沢町 4-12-1　〒 316-8511
d 三菱マテリアル株式会社イノベーションセンター　埼玉県北本市下石戸 7-147　〒 364-0028
e 三菱マテリアル株式会社イノベーションセンター　茨城県那珂市向山 1002-14　〒 310-0102
f 東北大学マイクロシステム融合研究開発センター　宮城県仙台市青葉区片平 2-1-1　〒 980-8577

compressive deformation up to the high strain region, a difference in dislocation multiplication was observed between room temperature and 573 K. Moreover, when pure copper was subjected to high-temperature compressive deformation tests, stress oscillations alternating between hardening and softening were observed, and it was confirmed that the increase and decrease in dislocation density and period were synchronized with these stress oscillations. Texture analysis revealed that the stress-oscillation softening was accompanied by recrystallization as well as dislocation recovery. The time resolution of the texture analysis was optimized to enable a 5 s time resolution.

[Key words] Neutron diffraction, Line-profile analysis, Rietveld-texture analysis, Dislocation, Texture, Compression deformation

金属材料に対しX線や中性子回折を利用したミクロ組織の変形中のその場観察は有効な分析手法であるが，引張変形の場合，局所変形による破断が生じるため，高ひずみ域のミクロ組織観察は困難であった．そこで破断が生じない圧縮変形により，高ひずみ域でのその場中性子回折法を確立した．試料を圧縮する治具には中性子に対し透明であり，かつ，高温強度特性に優れたバナジウム合金を用いた．室温と573 KにてCu-Zn合金に引張変形のその場中性子回折を行うと，破断前の測定可能な範囲では転位増殖に差がない．一方，圧縮変形により高ひずみ領域まで変形を与えると，室温と573 Kにて転位増殖に差が生じることが確認された．また，純銅に対し高温変形試験を行うと，硬化と軟化が交互に現れる応力振動が生じるが，その応力振動に転位密度の増減，周期が同期することが確認された．集合組織解析から，応力振動の軟化には転位の回復に加え，再結晶を伴うことが示唆された．また，集合組織解析の時間分解能を最適化し，5 sの時間分解能にて集合組織解析を可能とした．

[キーワード] 中性子回折，ラインプロファイル解析，Rietveld-texture解析，転位，集合組織，圧縮変形

1. 緒　言

金属材料の機械的特性評価法として引張試験が多く用いられ，降伏強度や加工硬化，伸びなどが評価されている．それらの機械的特性は金属のミクロ組織により変化するため，特性発現機構の理解のために顕微鏡観察を利用したミクロ組織解析が行われている．近年はX線や中性子を用いた引張変形中のその場回折測定によるミクロ組織観察も行われている．回折法を利用することで，結晶欠陥である転位，回折にコヒーレントな領域である結晶子のサイズ，結晶に加わる応力状態，集合組織，相変態などのミクロ組織要素の動的変化が解析されている[1-7]．特に中性子回折では，中性子の金属材料に対し高い透過性を利用し，大型試料を透過させて中性子回折測定を行うことができる．大型試料を利用する場合，高温条件下にて酸化層が形成しても，表面と内部の体積比により，酸化層からの影響を無視することができる．J-PARC（Japan Proton Acceleration Research Complex）・MLF（Materials and Life science experimental Facility）のBL20（iMATERIA回折計）では，金属試料を対象に高温引張変形中のその場中性子回折測定が実施され，変形中の転位や集合組織といったミクロ組織の形成過程が研究されてきた[4-7]．しかし，引張試験では局所変形，つまり，ネッキングによる破断が生じるため大きなひずみを与えられない．特に高温変形では，ネッキングが生じやすくなるため，与えられるひずみはよ

り制限される．このため引張変形により付与できるひずみは，圧延などの金属製造工程にて付与されるひずみよりも著しく小さいことが課題となっている．一方，圧縮変形ではネッキングが生じないため，真ひずみ1.0程度の高ひずみを付与することが可能であり，金属の製造プロセス条件に近い変形量を与えることができる．したがって，中性子回折により，金属の変形中のミクロ組織観察を行う場合，圧縮試験にて行うことが望ましい．

一般に中性子回折のビームサイズは大きく，iMATERIA回折計の中性子のビームサイズにおいても20 mm角と大きい．このため，試料を挟み込む圧縮治具が光路に干渉し，治具からの散乱・吸収が生じる．したがって，圧縮治具には中性子に対し，散乱・吸収の小さい金属材料を用いる必要がある．また，Fig.1は変形前と真ひずみ1.0の圧縮変形を与えた試料の形状外観だが，圧縮により大きなひずみを与えることで試料形状は大きく変化する．試料形状の変化に伴い回折ピーク形状（ラインプロファイル）が変化する．以上の理由により，圧縮変形中のミクロ組織観察を行うためには圧縮治具による吸収・散乱と試料形状変化の影響，これら2点

Fig.1 Photos of the pure copper specimens (a) before deformation and (b) at true strain of 1.0.

の課題を解決する必要がある．

本研究では中性子に対し透明な圧縮治具を用い，金属材料の高温圧縮変形中の中性子回折その場測定を目指す．また，圧縮変形における試料形状変化に伴う回折ピーク形状の変化を求める解析法を確立し，中性子回折ラインプロファイル解析法を確立する．引張変形と圧縮変形のその場中性子回折測定を対比させ，それぞれの変形モードで得られるミクロ組織情報の特徴を明らかにすることを目的とする．また，従来の時間分解能は100 s程度であるが，試料サイズの最適化による時間分解能の限界を探る．

2. 実験方法

試料には純銅およびCu-Zn合金（Cu-30 mass% Zn）を用いた．引張試験試料のゲージ部は円柱状とし，直径8 mm，平行部長さ26 mmとした．圧縮試験試料については，荷重試験機の最大荷重条件：50 kNをもとに，室温変形の圧縮試験試料は直径6 mm，高さ9 mmの円柱状とした．なお，高温変形においては銅合金が軟化するため，試料サイズを大きくすることができ，直径10 mm，高さ15 mmとした．

変形中のその場中性子回折測定はJ-PARC MLFのBL20（iMATERIA回折計）にて行った．試料チャンバー内はArガス雰囲気とし，試料の加熱は中性子の光路を妨げない位置に設置した赤外線加熱炉[8]より行い，試料に接触させたR型熱電対にて温度を制御した．試料と治具の全体を均熱化するため，目標温度到達後に600 s保持した後，変形を開始した．圧縮試験用の治具には$V_{90}Cr_5Ti_5$合金を用いた[9]．V, Cr, Ti元素のコヒーレント散乱長はそれぞれ，−0.3824, 3.635, −3.438 fm[10]であり，$V_{90}Cr_5Ti_5$合金のコヒーレント散乱長はゼロに近い値とな

る．そのため治具による中性子の散乱は無視できる大きさになる．一般に金属は高温にて強度低下が生じるが，V-Cr-Ti 合金の高温における強度低下は小さい[11)]．特に $V_{90}Cr_5Ti_5$ 合金のビッカース硬度の温度依存性は Fig.2 のように変化し，1173 K 以下ではクリープ変形の懸念が小さい．

中性子回折ラインプロファイルは，転位によるミクロひずみや結晶子微細化により変化する．ラインプロファイル解析には CMWP (Convolutional Multiple Whole Profile fitting) 法[12)]を用いた．CMWP 法は測定プロファイルに対し，次式で示す理論プロファイル ($I_{theoretical}$) をフィッティングすることで転位密度や転位配置に関するパラメーターが求められる．

$$I_{theoretical} = I_{strain} \otimes I_{size} \otimes I_{inst} + B.G.$$

I_{strain} は転位によるミクロひずみに起因するラインプロファイル，I_{size} は結晶子サイズに起因するラインプロファイル，I_{inst} は光学系に起因するラインプロファイルであり，$B.G.$ はバックグラウンドである．理論プロファイルは各プロファイルのコンボリューション (⊗) より得られる．I_{inst} には転位や結晶子サイズによる回折ピークの広がりが生じない標準試料のラインプロファイルを利用する．標準試料には焼鈍により再結晶させた純銅を用いた．ただし，I_{inst} は試料形状に依存するため，任意の真ひずみに対して I_{inst} を求める必要がある．そこで，I_{inst} を求めるため，真ひずみ：0, 0.33, 0.67, 0.93, 1.2 の 5 水準の変形形状を模した焼鈍純銅試料について中性子回折測定を行った．真ひずみ 0, 1.2 の変形形状を模した焼鈍純銅試料の 311 反射を Fig.3 に示す．真ひずみ 1.0 では，Fig.1 のような扁平形状となり，その影響によりピーク幅が拡がる．その際のピーク形状は，ピークトップ位置を中心に比例的に変化した．この比例係数の真ひずみ依存性を求めることで任意の真ひずみにおける I_{inst} を求めた．

Fig.4 に iMATERIA 回折計の模式図を示す．iMATERIA 回折計では 25 Hz にて発生するパルス中性子に対し，飛行時間により波長を分離し，回折パターンを得る．任意の積算時間で回折パターンを取得し，解析に供することができ

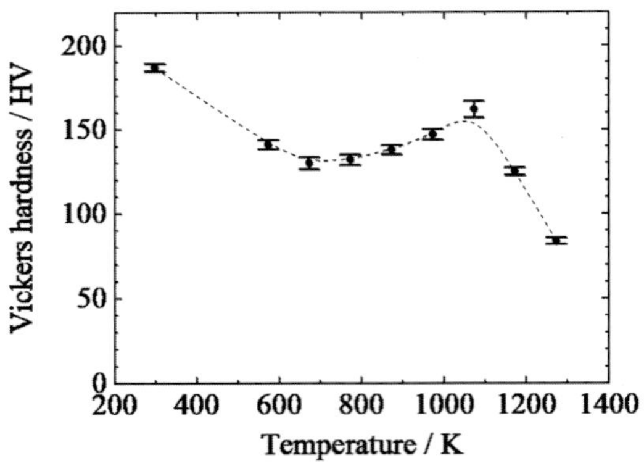

Fig.2 Variation in Vickers hard ness of $V_{90}Cr_5Ti_5$ alloy with temperature.

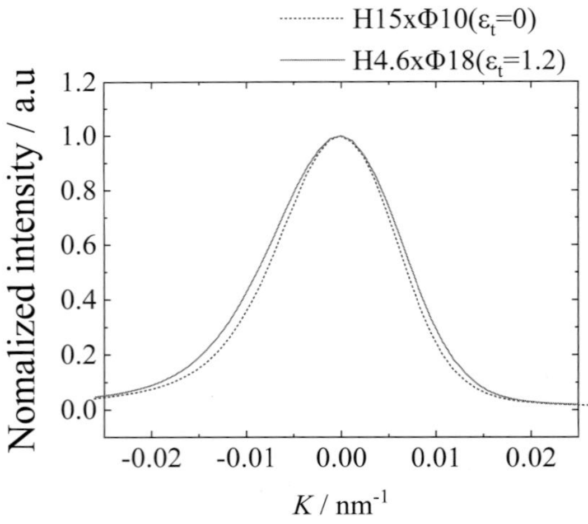

Fig.3 311 reflections of annealed pure copper specimens assuming deformed shapes with true strains of 0 and 1.2.

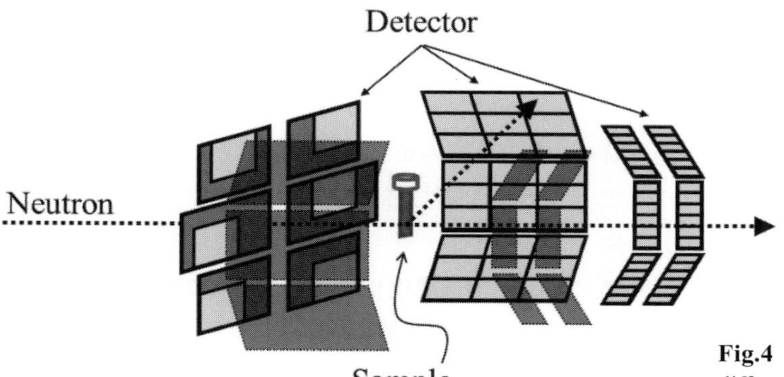

Fig.4 Schematic diagram of iMATERIA diffractometer.

る．背面散乱の逆空間分解能は高く，つまり，シャープな回折ピークが得られる．その特徴をもとにラインプロファイル解析に利用した．また，iMATERIA 回折計は試料を囲うように検出器が配置され，132 方位にて回折パターンを同時に測定できる．この特徴を活かし，試料や検出器の回転をせずに集合組織測定が可能となる．集合組織解析は Rietveld-texture 解析法[13]の機能を持つ MAUD ソフトウェア[14]を利用した．Rietveld-texture 解析法は複数の方位から得られる回折パターンに対し，Rietveld 解析と ODF (Orientation Distribution Function) 解析を同時に行う．

3. 結果･考察

3.1 引張変形と圧縮変形による転位増殖挙動の差異

Fig.5 に Cu-Zn 合金の引張[4]および圧縮変形における真ひずみに対する転位密度の変化を示す．変形温度は室温および 573 K であり，初期ひずみ速度は 1×10^{-4} s^{-1} とした．引張変形においてはネッキングが生じるため解析可能な範囲は室温にて真ひずみ 0.5 までとなる．また，573 K においては，伸びが低下し，解析可能な範囲はさらに 0.18 まで低下する．評価できる引張変形の真ひずみの範囲において，転位密度の

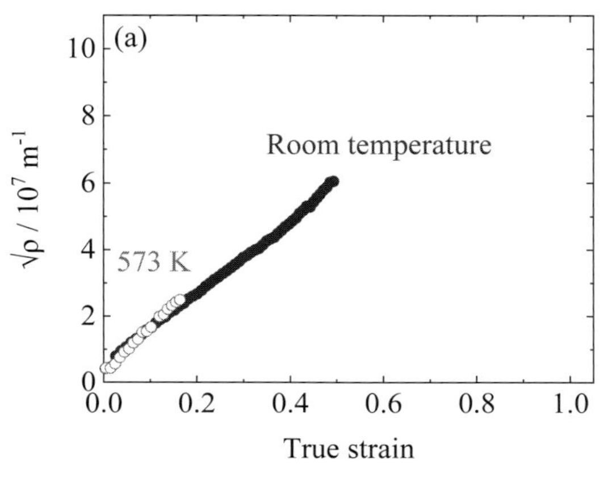

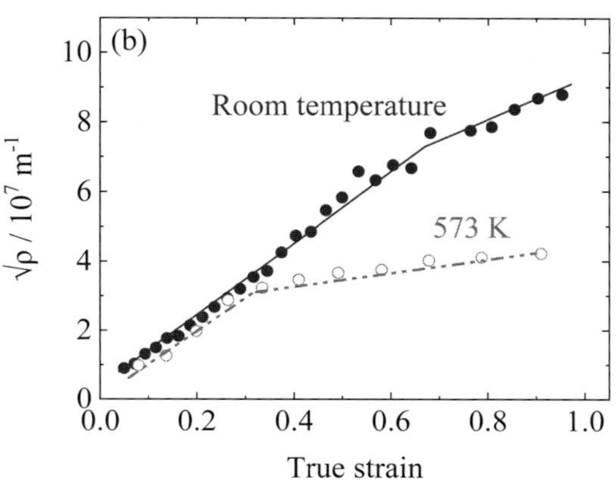

Fig.5 Variations of square root of dislocation density versus true strain for Cu-Zn alloy specimen at room temperature and 573 K for (a) tensile[4] and (b) compressive deformation.

平方根はいずれの温度においても真ひずみとともに直線的に増加する．引張変形の評価範囲では，室温と 573 K で同等の転位密度となる．

一方，圧縮変形においてはネッキングが生じず，いずれの温度においても真ひずみ 1.0 まで測定可能となる．真ひずみ 0.3 までは，引張変形と同様に，室温と 573 K で転位密度は同等である．しかし，真ひずみ 0.3 以上において，573 K の転位密度の増加率は室温のそれより小さくなる．高温では転位の易動度が大きくなるため，対消滅頻度が高まるためと考えられる．引張変形により転位密度を評価すると，室温と 573 K に差はないと判断されたが，圧縮変形により大きなひずみを与えると転位密度に差が生じることが示された．

3.2　変形温度による応力振動の変化とミクロ組織現象との関係

673，773 K における圧縮変形中の純銅の真応力－真ひずみ線図を Fig.6 (a) に示す．初期ひず

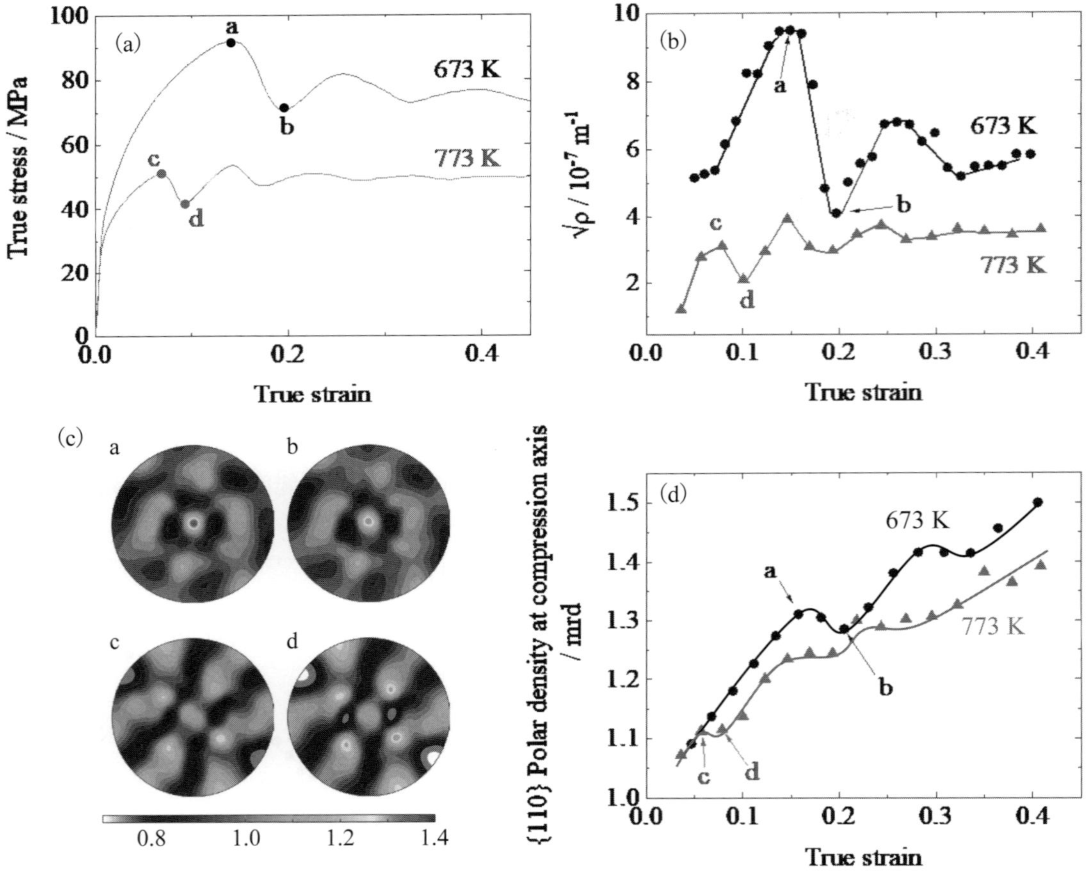

Fig.6　(a) True stress-true strain curves of pure copper specimen at 673 and 773 K at initial strain rate of 2×10^{-4} s^{-1}. (b) Variations of square root of dislocation density versus true strain for pure copper specimen at 673 and 773 K. (c) {110} pole figures of pure copper specimen at the first peak (673 K: a, 773 K: c) and valley (673 K: b, 773 K:d) appearing in the stress oscillation in Fig.6 (a). (d) Variations of the polar density at the center of the {110} pole figure as a function of true strain.

み速度は $2\times10^{-4}\ s^{-1}$ である．加工硬化と軟化が交互に生じる応力振動の振幅，周期は変形温度により変化した．ラインプロファイル解析より求められた転位密度を Fig.6 (b) に示す．応力振動に現れる第 1 の山 (673 K：a, 773 K：c) と谷 (673 K：b, 773 K：d) の真ひずみは転位密度の第 1 の山と谷の真ひずみに一致し，応力振動の周期変化が転位密度の変化に対応することを確認できる．また，応力振動の振幅は 673 K にてより大きいが，転位密度変化の振幅も同様により大きい．つまり，応力振動は転位密度の変化に基づくことが示唆される．

応力振動の軟化の素過程は転位が消滅する回復，または新しい結晶粒が形成する再結晶のいずれかによる．再結晶では結晶方位の変化が生じるため，応力振動における軟化と再結晶の関係を探るには集合組織を解析すればよい．銅合金のような FCC 金属の圧縮変形では {110} 面が圧縮面に平行になる．そこで，Rietveld-texture 解析により {110} 極点図を求めた．

Fig.6 (a) の応力振動に現れる第 1 の山 (673 K：a，773 K：c) と谷 (673 K：b, 773 K：d) における {110} 極点図を Fig.6 (c) に示す．極点図中心が圧縮軸の方位に対応する．スケールは極密度であり，完全にランダムな状態密度を 1 とする．673, 773 K のいずれの極点図も圧縮軸方向の極密度は高い．変形量が大きくなるにしたがい，極密度は高くなるが，応力振動の谷において極密度は低くなる．再結晶では結晶方位の異なる新しい結晶粒が形成されるが，<110>// 圧縮方向の結晶粒の一部が再結晶により新粒となり，極密度が低下したと考えられる．また，773 K において圧縮軸方向の極密度はより小さい傾向にあり，再結晶頻度はより高いことが示唆される．Fig.6 (d) に {110} 極点図の極点図中心の極密度の真ひずみに対する変化を示す．Fig.6 (a) の応力振動の山と谷に対応し，極密度が振動している．したがって，応力振動の軟化には回復による転位密度減少のみでなく，再結晶を伴った転位密度減少も含まれることが示唆される．

3.3 時間分解能の検討と比較的速い変形速度における集合組織の変化

ひずみ速度：$10^{-4}\ s^{-1}$ の比較的遅い変形速度の場合，真ひずみ 1.0 の変形までに約 2 時間要するため，中性子回折パターンの積算時間 100 s が十分な時間分解能となる．一方，$10^{-3}\ s^{-1}$ 以上の比較的速い変形速度の場合，真ひずみ 1.0 の変形までの変形時間は数分程度になり，時間分解能として 10 s 以下が必要となる．そこで，$10^{-3}\ s^{-1}$ 以上の変形速度に対応するため，積算時間の限界について調査した．573 K にて真ひずみ 0.9 の圧縮変形を付与した Cu-Zn 試料 (直径 6 mm，高さ 9 mm) について，積算時間 300, 50, 10, 1 s の {110} 極点図を Fig.7 に示す．50, 10 s のいずれの積算時間においても 300 s の積算時間から得られた極密度分布を再現する．一方，積算時間 1 s にて解析を行った場合，圧縮軸方向の {110} 極密度は低く，極密度分布も 300 s 積算と異なる．Fig.8 に各積算時間における Rietveld-texture 解析のフィッティング結果の一部を示す．積算時間 10 s 以上では高次回折の 0.1 nm 付近の回折を検出できるが，積算時間 1 s では高次回折をほとんど検出できない．このため積算時間 1 s では極密度分布を再現できなかったと考えられる．Fig.9 に {110} 極点図の圧縮軸方向の極密度の真ひずみに対する変化を示す．積算時間 10 s においても，積算時間 300 s の極密度がおおよそ再現されたことを確認できる．以上の結果から，直径 6 mm，高さ 9 mm の試

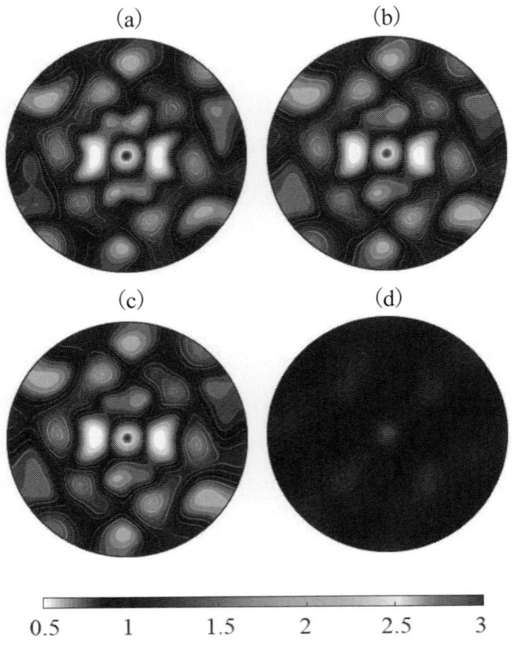

Fig.7 {110} pole figure for Cu-Zn alloy specimen of 6 mm diameter and 9 mm height subjected to compressive deformation with a true strain of 0.9 at 573 K for integration times of (a) 300, (b) 50, (c) 10, and (d) 1 s.

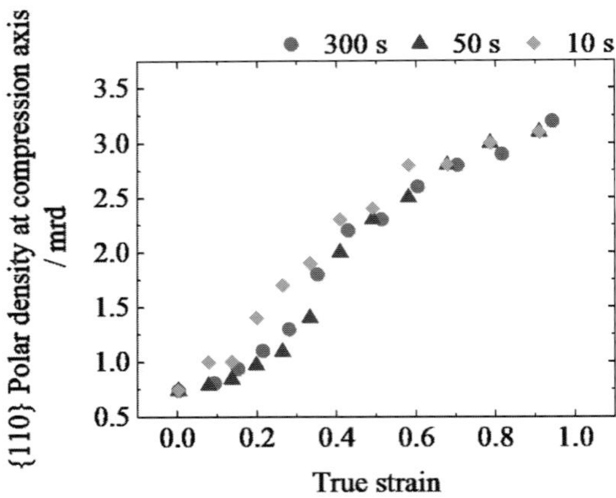

Fig.9 Variations of the polar density for the direction of the compression axis with respect to the true strain in {110} pole figures obtained from integration times of 300, 50, and 10 s.

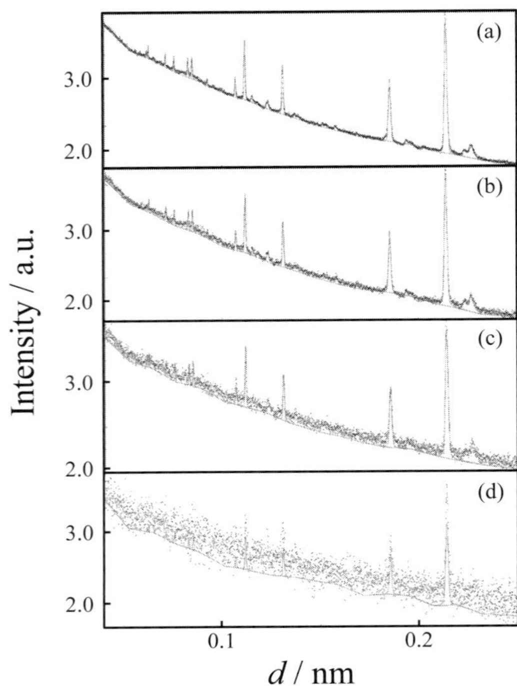

Fig.8 Some fitting results of Rietveld-texture analysis for (a) 300, (b) 50, (c) 10, and (d) 1 s in Fig.7.

料においては集合組織解析の時間分解能が 10 s 程度になる．高温変形では試料が軟化するため，直径 10 mm，高さ 15 mm の大きさにて圧縮変形を実施できる．この場合，直径 6 mm，高さ 9 mm の試料体積に対し，おおよそ 4.6 倍の試料体積となる．回折強度はおおよそ試料体積に比例するため，積算時間：3 s 程度でも解析可能になる．

変形温度 773 K，ひずみ速度 5×10^{-3} s^{-1} にて純銅を圧縮変形した際の真応力－真ひずみ線図を Fig.10 に示す．全体の変形時間は約 120 s であるため，5 s 程度の時間分解能が必要となる．応力振動の初めの山を A 点，真ひずみ 0.8 以上の B 点における極点図を 5 s の時間分解能で測定した結果を同図中に示す．A 点にて <110>// 圧縮方向の集合組織が形成され，B 点までに，

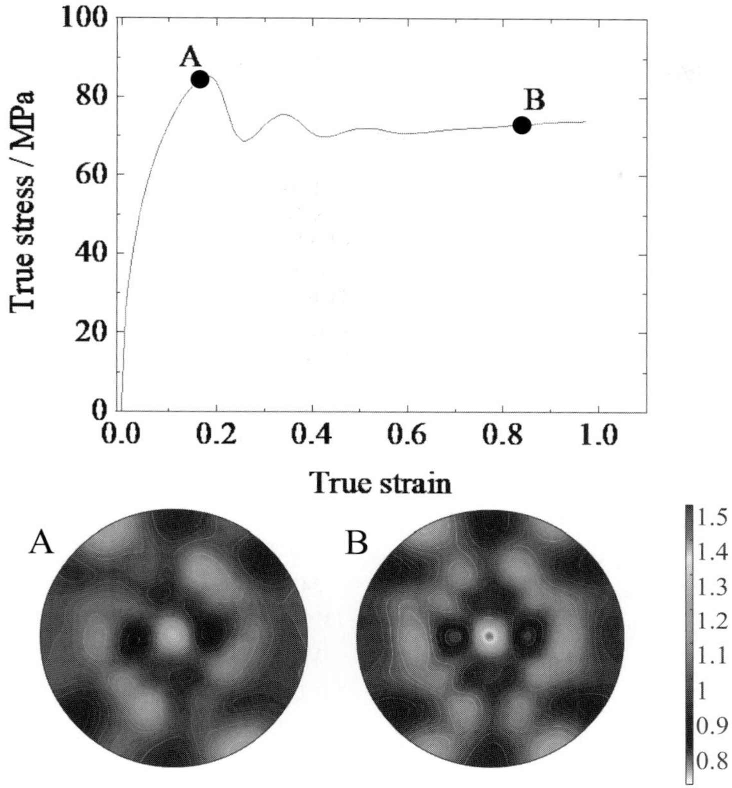

Fig.10 True stress-true strain curve of pure copper at a deformation temperature of 773 K and strain rate of 5×10^{-3} s^{-1}. {110} pole figures at A and B in the stress-strain curve are also shown.

その集合組織がわずかに発達したことを示唆する．この結果より，5 s の時間分解能で集合組織観察が可能であることが確認された．

4. 結　論

高ひずみ域における銅合金のミクロ組織発達を観察するため圧縮変形のその場中性子回折法を確立し，転位増殖や応力振動の素過程について解析した．また，中性子回折測定の時間分解能について検証し，数秒オーダーの時間分解能にて集合組織解析を行い，以下の知見が得られた．

1. Cu-30 mass% Zn 合金の引張および圧縮変形時における転位増殖を比較すると，引張試験より観察される範囲においては室温と 573 K の転位密度に明瞭な差がない．一方，圧縮変形では引張変形にて観察不可能であった高ひずみ域の観察が可能となり，高ひずみ域では，573 K の変形における転位密度が室温変形のそれより小さくなる．引張変形では観察できない高ひずみ領域にて，転位増殖に温度依存性が生じることが示された．
2. 純銅の高温変形に現れる応力振動に対し，転位密度の増減が同期することが確認された．応力振動の軟化の要因は回復と再結晶が素過程として考えられるが，集合組織解析によりその両者が含まれることが確認された．

3. 5 s の時間分解能にて集合組織解析が可能となり，変形に要する時間が 120 s 程度のひずみ速度 5×10^{-3} s^{-1} の変形条件でも，集合組織の連続的な変化を追跡可能となった．

参考文献

1) 伊藤美憂, 佐藤成男, 伊藤優樹, 森 広行, 松永裕隆, 牧 一誠, 鈴木 茂:銅と銅合金, **56**, 45-50 (2017).

2) 伊藤美憂, 伊藤優樹, 小林敬成, 松永裕隆, 高野こずえ, 牧 一誠, 森 広行, 鈴木 茂, 佐藤成男：銅と銅合金, **57**, 18-24 (2018).

3) K. Nakagawa, M. Hayashi, K. Takano-Satoh, H. Matsunaga, H. Mori, K. Maki, Y. Onuki, S. Suzuki, S. Sato: *Quantum Beam Sci*., **4**, 36 (2020).

4) 柄澤誠一, 馬場可奈, 小貫祐介, 大平拓実, 三田昌明, 伊東正登, 鈴木 茂, 佐藤成男:銅と銅合金, **63**, 1-7 (2023).

5) 梅村和希, 小貫祐介, 星川晃範, 富田俊郎, 田中泰明, 藤原知哉, 諏訪嘉宏, 河野佳織, 佐藤成男：X 線分析の進歩, **53**, 231-241 (2022).

6) 平野孝史, 小貫祐介, 星川晃範, 富田俊郎, 佐藤成男：X 線分析の進歩, **51**, 147-156 (2020).

7) 馬場可奈, 小貫祐介, 長岡佑磨, 伊東正登, 鈴木 茂, 佐藤成男：X 線分析の進歩, **53**, 175-182 (2022).

8) Y. Onuki, T. Hirano, A. Hoshikawa, S. Sato, T. Tomida: *Metall. Mater. Trans. A*, **50**, 4977-4986 (2019).

9) 小貫祐介：天田財団助成研究成果報告書, **34**, 229 (2021).

10) V. F. Shears: *Neutron News*, vol.3-3, 26-37 (1992).

11) D. L. Simith, M.C. Billone, K. Natesan: *International Journal of Refractory Metals & Hard Materials*, **18**, (2000).

12) G. Ribárik, J. Gubicza, T. Ungár: *Mater. Sci. Eng. A*, **343**, 387-389 (2004).

13) S. Matthies, J. Pehl, H.-R. Wenk, L. Lutterotti, S. C. Vogel: *J. Appl. Cryst*., **38**, 462 (2005).

14) L. Lutterotti, S. Matthies, H. R. Wenk, A.S. Schultz, J. W. Richardson: *J. Appl. Phys*., **81**, 594-600 (1997).

シアノ錯体熱分解法で合成されたCe置換型$LaFeO_3$のX線吸収分光による構造および電子状態の評価

辻　潤人[a]，二宮　翔[b,c]，西堀麻衣子[b*,c]

X-ray Absorption Evaluation of the Structure and Electronic State of Ce-Substituted $LaFeO_3$ Synthesized by Cyano Complex Pyrolysis

Hiroto TSUJI [a], Kakeru NINOMIYA [b,c] and Maiko NISHIBORI [b*,c]

[a] Graduate School of Environmental Studies, Tohoku University
468-1 Aramaki Aza Aoba, Aoba-ku Sendai, Miyagi 980-8572, Japan
[b] International Center for SynchrotronRadiation Innovation Smart, Tohoku University
468-1 Aramaki Aza Aoba, Aoba-ku, Sendai, Miyagi 980-8572, Japan
[c] Institute of Multidisciplinary Research for Advanced Materials, Tohoku University
2-1-1 Katahira, Aoba-ku, Sendai, Miyagi 980-8577, Japan

(Received 15 January 2025, Revised 29 January 2025, Accepted 30 January 2025)

Ce-substituted $LaFeO_3$ was synthesized via the cyano-complex pyrolysis method, and its crystal structure and elemental chemical states were investigated using X-ray diffraction and X-ray absorption spectroscopy. The results revealed that Ce addition beyond the solubility limit in the perovskite lattice induces CeO_2 precipitation, reduces crystallinity, and increases local structural distortion in FeO_6 octahedra. X-ray absorption spectroscopy further indicated that while the chemical bonding state between oxygen and the A-site, as well as the local structure, remain largely unchanged with Ce substitution, the local structure of FeO_6 is significantly modified. Notably, the oxygen K-edge soft X-ray absorption spectrum, which contains information on all cations bonded to oxygen, is considered highly useful for tracking element-specific chemical states and structural changes.

[Key Words] X-ray absorption spectroscopy, Perovskite, Chemical state analysis, Structural distortion

シアノ錯体熱分解法を用いてCe置換型$LaFeO_3$を合成し，その結晶構造および各元素の化学状態変化をX線回折およびX線吸収分光により評価した．Ceの添加は，ペロブスカイト酸化物中の固溶限界を超えるとCeO_2の析出を引き起こし，結晶性の低下およびFeO_6八面体の局所構造歪が増加することが明らかとなった．またX線吸収分光から，Ceがペロブスカイト中に固溶するにしたがって，酸素とAサイトとの化学結合状態や局所構造の変化はほぼ生じないものの，FeO_6の局所構造のみが変化することがわかった．特に酸素K端

a 東北大学大学院環境科学研究科　宮城県仙台市青葉区荒巻字青葉468-1　〒980-8572
b 東北大学国際放射光イノベーション・スマート研究センター　宮城県仙台市青葉区荒巻字青葉468-1　〒980-8572
　＊連絡著者：maiko.nishibori.d8@tohoku.ac.jp
c 東北大学多元物質科学研究所　宮城県仙台市青葉区片平2-1-1　〒980-8577

軟X線吸収分光スペクトルは，酸素と結合したすべてのカチオンの情報を含むことから，元素選択的な化学状態や構造変化の追跡に非常に有用と考えられる．

[キーワード] X線吸収分光，XAFS，ペロブスカイト酸化物，化学状態解析，構造歪み

1. はじめに

金属酸化物は，多様な物理的性質や化学的性質を示す魅力的な材料群である．金属酸化物の特徴的な性質は，金属原子価の多様性と，局所構造変化による電子状態の変化，酸素欠陥の生成しやすさなどに起因する[1]．中でもペロブスカイト酸化物は，希土類元素Aと遷移金属BからなるABO$_3$の組成式で表され，構成元素を変更することで誘電性，磁性，電子伝導性，触媒特性を示す材料が設計されている[2]．近年では，3d遷移金属を持つ$LaMO_3$ (M = Mn, Fe, Co, Ni) はO_2に対する触媒活性や高い酸素イオンおよび電子伝導性を持つため，固体酸化物形燃料電池の正極材への需要が高まっている[3-6]．

触媒活性をはじめとした特性を向上させる手法として，カチオンサイトへの異種金属イオンによる部分置換[7,8]や酸化物上への金属担持[9,10]などがある．例えば，$LaFeO_3$のLa^{3+}イオンのSrやCa, Ce, Ba等の元素の部分置換は，固体酸化物形燃料電池の触媒活性や磁気特性の向上を引き起こすことが報告されている[11-13]．部分置換は，電気的中性条件を維持するためにFeの混合原子価状態や酸素空孔の生成を促し[14]，さらに，置換元素のイオン半径差による格子歪みがFeO_6八面体構造に影響を与え，A-OおよびB-O結合距離や結合角の変化を引き起こす[15]．このように，部分置換は混合原子価状態や酸素欠損の生成，構造歪みを通じて特性に寄与する．

ペロブスカイト酸化物を合成する一般的な手法として，固相法が知られている．固相法は，2種類以上の金属酸化物や炭酸塩などを高温で反応させることで，目的生成物を調製する手法である．固相中ではイオンの拡散速度が遅く，均一な生成物を得るためには高温かつ長時間の熱処理が必要となるため，本手法では粒子径の大きな，すなわち比表面積の小さい粒子となる[16]．一方，複合酸化物の合成としてしばしば用いられる共沈法は，2種類の金属イオンを含む混合溶液に塩基を加えて沈殿させ，これを特定の雰囲気と温度で焼成することで調製する手法である[16]．これは，制御が容易で低コストな合成法ではあるが，混合液のpHに勾配が生じることから，しばしば組成の均一性に課題がある[17,18]．錯体重合法は，金属硝酸塩とカルボン酸を用いて金属錯体を形成し，これにエチレングリコールを加えてエステル化反応を進行させ，ポリマー重合によって形成した前駆体として焼成することで目的酸化物粉末を得る手法である[19,20]．この手法により得られる酸化物は均一性に優れている一方で，ポリマーの体積が大きく焼成時に著しい体積収縮や細孔の形成が生じることや，一部の金属では溶液中でカルボン酸と安定な錯体を形成しないなどの課題がある[20]．

シアノ錯体熱分解法は，シアノ錯体とペロブスカイト型酸化物の空間配置が類似していることから，A, Bサイトカチオンの選択肢が広く，低温合成ができる手法として期待されている[21,22]．この手法は，1968年にGallagher[21]によって発見され，配位化合物の熱分解によるペロブスカ

イト型酸化物の調製法について研究が進められている[23]ものの，合成メカニズムについてはほとんど理解されていない．このメカニズムの解明は，本合成法のさらなる理解とプロセス最適化だけでなく，新たな材料系の提案につながる重要な課題である．

そこで本研究では，シアノ錯体熱分解法により$LaFeO_3$のAサイトをCeで置換することを試みた．加えて，X線回折およびX線吸収分光により，合成時の結晶構造変化と各元素の化学状態変化の相関から合成メカニズムを議論した．

2. 実験方法

2.1 試料作成

シアノ錯体$La_{1-x}Ce_x[Fe(CN)_6]$（$x = 0, 0.1, 0.3$）は，ヘキサシアノ鉄（Ⅲ）カリウム（富士フイルム和光純薬, 99.0%），ランタノイド硝酸塩（富士フイルム和光純薬，99.5-99.9%）を適量混合した溶液を用いて，既報通りの手順で作製されたものを用いた[24]．得られたシアノ錯体前駆体は，300℃で1時間保持したのち，500, 700, 900℃で大気雰囲気下にて焼成した．

2.2 X線回折測定

各温度で焼成した生成物を，粉末X線回折装置（SmartLab, Rigaku製）を用いて，構造解析を行った．粉末X線回折測定は，Cu Kα線を用いて，加速電圧40 kV，管電流50 mAとした．ステップ幅0.02°，スキャン速度5.0°/minで測定を行った．

2.3 X線吸収分光測定

Ce L_3吸収端およびFe K吸収端X線吸収微細構造（XAFS）測定は，大型放射光施設SPring-8 BL01B1にて透過法で行った．分光結晶はSi(111)二結晶を用いて，X線強度の測定には，吸収端に適切な種類のガスを封じたイオンチャンバーを用いた．測定試料には希釈のため窒化ホウ素を混合したものを用いた．O K吸収端のXAFS測定はSPring-8 BL27SUにて，シリコンドリフト検出器（Amptek製）を用いた蛍光収量法で行った．

3. 結果と考察

$La_{1-x}Ce_x[Fe(CN)_6]$（$x = 0, 0.1, 0.3$）の室温状態，300, 500, 700, 900℃での焼成後のXRDの結果をFig.1に示す．室温においては，シアノ錯体とされる回折パターンが明瞭に見られた[25]．これを昇温すると300から500℃でシアノ錯体に由来する回折ピークが消失したのち，700℃ではペロブスカイト酸化物（JCPDS# = 37-1493）に由来する回折ピークが出現し，その後900℃で回折強度が強くなった．つまり，シアノ錯体は焼成にともない，アモルファス状態を経てペロブスカイト酸化物に変化していることを示している．また，Fig.1(a)とFig.1(b)の回折パターンに大きな差異は見られないが，Ce添加量$x = 0.3$のシアノ錯体を900℃で焼成した$La_{0.7}Ce_{0.3}[Fe(CN)_6]$-900℃では，$CeO_2$（JCPDS# = 34-394）の回折ピークが見られた．これは，$LaFeO_3$のカチオンサイトへ固溶できなかったCeがCeO_2として存在していると考えられる．

Ce添加による影響を確認するため，Ce添加量$x = 0.1, 0.3$のシアノ錯体および900℃焼成試料のCe L_3吸収端のXAFSスペクトル測定を行った．Fig.2(a)に示すように，室温から900℃への焼成によりスペクトル形状が大きく変化した．特に900℃においては，Ce添加量に依存してスペクトル形状が異なることが

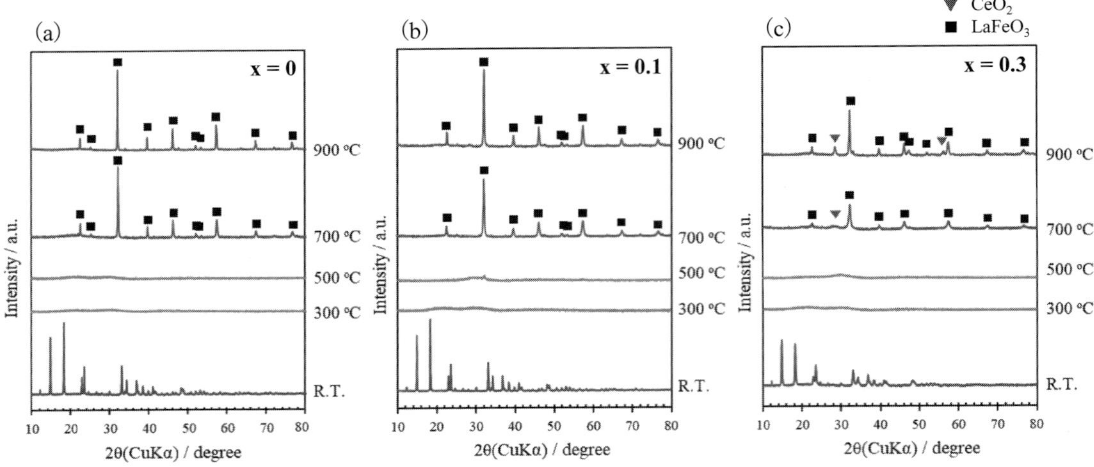

Fig.1 X-ray diffraction patterns of $La_{1-x}Ce_x[Fe(CN)_6]$ ($x = 0$ (a), 0.1 (b), 0.3 (c)) obtained at different temperatures of R.T, 300, 500, 700, and 900℃ .

わかった．さらに，900℃で焼成後の試料に対する XAFS スペクトルでは，5718 eV にピーク A，5726 eV にピーク B，5729 eV にピーク C，5736 eV にピーク D の 4 つのピークが確認できた．ピーク B は Ce^{3+}，ピーク A，ピーク C およびピーク D は Ce^{4+} に由来するピークであることが報告されている[26]．これらの結果を定量的に考察するため，Arctangent 関数とガウス関数を用いた非線形最小二乗法によるスペクトルのピーク分離を行い，Ce の価数を検討した．フィッティングの例を Fig.2 (b) に示す．なお，Arctangent 関数は連続帯への遷移のモデルと

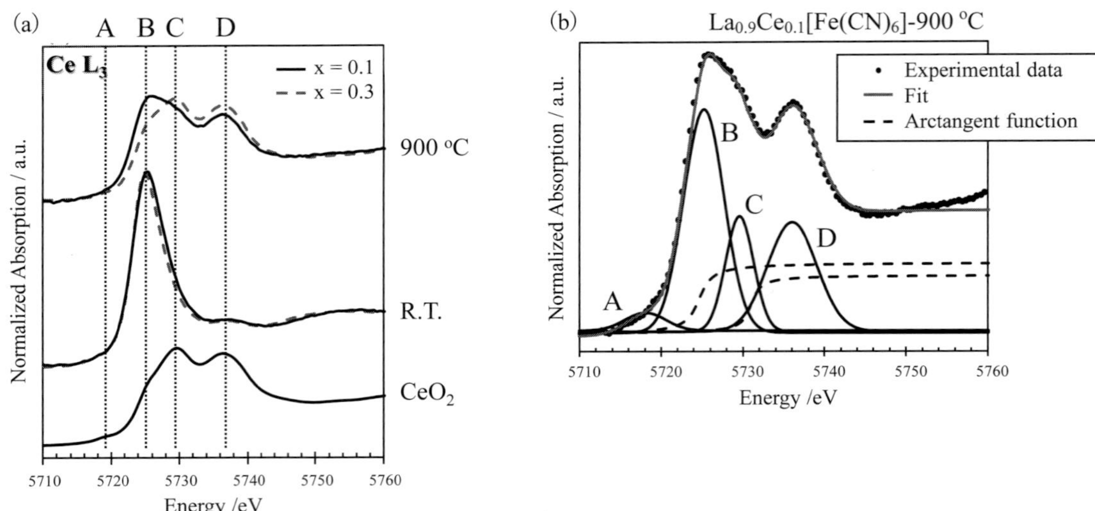

Fig.2 (a) Ce L_3-edge X-ray absorption spectra obtained for $La_{1-x}Ce_x[Fe(CN)_6]$ with $x = 0.1$ and 0.3, treated at different temperatures of RT and 900℃. XAFS spectrum of CeO_2 is also shown. (b) X-ray absorption spectrum obtained for $La_{0.9}Ce_{0.1}[Fe(CN)_6]$ with experimental plots and deconvoluted peaks.

して用いており，フィッティングは5713から5750 eVの範囲で行った．本研究では，900℃では混合原子価状態で存在することを考慮して2つのArctangent関数を，室温のシアノ錯体とCeO_2では単一原子価状態あるいはそれに近い状態と仮定して1つのArctangent関数を用いた[27,28]．また，既往の報告におけるArctangent関数フィッティングパラメータは，エネルギー値は5726～5731 eV，半値幅は2.4 eV程度が用いられており，本報におけるフィッティング結果は先行研究と十分に整合している[27,29]．

フィッティングにより算出した各ピークの面積値をTable 1に示す．なお，面積値はピークA, B, C, Dの合計が1になるように規格化した．各ピークの面積値は，シアノ錯体においてはCe添加量によらずほぼ一定の値であったのに対し，900℃焼成試料ではCe添加量によって大きな変化が見られた．具体的には，シアノ錯体，$La_{0.9}Ce_{0.1}[Fe(CN)_6]$-900℃，$La_{0.7}Ce_{0.3}[Fe(CN)_6]$-900℃，$CeO_2$の順に，ピークBの面積は減少し，ピークA，ピークCおよびピークDの面積は増加する傾向を示した．シアノ錯体のCeが3価であると仮定し，CeO_2のCeが4価であることを踏まえると，$La_{1-x}Ce_x[Fe(CN)_6]$-900℃のCeは3価と4価が混合して存在している可能性がある．さらに，$La_{0.7}Ce_{0.3}[Fe(CN)_6]$-900℃と$CeO_2$のCe L_3吸収端XAFSスペクトルの形状が類似していることから，Ce添加量増加による4価の割合の増加は，ペロブスカイト型酸化物に固溶していないCeの存在，すなわち固溶限界によるものであると考えられる．この解釈は，X線回折測定の結果とも一致する．一方，$La_{0.9}Ce_{0.1}[Fe(CN)_6]$-900℃は，$La_{0.7}Ce_{0.3}[Fe(CN)_6]$-900℃とXAFSスペクトル形状が異なるとともに，$La_{0.7}Ce_{0.3}[Fe(CN)_6]$-900℃よりも多く$Ce^{3+}$が存在していることから，CeはペロブスカイトS酸化物のAサイトあるいはBサイトに固溶している可能性，もしくはX線回折からは確認できない微量のCeO_2として存在している可能性が示唆される．

次に，Ce添加がFeの化学状態に及ぼす影響を検討するために，Fe K吸収端のXAFS測定を行った．900℃で焼成した試料のFe K吸収端のXAFSスペクトル（Fig.3 (a)）には7120 eV付近にメインピークが見られており，これはCe添加量が増加することによってブロード化する傾向を示した．なお，この吸収ピークはFe 1s → 4pの双極子遷移に起因していることから，ピークのブロード化は4p軌道のエネルギーバ

Table 1 Area intensities of peak A, peak B, peak C, and peak D for evaluated for Ce L_3-edge X-ray absorption spectra and arctangent parameters of energy position and Full Width at Half Maximum (FWHM).

Sample	Area intensities				Arctangent parameters	
	Peak A	Peak B	Peak C	Peak D	Energy/eV	FWHM/eV
$La_{0.9}Ce_{0.1}[Fe(CN)_6]$-R.T.	0.034	0.76	0.13	0.076	5726.31	2.48
$La_{0.7}Ce_{0.3}[Fe(CN)_6]$-R.T.	0.043	0.76	0.11	0.087	5726.48	2.35
$La_{0.9}Ce_{0.1}[Fe(CN)_6]$-900℃	0.021	0.47	0.23	0.28	5724.61 5730.90	2.54 2.35
$La_{0.7}Ce_{0.3}[Fe(CN)_6]$-900℃	0.029	0.23	0.34	0.39	5724.69 5731.27	2.50 2.41
CeO_2	0.067	0.12	0.45	0.36	5731.93	2.77

ンドがブロード化していることを示す．つまりこの結果は，Ce添加量の増加にともなって結晶性が低くなっていることを反映していると考えられる．

7105～7109 eV付近では，2本のプレエッジピークI，IIが見られた(Fig.3(b))．Ce添加量に対するこれらのピーク強度は，Ce添加量の増加にともなって増加した(Fig.3(c))．ここで，これら2本のプレエッジピークはFe 1s→Fe 3d-O 2p混成軌道への低スピン状態遷移に起因する[30]．Fe 3dとO 2pの混成軌道はFeO_6八面体の対称性が低下することにより形成されるため，プレエッジピーク強度の増加は，八面体の歪みを反映していることを示す．したがって，Ce添加によるプレエッジピーク強度の増加は，FeO_6八面体の局所歪みが増大していることを示唆する．

そこで，Ce添加がFeO_6八面体の歪みに与える影響を検討するため，O K吸収端のXAFS測定を行った．O K吸収端のXAFSスペクトルでは，酸素の1s軌道から，酸素の2p軌道とカチオンとの混成軌道への遷移に対応し，O 2p非占有軌道の部分状態密度を反映する．本研究で測定したO K吸収端のXAFSスペクトル(Fig.4)において，複数のピークを確認することができた．530～532 eVのピークはO 2p-Fe 3d軌道，535 eV付近のピークはLaまたはCeの5d軌道，543 eV付近のピークはFe sp軌道との混成軌道に起因する[31]．また，CeO_2では530 eVでO 2p-Ce 4f混成軌道のピークが存在する[32]．

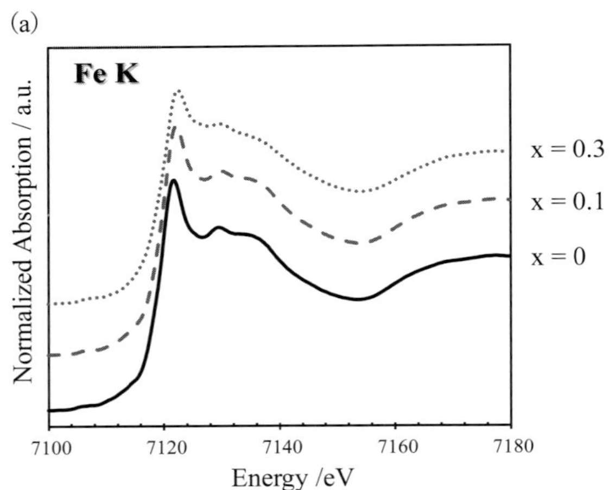

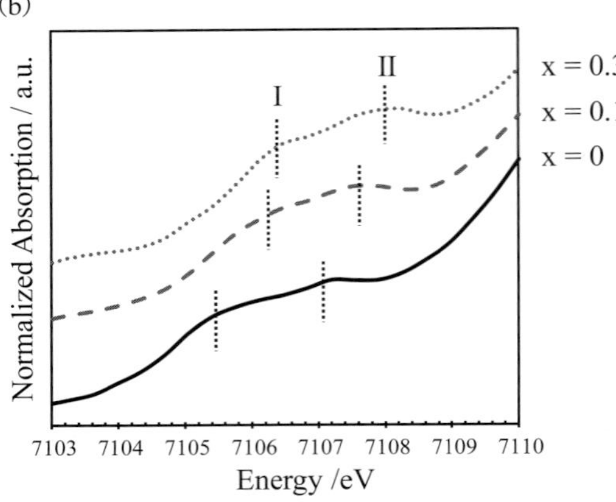

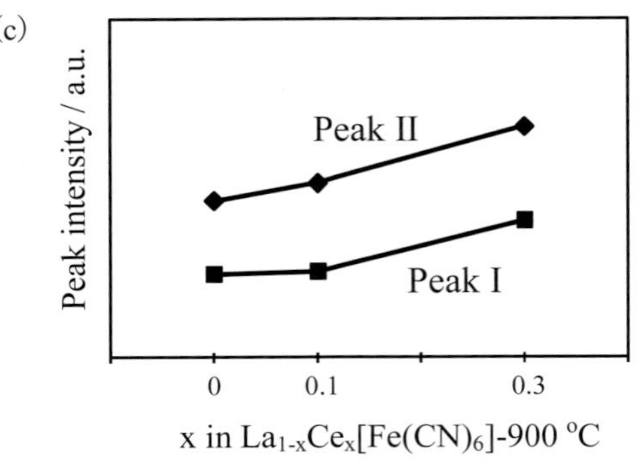

Fig.3 (a) Fe K-edge X-ray absorption spectra obtained for $La_{1-x}Ce_x[Fe(CN)_6]$ with x=0, 0.1 and 0.3, treated at 900℃ in energy range from 7100 to 7180 eV. (b) Fe K X-ray absorption spectra obtained for $La_{1-x}Ce_x[Fe(CN)_6]$ with x=0, 0.1 and 0.3, treated at 900℃ in energy range from 7103 to 7110 eV. (c) Intensities of peak I and peak II with content x of Ce in $La_{1-x}Ce_x[Fe(CN)_6]$.

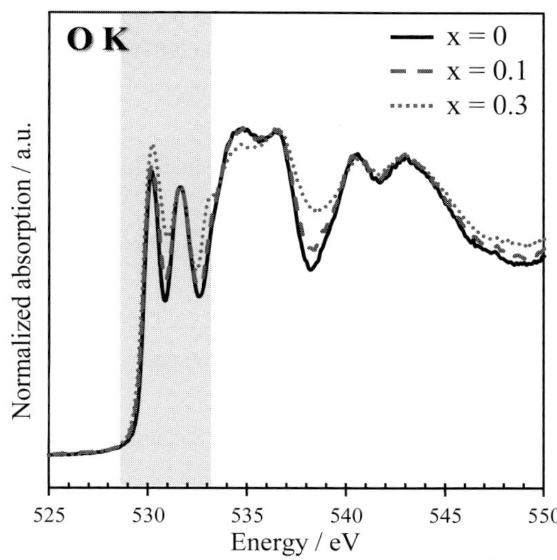

Fig.4 O K-edge X-ray absorption spectra obtained for $La_{1-x}Ce_x[Fe(CN)_6]$ with $x = 0$, 0.1 and 0.3.

Ce含有量0.3のスペクトル形状が大きく変化しており，530 eVのピーク強度が増加した．これはペロブスカイト酸化物に組み込まれず酸化されたCeO_2が共存しているためと考えられる．$x = 0$と0.1の試料を比較すると，スペクトルの概形は一致しており基本的に$LaFeO_3$となっている．さらに，LaまたはCeとの混成に帰属される535 eV付近のスペクトル形状は一致しているものの，Feとの混成を強く反映している530～532 eVおよび543 eVのピークは，Ce含有量0.1の方がブロード化していることが見て取れる．したがって，Ceがペロブスカイト中に固溶するにしたがって，酸素とAサイトとの化学結合状態や局所構造の変化はほぼ生じないものの，FeO_6の局所構造のみが変化していると考えられる．

4. まとめ

本研究では，シアノ錯体熱分解法により合成した$(La_{1-x}Ce_x)FeO_3$を対象に，X線回折およびX線吸収分光により，合成時の結晶構造変化と各元素の化学状態変化の相関から合成メカニズムを議論した．その結果，900℃で焼成では固溶限界を超えたCeがCeO_2として析出すること，Ce添加によって結晶性が低下することがわかった．また，Ceがペロブスカイト中に固溶するに応じて，主にFeO_6八面体の構造歪が増加することがわかった．本研究の結果は，X線分光により，Ce添加がペロブスカイト型酸化物$LaFeO_3$の構造や元素の電子状態に与える影響を議論できることを明確に示している．特に，酸素K吸収端は非占有バンド構造を反映するため，系中に存在するカチオンのすべての情報を一挙に取得することができることから，元素選択的な化学状態や構造変化の追跡に非常に有用と考えられる．

謝　辞

本研究に際し，愛媛大学大学院理工学研究科八尋秀典教授，山口修平准教授，山口乃愛さん，田原妃菜乃さんに試料のご提供およびご助言をいただきました．XAFS測定は，SPring-8の共用ビームラインであるBL01B1およびBL27SUにて実施しました（課題番号：2022B1784，2023B1560）．本研究の一部は，JSPS科研費22H01764の助成を受けて実施しました．

参考文献

1) 西原美一：日本物理学会誌，**49**, 811 (1994).
2) M. Weller, T. Overton, J. Rourke, F. Armstrong：“シュライバーアトキンス無機化学，第6版”，841,(2017),（東京化学同人）.
3) G. Walch, A. K. Opitz, S. Kogler, J. Fleig: *Monatsh. Chem.*, **145**, 1055-1061 (2014).
4) N. Lakshminarayanan, J. N. Kuhn, S. A. Rykov, J. M.

Millet, U. S. Ozkan: *Catal. Today*, **157**, 446-450 (2010).

5) H. Ullmann, N. Trofimenko, F. Tietz, D. Stover, A. Ahmad-Khanlou: *Solid State Ionics*, **138**, 79-90 (2000).

6) Q. Hu, B. Yue, H. Shao, F. Yang, J. Wang, Y. Wang, J. Liu: *J. Alloys Compd.*, **852**, 157002 (2021).

7) Haas, U. F. Vogt, C. Soltmann, A. Braun, W. S. Yoon, X. Q. Yang, T. Graule: *Mater. Res. Bull.*, **44**, 1397-1404 (2009).

8) L. Xu, S. Yuan, H. Zeng, J. Song: *Mater. Today Nano*, **6**, 100036 (2019).

9) Y. Zheng, H. Xiao, K. Li, Y. Wang, Y. Li, Y. Wei, X. Zhu, H. Li, D. Matsumura, B. Guo, F. He, X. Chen, H. Wang: ACS Appl. Mater. *Interfaces*, **37**, 42274-42284 (2020).

10) Y. Nishihata, J. Mizuki, T. Akao, H. Tanaka, M. Uenishi, M. Kimura, T. Okamoto, N. Hamada: *Nature*, **418**, 164-167 (2002).

11) A. Yoshiasa, Y. Inoue, F. Kanamaru, K. Koto: *J. Solid State Chem.*, **86**, 75 (1990).

12) Q. N. Tran, F. Martinovic, M. Ceretti, S. Esposito, B. Bonelli, W. Paulus, F. Di Renzo, F. A. Deorsola, S. Bensaid, R. Pirone.: *Appl. Catal. A Gen.*, **589**, 117304 (2020).

13) S. Hu, L. Zhang, H. Liu , Z. Cao, W. Yu, X. Zhu, W. Yang: *J. Power Sources*, **443**, 227268 (2019).

14) P. Shikha, T. S. Kang, B. S. Randhawa: *J. Alloys Comp.*, **625**, 336-345 (2015).

15) S. Hariyani, J. Brgoch: *Chem. Mater.*, **32**, 6640-6649 (2020).

16) S. Royer, D. Duprez, F. Can, X. Courtois, C. Batiot-Dupeyrat, S. Laassiri, H. Alamdari: *Chem. Rev.*, **114**, 10292-10368 (2014).

17) Z. Junwu, S. Xiaojie, W. Yanping, W. Xin, Y. Xujie, L. Lude: *J. Rare Earths.*, **25**, 601-604 (2007).

18) W. Haron, A. Wisitsoraat, S. Wongnawa: *Ceram. Int.*, **43**, 5032-5040 (2017).

19) S. Royer, F. Bérubé, S. Kaliaguine: *Appl. Catal. A*, **282**, 273-284 (2005).

20) M. Yoshimura, M. Kakihana, K. Sardar: *Mater. Des.*, **244**, 113118 (2024).

21) P. K. Gallagher: Mater. *Res. Bull.*, **3**, 225 (1968).

22) M. Asamoto, M. Hino, S. Yamaguchi, H. Yahiro: *Catal. Today*, **175**, 534-540 (2011).

23) Y. Sadaoka, E. Traversa, M. Sakamoto: *J. Alloys Compd.*, **240**, 51-59 (1996).

24) M. Asamoto, N. Harada, Y. Iwamoto, H. Yamaura, Y. Sadaoka, H. Yahiro: *Top. Catal.*, **52**, 823-827 (2009).

25) M. Asamoto, Y. Iwasaki, S. Yamaguchi, H. Yahiro: *Catal. Today*, **185**, 230-235 (2012).

26) K. O. Kvashnina: *Chem. Eur. J.*, **30**, e202400755 (2024).

27) H. Yoshida, L. Yuliati, T. Hamajima, T. Hattori: *Mater. Trans.*, **45**, 2062-2067 (2004).

28) A. Fuse, G. Nakamoto, M. Kurisu, N. Ishimatsu, H. Tanida: *J. Alloys Compd.*, **376**, 34-37 (2004).

29) J. G. Darab, H. Li, J. D. Vienna: *J. Non-Cryst. Solids*, **226**, 162-174 (1998).

30) P. Glatzel, A. Mirone, S. G. Eeckhout, M. Sikora: *Phys. Rev. B*, **77**, 115133 (2008).

31) F. Frati, M. O. J. Y. Hunault, F. M. F. de Groot: *Chem. Rev.*, **120**, 4056-4110 (2020).

32) S. Soni, M. Dave, B. Dalela, P. A. Alvi: *Appl. Phys. A*, **126**, 585 (2020).

偏光光学系エネルギー分散型蛍光X線分析装置を用いた漢方生薬の微量元素測定

船橋華子，保倉明子*

Determination of Trace Elements in Crude Drugs for Kampo Preparation by Energy Dispersive X-ray Fluorescence Spectrometer with Polarizing Optics

Hanako FUNABASHI and Akiko HOKURA*

Department of Applied Chemistry, School of Engineering, Tokyo Denki University
5 Senju-asahi-cho, Adachi, Tokyo 120-8551, Japan

(Received 18 January 2025, Revised 25 January 2025, Accepted 29 January 2025)

An X-ray fluorescence spectrometer with three-dimensional polarization optics was utilized to analyze trace elements in crude drugs and Kampo Preparation (Chinese herbal medicine) samples. As a result of examining the measurement conditions, it was possible to efficiently excite trace elements using Ti, Ge, Zr, and Al_2O_3 as secondary target materials, with measurement times of 600 seconds each. The detection limits, calculated from the certified or the reference values of the certified reference materials, ranged from tens of ppm to a few ppm for varied elements. For the toxic elements (Cr, As, Pb, and Hg), the contents of the samples measured in this study were below the detection limits. For the seven elements (potassium, calcium, manganese, iron, copper, zinc, and barium), calibration curves with good linearity were created, and they were adopted for rapid quantitative analysis of crude drugs and Kampo samples. The crude drug samples showed characteristics in trace metal concentrations. The cinnamon bark sample contained a large amount of barium (140 mg/kg), and the clove sample contained a large amount of manganese (780 mg/kg). The curcuma rhizome sample contained a large amount of trace metals such as manganese (440 mg/kg), iron (560 mg/kg), and zinc (92 mg/kg). In contrast to the samples of cinnamon bark and senna leaf, which had potassium concentrations of around 5,000 mg/kg, the calcium concentrations were extremely high, exceeding 20,000 mg/kg. This study proposes a new approach for rapidly analyzing impurity elements in pharmaceuticals. This method is quick and requires minimal sample preparation, making it a valuable tool for assessing the risk of trace impurity elements in pharmaceuticals.

[Key words] X-ray fluorescence spectrometer with three-dimensional polarization optics, Trace elements, Pharmaceutical analysis, Crude drugs, Kampo preparation (Chinese medicine)

三次元偏光光学系蛍光X線分析装置を用いて，生薬と漢方薬試料に含まれる微量元素の定性分析および定量分析を行った．最適な測定条件を検討した結果，二次ターゲット材に Ti，Ge, Zr, Al_2O_3 を用いて，それぞ

東京電機大学工学部応用化学科　東京都足立区千住旭町5　〒120-8551　*連絡著者：hokura@mail.dendai.ac.jp

れ600秒の計測時間で微量元素を効率よく励起することができた．植物認証標準物質の認証値および参考値から算出した検出限界は，多くの元素において数十ppmから数ppmであった．有害元素（Cr, As, Pb, Hg）は今回測定した生薬および漢方薬試料では検出下限以下であった．生薬および漢方薬試料について，検量線法により，医薬品元素不純物ガイドラインICH Q3Dの対象24元素・その他の検討元素10元素のうち，7元素（K, Ca, Mn, Fe, Cu, Zn, Ba）を迅速に定量することができた．生薬試料において，微量元素濃度の違いが見られ，ケイヒではバリウム濃度が140 mg/kg，チョウジではマンガン濃度が780 mg/kgと高い傾向がみられた．ガジュツは，マンガン440 mg/kg，鉄560 mg/kg，亜鉛92 mg/kgと，これら微量元素の含有量が高かった．ケイヒとセンナでは，カリウム濃度は5000 mg/kg程度なのに対してカルシウム濃度は20,000 mg/kg以上と非常に高濃度となった．本研究では，非常に簡便な試料調製法で迅速な測定を実証しており，医薬品に含まれる微量な元素不純物のリスクアセスメントにおいて有用な方法として期待される．

［キーワード］偏光光学系蛍光X線分析装置，微量元素，医薬品分析，生薬，漢方薬

1. 緒　言

医薬品は健康で快適な生活を送り，人の命を救うために必要不可欠なものである．しかし，医薬品に有害金属元素が含まれていると，健康被害を生じるリスクがある．そこで，医薬品の安全性を確保する目的で，日本薬局方において重金属試験法[1]が規定されている．この試験法では，重金属の総量を硫化物イオンにより呈色させる比色法が採用され，古くから評価を行ってきた．しかし，近年，医薬品原薬の製造に様々な触媒が使用されるようになり，従来の重金属試験法では検出できないという問題や検出されたとしても金属種が特定できないなどの問題が生じてきた．元素不純物は複数の起源に由来するとされる．例えば，原薬の合成において意図的に添加された触媒の残留物，製造設備・器具，容器施栓系（包装），製剤の賦形剤等の構成成分などである．

このような状況の中，日米欧3極における医薬品中の金属分析は，総量評価から個別定量への移行が進み，2015年には，日米EU医薬品規制調和国際会議（International Council for Harmonisation of Technical Requirements for Pharmaceuticals for Human Use：ICH）において，医薬品の「元素不純物ガイドラインQ3D」（Guideline for Elemental Impurities：Q3D）が発出された[2]．潜在的な元素不純物に係る毒性データを評価し，毒性学的に懸念のある各元素の許容1日曝露量（Permitted Daily Exposure：PDE）が設定されている．PDEとは，その元素を一生摂取し続けても有害現象が現れないと見積もられた1日あたりの許容摂取量である．ICH Q3Dでは，元素の毒性（PDE値）および製剤中に存在する可能性に基づいて，下記のように分類されている．

クラス1：Cd, Pb, As, Hg

毒性が強く，意図的使用はあまりなく，鉱物性添加剤などに由来されることが想定される．潜在的起源や投与経路全般にわたるリスクアセスメント評価が必要である．実測を必須とすることは想定されていない．

クラス2：投与経路に依存して，ヒトに対し毒性を発現する物質である．製剤中に存在する相対的な可能性に基づき，さらにサブクラス2Aおよび2Bに分類されている．

クラス2A：Co, V, Ni

医薬品中に存在する可能性が高く，すべての

投与経路で評価が必要なもの（天然物からの混入の可能性があり，アセスメントが必要）

クラス2B：Tl, Au, Pd, Ir, Os, Rh, Ru, Se, Ag, Pt

天然に存在する可能性が低く，意図的に添加された場合にのみ評価が必要なもの（製造工程で使用された場合，アセスメントが必要）

クラス3：Li, Sb, Ba, Mo, Cu, Sn, Cr

比較的毒性が低く，PDE値が500 μg/day以上で，経口剤では評価を必要とされないが，注射剤，吸入剤では評価が必要なもの（経口投与以外で，アセスメントが必要）

その他の検討元素：Al, B, Ca, Fe, K, Mg, Mn, Na, W, Zn

ガイドライン作成時に評価を実施し，毒性が低いためPDE値を設定しなかった元素で，他のガイドラインや各局の規制，最終製品の品質を考慮するもの

このように，医薬品中不純物となる微量元素の分析ニーズが高まっており，誘導結合プラズマ発光分析法（ICP-OES），誘導結合プラズマ質量分析法（ICP-MS）などが用いられている[3]．これらの方法は多元素の分析が可能で，高感度に測定ができる．しかし，固体の医薬品を測定する場合には，試料を酸分解して溶液化する必要がある．元素によっては，この試料の溶液化の過程で不溶性の化合物を形成したり，揮発性の形態となり損失してしまう．また，溶液化のためには，化学実験施設や専門知識，熟練した技術が必要で，測定時間に比べ非常に長い前処理時間を要する．

一方，蛍光X線分析（XRF）は，試料を溶液化する必要がないため，前処理が簡便で非破壊分析・多元素分析が可能である[4,5]．しかし，従来の蛍光X線分析装置は，ICP-MSに比べて検出感度が低く，微量元素を分析することが困難であった．近年，三次元偏光光学系[6]を搭載したエネルギー分散型蛍光X線分析装置により，サブppmレベルの高感度な微量元素分析が実現され，コーヒー豆，大豆，ホウレンソウ，小麦粉，唐辛子，コンブなど食品の微量元素分析に有効であることが報告されている[7-12]．

本研究では，漢方生薬に着目した．世界保健機構（WHO）の調査によれば，発展途上国を中心に世界人口の約80%の人々が伝統医学に依存しているとされ，東洋医学において漢方生薬は，重要な役割を果たしている．生薬は漢方薬の原料となり，植物や鉱物，動物由来など様々である[13]．一般的な医薬品と異なり，生薬は天然成分で構成されているため，不純物元素には何が混入しているかわからない面がある．このためか，生薬は元素不純物ガイドラインICH Q3Dの対象医薬品とはなっていない．

漢方薬や生薬，アーユルヴェーダ薬，薬用植物などの元素分析は，ICP-OES，ICP-MSや原子吸光光度法による報告が多く[3,14-19]，蛍光X線分析による報告[19-25]は多くない．また，医薬品元素不純物ガイドラインの元素を対象とした研究もまだ少ない．現在はICH Q3Dの適用外の生薬・漢方薬であるが，漢方医療の発展に伴って今後は分析ニーズの拡大が想定される．そこで，本研究では，偏光光学系エネルギー分散型蛍光X線分析装置を用いて，植物を由来とする生薬におけるICH Q3D対象元素の分析を試みた．

2. 実　験

2.1 生薬および漢方薬試料

神奈川県横浜市の漢方薬局において，生薬および調合された漢方薬を購入した．文献[21-24]

を参考に，ショウキョウ(生姜 Ginger)，カンキョウ(乾姜 Processed Ginger)，ガジュツ(莪迷 Curcuma Rhizome)，ケイヒ(桂皮 Cinnamon Bark)，センナ(Senna Leaf)，チョウジ(丁香 Clove)を選択した．生薬試料およびその産地をTable 1に示す．生薬のショウキョウおよびセンナは塊状だったので，薬局で粉砕機(製粉機万能ひきっ粉 300 cc タイプ：材質 ステンレススチール)を用いて粉末化したものを購入した．漢方薬のケイシトウ桂枝湯は，生薬のケイヒ(桂皮 Cinnamon Bark)，シャクヤク(芍薬 Peony Root)，タイソウ(大棗 Jujube)，カンゾウ(甘草 Glycyrrhiza)，ショウキョウ(生姜 Ginger)が調合されたもので，これらの産地はいずれも中国であった．

2.2 試料調製

蛍光X線分析では原理的には試料の形態を問わず非破壊での測定が可能である．しかし，蛍光X線強度は試料の密度や試料表面の凹凸などの影響を受ける[4)]．そこで本研究では，より安定性の高い蛍光X線強度を得るために，錠剤の作製法を検討した．

すべての試料をシャーレに入れて，定温乾燥機で85℃，24時間乾燥した．乾燥した固体の生薬試料について，ジルコニア製の粉砕容器(25 mL)と粉砕ボール(直径20 mm)を用いて，ボールミル型の粉砕機(Mixer Mill MM400，Retsch製)で粉砕・均質化した．生薬のカンキョウ，ケイヒ，チョウジについては，振動数30 Hzで30秒間粉砕した．ガジュツについては30秒間では粉砕均質化できなかったため，粉砕時間を2分間とした．試料量の検討[11-12)]を参考に，秤量した粉末試料1.00 gを錠剤成型機(直径20 mm)に入れ，圧力7 tonf/cm^{2}で6分間加圧し，錠剤を作製した．成型した錠剤は，直径20 mm

Table 1 Sample name for Crude Drugs and Kampo Preparation and their place of collection.

Sample name (Latin name [a])	Medicinal part	Place of collection
Ginger (ZINGIBERIS RHIZOMA)	Rhizome	Guizhou, China
Processed Ginger (ZINGIBERIS RHIZOMA PROCESSUM)	Rhizome	Guangxi, China
Curcuma Rhizome (CURCUMAE RHIZOMA)	Rhizome	Guangxi, China
Cinnamon Bark (CINNAMOMI CORTEX)	Tree bark	Guangxi, China
Senna Leaf (SENNAE FOLIUM)	Leaf	India
Clove (CARYOPHYLLI FLOS)	Flower (bud)	Zanzibar, Tanzania
KEISHITO [b]		

a The Latin names follow the indications in The Japanese Pharmacopoeia [1,13,30)].
b KEISHITO is a preparation of Cinnamon Bark (CINNAMOMI CORTEX), Peony Root (PAEONIAE RADIX), Jujube (ZIZIPHI FRUCTUS), Glycyrrhiza (GLYCYRRHIZAE RADIX), and Ginger (ZINGIBERIS RHIZOMA), all of which were produced in China.

で厚みは約2.4 mmとなった．また，生薬のチョウジは，フトモモ科チョウジノキの開花直前の蕾を乾燥したもので油分が多く，粉砕直後に加圧すると油がしみだしてしまい，錠剤作製が困難であった．このため，粉砕後に真空乾燥機を用いて85℃，2時間乾燥を行ったところ，緻密かつ形状が一定の錠剤の調製ができた．一方，漢方薬は粉末状態だったので，乾燥後に錠剤成型をした．これらの生薬および漢方薬について，それぞれ錠剤を3つ作製し，蛍光X線分析測定に供した．

2.3 植物の認証標準試料

蛍光X線強度は試料のマトリックスに影響をうけるため，蛍光X線強度を濃度に換算する際には，マトリックスの似た物質を用いて検量線を作成することが望ましい．本研究では，以下の植物認証標準物質を用いた．National Institute of Standards & Technology (NIST) の Apple Leaves (SRM 1515)，Rice Flour (SRM 1568a)，Spinach Leaves (SRM 1570a)，Tomato Leaves (SRM 1573a)，国立環境研究所 (NIES) のリョウブ (CRM No.1)，クロレラ (CRM No.3)，茶葉II (CRM No.23)，Institute for Reference Materials and Measurements (IRMM) の Hay Powder (BCR-129)，White Cabbage (BCR-679)，International Atomic Energy Agency (IAEA) のRye Flour (IAEA-V-8)，産業技術総合研究所 計量標準総合センター (NMJI) の白米粉末Cd濃度レベルII (CRM 7502-a)，ひじき粉末 (CRM 7405-a) の12試料である．これらは，いずれも粉末の形態で頒布されているので，生薬試料と同様に標準試料の粉末1.00 gを量り取り，直径20 mmの錠剤に成型して測定試料とした．

2.4 蛍光X線分析装置

三次元偏光光学系エネルギー分散型蛍光X線分析装置 (Epsilon5，PANalytical製) を使用した．本装置では，X線源，二次ターゲット，試料，検出器が3つの直交する軸上に配置されてた偏光光学系 (カルテシアン配置)[6] を採用しており，X線源や試料からの散乱線が減少してバックグラウンドを著しく低下できるため，高いS/N比が得られる．X線管球にはGdターゲットを用いており，高エネルギーX線 (20 keV以上) を励起光源として利用できる．また目的元素に応じた最適な二次ターゲットを選択することにより，軽元素から重元素まで効率よく励起できる．検出器には，高エネルギー領域にも検出効率が高いGe半導体検出器を使用している．また，自動試料交換装置が搭載されているので，長時間の測定や夜間の連続測定が可能で，多検体の分析も容易に行える．これらの特徴は，生薬などの医薬品における軽元素から重元素までの多元素分析に適しているといえる．

2.5 測定条件の検討

装置に搭載されている，10種の二次ターゲット材 (Al, Ti, Fe, Ge, Ag, Zr, Mo, CsI, CeO_2, Al_2O_3) および測定時間の検討を行った．まず，短時間で広いエネルギー領域をスキャンするため，二次ターゲット材Al, Ti, Ge, Mo, Al_2O_3を用いて，それぞれ600秒ずつの計測をした．つぎに，医薬品中の元素不純物ガイドラインに記載されている有害元素 (As, Hg, Pb, Cd) を検出するため，二次ターゲット材Ti, Fe, Ge, Mo, Zrで計測時間を各1800秒とし，二次ターゲット材Al_2O_3で計測時間を2400秒として計測した．測定雰囲気を真空とした．

最適化した測定条件のもとで，植物認証

標準物質のリョウブと Tomato Leaves を用いて，各元素の最小検出下限（Lower Limit of Detection, LLD）を式（1）より算出した．リョウブ（Pepperbush）は亜鉛，マンガン，カドミウムなどの含有量が高い植物認証標準物質である．リョウブで認証値あるいは参照値がない硫黄と塩素については，Tomato Leaves の参照値を用いた．

$$\mathrm{LLD} = 3\frac{C}{I_{\mathrm{net}}}\sqrt{\frac{I_{\mathrm{BG}}}{t}} \tag{1}$$

ここで，C：認証値あるいは参考値（mg/kg），I_{net}：ピークのネット強度面積（cps/mA），I_{BG}：バックグラウンド面積（cps/mA），t：測定時間（s）である．

2.6　生薬・漢方薬に含まれる元素の定量

各元素の蛍光X線強度は含有量の関数になっており，蛍光X線強度を測定すれば含有量を知ることができる．測定元素のX線強度を含有量に変換する方法として，検量線法と FP（Fundamental Parameter）法がある．検量線法では，試料のマトリックスに似た濃度既知の標準物質を用いて検量線を作成して，各元素を定量する．本研究では，生薬にマトリックスが似ている植物認証標準物質を複数用意できることから，検量線法を用いた．また生薬や漢方薬から検出された元素のうち，カルシウム，カリウム，バリウムについては，植物認証標準物質だけでは適切な濃度範囲の検量線が作成できないため，塩化カルシウム，ヨウ化カリウム，硫酸バリウムの各試薬とセルロース（和光純薬工業㈱和光1級）を適宜混合し，検量線用試料とした．

試料から得られた XRF スペクトルについて，用いた二次ターゲット材ごとに規格化を行い，規格化された各元素のピーク強度面積からバックグラウンド強度面積（I_{BG}）を引き，正味の強度面積（ネット強度面積 I_{net}）を算出し，定量に用いた．二次ターゲット材に Fe, Ge, Mo, Zr を用いた際には，二次ターゲット材のコンプトン散乱線を用いて規格化した．一方，二次ターゲット材に Al, Ti, Al_2O_3 を用いた際には，各元素のピークにおけるバックグラウンドを用いて規格化した．

3.　結果と考察

3.1　生薬・漢方薬の XRF スペクトル測定結果

蛍光X線分析装置を用いて，生薬6試料，漢方薬1試料を測定した．まずは蛍光X線分析装置に搭載されているオート機能を用いて，短時間で幅広いエネルギー領域について測定を行った．二次ターゲット材として Ti, Ge, Mo, Al_2O_3 の4種を用いた際の生薬6試料の XRF スペクトルを Fig.1 に示す．

Fig.1（a）に示すように，二次ターゲットを Ti とした際には，Si, P, S, Cl, K, Ca のピークが確認できた．S Kα ではガジュツ Curcuma Rhizome 試料（i）のピークが高く，Cl Kα ではチョウジ Clove 試料（vi）のピークが高かった．K Kα ではカンキョウ Processed Ginger 試料（ii）のピークが一番高く，ケイヒ Cinnamon Bark 試料（iii）のピークが一番低い結果となった．K Kβ 線（3.590 keV）と Ca Kα 線（3.691 keV）は，Ge 半導体検出器のエネルギー分解能では分離が難しい．ガジュツ（i），カンキョウ（ii），ショウキョウ（iv）では K Kα 線の強度が高く，Ca Kβ 線の強度は低い．一方，ケイヒ（iii），センナ Senna Leaf（v）では，Ca Kβ 線の強度が他の試料よりも高く，K Kα 線の強度は低いことから，3.69～3.71 keV 付近のピークの大部分は Ca Kα 線由来であるといえる．K と Ca を定量するために，XRF スペ

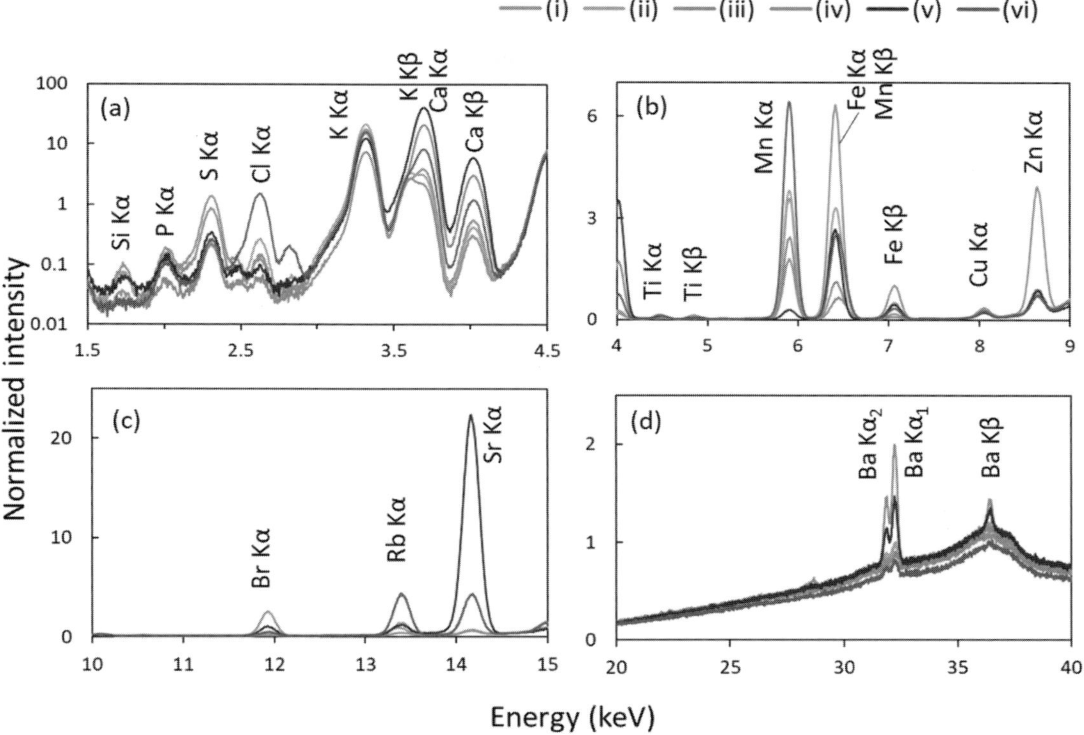

Fig.1 XRF spectra for crude drugs and Kampo. Secondary target; Ti (a), Ge (b), Mo (c), Al_2O_3 (d). Measurement time; 600 s each.
(i) Curcuma Rhizome, (ii) Processed Ginger, (iii) Cinnamon Bark, (iv) Ginger, (v) Senna Leaf, (vi) Clove.

クトルについてピーク分離し，それぞれのネット強度を算出した．

Geを二次ターゲットとすると，Ti, Mn, Fe, Cu, Znのピークが検出できた．Fig.1 (b) にみられるように，Mn Kβ線 (6.490 keV) とFe Kα線 (6.400 keV) が干渉しているため，ピーク分離し，それぞれのネット強度を算出した．ガジュツ試料 (i) では，Fe KαおよびZn Kαピーク強度が他の試料に比べてかなり高かった．

二次ターゲット材Moでは，Fig.1 (c) で示すように，Br, Rb, Srのピークが確認できた．試料によってBr Kα, Rb Kα, Sr Kαのピーク強度に違いが見られた．Br Kα線は，ガジュツ試料 (i) が他の試料に比べてかなり高く，Sr Kα線はセンナ (v) 試料で高かった．

Fig.1 (d) に示すように，二次ターゲット材 Al_2O_3 では，Baのピークが確認できた．ケイヒ (iii) およびセンナ (v) において，Ba Kα線，Kβ線の強度が高かった．

このようにTi, Ge, Mo, Al_2O_3 の4つの二次ターゲット材を用いて，それぞれ計測時間600秒で，生薬・漢方薬の15元素 (Si, P, S, Cl, K, Ca, Ti, Mn, Fe, Cu, Zn, Br, Rb, Sr, Ba) を検出することができた．これらの生薬は植物由来で，栽培された場所や時期によって，微量元素の組成は様々な影響を受けていると考えられる．ハロゲン元素であるClやBrの検出も行うことができ，蛍光X線分析の有用性を示すことができた．一方で，ICH Q3D のクラス1の4元素（Cd, Pb, As, Hg）を検出することはできなかった．

そこで，As, Pb, Hg をもっとよく励起するため，二次ターゲット材の Mo（Kα 線 17.444 keV）を Zr（Kα 線 15.747 keV）に変更して，計数時間を1800秒として計測した．また，二次ターゲット材 Al_2O_3 で計測時間を2400秒として，Cd Kα 線の検出を試みた．しかし二次ターゲットの変更や測定時間を延ばしても検出できた元素は同じ15元素だった．

そこで，各元素の定量分析の測定条件には，二次ターゲット材を Ti, Ge, Zr, Al_2O_3 とし，それぞれの測定時間を600秒として，検出できた元素について定量分析を行うこととした．

3.2　各元素の検出下限値

植物認証標準物質リョウブ（CRM No.1）および Tomato Leaves（SRM 1573a）を測定し，式（1）から算出した各元素（P, S, Cl, K, Ca, Cr, Mn, Fe, Ni, Cu, Zn, As, Rb, Sr, Cd, Ba, Hg, Pb）の最小検出下限 LLD を Fig.2 に示した．二次ターゲット材 Ti を用いて計測した（●），P, S, Cl, K, Ca については，LLD は 130～13 mg/kg となった．二次ターゲット材 Ge で計測した（○）Cr, Mn, Fe, Ni, Cu, Zn については，LLD が 70～6 mg/kg, Al_2O_3 を用いた（△）Rb, Sr, Cd, Ba では 0.5～2 mg/kg となった．二次ターゲット材 Zr で計測した（▲）As, Pb, Hg は LLD が 0.9～10 mg/kg となった．

3.3　各元素の検量線

12種類の植物認証標準物質等を，二次ターゲット材 Ti, Ge, Zr, Al_2O_3 を用いて測定して得られた検量線を Fig.3 に示す．縦軸は各元素の規格化強度，横軸は各元素の認証値（参照値）である．ICH Q3D の対象元素および検討元素のうち，7元素（K, Ca, Mn, Fe, Cu, Zn, Ba）について，直線性の高い（R^2 = 0.9919～1.000）検量線が得られた．最小二乗法で得られた式も合わせて示した．今回の試料（生薬・漢方薬）から得られた蛍光X線の規格強度は，この検量線の範囲内にある．

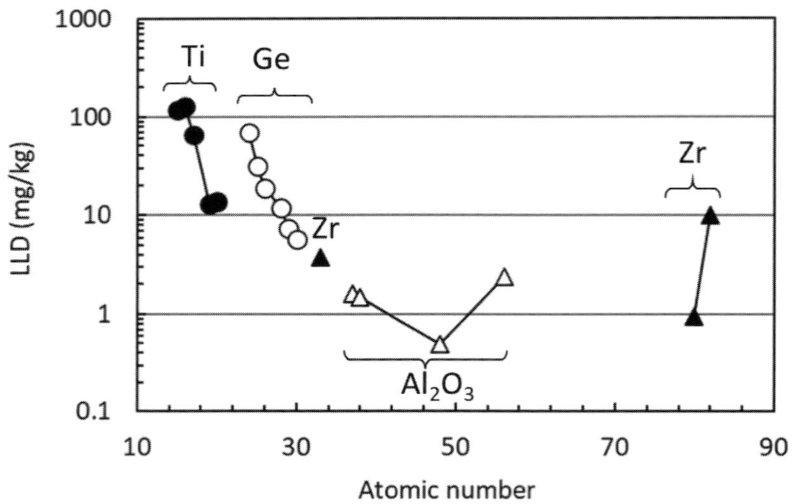

Fig.2　The lower limit of detection (LLD) for each element. Secondary targets; Ti, Ge, Zr, and Al_2O_3. Measurement time; 600 s for a secondary target each.

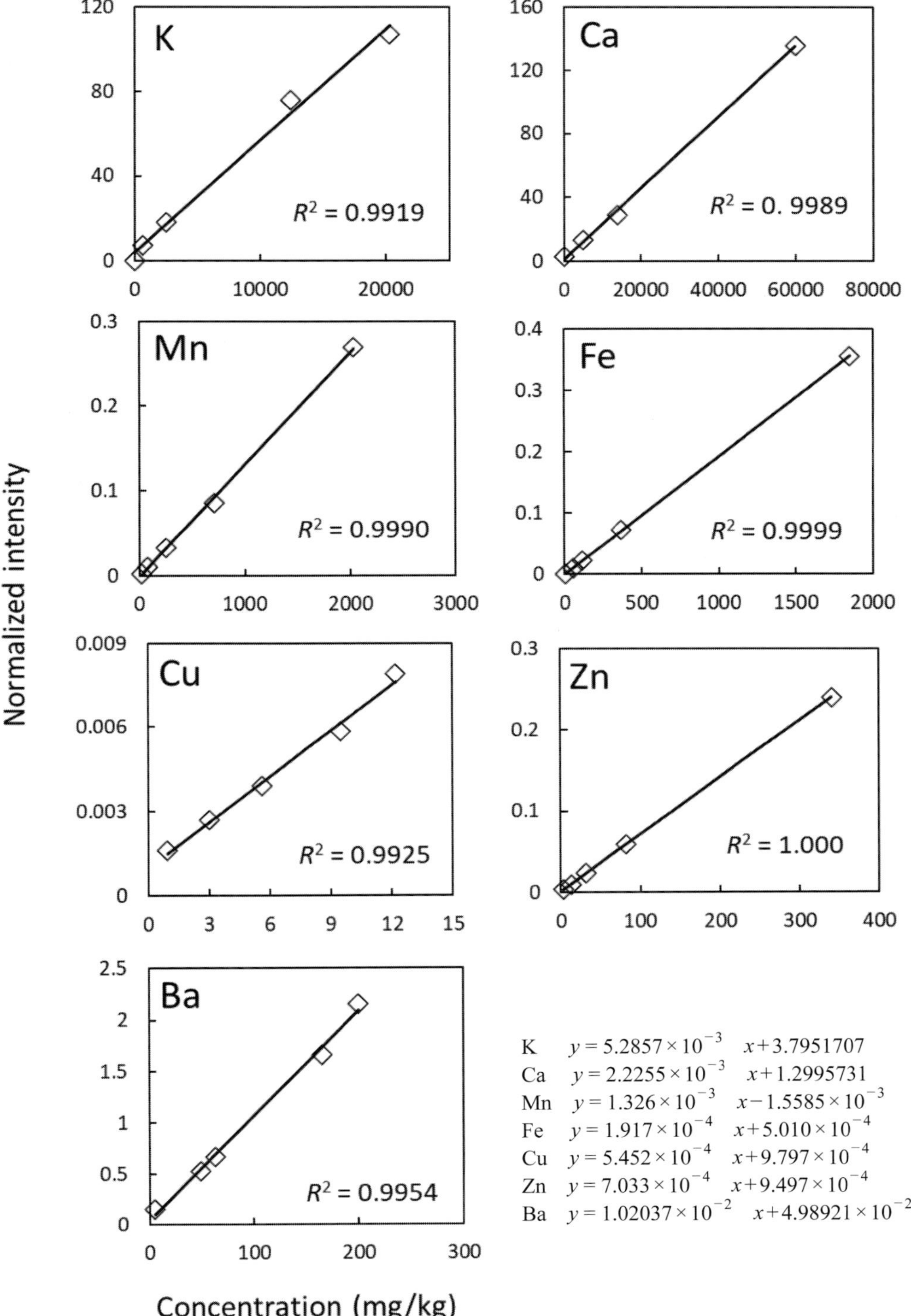

Fig.3 Calibration curves of element.

3.4 元素不純物ガイドライン対象元素の定量

Fig.3の検量線を用いて得られた生薬6種類および漢方薬1種類の元素濃度をTable 2に示した．1つの種類につき錠剤を3個作製したので，その平均値と標準偏差を記載した．平均値と標準偏差から，ばらつきを表す相対標準偏差（relative standard deviation, RSD, %）を計算すると，いずれの試料においても，RSDは数%であった．生薬および漢方薬試料において比較的多く含まれているカリウム（5,200～24,000 ppm）から微量な銅（2.6～7.7 ppm）までの7元素の定量ができた．また参考のため，文献[21, 22]で報告されている生薬の元素濃度を合わせて示した．同一の試料ではないので直接は比較できないが，ほぼ同様の濃度レベルであることがわかった．

カリウムの濃度は，ショウキョウ，カンキョウ，ガジュツで高く，18,000～24,000 ppmとなった．これらの生薬はショウガ科植物の根茎を基原（生薬の直接的な原料）としている．

カルシウム濃度は，ケイヒとセンナで高く，それぞれ21,000と26,000 ppmとなった．ケイヒはクスノキ科樹木の太い幹の樹皮が基原で，センナはマメ科植物の葉が基原である．一方，ケイヒとセンナでは，カリウム濃度は低かった．

ケイヒのバリウム濃度は140 ppmとなり，ショウキョウ，カンキョウ，ガジュツよりも高い数値となった．センナのバリウム濃度は71 ppmと比較的高いことから，カルシウム濃度の高い生薬は同族元素のバリウム濃度も高くなる傾向があるのかもしれない．

ケイヒは，カンゾウ甘草（マメ科植物の根と地中で伸長するストロン匍匐茎が基原）やダイオウ大黄（タデ科植物の根茎）と比較して，マンガンやバリウム濃度が高いとされる[22]．中国の広南ケイヒ（検体数17）のマンガン濃度は，

Table 2 Elemental concentrations of crude drugs and herbal medicine (Kampo).

Sample name	Concentration (mg/kg)[a]						
	K	Ca	Mn	Fe	Cu	Zn	Ba
Crude drug							
Ginger	24,000 ± 520	810 ± 59	200 ± 11	79 ± 2.5	5.1 ± 0.051	16 ± 0.45	15 ± 0.19
(Reference value)[b]	(14,100)	(960)	(190)	(63)	(9)	(12)	
Processed Ginger	22,000 ± 360	1,000 ± 19	460 ± 3.5	280 ± 16	4.8 ± 0.14	15 ± 0.097	24 ± 0.26
(Reference value)[b]	(16,400)	(1,200)	(350)	(370)	(6)	(40)	
Curcuma Rhizome	18,000 ± 190	2,000 ± 28	440 ± 11	560 ± 30	7.7 ± 0.18	92 ± 1.5	12 ± 0.52
(Reference value)[b]	(12,500)	(1,400)	(480)	(230)	(7)	(95)	
Cinnamon Bark	5,300 ± 62	21,000 ± 170	260 ± 2.3	31 ± 0.37	4.5 ± 0.11	9.9 ± 0.62	140 ± 0.58
(Reference value)[c]	(9,600)	(31,300)	(445)	(34)	(5.4)	(1.9)	(160)
Senna Leaf	5,500 ± 62	26,000 ± 190	54 ± 0.30	280 ± 1.3	5.1 ± 0.093	22 ± 0.098	71 ± 0.48
Clove	11,000 ± 140	4,200 ± 200	780 ± 11	180 ± 8.8	5.0 ± 0.079	13 ± 0.054	24 ± 0.038
(Reference value)[b]	(14,000)	(7,200)	(770)	(65)	(6)	(5)	
Kampo Preparation							
KEISHITO	14,000 ± 210	1,800 ± 66	94 ± 0.31	13 ± 0.28	2.6 ± 0.032	6.9 ± 0.091	13 ± 0.57

a arsenic, lead, mercury, and cadmium were not detected.
b values in parentheses are reported in Ref. 21.
c values in parentheses are reported in Ref. 22.

360～1,000 ppmの範囲となり，鉄よりもマンガンを高濃度で含んでいた[21)].

今回測定した生薬の中では，チョウジにおけるマンガン濃度は780 mg/kgともっとも高い値となった．鉄よりマンガンを高濃度で含むという傾向は，文献[21)]でも報告されている．チョウジ（クローブ）は料理ではスパイスとして使われており，『日本食品標準成分表（八訂）増補』（2023年）によれば，マンガン濃度は930 ppm，鉄濃度は99 ppmである[26)].

今回測定した生薬の中では，ガジュツが最も微量元素を多く含んでおり，マンガン440 ppm，鉄560 ppm，亜鉛92 ppmとなった．漢方薬試料のケイシトウは生薬を5種（ケイヒ桂皮，シャクヤク芍薬，タイソウ大棗，カンゾウ甘草，ショウキョウ生姜）から調合されているが，全体的に微量元素濃度は低い結果となった．また，今回測定した生薬および漢方薬試料では，ICH Q3Dにおいてクラス1に指定されている有害元素（Cd, Pb, As, Hg）の含有量は検出下限以下であった．

4. 結　言

三次元偏光光学系蛍光X線分析装置を用いて，生薬に含まれる微量元素に着目し定性および定量を行った．二次ターゲット材を選択することで，軽元素から重元素まで微量元素を効率よく励起することができた．生薬6種類と漢方薬1種類の試料について，検量線法により7元素（K, Ca, Mn, Fe, Cu, Zn, Ba）を迅速に定量した．本研究で利用した蛍光X線分析装置では，検出器がゲルマニウム半導体であり，適切な二次ターゲット材を選択することで，高エネルギー領域の蛍光X線を高感度に検出できる特長をもつ．このためRb, Sr, Baについては600秒の計測時間で検出下限が1～2 ppm程度となり，生薬や漢方薬におけるこれらの元素を迅速に定量することができた．一方で，有害元素（Cd, Pb, As, Hg）については，計測時間を1800秒や2400秒と長くしても検出は困難であった．

現在，生薬はICH Q3D適用外とされているが，潜在的な元素不純物のリスクアセスメントのためには，多くの元素を迅速に定量するニーズがある．有害元素だけでなく，生体必須微量元素がどのくらい含有されているのか，正確に定量する必要もあるだろう．欧米では，既存製剤について添加材の元素不純物データベースが構築され[27)]，構成成分アプローチの手法が整い，元素不純物に対する品質管理が確保されつつあるようである．日本でも，ICHのQ3Dのみならず，Qシリーズのスタンダードに合わせていく必要がある．粒子線励起X線分析（Particle Induced X-ray Emission，PIXE）やレーザー誘起ブレークダウン分光法（Laser-Induced Breakdown Spectroscopy，LIBS）による薬用植物の分析[28, 29)]も報告されている．本研究では，偏光光学系エネルギー分散型蛍光X線分析装置により，漢方生薬における数ppm程度の微量元素を定量した．ICH Q3Dで対象とされるクラス1～3の24元素について，LLD以上の含有量であれば検出できるため，迅速なスクリーニングへの適用も期待される．

謝　辞

山路　功氏（スペクトリス㈱）には，測定に際して有益な助言をいただいた．この場を借りて謝意を表する．本研究は東京電機大学分析センターにおける蛍光X線分析装置を利用した成果である．

参考文献

1) 厚生労働省：第十八改正日本薬局方，p.27 (2021).

2) 厚生労働省：医薬品の元素不純物ガイドラインについて，薬食審査発 0930，第 4 号，(平成 27 年 9 月 30 日)，(2015).

3) A. C. M. Aleluia, M. de S. Nascimento, A. M. P. dos Santos, W. N. L. dos Santos, A. de F.S. Júnior, S. L. C. Ferreira: *Spectrochimica Acta B*, **205**, 106689 (2023).

4) 中井 泉 編，日本分析化学会 X 線分析研究懇談会監修：蛍光 X 線分析の実際（第 2 版），(2016)，(朝倉書店).

5) K. Tsuji, J. Injuk, R. van Grieken: "X-Ray Spectrometry: Recent Technological Advances", (2004), (John Wiley& Sons, Ltd).

6) K. M. Bisgård, J. Laursen, B. S. Nielsen: *X-ray Spectrometry*, **10**(1), 17-24 (1981).

7) 赤峰生朗，大高亜生子，保倉明子，伊藤勇二，中井 泉：分析化学，**59**, 863 (2010).

8) A. Otaka, A. Hokura, I. Nakai: *Food Chem*, **147**, 318 (2014).

9) 簗田陽子，保倉明子，松田賢士，水平 学，中井 泉：分析化学，**56**, 1053 (2007).

10) 大高亜生子，簗田陽子，保倉明子，松田賢士，水平 学，中井 泉：分析化学，**58**, 1011 (2009).

11) 柴沢 恵，久世典子，稲垣和三，中井 泉，保倉明子：X 線分析の進歩，**43**, 369 (2012).

12) 船橋華子，保倉明子，鈴木彌生子：X 線分析の進歩，**48**, 438-451 (2017).

13) 厚生労働省：日本薬局方外生薬規格 2022，薬生薬審査発 0308，第 1 号（令和 4 年 3 月 8 日），(2022).

14) C. M. M. Santos, M. A. G. Nunes, A. B. Costa, D. Pozebon, F. A. Duarte, V. L. Dressler：*Anal. Methods*, **9**, 3497-3504 (2017).

15) Y. Araki, S. Kagaya, K. Sakai, Y. Matano, K. Yamamoto, T. Okubo, K. Tohda: *Journal of Health Science*, **54**(6), 682-685 (2008).

16) I.-C. Chuang, K.-S. Chen, Y.-L. Huang, P.-N. Lee, T.-H. Lin: *Biological Trace Element Research*, **76**, 235-244 (2000).

17) M. E. Petenatti, E. M. Petenatti, L. A. Del Vitto, M. R. Téves, N. O. Caffini, E. J. Marchevsky, R. G. Pellerano: *Revista Brasileira de Farmacognosia*, **21**(6), 1144-1149 (2011).

18) S. Arpadjan, G. Çelik, S. Taşkesen, Ş. Güçer: *Food and Chemical Toxicology*, **46**, 2871-2875 (2008).

19) R. V. Salma Ibrahim, M. M. Musthafa, K. M. Abdurahman, M. Aslam: *Journal of Radioanalytical and Nuclear Chemistry*, **323**, 1405-1412 (2020).

20) S. Al-Omari：*X-Ray Spectrometry*, **40**, 31-36 (2011).

21) 三野芳記，近藤里佳，山田克樹，武田豊功，長澤 攻：*Natural Medicines*, **51**(3), 224-230 (1997).

22) Y. Mino, N. Ota：*Chem. Pharm. Bull.*, **32**(2), 591-599 (1984).

23) Y. Mino, Y. Yamada：*Journal of Health Science*, **51**(5), 607-613 (2005).

24) N. Ekinci, R. Ekinci, R. Polat, G. Budak: *Journal of Radioanalytical and Nuclear Chemistry*, **260**(1), 127-131 (2004).

25) C. Kulal, R. K. Padhi, K. Venkatraj, K. K. Satpathy, S. H. Mellaya: *Biological Trace Element Research*, **198**, 293-302 (2020).

26) 文部科学省科学技術・学術審議会資源調査分科会："日本食品標準成分表（八訂）増補 2023 年"，第 2 章（データ）調味料及び香辛料類，(2023).

27) R. Boetzel, A. Ceszlak, C. Day, P. Drumm, J. G. Bejar, J. Glennon, L. Harris, C. I. Heghes, R. Horga, P. L. Jacobs, W. J. T. M. Keurentjes, F. King, C. W. Lee, N. Lewen, C. A. Marchant, F. A. Maris, W. Nye, S. Powell, H. Rockstroh, L. Rutter, M. Schweitzer, E. Shannon, L. Smallshaw, A. Teasdale, S. Thompson, D. Wilkinson: *Journal of Pharmaceutical Science*, **107**, 2335-2340 (2018).

28) G. J. Naga Raju, S. Srikanth, J. C. S. Rao, P. Sarita: *Journal of Radioanalytical and Nuclear Chemistry*, **333**, 4757-4763 (2024).

29) A. Fayyaz, N. Ali, Z. A. Umar, H. Asghar, M. Waqas, R. Ahmed, R. Ali, M.A. Baig: *Analytical Sciences*, **40**, 413-427 (2024).

30) 公益社団法人東京生薬協会：新常用和漢薬集，https://www.tokyo-shoyaku.com/wakan_list.php (accessed 2024.12.30)

ノート

都市ごみ焼却飛灰・土壌混合ジオポリマー固化体の結晶相分析と ^{137}Cs 溶出抑制効果

小池裕也[a*]，関野梨名[b]，白田ひびき[b]，伊藤秀嶺[b]

Crystal Phase Analysis for Soil-Mixed Municipal Solid Waste Incineration Fly Ash Geopolymer and ^{137}Cs Elution Suppression Effect

Yuya KOIKE[a*], Rina SEKINO[b], Hibiki SHIRATA[b] and Hidetaka ITO[b]

[a] Department of Applied Chemistry, School of Science and Technology, Meiji University
1-1-1 Higashimita, Tama-ku, Kawasaki, Kanagawa 214-8571, Japan
[b] Applied Chemistry Course, Graduate School of Science and Technology, Meiji University
1-1-1 Higashimita, Tama-ku, Kawasaki, Kanagawa 214-8571, Japan

(Received 1 January 2025, Revised 12 January 2025, Accepted 14 January 2025)

Stabilization of Municipal Solid Waste Incineration (MSWI) fly ash is required because radioactive cesium in MSWI fly ash is water-soluble and can be released into the environment through contact with environmental water. The geopolymer solidification (GS) method has been applied for stabilization of MSWI fly ash. Fly ash and soil mixed GS were investigated elution suppression effect of ^{137}Cs from MSWI fly ash. In this study, crystal phase analysis by powder X-ray diffractometry and elemental composition analysis by X-ray fluorescence spectrometry were conducted for MSWI fly ash and soils. We studied the relationship between the crystal composition of the FA and soil mixed GS and the elution suppression mechanism of ^{137}Cs.
[Key words] X-ray diffractometry, X-ray fluorescence spectrometry, Municipal Solid Waste Incineration (MSWI) fly ash, Soil mixed geopolymer

都市ごみ焼却飛灰に濃縮された放射性セシウムは水溶性形態をとり，環境水との接触に伴い環境中に放出される可能性があるため，安定化処理を施す必要がある．これまで，都市ごみ焼却飛灰からの放射性セシウムの溶出を抑制するために，都市ごみ焼却飛灰・土壌混合ジオポリマー固化（FA・土壌混合 GS）法を検討してきた．FA・土壌混合 GS 法により良好な溶出抑制効果が報告されているが，その溶出メカニズムについては未解明である．本研究では，都市ごみ焼却飛灰および使用する各土壌に対し粉末 X 線回折法による結晶相分析や，蛍光 X 線分析法による元素組成分析を実施した．これらの結果から FA・土壌混合 GS 体の結晶組成と放射性セシウム溶出抑制メカニズムの関連を調査した．
[キーワード] X 線回折法，蛍光 X 線分析法，都市ごみ焼却飛灰，土壌混合ジオポリマー

---

a 明治大学理工学部応用化学科　神奈川県川崎市多摩区東三田 1-1-1　〒 214-8571　＊連絡著者：koi@meiji.ac.jp
b 明治大学大学院理工学研究科応用化学専攻　神奈川県川崎市多摩区東三田 1-1-1　〒 214-8571

1. 緒言

災害廃棄物の焼却処理に伴い，放射性セシウムが含まれる都市ごみ焼却飛灰が排出された[1)]．焼却飛灰には放射性セシウムに加えてCd，Pb等の有害な重金属が濃縮しやすく[2)]，濃縮した重金属は水に易溶な形態をとることで，環境中に放出される可能性がある．日本においては，焼却飛灰のような特別管理産業廃棄物に対し，重金属溶出抑制のためにキレート処理やセメント固化処理による不溶化が行われている[3, 4)]．これらの処理は簡便な操作で良好な重金属溶出抑制効果が確認される一方で，キレート処理は長期安定性に欠ける点やセメント固化処理は体積増加がある点等のデメリットを有する[5)]．2022年度末時点では最終処分場の残余年数は全国平均で23.4年であり，増加傾向にあるものの最終処分量は限られている[6)]．これら埋立てに関する問題点を解決するためには，長期安定性があり体積増加の少ない安定化処理法の適用が必要となっている．

ジオポリマー固化（Geopolymer Solidification：GS）法は，アルミノケイ酸塩（活性フィラー）から溶出する Al^{3+} と Si^{4+} の縮重合によって非晶質ポリマーの固化体を作製する手法であり[7)]，重金属類等の不溶化効果が認められている[8)]．これまで，活性フィラーとして市販の土壌を使用し，焼却飛灰中放射性セシウムの不溶化効果を検証してきた[9)]．都市ごみ焼却飛灰・土壌混合ジオポリマー固化（FA・土壌混合GS）法により，高い放射性セシウム溶出抑制効果が確認された．使用する土壌によって溶出抑制効果が異なることは報告されているが，その溶出抑制メカニズムについては未解明である．本研究では，都市ごみ焼却飛灰および使用する各土壌に対し，粉末X線回折法（PXRD）による結晶相分析や，蛍光X線分析法（XRF）による元素組成分析を行った．これらの結果からFA・土壌混合GS法による放射性セシウム溶出抑制メカニズムを調査した．

2. 実験

2.1 都市ごみ焼却飛灰・土壌混合ジオポリマー固化法

焼却飛灰試料は2013年1月に福島県で採取した都市ごみ焼却飛灰を使用した．都市ごみの焼却時にバグフィルタにて採取された試料に対して消石灰噴霧処理が行われている．GS処理に用いる土壌として，赤玉土（あかぎ園芸），黒土（あかぎ園芸），鹿沼土（あかぎ園芸），パーライト（あかぎ園芸）の4種を使用した．4種の土壌および焼却飛灰試料は，遊星型ボールミル（Fritsch，Pulverisette 6）を使用して300 rpmで20分間粉砕を行った．メノウ乳鉢内で，焼却飛灰試料と土壌を重量比1：1で混合したのち，33 mass% 水酸化ナトリウム水溶液を液固比0.5の割合で添加しながら立方体（1.1 cm角）に成形した．試料を乾燥機（ヤマト科学，DVS402）により105℃で24時間養生することでFA・土壌混合GS体を作製した．

焼却飛灰試料，土壌およびFA・土壌混合GS体は，X線分析による元素組成分析および結晶相分析に供した．焼却飛灰試料および各土壌は，遊星型ボールミルを用いて300 rpmで20分間粉砕することで，XRF用試料とした．また，乾燥済み焼却飛灰試料，土壌およびFA・土壌混合GS体は，アルミナ乳鉢で10分間粉砕することによりPXRD用試料とした．

2.2　環境庁告示第 13 号に準拠した溶出試験（JLT-13）

日本では埋立処分に際し，燃え殻，汚泥，ばいじんなどに対して，環境庁告示第 13 号「産業廃棄物に含まれる金属等の検定方法；The Japanese leaching test 13（JLT-13）」に基づいた溶出試験が実施されており，その結果に応じて埋立可否を判定している．JLT-13 は，メノウ乳鉢で粉砕した FA・土壌混合 GS 体および未処理試料（Non-treated；NT）に対して，液固比が 10 となるよう純水を添加し，恒温振とう槽（ADVANTEC，TBK602DA/THOMAS，T-N22S）で 6 時間水平振とう（20℃，振り幅 4～5 cm，200 回 / 分）を行った．試料を遠心分離機（KOKUSAN，H-103N）で，3000 rpm，20 分間遠心分離を行い，ガラス繊維フィルター（Whatman，GF/F，47 mmΦ，保持粒径 0.7 μm）で溶出液をろ過することで溶出液と残渣を得た．各種試料における溶出試験は 1 回である．

焼却飛灰試料，土壌，FA・土壌混合 GS 体および JLT-13 により得られた溶出液は，ねじ口式ポリスチレン製容器 U-8（U-8 容器；高さ：68 mm，内径：56 mm，関谷理化）に充填して放射能分析用試料とした．試料中のガンマ線放出核種は，高純度ゲルマニウム半導体検出器（High-purity germanium semiconductor detector（HPGe）；PGT, Inc., IGC-10200 NPR，^{60}Co の 1332 keV ガンマ線ピークの相対効率：1.71 keV，半値幅分解能：12.31%，定量下限（8 時間測定）：4.2 Bq kg^{-1}）により定量した．HPGe の試料室は鉛板 100 mm，無酸素銅板 5 mm，アクリル板 5 mm によって遮へいして外部からの放射線を低減している．検出効率曲線は，「市販試薬を校正線源とする放射能分析」[10] を参考に，エアフィルター（IAEA, Japan PT sample 10 air filter）中の ^{137}Cs と ^{152}Eu，塩化カリウム試薬（純度 99.9%，和光純薬）中の ^{40}K の放射能を用いて作成した．塩化カリウムの体積線源を高さ 5 mm，10～50 mm にて 10 mm ごとに作成することで，各試料および溶出液の充填高さに応じた ^{137}Cs の検出効率を算出した．^{137}Cs に由来する 661.7 keV のガンマ線ピークの正味計数率を，算出した検出効率と分岐比（ガンマ線エネルギー 661.7 keV：0.851）で除して ^{137}Cs 放射能を得た．すべての試料について，放射能は採取日を基準として減衰補正した．JLT-13 による溶出率は，溶出試験に使用した FA・土壌混合 GS 体の全放射能で溶出液の放射能を除することで算出した．

2.3　元素組成および結晶相分析

元素組成分析は，波長分散小型蛍光 X 線分析装置（Rigaku, Supermini200）を用いて行った．装置は，Pd ターゲットの X 線管を用い，管電圧 50 kV 管電流 4 mA で動作させた．検出器にはシンチレーション計数管とガスフロー型プロポーショナル計数管を使用した．分光結晶には，LiF（200），PET および RX26 を使用した．測定径は 30 mm とし，$_{9}$F～$_{92}$U の範囲で測定を行った．元素組成分析用の焼却飛灰および土壌は，ルースパウダー法により測定した．元素分析用試料は，ポリエチレン試料容器（Chemplex, CH1540，内径 31.0 mmΦ）とプロレンスフィルム（Chemplex, CH425, PP，厚さ 6.0 μm）を組み合わせた容器に，4.0 g を充填して測定に供した．各元素の定量値は，ファンダメンタルパラメータ（FP）法を用いたスタンダードレス FP 分析により算出した．

分析試料の結晶相分析は，デスクトップ X 線回折装置（Rigaku，MiniFlex600）を用いた．X 線管は Cu ターゲットを用い，管電圧 40 kV，管電流 15 mA で動作させた．測定は連続測定で行い，測定角度 5～90°，ステップ幅 0.02°，スキャンスピード 2° min^{-1} とした．検出器は，高速1次元検出器 D/teX Ultra を使用した．結晶相の同定には統合粉末 X 線解析ソフトウェア PDXL2 を用いた．

3. 結果と考察

3.1 都市ごみ焼却飛灰によるジオポリマー固化体の試作

焼却飛灰のみを用いて GS 体を試作した．Davidovits [11] の手法に基づき，焼却飛灰 20.0 g に対してケイ酸ナトリウム溶液 7.0 g，水酸化ナトリウム 2.8 g を純水 7.0 g に溶解した水溶液を加え，ペーストが得られるまで混練した後，室温で1週間養生した．アルミノケイ酸塩を入れずに GS 体を作製した結果，固形となるがもろく，さらに ^{137}Cs 溶出率が増加した．XRF による焼却飛灰試料の元素組成分析の結果を Table 1 に示す．過去のジオポリマー研究 [12-16] では，ほとんどの活性フィラーにおいて主成分の約 40% 以上が SiO_2 と Al_2O_3 で占められており，2種類の元素の含有率は活性フィラーとしての機能性を評価する上で重要な要素であると考える．焼却飛灰中では消石灰噴霧に由来する CaO が 55.1 mass% と支配的であり，SiO_2, Al_2O_3

Table 1 Analytical results obtained using X-ray fluorescence analysis for major elements in MSWI fly ash, Akadama soil, Kuro soil, Kanuma soil, and Perlite.

Element	Concentration of major elements, mass%				
	Akadama soil	Kuro soil	Kanuma soil	Perlite	MSWI fly ash
SiO_2	48.2	51.1	53.7	75.8	5.6
Al_2O_3	32	28.4	34.5	12.7	3.5
Fe_2O_3	13.3	11.8	5.18	0.946	1
MgO	1.51	1.23	0.559	—	1.2
K_2O	1.42	0.906	1.01	5.54	3.9
TiO_2	1.42	1.14	0.55	0.0714	0.9
CaO	0.634	3.12	3	0.605	55.1
SO_3	0.473	0.424	0.11	—	4.2
Na_2O	0.41	1.07	0.891	4.02	4.3
MnO	0.261	0.236	0.205	0.144	—
P_2O_5	0.204	0.393	0.167	—	0.7
ZrO_2	0.0309	0.0236	0.0326	0.0153	—
ZnO_2	0.0259	0.0145	—	—	—
CuO	0.0219	0.0187	—	—	—
Rb_2O	0.0112	—	—	0.0462	—
SrO	0.011	0.0318	0.036	—	—
Br	0.0087	0.0112	—	—	—
Cl	0.0035	0.0293	0.0324	0.0719	17.8
Others	0.0549	0.0519	0.027	0.0402	1.8

の含有率は活性フィラーとして十分ではなかった．そこで，焼却飛灰と同量のアルミノシリカ粉末を加え，固化体を作製した．NT およびアルミノシリカ粉末混合 GS 体の JLT-13 の結果，^{137}Cs 溶出率は，NT で 69.7±1.9%，アルミノシリカ粉末混合 GS 体で 12.0±1.1% であった．SiO_2 と Al_2O_3 を焼却飛灰に添加することは固化体の作製に有効に作用すると考え，FA・土壌混合 GS 体に着想した．GS 処理に使用した 4 種の土壌の元素組成分析の結果を Table 1 に示す．各種土壌は，SiO_2 と Al_2O_3 が約 8 割を占めていたことから活性フィラーとなりえると考えた．作製した FA・土壌混合 GS 体は一定の強度を持ち，すべての土壌で固形化した．4 種の FA・土壌混合 GS 体を Fig.1 に示す．

Fig.1 Photos of MSWI fly ash and soil mixed geopolymer solidification (a cube with 1.1 cm sides).
a): Akadama soil-mixed GS, b): Kuro soil-mixed GS, c): Kanuma soil-mixed GS, d): Perlite-mixed GS.

3.2 都市ごみ焼却飛灰・土壌混合ジオポリマー固化体の結晶相分析

PXRD による焼却飛灰および 4 種の土壌の結晶相分析の結果を Fig.2 に示す．焼却飛灰より，Quartz（石英；SiO_2），カルシウムを含む結晶相として Offretite（$(K, Ca, Mg)_3Al_5Si_{13}O_{36}\cdot 14H_2O$），Anhydrite（$CaSO_4$），Calcite（$CaCO_3$），焼却処理過程で生成したと考えられる塩化物である Sylvite（KCl），Halite（NaCl），Hydrocalumite（$Ca_2Al(OH)_6Cl(H_2O)_2$）の回折ピークが同定された．各種土壌の X 線回折図形より，Quartz を主成分として，Cristobalite（方珪石；SiO_2）や珪酸塩鉱物の Chlorite（緑泥石；$(Mg, Al)_6(Si, Al)_4O_{10}(OH)_8$），Cordierite（菫青石；$Mg_2Al_3(AlSi_5O_{18})$），長石である Albite（曹長石；$NaAlSi_3O_8$），Anorthite（灰長石；$CaAl_2Si_2O_8$），角閃石類である Hornblende（角閃石；$Ca_2(Mg_4Al)(AlSi_7O_{22})(OH)_2$），Ferro-tschermakite（第一鉄ツェルマク閃石；$Ca_2Fe_3Al_2(Al_2Si_6)O_{22}(OH)_2$），雲母系鉱物である Muscovite（白雲母；$KAl_2AlSi_3O_{10}(OH)_2$）の回折ピークが同定できた．岩田ら [17] は放射性セシウムの吸着能の指標を示す放射性セシウム捕捉ポテンシャル（Radiocesium Interception Potential：RIP）値と雲母鉱物との強い相関性を報告している．雲母系鉱物に代表される 2：1 型層状ケイ酸塩鉱物は，風化することで放射性セシウムを選択的に保持するフレイドエッジサイト（FES）を持つ．FES は Cs^+ に対して，K^+ の 1000 倍，NH_4^+ の 200 倍の選択性を持つ，土壌の主要な吸着サイトとされている [18]．赤玉土は Muscovite を含むことから，放射性セシウムの高い吸着能の向上が期待される．齋藤ら [9] は，活性フィラーとして赤玉土を用いることで，赤玉土の放射性セシウム吸着能にジオポリマー固化の機能が加えら

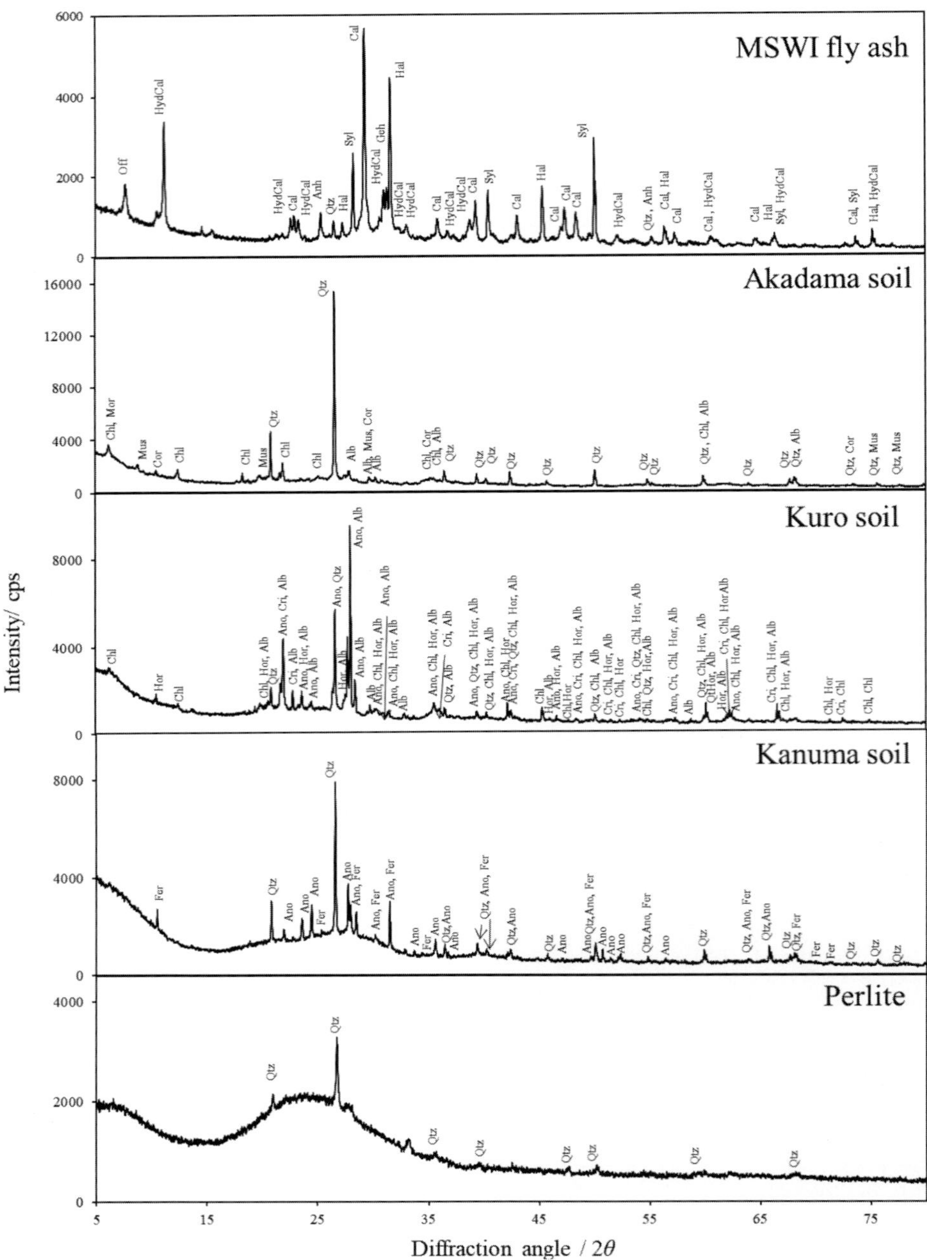

Fig.2 X-ray diffraction patterns of MSWI fly ash, Akadama soil, Kuro soil, Kanuma soil, and Perlite.
Qtz: Quartz(SiO_2), Off: Offretite $(K,Ca,Mg)_3Al_5Si_{13}O_{36}\cdot 14H_2O$), Anh: Anhydrite ($CaSO_4$), Cal: Calcite ($CaCO_3$), Syl: Sylvite (KCl), Geh: Gehlenaite ($Al_{1.54}Ca_2Mg_{0.21}O_7Si_{1.24}$), Hal: Halite (NaCl), HydCal: Hydrocalumite ($CaAl(OH)_6Cl(H_2O)_2$), Alb: Albite ($NaAlSi_3O_8$), Chl: Chlorite ($(Mg,Al)_6(Si,Al)_4O_{10}(OH)_8$), Mor: Mordenite ($(Na_2,Ca,K_2)_4[Al_8Si_{40}O_{96}]\cdot 28H_2O$), Mus: Muscovite ($KAl_2AlSi_3O_{10}(OH)_2$), Cor: Cordierite ($Mg_2Al_3(AlSi_5O_{18})$), Fer: Ferro-tschermakite ($(Ca_2Fe_3Al_2(Al_2Si_6)O_{22}(OH)_2$), Hor: Hornblende ($Ca_2(Mg_4Al)(AlSi_7O_{22})(OH)_2$), Ano: Anorthite ($CaAl_2Si_2O_8$), Cri: Cristobalite ($SiO_2$).

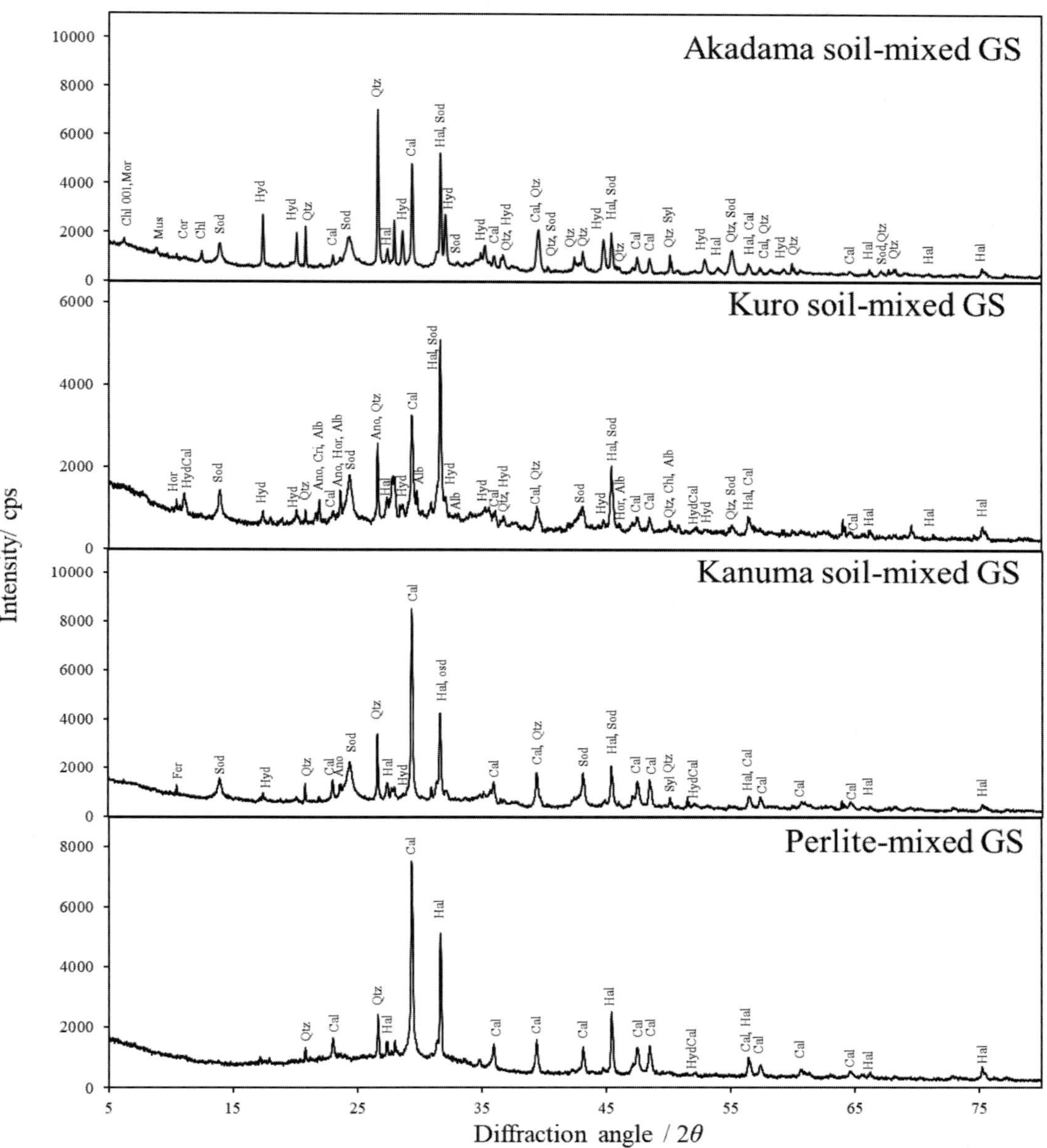

Fig.3 X-ray diffraction patterns of MSWI fly ash and soil mixed geopolymer solidification with Akadama soil, Kuro soil, Kanuma soil, and Perlite.
Qtz: Quartz(SiO_2), Cal: Calcite ($CaCO_3$), Syl: Sylvite (KCl), Hal: Halite (NaCl), HydCal: Hydrocalumite ($CaAl(OH)_6Cl(H_2O)_2$), Alb: Albite ($NaAlSi_3O_8$), Chl: Chlorite ($(Mg,Al)_6(Si,Al)_4O_{10}(OH)_8$), Mor: Mordenite ($(Na_2,Ca,K_2)_4[Al_8Si_40O_{96}]\cdot 28H_2O$), Mus: Muscovite ($KAl_2AlSi_3O_{10}(OH)_2$), Cor: Cordierite ($Mg_2Al_3(AlSi_5O_{18})$), Hor: Hornblende ($Ca_2(Mg_4Al)(AlSi_7O_{22})(OH)_2$), Ano: Anorthite ($CaAl_2Si_2O_8$), Cri: Cristobalite ($SiO_2$), Fer: Ferro-tschermakite ($Ca_2Fe_3Al_2(Al_2Si_6)O_{22}(OH)_2$), Sod: Sodalite ($Na_8Al_6Si_6O_{24}Cl_2$), Hyd: Hydrogarnet ($3CaO\cdot Al_2O_3\cdot 6H_2O$).

れ，より強く放射性セシウムが固化体内に保持されると推察している．赤玉土，黒土を除いた土壌では粘土鉱物が含まれていないことから，土壌有機物が放射性セシウムの吸着サイトとして機能する可能性が考えられる[19, 20]．FA・土壌混合 GS 体の結晶相分析の結果を Fig.3 に示す．すべての土壌を用いた場合で Sodalite が確認され，赤玉土，黒土，鹿沼土混合 GS 体においてはセメント固化成分の Hydrogarnet の回折ピークが同定された[21]．焼却飛灰中の Ca および土壌から溶出した Al の反応により生成したと考えられる．

各 FA・土壌混合 GS 体に JLT-13 を実施した場合の ^{137}Cs 溶出率を Table 2 に示す．^{137}Cs 溶出率は，赤玉土混合 GS 体では 0.5±0.6%，黒土混合 GS 体では 11.6±1.9%，鹿沼土混合 GS 体では 4.6±1.5%，パーライト混合 GS 体では 20.4±1.7% となった．NT (69.7±1.9%) と比較するとすべての土壌において ^{137}Cs の溶出抑制効果が確認でき，中でも赤玉土を用いた GS 処理において良好な溶出抑制効果が確認された．既報により雲母系の粘土鉱物と放射性セシウムの吸着に関する相関関係が報告されており[17]，赤玉土や黒土に含有している粘土鉱物に ^{137}Cs が吸着したと考えられる．FA・土壌混合 GS 体における ^{137}Cs の溶出抑制効果には，固化により生成する結晶相が関係すると推察できる．また，都市ごみ焼却飛灰および土壌中 Si/Al の値やその他に含まれる Fe や Ca などの元素の存在も関与していると考えている．都市ごみ焼却飛灰および土壌は結晶相分析の結果から複雑な組成を有しており，結晶相の定量分析が課題である．

Table 2 Elution rate of ^{137}Cs in fly ash and soil mixed GS by JLT-13.

Sample	Elution rate, %		
NT	69.7	±	1.9
Akadama soil-mixed GS	0.5	±	0.6
Kuro soil-mixed GS	11.6	±	1.8
Kanuma soil-mixed GS	4.6	±	1.5
Perlite-mixed GS	20.4	±	1.7

4. 結　言

本研究では PXRD による結晶相分析や，XRF による元素組成分析から土壌混合ジオポリマー固化体による都市ごみ焼却飛灰中放射性セシウムの溶出抑制メカニズムを推定してきた．結晶相同定の結果，溶出抑制効果の高かった GS 処理に使用した土壌には放射性セシウムを吸着する鉱物の存在を確認でき，FA・土壌混合 GS 体にはセメント固化体と同様の成分の生成が確認できた．これらのことから，土壌種によるジオポリマー固化処理後の溶出抑制効果の差は，土壌の元素組成および含まれている鉱物に起因していることが示唆された．大渕ら[22]は，同様の都市ごみ焼却飛灰試料中の結晶相を定量分析している．PXRD による結晶相分析の結果は，FA・土壌混合 GS 体の品質管理上の指標として用いることも可能であると考えている．今後，FA・土壌混合 GS 体中に含まれるすべての結晶相に対して前処理不要かつスタンダードレスな粉末 X 線回折 /Rietveld 解析による定量分析を試みる予定である．各結晶相の定量値および元素組成の関連について検証することで ^{137}Cs の溶出抑制メカニズムの解明を目指したい．

謝　辞

蛍光 X 線分析装置による元素組成分析において，試料測定およびデータ解析を実施していただいた株式会社リガクの松田渉氏のご協力および有益なご助言に対して心から御礼申し上げます．本研究は JSPS 科研費 JP23K04826 の助成を受けたものです．

参考文献

1) K. Oshita, H. Aoki, S. Fukutani, K. Shiota, T. Fujimori, M. Takaoka: *J. Environ. Radioact.*, **143**, 1-6 (2015).

2) 平岡正勝, 酒井伸一:廃棄物学会誌, **5**, 3-17 (1994).

3) 肴倉宏史：廃棄物資源循環学会誌，**29**, 339-348 (2018).

4) 杉橋直行，馬場勇介，遠藤和人：土木学会論文集 E2 (材料・コンクリート構造), **71**, 14-28 (2015).

5) 肴倉宏史，田中信壽，松藤敏彦：廃棄物学会論文誌, **16**, 214-222 (2005).

6) 環境省："令和 6 年版　環境・循環型社会・生物多様性白書"，(2023), available from <https://www.env.go.jp/policy/hakusyo/r06/html/hj24020301.html>, (accessed on 2024.12.28).

7) C. Panagiotopoulou, E. Kontori, T. Perraki, G. Kakali: *J. Mater. Sci.*, **42**, 2967-2973 (2007).

8) Z. Yunsheng, S. Wei, C. Qianli, C. Lin: *J. Hazard. Mater.*, **143**, 206-213 (2007).

9) 齋藤凜太郎，加世田大雅，田崎遼河，松田　渉，大渕敦司，小川熟人，小池裕也：廃棄物資源循環学会論文誌, **33**, 18-29 (2022).

10) 小池裕也，鈴木亮一郎，越智康太郎，萩原健太，中村利廣：分析化学, **66**, 263-270 (2017).

11) J. Davidovits: *Journal of Thermal Analysis*, **35**, 429-441 (1989).

12) 三國　彰, 水沼　信, 橋本雅司, 斉藤孝義, 小川友樹：活性フィラーとして焼成カオリンを配合するジオポリマー高強度硬化体及びその製造方法，特許第 5066766 号 (2012 年 8 月 24 日).

13) 山口典男，木須一正，池田　攻：下水汚泥溶融スラグを活性フィラーとするジオポリマー固化体，特許第 5435255 号 (2013 年 12 月 20 日).

14) 添田政司，尾上幸造：平成 25 年度建設技術研究開発助成研究成果，No.7 (2013).

15) J.N.Y. Djobo, A. Elimbi, H.K. Tchakouté, S. Kumar: *Environ. Sci. Pollut. Res.*, **24**, 4433-4446 (2017).

16) 李　柱国：建材試験情報, **52**, 2-7 (2016).

17) H. Iwata, H. Shiotsu, M. Kaneko, S. Utsunomiya: Advances in Nuclear Fuel, S.T.Revankar (Ed.), IntechOpen Book Series, 123-142 (2012).

18) 山口紀子：土壌の物理性, **126**, 11-21 (2014).

19) A. Rigol, M. Vidal, G. Rauret: *J. Environ. Radioact.*, **58**, 191-216 (2002).

20) 猪瀬聡史，永井義隆，本多貴之，小池裕也：分析化学, **71**, 269-276 (2022).

21) 笠利実希，藤井健悟，大渕敦司，小川熟人，小池裕也：第 29 回廃棄物資源循環学会研究発表会講演集，D6-7, 479-480 (2018).

22) A. Ohbuchi, K. Fujii, M. Kasari, Y. Koike: *Chemosphere*, **248**, 126007 (2020).

書籍紹介

琵琶湖集水域の環境メタロミクス

原田 英美子 編

A5 判，320 ページ，アグネ技術センター（2024）

ISBN978-4-86707-018-5 C3040

定価（本体 3,600 円＋税）

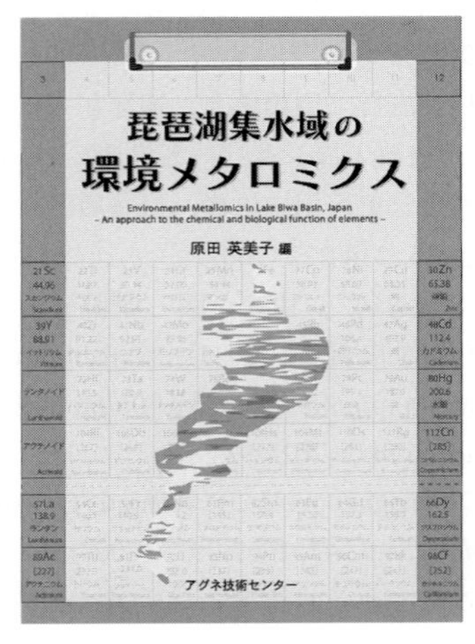

「メタロミクス（Metallomics）」とは，生体を構成する元素，特に微量金属元素の機能と役割を体系的に解明する学問領域である．本書は琵琶湖と金属をテーマに，元素の動態と集積を切り口として，水域環境と生物多様性に関する最新の研究成果を 37 名の研究者がオムニバス形式で執筆している．フィールドワークをベースとし，分析化学，環境科学の様々な手法や知見を包括した内容となっているが，その中で蛍光 X 線分析や X 線吸収微細構造解析，X 線 CT 撮影などの X 線分析技術を用いた研究が数多く取り上げられているので，ここではそうした事例にフォーカスしながら本書を紹介させていただく．

第 1 章「メタロミクスとは」では，本書の主題であるメタロミクスについて，琵琶湖の基本情報と共に概説している．続く第 2 章は「美味しいメタロミクス」と題し，琵琶湖の豊富な水産資源に関する様々な研究を取り上げている．例えば，かつて琵琶湖は日本有数のシジミの産地として知られ，現在もその加工品は琵琶湖の特産品になっている．本書内で取り上げられている研究では，放射光を用いた蛍光 X 線イメージングと X 線吸収微細構造によりシジミの貝殻の色調と元素の関係を検証し，3 価の Fe を含む錯体が貝殻の黒色化に関与していることを明らかにした．第 3 章「植物の潜在力を知るメタロミクス」では，琵琶湖集水域に生育する植物に焦点を当て，環境要因と個体数の関連や，植物由来色素の構造解明に関する研究などを取り上げている．伊吹山に生育するヨモギを対象とした研究では，ハンドヘルド型装置を用いた非破壊の蛍光 X 線分析によって，一般的な植物との組成的特徴の違いを指摘した．第 4 章「生物が作り出す鉱物とメタロミクス」と第 5 章「見えないものを見るメタロミクス」では，生物が作り出した鉱物「バイオミネラル」や，琵琶湖の湖水や湖底堆積物，さらにはそこに生育する微小な生物にまで対象を広げ，含有元素の濃度や状態，同位体比を指標とした数々の研究を扱っている．最終章となる第 6 章「古の琵琶湖をたどるメタロミクス」では，琵琶湖周辺の化石や湖底の堆積物コア，さらには周辺で出土した文化財に関する研究を取り上げ，400 万年以上に及ぶ琵琶湖の歴史を多角的な視点から議論している．

本書内で取り上げられた研究事例の総数は 19 件にも及び，X 線分析以外にも様々な分析手法が登場するが，各手法の原理や装置について丁寧に説明がなされており，それらの複合的・相補的な利用についても学ぶべき点が多くある．「琵琶湖」というローカルなテーマを基軸としながら，その視点と方向性はきわめてグローバルである．環境科学分野はもちろんのこと，X 線分析を扱う多くの研究者にとって，その視野を大きく広げる 1 冊となるだろう．

［東京電機大学　阿部善也］

会議報告

第 60 回 X 線分析討論会の報告

西脇芳典*

Report on the 60th Annual Conference on X-ray Chemical Analysis

Yoshinori NISHIWAKI *

Kochi University
2-5-1 Akebono-cho, Kochi 780-8520, Japan

(Received 31 December 2024, Accepted 7 January 2025)

1. 討論会の概要と運営

2024 年 10 月 31 日，11 月 1 日の 2 日間，高知県高知市の高知城ホールにて第 60 回 X 線分析討論会を開催した．本討論会は（公社）日本分析化学会 X 線分析研究懇談会が毎年秋に主催している会議であり，初めての高知県開催となった．昨年度の第 59 回は，東京都市大学にて江場宏美実行委員長のもと開催された．協賛として，（公社）日本化学会，（公社）応用物理学会ほか全 22 学協会，X 線分析研究と装置・機器周辺等に関わる全 15 企業・団体によるご協力をいただいて，要旨集への広告出稿や，会場内での機器・資料の展示を行っていただいた．2024 年夏は異常な暑さだったが，討論会当日は好天にも恵まれ，すごしやすい時期に開催できた．計 171 名の参加者，浅田賞講演 1 件，依頼講演 3 件，口頭発表 23 件，ポスター発表 72 件を得て盛会裏に終えることができた．写真 1 は 1 日目に撮影した集合写真である．

本討論会の開催については，約 1 年前から大阪公立大学の辻先生（前 X 線分析研究懇談会運営委員会委員長）から打診をいただいた．本来であれば二つ返事でお引き受けすべきだったが，地方大学全般の悩みだが高知に X 線分析を専門とする大学教員が少なく，私自身が共働き・子育て・介護を抱えていて実行委員長を引き受けられるか非常に悩んだ．そんな中，多くの先

写真 1　第 60 回 X 線分析討論会 1 日目の集合写真.

高知大学教育学部　高知県高知市曙町 2-5-1　〒 780-8520　＊連絡著者：nishiwaki@kochi-u.ac.jp

生方から力強い協力のお申し出をいただき，実行委員長をお引き受けすることにした．実行委員は，兵庫県立大・村松康司（協賛，学生アルバイト担当），徳島大・山本 孝（ホームページ担当），高知大・上田忠治（討論会宣伝ポスター，プログラム編成，受付担当），高知大・小﨑大輔（要旨集作成，領収書，学生奨励賞担当），㈱リガク・高原晃里（会計担当）の産学メンバーに各作業を担当いただき，春ころから準備を開始した．実行委員長経験者である村松委員は，これまでのご経験から要所を締めてくださり，大きな失敗が起こらないようにご指摘をいただいた．山本委員はホームページ全般を担当くださった上，要所で実施すべきことをお知らせくださり，導いていただいた．上田委員は電気化学がご専門だが，ポスター，プログラム，会場など地元業者とのやり取りも現地に一緒に赴いてお手伝いいただいた．小﨑委員はクロマトグラフィー分析がご専門だが，要旨集やネームプレート作成なども献身的に行っていただいた．高原委員は会計担当の上，親身になっての細かな作業や相談にも乗っていただいた．全ての実行委員の先生方に，深く感謝申し上げる．

2. 講 演

本年の討論会では6つの討論主題「1. 社会問題を解決するためのX線分析，2. X線分析と各種分析技術の融合による先端科学への応用，3. X線要素機器の開発とX線分析への展開，4. X線イメージングおよび顕微解析，5. X線吸収分光と電子分光（XAFS，EELS），6. 表面分析（XPS，TXRF等），その他」を設けて講演募集を行った．さまざまな物質や材料の分析，科学的計測にX線が活用され，特に分光法による状態分析・構造解析や画像による情報表現や観察が威力を発揮し，先端的科学研究に役立てられていることが伺えた．

発表件数は，口頭発表23件（うち学生による発表8件），ポスター発表72件（うち学生による発表49件）であり，これらに依頼講演3件および浅田賞受賞講演1件を加え，2日間の合計で99件の研究報告がなされた．依頼講演1は，理化学研究所放射光科学研究センター法科学研究グループの瀬戸康雄先生に，「理研法科学の放射光X線分析法の開発」として，SPring-8の放射光を用いた法科学研究に関する講演をしていただいた．SAXS・WAXDを用いた繊維の識別，結晶スポンジ法を用いた合成カンナビノイド類のXRD分析，指紋の軟X線イメージングなど，科学捜査鑑別に放射光を利用している研究を紹介いただいた．依頼講演2は，高知大学理工学部の藤代史先生から，「$SrFeO_{3-\delta}$系酸化物固溶体の酸素貯蔵特性と遷移金属の局所情報の評価」について講演いただいた．粉末X線回折構造解析とXAFS，メスバウアー分光，熱重量−示差熱分析を組み合わせることで，酸素貯蔵材料である$SrFeO_{3-\delta}$をベースとした固溶体について，異元素置換による結晶構造や遷移金属まわりの局所構造の変化や置換元素種の価数の違いが酸素吸収放出特性に与える影響を明らかにでき，新たな合成の設計指針を構築できることを紹介された．依頼講演3は，高エネルギー加速器研究機構物質構造科学研究所の丹羽尉博先生から，「波長分散型時間分解XAFSを用いた金属の破壊メカニズム解明」について講演いただいた．直接的な観察が困難とされる金属の破壊現象について，レーザーとPF-ARから得られるパルスX線を組み合わせたナノ秒〜サブナノ秒の時間分解能を有する波長分散型XAFS（Dispersive XAFS：DXAFS）を用いて，鉄や鋼

写真 2　「浅田榮一賞」を授与された松山嗣史氏（左）と佐藤成男・懇談会運営委員会委員長（右）.

写真 3　「浅田榮一賞」受賞講演される松山嗣史氏.

の温度誘起相変態や銅の動的圧縮過程を解明した研究を紹介いただいた.

X 線分析研究懇談会では X 線分析分野で優秀な業績をあげた若手に「浅田榮一賞」を授与している．本年は第 18 回目となり，岐阜大学工学部の松山嗣史氏に授与された．受賞タイトルは「蛍光 X 線分析法の迅速・高感度化及び定量精度の向上に関する研究」であり，この討論会の場を借りて授与式を行った．江場宏美選考委員長から選考過程の報告のあと，X 線分析研究懇談会運営委員会の佐藤成男委員長（茨城大）より賞状と盾が手渡された（写真 2）．引き続いて浅田賞受賞講演の場がもたれ，松山氏より，ベイズ推定を用いた蛍光 X 線測定時間の短縮，全反射蛍光 X 線分析のためのアンモニア過酸化水素混合溶液を用いた試料基板の超親水処理，希ガス元素を一次 X 線フィルターとして搭載可能な蛍光 X 線分析装置の開発に関する研究を紹介いただいた（写真 3）．いずれも蛍光 X 分析における定量精度・感度向上に資する浅田賞に相応しい優れた研究であった.

X 線分析研究懇談会では，本年度より X 線分析の基礎と応用に関する研究を奨励し，「X 線分析の進歩」誌に掲載される学術論文の質の向上を目指すことを目的として，「X 線分析の進歩」論文賞を教育・研究機関等から投稿された論文から一編，産業界から投稿された論文から一編を選定し授与することとなった．この討論会の場を借りて授与式を行った．第 1 回となる 2024 年「X 線分析の進歩」論文賞について，辻幸一選考委員長から選考過程の報告のあと，X 線分析研究懇談会運営委員会の佐藤成男委員長より，「三次元偏光光学系エネルギー分散型蛍光 X 線分析装置を用いたヒト爪中微量元素定量法の開発および微量元素モニタリングへの応用」を発表した山崎真友子氏（東京電機大），「散乱 X 線の理論強度を用いる不定形な樹脂薄膜の膜厚測定，成分分析，および形状補正」を発表した小川理絵氏（㈱島津製作所）へ賞状が手渡された.

3.　その他の企画，学生奨励賞

企業展示およびポスター発表は，高知城ホール 2 階で行われた．協賛企業のうち 8 社・団体

写真 4　企業展示の様子.

による出展がなされた（写真4）. X線分析機器, 解析ソフト, 光学顕微鏡などの商品や資料, 企業紹介の展示があった. 本年は, 企業展示場および企業展示とポスター会場との間の広間に, 飲み物と高知特産のイモケンピ6種を置き, 研究者, 学生, 業界の方が懇談しやすいように工夫した. X線分析に関する意見交換を行い, 新たな繋がりをつくるよい機会になった.

例年, ミキサー時に協賛企業によるPR時間を設け, プロジェクタを使用しての製品紹介や, X線分析に関する取り組みなどをプレゼンいただいていた. しかし, 本年の会場近くに飲食店が少なくランチが取りにくいと考え, 初めてランチョンセミナーを企画した. 参加者はオーラル会場でランチを取りながら, 各社持ち時間5分で企業展示の8社にプレゼンしていただいた. ランチョン時のプレゼンを聞いて, 企業展示ブースに足を運ぶ参加者が多くおり, 概ね好評であった.

討論会恒例のミキサーは今年も1日目の講演終了後に, オーラル会場にて開催した. 参加者は124名だった. ランチョンセミナーを実施したので, ミキサー時の協賛企業によるPRは実施しなかった. 今回は第60回大会で, 人間で言えば還暦ということで, 長くX線分析に関わってこられた㈱リガクの桜井和彦氏に講話を依頼した. 合志先生, 二瓶先生, 桜井先生, 飯田先生, 中井先生, 中村先生, 故早川先生などとのエピソードとともに, 本討論会の歴史について紹介いただいた. お祝いと高知開催を考慮して, ミキサーの料理は, 高知名物皿鉢料理とした. 皿鉢料理は, 海と山の季節の旬のものを盛り込んだ大皿を大勢で囲み, 食べたいものを好きなだけ小皿にとって食べるという自由を尊重する土佐ならではの料理として知られている. 自由闊達に討論する本討論会の祝いに適した料理だと考えた. また, 高知観光コンベンション協会の郷土芸能等提供制度を活用し, ミキサー会場に「土佐の地酒コーナー」を作った. 県内18蔵元から取りよせた日本酒を飲み比べし, 参加者間の交流をはかった（写真5）. 研究

写真 5　ミキサー参加者（産・学・研究者・学生）の垣根を超えた交流の様子1.

写真 6　キサー参加者（産・学・研究者・学生）の垣根を超えた交流の様子2.

者，学生，出展企業から多数参加してくださり，交流が深まる様子が見られた（写真 6）．協賛企業からの広告料金によって多くを賄えた．深く感謝申し上げたい．

本討論会では優秀な発表を行った学生に対して「学生奨励賞」を授与している．2 日目の最後に発表する年もあるが，本年は 2 日目の帰路の飛行機の時間を考慮し，ミキサー時に発表した．口頭・ポスターそれぞれに個性的な研究，熱意のある発表が多く見られ，参加者から構成された審査員による投票を行った．その結果，口頭発表 2 件とポスター発表 4 件が選ばれた．ミキサー中の発表ということもあり，受賞学生と指導教員との大きな喜びが見られ，明るく和やかな雰囲気での表彰式となった．

会議報告

第 12 回蛍光 X 線分析の実際講習会報告

中野和彦*

Report on the 12th X-Ray Fluorescence (XRF) Analysis Seminar

Kazuhiko NAKANO*

Azabu University, Department of Environmental Science, School of Life and Environmental Science
1-17-71 Fuchinobe, Chuo-ku, Sagamihara-shi, Kanagawa 252-5201, Japan

(Received 15 January 2025, Accepted 21 January 2025)

1. 蛍光X線分析講習会の概要

日本分析化学会 X 線分析研究懇談会は，隔年で蛍光 X 線分析講習会（蛍光 X 線分析の実際講習会）を主催している．この講習会は，蛍光 X 線分析の基礎から応用までを幅広く理解するための総合的な講習会であり，蛍光 X 線分析の原理や装置構成，スペクトルの読み方や特殊スペクトルに関する留意点，定量分析や試料調製，標準物質の選定方法のノウハウ，さらには全反射蛍光 X 線分析法（TXRF）や SEM-EDX，X 線顕微鏡，膜厚分析計といった，汎用機以外の蛍光 X 線分析計に関する内容もカバーしたものとなっている．本講習会の大きな特徴は，講師の多くが蛍光 X 線分析の最先端で活躍する装置メーカーの方であり，それら講師から実践的なノウハウが学べること，また座学だけでなく，各装置メーカーの卓上器を使用した実機講習にも参加できることである．

この講習会が始まったのは 2004 年からであり，第 1 回から第 10 回（2018 年）までは，東京理科大学の中井泉先生（現 同大名誉教授）が世話人となって，東京理科大学神楽坂キャンパス（東京都新宿区神楽坂）で開催されてきた．その後，中井先生の定年退職に伴い，2019 年から筆者が世話人を引き継ぐ形となった．当初は 2020 年に，第 11 回の講習会を麻布大学（神奈川県相模原市）で開催する予定であったが，折しも 2019 年末からの新型コロナウイルス感染症の流行により，この年の開催を見送ることとなった．2 年後の 2022 年に，ようやくコロナ禍の収束の兆しが見えつつある時期になったこともあり，第 11 回の講習会を開催することができた．ただし当時は，新型コロナウイルス感染症の再拡大（第 6 波～第 7 波）への警戒から，座学講習（2 日間）をオンラインで，実機講習（1 日間）を各メーカーのラボにて行うという変則的な形式で実施した．2024 年の今回，6 年ぶりに対面形式による講習会（第 12 回）を開催することができた．本稿ではその開催内容について記したい．

2. 第12回講習会の概要と運営

蛍光 X 線分析講習会の開催時期は，東京理科大で開催されていた第 10 回目までは，新年度

麻布大学生命・環境科学部環境科学科　神奈川県相模原市中央区淵野辺 1-17-71　〒 252-5201　＊連絡著者：k-nakano@azabu-u.ac.jp

から企業や大学，研究所等で蛍光 X 線分析装置を新たに利用し始めたユーザーに向けて，6 月または 7 月の開催が主であった．しかし，筆者が世話人を引き継いだ前回（第 11 回）からは，筆者や本学の都合により，9 月開催に変更した．会期日程については，これまでは座学講習 2 日間と実機講習 1 日間の計 3 日間であったものを，今回は座学講習と実機講習を合わせて 2 日間の日程とし，最終的に 2024 年 9 月 25 日と 26 日に麻布大学にて開催することとした．また開催形式については，座学講習をオンラインとのハイブリッド方式で実施することも検討したが，オペレーションが煩雑になることから，対面形式のみで実施することとした．運営体制については，実行委員会等は設けず，X 線分析研究懇談会委員長の佐藤成男先生（茨城大学），同副委員長の江場宏美先生（東京都市大学）と山本孝先生（徳島大学），および辻幸一先生（大阪公立大学）にご助言，ご協力を仰ぎながら，基本的に筆者 中野和彦（麻布大学）で運営を行うこととした．会計関係については，前年から開始されたインボイス制度の対応により業務が煩雑化したが，その都度，会計担当の江場先生から丁寧なサポートをいただき，大きな混乱もなくスムーズに対応することができた．

本講習会のプログラムおよび講師は Table 1 のとおりである．講習会の日程を 3 日程から 2 日程としたため，座学講習のプログラムをこれ

Table 1　第 12 回 蛍光 X 線分析の実際講習会プログラムおよび講師.

9 月 25 日（水）1 日目　座学講習	
蛍光 X 線分析の基礎	辻　幸一（大阪公立大）
蛍光 X 線分析装置（WDX，EDX）	本間　寿（リガク）
定性分析	山路　功（マルバーン・パナリティカル）
定量分析	河原直樹（リガク）
試料調製法	本間　寿（リガク）
蛍光 X 線分析用標準物質	中野和彦（麻布大）
全反射蛍光 X 線分析	高原晃里（リガク）
9 月 26 日（木）1 日目　午前　座学講習，午後　実機講習	
座学講習	
X 線顕微鏡	駒谷慎太郎（堀場テクノサービス）
SEM-EDS 分析	森田正樹（日本電子）
膜厚の測定	辻川葉奈（日立ハイテクサイエンス）
散乱 X 線の理論計算を用いた FP 法とその応用	小川理絵（島津製作所）
実機講習	
EDX（島津製作所）	守屋宏一
EDX（マルバーン・パナリティカル）	山路　功，浜田寛之
EDX，WDX，ハンドヘルド XRF（リガク）	本間　寿，齋藤庸一朗，六名　郷，山中建人
EDX，SEM-EDX（日本電子）	神山亮太，村谷直紀，野村朋子
膜厚分析（日立ハイテクサイエンス）	辻川葉奈
EDX，X 線顕微鏡（堀場テクノサービス）	安保拓真，高　めぐみ，泉　悠樹

までよりも少し短縮した内容とした．先に述べたように，講師の多くが蛍光 X 線分析装置メーカーの方であり，大学からの講師は，辻先生「蛍光 X 線分析の基礎」と筆者「蛍光 X 線分析用標準物質」の 2 名のみであった．座学講習の最後のセッションでは，毎回，蛍光 X 線分析のトピック的な内容の講義を行っている．今回は，島津製作所の小川理絵氏による「散乱 X 線の理論計算を用いた FP 法とその応用」の講義を行った．小川氏は，同年に X 線分析の進歩 55 集の論文賞（産業界部門）を受賞されているので，ご存じの方も多いのではないかと思う．また，今回から新たに講師を引き受けていただいたのは，小川氏を含めて 4 名で，河原直樹氏（リガク）には「定量分析」を，高原晃里氏（リガク）には「全反射蛍光 X 線分析」を，辻川葉奈氏には「膜厚の測定」の講義をそれぞれご担当いただいた．実機講習では，リガクから 3 機種（EDX，卓上型 WDX，ハンドヘルド XRF），日本電子から 2 機種（EDX，卓上型 SEM-EDX），堀場テクノサービスから 2 機種（EDX, X 線顕微鏡，X 線顕微鏡は同社ラボからのリモートアクセスで実施），島津製作所とマルバーン・パナリティカルからは EDX の 1 機種，日立ハイテクサイエンスからは薄膜分析計の 1 機種を，それぞれ麻布大学に搬入して，参加者の希望する機種で講習を行った．また，講習会の参加者，特に学生の参加を多く集うため，参加費をディスカウントした．講習会では，本学生命・環境科学部棟の施設を 3 教室使用したが，施設利用料が格安であったことから，これまでよりも参加費を 1 万円程度抑えることができた．

参加申込方法は，前回（第 11 回）と同様に Google フォームによる Web 申込システムを用いて，7 月 5 日から 8 月 30 日まで参加者を募った．X 線分析研究懇談会の HP 上で講習会の案内を行うするとともに，懇談会や関連学会のメーリングリストで周知した．また前回の参加者にもメールで周知を行った．本学は，横浜駅や新宿駅からは 1 時間程度でアクセス可能であるが，これまでの会場（東京理科大）と比べると，埼玉や千葉方面からのアクセスはやや不便な立地である．また 6 年ぶりの対面式開催ということもあり，参加申込者がどの程度までになるかが心配であったが，最終的には 47 名の参加申込をいただき，前回のオンライン開催での参加者数と同じ人数となった．参加者の内訳は，一般参加者が 23 名，学生・大学院生が 24 名であった．一般参加者の業種は，分析機器・装置メーカーが最も多く，次いで大学・研究所の研究者であった．その他，考古学・地質学系企業，ガラスメーカー，非鉄金属関連企業，電気機器メーカー，自動車部品メーカー，資源エネルギー関連企業等，幅広い業種からの参加があった．

講習会当日は，連日続いた酷暑も和らぎ，両日とも天候にも恵まれた中で開催することができた．参加者には講習会のテキストとして『蛍光 X 線分析の実際 第 2 版』（朝倉書店）を配布するとともに，各講師の講習会スライドを取りまとめたものを pdf ファイルにして事前に配布した．講習会初日のオープニングでは，江場副委員長による開会の挨拶をいただいた．座学講習では，各講師の長年の経験を織り交ぜた，実践的な講義を実施いただいた．また 2 日目の午後に実施された実機講習では，各メーカーの講師が，受講者の経験年数や現在のアプリケーション内容に合わせて，柔軟かつ丁寧な講習を実施されていた．実機講習後に参加者の大学院生の一人と話した際，実機講習の装置と同じ型式の装置を研究で使用しており，装置を使用する際のノウハウを知ることができてとても満足したとのコメントが印象的であった.

講習会終了後に実施したアンケート結果も概ね好評であり，現在使用している蛍光 X 線装置の構造や基本的な知見を理解することができ有意義な講習会であった，他のチームメンバーの参加も検討したい，等のコメントをいただいた.

3. 終わりに

今回，対面式での蛍光 X 線分析講習会を 6 年ぶりに開催することができた．本学での開催は初めてであったが，講師の方々や各メーカーの担当者の方々，講習会参加者の皆様のご協力により無事に終了できたことに心から御礼申し上げる．また，講習会の実施にあたり，終始丁寧かつ暖かいアドバイスをいただいた佐藤先生，江場先生，山本先生，辻先生には深く感謝したい．他方，講習会の講師や各メーカーの担当者の方々には，事務連絡の不備等によりご迷惑をおかけしたことをこの場を借りてお詫び申し上げたい．蛍光 X 線分析講習会は，2004 年から 20 年以上にわたって開催されてきたロングランの講習会である．2022 年から 2 回の講習会世話人を引き受けて実感したのは，蛍光 X 線分析の裾野の広さであった．蛍光 X 線分析で得られる元素情報は，分析化学の根幹を成すものであり，その用途は，工業材料から環境試料まで多岐にわたる．このため，参加者の業種も非常に幅広く，その分析のニーズも様々である．また同時に，世話人を通じて痛感したのは，本講習会が，蛍光 X 線分析の普及に果たす役割が非常に大きいということであった．その意味で，これまで長年にわたって講習会の世話人を引き受けられていた中井先生，ならびに講習会の実務を担当されていた阿部善也先生（現 東京電機大）の貢献もはかり知れない.

次回（第 13 回）の講習会は，2026 年開催の予定であり，次回も本学での開催を予定している．次回への改善点として，より多くの方々に参加いただけるよう，関連学会の協賛を増やしたり，各装置メーカーからユーザーへの呼びかけを促したりするなどした，よりきめ細かな広報活動を実施していく必要がある．また，装置メーカーのパネル展示を拡充するとともに，休憩時間に各メーカーの蛍光 X 線分析装置のスライドショーを投影するなどして，蛍光 X 線分析の普及にも努めていきたい．講習会の運営についても，今回は著者一人で担当したが，次回はより多くの方々から様々な知見をいただいて，より良い講習会を開催していきたいと考えている.

会議報告

2024 ヨーロッパ X 線会議および第 73 回デンバー X 線会議報告

辻　幸一*

Reports on 2024 European Conference on X-ray Spectrometry & 73th Annual Denver X-ray Conference

Kouichi TSUJI*

Department of Chemistry and Bioengineering, Graduate School of Engineering,
Osaka Metropolitan University
3-3-138, Sugimoto, Sumiyoshi, Osaka 558-8585, Japan

(Received 15 January 2025, Accepted 26 January 2025)

2024 年に X 線分析に関する海外での会議，EXRS2024（EXRS：European Conference on X-ray Spectrometry）と DXC2024（DXC：Denver X-ray Conference）が対面で開催され，出席してきたので，その概要を報告する．

1.　EXRS2024会議の概要

2024 年 6 月 24 日から 6 月 28 日にかけて，ギリシャのアテネにて，EXRS2024 会議（ヨーロッパ X 線会議）が開催されたので，その概要を報告する．この会議は 2 年に一度開催されており，前回は 2022 年にベルギーのブリュージュでアントワープ大学の Koen Janssens 教授が議長として開催された．今回はギリシャの首都であるアテネ市内の Zappeion Megaron と呼ばれる会議場で行われた（写真 1）．会期中は晴天であり，6 月と言えども大変な暑さであった．写真 2 は Zappeion Megaron の円形の中庭で撮られた集合写真である．EXRS2024 の参加者は 306 名で，ドイツが最多の 55 名，ギリシャから 28 名，イタリアから 25 名，日本からは 12 名の参加（6 番目に多い）であった．日本からは，著者以外に東京都市大学の江場宏美教授，量子科学技術研究開発機構の吉井　裕博士，企業側からは㈱リガクの高原晃里博士，㈱堀場テクノサービスの駒谷慎太郎博士，中野ひとみ博士，㈱堀場製

写真 1　EXRS2024 の会場である Zappeion Megaron.

大阪公立大学大学院工学研究科物質化学生命系専攻　大阪府大阪市住吉区杉本 3-3-138　〒 558-8585　＊連絡著者：k-tsuji@omu.ac.jp

写真 2　EXRS2024 会議参加者の集合写真．

作所の松永大輔博士らが参加した．北米やアジアからの参加者も多く，国際的な会議であった．学生の参加者は 66 名，同伴者も 22 名とやや多いのは，アテネという場所の魅力もあったかもしれない．口頭発表 103 件，ポスター発表 141 件，企業発表 13 件であった．

議長は Andreas Karydas 博士（INPP, NCSR "Demokritos", The Institute of Nuclear and Particle Physics（INPP）, National Centre for Scientific Research, Athens, Greece）が務めた（写真 3）．表 1 にあるように，5 日間の会期中に 15 のセッションが，パラレルセッションの形式で企画された．表1では，Theory, XAFS/Emission, Quantitative, SR-Material sciences, Batteries, New instrumentation, XRS-new, TXRF, Bio, Cultural Heritage, Complementary XRD, Environmental, SR beamlines などのカテゴリーで色分けされている．

写真 3　議長の Andreas Karydas 博士と著者（辻）．

1）研究発表の動向

日本でも軟 X 線分光の研究が精力的に進められているが，反射型ゾーンプレートを用いた高分解能での発光分光では，48～120 eV 範囲のスペクトルが測定され，Be, C などの軽元素に加えて，Li の発光スペクトルが状態分析の観点から詳しく解析された．また，レーザープラズマを光源とした卓上型の軟 X 線吸収分光装置の開発，実験室での X 線吸収分光装置の開発や応用

表 1　EXRS2024 のプログラム.

EXRS-2024, Athens

Sunday 23 June

Time	
17:00 - 20:00	Registration - Welcome reception

Monday 24 June

Time		
8:00 - 9:00	Registration	
09:00	Welcome Address, Opening Remarks	
09:20	Keynote Lecture : Dimosthenis Sokaras	
	1A-LXAE	**1B-TFMP**
09:50	Antti-Jussi Kallio	Marie-Christine Lepy
10:10	Liqiang Luo	Joanna Hoszowska
10:30	Iva Božičević Mihalić	Mauro Guerra
10:50	Coffee break	
	2A-LXAE	**2B-TFMP**
11:20	Ioanna Mantouvalou	Lothar Strueder
11:40	Jonathan Holburg	Philipp Hönicke
12:00	Sebastian Praetz	André Wählisch
12:20	Khalil Hassebi	Pia Schweizer
12:40	Lunch break	
14:00	Invited Lecture : Ch. Zarkadas	
	3A-SRMS	**3B-QA**
14:30	György Vankó	Jorge E. Fernandez
14:50	Iztok Arcon	Ana Pejovic-Milic
15:10	Edgar Abarca Morales	Leona Bauer
15:30	Coffee break	
	4A-SRMS	**4B-QA**
16:00	Ursula E.A. Fittschen	Emmanuel Nolot
16:20	Ilaria Carlomagno	Alessandro Migliori
16:40	Rafał Fanselow	Ilona Stabrawa
17:00		Frank Förste
17:20 - 19:20	Poster session I	

Tuedsay 25 June

Time		
8:00 - 9:00	Registration	
09:00	Invited Lecture : Karin Kleiner	
	5A-ENE	**5B-NCI**
09:30	Giuliana Aquilanti	AMPTEK
09:50	Marko Petric	easyXAFS
10:10	Ava Rajh	Helmut Fisher GmbH
10:30	Chiya Nishimura	HP spectroscopy GmbH
10:50	Coffee break	
	6A-ENE	**6B-NCI**
11:20	Burkhard Beckhoff	Hitachi High-Tech
11:40	Katja Frenzel	KETEK GmbH
12:00	Adrian Jonas	LynXes
12:20	Konstantin Skudler	MOXTEK
12:40	Lunch break	
14:00	Invited Lecture : So Po-Wah	
	7A-BIO	**7B-NCI**
14:30	Katarina Vogel-Mikuš	PETRICK GmbH
14:50	Simone Sala	PNDetector
15:10	Oleksandra Marushchenko	Quantum Design
15:30	Coffee break	
	8A-INST	**8B-NCI**
16:00	Alessandra Gianoncelli	RaySpec Ltd
16:20	Martin Radtke	XIA LLC
16:40	Danilo Pacella	Cosimo Fratticioli
17:00 - 19:00	Poster session II	
19:00- 20:00	Public lecture: Hariclia Brecoulaki	

Wednesday 26 June

Time		
8:00 - 9:00	Registration	
09:00	Invited Lecture : Johan Baumann	
	9A-TXRF	**9B-INST**
09:30	Ramón Fernández-Ruiz	Björn Eckert
09:50	Hagen Stosnach	Morales Argueta Ivan Paen
10:10	Kirsten Siebers	Arno Frank
10:30	Aleksandra Wilk	Jan Jakubek
10:50	Coffee break	
	10A-TXRF	**10B-INST**
11:20	Armin Gross	Miguel A. Reis
11:40	Dieter Ingerle	Heike Soltau
12:00	Steffen Staeck	Giacomo Ticchi
12:20	Timur Terentev	Beatrice Pedretti
12:40	Lunch break	
14:00	Invited Lecture : Markus Kraemer	
	11A-TXRF	**11B-INST**
14:30	Joanna Chwiej	Ning Gao
14:50	Diane Eichert	Qiong Xu
15:10	Jasna Jablan	Yating Shen
15:30- 21:00	Excursion/Social activity	

Thursday 27 June

Time		
8:00 - 8:50	Registration	
08:50	EXSA ceremony	
09:10	Prize Winner's lecture	
09:40	Invited Lecture : Eva Marqui	
	12A-CH	**12B-ENVI**
10:10	Sotiria Kogou	David Fleming
10:30	Arthur Gestels	Agnieszka Maria Banas
10:50	Coffee break	
	13A-CH	**13B-ENVI**
11:20	Koen Janssens	Johan Boman
11:40	Steven De Meyer	Manousos Manousakas
12:00	Laurent Tranchant	Stefanos Papagiannis
12:20	Kalliopi Tsampa	Hanan Sa'Adeh
12:40	Lunch break	
14:00	Invited Lecture : Karen Trentelman	
	14A-CH	**14B-ENVI**
14:30	Sebastian Schöder	Janos Osan
14:50	Ermanno Avranovich Clerici	Hiroshi Yoshii
15:10	Amelia Suzuki	Arslan Usman
15:30	Coffee break	
	15A-CH	**15B-BEAM**
16:00	Jacopo Orsilli	Paweł Wrobel
16:20	Ariadne K. Marketou	Matthias Müller
16:40	Krzysztof Banas	Andrey Sokolov
17:00 - 19:00	EXSA GA	Poster session III
20:00	Conference Dinner	

Friday 28 June

Time		
8:00 - 9:00	Registration	
09:00	Invited Lecture : Claudia Caliri	
	16A-CH	**16B-COMP**
09:30	Anastasios Asvestas	Kouichi Tsuji
09:50	Anno Hein	Yves Van Haarlem
10:10	Eva Luna Ravan	Pol De Pape
10:30	Letícia Martins Bireio	Emmanuelle Brackx
10:50	Coffee break	
	17A-CH	**17B-COMP**
11:20	Valentina Ljubić Tobisch	Pedro Amaro
11:40	Mareike Gerken	Vasiliki Kantarelou
12:00	Artemios Oikonomou	Pia Schweizer
12:20	Adamantia Panagopoulou	Manon Evin
12:40 - 13:00	Closing ceremony-End of conference	

TFPM	Theory, Fundamental parameters/processes, Modeling
LXAE	Laboratory X-ray Absorption/Emission
QA	Quantitative analysis
SRMS	Synchrotron Radiation in Material Sciences
ENE	Batteries and Energy materials
NCI	New Commercial Instrumentation
INST	XRS instrumentation: New Developments

TXRF	Total Reflection, Grazing Incidence/Exit XRF
BIO	Multimodal nano/micro imaging in Biology - Biomedicine
CH	XRS applications in Cultural Heritage
COMP	Complementary XRS techniques
ENVI	XRS applications in Environmental studies
BEAM	Synchrotron Radiation Beamlines

研究も数件あり，研究動向として注目される．関連して，ハンガリーの RCP（Research Center for Physics, Budapest）において，2024 年 10 月 2〜4 日に 3rd Workshop on High-energy-resolution Laboratory X-ray Spectroscopy 2024 と称するワークショップが開催された．企業 easyXAFS もスポンサーとして加わり，この分野への関心が寄せられている．その他，X 線要素技術としては，X 線検出器であるシリコンドリフト検出器（SDD）も多素子化が進み，より短時間で精度よく X 線スペクトルが測定できるようになった様子が報告され，X 線分析装置の性能の向上に大きく貢献している．X 線分析の応用研究では，やはりギリシャ・アテネという土地柄を反映して，考古物の分析に関する発表が多数見受けられた．その中で興味深かったのは，中国の研究グループによるロボット技術を駆使した 3 次元的 XRF イメージングである．壺のような円柱形の物体に対して，ロボットアームの先端に取り付けた小型の X 線源と X 線検出器を 360 度周回させながら，XRF 分析を行い，試料外周の元素分布情報を得る研究である．貴重な考古物を試料とする際にはアームと測定器がぶつからないように細心の注意を払う必要があるが，今後の発展が期待される．

写真 4　ポスター発表の様子．左は東邦大学の柳澤右京さんと大阪公立大学の平山優佳さん，右は大阪公立大学の藤井蓮唯羅さん）．

2）ポスター発表とポスター賞

Zappeion Megaron 会場の両サイドにある 2 つの会議室を行き来する中央のスペースにポスターボードと企業展示ブースが置かれ，ポスター発表が行われた（写真 4）．コーヒーブレイクの際にポスター展示や企業展示のブースを横切るので，そこで意見交換，情報交換されるように工夫されていた．ポスターセッションは 3 日間に渡り 3 回設けられたが，それぞれのセッションから 1 名ずつ，ベストポスター賞が授与された．以下にポスターの講演題目，氏名，所属を示す．

Poster session I：
"*Theoretical ab initio Evolution of Satellite Intensity near Threshold for Cu K-shell transitions*"
Daniel Pinheiro, Goncalo Baptista, Cesar Godinho, Jorge Machado, Paul Indelicato, Jose Paulo Santos, Mauro Guerra,
Laboratory of Instrumentation, Biomedical Engineering and Radiation Physics (LIBPhys-UNL), Department of Physics, NOVA School of Science and Technology, NOVA University Lisbon, Spain

Poster session II：
"*Machine Learning applied to Active Collimation in Monolithic arrays of SDDs*"
Beatrice Pedretti, Giacomo Borghi, Giacomo Ticchi, Marco Carminati, Carlo Fiorini,
Department of Electronics, Information and Bioengineering, Polytechnic University of Milan, Milan, Italy

Poster session III：
"*μ-XRF imaging and Artificial intelligence data analysis: Case study on religious icons*"
Theofanis Gerodimos, John Georvasilis, Georgios P. Mastrotheodoros, Andreas Germanos Karydas, Aristidis Likas, Dimitrios Anagnostopoulos,
Deptartment of Materials Science and Engineering, University of Athens, Greece

3）その他の活動

会期初日には Wiley 主催の X-Ray Spectomerty 誌の編集委員会も持たれた．編集委員長のスウェーデン・ヨーテボリ大学の Boman 教授を始め，ドイツの Fittschen 教授，ギリシャの Karydas 博士，イタリアの Fernandez 教授，中国の Liquiang 教授，および筆者などが参加し，EXRS 会議などのプロシーディング発行や今後の特集号企画について議論した．

EXRS2024 ではソーシャルイベントも充実しており，先端的な分析手法による絵画分析に関する Public lecture や，会議ディナー，エクスカ一ジョン（3 つの選択肢あり）などが企画された．写真 5 はスニオン岬のポセイドン神殿をバスで訪問した際のものであり，写真 6 はアテネ市内とスニオン岬の間の湖 Vouliagmeni Lake の様子である．筆者は，パルテノン神殿を訪問するコースを選択した．山頂にあるパルテノン神殿の途中までバスで送ってもらえたが，そこからの道のり（写真 7）は大変だったが，素晴らしい景観であった．アテネ市内，ギリシャ国内のいたるところに歴史的な建造物があり，それらの修復と保存には大変な労力が必要であるが，アクロポリス博物館では丁寧な修復と保存，公開がされている．X 線分析の立場からは，どのよう

写真 6　会議エクスカージョンの様子②（Vouliagmeni Lake）．

写真 5　会議エクスカージョンの様子①（スニオン岬のポセイドン神殿）．

写真 7　会議エクスカージョンの様子③（パルテノン神殿への途中）．

に貢献できるものか考えさせられた．多くの日本人参加者が無事に講演を終え，食事会を持った（写真 8）．地中海料理は日本人にもなじみがあり，美味しくいただいた．㈱リガク，㈱堀場製作所・堀場テクノサービスもポスター発表に加えて，企業展示を出され，多くの関心が寄せられていた．

会議終了後に Karydas 博士が勤務されている INPP（The Institute of Nuclear and Particle Physics）を訪問させていただいた（写真 9）．手作りの微小部蛍光 X 線分析・元素イメージング装置に加えて，タンデム型の加速器を備えたイオンビーム照射装置や PIXE などの放射線計測装置が整備されており，高エネルギー物理学でも貢献されている様子を拝見した．

写真 8　発表等を終えての食事会の様子（撮影：江場先生）．

写真 9　Andreas Karydas 博士が勤務されている INPP（The Institute of Nuclear and Particle Physics）の入り口（左から，エジプト国立研究所の Shaltout 教授，Karydas 博士，筆者，およびリガクの高原博士）．

4）プロシーディングと EXRS2026

EXRS2024 で発表された内容は通常の審査を受けたのち，X-Ray Spectrometry 誌に特集号として掲載される予定である．各講演内容の詳細については，そちらを見ていただきたい．なお，次回の EXRS 会議は Paolo Romano 博士（CNR：Consiglio Nazionale delle Ricerche：CATANIA, Sicily）を議長としてカターニャ（シシリー島，イタリア）にて 2026 年に行われる予定である．Romano 博士は 2017 年に当時の大阪市立大学を訪問された際に，徳島大学で開催された第 53 回 X 線分析討論会にも参加され，フォトンカウンティング解析による全視野型蛍光 X 線イメージングについて口頭発表をされたので，記憶されている方も多いと思われる．EXRS2026 にも日本から多くの参加者があることを期待したい．

2.　2024DXC会議の概要

2024 年 8 月 5～9 日に第 73 回デンバー X 線会議（2024DXC）が Scott Misture 議長の下でコロラド州 Westminster の The Westin Westminster ホテルで開催された（写真 10）．デンバー国際空港からは電車でユニオン駅まで行き，そこからバスでホテル近くまで行くことができた．数年前に比べて，バスの発車時刻の確認やチケットの購入もアプリで可能になり，安全に安心して移動できた．The Westin Westminster ホテルでは，プレナリーセッションが行われる大きな会議場に加えて複数の会議室，および企業展示とポスター発表会場が用意されていた．参加者はおよそ375名で，昨年と同様な規模であった．アメリカ合衆国以外からの参加者の割合は約25%であり，こちらも国際会議と言えそうである．一方で，学生や若手研究者の参加も増え，所定の規程を満たした14名の参加者に対して，Robert L. Snyder Student Grant Awardが授与された（写真11）．日本から参加した白田ひびきさん（明治大学大学院理工学研究科）も受賞者の1名である．旅費の一部を助成するものであり，学生や若手研究者の参加を促す良い方法と思われる．なお，第67回から第72回の最近のデンバーX線会議については，参考文献1)～6)にて報告されている．

写真10　2024DXC会場となったThe Westin Westminster.

1）ワークショップ

DXCは前半にワークショップ，後半に本会議（基調講演と各セッションに分かれた会議）の構成となっている．表2に2024DXCのプログラムの概要を示す．16のテーマからなるワークショップが企画されたが，Basic XRFやXRF Trace Analysisなど基礎的なテーマから，Practical Microcomputed Tomodraphyなど，実用的な話題に関するものまで含まれている．また，Machine Learningに関するワークショップも1日フルに企画された．2日間の午前と午後において，ほぼ4つのテーマのワークショップが並行して行われるため，参加者はどのワークショップに参加するか選択に困る場合もある．来年度からは，ワークショップのテーマを厳選し，重複を減らす見込みであり，参加者に満足されるように改善する方向で議論されている．

筆者は昨年と同様にMicro-XRFとXRF Trace analysisのワークショップにて講師を務めた．Micro-XRFではオーガナイザー兼講師として，主に実験室での微小部XRF分析の基礎と応用について解説した．まず，筆者よりX線集光素子の紹介と微小部XRF分析の基礎を解説し，次いでロスアラモス国立研究所のBrian

写真11　Snyder Student Grant Awardの授与式の様子.

表 2　2024DXC プログラムの概要.

2024 Denver X-ray Conference ♦ Program-at-a-Glance ♦ Monday – Friday ♦ 5 – 9 August

	Meeting Rooms			
	Standley I	Standley II	Cotton Creek	Meadowbrook
Monday Morning Workshops 9:00am – 12:00Noon				
Special Topic	Introduction to Machine Learning for X-ray Analysis – Part 1 (**Joress/DeCost/McDannald**)			
XRD		Sample Preparation for XRD (**Fawcett**)	Non-ambient XRD (**Misture**)	
XRF				Basic XRF (**Drews/Wobrauschek**)
Monday Afternoon Workshops 1:30pm – 4:30pm				
Special Topic	Introduction to Machine Learning for X-ray Analysis – Part 2 (**Joress/DeCost/McDannald**)	Practical Microcomputed Tomography (**Stock**)		
XRD				
XRF			XRF of Layered Structure (**Wobrauschek**)	Quantitative XRF (**Kawakyu/Seyfarth**)
Monday Evening XRD Poster Session & Reception 5:00pm – 7:00pm (Watkins/Cakmak) Westminster Ballroom				
Tuesday Morning Workshops 9:00am – 12:00Noon				
Special Topic	Autonomous Methods and Smart Measurements for X-ray Analysis – Part 1 (**Joress/DeCost/McDannald**)	X-ray Sources and Optics (**Drews**)		
XRD				
XRF			Sample Preparation for XRF (**Cruz Hernandez**)	Micro XRF (**Tsuji**)
Tuesday Afternoon Workshops 1:30pm – 4:30pm				
Special Topic	Autonomous Methods and Smart Measurements for X-ray Analysis – Part 2 (**Joress/DeCost/McDannald**)			
XRD		Stress Analysis (**Watkins**)	2D Detectors (**Blanton/He**)	
XRF				XRF Trace Analysis (**Wobrauschek**)
Tuesday Evening XRF Poster Session & Reception 5:00pm – 7:00pm (Schmeling) Westminster Ballroom				
Wednesday Morning Plenary Session – Bio-Medical Imaging Standley I & II, 8:30am – 11:45am (**Misture**)				
Wednesday Afternoon Sessions				
Special Topic	New Developments in XRD & XRF Instrumentation (**Fawcett/Drews**)			
XRD		Stress and Texture Analysis (**Watkins**)	Rietveld and PDF Applications (**Stone**)	
XRF				Quantitative Analysis of XRF (**Heirwegh**)
Thursday Morning Sessions				
Special Topic	Mining, Recycling, and Sustainable Materials (**Tsuji**)		Cultural Heritage (**Schmeling**)	
XRD		General XRD – Part I (**Okasinski**)		
XRF			Trace Analysis (**Schmeling**) beginning ~~	Micro XRF and Synchrotron Applications (**Wobrauschek**)
Thursday Afternoon Sessions				
Special Topic	Bio-Medical (**Greenwood**)			
XRD		General XRD – Part II (**Okasinski**)	Non-ambient Measurements (**Drews**)	
XRF				General XRF (**Fittschen**)
Friday Morning Sessions				
Special Topic	Machine Learning Techniques in X-ray Analysis (**Mehta/Cherukara**)	Energy Materials Characterization (**Rodriguez**)		
XRD			Industrial Applications of XRD (**Fawcett**)	
XRF				Industrial Applications of XRF (**Dutta**)

Patterson 博士から共焦点 3 次元 XRF 分析の紹介があった．最後に㈱堀場製作所の松永大輔氏が，軽元素対応型の X 線検出器を搭載した X 線分析顕微鏡の紹介と多岐にわたる応用例（絵画，工業製品，リュウグウ粒子など）を紹介された．XRF Trace analysis ではウィーン工科大学の Wobrauschek 博士がオーガナイザー兼講師として，Streli 教授と筆者も講師として加わり，TXRF の基礎（放射光，実験室），Micro-XRF，WDXRF などを中心に微量分析法の紹介，注意点と適用例が解説された．WDXRF の講師には，㈱リガクの松田 涉氏が波長分散型の XRF 装置の原理と微量分析としての特徴を分かりやすく説明された．

2）基調講演

基調講演に先立ち DXC 議長の Scott Misture 氏が座長として，各賞の授与式が執り行われた．2024 年度の Birks 賞は，写真 12 にあるように Stanford University の Piero A. Pianetta 博士に授与された．Pianetta 博士は放射光施設でのシリコンウェハーの TXRF 分析でも著名であるが，最近はバイオ試料の微量元素分布解析などもされている．当日はご都合が合わず，対面での参加は叶わなかったが，リモートで参加され，Birks 賞が授与された．

写真 12　2024 年度の Birks 賞を受賞された Piero Pianetta 博士．

基調講演は Bio-Medical Imaging の大テーマの下，Northwestern University の Stuart Stock 博士は，“Beyond Jaws：The Mineralized Cartilage of Shark Vertebral Centra” について，Argonne National Laboratory の Olga Antipova 博士は，”X-ray Fluorescence Microscopy Brightens up Biological and Medical Research” の題目で，最後に，The University of Western Ontario の Andrew Nelson 博士は “Paleobiomedical Imaging：The Use of X-ray and CT to Study Egyptian and Peruvian Mummies” について講演された．X-CT 解析と蛍光 X 線分析や X 線吸収分析などを駆使した生物試料の分析について精緻な画像とともに紹介された．

3）ポスター発表と口頭発表

ポスター発表は，初日の 2 日間に XRD と XRF の部門に分かれて展示会場と同じ会場で，ワークショップの後の夕方に企画された．XRD 部門では 30 件，XRF 部門では 14 件のポスター発表があった．写真 13 は研究成果について説

写真 13　ポスター発表の様子（大阪公立大学の小澤博美さん）．

写真 14　ポスター XRD 部門でベストポスター賞を受賞された明治大学の白田ひびきさん.

明されているポスター発表の一コマである．例年のようにビールとおつまみが提供される中，熱心に質疑のやり取りが行われ，各ポスターセッションの終わりに XRD と XRF の部門別にポスター賞が授与された．前述の明治大学の白田ひびき氏は，XRD 部門での受賞となり（写真 14），お祝いを申し上げたい．その他に企業名を冠した賞が授与された．以下に受賞者の氏名（所属），ポスター講演題目を示す．

XRD 部門

① Hibiki Shirata*, Y. Koike (Meiji University, Japan), Ohbuchi (Rigaku Corporation, Japan), Crystalline Phase Analysis of Cosmetic Foundation Using Powder X-ray Diffractometry

② Sarah Gosling*, M. Kitchen, C. Greenwood (Keele University, United Kingdom), E. Arnold, T. Geraki, T. Snow (Diamond Light Source, United Kingdom), P. Cool (The Robert Jones and Agnes Hunt Orthopaedic School, United Kingdom), K. Rogers, (Cranfield University, United Kingdom), I. Lyburn (Thirlestaine Breast Centre, Gloucestershire Hospitals NHS Foundation Trust, United Kingdom), N. Stone (University of Exeter, United Kingdom), A Novel Cancer Biomarker-Unveiling the Role of Microcalcifications in the Prostate

③ Niklas Pyrlik*, C. Ossig, J. Hense, C. Ziska (German Electron Synchrotron (DESY) and Universitat Hamburg, Germany), S. Patjens, G. Fevola, M. Seyrich, F. Seiboth, A. Schropp, J. Garrevoet, G. Falkenberg, C.G. Schroer, M.E. Stuckelberger (German Electron Synchrotron (DESY), Germany), R. Carron (Swiss Federal Laboratories for Materials Science and Technology Empa, Switzerland), Synchrotron-Based Multi-Modal Imaging Unveils Structure −Composition− Performance Correlations in CIGS Solar Cells

XRD 学生部門

① Adarsh Kabekkodu* (Downingtown East High School, USA), M. Rost (ICDD, USA), Qualitative Phase Analysis of Brand Name Vs Generic Drugs (Antacids and Acid Reducers) Using Powder X-ray Diffraction

XRF 部門

① Anik Chowdhury* (DuPont, USA), L. Brehm, Retired (Dow, USA), Comparative Elemental Analysis Study of Polyurethane Adhesive Products Using X-ray Fluorescence Spectrometers with Different Configurations

口頭発表は 8/7〜9 の 3 日間にかけて，17 のテーマ（セッション）に分かれて行われた．New Developments in XRD & XRF Instrumentation では，各社の最新技術が披露され，例年通り講演ごとに出入りの激しい会場であった．会議参加者の参加目的の 1 つが先端機器の情報収集にあるためと思われる．筆者は2024年度から新しく設けられたセッションとして，Mining, Recycling, and Substainable Mayerialsを企画し，座長を務めた．近年，レアメタルの重要性が再認識され，電池電極材料のリサイクルも注目を集めていることから，多くの関心が寄せられた．日本から2名の講師に依頼講演を行っていただいた．堀場製作所の松永大輔氏は，XRF Analysis in Recycling Fieldsと題する講演をされ，ベルトコンベアを流れる材料を分別する際にXRFが利用される状況を分かりやすく紹介され，講演後に参加者から詳細について質問を受けていた．加えて，東京大学の高橋嘉夫教授は，Determination of Abundanes, Disribution, and Species of Rare Earth Elements in Naturral Samples Using Advanced X-ray Spectroscopyと題する講演を行われた．放射光を光源とした微小部X線蛍光・吸収分光法をレアアースの分析に利用された結果を熱力学的・地球科学的関連から解説された．特に超電導転移端検出器（Transition Edge Sensor；TES）を利用することで，高いエネルギー分解能で解析できることから，レアアースの分析に適している様子が示された．もう1名の依頼講演者として，ハンドヘルドXRFの開発状況とリサイクル・資源探査への応用に関して日立ハイテクUSAのJordan Rose氏に依頼したが，飛行機の遅れによりRose氏が会場に間に合わず，急遽，同社のSchmidt氏が講演された．その後，ドイツのClausthal工科大学のFittschen教授が合金試料，電池電極材料からの有用金属の回収プロセスにおけるX線分析技術の利用について紹介された．その他にはBio-Medical, Non-Ambient Measurement, Quantitative Analysi of XRFなどのセッションにおいて，多くの口頭発表があり，活発に議論された．

4）プロシーディングと 2025 DXC

2024 DXCのプロシーディングを含めたAXA（Advances in X-ray Analysis）の第68巻は2025年夏に刊行される予定である．AXAの論文の中から特に選ばれた論文はPowder Diffraction Journalにも掲載される．なお，これまでのAXAの第40巻から第67巻までに掲載された論文は以下のURLから無料でWEBから閲覧することができる．

https://www.icdd.com/axa-allvolumes/

次回のデンバーX線会議は2025年にMarylandのThe Bethesda North Marriott Hotel & Conference Centerにて8月4日～8日に開催の予定である．Washington D.C.やスミソニアン博物館も近くに位置しており，魅力的な場所である．日本からも多くの参加者があることを期待したい．

参考文献

1）米田哲弥，辻　幸一：第67回デンバーX線会議報告，X線分析の進歩, **50**, 67-70（2019）.
2）田中亮平：第68回デンバーX線会議報告，X線分析の進歩, **51**, 271-277（2020）.
3）辻　幸一：第69回デンバーX線会議（バーチャル）報告，X線分析の進歩, **52**, 257-260（2021）.
4）辻　幸一：第70回デンバーX線会議および第1回国際TXRFサマースクールの報告，X線分析の進歩, **53**, 257-262（2022）.
5）辻　幸一：2022ヨーロッパX線会議および第71回デンバー会議X線会議の報告，X線分析の進歩, **54**, 243-250（2023）.
6）辻　幸一：第72回デンバーX線会議および第19回全反射蛍光X線分析と関連手法の国際会議2023の報告，X線分析の進歩, **55**, 363-372（2024）.

2024 年 X 線分析のあゆみ

編集委員会

1. 第 18 回　浅田榮一賞

日本分析化学会 X 線分析研究懇談会では，元豊橋技術科学大学教授の浅田榮一先生（1924〜2005）のご業績を記念し，X 線分析分野で優秀な実績をあげた若手研究者を表彰するための賞（浅田榮一賞）を設けている．X 線分析討論会の発表者，本誌「X 線分析の進歩」の論文発表者，X 線分析研究懇談会例会発表者など，X 線分析研究懇談会が主催する場での研究発表者が授賞の対象となる．

2024 年度浅田賞選考委員会による厳正な審査の結果，第 18 回浅田榮一賞は松山嗣史氏（岐阜大学工学部化学・生命工学科 助教）に贈られることとなった．授賞タイトルは「蛍光 X 線分析法の迅速・高感度化及び定量精度の向上に関する研究」で，授賞式と受賞講演は第 60 回 X 線分析討論会（高知市 高知城ホール）にて行われた．

松山氏の主な受賞理由は，全反射蛍光 X 線分析法の定量精度の向上につながる新規な試料前処理方法を提案し，さまざまな試料に応用して有効性を実証してきたこと，また共焦点型蛍光 X 線分析法による深さ方向の分析について高速測定を実現するデータ処理解析を考案し，鉄鋼材料の溶液中での腐食過程のその場観察などに成功したことにある．さらに松山氏は，ベイズ推定を適用し，短時間の測定で蛍光 X 線スペクトルを高精度に予測したり，ガスフィルターを発案して蛍光 X 線の高感度化を行ったりなど独創的な研究を展開している．

松山氏はこれらの成果を，X 線分析討論会や「X 線分析の進歩」誌において継続的に発表されており，他にも多くの原著論文や招待講演などの実績があり広く評価を受けている．松山氏による基礎研究は大学や鉄鋼企業，分析メーカとの共同研究へと繋がっており，産学連携にも積極的に取り組んでいることから，今後も X 線分析分野における活躍と，学術・産業界への貢献が期待される．

X 線分析は，近年の装置や技術のめざましい進歩によってさまざまな物質・材料の分析における汎用的で便利なツールとなっているが，実際の物質科学分野における諸問題・現象を解決・解明するためには，より精緻・巧妙な装置と解析手法の開発や，各種技術を融合する工夫が必要といえる．したがってこれからの X 線分析は，分析化学的な発想のみならず，広い視野と柔軟な着想のもと発展していくことが期待されており，そのような中で松山氏は，物理化学を専門とし，放射線分野にもわたる豊かな知識を基盤として独自の展開を進めていることが高く評価され，今回の受賞に至った．

なお，浅田榮一先生のご業績に関心のある読者は，『X 線分析の進歩』第 37 集（2006 年 3 月発行）の 1〜7 ページを参照されたい．

（東京都市大学理工学部　江場 宏美）

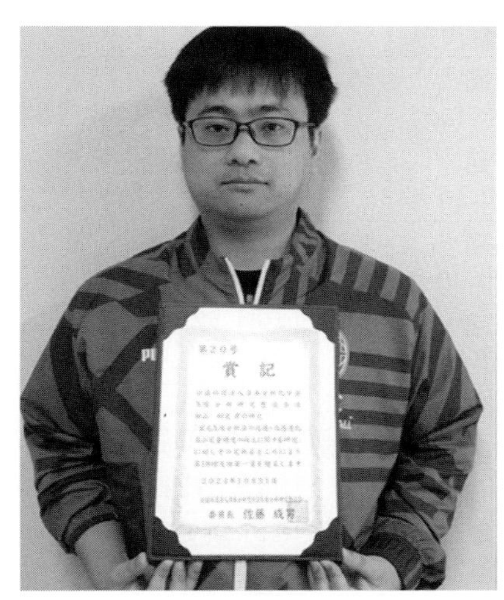

賞状を手にされた松山氏．

浅田榮一賞受賞者一覧

回・年月	号	受賞者（所属）	受賞題目
第 1 回 2006 年 10 月	1 号	中野　和彦 （大阪市立大学）	ポリキャピラリーX線レンズを用いた共焦点型三次元蛍光X線分析装置の設計と試作
	2 号	矢野　陽子 （立命館大学）	試料水平型 X 線反射率測定装置への人工多層膜モノクロメータの適用
第 2 回 2007 年 9 月	3 号	江場　宏美 （武蔵工業大学）	Kβ 蛍光 X 線スペクトルによる MnZn フェライトの Mn サイトの識別と磁性評価
第 3 回 2008 年 10 月	4 号	前尾　修司 （大阪電気通信大学）	多重励起 X 線管の開発
	5 号	谷田　肇 （高輝度光科学研究センター）	液液界面全反射 XAFS 法の開発
第 4 回 2009 年 11 月	6 号	保倉　明子 （東京電機大学）	微小部 X 線分析法のファイトレメディエーション用植物への応用
第 5 回 2010 年 10 月	7 号	栗崎　敏 （福岡大学）	X 線吸収スペクトル測定装置の開発と各種金属イオンおよび金属錯体の溶存構造解析
第 6 回 2011 年 10 月	8 号	山本　孝 （徳島大学）	遷移金属 XANES スペクトルのプリエッジピークに関する研究
第 7 回 2012 年 10 月	9 号	国村　伸祐 （東京理科大学）	ハンディーサイズの全反射蛍光 X 線分析装置の開発と応用
第 8 回 2013 年 9 月	10 号	大橋　弘範 （九州大学）	X 線分光法やメスバウアー分光法等の併用による金担持触媒のキャラクタリゼーション
第 9 回 2014 年 10 月	11 号	今宿　晋 （京都大学）	焦電結晶を用いた小型の電子線マイクロアナライザーの開発
第 10 回 2015 年 10 月	12 号	志岐　成友 （産業技術総合研究所）	超伝導トンネル接合素子をアレイ化したピクセル検出器の開発と軽元素 K 吸収スペクトロスコピーへの実用化
第 11 回 2016 年 10 月	13 号	福田　勝利 （京都大学）	X 線回折 /X 線分光融合技術の開発と蓄電池反応解析への応用
第 12 回 2017 年 10 月	14 号	中西　康次 （立命館大学）	高品位・高信頼性の軟 X 線吸収スペクトロスコピー機器開発と革新的な電池研究への貢献
第 13 回 2018 年 10 月	15 号	永井　宏樹 （アワーズテック株式会社）	オンサイト分析のためのポータブル蛍光 X 線分析装置の開発と応用
第 14 回 2019 年 10 月	16 号	阿部　善也 （東京理科大学）	高エネルギー放射光 X 線分析技術の高度化と文化財・環境試料からの起源情報の解読
第 15 回 2020 年 10 月	17 号	市川　慎太郎 （福岡大学）	蛍光 X 線分析法による微少量土器試料の高精度産地同定
第 16 回 2021 年 11 月	18 号	大渕　敦司 （株式会社リガク）	高感度 X 線分析装置の開発と環境試料の多角的 X 線解析
2022 年		該当者なし	
第 17 回 2023 年 10 月	19 号	中野　ひとみ （株式会社堀場テクノサービス）	微小部蛍光 X 線分析装置における X 線光学系の最適化と内部非破壊分析への応用
第 18 回 2024 年 10 月	20 号	松山　嗣史 （岐阜大学）	蛍光 X 線分析法の迅速・高感度化及び定量精度の向上に関する研究

（所属は受賞時点のもの）

2. 第 1 回「X 線分析の進歩」論文賞

X 線分析研究懇談会では，「X 線分析の進歩」を 1 年に一度発行している．これは主に前年の X 線分析討論会での講演内容をまとめたものであり，審査を経て，㈱アグネ技術センターより出版されている．この学術誌における論文の質の向上と当懇談会の活性化を目的として，2024 年度から「X 線分析の進歩」論文賞を選考し授与することとなった．この賞の規程は以下に示す通りである．

「X 線分析の進歩」論文賞規程

1. 本賞は当年の「X 線分析の進歩」誌に掲載された原著論文（ノートや技術報告も含む）のうち，学術上，技術上最も有益で影響力のある論文の著者に授与する．
2. 本賞は X 線分析の基礎と応用に関する研究を奨励し，「X 線分析の進歩」誌に掲載される学術論文の質の向上を目指すことを目的とする．
3. 教育・研究機関等から投稿された論文から 1 編，産業界から投稿された論文から 1 編を選定し，当年の X 線分析討論会にて各論文の著者に賞状を授与することができる．
4. 受賞者は X 線分析研究懇談会会員に限る．なお，受賞者（著者）が複数の場合は，そのうちの 1 名は X 線分析研究懇談会会員であることを要する．
5. 「X 線分析の進歩」誌の編集委員会が選考委員会となり，受賞対象論文と受賞者を選考し，X 線分析研究懇談会運営委員会にて承認を得て決定する．
6. 選考委員会は，受賞対象論文と著者および受賞理由を「ぶんせき」誌および翌年の「X 線分析の進歩」誌で報告する．

2024 年度の論文賞は，「X 線分析の進歩」55 集の編集委員を選考委員として，今年度の編集委員長である辻が選考委員長として選考を行った．その結果，次の 2 編の論文に対して授与することとなった．

【教育・研究機関】部門

「X 線分析の進歩」55 集，261-284（2024）
山崎真友子，鈴木彌生子，阿部善也，朱　彦北，稲垣和三，保倉明子
「三次元偏光光学系エネルギー分散型蛍光 X 線分析装置を用いたヒト爪中微量元素定量法の開発および微量元素モニタリングへの応用」

【産業界】部門

「X 線分析の進歩」55 集，105-113（2024）
小川理絵，越智寛友
「散乱 X 線の理論強度を用いる不定形な樹脂薄膜の膜厚測定，成分分析，および形状補正」

授与式の様子を写真 1 に示す．いずれも論文賞にふさわしい質の高い論文であり，内容については，「X 線分析の進歩」55 集を参照していただきたい．

（大阪公立大学　辻 幸一）

写真 1　授与式での写真.
左：山崎真友子氏が佐藤成男委員長から賞状を授与される．中央も山崎真友子氏.
右：小川理絵氏が佐藤成男委員長から賞状を授与される.

3.　X 線分析関係国内講演会開催状況

（2024 年 1 月～ 12 月）

第 84 回分析化学討論会

5 月 18 日（土）～ 5 月 19 日（日）

京都工芸繊維大学松ヶ崎キャンパス（京都市）

日本分析化学会

1. A1002　コピー用紙に塗布したインク成分の C K 端 XANES 測定および識別（兵庫県大，理研放射光科学研究セ）豆崎実夢，中西俊雄，瀬戸康雄，村松康司
2. A1005　科学捜査のための放射光ナノビーム蛍光 X 線イメージングによる単繊維内染料分布の可視化（高知大，理化学研）西脇芳典，宮崎啓太，瀬戸康雄
3. A1101S　生命の起源と未来を宇宙に探る（横浜国立大学，東京工業大学）小林憲正
4. A1102S　SPring-8 における小惑星試料の分析（高輝度光科学研究セ）上杉健太朗
5. A1103S　電磁波の分析で探る地球外文明 SETI の話（兵庫県立大学）鳴沢真也
6. B1111S　小惑星リュウグウ試料片の非破壊的 X 線元素分析（大阪公大，東京大）安田 天，松山嗣史，高橋嘉夫，辻 幸一
7. C1003　全反射蛍光 X 線分析法による水試料中のサブ µg L^{-1} レベルの金属元素分析のための試料乾燥残渣作製法（東京理科大）国村伸祐，宮崎里穂子，及川紘生
8. D1102S　工業における蛍光 X 線分析の役割と信頼性の向上（リガク）渡辺 充
9. E1104　白金化合物および担持金属塩熱分解時の L3 吸収端 XANES ホワイトライン強度（徳島大）山本 孝
10. E1113　試料加熱 in-situ XANES 分析装置を利用した食品材料の加熱変化観察（兵庫県大）村松康司
11. Y1061　全視野型蛍光 X 線分析による深さ方向元素イメージング（大阪公大）野路悠斗，宮原知也，松山嗣史，辻 幸一
12. Y1101　X 線分析法による超耐熱高靭性タングステン合金の製造過程の評価（高エネルギー加速器研究機構放射線科学セ，素粒子原子核研）石田正紀，武智英明，牧村俊助，栗下裕明
13. Y1107　準大気圧硬 X 線光電子分光を用いた SnO_2 の酸素欠損量の評価（兵庫県大）中村雅基，三木悠平，江口智己，藤本 宙，鈴木 哲
14. Y1108　エネルギー分散型微小部 X 線回析法の基礎検討（大阪公大）谷口尚哉，奥田晟生，松山嗣史，福本彰太郎，辻 幸一
15. Y1113　気体からの蛍光 X 線の検出と微小空間の可視化（大阪公大）藤井蓮唯羅，小澤博美，松山嗣史，辻 幸一
16. Y1127　ミクロトームを用いた野菜薄片試料の作製と全反射蛍光 X 線分析（大阪公大）平山優佳，松山嗣史，辻 幸一
17. Y1152　粉末 X 線回折法による土壌中粘土鉱物の配向性評価（明治大）白田ひびき，大貫雅浩，中村利廣，小池裕也
18. A2004　EDXRF を用いた文化財および美術品の非破壊元素イメージング（堀場テクノ，京大，富山県農林水産総合技術セ，ポーラ美術館）中野ひとみ，田口かおり，栗﨑 宏，岩崎余帆子，近藤萌絵，駒谷慎太郎
19. A2006S　非破壊オンサイト分析による北方世界のガラス玉流通に関する研究と展望（明治大，函館大）村串まどか，中井 泉，中村和之
20. A2007S　文化財の蛍光 X 線元素イメージングとデータ解析（大阪公大）辻 幸一

21. A2103S　文化財の X 線分析からわかること（東京電機大）阿部善也
22. E2004　Pd ターゲット X 線管を備えた EDXRF 装置による Pd の分析（量子科学技術研究開発機構，東邦大，大阪公大）吉井　裕，王　慧，柳澤右京，松山嗣史，酒井康弘
23. E2005　蛍光 X 線イメージングへのベイズ推定の適用（大阪公大，京都大）松山嗣史，五十嵐萌々，安田　天，林　和則，辻　幸一
24. E2104　DFT 計算による窒素含有黒鉛系炭素の XANES 解析（兵庫県大）山田咲樹，村松康司
25. P2019　蛍光 X 線を用いた化粧品中の微量重金属分析（コーセー）山口こさと，内山小枝，安田純子，鈴木留佳
26. P2033　Micro-XRF における回折 X 線影響の対策と評価（堀場，堀場テクノ）柳井優花，村田駿介，松永大輔，馬場朋広，西村智椰，中野ひとみ，青山朋樹，駒谷慎太郎
27. P2034　23 元素ワイドレンジガラスビード法 / 蛍光 X 線分析法による多摩川河川底質の元素分析（リガク，明治大）松田　渉，大渕敦司，池田　智，小池裕也

日本分析化学会第 73 年会

9 月 11 日（水）～13 日（金）
名古屋工業大学（名古屋市）
日本分析化学会

1. 【X 線分析研究懇談会講演】H1101C　蛍光 X 線ホログラフィーを用いた「超秩序構造」の解明（名古屋工大）林　好一
2. 【JAIMA 機器開発賞受賞講演】H1102A　軟 X 線ホログラフィック不等間隔溝回折格子の開発と高分解能発光分光システムへの応用（量子科学技術研究開発機構，東北大，大阪公大，日本電子，島津）小池雅人，寺内正己，村野孝訓，大上裕紀，越谷翔吾，垣尾　翼
3. A1005　X 線照射によるガラス中の硫黄の価数変化その場観察および化学分析による確認（AGC）西條佳孝，土屋博之
4. H1103　蛍光 X 線・自発特性 X 線ハイブリッド計測に基づく Sr 共存下での U, Np, Pu の分析（量子科学技術研究開発機構，東邦大，岐阜大）吉井　裕，王　慧，柳澤右京，松山嗣史，酒井康弘
5. H1104　バッチ方式固相抽出法と蛍光 X 線分析法による ppb レベルの極微量元素分析（ジーエルサイエンス，リガク，筑波大）齋藤凜太郎，松田　渉，大渕敦司，池田　智，古庄義明，太田茂徳，高久雄一
6. H1105　天狗谷窯跡（有田）から出土した磁器の胎土組成の年代別変遷（佐賀大）田端正明
7. H1106　深さ選択的な微小部蛍光 X 線・X 線回折測定（大阪公大）辻　幸一，谷口尚哉，野路悠斗，福本彰太郎
8. H1107　放射光軟 X 線分光計測技術の開拓と軽元素材料の分析応用研究（兵庫県大）村松康司
9. Y1047　X 線光電子スペクトルと分子軌道計算によるリン酸と金属イオンの相互作用の検討（龍谷大）大村拓海，藤原　学
10. Y1048　ニトロ基を有するシッフ塩基配位子の銅（II）および亜鉛（II）錯体の時間分解 X 線光電子スペクトル（龍谷大）前田健太郎，藤原　学
11. Y1049　浮世絵に用いられているプルシアンブルーの分析化学的アプローチ（龍谷大）草野佑衣，茶谷智之，藤原　学
12. Y1050　異なる条件で育成したムギの各部位における元素分布（龍谷大）佐野力架，藤原　学
13. Y1051　波長分散型 XRF 分析結果のみによる肥料としての可給態リン濃度の推計（北見工業大）保木良介，宇都正幸
14. Y1052　金属ドープ SiO_2 ガラスの構造と X 線回折によるハローパターンの関係（明治大，リガク）福澤ちひろ，白田ひびき，大渕敦司，小池裕也
15. Y1053　フラックス法を用いたエメラルドなどのベリル合成における遷移金属の結晶色への影響評価（高知大，信州大，高知工科大）園部祐成，小﨑大輔，柳澤和道，西脇芳典，大石修治，小廣和哉，伊藤亮孝，谷口彩乃，松崎琢也
16. Y1054　FUV スペクトルと量子化学計算による高

濃度 $NaClO_4$ 水溶液中の水の電子状態の研究（近畿大）難波綾乃，森澤勇介

17. Y1055　標準添加法を用いた各種土壌試料中の臭素およびヨウ素の XRF 定量分析（東京電機大，筑波大）工藤 栞，所 雅人，保倉明子，Shi Zhiyuan，高久雄一，坂口 綾

18. Y1122　粉末 X 線回折分析による撥水処理都市ごみ焼却飛灰中水溶性塩の溶出挙動解析（明治大）白田ひびき，小川熟人，小池裕也

19. K3001　放射光 X 線小角散乱・広角回折分析によるポリエステル繊維の異同識別（理研放射光科学研究セ，日立，高輝度光科学研究セ，東洋紡）瀬戸康雄，中西俊雄，渡邊慎平，岩井貴弘，藤原宏行，村津晴司，増永啓康，船城健一

20. K3002　微小結晶に対する破壊的な回折測定および回折データの統合解析による分子構造解析（東京大，分子科学研）佐藤宗太，吉田知史，藤田 誠

21. P3036　標準溶液を用いた標準試料による，アルミノケイ酸中金属不純物の蛍光 X 線分析（日本ガイシ）山田元美，渡辺光義

22. P3037　微小部X線回折における測定位置調整（大分県産業科学技術セ）谷口秀樹，安友政登，秋吉貴太

4.　X 線分析研究懇談会講演会開催状況

（2024 年 1 月～12 月，主催，共催，協賛）

第 280 回 X 線分析研究懇談会例会（主催）

1 月 19 日 (金) リガク　東京クロス・ポイント（東京都渋谷区）

1. 特性 X 線を用いた化学状態分析と化学状態イメージング（京都大学名誉教授）河合 潤
2. X 線発光分光法によるリチウムイオン二次電池の状態分析（リガク）高原晃里
3. X 線，中性子全散乱データと RMC 法による三元系正極材の局所構造解析（リガク）吉元政嗣
4. サテライトラボ見学

ニュースバルシンポジウム 2024（協賛）

3 月 14 日 (木) アクリエひめじ（姫路市）

兵庫県立大学高度産業科学技術研究所

1. 高度研 2023 年度のあゆみ（兵庫県大）鈴木 哲
2. 軟 X 線顕微分光の今 ～産学連携研究の発展に向けて～（兵庫県大）大河内拓雄
3. 単一サイクル自由電子レーザー基本原理の実証（理化学研）田中隆次
4. 放射光を用いた 3 次元構造の成型技術の開発と応用（安永）久津輪武史
5. EUV リソグラフィー用レジスト開発の現状と展望（富士フイルム）椿 英明
6. コベルコ科研における二次電池の放射光 X 線分析技術（コベルコ科研）森 拓弥
7. 放射光 X 線微細加工とマイクロシステムへの展開（兵庫県大）内海裕一
8. EUV リソグラフィ技術の黎明期，現在と今後の展開，並びに日本半導体再興に向けて（兵庫県大）渡邊健夫

第 27 回 XAFS 討論会（協賛）

9 月 2 日 (月) ～4 日 (水) 東京都立大学南大沢キャンパス（東京都八王子市）⇒台風の影響によりオンライン開催に変更

日本 XAFS 研究会

1. O1_1　炭酸イオンによって誘起される Ni・Fe 触媒の開発とオペランド XAFS 観測による機能解明（山口大）山嵜真瑚，堀 健太，吉田真明
2. O1_2　XANES スペクトルに基づく合金触媒の元素−電子構造−物性相関の定量的評価（京大，九大，JASRI/SPring-8，大阪公大，立命大）中村雅史，Dongshuang Wu，向吉 恵，草田康平，鳥山誉亮，山本知一，村上恭和，河口彰吾，伊奈稔哲，久保田佳基，家路豊成，小島一男，北川 宏
3. O1_3　塩化金属 (II) と金属の間の変換過程における熱化学的反応温度と電気化学的反応電圧の相関（立命大）片山美里，稲田康宏
4. O1_4　XAFS analysis of Photocatalytic Cu/Ga_2O_3 synthesized by Solution Plasma Process（名大）Hejime Galif, Satoshi Ogawa, Eiji Ikenaga, Makoto Kuwahara
5. O1_5　In-situ 軟 X 線 XAS による水分解光触媒上の OER 助触媒への電荷移動解明（慶應義塾大，山口大，高エネルギー加速器研究機構，総合研究大学院大）榎本晃大，王 梓，豊島 遼，吉田真明，間瀬一彦，近藤 寛
6. 【依頼講演】I_1　(超) 高圧下の XAFS/XMCD 測定の進展と物性研究（愛媛大）石松直樹
7. O1_7　Investigating the covalent bond of α-Sulfur Through Temperature-Dependent EXAFS（富山大，弘前大）M. S. Islam, R. Kawaguchi, T. Miyanaga, H. Ikemoto
8. O1_8　EXAFS・RMC 法・ボロノイ多面体解析による $Fe_{72}Pt_{28}$ 不規則合金の局所構造解析（広島大，愛媛大，東理大，JASRI）山田実桜，石松直樹，

中島伸夫，北村尚斗，加藤和男，片山真祥

9. O1_9　$Fe_{65}Ni_{35}$ インバー合金の EXAFS と RMC 法による局所構造解析（広島大，愛媛大，東理大，JASRI）新見直紀，石松直樹，中島伸夫，北村尚斗，加藤和男，片山真祥

10.【依頼講演】I_2　小惑星リュウグウサンプルの初期分析で X 線分析が果たした功績（広島大）藪田ひかる

11. O1_10　深海底鉱物資源であるマンガン団塊を利用した OER 触媒の開発とオペランド XAFS を利用した機能解明（山口大）友宗真大，吉田真明

12. O1_11　軟 X 線 XMCD における Back-ground 処理フレームワークの開発（群馬大，東北大，名古屋大，KEK-IMSS）横山春人，鈴木真粧子，永沼 博，雨宮健太

13. O1_12　X 線吸収分光顕微鏡計測の最適実験計画（大阪大，統計数理研）伊藤優成，武市泰男，日野英逸，小野寛太

14.【依頼講演】I_3　遷移金属錯体の XANES スペクトルへの計算化学的アプローチ（東京都立大）中谷直輝

15. O2_1　アセトニトリル水溶液中の孤立水の軟 X 線吸収分光計測（分子研，総研大）長坂将成

16. O2_2　混合触媒系による芳香族直接アルキル化反応における担持 Pd ナノ粒子の XAFS による構造解析（横国大，東工大，産総研，国際基督教大）本倉 健，美崎 慧，高畠 萌，長谷川慎吾，眞中雄一，田 旺帝

17. O2_3　オペランド XAS-XRD 計測を利用した CO_2 電解に伴う金属間化合物電極の還元的形成過程の解明（東京都立大，JASRI，JST さきがけ）吉川聡一，幸林竜也，岡 俊明，渡辺 剛，本間徹生，河底秀幸，山添誠司

18. O2_4　in-situ QXAFS による $[PtAu_8(PPh_3)_8]$- ポリ酸塩固体への分子吸着挙動の解明（東京都立大，LMU，JASRI，熊本大，富山大，東大）山添誠司，鈴木太士，松山知樹，Amelie Heilmaier，吉川聡一，東晃太朗，宇留賀朋哉，金子拓真，大山順也，加藤和男，中谷直輝，新田清文，畑田圭介，内田さやか，河底秀幸

19.【依頼講演】I_4　Sigray 社製 X 線吸収分光装置について（キヤノン MJ）大垣智巳

20. O2_5　ラボ XAFS 装置を用いた透過・蛍光法測定（東北大）篠田弘造

21. O2_6　BCLA と PTRF-XAFS の組み合わせによる 溶液共存下 Au 基板上 Pt 薄膜に対する In situ XAFS 測定の可能性について（立命館大，北大触媒，東京医歯，KEK-PF）朝倉清高，Kaiyue Dong，和田敬広，城戸大貴

22. O2_7　焼結鉱中の Fe 化学状態を理解するためのイメージング XAFS スペクトルの解釈（大阪大，高エネルギー加速器研究機構）武市泰男，伊藤優成，丹羽尉博，木村正雄，小野寛太

23. O2_8　蛍光 X 線収量法による軟 X 線 XAFS スペクトルにおける自己吸収効果の考察 2（立命館大，物質・材料研究機構）柴田大輔，太田俊明，朝倉清高，伊藤仁彦

24. P_01　炭素に担持させた塩化銅 (II) の電気化学的コンバージョン過程の化学状態解析（立命館大）中村駿希，稲田康宏

25. P_02　炭素に担持した酸化亜鉛の電気化学的コンバージョン過程の化学状態解析（立命館大）今野朱利，稲田康宏

26. P_03　多波長同時撮像 X 線光学系による化学状態解析のための分光エネルギー決定（名大，デンソー）久能俊介，森下賢一，小野泰輔，田渕雅夫

27. P_04　イメージング XAFS 測定のための信頼性の低いスペクトルの検出法に関する研究（名大）箱木 響，鈴木凌輔，林 韵立，田渕雅夫

28. P_05　イメージング XAFS におけるスペクトル歪みの検出（名大）鈴木凌輔，林 韵立，箱木 響，田渕雅夫

29. P_06　Hf-L_3 吸収端での転換電子収量 XAFS における観察深さ（名大）安藤大生，柴山茂久，中塚 理，田渕雅夫

30. P_07　HERFD-XAS による $BaTiO_3$ に固溶した V 価数評価（村田）西村仁志，藤中翔太

31. P_08　高時間分解能 HERFD-QXAFS 計測にお

ける利用可能な元素の拡張を目指した試験計測（JASRI）東晃太朗，宇留賀朋哉，河村直己

32. P_09 In-situ XAS 計測による構造制御したホスフィン保護金属クラスターへのガス吸着挙動の追跡（東京都立大，LMU，JASRI，熊本大，富山大，東大）鈴木太士，松山知樹，Amelie Heilmaier，吉川聡一，金子拓真，東晃太朗，宇留賀朋哉，大山順也，加藤和男，中谷直輝，新田清文，畑田圭介，内田さやか，河底秀幸，山添誠司

33. P_10 蛍光収量炭素 K 吸収端近傍 X 線吸収微細構造分光法によるペリレン臭素錯体の電子状態解析（東京農工大，国際基督教大，千葉大，IMSS，KEK）遠藤 理，田 旺帝，中村将志，雨宮健太，下村武史

34. P_11 CO_2 電解還元に有効な Cu-In 金属間化合物の電解形成過程のオペランド XRD-XAS 観察（東京都立大，JASRI，JST さきがけ）幸林竜也，吉川聡一，渡辺 剛，本間徹生，河底秀幸，山添誠司

35. P_12 逆水性シフト反応に有効なデラフォサイト型 Cu-Fe-Al 複合金属酸化物のオペランド XAS-XRD 観察（東京都立大，JASRI，JST さきがけ）髙橋渉真，吉川聡一，片山真祥，加藤和男，河底秀幸，山添誠司

36. P_13 In-situ XAFS Observation of CO_2 Adsorption on Nb and Ta Oxide Clusters（東京都立大，JASRI，JST さきがけ）Panichakul Nattamon, Soichi Kikkawa, Takuma Kaneko, Tomoya Uruga, Hideyuki Kawasoko, Seiji Yamazoe

37. P_14 層状複水酸化物を用いた担持金触媒の調製と CO-PROX 反応中における金の配位環境の変化（東京都立大，高輝度光科学研究セ，北海道大）中山晶皓，吉田彩乃，本間徹生，坂口紀史，村山 徹，嶋田哲也，高木慎介，石田玉青

38. P_15 鉄系超伝導体 $\mathbf{FeTe_{1-x}Se_x}$ における XAFS 解析（弘前大）加藤大瑚，宮永崇史，三浦隆太朗，渡辺孝夫

39. P_16 Ni 担持 Ga_2O_3 の光触媒活性評価と Ni K-edge XAFS による化学状態分析（名大）鈴木智貴，琴川雄史，小川智史，池永英司，粂原真人

40. P_17 ナノシート水素ガスセンサのオペランド XAFS 測定（東京大，慶應義塾大）豊島 遼，近藤 寛

41. P_18 X 線吸収分光法と X 線光電子分光法によるオゾン処理した酸化モリブデンの分析（九州シンクトロン光研究セ，千葉大）小林英一，星 侑吾，奥平幸司

42. P_19 軟 X 線吸収分光による次世代高容量 Si 負極の電解質溶液中における化学的安定性の考察（兵庫県大）中西康次

43. P_20 sp^2 炭素と sp^3 炭素を含む系の全電子収量軟 X 線吸収スペクトルを再現する計算 XANES の強度補正（兵庫県大）村松康司

44. P_21 3D プリンタを利用した CO_2 電解触媒用 Operando XAFS システム（医科歯科大，KEK-PF，北大，立命館大）和田敬広，城戸大貴，江澤元太，Wang Qing，木村正雄，宇尾基弘，朝倉清高

45. P_22 Developments of pump-probe X-ray absorption fine structure measurements and related techniques at FXE instrument（FXE instrument，European XFEL）Yohei Uemura，Peter Zalden，Xinchao Huang，Frederico Alves Lima，Fernando Ardana-Lamas，Martin Knoll，Paul Frankenberger，Siti Heder，Hao Wang，Han Xu，Doriana Vinci，Yifeng Jiang，Mykola Biednov，Sharmistha Paul Dutta，Hazem Yousef，Diana Jakobsen，Dmitry Khakhulin，Christopher Milne

46. P_23 In situ TREXS によるアルミナコートステンレス表面の高温酸化過程観察（産総研，物質構造科学研，北海道大）阪東恭子，小平哲也，久保利隆，阿部仁，魯 邦，高草木達

47. P_24 固液界面 TREXS を用いた Water-SUS304 界面の Fe，Ni K-edge 測定（KEK 物構研，総研大，茨城大）阿部 仁，丹羽尉博，木村正雄

48. P_25 SPring-8 BL01B1 における二次元 Quick XAFS 測定システムの構築と電極反応分布解析への応用（JASRI/SPring-8）片山真祥，加藤和男

49. P_26 SPring-8 汎用 XAFS-BL における電流アンプに関する技術開発（JASRI）加藤和男，工藤統吾，

片山真祥

50. P_27　X 線画像検出器 CITIUS を用いた迅速蛍光法 XAFS 計測（高輝度光科学研究セ，理化学研）宇留賀朋哉，本城嘉章，金子拓真，安田伸広，関澤央輝，今井康彦，尾﨑恭介，西野玄記，初井宇記
51. P_28　4D XAFS データ可視化システムの開発（高エネルギー加速器研究機構，総研大，早稲田大，九大，東北大）城戸大貴，五十嵐治雄，石井　豊，岡本　敦，丹羽尉博，木村正雄
52. P_29　XANES 計算による MgB_2 薄膜の局所構造解析（弘前大，University of Science (VNU-HUS), Sungkyunkwan University）三浦隆太朗，宮永崇史，Duc H. Tran，Won Nam Kang，Tien Le
53. P_30　機械学習によるエネルギー較正なしの XANES 解析（名大）林　韵立，鈴木凌輔，箱木　響，田渕雅夫
54. P_31　機械学習を用いた Ni 錯体の XANES スペクトル分析（東京理科大，和歌山大，東北大，名大，KEK- 物構研，総研大，茨城大）福健太郎，吉田健文，佐藤　鉄，井口弘章，高石慎也，坂本良太，阿部　仁
55. P_32　XAFS データベースの国際横断検索ポータル IXDB の構築と公開（NIMS，KEK，立命館大）石井真史，松田朝彦，山下翔平，丹羽尉博，稲田康宏
56.【依頼講演】I_5　局所構造から見える物性科学～温故知新～（弘前大）宮永崇史
57.【依頼講演】I_6　ベイズ計測～ X 線分光法を例として～（熊本大）水牧仁一朗
58. O3_1　Co 含有インバー合金の局所熱膨張（分子研，新報国マテリアル）横山利彦，藤井啓道，松村信吾，坂口直輝，倉橋直也，前島尚行
59. O3_2　結晶拡散モデルを使った XANES スペクトルからの結晶構造推定（東北大，NIMS，理研）北井孝紀，志賀元紀，二宮　翔，西堀麻衣子
60. O3_3　Pump-Flow-Probe XAFS による光触媒から単原子助触媒への電荷輸送過程の追跡（高エネルギー加速器研究機構，総合研究大，中国科学技術大学，立命館大）城戸大貴，Weiren Cheng，丹羽尉博，木村正雄，朝倉清高
61. O3_4　Early Stages of Photoexcited States of WO_3 using Femtosecond HERFD-XAS（European XFEL，Institute for Molecular Science，KEK，Utrecht University，Hamburg University，Sorbonne University，JASRI，RIKEN/SPring-8）Yohei Uemura，Kohei Yamamoto，Yasuhiro Niwa，Masoud Lazemi，Ru-pan Wang，Hebatalla Elnaggar，Toshihiko Yokoyama，Frank de Groot，Chris Milne，Tetsuo Katayama，Makina Yabashi

第 281 回 X 線分析研究懇談会例会「日本分析化学会第 73 年会」（共催）

9 月 11 日（水）～13 日（金）名古屋工業大学（名古屋市）日本分析化学会

1. H1101C　蛍光 X 線ホログラフィーを用いた「超秩序構造」の解明（名古屋工大）林好一

第 60 回 X 線分析討論会（主催）

10 月 31 日（木）～11 月 1 日（金）高知城ホール（高知市）

1. OS-1　準大気圧硬 X 線光電子分光を用いた酸化物半導体の酸素欠損量評価（兵庫県大，マツダ）中村雅基，三木悠平，江口智己，住田弘祐，鈴木　哲
2. OS-2　骨組織に含まれるウランの化学状態分析のための XAFS 測定の検討（量研，千葉大）寺内美裕，薬丸晴子，沼子千弥，武田志乃
3. OS-3　5 価または 6 価のマンガンを含む青色の物質に対する X 線分析（千葉大）牧野内勝博，寺内美裕，沼子千弥
4. OS-4　科学鑑定に向けた筆記具インク成分の軟 X 線吸収測定（兵庫県大，理研）豆崎実夢，中西俊雄，瀬戸康雄，村松康司
5. OS-5　科学捜査のための染料成分情報を用いた青色アクリル繊維の異同識別（高知大，理研）宮崎啓太，野川桜寿，森　勝伸，瀬戸康雄，西脇芳典
6. OS-6　X 線分析を用いたニラの生理障害評価（高知大）黒杉涼葉，森　勝伸，西脇芳典

7. OS-7　福岡市大平寺遺跡から出土した鉄滓の始発原料推定（福岡大）松木麻里花，市川慎太郎，栗崎 敏

8. OS-8　微小空間可視化のための希ガスを用いた蛍光 X 線検出に関する研究（大阪公大）小澤博美，藤井蓮唯羅，辻 幸一

9.【招待講演】S-1　理研法科学の放射光 X 線分析法の開発（理研）瀬戸康雄

10.【浅田賞受賞講演】S-2　蛍光 X 線分析法の迅速・高感度化及び定量精度の向上に関する研究（岐阜大）松山嗣史

11. O-1　XANES によるウラン酸化物中のウラン原子価の評価（東北大，JAEA）秋山大輔，岡本芳浩，佐藤修彰，桐島 陽

12. O-2　ウラン，ホウ素およびジルコニウム混合物の酸化および還元雰囲気下における高温反応（量研，東北大）上原章寛，秋山大輔，桐島 陽，佐藤修彰

13. O-3　引張その場 XRD マッピングによる銅の局所変形挙動可視化（住友電工）徳田一弥，後藤和宏，飯原順次

14. O-4　地熱発電所におけるシリカスケールセンシングへのハンドヘルド XRF の利用（九州大）横山拓史，米津幸太郎

15. O-5　X 線トポグラフィーによる転位自動解析技術の開発（旭化成）本多葵一，永富隆清，松野信也

16. O-6　イメージング XAFS データ解析による反応経路推定（デンソー，東北大）森口七瀬，高山裕貴，小野泰輔，西尾隆宏

17. O-7　次元削減を活用した CT-XAFS データ解析の高速化（デンソー，東北大）小野泰輔，志賀元紀，森下賢一，久野敬司，森口七瀬，鈴木 覚

18. O-8　1-2 keV 領域で高効率を呈する軟 X 線ラミナー型多層膜回折格子の設計と平面結像型球面回折格子分光器への応用（量研，東北大，大阪公大，島津）小池雅人，ピロジコフ S. アレキサンダー，羽多野忠，大上裕紀，垣尾 翼，寺内正己

19. O-9　PILATUS 4：High Efficiency and Large area for Fast Data Collection（デクトリスジャパン，DECTRIS Ltd.）田口武慶，Tilman Donath，Marcus Mueller

20.【招待講演】S-3　$SrFeO_{3-\delta}$ 系酸化物固溶体の酸素貯蔵特性と遷移金属の局所情報の評価（高知大）藤代 史

21.【招待講演】S-4　波長分散型時間分解 XAFS を用いた金属の破壊メカニズム解明（高エネ研）丹羽尉博

22. O-10　阿武隈川の浮遊土砂の XAFS 分析（福島大）大橋弘範，横尾善之，山口克彦

23. O-11　放射光 X 線分光を用いた超臨界水熱合成したセリアジルコニアナノ粒子における構造ひずみと価数揺動の検討（東北大）二宮 翔，横 哲，Zhong Yin，阿尻雅文，西堀麻衣子

24. O-12　XAFS 測定における試料の吸光度と蛍光 X 線強度（東北大）篠田弘造

25. O-13　エジプト・北サッカラ遺跡出土遺物の非破壊オンサイト蛍光 X 線分析（東京電機大，明治大，金沢大）阿部善也，村串まどか，岡部 睦，河合 望

26. O-14　EELS スペクトルの高精度解析（住友金属鉱山）竹内走一郎

27. O-15　Cd K- 吸収端と Cd L3- 吸収端 X 線吸収分光法を併用した炭酸カルシウム表面に吸着した Cd 化学種の状態分析（岡山理大）川本大祐，重富春輝，横山 崇

28. P-01　『X 線分析の進歩』投稿論文で振り返る私の放射光軟 X 線分光分析研究（兵庫県大）村松康司

29. P-02S　冷延鉄鋼に対する TOF 型中性子回折における観察方位点が及ぼす極点図解析への影響（茨城大，東京電機大，JFE スチール）武位祐我，小貫祐介，田中孝明，髙城重宏，佐藤成男

30. P-03　共焦点蛍光 X 線分析装置を用いた燃料電池材料などの不良解析事例（堀場テクノ，堀場，大阪公大）中野ひとみ，清水 智，山田雄大，嶋谷直紀，浦田泰成，大澤澄人，片西章浩，駒谷慎太郎，辻 幸一

31. P-04　X 線光線追跡を使ったスペクトル解析（堀場）髙田有貴，村田駿介，柳井優花，松永大輔，青山朋樹
32. P-05　高分解能 3DX 線顕微鏡による毛髪の内部構造観察（リガク）田村和弥，武田佳彦
33. P-06　SR-XRF によるラット肋骨でのウラン分布解析（放医研，東京大，千葉大，高輝度光科学研）薬丸晴子，加藤由悟，沼子千弥，寺田靖子，星野真人，上杉健太朗，新田清文，関澤央輝，武田志乃
34. P-07　XRF による多層膜 FP-M マッピングを用いた半導体材料中の面内膜厚分布の分析（堀場テクノ，堀場）高めぐみ，泉 悠樹，丸谷 智，松永大輔，馬場朋広，中野ひとみ，駒谷慎太郎
35. P-08　高感度軽元素対応 Micro XRF を用いた酸素のイメージング分析（堀場テクノ）安保拓真，中野ひとみ，駒谷慎太郎
36. P-09　LIB リサイクル材料における蛍光 X 線分析法の適用性評価（リガク）王 誼群，杉山彩代，松田 渉，森山孝男，高原晃里
37. P-10S　蛍光 X 線によるコンクリート表面ウラン汚染現場迅速評価法の開発（量研，東邦大，岐阜大）吉井 裕，柳澤右京，木村基哲，王 慧，松山嗣史，酒井康弘
38. P-11S　磁性吸着材による溶液中ウランの捕集と蛍光 X 線分析（量研，東邦大，東工大，岐阜大）柳澤右京，木村基哲，王 慧，井戸田直和，塚原剛彦，松山嗣史，酒井康弘，吉井 裕
39. P-12S　固相抽出 / 蛍光 X 線分析法による水道水の水質基準項目元素定量法（東京電機大，スペクトリス，GL サイエンス，筑波大）塩見 嵐，小川颯士，所 雅人，保倉明子，山路 功，宮城琢磨，高久雄一，坂口 綾
40. P-13　X 線回折法による低濃度結晶質シリカの定量分析法の評価（リガク）笠利実希，濱田佳穂，長尾圭悟
41. P-14　SR-XRF によるラット大腿骨皮質骨における生命金属定量評価（放医研，千葉大，高輝度光科学研）武田志乃，寺内美裕，薬丸晴子，沼子千弥，寺田靖子，星野真人，上杉健太朗
42. P-15S　ハンドヘルド蛍光 X 線分析による樹脂上塗膜の膜厚測定及び含有クロムの定量（工学院大）萩原健太，阿相英孝
43. P-16S　三重結合の C K 端 XANES 測定と DFT 計算（兵庫県大）杉浦日南，豆崎実夢，山田咲樹，村松康司
44. P-17S　第一原理計算による窒素含有芳香族化合物の CK 端・NK 端 XANES 解析と両者の相関（兵庫県大）山田咲樹，村松康司
45. P-18S　第一原理計算による窒化炭素 CNx 膜の局所構造解析（兵庫県大）平井大智
46. P-19S　C K 端 XANES におけるアルカン鎖とカルボキシル基の帰属（兵庫県大）山本菜緒，豆崎実夢，山田咲樹，村松康司
47. P-20S　酸素含有芳香族化合物を用いた酸素 / 炭素の組成比と全電子収量比の定量的考察（兵庫県大）岡部侑希，豆崎実夢，山田咲樹，村松康司
48. P-21　還元反応解析に向けた表面敏感 XAFS セルの開発（デンソー）矢口克紀，森下賢一，西尾隆宏，小野泰輔，永田勝裕
49. P-22　SOEC 複合酸化物電極材の還元処理中その場 XAFS 分析（デンソー）西尾隆宏，日高重和，矢口克紀，森下賢一，倉内理恵，小野泰輔
50. P-23S　イメージング XAFS による酸化亜鉛電極の充放電過程における反応分布解析（立命館大，京都大）高野雅也，藤波 想，稲田康宏
51. P-24S　軟 X 線吸収分光法を用いたリチウムイオン電池高容量ケイ素負極の化学的安定性の解析（兵庫県大）今道祐翔，中西康次，神田一浩
52. P-25　電気化学 operando 軟 X 線 XAFS による次世代リチウムイオン二次電池電極材料の反応機構解析（コベルコ科研，兵県大高度研）森 拓弥，中西康次，大園洋史
53. P-26S　X 線異常散乱法を応用した鉱物中の微量 Mn の特定と構造解析（東北大，熊本大，東京大）千葉 颯，杉山和正，徳田 誠，三河内岳
54. P-27S　XAFS 法を用いた層状マンガン酸化物 birnessite の構造評価（東北大）宮﨑クリストファー，

山根 崚，杉山和正

55. P-28S シアノ錯体熱分解法によるペロブスカイト型 $LaBO_3$ (B = Fe, Co) の結晶化過程が Ce 固溶限に及ぼす影響（東北大，愛媛大）辻 潤人，二宮 翔，山口乃愛，田原妃菜乃，山口修平，八尋秀典，西堀麻衣子
56. P-29 ホウケイ酸ガラスに含まれるウランの化学状態評価（原子力機構，東北大）勝岡菜々子，永井崇之，岡本芳浩，秋山大輔，佐藤修彰，桐島 陽
57. P-30S 簡易的 X 線吸収分光装置による遷移元素の化学状態識別（東京都市大）相田侑ノ輔，江場宏美
58. P-31 異なるプロファイル関数により評価した白金化合物 L3 吸収端 XANES のホワイトライン強度（徳島大）山本 孝
59. P-32 保存箱に用いられる木材の保湿性能（山田企画）山田 隆
60. P-33 電動車用駆動系油被膜の HAXP-ES 分析（豊田中央研，トヨタ自動車）高橋直子，小坂 悟，磯村典武，大石敬一郎，樽谷一郎，青山隆之，森谷浩司，佐野敏成，山下英男，白石 有
61. P-34S 伝統的工芸品「奈良墨」の煤製造工程における経験則の科学的検証—SEM と XPS による粒径分布と化学状態の分析—（広島大，神戸大，龍谷大，四天王寺大）廉 明徳，久米祥子，藤原 学，仲野純章
62. P-35 非破壊オンサイト蛍光 X 線分析による斑点文トンボ玉の考古化学的研究（明治大）村串まどか
63. P-36 ポリエステル単繊維の異同識別における全反射蛍光 X 線分析の再現性向上（リガク，理研）松田 渉，高原晃里，中西俊雄，瀬戸康雄
64. P-37S アルカリ珪酸塩ガラスの局所構造から見る熱伝導メカニズム（茨城大，CROSS）大橋 遼，池田一貴，飯島賢，西 剛史，佐藤成男
65. P-38S 高温圧縮変形中の周期的な加工硬化－軟化現象に対するミクロ組織連続観察（茨城大，東京電機大，三菱マテリアル，東北大）下村愛翔，小貫祐介，柄澤誠一，河野龍星，大平拓実，三田昌明，伊東正登，鈴木 茂，佐藤成男
66. P-39 X 線分析装置におけるコンポーネント分解を用いた定量分析（リガク）太田卓見，高原晃里，木原香澄，佐々木明登
67. P-40S エネルギー分散型 X 線回折による局所分析（大阪公大）谷口尚哉，福本彰太郎，辻 幸一
68. P-41S 全視野型 X 線イメージングによる材料解析（大阪公大）野路悠斗，辻 幸一
69. P-42S 昇温ステージを有する共焦点微小部蛍光 X 線装置による各種試料の元素分布解析（大阪公大）三由稜人，安田 天，辻 幸一
70. P-43S 超音波浮揚試料の微小部蛍光 X 線分析（大阪公大）西山知宏，辻 幸一
71. P-44S サポートベクトルマシンによる蛍光 X 線ピークの識別（大阪公大，富士コンピュータ）岡田蒼生，森 和明，土井友裕，辻 幸一
72. P-45S 共焦点型微小部蛍光 X 線装置による層構造を有した試料の非破壊的深さ方向分析（大阪公大）安田 天，小澤博美，辻 幸一
73. P-46S 全反射蛍光 X 線分析における試料基板準備法の検討（大阪公大）松尾菜津子，平山優佳，辻 幸一
74. P-47 黄色顔料であるクロム酸鉛の合成と科学分析（龍谷大）谷 恵光，藤原 学（龍谷大）
75. P-48S 真空装置による液体・気体・生物試料の分析（兵庫県大，高知高専）三木悠平，江口智己，中村雅基，石澤秀紘，武尾正弘，竹内雅耶，秦 隆志，西内悠祐，多田佳織，鈴木 哲
76. P-49S 高感度全反射蛍光 X 線に向けた凍結濃縮法に基づく試料準備法の開発（岐阜大，宇都宮大）辻 愛梨，松山嗣史，稲川有徳，Lim Lee Wah
77. P-50S 高精度全反射蛍光 X 線分析のための超親水性基板の作製（岐阜大）澤田 瞳，松山嗣史，Lim Lee Wah
78. P-51S 絶縁体試料の光電子分光における帯電防止—温度の効果—（兵庫県大，マツダ）藤木大輔，中村雅基，三木悠平，住田弘祐，鈴木 哲
79. P-52 金鉱石分析の効率化検討（住友金属鉱山）村尾奈美，徳永ゆうな，近藤 光，寺嶋和也

80. P-53S　銅合金の冷延−焼鈍の繰り返しに伴う延性変化に及ぼすミクロ組織因子の解析（茨城大，三井住友金属鉱山伸銅）楊箸航大，佐藤成男，松島 蓮，原 春子，溝内正樹，伊藤 稔
81. P-54S　銅合金の非等方冷延組織における転位形成の異方性解析（茨城大，三菱マテリアル，東北大）大後直樹，松野下裕貴，末廣健一郎，森 広行，鈴木 茂，佐藤成男
82. P-55S　銅合金の熱処理に伴う転位パラメータ変化の合金元素依存性（茨城大，三菱マテリアル，東北大）村上翔渉，澤橋康太，松野下裕貴，伊藤優樹，末廣健一郎，森 広行，鈴木 茂，佐藤成男
83. P-56S　スクラップ鉄による水素生成 / 二酸化炭素固定反応の促進条件（東京都市大）浅海優斗，陳 奕卓，江場宏美
84. P-57S　鉄と炭酸水による水素生成反応の無機物添加効果とその X 線分析（東京都市大）新保朋也，片山穂乃花，江場宏美
85. P-58S　窒化鉄と炭酸水を用いるアンモニア生成反応における固相の X 線分析（東京都市大）深美慶一，江場宏美
86. P-59S　鉄鋼スラグに含まれるマグネシオウスタイト相の合成と水和反応性評価（東京都市大）蛭田章太郎，江場宏美
87. P-60S　^{57}Fe と Ni を希薄に共ドープした $SrTiO_{3-\delta}$ の粉末 X 線回折分析（明治大）大野柊威，白田ひびき，小池裕也
88. P-61S　X 線異常散乱法を用いた FeNiCoCrMn 系非晶質合金から析出する BCC 系規則相の構造評価（東北大）福田 蓮，川又 透，杉山和正
89. P-62S　南関東新期ローム土壌粒子中カンラン石の X 線回折分析（明治大）中野隼佑，大野柊威，白田ひびき，小池裕也
90. P-63S　淡水真珠におけるマンガンのゾーニングおよび化学形態分析（東京電機大，産総研，堀場テクノ，滋賀県大，東京大）増田涼太，阿部善也，保倉明子，熊谷和博，相馬結花，高めぐみ，原田英美子，鈴木道生
91. P-64S　X 線分析による都市ごみ焼却飛灰中重金属の粒径別存在形態調査（明治大，リガク）関野梨名，松田 渉，大渕敦司，小池裕也
92. P-65　リチウムイオン電池正極の軟 X 線吸収分析による充放電状態の解析（住化分析センター，兵庫県大）末広省吾，松永拓也，豆崎実夢，山田咲樹，平井大智，下垣郁弥，村松康司
93. P-66S　Ag の電気化学的反応を通じて生成するゲル中の過渡的な周期的沈殿帯の X 線分析（日本女子大）山田佳歩，林 久史
94. P-67S　X 線分析で挑む反応−移動−反応過程による周期的沈殿形成（日本女子大）有福莉菜，山田佳歩，南保美都，林 久史
95. P-68S　圧延加工における板厚方向の GN/SS 転位分布の解析（茨城大，横浜国大，神戸製鋼）前島悠人，P-ramote Thirathipviwat，松本克史，佐藤成男
96. P-69S　X 線回折法による和紙中結晶性セルロース分析のための条件検討（明治大）小坂悠悟，福澤ちひろ，白田ひびき，小池裕也
97. P-70S　情報処理技術を用いた短時間全反射蛍光 X 線分析における定量精度の向上（岐阜大，大阪公大）小出明日香，松山嗣史，辻 幸一，Lim Lee Wah
98. P-71S　X 線回折法 / Rietveld 解析による剤形の異なる化粧用ファンデーション中二酸化チタンの定量分析（明治大，リガク）白田ひびき，松田渉，大渕敦司，本多貴之，小池裕也
99. P-72S　芳香族リッチなバイオマスからグラフェンへの生成機構の解明（高知大，群馬大，山口大）洲脇 亮，明珍尋紀，森みかる，長尾将汰，上田忠治，藤代 史，石井孝文，中山雅晴，吉田 航，伊藤日咲，森 勝伸

5.　X 線分析研究懇談会規約

（名　称）

1.　本会は，公益社団法人日本分析化学会 X 線分析研究懇談会と称し，本会委員長の勤務先を所在地とする．

（目　的）

2.　本会は，X 線を用いた実際的分析の振興のため，その基礎となる X 線分析法について共同研究し，基礎と実際との積極的交流を図ることを目的とする．

（事　業）

3.　本会は，前項の目的を達成するため，次の事業を行う．

(1) 研究会（例会）の開催

(2) X 線分析討論会の主催

(3) 講習会，見学会の開催

(4) 「X 線分析の進歩」誌などの研究成果の刊行

(5) X 線分析に関する研究業績，功労の表彰

(6) その他

（運　営）

4.　本会は，公開制を原則とする．

(1) 本会の事業を円滑に進めるために，運営委員会を設ける．運営委員会は，委員長，副委員長，及び運営委員から構成され，その合議により事業の企画並びに運営を行う．なお，参与は運営委員会に参加し，意見を述べることができる．

(2) 運営委員会の運営委員は，運営委員会の推薦に基づき，会員の中から委員長が委嘱する．運営委員の任期は所属機関の定年退職年度までとする．

(3) 委員長及び副委員長は，運営委員会において選出する．運営委員会の委員長と副委員長の任期は原則 3 年とする．但し，再任を妨げない．

(4) 貢献が多大であったと認められた運営委員が所属機関を定年退職した場合，当該運営委員に対し，委員長が参与として委嘱する．

(5) 運営委員は正当な理由書をもって委員長，副委員長の解任請求ができる．

別表（会費）

個人会員（名誉会員）	日本分析化学会個人会員		年会費免除
個人会員（A 会員）	日本分析化学会個人会員		年額　1,000 円
	会員外		年額　1,500 円
個人会員（B 会員）	日本分析化学会個人会員		年額　4,500 円
	会員外		年額　5,500 円
団体会員	日本分析化学会維持・特別会員	1 口	年額　3,000 円
	会員外	1 口	年額　5,000 円

注）①個人会員（B 会員）の会費には，「X 線分析の進歩」の頒布料を含む．また，個人会員（名誉会員）及び 3 口以上納入の団体会員にも，同誌一部を無料頒布する．②団体会員は，1 口で任意の 2 名までを，個人会員・A 会員として，本会の各種事業に参加させることができる．参加が 1 名増すごとに 1,000 円を徴収する．

(6) 運営委員会にて「X 線分析の進歩」誌編集委員長，X 線分析討論会実行委員長等，各種事業の担当責任者を選定する.

(7)「X 線分析の進歩」誌編集委員長の任期は 5 年とする.

(8) 必要に応じて専門部会 (WG) を設けることができる.

(9) 本会の事業に係る経費は，本部補助金，会費並びに各種事業への登録料などにより，これを賄う.

(会員並びに会費)

5. 本会の会員は本会の趣旨に賛同するものであり，個人会員 (名誉会員, A 会員, B 会員) 及び団体会員とし，別表に示す会費 (年額) を納入する.

(表　彰)

6. 本研究懇談会は，X 線分析に関し功績のあった者及び本研究懇談会に対し功労のあった者を選考委員会で選考の上，運営委員会の承認を経て，これを表彰することができる. 詳細は表彰内規により別途定める.

(名誉会員)

7. 本研究懇談会は，X 線分析に関し卓越した功績のあった者及び本研究懇談会に対し多大な功労のあった者を，本会運営委員会での承認を経て，名誉会員として選定することができる.

2022 年 3 月 17 日改訂
2024 年 1 月 19 日改訂

2020 年 1 月改正，2023 年 2 月改正

6. 「X 線分析の進歩」投稿の手引き

本誌投稿の論文掲載にあたっては，報文としての体裁にとらわれず新しい知見や価値あるデータを報告することを最優先としています．形式上の制限は特に設けませんが，次の点を留意の上，ご投稿願います．

1. 本誌に掲載する論文の種類は，X 線分析に関連する報文，原著論文，ノート，技術報告，総説，解説，講座，技術資料，国際会議報告とし，これらは他出版物に掲載されていないものに限ります．これら論文は，X 線分析の基礎或いは応用に関し価値ある事実あるいは結論を含むもの，X 線分析技術の成果に関する報告で X 線分析上有用なものとします．分類は，著者からの申し出を尊重し，編集委員会にて決定します．なお，他出版物に掲載されたものについても，翻訳等，編集委員会の判断で出版を認める場合もあります．本誌への投稿論文は和文のものを推奨しますが，英語論文も受け付けます．
2. 本誌への投稿は通年受け付けますが，12 月末日までに投稿された原稿を翌 3 月下旬に発行の巻に掲載するスケジュールで編集します．投稿された論文は，査読を経て，編集委員会にて掲載可否を決定します．編集委員会は，字句その他の加除修正を行い，あるいはそれを著者に要求することがあります．
3. 投稿は原則，e-mail で受け付けます．Windows 対応（Word 等）のデータを，e-mail に直接添付ファイルとして投稿してください．大きいサイズのファイルは，編集委員会宛に予めご相談ください．投稿時の e-mail には「X 線分析の進歩」へ投稿する旨，例えば「論文（著者, 題目）を “X 線分析の進歩 ” 誌に，原著論文として投稿します」というような一文をメール本文に記述し，編集委員会宛にお送りください．
4. 論文題目，全著者名（フルネーム），全著者の所属機関名及びそれらの住所を，和文と英文で併せて，投稿論文の最初のページに記載してください．また，連絡責任著者の連絡先（Tel，Fax，e-mail アドレス）も最初のページに記してください．原稿は，A4 用紙を用い，行数や 1 行の文字数，フォントサイズは常識的な範囲で執筆してください．投稿原稿はカメラレディーの形式にはせず，図の挿入位置指定や余計なフォーマットは不要です．
5. アブストラクトは，和文と英文を原稿に含めてください．和文アブストラクトは 400 字程度，英文アブストラクトは 300 語程度がそれぞれ標準ですが，必ずしもこの制限を守る必要はありません．また，英文アブストラクトは和文の直訳である必要はなく，和文より簡潔な記述でも構いません．
6. キーワードは，論文内容を的確な形で表現したもので，一論文 5 個程度とし，日本語，英語共にアブストラクトの次に記入してください．キーワードは，巻末の索引項目としても利用します．
7. 専門用語は，分析化学用語辞典（日本分析化学会編）または JIS 用語を用いることが望ましいですが，必ずしもこの限りではありま

せん．必要があれば，SI 単位以外の単位（Å，Torr，インチ等）を用いても構いません．

8. 引用文献の記載法は，日本分析化学会「分析化学」誌に準じますが，統一が取れていれば，他の形式（例えば Spectrochimica Acta 誌など）でも構いません．

9. 図，表及び写真は的確なものを選び，本文中に挿入するのではなく，原稿の末尾につけてください．なお，MS-PowerPoint や MS-Excel や等の汎用ソフトで作成された図表を，本文ファイルに添付提出することも受け付けます．また写真は，JPEG 形式等のデジタルファイルにて，鮮明なものを採用ください．なお，本誌の紙媒体での出版は白黒印刷ですので，カラー図面やカラー写真は投稿前に自身で白黒印刷し，例えば色別に表示したグラフ中のラインが区別できるか等を必ず確認するようにお願いします．また，公開したい生データや動画ファイル等を CD-ROM 版に附録として掲載することも認めていますが，必ず原稿と合わせて編集委員会に提出ください．

10. 図や表及び写真の番号は，英文でそれぞれ Fig.1，Table 1，Photo 1 とし，原図や写真には対応する番号を邪魔にならない位置に記入するか，ファイル名で判るようにしてください．説明文（キャプション）等は英文で記述してください．なお，論文全体を通して和文のみのキャプションでも投稿可能ですが，グラフ軸や表項目等は英文に限ります．また，図や写真のキャプション等は原図ページには記入せず，引用文献の次のページにまとめて記載してください．但し，表の説明文については，表の上に直接挿入しても構いません．図や写真を PDF ファイルで提出される場合には，「高品質印刷」などの設定にて作成をお願いします．

11. 投稿者は，投稿料として表 1 に示す投稿料（＋税）を出版社にお支払いいただきます．但し，編集委員会から執筆を依頼されたものについては，投稿料のお支払いは必要ありません．投稿者は，全論文を PDF ファイルで収納した CD-ROM 付録の付いた「X 線分析の進歩」誌を一部差し上げます．PDF ファイルは，ご自分の論文に限り，自身の Web サイトに掲載可能です（セルフアーカイビングの承認）．紙別刷りは原則として作成しませんので，別途購入希望の方は校正刷り返送の際に出版社に注文をお願いします．

表 1　投稿料（税抜）

出来上がり頁数	投稿料（円）
1 − 6	15,000
7 − 12	25,000
13 − 18	35,000
19 − 24	45,000
25 − 30	55,000
31 − 36	65,000

12. 本誌に掲載された論文，記事についての著作権は，公益社団法人日本分析化学会 X 線分析研究懇談会に属します．本誌は，白黒印刷の紙媒体とカラー画像を含む CD-ROM の出版としますが，出版から 1 年経過後に，（国研）科学技術振興機構（JST）が運営する電子ジャーナルプラットフォーム “J-STAGE” に登録され，ダウンロードできるようになります．なお J-STAGE に掲載されるのは紙媒体と同じく白黒印刷版です．

13. 執筆に当たり，他社の論文，成書などから図，表等を転載もしくは引用する場合は，必ず著者自身の責任において，原著者並びに出版社の許諾を得て，出典を明示してください．

原稿の送付先及び連絡先

編集委員会　shinpo.xbun@gmail.com

CD-ROM 一枚の収録内容

「X線工業分析」　第1集(1964)〜第4集(1968)
「X線分析の進歩」第1集(1970)〜第32集(2001)
第26s集(1995, 全反射X線分析国際会議特別号)
総目次:「X線工業分析」第1集〜「X線分析の進歩」第32集(26s含む)

定価(税・送料含む)

X線分析研究懇談会会員　：15,000円＋税

X線分析研究懇談会非会員：20,000円＋税

購入申込先：日本分析化学会X線分析研究懇談会

最新情報はホームページで！
(https://xbun.jsac.jp/)

X線分析研究懇談会のホームページ(https://xbun.jsac.jp/)には，X線分析に関するホットな情報が満載されています．

〇毎年1回開催されるX線分析討論会の案内

〇定例研究会(年5回程度)や講習会(年1〜2回程度)の日時や会場，プログラムの案内

〇関係する国際会議のスケジュール

〇「X線分析の進歩」投稿の手引き

〇「X線分析の進歩」バックナンバーPDF化CD-ROMの頒布

このほか，X線分析情報メーリングリストに登録すると，電子メールでの情報交換に参加することができます．各種会合の案内や人材募集，いろいろなニュースが飛び交っています．もちろん，参加は無料．上記ホームページにも案内が出ていますので，ぜひお問い合わせください．

7.（公社）日本分析化学会X線分析研究懇談会2024年度運営委員会名簿

（2024 年 4 月 1 日現在）

	氏　名	勤務先／所在地	e-mail address
委員長	佐藤　成男	茨城大学大学院理工学研究科	shigeo.sato.ar@vc.ibaraki.ac.jp
副委員長	江場　宏美	東京都市大学理工学部応用化学科	heba@tcu.ac.jp
	山本　孝	徳島大学大学院社会産業理工学研究部	takashi-yamamoto.ias @tokushima-u.ac.jp
編集委員長	辻　幸一	大阪公立大学大学院工学研究科化学生物系専攻	k-tsuji@omu.ac.jp
運営委員	（北海道地区）		
	大津　直史	北見工業大学地球環境工学科先端材料物質工学コース	nohtsu@mail.kitami-it.ac.jp
	（東北地区）		
	大橋　弘範	福島大学理工学群共生システム理工学類	h-ohashi@sss.fukushima-u.ac.jp
	篠田　弘造	東北大学国際放射光イノベーション・スマート研究センター	kozo.shinoda.e8@tohoku.ac.jp
	（関東地区）		
	沖　充浩	㈱東芝　研究開発センター	mitsuhiro.oki@toshiba.co.jp
	国村　伸祐	東京理科大学工学部工業化学科	kunimura@rs.tus.ac.jp
	小池　裕也	明治大学理工学部応用化学科	koi@meiji.ac.jp
	中野　和彦	麻布大学生命・環境科学部環境科学科	k-nakano@azabu-u.ac.jp
	沼子　千弥	千葉大学大学院理学研究院化学コース	numako@chiba-u.jp
	林　久史	日本女子大学理学部化学生命科学科	hayashih@fc.jwu.ac.jp
	山本　博之	（国研）量子科学技術研究開発機構 高崎量子応用研究所	yamamoto.hiroyuki@qst.go.jp
	（中部地区）		
	井田　隆	名古屋工業大学先端セラミックス研究センター	ida.takashi@nitech.ac.jp
	高橋　直子	㈱豊田中央研究所	nao-t@mosk.tytlabs.co.jp
	吉田　朋子	名古屋大学大学院工学研究科総合エネルギー工学専攻	tyoshida@energy.nagoya-u.ac.jp

7. （公社）日本分析化学会 X 線分析研究懇談会 2024 年度運営委員会名簿

	氏　　名	勤 務 先／所 在 地	e-mail address
運営委員	（関西地区）		
	鈴木　　哲	兵庫県立大学高度産業科学技術研究所	ssuzuki@lasti.u-hyogo.ac.jp
	高原　晃里	㈱リガク　プロダクト部アプリケーションラボ	hikari@rigaku.co.jp
	谷田　　肇	（国研）日本原子力研究開発機構	tanida@spring8.or.jp
	タンタラカーン クリアンカモル	㈱島津製作所　分析計測事業部　表面新事業推進室	tantarakarn.kriengkamol.cj8 @shimadzu.co.jp
	中西　康次	兵庫県立大学高度産業科学技術研究所	k-nakani@lasti.u-hyogo.ac.jp
	中野 ひとみ	㈱堀場テクノサービス　分析技術本部　分析技術部	hitomi.nakano@horiba.com
	藤原　　学	龍谷大学先端理工学部応用化学課程	fujiwara@rins.ryukoku.ac.jp
	森　　拓弥	㈱コベルコ科研　技術本部 EV・電池ソリューションセンター	mori.takuya@kki.kobelco.com
	村松　康司	兵庫県立大学大学院工学研究科応用化学専攻	murama@eng.u-hyogo.ac.jp
	（中国四国地区）		
	今宿　　晋	島根大学先端マテリアル研究開発協創機構	suimashuku@mat.shimane-u.ac.jp
	西脇　芳典	高知大学教育学部分析化学研究室	nishiwaki@kochi-u.ac.jp
	（九州地区）		
	栗崎　　敏	福岡大学理学部化学科	kurisaki@fukuoka-u.ac.jp
	原田　雅章	福岡教育大学化学教室	haradab@fukuoka-edu.ac.jp
参　与	岡本　篤彦	京都医療科学大学名誉教授	okamoto-2t@rice.ocn.ne.jp
	合志　陽一	東京大学名誉教授	
	谷口　一雄	㈱テクノブリッジ	taniguchi@techno-bridge.co.jp techno.b.taniguchi@gmail.com
	中井　　泉	東京理科大学名誉教授	inakai@rs.kagu.tus.ac.jp
	中村　利廣	明治大学名誉教授	nakato@galaxy.ocn.ne.jp
	横山　拓史	九州大学名誉教授（理学研究院）	yokoyamatakushi@chem.kyushu-univ.jp
	脇田　久伸	佐賀大学シンクロトロン光応用研究センター 福岡大学名誉教授	wakita@fukuoka-u.ac.jp
	渡辺　　巌	京都大学産官学連携本部 立命館大学 SR センター	watanabe.iwao.2v@kyoto-u.ac.jp iwa-wata@gst.ritsumei.ac.jp

8. X線分析研究懇談会の活動記録

西暦	委員長	編集委員長	X線分析の進歩，発行年月日
	X線分析討論会，開催場所（会場），開催年月日 実行委員会 座長		
1960	桃木弘三[注1]		
1961	桃木弘三[注1]		
1962	桃木弘三[注1]		
1963	桃木弘三[注1]		
	第1回X線工業分析討論会，東京（日本化学会講堂），1963/11/12～13		
1964	桃木弘三[注1]	桃木弘三[注1]	X線工業分析1，1964/5/20
	第2回X線工業分析討論会，東京		
1965	桃木弘三[注1]	桃木弘三[注1]	X線工業分析2，1965/1/20
	第3回X線工業分析討論会，大阪		
1966	桃木弘三[注1]	桃木弘三[注1]	X線工業分析3，1966/6/20
	—		
1967	桃木弘三[注1]	—	—
	第4回X線工業分析討論会，名古屋（名古屋大学），1967/10/16～17 （要旨集に実行委員会の記載なし） 座　長：深沢 力，椎尾 一，武内次夫，水池 敦，今村 弘，柳ヶ瀬健次郎，浅田栄一，俣野宣久，森田 清，桃木弘三		

注1：世話人

<table>
<tr><td rowspan="2">1968</td><td>桃木弘三[注1]</td><td>武内次夫[注2]</td><td>X 線工業分析 4，1968/8/1</td></tr>
<tr><td colspan="3">第 5 回 X 線工業分析討論会，名古屋（名古屋大学），1968/10/16～17
(要旨集に実行委員会の記録なし)
座　長：石井大道，深沢 力，武内次夫，桃木弘三，川村和郎，椎尾 一，俣野宣久，水池 敦，合志陽一，貴家恕夫，砂原広志，大野勝美，足立敏夫，浅田栄一</td></tr>
<tr><td rowspan="2">1969</td><td></td><td>—</td><td>—</td></tr>
<tr><td colspan="3">第 6 回 X 線工業分析討論会，名古屋（名古屋大学），1969/10/13～14
(要旨集に実行委員会の記載なし)
座　長：椎尾 一，砂原広志，黒崎和夫，桃木弘三，片山佐一，鈴木祝寿，大野勝美，武内次夫，浅田栄一，合志陽一，足立敏夫</td></tr>
<tr><td rowspan="2">1970</td><td>武内次夫[注3]</td><td>武内次夫</td><td>X 線分析の進歩 1，1970/3/31</td></tr>
<tr><td colspan="3">第 7 回 X 線工業分析討論会，名古屋（名城大学），1970/10/13～14
(要旨集に実行委員会の記載なし)
座　長：一柳昭成，貴家恕夫，高橋義人，合志陽一，大野勝美，武内次夫，垣山仁夫，椎尾 一，内川 浩，中島耕一，浅田栄一，砂原広志，桃木弘三</td></tr>
<tr><td rowspan="2">1971</td><td>武内次夫</td><td>武内次夫</td><td>X 線分析の進歩 2，1971/3/30</td></tr>
<tr><td colspan="3">第 8 回 X 線分析討論会，東京（東京大学），1971/10/11～12
(要旨集に実行委員会の記載なし)
座　長:片山佐一，河島磯志，宇井倬二，桃木弘三，市ノ川竹男，浅田栄一，武内次夫，貴家恕夫，深沢 力，浅田栄一，椎尾 一，進士公厚</td></tr>
<tr><td rowspan="2">1972</td><td>武内次夫</td><td>武内次夫</td><td>X 線分析の進歩 3，1972/8/31
X 線分析の進歩 4，1972/9/15</td></tr>
<tr><td colspan="3">第 9 回 X 線分析討論会，名古屋（中京大学），1972/10/11～12
(要旨集に実行委員会の記載なし)
座　長：椎尾 一，大野勝美，垣山仁夫，深沢 力，進士公厚，貴家恕夫，村田充弘，橋詰源蔵</td></tr>
<tr><td rowspan="2">1973</td><td>武内次夫</td><td>武内次夫</td><td>X 線分析の進歩 5，1973/10/5</td></tr>
<tr><td colspan="3">第 10 回 X 線分析討論会，広島（広島大学），1973/10/12～13
(要旨集に実行委員会の記載なし)
座　長：深沢 力，浅田栄一，片山佐一，椎尾 一，宇井倬二，黒崎和夫，合志陽一，桃木弘三，広川吉之助，松村哲夫，佐藤公隆，大野勝美</td></tr>
<tr><td rowspan="2">1974</td><td>武内次夫</td><td>武内次夫</td><td>X 線分析の進歩 6，1974/12/5</td></tr>
<tr><td colspan="3">第 11 回 X 線分析討論会，仙台（東北工業大学），1974/10/3～4
(要旨集に実行委員会の記載なし)
座　長:宇井倬二，浅田栄一，広川吉之助，深沢 力，片山佐一，伊藤諄一，合志陽一，貴家恕夫，桃木弘三，黒崎和夫，進士公厚，二瓶好正</td></tr>
<tr><td rowspan="2">1975</td><td>武内次夫</td><td>武内次夫</td><td>X 線分析の進歩 7，1975/12/5</td></tr>
<tr><td colspan="3">第 12 回 X 線分析討論会，福岡（九州大学），1975/10/17～18
(要旨集に実行委員会の記載なし)
座　長：伊藤諄一，進士公厚，片山佐一，宇田応之，寺沢倫孝，貴家恕夫，椎尾 一，浅田栄一，宇井倬二</td></tr>
</table>

注 1：世話人，注 2：編集代表者，注 3：代表者

1976	武内次夫	武内次夫	X 線分析の進歩 8, 1976/12/5
	第 13 回 X 線分析討論会，札幌（北海道大学），1976/8/28～29 （要旨集に実行委員会の記載なし） 座　長：高橋義人，合志陽一，黒崎和夫，片山佐一，貴家恕夫，宇田応之，浅田栄一，大野勝美，進士公厚，宇井倬二		
1977	武内次夫	武内次夫	X 線分析の進歩 9, 1977/11/10
	第 14 回 X 線分析討論会，川崎（明治大学，生田），1977/9/27～28 委員長：貴家恕夫，（要旨集に実行委員会の記載なし） 座　長:岩附正明，片山佐一，浅田栄一，深沢 力，桃木弘三，及川紀久雄，貴家恕夫，合志陽一，高橋義人，黒崎和夫，大野勝美，安野モモ子		
1978	武内次夫	—	—
	第 15 回 X 線分析討論会，京都（京都大学），1978/9/26～28 （要旨集に実行委員会の記載なし） 座　長：合志陽一，村田充弘，河島磯志，安部忠広，新井智也，橋詰源蔵，桃木弘三，黒崎和夫，築山 宏，大野勝美，浅田栄一，片山佐一，貴家恕夫		
1979	武内次夫 浅田栄一	武内次夫 浅田栄一	X 線分析の進歩 10, 1979/1/20 X 線分析の進歩 11, 1979/12/20
	第 16 回 X 線分析討論会，川崎（明治大学，生田），1979/9/19～21 委員長：貴家恕夫，中村利廣 (代)，（要旨集に実行委員会の記載なし） 座　長：貴家恕夫，合志陽一，黒崎和夫，佐藤公隆，河島磯志，中村利広，大野勝美，浅田栄一，村田充弘，稲垣道夫，佐竹研一，田中康信，片山佐一		
1980	浅田栄一	—	—
	第 17 回 X 線分析討論会，豊橋（豊橋技術科学大学），1980/9/11～13 （要旨集に実行委員会の記載なし） 座　長：黒崎和夫，浅田栄一，村田充弘，宇井倬二，大野勝美，深沢 力，合志陽一，進士公厚，河島磯志，片山佐一，安野モモ子，椎尾 一，丸野重雄		
1981	浅田栄一	浅田栄一	X 線分析の進歩 12, 1981/2/16
	第 18 回 X 線分析討論会，京都（京都大学），1981/9/13～15 （要旨集に実行委員会の記載なし） 座　長：桃木弘三，小坂雅夫，田中康信，深沢 力，進士公厚，河島磯志，浅田栄一，合志陽一，塘賢二郎，片山佐一，中村利廣，岩田志郎，大野勝美，新井智也，稲垣道夫		
1982	浅田栄一	浅田栄一	X 線分析の進歩 13, 1981/11/20
	第 19 回 X 線分析討論会，東京（明治大学，駿河台），1982/9/9～11 委員長：中村利廣，（要旨集に実行委員会の記載なし） 座　長：刈谷哲也，武内慶夫，浅田栄一，大野勝美，中村利廣，田中康信，村田充弘，宇井倬二，河島磯志，合志陽一，深沢 力，桃木弘三，元山宗之		
1983	浅田栄一	浅田栄一	X 線分析の進歩 14, 1983/4/30
	第 20 回 X 線分析討論会，東京（明治大学，駿河台），1983/10/13～15 委員長：中村利廣，（要旨集に実行委員会の記載なし） 座　長：合志陽一，村田充弘，大野勝美，中村利廣，刈谷哲也，黒崎和夫，川瀬 晃，宇井倬二，竹村モモ子		

<table>
<tr><td rowspan="2">1984</td><td>浅田栄一</td><td>合志陽一</td><td>X線分析の進歩 15，1984/4/30</td></tr>
<tr><td colspan="3">第 21 回X線分析討論会，吹田（関西大学），1984/9/26～28
（要旨集に実行委員会の記載なし）
座　長:谷口一雄，矢部勝昌，村田充弘，合志陽一，池田重良，内山 洋，二瓶好正，広川吉之助，岡本篤彦，浅田栄一，黒崎和夫，中村利廣，宇井倬二，大野勝美，刈谷哲也，小坂雅夫</td></tr>
<tr><td rowspan="2">1985</td><td>浅田栄一</td><td>合志陽一</td><td>X線分析の進歩 16，1985/3/31</td></tr>
<tr><td colspan="3">第 22 回X線分析討論会，東京（明治大学，駿河台），1985/9/25～27
委員長：中村利廣
委　員：浅田栄一，宇井倬二，大野勝美，川瀬 晃，河嶋磯志，黒崎和夫，合志陽一
座　長：脇田久伸，小坂雅夫，片山佐一，浅田栄一，宇井倬二，黒崎和夫，村田充弘，池田重良，奥 正興，飯田厚夫，川瀬 晃，合志陽一，大野勝美，中村利廣，刈谷哲也</td></tr>
<tr><td rowspan="2">1986</td><td>浅田栄一</td><td>合志陽一</td><td>X線分析の進歩 17，1986/3/31</td></tr>
<tr><td colspan="3">第 23 回X線分析討論会，吹田（関西大学），1986/9/17～19
委員長：片山佐一
委　員：浅田栄一，宇井倬二，大野勝美，川瀬 晃，河嶋磯志，黒崎和夫，合志陽一，中村利廣
座　長：村田充弘，大野勝美，浅田栄一，中村利廣，刈谷哲也，飯田厚夫，谷口一雄，黒崎和夫，合志陽一，二瓶好正，脇田久伸，前川 尚，池田重良，片山佐一，宇井倬二</td></tr>
<tr><td rowspan="2">1987</td><td>池田重良</td><td>合志陽一</td><td>X線分析の進歩 18，1987/3/31</td></tr>
<tr><td colspan="3">第 24 回X線分析討論会，豊橋（豊橋市駅前文化ホール），1987/9/24～26
委員長：宇井倬二
委　員：浅田栄一，池田重良，大野勝美，片山佐一，川瀬 晃，河嶋磯志，黒崎和夫，合志陽一
座　長:宇井倬二, 飯田厚夫, 谷口一雄, 川瀬 晃, 大野勝美, 元山宗之, 高橋義人, 合志陽一, 浅田栄一，片山佐一，二瓶好正，黒崎和夫，広川吉之助，池田重良，脇田久伸，村田充弘，河島磯志</td></tr>
<tr><td rowspan="2">1988</td><td>池田重良</td><td>合志陽一</td><td>X線分析の進歩 19，1988/3/31</td></tr>
<tr><td colspan="3">第 25 回X線分析討論会，仙台（東北大学），1988/10/19～21
委員長：広川吉之助
委　員：浅田栄一，池田重良，宇井倬二，大野勝美，片山佐一，河嶋磯志，川瀬 晃，黒崎和夫，合志陽一，中村利廣
座　長:宇井倬二，大野勝美，広川吉之助，浅田栄一，谷口一雄，刈谷哲也，福島 整，中村利廣，脇田久伸，池田重良，新井智也，元山宗之，相馬光之，高橋義人，片山佐一，福田尚央，合志陽一，岡本篤彦，前山 智，飯田厚夫，河島磯志</td></tr>
<tr><td rowspan="2">1989</td><td>池田重良</td><td>広川吉之助</td><td>X線分析の進歩 20，1989/3/31</td></tr>
<tr><td colspan="3">第 26 回X線分析討論会，東京（明治大学，駿河台），1989/10/18～20
委員長：中村利廣
委　員：大野勝美，河嶋磯志，黒崎和夫，合志陽一，福島 整
座　長：宇井倬二，福島 整，合志陽一，谷口一雄，川瀬 晃，大野勝美，刈谷哲也，片山佐一，浅田栄一，飯田厚夫，中村利廣，加藤正直，二瓶好正，池田重良，黒崎和夫，前山 智</td></tr>
<tr><td rowspan="2">1990</td><td>池田重良</td><td>広川吉之助</td><td>X線分析の進歩 21，1990/3/31</td></tr>
<tr><td colspan="3">第 27 回X線分析討論会，吹田（関西大学），1990/10/3～5
委員長：片山佐一
委　員：荒井智也，岡下英男，谷口一雄，橋詰源蔵，細川好則，松村哲夫，村田充弘，元山宗之
座　長：岡下英男，新井智也，池田重良，宇井倬二，倉橋正保，元山宗之，西萩一夫，大野勝美，浅田栄一，脇田久伸，升島 努，宇田川康夫，河島磯志，岡本篤彦，福島 整，広川吉之助，合志陽一，村田充弘，中村利廣</td></tr>
</table>

1991	池田重良	広川吉之助	X 線分析の進歩 22，1991/3/31
	—		
1992	池田重良	広川吉之助	X 線分析の進歩 23，1992/3/31
	第 28 回 X 線分析討論会，東京（明治大学，駿河台），1992/11/9～11 委員長：大野勝美 委　員：浅田栄一，宇井倬二，黒崎和夫，合志陽一，中井 泉，中村利廣 座　長：黒崎和夫，河合 潤，奥 正興，合志陽一，山口敏男，谷口一雄，浅田栄一，田口 勇，早川慎二郎，大野勝美，河島磯志，三辻利一，中村利廣，加藤正直，小崎 茂，中井 泉，脇田久伸，倉橋正保		
1993	池田重良	広川吉之助	X 線分析の進歩 24，1993/3/31
	第 29 回 X 線分析討論会，福岡（福岡大学），1993/11/8～10 委員長：脇田久伸 委　員：梶山千里，合志陽一，立山 博，谷口一雄，角田成夫，森永健次，山口敏男 座　長：池田重良，奥 正興，河合 潤，岩澤康裕，黒崎和夫，大野勝美，早川慎二郎，中村利廣，横川忠晴，谷口一雄，堀内俊寿，中井 泉，福島 整，三辻利一，立山 博，森 茂之，宇井倬二，脇田久伸，玉木洋一，飯田厚夫，岡本篤彦		
1994	池田重良	広川吉之助	X 線分析の進歩 25，1994/3/31
	第 30 回 X 線分析討論会，つくば（工業技術院筑波支所），1994/10/17～18 5th TXRF 1994，つくば（工業技術院筑波支所），1994/10/17～19 委員長：中井 泉 委　員：河合 潤，小西徳三，桜井健次，佐々木裕次，田中彰博，早川慎二郎，福本夏生，村松康司 座　長：元山宗之，小島勇夫，河合 潤，中村利廣，福本夏生，小西徳三		
1995	合志陽一	谷口一雄 大野勝美	X 線分析の進歩 26S，1995/3/31 X 線分析の進歩 26，1995/3/31
	第 31 回 X 線分析討論会，名古屋（名古屋市工業研究所），1995/11/15～17 委員長：宇井倬二 委　員：岡本篤彦，加藤正直，虎谷秀穂，西 保夫 座　長:竹村モモ子，宇井倬二，谷口一雄，合志陽一，加藤正直，虎谷秀穂，中村利廣，西 保夫，河合 潤，脇田久伸，元山宗之，岡本篤彦，中井 泉，小西徳三，渡辺 融，今田康夫		
1996	合志陽一	大野勝美	X 線分析の進歩 27，1996/3/31
	第 32 回 X 線分析討論会，東京（明治大学，駿河台），1996/11/11～12 委員長：中村利廣 委　員：大野勝美，小西徳三，桜井健次，中井 泉，福本夏生，薬師寺健次 座　長：岡本篤彦，小西徳三，中井 泉，福本夏生，桜井健次，河合 潤，薬師寺健次，大野勝美，谷口一雄，山下誠一		
1997	合志陽一	大野勝美	X 線分析の進歩 28，1997/3/31
	第 33 回 X 線分析討論会，草津（立命館大学），1997/11/17～18 委員長：池田重良 委　員：西勝英雄，松田十四夫，白石晴樹，小堤和彦，谷口一雄，渡辺 巌，河合 潤，元山宗之，野村惠章 座　長：西埜 誠，薄木智亮，桜井健次，林 好一，高橋昌男，飯島善時，元山宗之，二澤宏司，小西徳三，兼吉高宏，橋本秀樹		

1998	合志陽一	大野勝美	X 線分析の進歩 29，1998/3/31
	第 34 回 X 線分析討論会，仙台（東北大学），1998/11/9～10 委員長：奥 正興 委　員：玉木洋一，辻 幸一，中村利廣，林 久史 座　長：村松康司，桜井健次，河合 潤，玉木洋一，林 好一，早川慎二郎，中井 泉，中村利廣，表 和彦		
1999	合志陽一	中村利廣	X 線分析の進歩 30，1999/3/31
	第 35 回 X 線分析討論会，東京（東京理科大学），1999/11/4～5 委員長：中井 泉 委　員：飯島善時，小西徳三，桜井健次，寺田靖子，中村利廣，藤縄 剛 座　長：早川慎二郎，河合 潤，飯島善時，竹村モモ子，桜井健次，寺田靖子，村松康司		
2000	合志陽一	中村利廣	X 線分析の進歩 31，2000/3/31
	第 36 回 X 線分析討論会，寝屋川（大阪電気通信大学），2000/11/16～17 委員長：河合 潤 委　員：伊藤嘉昭，宇高 忠，谷口一雄，遠山惠夫，中村利廣，西埜 誠，西萩一夫，野村惠章，細川好則，村松康司，元山宗之，山田 隆，渡辺 巖 座　長：遠山恵夫，西埜 誠，伊藤嘉昭，渡辺 巖，合志陽一，兼吉高宏，泉 宏和，村松康司，庄司静子，寺田靖子，飯原順次，山田昌孝，杉原敬一，飯島善時，宇高 忠，西萩一夫，上原 康，高橋昌男，山田 隆		
2001	合志陽一	中村利廣	X 線分析の進歩 32，2001/3/31
	第 37 回 X 線分析討論会，つくば（物質・材料研究機構），2001/10/29～30 委員長：桜井健次 委　員：沖津康平，北島義典，木村正雄，久米 博，田村浩一，吉田郵司，渡辺紀生 座　長:合志陽一，北島義典，上ヱ地義徳，田村浩一，沖津康平，久米 博，木村正雄，桜井健次，吉田郵司，大久保雅隆，渡辺紀生，中井 泉		
2002	合志陽一	中村利廣	X 線分析の進歩 33，2002/3/31
	第 38 回 X 線分析討論会，福岡（福岡大学），2002/10/28～29 委員長：脇田久伸 委　員：栗崎 敏，河野 淳，高椋利幸，田端正明，早川慎二郎，原田 明，山口敏男 座　長：脇田久伸，村松康司，渡辺 孝，山田 隆，中井 泉，早川慎二郎，河合 潤，山口敏男，谷口一雄，高橋利幸，辻 幸一，林 好一，香野 淳		
2003	合志陽一	中村利廣，山口敏男 注4	X 線分析の進歩 34，2003/3/31
	第 39 回 X 線分析討論会，兵庫県東浦町（淡路夢舞台国際会議場），2003/9/16～17 10th TXRF 2003，兵庫県東浦町（淡路夢舞台国際会議場），2003/9/14～19 委員長：合志陽一 事務局：谷口一雄，河合 潤，堀内俊寿 座　長：辻 幸一，沼子千弥，森 良弘，早川慎二郎，表 和彦，谷口一雄，中井 泉		
2004	脇田久伸	中村利廣，河合 潤 注4	X 線分析の進歩 35，2004/3/31
	第 40 回 X 線分析討論会，東京（東京理科大学），2004/11/5～6 委員長：中井 泉 委　員：中村利廣，當間 肇，藤縄 剛，高橋秀之，水平 学，田村浩一，保倉明子 座　長：水平 学，中井 泉，田村浩一，藤縄 剛，南雲敏朗，渡部 孝，高橋秀之，保倉明子		

注 4：担当編集委員

<table>
<tr><td rowspan="2">2005</td><td>脇田久伸</td><td>河合 潤</td><td>X 線分析の進歩 36，2005/3/31</td></tr>
<tr><td colspan="3">第 41 回 X 線分析討論会，京都（京都大学），2005/10/21～22
委員長：河合 潤
委　員：石井秀司，伊藤嘉昭，岡本篤彦，片山傳生，高岡昌輝，田中和人，谷口一雄，春山洋一，細川好則，宮内宏哉，山田 武
座　長：中井 泉，小西徳三，中野和彦，岡本篤彦，山田 武，片山傳生，春山洋一，上原 康，早川慎二郎，渡部 孝，松尾修司，田中和人，伊藤嘉昭</td></tr>
<tr><td rowspan="2">2006</td><td>脇田久伸</td><td>河合 潤</td><td>X 線分析の進歩 37，2006/3/31</td></tr>
<tr><td colspan="3">第 42 回 X 線分析討論会，川崎（明治大学，生田），2006/10/20～21
委員長：中村利廣
委　員：飯島善時，桜井健次，中井 泉，中野和彦，保倉明子，水平 学
座　長：中野和彦，丸茂克美，林 久史，中村利廣，保倉明子，加藤正直，飯島善時，水平 学，辻 幸一，河合 潤，小西徳三，村松康司，桜井健次，中井 泉，早川慎二郎</td></tr>
<tr><td rowspan="2">2007</td><td>脇田久伸</td><td>河合 潤</td><td>X 線分析の進歩 38，2007/3/31</td></tr>
<tr><td colspan="3">第 43 回 X 線分析討論会，京都（京都大学），2007/9/16～21
ICXOM 2007，京都（京都大学），2007/9/16～21
委員長：脇田久伸
事務局：河合 潤，早川慎二郎，山田 隆，山田 悦，辻 幸一
（ICXOM 2007 と同時開催のため，座長の記載は省略）</td></tr>
<tr><td rowspan="2">2008</td><td>脇田久伸</td><td>河合 潤</td><td>X 線分析の進歩 39，2008/3/31</td></tr>
<tr><td colspan="3">第 44 回 X 線分析討論会，東京（日本女子大学），2008/10/18～19
委員長：林 久史
委　員：赤井俊雄，辻 幸一，中井 泉，沼子千弥，早川慎二郎，保倉明子
座　長：赤井俊雄，早川慎二郎，前尾修司，栗崎 敏，村松康司，矢野陽子，辻 幸一，渡部 孝，中野和彦，保倉明子</td></tr>
<tr><td rowspan="2">2009</td><td>脇田久伸</td><td>河合 潤</td><td>X 線分析の進歩 40，2009/3/31</td></tr>
<tr><td colspan="3">第 45 回 X 線分析討論会，大阪（大阪市立大学），2009/11/5～6
委員長：辻 幸一
委　員：中野和彦，沼子千弥，林 久史，村松康司，渡部 孝，村岡弘一
座　長：中野和彦，辻 幸一，村岡弘一，村松康司，保倉明子，早川慎二郎，林 久史，池田重良，栗崎 敏，前尾修司，桜井健次，沼子千弥，渡部 孝，文殊四郎秀昭，上原 康</td></tr>
<tr><td rowspan="2">2010</td><td>脇田久伸</td><td>河合 潤</td><td>X 線分析の進歩 41，2010/3/31</td></tr>
<tr><td colspan="3">第 46 回 X 線分析討論会，広島（広島県情報プラザ），2010/10/22～23
委員長：早川慎二郎
委　員：久我ゆかり，住田弘祐，沼子千弥，原田雅章，山本 孝
座　長：山本 孝，住田弘祐，江場宏美，辻 幸一，前尾修司，桜井健次，菊間 淳，上原 康，早川慎二郎，保倉明子，横山拓史，沼子千弥，栗崎 敏</td></tr>
<tr><td rowspan="2">2011</td><td>脇田久伸</td><td>河合 潤，早川慎二郎</td><td>X 線分析の進歩 42，2011/3/31</td></tr>
<tr><td colspan="3">第 47 回 X 線分析討論会，福岡（九州大学），2011/10/28～29
委員長：横山拓史
副委員長：栗崎 敏
委　員：原田 明，沼子千弥，原田雅章，岡上吉広，大橋弘範
相談役：脇田久伸
座　長：山口敏男，村松康司，栗崎 敏，早川慎二郎，中井 泉，大橋弘範，横山拓史，前尾修司，上原 康，岡上吉広，辻 幸一，河合 潤，沼子千弥</td></tr>
</table>

2012	脇田久伸	河合 潤，早川慎二郎	X線分析の進歩 43，2012/3/31
	第 48 回X線分析討論会，名古屋（名古屋大学），2012/10/31～11/2 委員長：岡本篤彦 副委員長：吉田朋子 委　員：八木伸也，種村眞幸，大山順也，朝倉博行，野崎彰子 座　長：大山順也，堂前和彦，吉田朋子，伊藤嘉昭，山重寿夫，八木伸也，吉田寿雄，種村眞幸，水沢まり，丸茂克美，杉本泰伸，山本 孝		
2013	脇田久伸	河合 潤，早川慎二郎	X線分析の進歩 44，2013/3/31
	第 49 回X線分析討論会，大阪（大阪市立大学），2013/9/23～27 15th TXRF 2013，大阪（大阪市立大学），2013/9/23~27 委員長：合志陽一 共同実行委員長：辻 幸一 委　員：早川慎二郎，国村伸祐，村松康司，西萩一夫，桜井健次，佐藤成男，篠田弘造，山田 隆，山上基行，山本 孝 （15th TXRF 2013 と同時開催のため，座長の記載は省略）		
2014	脇田久伸	河合 潤，早川慎二郎	X線分析の進歩 45，2014/3/31
	第 50 回X線分析討論会，仙台（東北大学），2014/10/30～31 委員長：篠田弘造 副委員長：佐藤成男 委　員：玉木洋一，中山健一，鈴木 茂，藤枝 俊，小川修一 座　長：篠田弘造，柳原美廣，早川慎二郎，辻 幸一，林 久史，小川修一，山本 孝，飯原順次，佐藤成男，村松康司，中山健一		
2015	辻 幸一	河合 潤，林 久史	X線分析の進歩 46，2015/3/31
	第 51 回X線分析討論会，姫路（姫路・西はりま地場産業センター），2015/10/29～30 委員長：村松康司 副委員長：上原 康 委　員：篭島 靖，西岡 洋，原田哲男，上月秀徳 座　長：篭島 靖，中井 泉，江場宏美，上原 康，篠田弘造，早川慎二郎，原田哲男，村松康司，山本 孝，林 久史，沼子千弥		
2016	辻 幸一	河合 潤，林 久史	X線分析の進歩 47，2016/3/31
	第 52 回X線分析討論会，東京（筑波大学東京キャンパス），2016/10/26～28 委員長：桜井健次 委　員：国村伸祐，佐藤成男，江場宏美，和達大樹，志岐成友，青山朋樹，宮嶋達也 座　長：辻 幸一，村松康司，桜井健次，佐藤成男，国村伸祐，永村直佳，青山朋樹，大橋弘範，水沢まり，江場宏美，志岐成友，河合 潤		
2017	辻 幸一	河合 潤，林 久史	X線分析の進歩 48，2017/3/31
	第 53 回X線分析討論会，徳島（徳島大学常三島キャンパス），2017/10/26～27 委員長：山本 孝 委　員：小西智也，西脇芳典，大石昌嗣，村井啓一郎，山本祐平，榊 篤史，早川慎二郎 座　長：篠田弘造，上原 康，大橋弘範，国村伸祐，林 久史，榊 篤史，福田勝利，今宿 晋，西脇芳典，片山真祥，早川慎二郎，江場宏美，中西康次		

2018	辻 幸一	河合 潤，村松康司	X 線分析の進歩 49，2018/3/31
	第 54 回 X 線分析討論会，東京（東京理科大学神楽坂キャンパス），2018/10/25～26 委員長：中井 泉 委　員：宇尾基弘，江場宏美，国村伸祐，中野和彦，沼子千弥，林 久史，和田敬広，阿部善也 座　長：中野和彦，沼子千弥，林 久史，国村伸祐，大橋弘範，丸茂克美，中井 泉，江場宏美，早川慎二郎，山本 孝，辻 幸一		
2019	辻 幸一	村松康司，上原 康	X 線分析の進歩 50，2019/3/31
	第 55 回 X 線分析討論会，福島（コラッセふくしま），2019/10/30～31 委員長：大橋弘範 委　員：篠田弘造，今宿 晋，佐藤成男，江場宏美，沼子千弥 座　長：辻 幸一，篠田弘造，早川慎二郎，大橋弘範，江場宏美，佐藤成男，村松康司，今宿 晋		
2020	辻 幸一	村松康司，上原 康	X 線分析の進歩 51，2020/3/31
	第 56 回 X 線分析討論会，大阪（大阪市立大学）オンライン開催，2020/10/28 ～ 29 委員長：吉田朋子 副委員長：谷田 肇 委　員：中西康次，永井宏樹，田中亮平，松山嗣史，山本宗昭 座　長：谷田 肇，永井宏樹，中西康次，松山嗣史，中野和彦，田中亮平，江場宏美，吉田朋子，篠田弘造，早川慎二郎，山本 孝，村松康司		
2021	辻 幸一	村松康司，上原 康	X 線分析の進歩 52，2021/3/31
	第 57 回 X 線分析討論会，福岡（福岡大学）オンライン開催，2021/11/5 ～ 6 委員長：栗崎 敏 副委員長：原田雅章 委　員：吉田亨次，喜多條鮎子，市川慎太郎 座　長：山本 孝，中野和彦，沼子千弥，吉田亨次，吉田朋子，早川慎二郎，喜多條鮎子，谷田 肇，市川慎太郎，篠田弘造，栗崎 敏		
2022	早川慎二郎	村松康司，上原 康	X 線分析の進歩 53，2022/3/31
	第 58 回 X 線分析討論会，姫路（イーグレひめじ），2022/11/10 ～ 11 委員長：上原 康 委　員：谷田 肇，中西康次，野崎安衣，濱上郁子，村松康司 座　長：谷田 肇，中西康次，辻 幸一，上原 康，早川慎二郎，林 久史，山本 孝，村松康司		
2023	早川慎二郎（～4 月） 辻 幸一（5 月～）	村松康司，上原 康	X 線分析の進歩 54，2023/3/31
	第 59 回 X 線分析討論会，東京（東京都市大学），2023/10/21 ～ 22 委員長：江場宏美 委　員：沼子千弥，中野和彦，国村伸祐，阿部善也，沖 充浩 座　長：大橋弘範，谷田 肇，中野和彦，上原 康，辻 幸一，山本 孝，栗崎 敏，大渕敦司，市川慎太郎		
2024	佐藤成男	佐藤成男，上原 康，谷田 肇	X 線分析の進歩 55，2024/3/31
	第 60 回 X 線分析討論会，高知（高知城ホール），2024/10/31~11/1 委員長：西脇芳典 委　員：上田忠治，小崎大輔，高原晃里，村松康司，山本 孝 座　長：佐藤成男，阿部善也，沼子千弥，西脇芳典，辻 幸一，村串まどか，大橋弘範，林 久史，江場宏美，篠田弘造，村松康司，山本 孝		

X線分析関連機器資料

目　次

粉末試料前処理装置
（ビード&フューズサンプラ・粉末試料成型機）

株式会社アメナテック

〒224-0003 神奈川県横浜市都筑区中川中央2-5-13 メルヴューサガノ401

TEL:045-548-6049　　info@amena.co.jp

ビード&フューズサンプラ（高周波溶融装置）

高周波誘導加熱で蛍光X線分析用ガラスビードの作成やアルカリ融解処理を行います

AT-5000（卓上タイプ）

・高周波誘導加熱で加熱効率が良い
・昇温のコントロールが容易
・弊社独自のるつぼ揺動回転機構で、試料と融剤を効率よく攪拌

【仕様】

電源:単相200V, 3kVA
登録プログラム数:8
大きさ:W540×D580×H330 (mm)

TK-4500（オートサンプラ機能付）

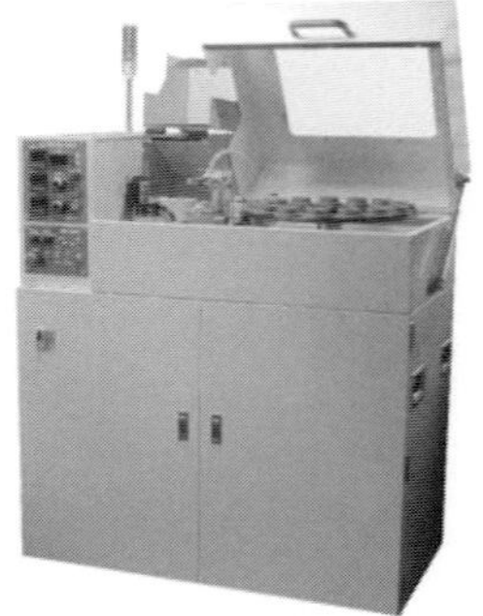

・加熱から冷却まで自動運転
・同じ条件で多検体を効率よく処理します

【仕様】

電源:単相200V, 4kVA
ルツボセット数:15個
大きさ:W930×D500×H1150 (mm)

AT-5500（2炉体・多検体処理仕様）

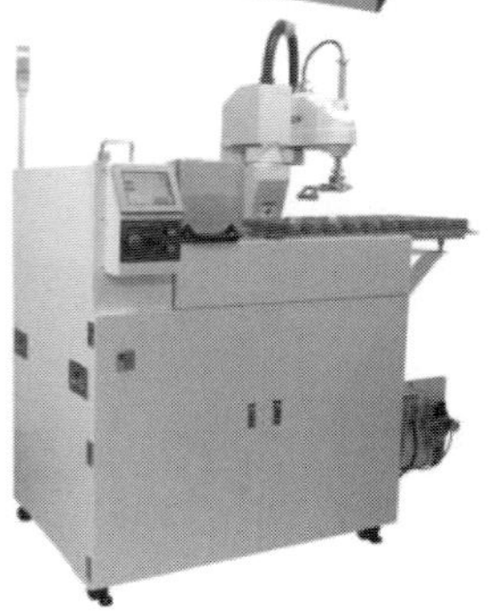

・2炉体で違う溶融条件の試料を同時に処理
・セットした50個のるつぼをロボットアームが炉体、冷却台、試料台に運び自動運転します

【仕様】

電源:単相200V, 6kVA
ルツボセット数:50個
大きさ:W1500×D1000×H2000 (mm) *安全柵

X線回析用 粉末試料成型機 AT-760

各社X線回析の試料ホルダーにモーター式プレスで粉末試料を充填成型
オペレーターによる充填差が解消されて再現性が向上

【仕様】

プレス圧:40kg, 70kg, 110kg
プレス保持時間:2秒, 4秒, 8秒
電源:100V, 1A
大きさ:W180×D195×H565 (mm)
重量:約15kg

HORIBA 蛍光X線分析装置

製 造 元

株式会社　堀場製作所

本　　　　　　社／〒601-8510　京都市南区吉祥院宮の東町2番地　電話 075-313-8121㈹

微小部蛍光X線分析装置
XGT-9000 Pro/Expert

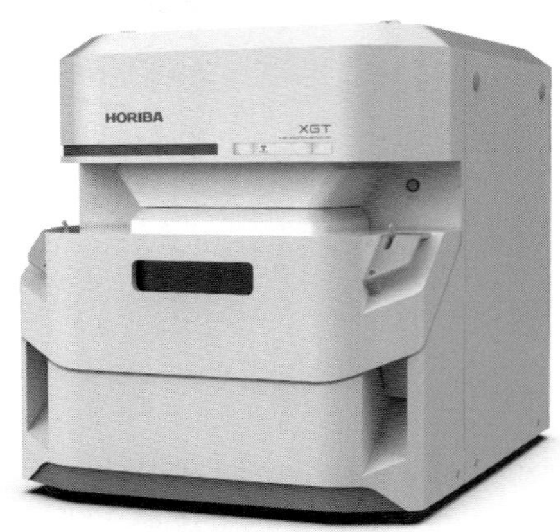

蛍光X線の常識を一新する最新微小部Ｘ線分析装置。従来のXGT-9000シリーズのマッピング機能などを踏襲しつつ、軽元素の高感度化により、酸化物や窒化物、有機物などの分析を一台で完結する環境を提供することが可能になります。

■特長

・驚異の軽元素検出能力
　B(ホウ素)からの分析※1を実現
　　※1 XGT-9000 Expert
・圧倒的な分析スピード
　独自の信号処理アルゴリズム(特許取得済※2)により
　高速測定と低ノイズ化を実現
　　※2 日本特許番号：6857174、米国特許番号：10795031、欧州:特許出願済
・長期安定性の実現
　性能劣化を抑制する充実した独自メンテナンス機能を搭載

■仕様

・測定原理：エネルギー分散型蛍光X線分析法
・検出可能元素：XGT-9000 Expert：B(5) ～ Am(95)
　　　　　　　　XGT-9000 Pro：Na(11) ～ Am(95)
・光学像：全体像 / 詳細像
・試料室：試料室内は真空か大気を選択可能なデュアルバキュームチャンバを採用。試料室内が大気でも光学系のみは真空にできるため、含水サンプルなど測定可。
・最大試料サイズ[W×D×H]：300×250×80 mm
・最大マッピングエリア：100×100 mm

蛍光X線分析装置
MESA-50/MESA-50K

持ち運び可能なポータブルタイプだけでなく光学系を利用したカスタマイズも可能。大型試料室やインライン・オンラインシステムまで幅広く対応します。

■特長

・持ち運び可能なA4サイズのコンパクト設計(MESA-50)／大型試料室仕様(MESA-50K)
・小型X線管を採用した省エネ光学設計を実現
・シンプルなソフトウェア設計でオペレーションも簡単

MESA-50

MESA-50K大型試料室仕様

■仕様

・検出器：シリコンドリフト検出器(SDD)
・測定元素：A1(13)～U(92)
・測定対象：固体、液体、粉体
・X線照射径：1.2mm、3mm、7mm(自動切換)
・一時フィルタ：4種類(自動切換)
・電源：AC100-240V±10%、50／60Hz
※MESA-50のみバッテリー駆動可能
・外形寸法[W×D×H]：208×294×205mm(MESA-50)
　　　　　　　　　　590×590×400mm(MESA-50K)
・最大試料サイズ[W×D×H]：190×225×40mm(MESA-50)
　　　　　　　　　　　　　460×360×150mm(MESA-50K)
・本体質量：約12kg(MESA-50)、約60kg(MESA-50K)

卓上型X線分析装置

製造・販売元

株式会社リガク

本社:〒196-8666　東京都昭島市松原町3-9-12　URL:https://rigaku.com
営業本部:〒151-0051　東京都渋谷区千駄ヶ谷5-32-10　info-gsm@rigaku.co.jp

デスクトップX線回折装置
MiniFlex

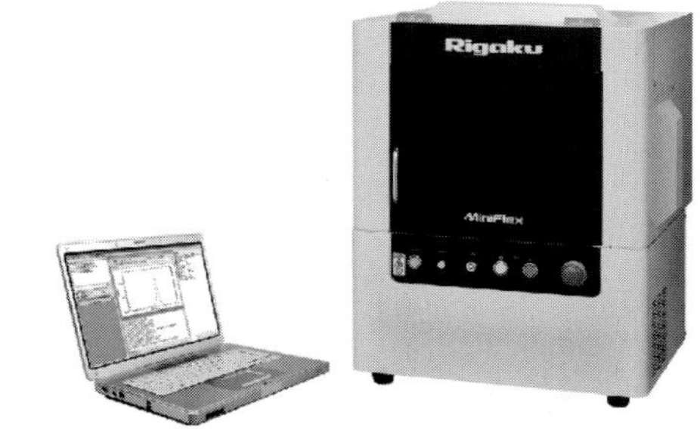

コンパクトなデスクトップ機で、上位機種に迫る高分解能・高角度精度・高PB比を実現します。1次元/2次元検出器使用により、高速/高強度測定を実現。送水装置内蔵型もラインアップしています。

・短時間測定:従来のシンチレーションカウンターと比較して約100倍の検出効率を実現した高性能検出器を標準装備
・配向や粗大粒の影響も一目瞭然:2次元検出器との組み合わせにより、粒子が粗くても、データベースの強度比に近い粉末X線回折プロファイルを取得可能
・安全設計でX線作業主任者の選任不要

波長分散小型蛍光X線分析装置
Supermini200

コンパクトサイズでありながら高出力200WのX線管を搭載した装置です。鉱物資源分析から環境分析まで広範囲なアプリケーションに対応します。分光素子RX9仕様ではP,S,Clの高感度分析が可能です。小型で冷却水が不要なため、サテライトラボなどにも容易に設置できます。

デスクトップ型3DマイクロX線CT
CT Lab HX

医薬品、医療用デバイス、骨、鉱物、電子デバイス、電池、アルミ鋳物、プリント基板などの多種多様なサンプルを高速・高分解能で測定可能な3DマイクロX線CTです。省スペースなデスクトップ型、100V電源で動作する省エネルギー設計でありながら、「φ200×15㎜の広視野撮影」「最速18秒の高速撮影」「最小画素1.3μmの高分解能撮影」が可能です。また、任意の視野/解像度を選択し、細部構造の観察も可能です。

・HX100/HX130の2機種ラインアップ
・広視野・高速・高分解能なデスクトップ型CT
・オートサンプルチェンジャー(拡張オプション)による16試料自動撮影も可能

X 線分析の進歩 56　索引

凡　例

本索引はキーワードの和文索引，キーワードの英文索引の二つに分類してある．

1. 和文についての配列はかな書きの五十音とした．
2. 和文索引における英文字（元素記号，記号，略歴など）はアルファベット読みとし，五十音に配列した．
3. 和文と英文とで構成されている用語の英文は発音読みとした．したがって例えば Rietveld 解析はリ項に入る．
4. 数字，長音（ー），ウムラウト（¨），アポストロフィー（'s），上付き，下付き（$A_{x\text{-}y}$），（　）中の用語は配列において無視した．
5. ギリシャ文字 α，β，γ，は alpha, bata, gammer またはアルファ，ベータ，ガンマと読んだ．
6. よう音（つまる音），促音（はねる音）は一固有音と同一に扱った．
7. 濁音，半濁音は清音と同一に扱うが，かなが同一のときは，清音，濁音，半濁音の順とした．
8. 英文索引はアルファベット順とした．

キーワード和文索引

ア行

カ行

サ行

タ行

ナ行

ハ行

マ行

ラ行

キーワード英文索引

P

R

S

T

U

V

W

X

X線分析の進歩 56
（X線工業分析 第６０集）

（公社）日本分析化学会
X線分析研究懇談会 © 編

2025 年 3 月 25 日印刷
2025 年 3 月 31 日発行

発行所 株式会社 アグネ技術センター
東京都港区南青山 5-1-25　北村ビル
電話 03-3409-5329 ㈹　〒 107-0062
印刷所 三美印刷株式会社
東京都荒川区西日暮里 6-28-1
〒 116-0013

2025 Printed in Japan

落丁本・乱丁本はお取り替えいたします.
定価の表示は表紙カバーにしてあります.

X 線分析研究懇談会，本シリーズ（X 線分析の進歩）へのご意見，お問い合わせは㈱アグネ技術センター内 “X 線分析進歩係” までお寄せ下さい.

表紙のデザインは，理学電機㈱広報センター部（1972 年当時）の創案によるものです.

ISBN 978-4-86707-019-2　C3043